CAD建筑行业项目实战系列丛书

AutoCAD 2016 室内装潢施工图设计从入门到精通

第2版

李　波　等编著

机械工业出版社

本书以室内设计为主线，以 AutoCAD 2016 软件为平台进行讲解，将室内设计理论基础、制作规范、表达方法、室内勘测、材料预算、各种装修施工图的绘制等有机结合在一起，并辅以大量的案例来讲解 AutoCAD 在室内设计中的应用。

全书共 14 章，第 1～3 章讲解了室内装修设计基础、室内现场测量与材料预算、室内设计制图与图纸规范；第 4 章讲解了 AutoCAD 2016 软件基础；第 5～6 章讲解了室内设计各种配景图块和室内设计六面图的绘制方法；第 7～14 章通过住宅套房、二手房改装、办公楼、电信营业厅、珠宝店、网吧、银行营业厅及办公楼和洗浴中心等案例，介绍了使用 AutoCAD 2016 绘制相关施工图的方法，包括建筑平面图、室内布置图、地面布置图、顶棚布置图、各立面图、各详图、灯具与开关布置图、弱电与插座布置图等。

本书实例丰富、步骤详细、图文清晰、专业性强、由浅入深，不仅适用于 AutoCAD 初学者，其实用性和针对性对于有制作经验的室内设计师来说也具有较高的参考价值。为了方便广大读者更加形象直观地学习本书，随书附赠多媒体 DVD 光盘一张，其中包括本书所有相关实例的效果、素材文件，还包括相关案例的全程语音视频讲解，从而方便读者更好地学习和练习。

图书在版编目（CIP）数据

AutoCAD 2016 室内装潢施工图设计从入门到精通 / 李波等编著. —2 版.
—北京：机械工业出版社，2015.7（2017.8 重印）
（CAD 建筑行业项目实战系列丛书）
ISBN 978-7-111-51335-3

Ⅰ. ①A… Ⅱ. ①李… Ⅲ. ①室内装饰设计－计算机辅助设计－AutoCAD 软件 Ⅳ. ①TU238-39

中国版本图书馆 CIP 数据核字（2015）第 205175 号

机械工业出版社（北京市百万庄大街 22 号　邮政编码 100037）
策划编辑：张淑谦　　责任编辑：张淑谦
责任校对：张艳霞　　责任印制：常天培
保定市中画美凯印刷有限公司印刷
2017 年 8 月第 2 版・第 3 次印刷
184mm×260mm・25.5 印张・629 千字
4501－6000 册
标准书号：ISBN 978-7-111-51335-3
　　　　　ISBN 978-7-89405-820-1（光盘）
定价：69.80 元（含 1DVD）

凡购本书，如有缺页、倒页、脱页，由本社发行部调换

电话服务
服务咨询热线：（010）88361066
读者购书热线：（010）68326294
　　　　　　　（010）88379203

网络服务
机 工 官 网：www.cmpbook.com
机 工 官 博：weibo.com/cmp1952
教育服务网：www.cmpedu.com
金 书 网：www.golden-book.com

前　言

AutoCAD 是由美国 Autodesk（欧特克）公司于 20 世纪 80 年代初为在微型计算机上应用计算机辅助设计（Computer Aided Design，CAD）技术而开发的绘图程序软件包，经过不断完善，现已经成为国际上广为流行的绘图工具，被广泛应用于建筑、装修、机械、电子、航天、造船、石油化工、土木工程、地质、气象、轻工和商业等领域。

图书内容

本书以室内设计为主线，以 AutoCAD 2016 软件为平台进行讲解，将室内设计理论基础、制作规范、表达方法、室内勘测、材料预算、各种装修施工图的绘制等有机结合在一起，并辅以大量的案例来讲解 AutoCAD 在室内设计中的应用。全书共分 4 部分，14 章，其讲解的内容大致如下。

第 1 部分（第 1～3 章）：这一部分首先讲解了室内装修设计基础，包括室内设计基础、家具与人体尺寸、室内设计色彩与照明等；其次讲解了室内现场测量与材料预算，包括室内现场勘测方法、室内设计常用材料、装修工程量的计算方法等；最后讲解了室内设计制图规范与图纸规范。

第 2 部分（第 4 章）：这一部分讲解了 AutoCAD 2016 软件基础入门，包括 AutoCAD 2016 基础、图形文件的管理、命令和坐标的输入方式、绘图环境设置、辅助绘图功能的设置、图形对象的选择、图形的显示与控制、图层的设置、文字与标注样式的设置等。

第 3 部分（第 5～6 章）：这一部分首先讲解了室内设计各种配景图块的绘制，包括室内符号、家具图块、厨具图块、洁具图块、灯具图块、电气图块等；其次讲解了室内六面图的绘制方法，即前后、左右、上下，包括室内各个空间区域的摆放技巧、客厅和卧室六面图的绘制等。

第 4 部分（第 7～14 章）：这一部分通过住宅套房、二手房改装、办公楼、电信营业厅、珠宝店、网吧、银行大厅和洗浴中心等 8 套典型的装修实例，详细讲解了其室内装修设计要点及绘制方法，从而让读者更加熟练地使用 AutoCAD 2016 进行室内装潢设计。

读者对象

本书最主要的读者对象有以下几类。

◆ AutoCAD 的初学者。

◆ 具有一定 AutoCAD 基础知识的中级读者。

◆ 从事室内设计的一线设计师、施工技术人员。

◆ 高等院校环境艺术设计、美术等专业的在校学生。

◆ 相关单位和培训机构的学员。

本书特点

在众多的 AutoCAD 图书中，读者要选择一本适合自己的好书很难，本书作者在多年的一线工作和教学实践中总结了相当丰富的经验，从而使本书有六大特点值得读者期待：

◆ 作者权威：本书作者是注册室内设计师，从事室内建筑与装潢设计和教学工作多年，有着丰富的图书编写经验，成功编写过数十部 AutoCAD 类图书，对读者需求和知识点把握到位。

◆ 实例专业：所有实例均来自室内设计工程实践，且经过精心挑选和改编，真正做到工程应用。

◆ 图解简化：本书摒弃了传统枯燥的说教方式，采用图释的方法来讲解各个要点及绘图技能，从而增强了可读性。

◆ 内容全面：本书在有限的篇幅内，将 AutoCAD 软件技能和室内设计的基础知识进行了有效结合，各种实例面面俱到，是一本 AutoCAD 室内装潢设计的经典图书。

◆ 再版升级：本书自第一版上市以来，取得了很好的销量，倍受广大读者的好评。本书在第一版的基础上，进行了软件版本的升级（升级为 AutoCAD 2016 版），版式体例的更新和相关实例的重组。

◆ 互动交流：通过 QQ 高级群（15310023）在线解答读者的疑难问题。

致谢

本书主要由李波编著，参与编写的还有冯燕、江玲、曹城相、刘小红、王利、李松林、刘冰、姜先菊、袁琴、牛姜、黄妍、李友。

感谢读者选择了本书，希望作者的努力对读者的工作和学习有所帮助，也希望读者把对本书的意见和建议告诉作者，作者的邮箱是 Helpkj@163.com。书中难免有疏漏与不足之处，敬请专家与读者批评指正。

李波

目 录

第 1 章 室内装修设计基础

本章导读

在进行室内设计时，首先需要了解室内设计的各项原则，如设计的风格选择、设计的工作方法以及室内设计的步骤。

本章主要讲解进行室内设计时需要考虑的各种要素和人体尺寸等。只有很好地掌握这些知识，设计师才能在室内设计时综合考虑用户的需求，与用户达成一致，完成设计目标。

学习目标

- 了解室内设计的概念
- 掌握常用人体工程学知识
- 了解室内设计中色彩的运用规律
- 掌握室内设计中的照明设计

预览效果图

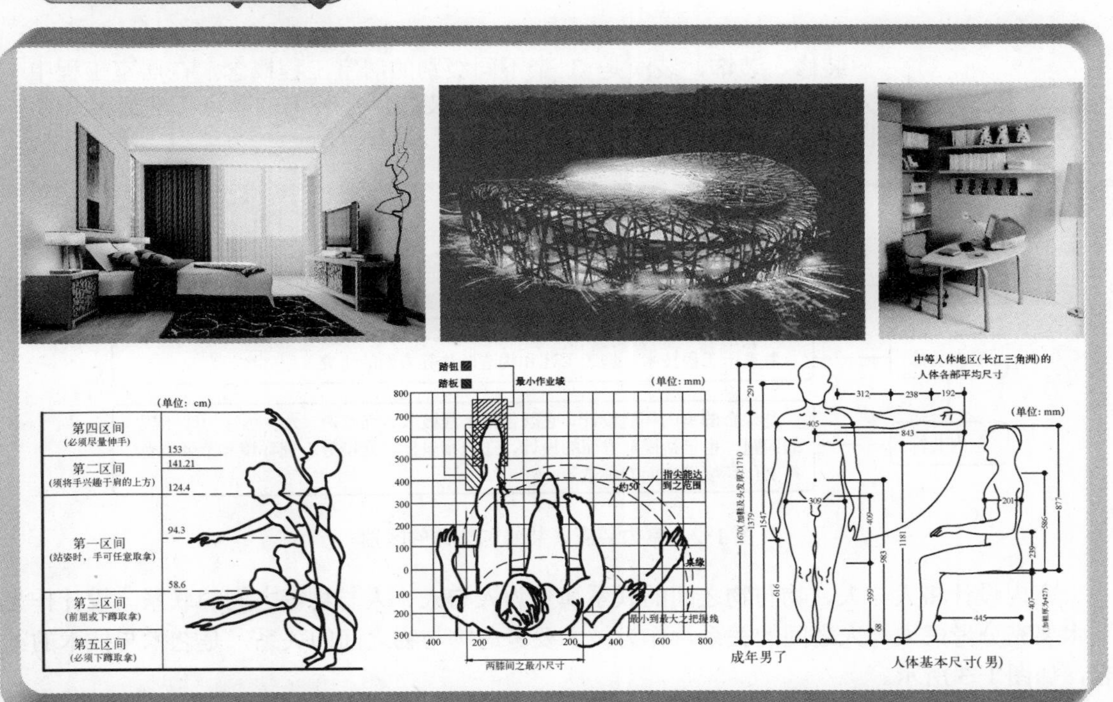

1.1 室内设计概念

室内设计就是根据建筑物的使用性质、所处环境和相应标准，综合运用现代物质手段、技术手段和艺术手段，创造出功能合理、舒适优美、满足人们物质和精神生活需要的理想室内空间环境。图 1-1 所示为某住宅室内装修平面图、客厅立面图和装潢效果图。

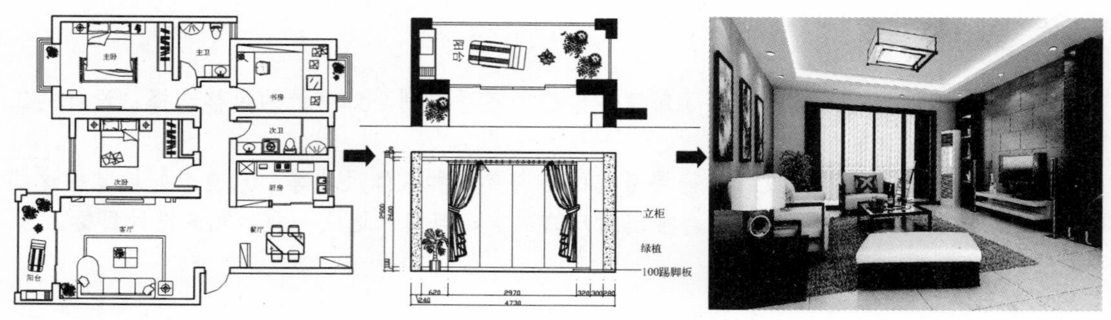

图 1-1 室内设计图

1.1.1 室内设计原理

室内设计（Interior Design），又称为“室内环境设计（Interior Environment Design）”，是对建筑内部空间进行理性创造的方法。

装修、装饰、装潢是 3 个不同级别的居室工程概念，在居室工程中应先保证装修，在装修的基础上继续装饰，在装饰的基础上完善装潢，如图 1-2 所示。

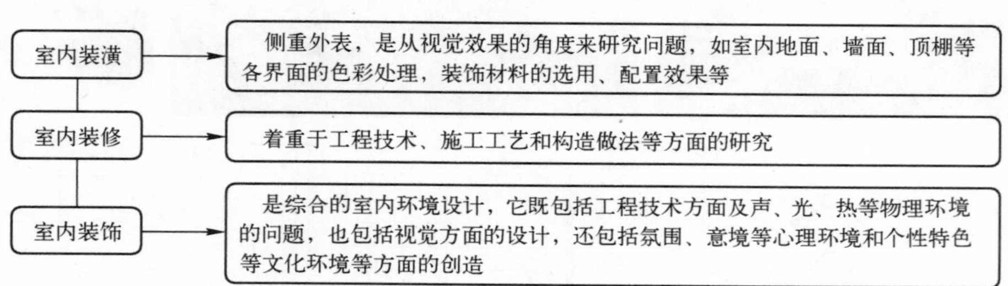

图 1-2 室内装潢、装修、装饰的区别

室内设计将人与人、物与物之间的联系演变为人与人、人与物等之间的联系。设计作为艺术要充分考虑人与人之间的关系，作为技术要考虑物与物之间的关系，是艺术与技术的结合，如图 1-3 所示。

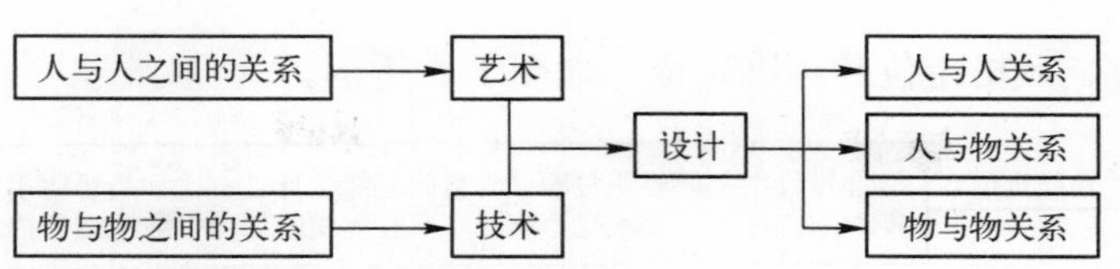

图 1-3　室内设计之间的联系

1.1.2 室内设计的风格与分类

室内设计的风格主要分为传统风格、现代风格、后现代风格、自然风格以及混合型风格等。

人们根据建筑物的使用功能，对室内设计做了如下分类。

（1）居住建筑室内设计。主要涉及住宅、公寓和宿舍的室内设计，具体包括前室、起居室、餐厅、书房、工作室、卧室、厨房和浴厕设计。

（2）公共建筑室内设计，如图 1-4 所示。

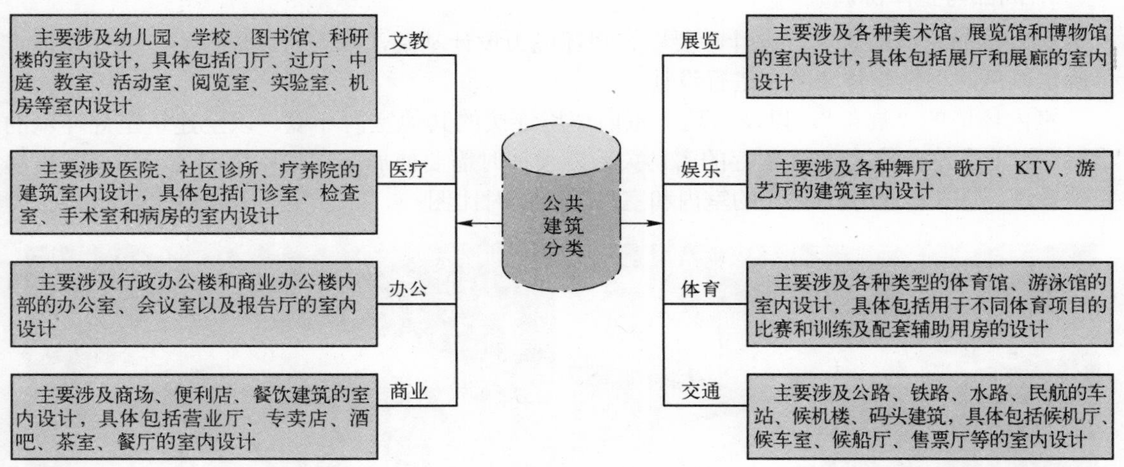

图 1-4　公共建筑室内设计的分类

（3）工业建筑室内设计。主要涉及各类厂房的车间和生活间及辅助用房的室内设计。

（4）农业建筑室内设计。主要涉及各类农业生产用房，如种植暖房、饲养房的室内设计。

1.1.3 室内设计的工作方法

设计师对室内设计的含义、基本理念和设计内容具有一定的了解，并经过一些工程实践后，才能对室内设计的工作方法有深刻的体会和认识。

要学习室内设计方案设计，首先要了解设计和构思的过程，在此先从设计师的思考方法来分析入手。一般来说，在做设计方案时主要从以下几个方面来考虑。

1. 设计定位，立意与表达并重

进行室内环境设计时，设计的定位必须是明确的。而设计的定位一般分为 4 个方面：功能定位、时空定位、风格定位和标准定位，如图 1-5 所示。

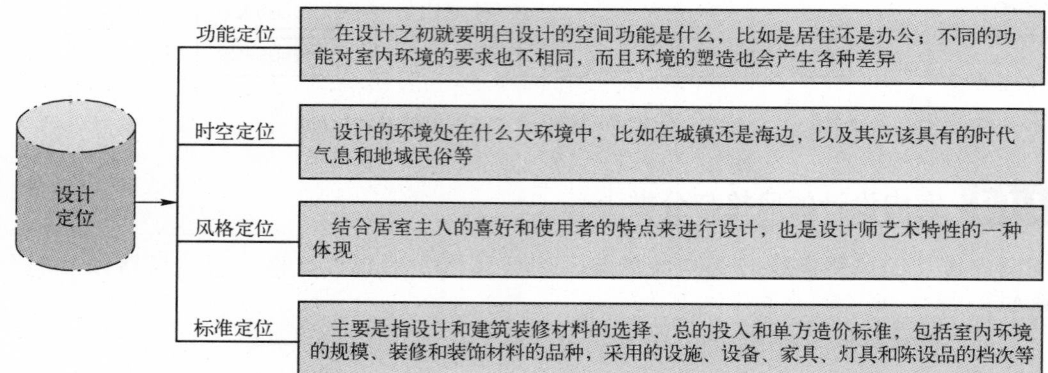
设计定位
功能定位
在设计之初就要明白设计的空间功能是什么，比如是居住还是办公；不同的功能对室内环境的要求也不相同，而且环境的塑造也会产生各种差异
时空定位
设计的环境处在什么大环境中，比如在城镇还是海边，以及其应该具有的时代气息和地域民俗等
风格定位
结合居室主人的喜好和使用者的特点来进行设计，也是设计师艺术特性的一种体现
标准定位
主要是指设计和建筑装修材料的选择、总的投入和单方造价标准，包括室内环境的规模、装修和装饰材料的品种，采用的设施、设备、家具、灯具和陈设品的档次等

图 1-5　设计定位

2. 局部与整体协调统一

在方案的总体构思上，设计师要以客观环境为设计基础，以人为设计核心，并在功能定位确定以后，根据整体环境来进行设计。

室内环境的“局部”，以及与这一室内环境连接的其他室内环境，以至建筑室外环境的“整体”，它们之间有着相互依存的密切关系，设计时需要使局部与整体协调统一，使其更趋完美合理。图 1-6 所示为鸟巢的室内和室外的效果对比图。

图 1-6　鸟巢室内外效果

3. 细致、深入的准备工作

除了上面的各种前期定位、设计外，设计师还需要在项目启动之前进行大量细致、深入的准备工作，并与客户交谈以了解客户的想法，从大处着眼、细处着手。

◆ 大处着眼是指设计师在设计时应考虑的几个基本观点，也是客户最迫切了解的设计要求和基本装修原则，这样在设计时思考问题和着手设计的起点较高，就能够有一个设计的全局观念。

◆ 细处着手是指设计师在具体进行设计时，根据室内的使用性质，深入调查、收集信息，掌握必要的资料和数据，从基本的人体尺寸和必需的空间等着手，并结合建筑的相关资料实地勘察，形成一个较为完善的构思，从而完整、正确地表达出室内环境设计的构思和意图。

1.1.4 室内设计装修流程

根据装修流程，室内设计可分为装修前（准备期）、装修中（施工期）和装修后（入住期）3 个阶段，如图 1-7 所示。

装修流程	装修前（准备期）	收房准备中	收房小常识
			交房流程
			相关法规文件
		装修准备中	装修小常识
			量房/方案设计
			确定预算/资金准备
			选择装修公司
			签订装修合同
			相关法规文件
			监理公司
	装修中（施工期）	拆改、隐蔽工程	结构拆改
			水管
			强弱电/开关插座
			施工及验收等
		泥瓦工程	瓷砖
			石材
			施工及验收等
		木工工程	板材
			龙骨
			顶角/踢脚板
			石膏制品
			胶粘剂/胶水
			铝合金/不锈钢
			玻璃
			铁艺制品
			扣板
			门窗
			施工及验收等
		油漆工程	壁纸/壁布
			涂料/油漆
			施工及验收等
		安装收尾工程	木地板
			地毯
			灯具
			厨具、洁具
			龙头五金配件
			家电
			施工及验收
	装修后（入住期）	即将入住	环保检测
			搬家搬场
			保洁
			售后保修
		软装进行中	家具
			布艺
			壁饰/工艺品
			花卉

图 1-7　室内装修流程

在整个室内设计过程中，装修起到一个决定性作用，它直接影响到室内装修的风格、空间效能和艺术质量，决定整个室内设计和装修的水平。装修阶段的设计过程也很复杂，每个过程既有次序又有交叉，如图 1-8 所示。

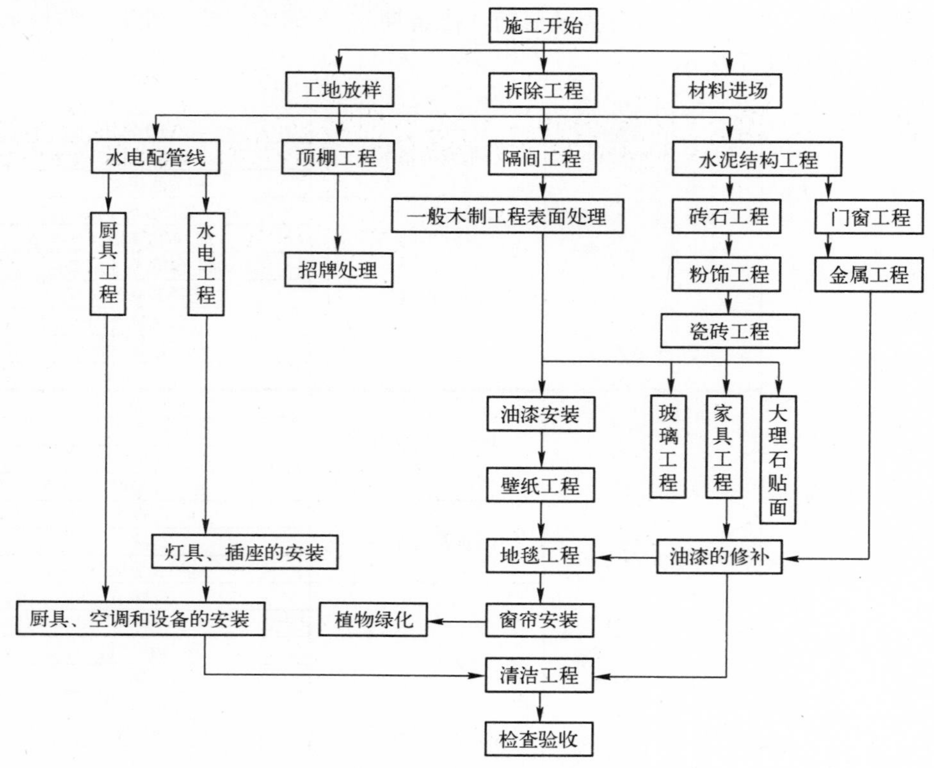

图 1-8　室内装修示意图

1.2　室内设计与人体尺寸

在室内设计过程中，设计师们考虑的最主要内容是：人体尺寸、人体作业域、家具设备常见尺寸、建筑尺度规范以及视觉心理和空间。

人体工程学，是探讨人与环境之间尺寸关系的一门学科，通过对人类自身生理和心理的认识，设计师能够将有关知识应用在设计中，从而使环境适合人类的行为和需求。

1.2.1　人体的基本尺寸

人体的基本尺寸包括在工作、生活、学习等方面的行为，有坐、卧、站立等，这些形态在行动过程中会涉及一定的空间尺度范围。人体空间的构成主要包括体积、位置和方向 3 个方面，如图 1-9 所示。

1. 人体尺寸与室内空间

通常以解剖学、测量学、生理学和心理学等知识为研究基础，了解并掌握在室内环境空间中，人的活动能力和极限，熟悉人体功能相适应的基本尺度。

人体空间构成	体积	即人体活动的三维范围。该范围因研究对象的国籍、生活区域以及民族、生活习惯的不同而各异。人体工程学在设计实践中经常采用的数据都是平均值，此外还向设计人员提供相关的偏差值，以供余量的设计参考
	位置	指人体在室内空间中的相对“静点”。个体与群体在不同的空间的活动中，总会趋向一个相对的空间“静点”，以此来表示人与人之间的空间位置和心理距离等，它主要取决于视觉定位。同样它也根据人的生活、工作和活动所要求的不同环境空间而改变，表现在设计中将是一个弹性的指数
	方向	指人在空间中的“动向”。这种动向受生理、心理以及空间环境的制约。这种动向体现人对室内空间使用功能的规划和需求。如人在黑暗中具有趋光性的表现，而在休息室则有背光的行为趋势

图 1-9　人体空间的构成

人体基本尺寸是人体工程学研究的最基本的数据之一。它主要以人体构造的基本尺寸（主要是指人体的静态尺寸，如身高、坐高、肩宽、臀宽、手臂长度等）为依据，在于通过研究人体对环境中各种物理、化学因素的反应和适应能力，分析环境因素对生理、心理以及工作效率的影响程度，确定人在生活、生产和活动中所处的各种环境的舒适范围和安全限度，是系统数据比较与分析结果的反映，人体构造的尺寸效果如图 1-10 所示。

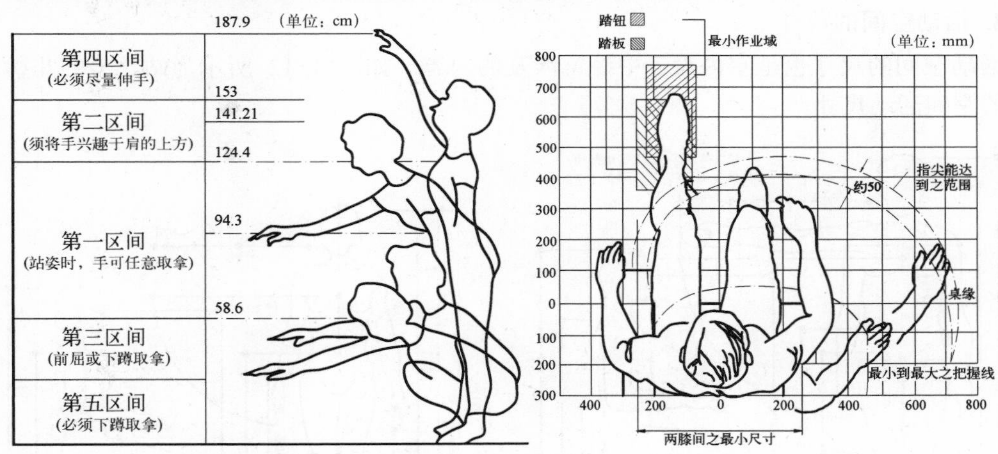

图 1-10　人体尺寸效果

2. 人体基本动作尺寸

人们在室内各种工作和生活活动范围的大小，即称为动作域，它是确定室内空间尺度的重要依据因素之一。以各种计测方法测定的人体动作域，也是人体工程学研究的基础数据。如果说人体尺寸是静态的、相对固定的数据，人体动作域的尺度则为动态的，其动态尺度与活动情景状态有关，如图 1-11 所示。

室内设计时人体尺寸具体数据尺寸的选用，应考虑在不同空间与围护的状态下，人们动作和活动的安全以及对大多数人的适宜尺寸，并强调其中以安全为前提。例如，对门洞高度、楼梯通行净高、栏杆扶手高度等，应取男性人体高度的上限，并适当加以人体动态时的余量进行设计。

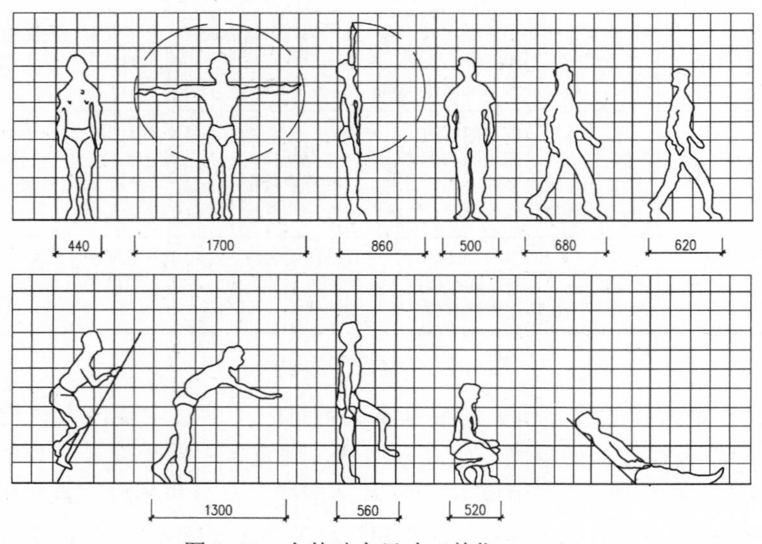

图 1-11　人体动态尺寸（单位：mm）

3. 活动空间的尺寸

活动空间的尺寸也是室内设计中经常涉及的内容。如图 1-12 所示为站、坐的几种常见姿势的空间活动尺寸。

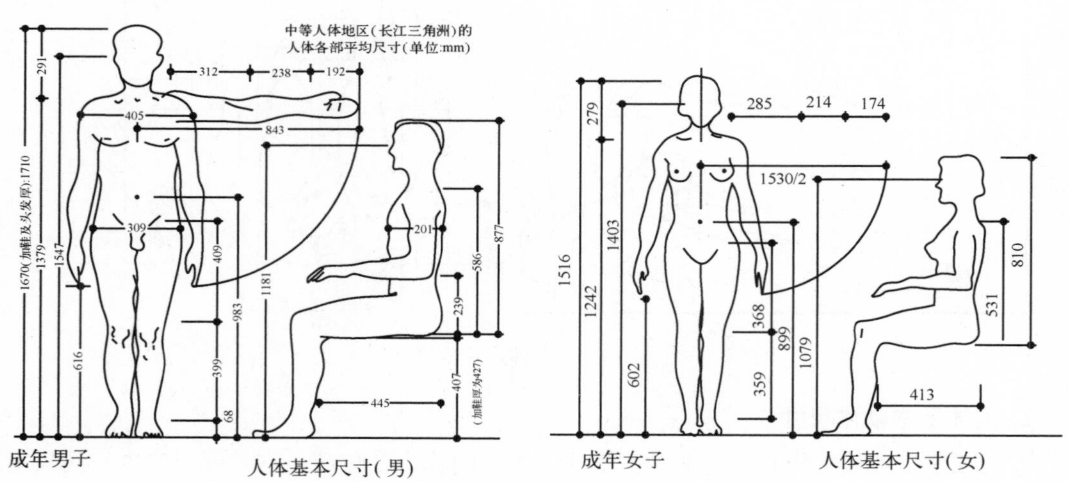

图 1-12　人体活动空间尺寸（单位：mm）

1.2.2 室内空间与人体尺寸

在进行室内设计和装修过程中，用户必须要考虑到各功能空间和人体尺寸的关系。

1. 客厅空间与人体尺寸

客厅的布置主要以沙发、茶几、电视柜及电视等家具、家电为对象，在进行客厅设计时就应该首先考虑到家具和人体尺寸问题，这样才能设计出更适合居住的环境。图 1-13 所示为客厅空间与人体尺寸示意图。

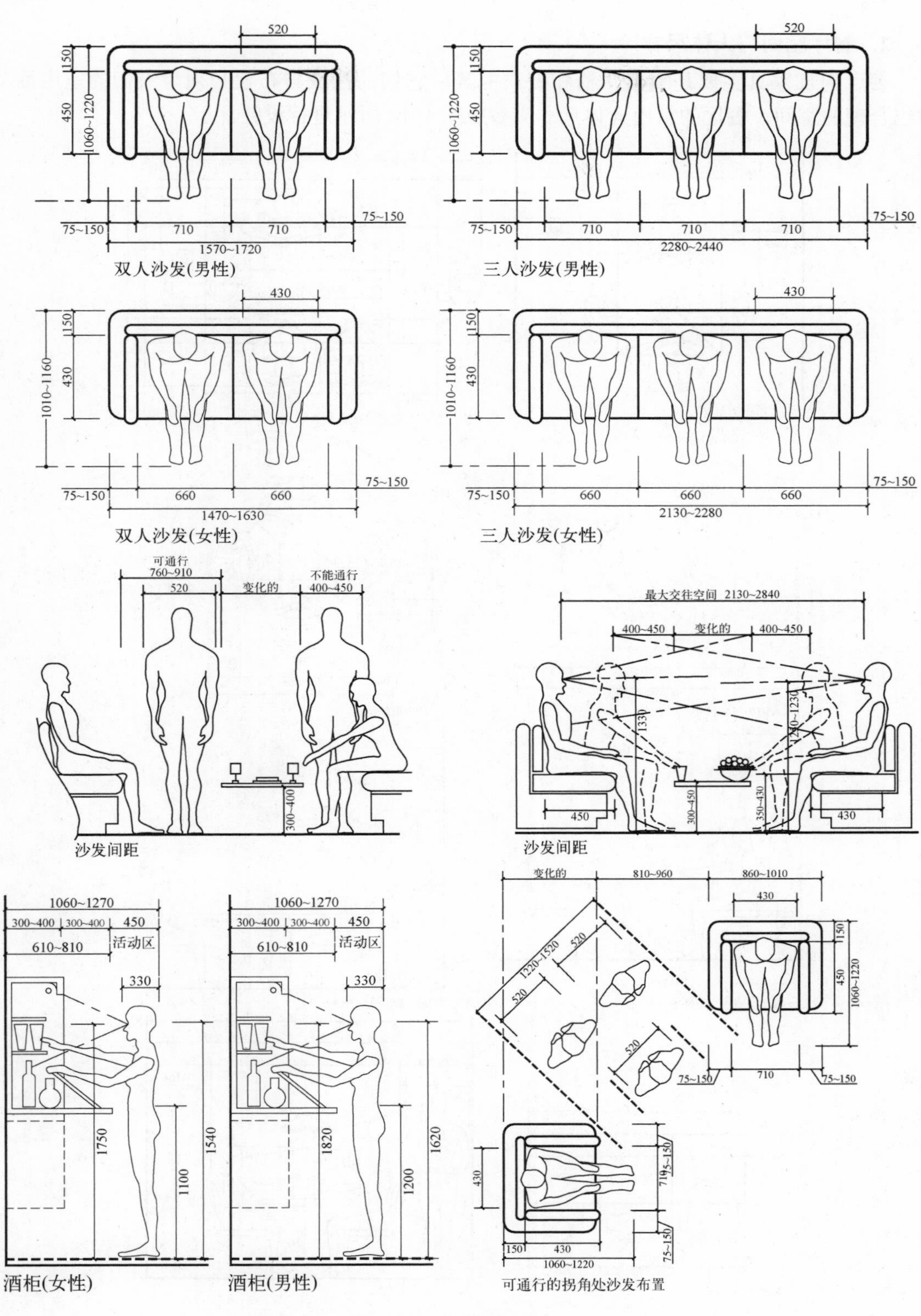

双人沙发(男性)

三人沙发(男性)

双人沙发(女性)

三人沙发(女性)

沙发间距

沙发间距

酒柜(女性)

酒柜(男性)

可通行的拐角处沙发布置

图 1-13　客厅空间与人体尺寸（单位：mm）

2．餐厅空间与人体尺寸

餐厅内部家具主要是餐桌、椅和餐饮柜等，它们的摆放与布置必须为人们的室内活动留出合理的空间。餐厅的常用人体尺寸应参照图 1-14 所示进行设计。

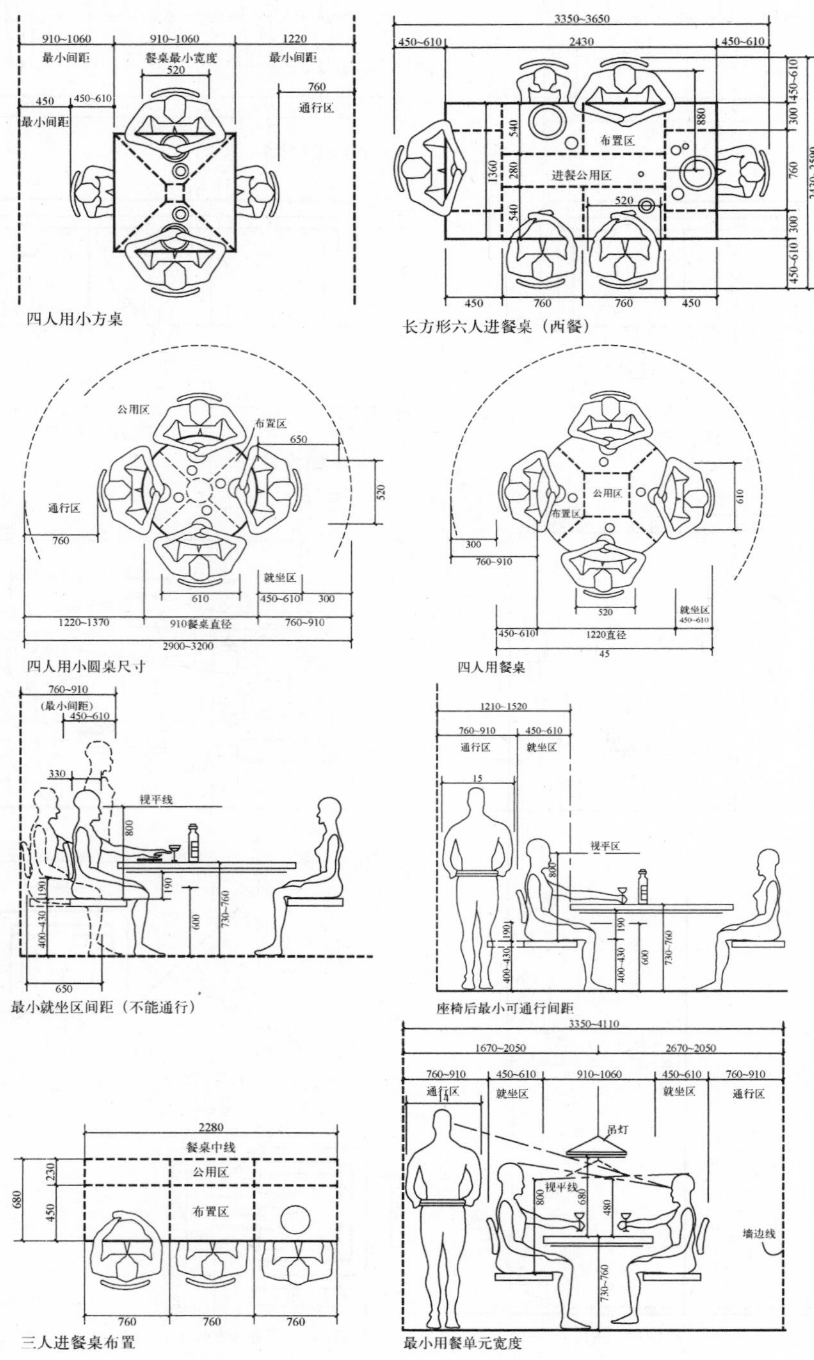

图 1-14　餐厅空间人体尺寸（单位：mm）

3. 卧室空间人体尺寸

在进行卧室空间的设计时，其功能布置应该有睡眠、贮藏、梳妆及阅读等部分，如图 1-15 所示。

图 1-15 卧室空间效果

卧室平面布置应以床为中心，睡眠区的位置应相对比较安静。卧室中常用的人体尺寸如图 1-16 所示。

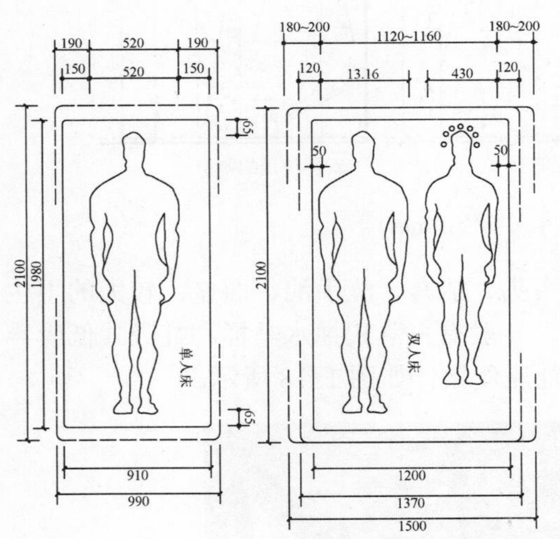

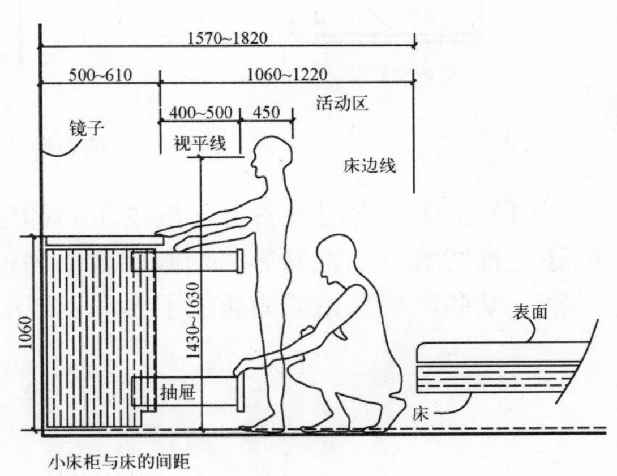

图 1-16 床的一般尺寸（单位：mm）

卧室中除了大人和儿童用的床外，一般还包括衣柜或壁柜以及和衣柜连接的书桌等，如图 1-17 所示。

4. 卫生间空间与人体尺寸

卫生间的面积虽然不大，但是人们一般要在此进行洗澡、洗漱等多项活动。因此，在设计各种卫生间设备时，都应该从人体工程学的角度进行思考。

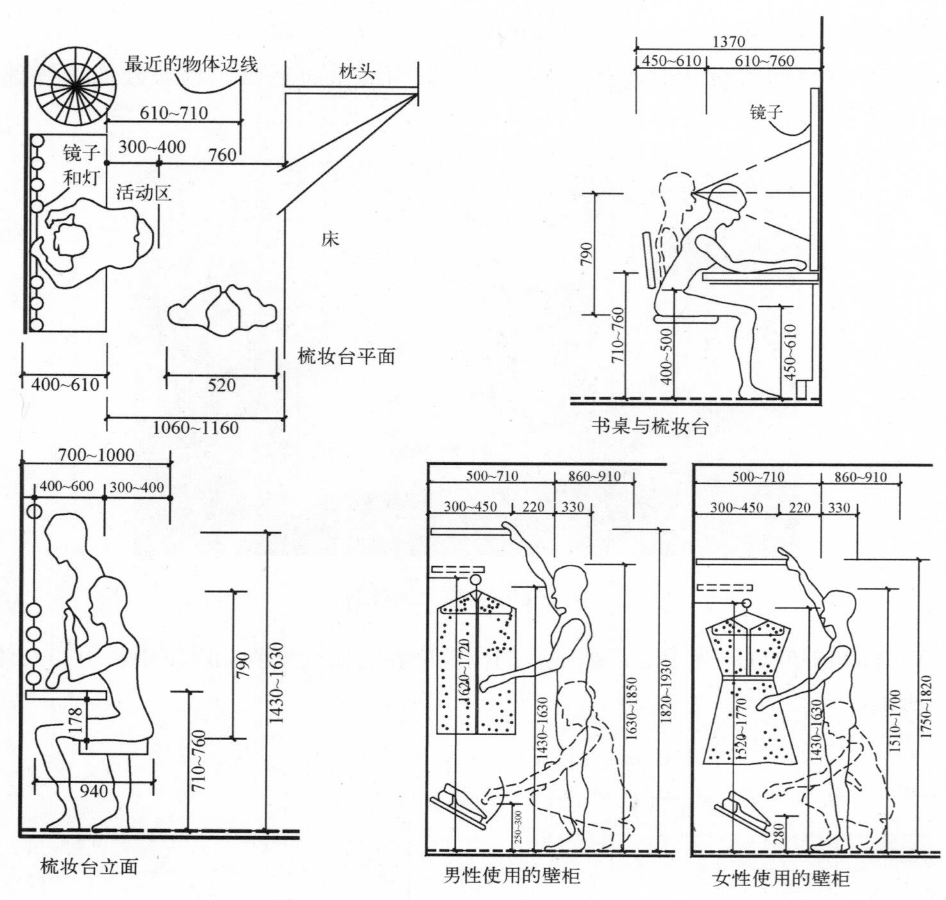

图 1-17　梳妆台和壁柜尺寸（单位：mm）

（1）卫生间常用设备。一般卫生间都包括淋浴头、洁具、洗手池、面盆。较大的卫生间还包括浴盆、妇洗盆等。洁具主要以马桶为主，一般有直落式抽水马桶和虹吸式低噪声马桶。某些高级宾馆或酒店的卫生间，还配有智能座便器，如图 1-18 所示。

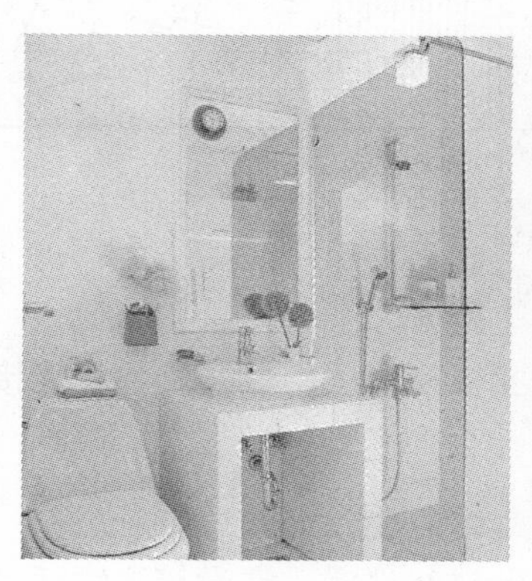 

图 1-18　卫生间常用设备效果

（2）卫生间空间和洁具尺寸。卫生间的大小除受卫生间所需设备的大小限制外，人体的活动尺度对其也有较大的影响，如图 1-19 所示。

（3）卫生间的安全问题。在卫生间的设计过程中，还要充分考虑到老人和儿童的安全问题，比如为了防止老人滑倒，应添加防滑垫；为了防止儿童触电，应该考虑插座的防水盒保护功能。

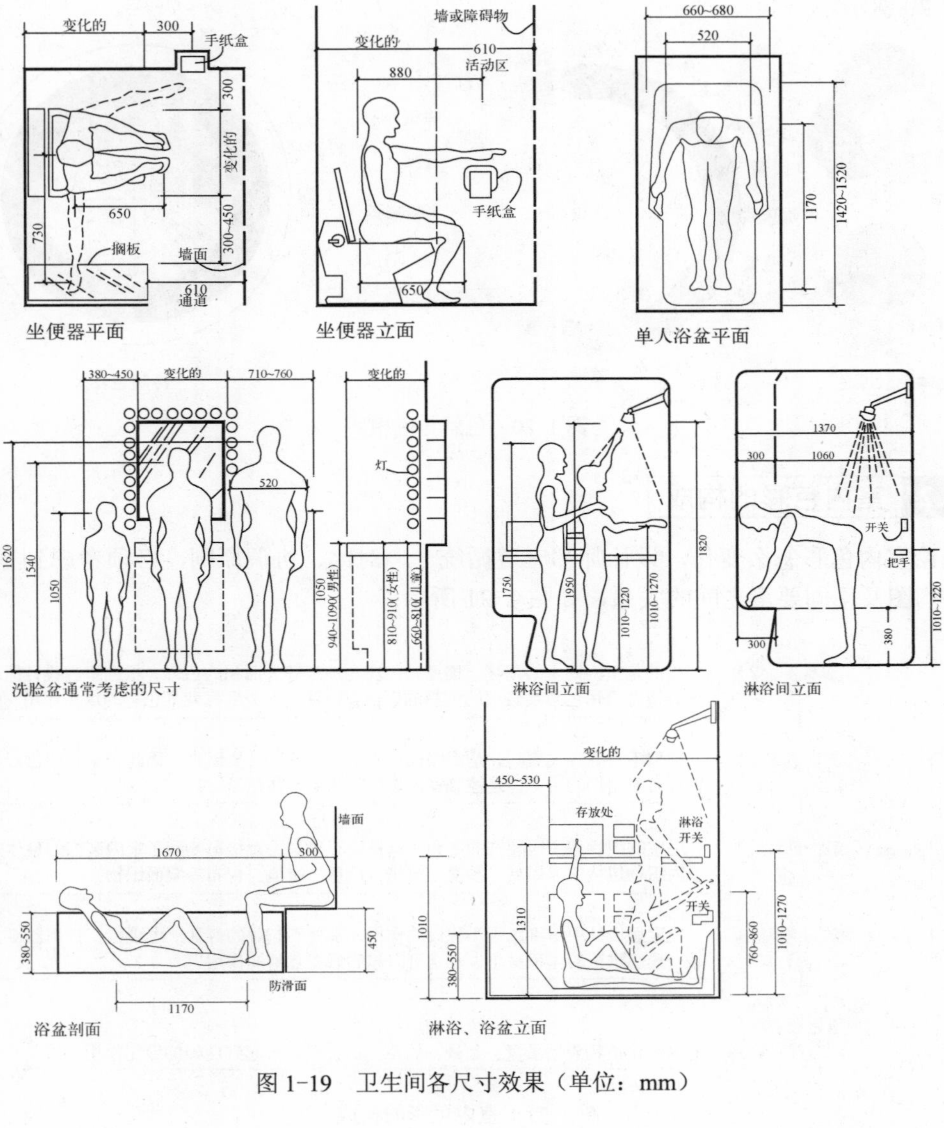

坐便器平面　坐便器立面　单人浴盆平面

洗脸盆通常考虑的尺寸　淋浴间立面　淋浴间立面

浴盆剖面　淋浴、浴盆立面

图 1-19　卫生间各尺寸效果（单位：mm）

1.3　室内设计与色彩

室内色彩表现应“以人为本”、从整体上入手，把握好色彩的特性、个性及属性，正确处理好色彩的对比与统一，正确利用时代的固有色，把室内空间布置得更加合理、美观、和谐，还要带来亲切或温馨有趣的情感体验，使人们的生活更加舒适、美满，以满足人们的消费心理需求，达到平衡人们精神与心理的目的。

1.3.1 色彩三属性

色彩具备 3 个基本性质：色相、明度、纯度，称之为色彩三要素或者色彩三属性，如图 1-20 所示。

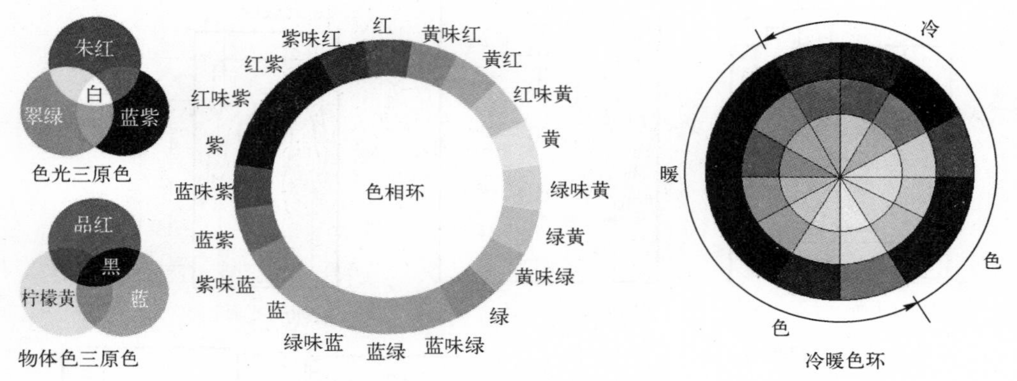

图 1-20　色彩与色相环

1.3.2 室内色彩的构成

无论室内色彩怎么变化，设计师都应遵循统一、对比、协调原则，必须考虑到室内色彩的空间构图及不同要素之间的关系，如图 1-21 所示。

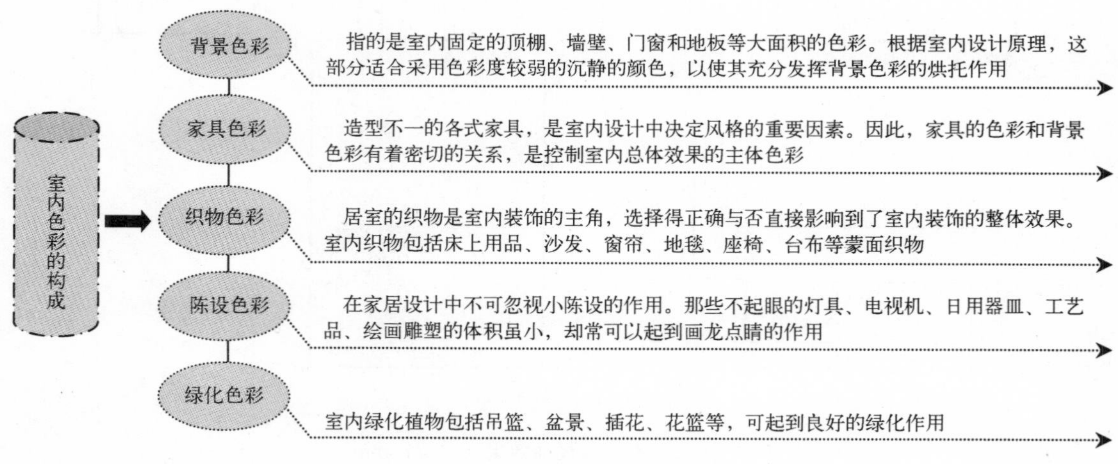

图 1-21　室内色彩的构成

1.3.3 室内功能区色彩分析

一套住宅室内居室是由各个功能区组成的，包括卧室、客厅、餐厅、厨房、书房、卫生间等，其各个功能间的色彩有着不同的效果，如图 1-22 所示。

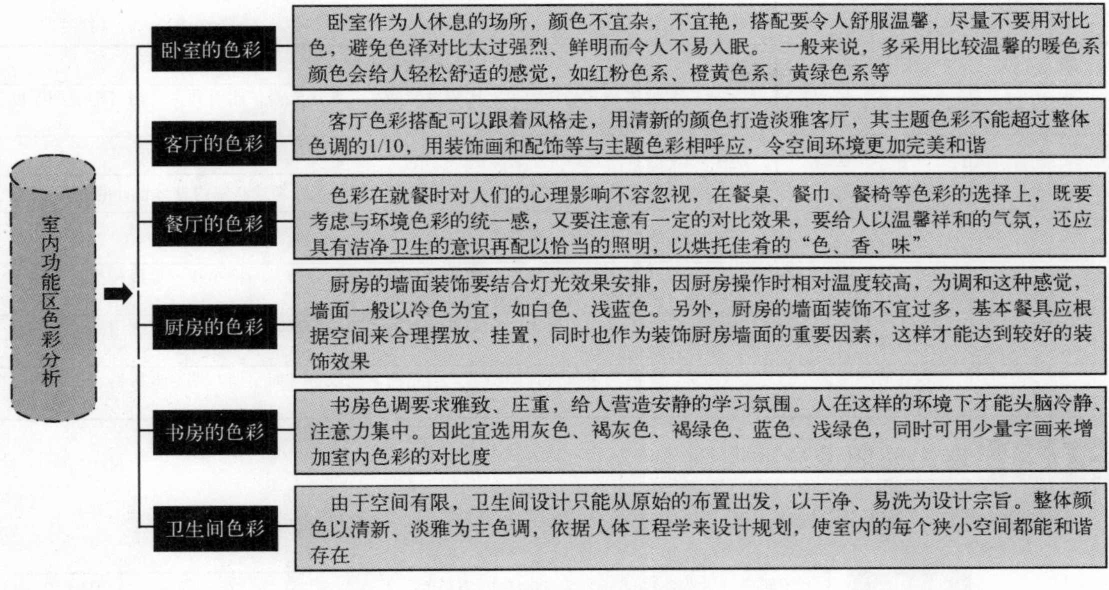

室内功能区色彩分析
卧室的色彩
卧室作为人休息的场所，颜色不宜杂，不宜艳，搭配要令人舒服温馨，尽量不要用对比色，避免色泽对比太过强烈、鲜明而令人不易入眠。一般来说，多采用比较温馨的暖色系颜色会给人轻松舒适的感觉，如红粉色系、橙黄色系、黄绿色系等
客厅的色彩
客厅色彩搭配可以跟着风格走，用清新的颜色打造淡雅客厅，其主题色彩不能超过整体色调的1/10，用装饰画和配饰等与主题色彩相呼应，令空间环境更加完美和谐
餐厅的色彩
色彩在就餐时对人们的心理影响不容忽视，在餐桌、餐巾、餐椅等色彩的选择上，既要考虑与环境色彩的统一感，又要注意有一定的对比效果，要给人以温馨祥和的气氛，还应具有洁净卫生的意识再配以恰当的照明，以烘托佳肴的“色、香、味”
厨房的色彩
厨房的墙面装饰要结合灯光效果安排，因厨房操作时相对温度较高，为调和这种感觉，墙面一般以冷色为宜，如白色、浅蓝色。另外，厨房的墙面装饰不宜过多，基本餐具应根据空间来合理摆放、挂置，同时也作为装饰厨房墙面的重要因素，这样才能达到较好的装饰效果
书房的色彩
书房色调要求雅致、庄重，给人营造安静的学习氛围。人在这样的环境下才能头脑冷静、注意力集中。因此宜选用灰色、褐灰色、褐绿色、蓝色、浅绿色，同时可用少量字画来增加室内色彩的对比度
卫生间色彩
由于空间有限，卫生间设计只能从原始的布置出发，以干净、易洗为设计宗旨。整体颜色以清新、淡雅为主色调，依据人体工程学来设计规划，使室内的每个狭小空间都能和谐存在

图 1-22　室内功能区色彩分析

1.4　室内设计与照明

室内照明设计是通过对建筑环境的分析，结合室内装潢设计的要求，合理地选择光源和灯具，确定照明设计方案，并通过适当的控制，使灯光环境符合人们的工作、生活等方面的要求，从而满足人们的需求。

1.4.1　室内照明供电的组成

室内供电一般有 5 路组成：照明电路、厨房插座、卫生间插座、空调插座及地插座。接线是并联接线，即总开关出来后分为 5 路，分别接 5 路电的供电端，然后输入到各个插座中，如图 1-23 所示。

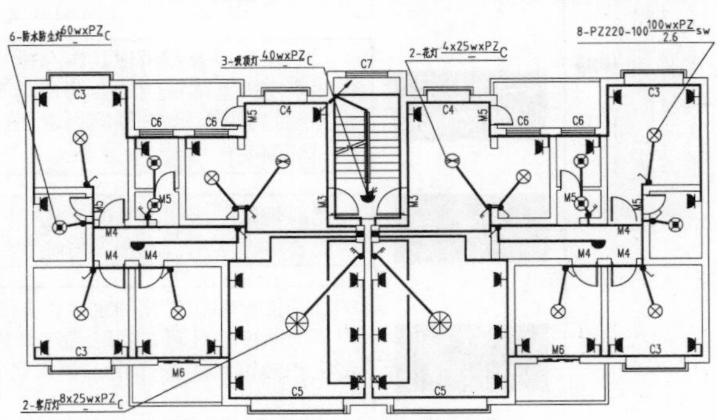

图 1-23　室内照明供电的组成

1.4.2　人工照明设计程序表

在进行室内照明设计时，其人工照明的设计应按照表 1-1 所示进行操作。

表 1-1　人工照明程序表

序　号	照明设计程序	设计步骤和内容
1	明确照明设施的用途和目的	明确环境的性质，如确定为办公室、商场、体育馆等
2	确定适当的照度	根据活动性质、活动环境及视觉条件选择照度标准
3	照明质量	考虑视野内的亮度分布、光的方向性和扩散性、避免眩光

（续）

序　号	照明设计程序	设计步骤和内容
4	选择光源	考虑色光效果及其心理效果，比较发光效率，考虑光源使用时间，考虑灯泡表面温度的影响
5	确定照明方式	根据要求选择照明类型，设计发光顶棚
6	照明器的选择	比较灯具的效率、配光和亮度，灯具的形式和色彩，考虑与室内整体设计的调和
7	照明器布置位置的确定	进行直射照度的计算、平均照度的计算
8	电气设计	电压、光源与照明装置等系统图选择，配电盘的分布、网络布线、导线种类及铺设方法的选择，网络的计算，防护触电的措施等
9	经济及维修保护	核算固定费用与使用费用，采用高效率的光源及灯具，利用天然光，选用易于清扫维护、更换光源的灯具
10	设计时应考虑的方面	与建筑、室内及设备设计师协调，与室内其他设备（如空调、烟雾报警器、音响等）统一

1.4.3 室内照明设计的原则

在进行室内照明设计时，设计师应遵循图 1-24 所示的六大原则。

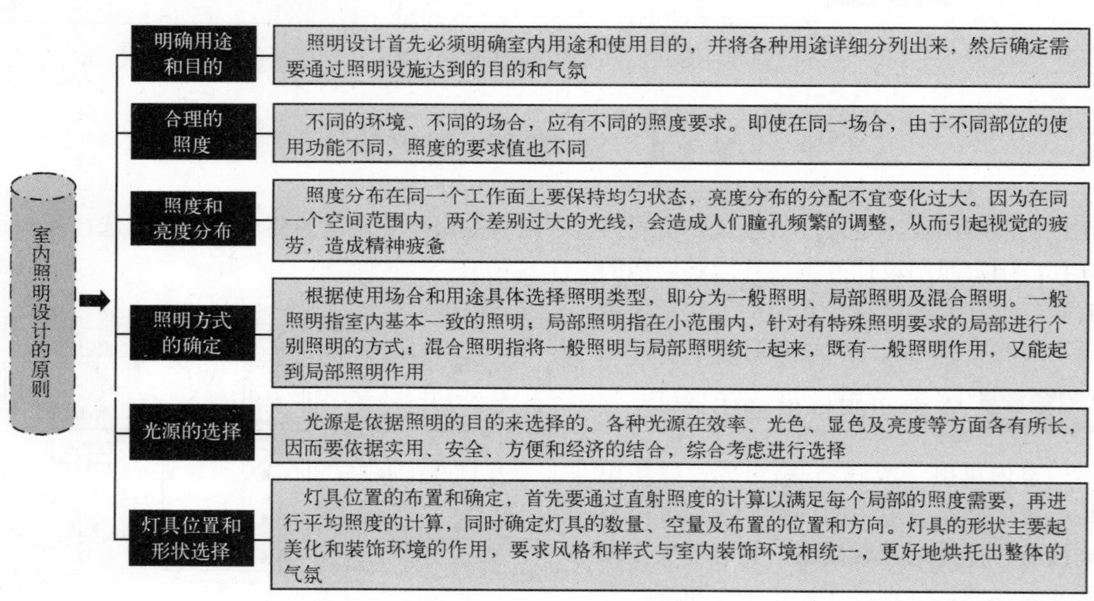

图 1-24　室内照明设计的原则

1.4.4 室内照明方式和种类

在室内照明设计中，根据不同的方式有不同的分类方法，其种类如图 1-25 所示。

图 1-25　室内照明的分类

1.4.5 室内照明的常用灯具

1. 室内常用的光源类型

室内常用的光源类型有很多种，图 1-26 所示为一些经常使用的光源类型灯具。

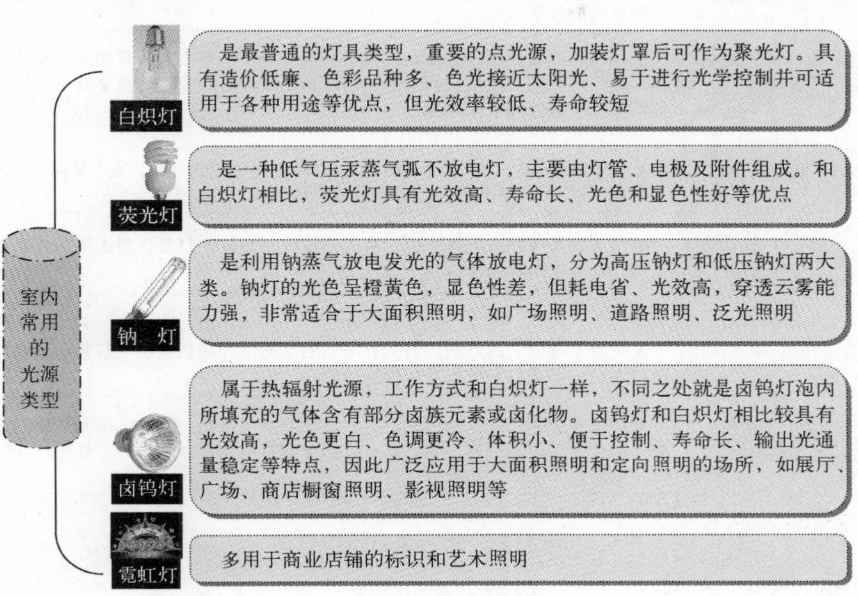

图 1-26 不同种类灯的效果

不同光源类型也应该用在不同的场合和位置，如图 1-27 所示。

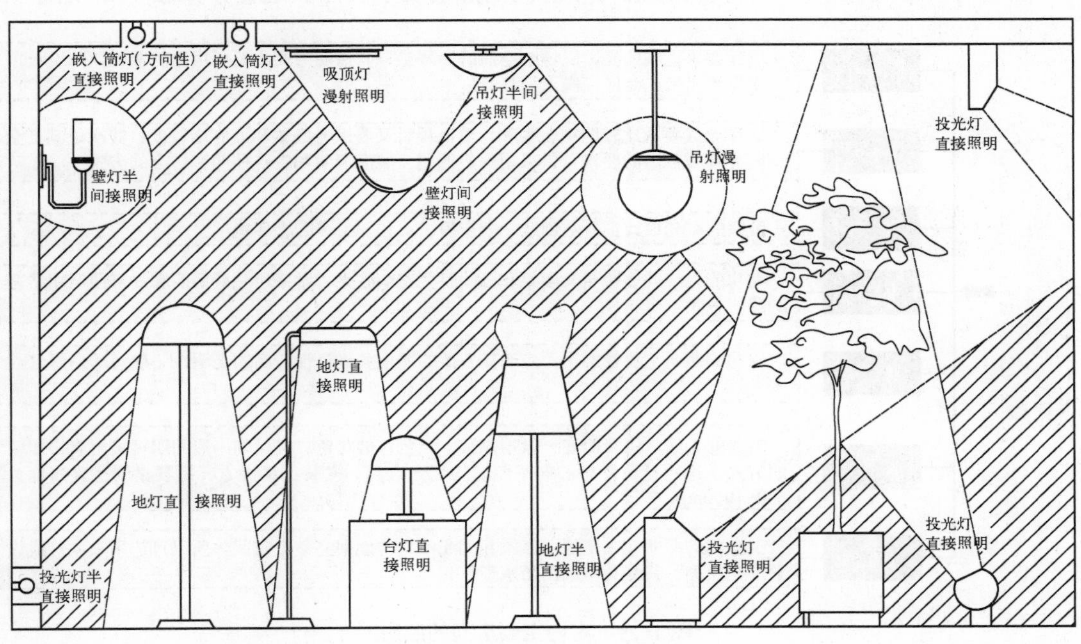

图 1-27 常用光源类型适用的场合与位置

2. 室内常用的照明灯具类型

室内常用的照明灯具类型如图 1-28 所示。

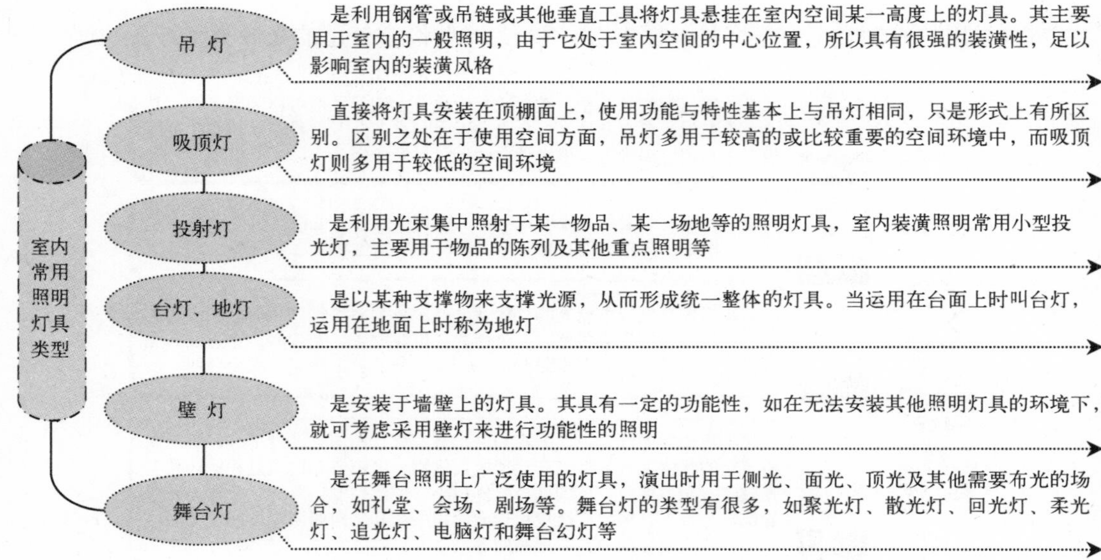

图 1-28　常用照明灯具类型

1.4.6 住宅室内主要房间照明设计

在室内装修过程中，设计师应注意每个房间的照明要求及灯具选择，如图 1-29 所示。

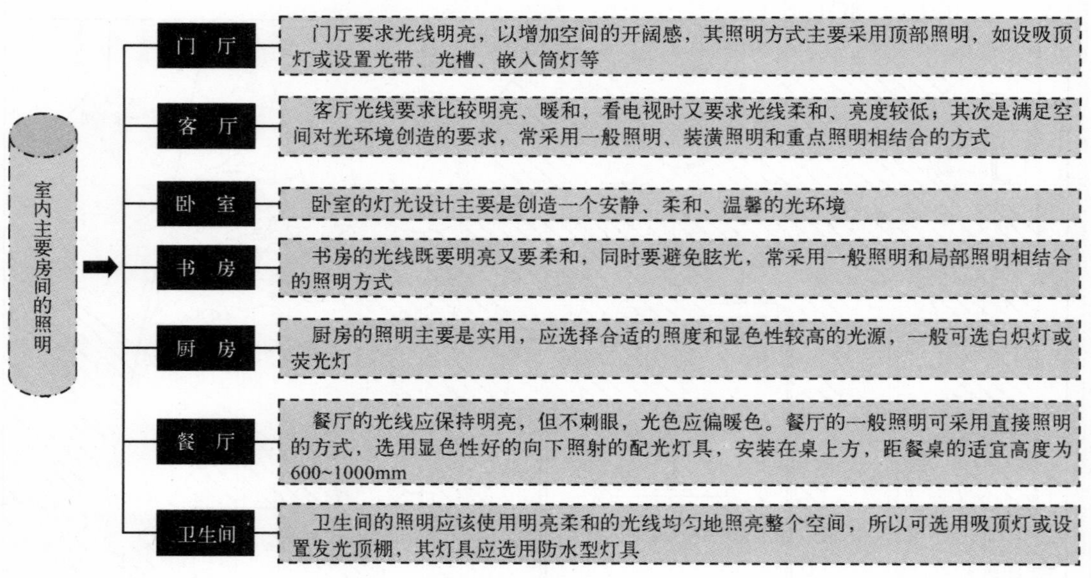

图 1-29　室内主要房间的照明

1.4.7 室内常用电气元件图形符号

在进行室内装潢的电气设计过程中，需要布置一些电气符号来表示相应的元件。AutoCAD 2016 中常用室内电气元件图形符号如表 1-2 所示。

表 1-2 常用室内电气元件图形符号

符号	名称	符号	名称	符号	名称
	墙面单座插座（距地300mm）	FW	服务呼叫开关	TL	台灯插座（距地300mm)
	地面单座插座	JJ	紧急呼叫开关	RF	冰箱插座（距地300mm)
WS	壁灯	YY	背景音乐开关	SL	落地灯插座（距地300mm)
	台灯		筒灯/根据选型确定直径尺寸	SF	保险箱插座（距地300mm)
喷淋 下喷 上喷 侧喷			草坪灯		客房插卡开关
	烟感探头		直照射灯		三联开关
	顶棚扬声器		可调角度射灯		二联开关
D	数据端口		洗墙灯		一联开关

符号	名称	符号	名称	符号	名称	名称
T	电话端口		防雾筒灯		温控开关	600×600格栅灯
TV	电视端口		吊灯/选型		五孔插座	
F	传真端口		低压射灯		电视插座	
	风扇		地灯		网络插座	600×1200格栅灯
LCP	灯光控制板		灯槽	F	火警铃	
T	温控开关		吸顶灯	DB	门铃	300×1200格栅灯
CC	插卡取电开关	A/C A/C	下送风口/侧送风			
DND	请勿打扰指示牌开关	A/R A/R	下回风口/侧回风			排风扇
SAT	人造卫星信号接收器插座	A/C A/C	下送风口/侧送风			
MS	微型开关	A/R A/R	下回风口/侧回风			XHS 消火栓
SD	调光器开关	开关 单联 双联 三联				照明配电箱

MR 剃须插座（距地1250mm） HR 吹风机插座（距地1250mm） HD 烘手器插座（距地1400mm）

提示：该表中的电气符号见光盘“案例\01”文件夹下面的“常用室内电气元件符号.dwg”文件，当用户需要使用这些电气元件符号时，打开此文件并进行复制即可；也可将其指定的图形符号保存为单独的图块对象，然后插入图块对象即可。

第2章 室内现场测量与材料预算

本章导读

在其他同类图书中，有关室内设计测量方面的内容由于较难常常都被避开不讲，而这一环节又是设计时必须进行的。现场测量记录和进行后续装饰时的各种材料的计算，都需要有合理的测量方式和面积估算，否则就达不到需要的目标。

本章除讲解了室内设计现场勘测的工具和测量方法外，还讲解了室内设计中常用的材料种类和规格等，另外还对室内工程量的计算和预算表的编制进行了简单讲解。

学习目标

- 掌握现场测量的方法和步骤
- 掌握常用材料的分类和规格尺寸
- 掌握室内工程量的计算方法
- 掌握家装工程预算表的编制

预览效果图

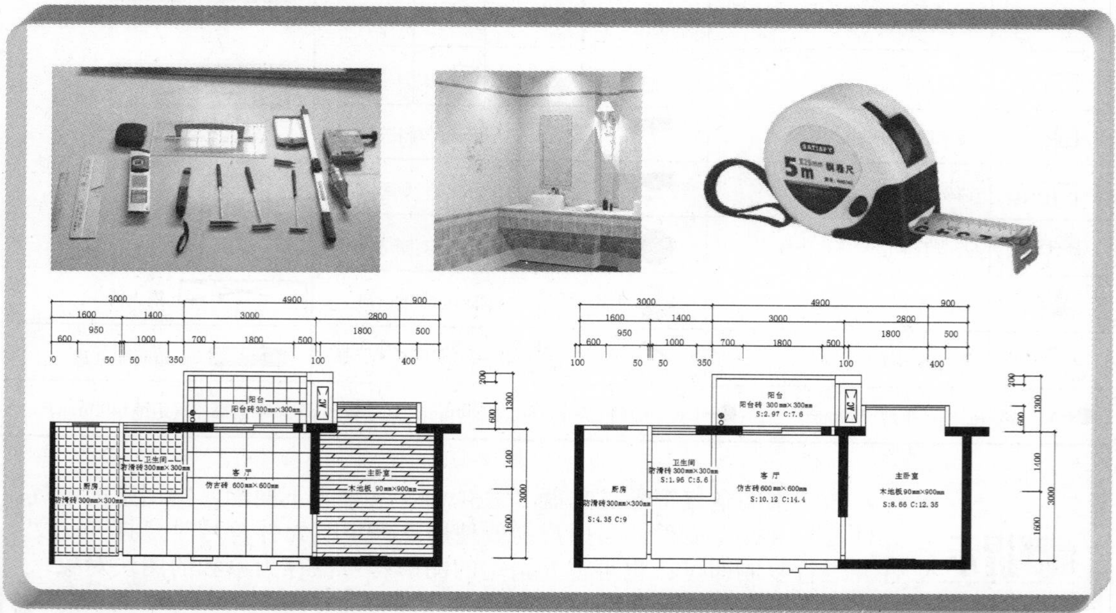

2.1 室内现场勘测方法

放样图形有许多种方法，其中现场丈量的方法使用较多，由于所遇到房屋的状况、格局多样且多变，因此以现场丈量须知流程加以说明。

2.1.1 现场测绘方法和测量工具

现场勘测又可以分为现场测绘、现场调查等，下面说明如何进行测绘和调查。

1. 现场测绘

现场测绘是前期设计准备工作中十分重要的环节。土建施工图是着手进行室内装修设计的必备资料，设计师根据土建施工图可以了解建筑空间的内部结构和其他相关设备的安装情况。同时，设计者除了要仔细阅读和分析图样建立的空间概念外，在着手室内装修设计前应前往工地现场实地勘测，并进行全面、系统的调查分析。

在现场测绘时，一般应掌握图 2-1 所示的测绘要点。

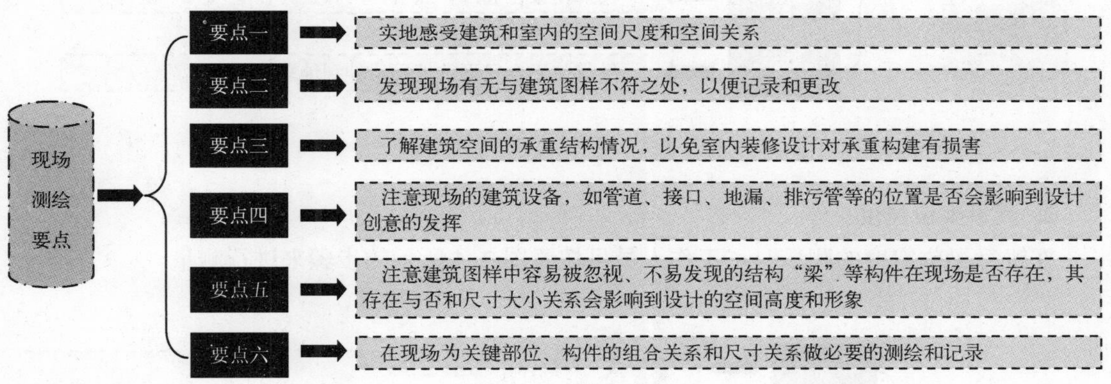

现场测绘要点
要点一
实地感受建筑和室内的空间尺度和空间关系
要点二
发现现场有无与建筑图样不符之处，以便记录和更改
要点三
了解建筑空间的承重结构情况，以免室内装修设计对承重构建有损害
要点四
注意现场的建筑设备，如管道、接口、地漏、排污管等的位置是否会影响到设计创意的发挥
要点五
注意建筑图样中容易被忽视、不易发现的结构“梁”等构件在现场是否存在，其存在与否和尺寸大小关系会影响到设计的空间高度和形象
要点六
在现场为关键部位、构件的组合关系和尺寸关系做必要的测绘和记录

图 2-1 现场测绘要点

2. 工程项目实地尺寸测量工具

工程项目实地尺度测量的内容主要包括建筑室内的长度和宽度（开间和进深）、层高、梁、门窗、柱子和管道的尺寸和位置等。专业的测量工具一般有水平仪、水平尺、卷尺、90° 角尺、量角器、测距轮、激光测量仪等，如图 2-2 所示。在测量时，除了基

图 2-2 房屋测绘工具

本工具（白纸、铅笔、圆珠笔、橡皮擦等）外，还可以借助数码相机或摄像机等进行辅助拍摄。

2.1.2 室内净高和梁位尺寸的测量

使用卷尺可以测量房门的宽度、室内净高、墙体宽度、窗尺寸等所有设计中需要用到的尺寸。

1. 测量室内净高的位置

室内净高是指楼面或地面至上部楼板底面或吊顶底面之间的垂直距离。净高和层高的关系可以用公式来表示：净高=层高−楼板厚度，即层高和楼板厚度的差称为“净高”。

在测量室内净高时，可按照图 2-3 所示的方法来进行测量。

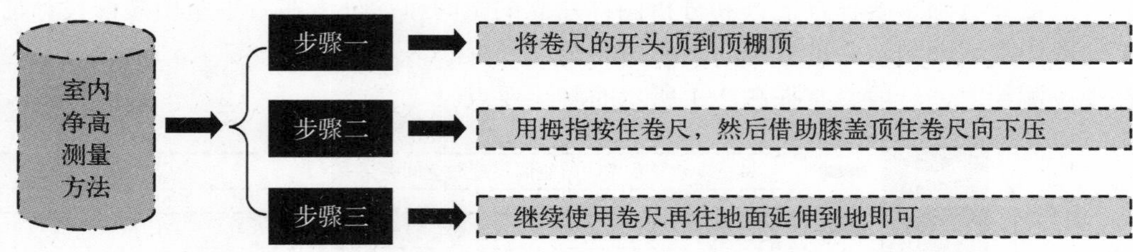

图 2-3　室内净高的测量方法

2. 测量梁位宽度

在进行梁位宽度的测量时，工作人员可按照图 2-4 所示的步骤来进行测量。

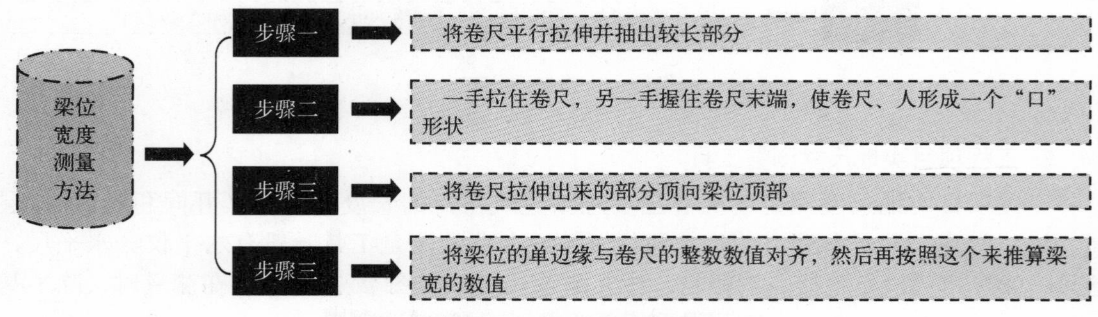

图 2-4　梁位宽度的测量方法

2.1.3 房屋尺寸的测量要点

在测量房屋尺寸时，应使用 7.5m 长的钢卷尺或专用量房仪，并且要精确到毫米（mm）。在实际操作中，可以采用自己认为最方便快捷的方法，但无论采用哪种方式，都要把握图 2-5 所示的 10 个要点。

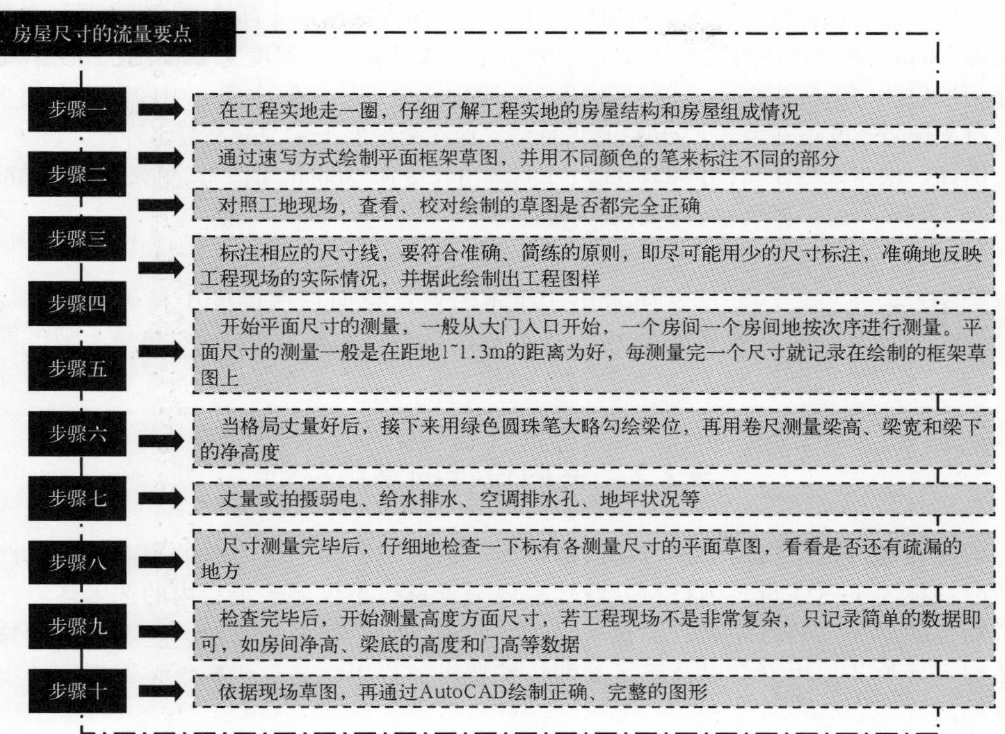

图 2-5 房屋测量要点

2.1.4 房屋面积的测算方法

房屋面积测算是指水平面积测算。房屋面积的测算对后期的设计和预算相当关键。

1. 房屋面积的分类

房屋面积测算包括建筑面积、使用面积、产权面积和房屋共有建筑面积等。表 2-1 所示为房屋面积计算表。

表 2-1 房屋面积的分类与计算方法

分 类	说 明	计 算 方 法	备 注
建筑面积	指房屋外墙（柱）勒脚以上各层的外围水平投影面积	包括阳台、挑廊、地下室、室外楼梯等具有上盖、结构牢固、层高 2.20m 以上（含 2.20m）的永久性建筑	
使用面积	指房屋户内全部可供使用的空间净面积的总和	按房屋的内墙面水平投影计算	
产权面积	指产权主依法拥有房屋所有权的房屋建筑面积		房屋产权面积由直辖市、市、县房地产行政主管部门登记确权认定
房屋共有建筑面积	各产权主共同占有或共同使用的建筑面积		

2. 房屋使用面积的测算方法

对房间内部丈量所得到的尺寸，是房间轴线尺寸减去墙体厚度和抹面厚度的尺寸，不可以作为面积外的尺寸。也就是说，依照那个尺寸算出的面积并非使用面积。

使用面积是按轴线尺寸除去布局厚度尺寸的房间内部尺寸计算的。一般来讲，砖墙布局厚度为 24cm，寒冷地区外墙结构厚度为 37cm；混凝土墙布局厚度为 20cm 或 16cm；非承重墙布局厚度为 12cm、10cm、8cm 不等。一般轴线位于墙体的中间，中间两侧各为半个墙厚；白灰抹面厚度正常为 2～3cm；其丈量位置放在距地面 1～1.2m 高处。

例如，根据混凝土房间内部轴线尺寸测量出长度为 360cm 时，其测算结果为 360-20-2.5×2=335cm，而计算尺寸以 340cm 为准。

尺寸偏差如果在几厘米之内，说明抹灰厚度不精确、不平均，一般不影响轴线尺寸和房间内部尺寸；如果偏差≥20cm，则可能有问题。

2.2 室内设计的常用材料

室内装饰材料是指用于建筑物内部墙面、顶棚、柱面、地面等的罩面材料。严格地说，应当称为室内建筑装饰材料。现代室内装饰材料不仅能改善室内的艺术环境，使人们得到美的享受，同时还兼有隔热、防潮、防火、吸声等多种功能，起着保护建筑物主体结构、延长其使用寿命以及满足某些特殊要求的作用，是现代建筑装饰不可缺少的一类材料。

2.2.1 室内装饰的基本要求和装饰功能

室内装饰的艺术效果主要由材料及做法的质感、线型及颜色 3 方面因素构成，即常说的建筑物饰面的三要素，这也可以说是对装饰材料的基本要求，如图 2-6 所示。

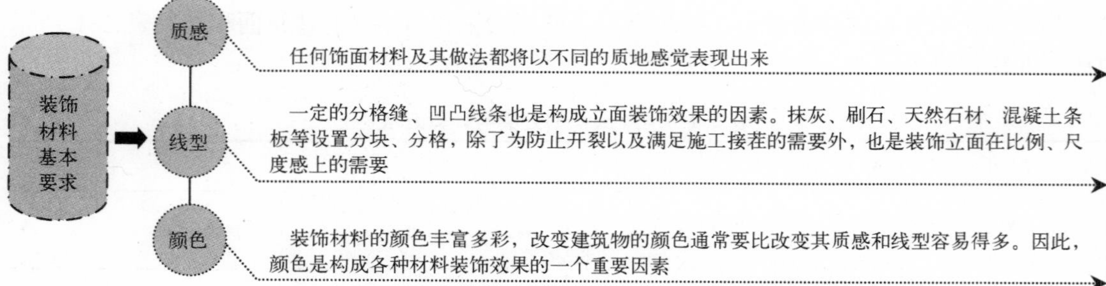

图 2-6 建筑物饰面的三要素

装饰材料主要起到对室内的装饰作用，主要包括内墙装饰功能、顶棚装饰功能、地面装饰功能等，如图 2-7 所示。

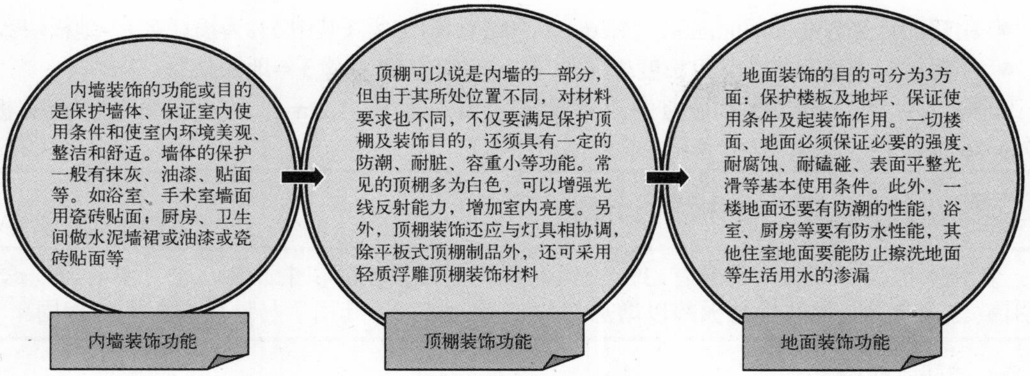

内墙装饰的功能或目的是保护墙体、保证室内使用条件和使室内环境美观、整洁和舒适。墙体的保护一般有抹灰、油漆、贴面等。如浴室、手术室墙面用瓷砖贴面；厨房、卫生间做水泥墙裙或油漆或瓷砖贴面等

内墙装饰功能

顶棚可以说是内墙的一部分，但由于其所处位置不同，对材料要求也不同，不仅要满足保护顶棚及装饰目的，还须具有一定的防潮、耐脏、容重小等功能。常见的顶棚多为白色，可以增强光线反射能力，增加室内亮度。另外，顶棚装饰还应与灯具相协调，除平板式顶棚制品外，还可采用轻质浮雕顶棚装饰材料

顶棚装饰功能

地面装饰的目的可分为3方面：保护楼板及地坪、保证使用条件及起装饰作用。一切楼面、地面必须保证必要的强度、耐腐蚀、耐磕碰、表面平整光滑等基本使用条件。此外，一楼地面还要有防潮的性能，浴室、厨房等要有防水性能，其他住室地面要能防止擦洗地面等生活用水的渗漏

地面装饰功能

图 2-7　装饰材料的装饰功能

2.2.2 室内常用装饰材料规格及计算

在进行室内装饰的过程中，少不了用到一些装饰材料，每种材料有不同的规格及计算方法。

1. 实木地板

常见规格有 900mm×90mm×18mm、750mm×90mm×18mm 和 600×90×18mm，如图 2-8 所示。

- 粗略的计算方法：房间面积÷地板面积×1.08=使用地板块数。
- 精确的计算方法：（房间长度÷地板长度）×（房间宽度÷地板宽度）=使用地板块数。

以长 5m、宽 3m 的房间为例，选用 900mm×90mm×18mm 规格的地板，房间长 5m÷板长 0.9m=6 块；房间宽 3m÷板宽 0.09m=34 块；长 6 块×宽 34 块=用板总量 204 块。但实木地板铺装中通常会有 5%～8%的损耗。

专业技能 木地板的施工方法

木地板的施工方法主要有架铺、直铺和拼铺 3 种，但表面木地板数量的核算都相同，只需将木地板的总面积再加上 8%左右的损耗量即可。但架铺地板在核算时还应对架铺用的大木方条和铺基面层的细木工板进行计算。核算这些木材可从施工图上找出其规格和结构，然后计算其总数量。如施工图上没有注明其规格，可按常规方法计算数量。架铺木地板常规使用的基座大木方条规格为 60mm×80mm、基层细木工板规格为 20mm，大木方条的间距为 600mm。每 100m^2 架铺地板需大木方条 0.94m^3、细木工板 1.98m^3。

2. 复合地板

常见规格有 900mm×90mm×18mm、750mm×90mm×18mm 和 600mm×90mm×18mm，如图 2-9 所示。

图 2-8　实木地板贴图

图 2-9　复合地板贴图

- 粗略的计算方法：地面面积/（1.2m×0.19m）×105%（其中 5%为损耗量）=地板块数。
- 精确的计算方法：（房间长度/板长）×（房间宽度/板宽）=地板块数。

以长 5m、宽 3m 的房间为例：房间长 5m÷板长 1.2m=5 块；房间宽 3m÷板宽 0.19m=16 块；长 5 块×宽 16 块=用板总量 80 块。

专业技能 复合地板的计算

复合木地板在铺装中常会有 3%～5%的损耗，如果以面积来计算，千万不要忽视这部分用量。它通常采用软性地板垫以增加弹性，减少噪声，其用量与地板面积大致相同。

3．涂料乳胶漆

涂料乳胶漆的包装基本分为 5L 和 15L 两种规格，如图 2-10 所示。

以家庭中常用的 5L 容量为例，5L 的理论涂刷面积为两遍 35m^2。

- 粗略的计算方法：地面面积×2.5÷35=使用桶数。
- 精确计算方法：（长+宽）×2×房高=墙面面积长×宽=顶面面积。

（墙面面积+顶面面积-门窗面积）÷35=使用桶数。

以长 5m、宽 3m、高 2.6m 的房间为例，室内的墙、顶涂刷面积计算为：墙面面积为（5m+3m）×2×2.6m=41.6m^2；顶面面积为（5m×3m）=15m^2；涂料量为（41.6+15）÷35 平方米=1.4 桶。

专业技能 木门漆的选择

油漆是木门选择中必须考虑的因素之一，它直接影响着质感、手感、防潮、环保、耐久、耐黄变等问题。选择木门漆要做到以下几点：

一是看、模漆膜的丰满程度。漆膜丰满，说明油漆的质量好，聚合力强，对木材的封闭好，同时说明喷漆工序比较完善，不会有偷工减料的嫌疑。

二是站到门的斜侧方找到门面的反光角度，看看表面的漆膜是否平整，橘皮现象是否明显，有没有突起的细小颗粒。

三是问问油漆的种类，目前市场上 90%的套装木门使用聚酯漆，少数厂家采用 PU 漆。一般来说，聚酯漆和 PU 漆都要经过着色、三底两面等 6 道工序。PU 漆的优点是易打磨，加工过程省时省力。

4．地砖

常见地砖规格有 600mm×600mm、500mm×500mm、400mm×400mm 和 300mm×300mm，如图 2-11 所示。

图 2-10　涂料乳胶漆

图 2-11　地砖拼图效果

- 粗略的计算方法：房间面积÷地砖面积×1.1=用砖数量。
- 精确的计算方法：（房间长度÷砖长）×（房间宽度÷砖宽）=用砖数量。

以长 3.6m、宽 3.3m 的房间，采用 300mm×300mm 规格的地砖为例：房间长 3.6m÷砖长 0.3m=12 块；房间宽 3.3m÷砖宽 0.3m=11 块；长 12 块×宽 11 块=用砖总量 132 块。

专业技能 地面地砖的计算

地面地砖在核算时，考虑到切截损耗和搬运损耗，可加上 3% 左右的损耗量。铺地面地砖时，每平方米所需的水泥和砂要根据原地面的情况来定。通常在地面铺水泥砂浆层，其每平方米需普通水泥 12.5kg，中砂 34kg。

5．地面石材

地面石材耗量与瓷砖大致相同，只是地面砂浆层稍厚。在核算时，考虑到切截损耗和搬运损耗，可加上 1.2% 左右的损耗量。铺地面石材时，每平方米所需的水泥和砂要根据原地面的情况来定。通常在地面铺 15mm 厚水泥砂浆层，其每平方米需普通水泥 15kg，中砂 $0.05m^3$。

专业技能 石材的分类和特点

石材是一种高档建筑装饰材料，有天然石材和人造石材之分。目前市场上常见的石材主要有大理石、花岗石、水磨石、合成石 4 种，后两者是人工制成，强度没有天然石材高。

装修用的天然石材以大理石和花岗石为主。花岗石的特点是硬度大，耐压、耐炎、耐腐蚀，自重较大；相对于花岗石来讲，大理石色彩丰富，纹理清晰，多用于高档的装饰工程中，但大理石的硬度较低、容易断。

6．墙面砖

对于复杂墙面和造形墙面，应按展开面积来计算。每种规格的总面积计算出后，再分别除以规格尺寸，即可得各种规格板材的数量（单位是块）。最后加上 1.2% 左右的损耗量。墙面砖贴图效果如图 2-12 所示。

图 2-12　墙面砖效果

瓷砖的品种规格有很多，在核算时，应先从施工图中查出各种品种规格瓷片的饰面位置，再计算各个位置上的瓷片面积。然后将各处相同品种规格的瓷片面积相加，即可得各种瓷片的总面积，最后加上 3% 左右的损耗量。

一般墙面用普通工艺镶贴各种瓷片，每平方米需普通水泥 11kg、中砂 33kg、石灰膏 2kg。柱面上用普通工艺镶贴各种瓷片需普通水泥 13kg、中砂 27kg、在灰膏 3kg。

墙面镶贴瓷片时，水泥中常加入 107 胶水。用这种方法镶贴墙面，每平方米需普通水泥 12kg、中砂 13kg、107 胶水 0.4kg。如用这种方法镶贴柱面，每平方米需普通水泥 14kg、中砂 15kg、107 胶水 0.4kg。

7．墙纸

常见墙纸规格为每卷长 10m，宽 0.53m，如图 2-13 所示。

图 2-13　墙纸效果

- 粗略计算方法：地面面积×3=墙纸的总面积÷（0.53×10）=墙纸的卷数。
- 精确的计算方法：墙纸总长度÷房间实际高度=使用的分量数÷使用单位的分量数=使用墙纸的卷数。

因为墙纸规格固定，在计算它的用量时，要注意墙纸的实际使用长度，通常要以房间的实际高度减去踢角板以及顶线的高度。

另外房间的门、窗面积也要在使用的分量数中减去。

这种计算方法适用于素色或细碎花的墙纸。墙纸的拼贴中要考虑对花，图案越大，损耗越大，因此要比实际用量多买 10%左右。

专业技能 贴墙纸的注意事项

第一，铺贴墙壁纸绝对不可以在空气湿度高于 85%且温度变化剧烈的时候进行，更不可以在潮湿的墙壁面上施工。

第二，准备贴墙壁纸的墙壁面必须平整干燥、无污垢浮尘。在铺装壁纸之前，最好在墙上先涂一层聚酯油漆以便防潮防霉。

第三，粘贴墙壁纸时溢出的胶粘剂液，应随时用干净的毛巾擦干净，尤其是接缝处的胶痕要处理干净。

第四，施工人员的手和工具也要保持高度清洁，如沾有污渍，应及时用肥皂水或清洁剂清洗干净。

第五，铺贴后，白天应开门窗保持通风，晚上要关闭门窗，防止潮气进入，同时也要防止刚贴上墙面的壁纸被风吹得松动，影响粘贴的牢固程度。

8．窗帘

普通窗帘多为平开帘，计算窗帘用料前，首先要根据窗户的规格来确定成品窗帘的大小。成品帘要盖住窗框左右各 0.15m，并且打两倍褶，安装时窗帘要离地面 1～2cm。如图 2-14 所示。

- 计算方法：（窗宽+0.15×2）×2=成品帘宽度÷布宽×窗帘高=窗帘所需布料。
- 窗帘帘头计算方法：帘头宽×3 倍褶÷1.50m 布宽=幅数，（帘头高度+免边）=所需布料米数假如窗帘帘头宽 1.92m×0.48m，用料米数为 1.92m×3 倍÷1.50m=3.84，即 4 幅布，4×（0.48+0.2m）=2.72m。

专业技能 窗帘的选择

（1）布艺要统一配套才好看。窗帘的整体款式与其层次、长度、开启方式以及配件装饰有关。对色彩、纹理和质地要有完整的考虑。如果窗帘没有紧靠家具，可以做成落地帘，营造整体性，显得华丽。

（2）选杆还得看承重。塑料杆易老化，铝合金杆承重能力较差、不耐磨，皮胶易开裂；铁制杆后期易掉漆；只有纯不锈钢杆属最优，但价格不菲。挂杆的帘头和布是缝在一起的，改轨道后可把帘头改成单独装的，方便日后拆洗，还可以实现三层窗帘（帘头+窗纱+布），且效果较挂杆更佳。

（3）配件比布贵。布料只占整幅窗帘造价的 1/3，还有 2/3 为配件花费，如轨道、堵头、滑轮、挂钩及配带、花边、拉绳等。想要省钱的最好方法就是和店家讲价，尽量节省布料的花费。

9．木线条

木线条的主材料即为木线条本身（见图 2-15），核算时将各个面上木线条按品种规格分别计算。所谓按品种规格计算，即把木线条分为压角线、压边线和装饰线 3 类，其中又为分角线、半圆线、指甲线、凹凸线、波纹线等品种，每个品种又可能有不同的尺寸。计算时就是将相同品种和规格的木线条相加，再加上损耗量。一般对线条宽 10～25mm 的小规格木线条，其损耗量为 5%～8%；宽度为 25～60mm 的大规格木线条，其损耗量为 3%～5%。对一些较大规格的圆弧木线条，因为需要定做或特别加工，所以一般都需要单项列出其半径尺寸和数量。

图 2-14 窗帘效果

图 2-15 木线条效果

木线条的辅助材料是钉和胶。如用钉松来固定，每 100m 木线条需 0.5 盒，小规格木线条通常用 20mm 的钉枪钉。如用普通铁钉（俗称 1 寸圆钉），每 100m 需 0.3kg 左右。木线条的粘贴用胶，一般为白乳胶等，每 100m 木线条需用量为 0.4～0.8kg。

2.3 工程量的计算方法

客户与设计师沟通完之后，就进入了量房预算阶段，客户带设计师到新房内进行实地测量，对房屋的各个房间的长、宽、高及门、窗、暖气的位置进行逐一测量，但要注意房屋的现况是对报价有影响的，同时，量房过程也是客户与设计师进行现场沟通的过程，设计师可根据实地情况提出一些合理化建议，与客户进行沟通，为以后设计方案的完整性作出补充。

2.3.1 影响工程量计算的因素

装修户的住房状况对装修施工报价也影响甚大，这主要包括图 2-16 所示的几个方面。

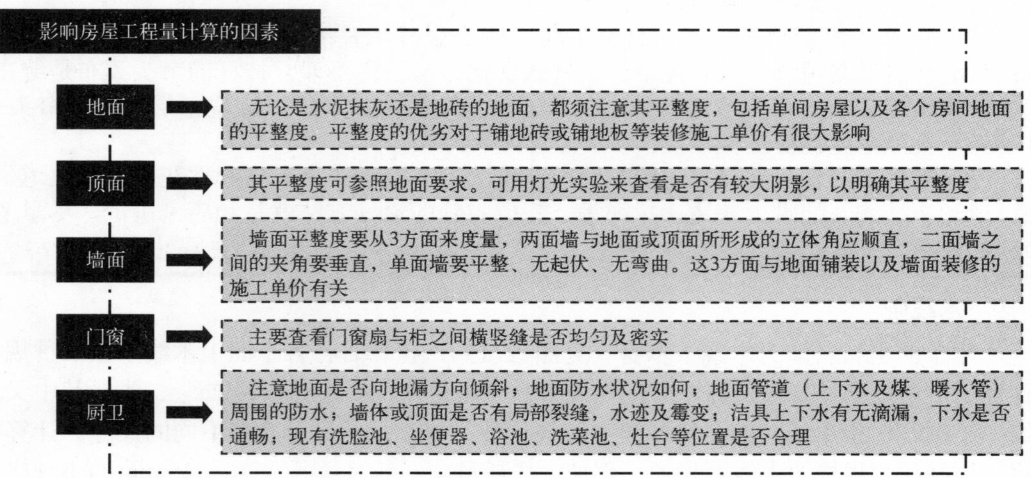

图 2-16　影响房屋工程量计算的因素

2.3.2 楼地面工程量的计算

楼地面工程量的计算包括整体面层、块料面层、橡塑面积等，下面简要说明如何计算，图 2-17 所示为某室内装修平面图。

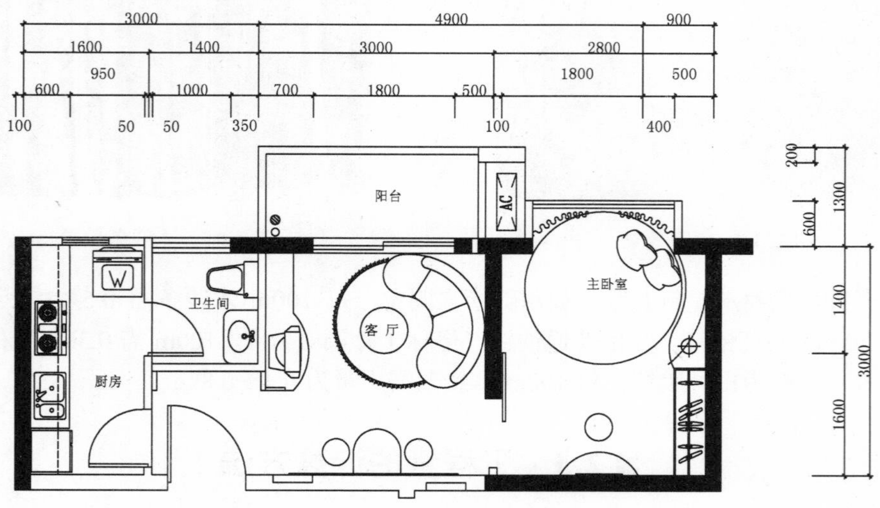

图 2-17　平面图效果（单位：mm）

1．整体面层

包括水泥砂浆地面、现浇水磨石楼地面，按设计图示尺寸以面积计算。应扣除凸出地面构筑物、设备基础、地沟等所占面积，不扣除柱、垛、间壁墙、附墙烟囱以及面积在 0.3m^2 以内的空洞所占的面积，但门洞、空圈、暖气包槽的开口部分亦不增加，以平方米为单位。

木地板的计算是木地板的长度×宽度，图 2-18 所示为地面材质图。

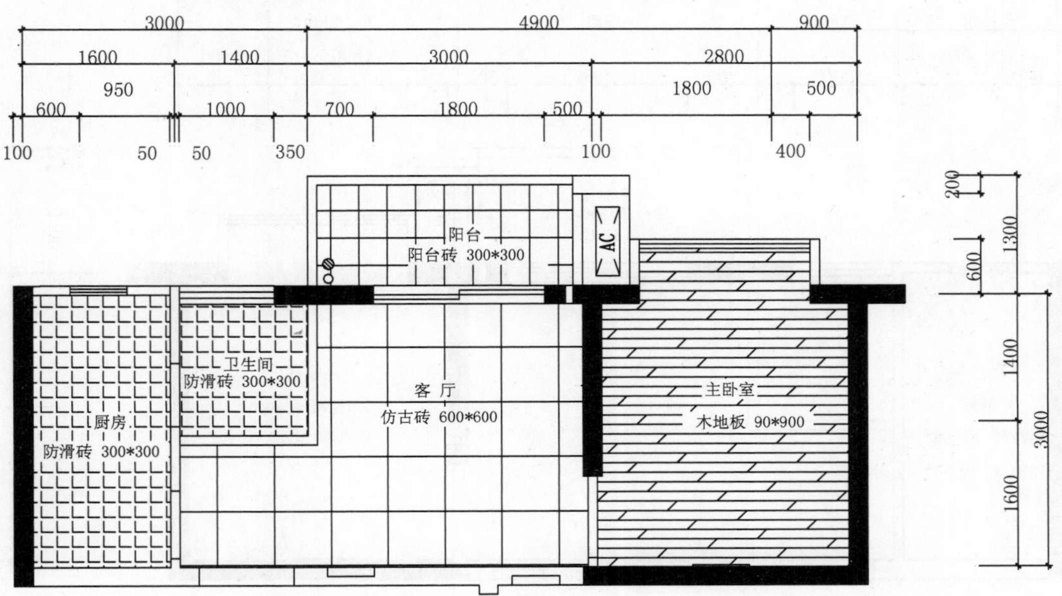

图 2-18 地面材质图效果（单位：mm）

2．块料和橡塑的计算方法

包括天然石材楼地面、块料楼地面，按设计图纸尺寸面积计算，不扣除 0.1m^2 以内的孔洞所占面积。

3．敷设地毯计算方法

包括敷设的地毯、防静电活动地板等，按设计图纸尺寸面积计算，不扣除 0.1m^2 以内的孔洞所占面积。

4．安装踢脚板计算方法

踢脚板，如水泥砂浆踢脚板、石材踢脚板等，按设计图纸尺寸面积计算，不扣除 0.1m^2 以内的孔洞所占面积。

楼梯装饰按设计图纸尺寸以楼梯（包括踏步、休息平台和 500mm 以内的楼梯井）水平投影面积计算，如楼梯敷设地毯。

踢脚板砂浆打底和墙柱面抹灰不能重复计算。

5. 其他零星装饰

其他零星装饰按设计图纸尺寸以面积计算，如天然石材零星项目、小面积分散的楼地面装饰等。详细计算方法如图 2-19 所示，并进行表 2-2 所示的计算。

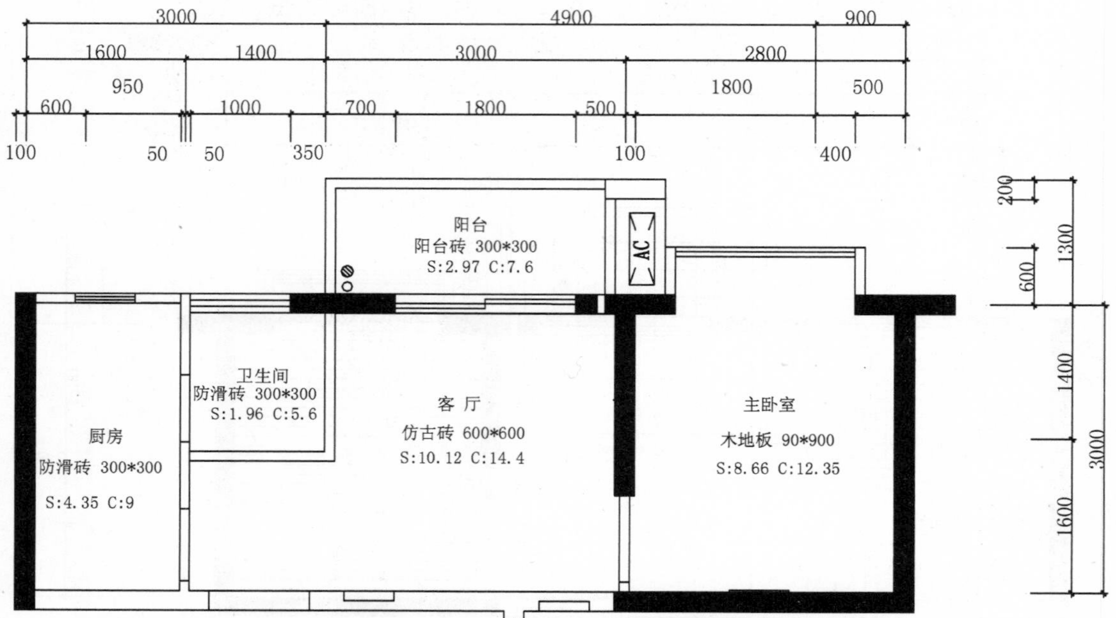

图 2-19 面积统计图（单位：mm）

表 2-2 工程量计算表

序号	项目符号	备 注	单位	工 程 量
1	客厅，600mm×600mm 仿古砖	铺砖面积为 10.12m^2，损耗 5%	m^2	10.12×105%=10.626，10.626/〔（0.6+0.002）×（0.6+0.002）〕=29.32，取 30 块
2	阳台，300mm×300mm 阳台砖	铺砖面积为 2.97m^2，损耗 5%	m^2	2.97×105%=3.118，3.118/〔（0.3+0.002）×（0.3+0.002）〕=32.26，取 33 块
3	厨房，300mm×300mm 防滑砖	铺砖面积为 4.35m^2，损耗 5%	m^2	4.35×105%=4.5675，4.5675/〔（0.3+0.002）×（0.3+0.002）〕=47.26，取 48 块
4	卫生间，300mm×300mm 防滑砖	铺砖面积为 1.96m^2，损耗 5%	m^2	1.96×105%=1.68，1.68/〔（0.3+0.002）×（0.3+0.002）〕=17.38，取 18 块
5	主卧室，900mm×90mm 复合地板	铺地板面积为 8.66m^2，损耗 5%	m^2	8.66×105%=9.093，9.093/0.9×0.09=112.25，取 113 块

2.3.3 顶棚工程量的计算

顶棚工程包括客厅、厨房的吊顶以及阳台等位置的顶棚抹灰、涂料刷白等，如图 2-20 所示。

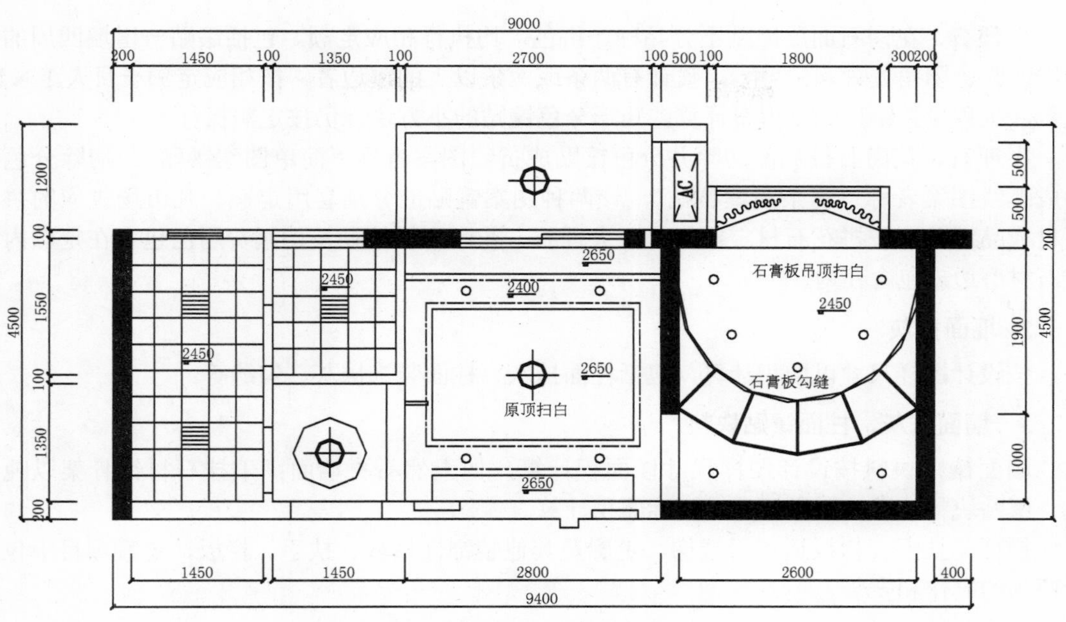

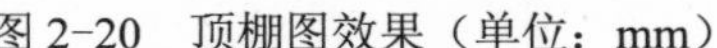
图 2-20　顶棚图效果（单位：mm）

1．客厅顶棚

客厅顶棚按设计图示尺寸以面积计算，不扣除间壁墙、垛、柱、附墙烟囱、检查口和管道所占的面积。带梁的顶棚、梁两侧抹灰面积并入顶棚内计算；板式楼梯地面抹灰按斜面积计算；锯齿形楼梯底板按展开面积计算。

2．顶棚装饰

灯带按设计图示尺寸框外围面积计算，送风口、回风口按图示规定数量计算（单位：个）；采光玻璃顶棚，按图 2-20 所示尺寸框外围水平投影面积计算。

3．顶棚和天花吊顶

按图示尺寸以面积计算，顶棚面中的灯槽、跌级、锯齿形等展开增加的面积不另计算。不扣除间壁墙、检查口和管道所占的面积，应扣除 0.3m^2 以上的孔洞、独立柱和顶棚相连的窗帘盒所占的面积。天棚饰面的面积按净面积计算，但应扣除独立柱、0.3m^2 以上的灯饰面积（石膏板、夹板天棚面层的灯饰面积不扣除）与天棚相连接的窗帘盒面积。

2.3.4 墙柱面工程量计算

墙柱面的工程量主要是墙面抹灰、柱面的抹灰计算等。

1. 墙面抹灰和镶贴

按设计图样和垂直投影面积计算，以平方米为单位。外墙按外墙面垂直投影面积计算，内墙面抹灰按室内地面大顶棚底面计算，应扣除门窗洞口和 0.3m^2 以上的孔洞所占面积。内墙抹灰不扣除踢脚板、挂镜线和 0.3m^2 以内的孔洞和墙与构件交接处的面积，但门窗洞口、孔洞的侧壁面积也不能增加。

大理石、花岗石面层镶贴不分品种、拼色，均执行相应定额。包括镶贴一道墙四周的镶边线（阴、阳角处含 45° 角），设计有两条或两条以上的镶边者，按相应定额子目人工×1.1 系数，工程量按镶边的工程量计算。矩形分色镶贴的小方块，仍按定额执行。

大理石、花岗石板局部切除并分色镶贴成折线图案者称“简单图案镶贴”。切除分色镶贴成弧线图案者称“复杂图案镶贴”，该两种图案镶贴应分别套用定额。凡市场供应的拼花石材成品铺贴，按拼花石材定额执行。大理石、花岗岩板镶贴及切割费用已包含在定额内，但石材磨边未包含在内。

2. 墙面抹灰

按设计图样尺寸以面积计算，包括柱面抹灰、柱面装饰抹灰、勾缝等。

3. 墙面抹灰、柱面镶贴块料

墙面镶贴块料按设计图样尺寸以面积计算，如天然石材墙面；干挂石材钢骨架以吨计算。镶贴块料按设计图样尺寸以实际面积计算。

栏杆、扶手、栏板适用于楼梯、走廊及其他装饰性栏杆、扶手、栏板，定额项目中包含了弯头的制作和安装。

4. 装饰墙面、柱饰面

按图样设计，以墙净长乘以净高来计算，扣除门窗洞口和 $0.3m^2$ 以上的孔洞所占面积。

2.3.5 门窗、油漆和涂料工程的计算

1. 窗口工程的计算

按设计规定数量计算，计量单位为框，包括木门、金属门等。

门窗套按设计图样尺寸展开面积计算。窗帘盒、窗帘轨、窗台板按设计图样尺寸以长度计算。门窗五金安装按设计数量计算。

门窗工程分为购入构件成品安装，铝合金门窗制作安装，木门窗框、扇制作安装，装饰木门扇和门窗五金配件安装等 5 部分。

购入成品的各种铝合金门窗安装，按门窗洞口面积以平方米计算，购入成品的木门扇安装，按购入门扇的净面积计算。

现场铝合金门窗扇制作、安装按门窗洞口面积以平方米计算。踢脚板按延长米计算，厨、台、柜工程量按展开面积计算。

窗帘盒及窗帘轨道按延长米计算，如设计图样未注明尺寸，可按洞口尺寸各加 30cm 计算。窗帘布、窗纱布、垂直窗帘的工程量按展开面积计算。窗水波幔帘按延长米计算，

2. 油漆、涂料、糊裱工程量计算

门窗油漆按设计图样数量计算、单位为框（樘）。木扶手油漆按设计图样尺寸以长度计算。

木材面油漆按设计图样尺寸以面积计算。木地板油漆、烫硬腊面以面积计算，不扣除 $0.1m^2$ 以内孔洞所占面积。

第3章 室内设计制图与图纸规范

本章导读

在使用 AutoCAD 进行室内施工图样的设计和绘制时，应有一个标准规范，不仅使相关工作人员能够准确无误地识读，而且能够在不同绘图环境和行业机构之间达到图样的协同操作。

在本章中，主要讲解室内装饰设计制图规范以及图纸规范内容，包括图幅、比例、线型、符号、引出线、尺寸标注、图纸规范以及常用材料图例等。

学习目标

- 掌握 CAD 室内制图的图幅、比例与线型
- 掌握 CAD 室内制图符号
- 掌握 CAD 室内制图的引出线与尺寸标注
- 掌握室内设计图样命名与相关规范
- 掌握室内设计的常用材料图例

预览效果图

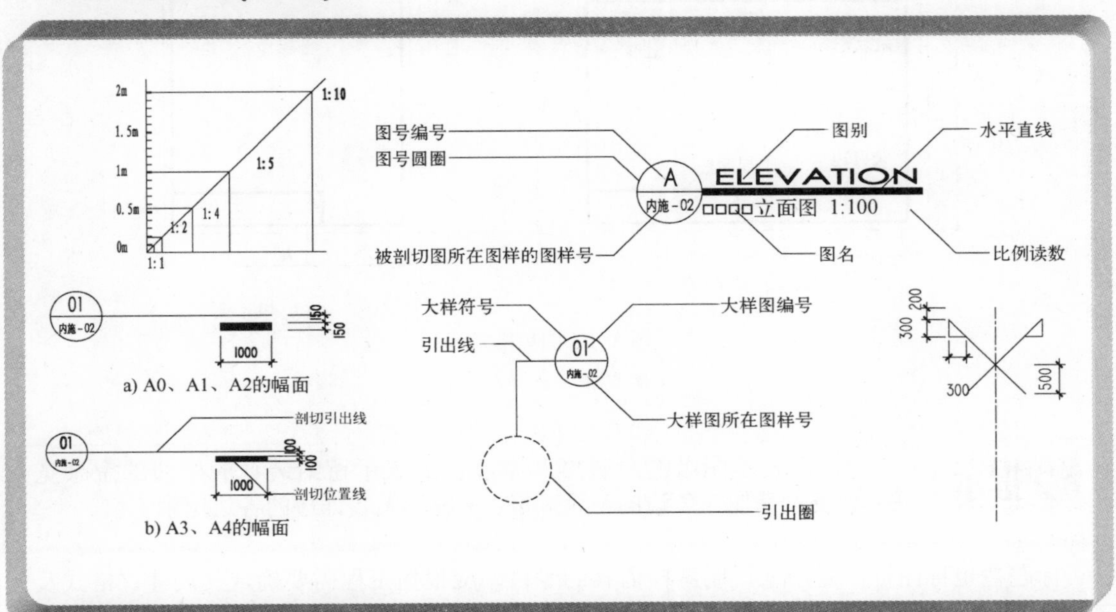

3.1 图幅、图标及会签栏

图幅即图面的大小。根据国家规范的规定，按图面的长和宽确定图幅的等级，其常用的有 A0、A1、A2、A3 及 A4，每种图幅长宽尺寸如表 3-1 所示。

表 3-1 幅面及图框尺寸 （单位：mm）

尺寸代号 \ 图纸幅面	A0	A1	A2	A3	A4
$b \times l$	841×1189	594×841	420×594	297×420	210×297
a	25				
c	10			5	
e	20		10		

专业技能 图幅的大小

A0 图幅的面积为 $1m^2$，A1 图幅由 A0 图幅对裁而得，其他图幅以此类推。长边作为水平边使用的图幅称为横式图幅，短边作为水平边的称为立式图幅，如图 3-1 所示。A0～A3 图幅宜横式使用，必要时立式使用，A4 则只立式使用。

在图纸上，图框线必须用粗实线画出。其格式分为不留装订边和留有装订边两种，但同一产品的图样只能采用同一种格式，图样必须画在图框之内。

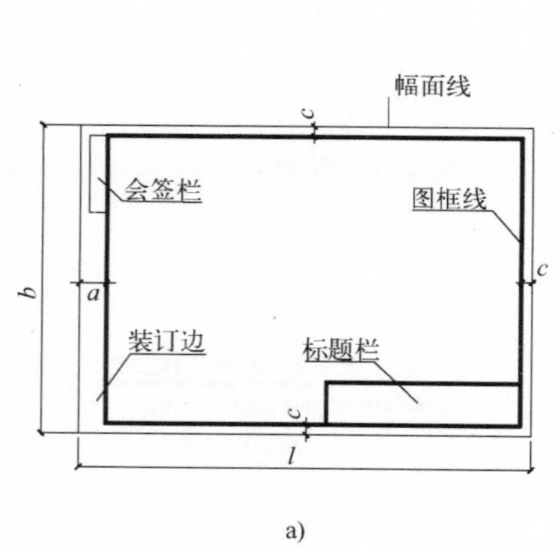

a)

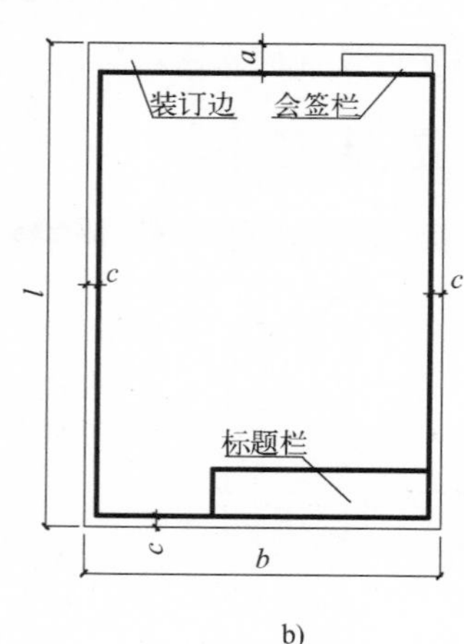

b)

图 3-1 图幅格式

a) 横式幅面 b) 竖式幅面

b、l 表示图纸的总长度和宽度；a 表示留给装订的一边的空余宽度；c 表示其他 3 条边的空余高度；e 表示无装订边的各边空余宽度。

标题栏也称图标，是用来说明图样内容的专栏，应根据工程需要确定其尺寸、格式及分区。在学生制图作业中建议采用图 3-2 所示的简化标题栏。

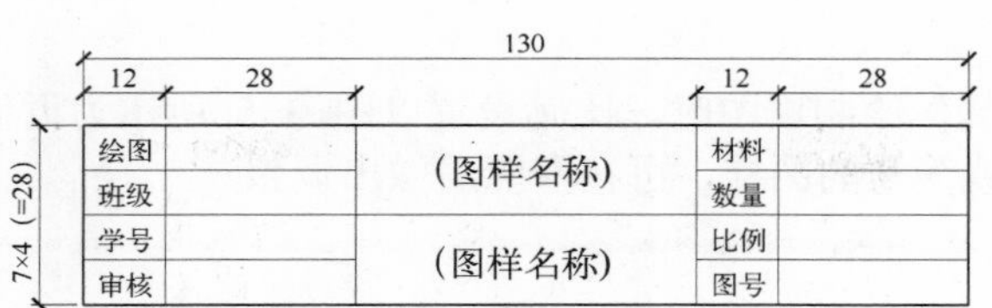

图 3-2　学生作业用标题栏

3.2　图形比例设置

图样比例应为图形与实物相对应的尺寸之比。比例以阿拉伯数表示，如 1∶1、1∶2、1∶10、1∶100 等。

比例设置按设计阶段、图幅大小及被绘制对象的繁简程度而定。比例设置应尽量选用常用比例，特殊对象也可选用可用比例，如图 3-3 所示。

常用比例	1:1	1:2	1:5	1:10	1:20	1:50	1:100	1:150	1:200	1:500	
可用比例	1:3	1:4	1:15	1:25	1:30	1:40	1:60	1:80	1:125	1:300	1:400

图 3-3　常用比例与可用比例

不同阶段及内容的比例设置如表 3-2 所示。

表 3-2　不同阶段及内容的比例设置

阶　段	图 纸 内 容	比 例 选 用
方案阶段　　总图阶段	平面图　顶面图	1∶100　1∶150　1∶200
小型房间平面施工图（如卫生间、客房） 区域平面施工图阶段	平面图　顶面图	1∶30　1∶50　1∶60
顶标高在 2.8m 以上的剖立面施工图 顶标高在 2.5m 左右的剖立面 顶标高在 2.2m 以下的剖立面或特别复杂的立面	剖面图　立面图	1∶50　1∶30　1∶20
2000mm 左右的剖立面（如从顶到地的剖面） 1000mm 左右的剖立面（如吧台、矮隔断、酒水柜等） 500～600mm 左右的剖面（如大型门套的剖面造型） 180mm 左右的剖面（如踢脚板、顶角线等线脚大样）	节点大样图	1∶10　1∶5　1∶4 1∶2　1∶1

绘制详图的比例设置可依靠被绘对象的实际尺寸而定，如图 3-4 所示。详图比例设置同实物图样尺寸的对应如图 3-5 所示。

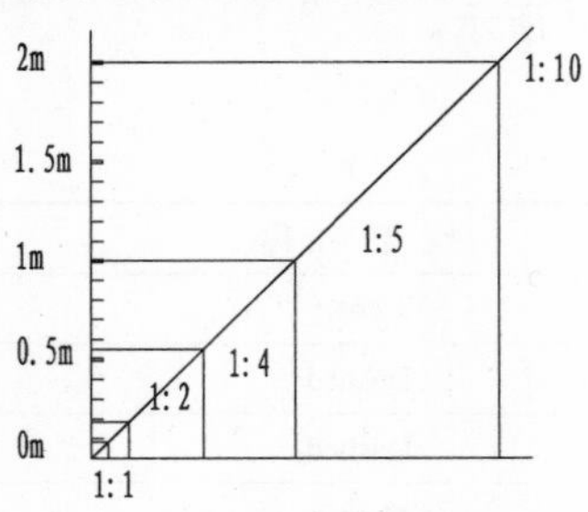

图 3-4　详图比例

比例	实体尺寸(mm)	浮动范围(mm)	
1:10	2000	±300	1700～2300
1:8	1500	±300	1200～1800
1:5	1000	±280	720～1280
1:4	600	±150	450～750
1:3	300	±60	240～360
1:2	180	±50	130～230
1:1	80	±40	40～120

图 3-5　比例与实物尺寸的对应关系

提示 具体绘制详图时，比例设置以图 3-5 所示为近似参考。如果是特别复杂或简易的图样，可在参照后做出调整。

3.3 线型及用途

工程图上常用的基本线型有实线、虚线、点画线、折断线、波浪线等。不同的线型使用情况也不相同，如表 3-3 所示为线型及用途。

表 3-3 图线的线型、线宽及用途

名称	线型	线宽	用途
粗实线 Continuous	————	b	剖面图中被剖到部分的轮廓线、建筑物或构筑物的外形轮廓线、结构图中的钢筋线、剖切符号、详图符号圆、给水管线等
中实线 Continuous	————	$0.5b$	剖面图中未剖到但保留部分形体的轮廓线、尺寸标注中尺寸起止短线、原有各种给水管线等
细实线 Continuous	————	$0.25b$	尺寸中的尺寸线、尺寸界线、各种图例线、各种符号图线等
中虚线 Dash	— — — —	$0.5b$	不可见的轮廓线、拟扩建的建筑物轮廓线等
细虚线 Dash	— — — —	$0.25b$	图例线、小于 $0.5b$ 的不可见轮廓线
粗单点长画线 Center	—— - —— - ——	b	起重机（吊车）轨道线
细单点长画线 Center	—— - —— - ——	$0.25b$	中心线、对称线、定位轴线
折断线（无）	—\/—	$0.25b$	不需要画全的断开界线
波浪线（无）	～～～	$0.25b$	不需要画全的断开界线 构造层次的断开线

专业技能 线宽（*b*）的系数

粗线的宽度代号为 b，粗线、中粗线、细线 3 种线宽之比为 b：0.5、b：0.25 和 b。粗线线宽从下列宽度系类中选取：2.0mm、1.4mm、1.0mm、0.7mm、0.5mm、0.35mm。同一幅图中，采用相同比例绘制的各图，应用相同的线宽组。当绘制比较简单或是比较小的图时，可以只用两种，即粗线和细线两种。用 AutoCAD 进行作图时，通常把不同的线型，不同粗细的图线单独放置在一个层上，方便打印时统一设置图线的线宽。

在 AutoCAD 中设置不同线型时，其线型及名称如表 3-4 所示。

表 3-4 CAD 中线型及名称

代号	线型对象	线型名称
A	中轴线	Center
B	暗藏日光灯带	Dashed
C	不可见的物体结构线	Dashed
D	门窗开启线	Center
E	木纹线 不锈钢 钛金等	Dot

在用 AutoCAD 进行的所有施工图设计中，均应参照表 3-5 所示的线宽来绘制。

表 3-5 各类施工图使用的线宽 （单位：mm）

种 类	粗 线	中 粗 线	细 线
建筑图	0.50	0.25	0.15
结构图	0.60	0.35	0.18
电气图	0.55	0.35	0.20
给排水	0.60	0.40	0.20
暖 通	0.60	0.40	0.20

在采用 AutoCAD 技术绘图时，应尽量采用色彩（COLOR）来控制绘图笔画的宽度，尽量少用多段线（PLINE）等有宽度的线，以加快图形的显示，缩小图形文件。其打印出图笔号 1～10 号线宽的设置如表 3-6 所示。

表 3-6 打印出图线宽的设计

笔 号	颜 色	线 宽	笔 号	颜 色	线 宽
1 号	红色	0.1	6 号	紫色	0.1～0.13
2 号	黄色	0.1～0.13	7 号	白色	0.1～0.13
3 号	绿色	0.1～0.13	8 号	灰色	0.05～0.1
4 号	浅蓝色	0.15～0.18	9 号	灰色	0.05～0.1
5 号	深蓝色	0.3～0.4	10 号	红色	0.6～1

10 号特粗线主要用于立面地坪线、索引剖切符号、图标上线、索引图标中表现索引图在本图的短线。

3.4 符 号

在进行各种建筑和室内装饰设计时，为了更清楚明确地表明图中的相关信息，将以不同的符号来表示。

3.4.1 平面剖切符号

平面剖切符号是用于在平面图中对各剖立面做出索引的符号。剖切符号由剖切引出线、剖视位置线和剖切索引号共同组成，如图 3-6 所示。

（1）剖切引出线由细实线绘制，贯穿被剖切的全貌位置。

（2）剖视位置线的方向表示剖视方向，并同剖切索引号箭头指向一致，其宽度分别为 150mm（A0、A1、A2 幅面）和 100mm（A3、A4 幅面）。

（3）剖切索引号由直径ϕ1000mm（A0、A1、A2 幅面）和直径ϕ800mm（A3、A4 幅面）的圆圈共同组成，并以三角形为视投方向。

（4）剖切索引号上半圆标注剖切编号，以大写英文字母表示，下半圆标注被剖切的图样所在的图样号，如图 3-7 所示。

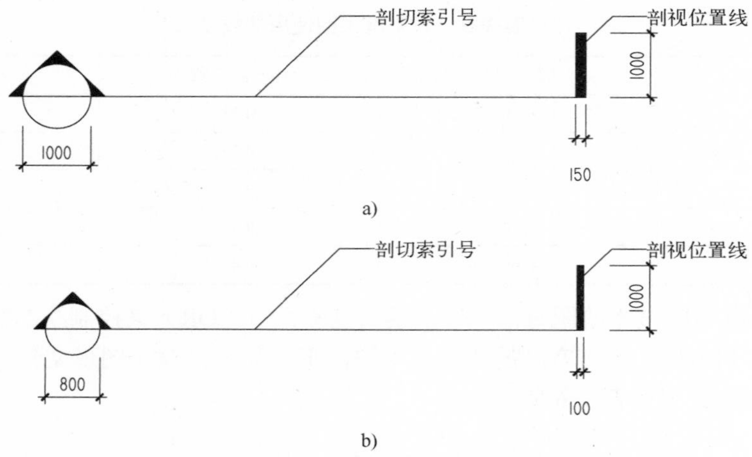

图 3-6　平面剖切符号（一）

a) A0、A1、A2 幅面　b) A3、A4 幅面

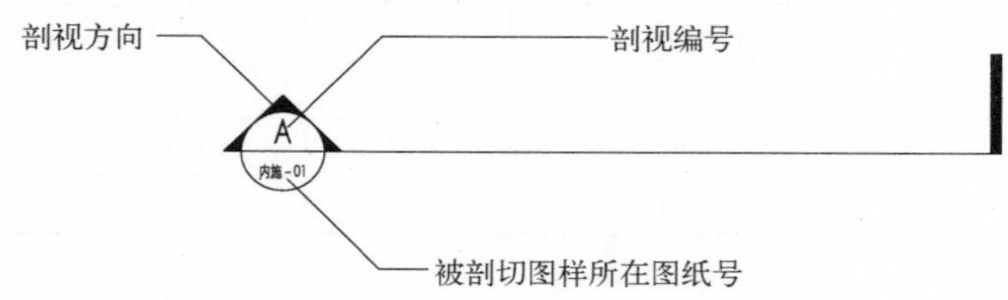

图 3-7　平面剖切符号（二）

（5）上、下半圆表述内容不能颠倒，且三角箭头所指方向即剖视方向。

（6）图 3-8 表示同一剖切线上的两个剖视方向。

（7）图 3-9 表示经转折后的剖切符号，转折位置即转折剖切线位置。

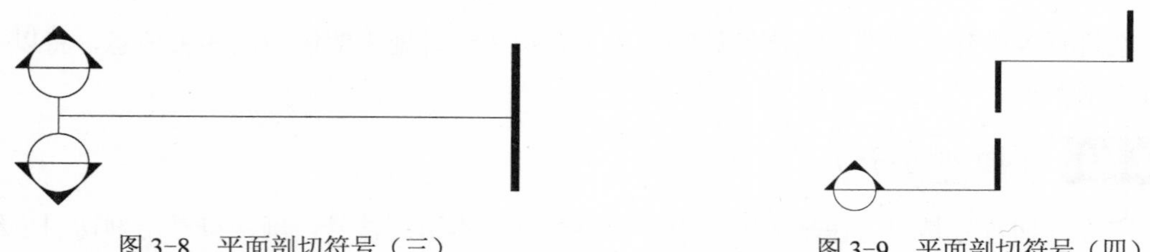

图 3-8　平面剖切符号（三）

图 3-9　平面剖切符号（四）

（8）平面剖切符号的文字设置。

- 按 A0、A1、A2 幅面：上半圆字高为 300mm；下半圆字高为 180mm。
- 按 A3、A4 幅面：上半圆字高为 250mm；下半圆字高为 120mm。

3.4.2 立面索引符号

立面索引符号是用于在平面中对各段立面做出索引的符号。

（1）立面索引符号由直径ϕ1000mm（A0、A1、A2 幅面）和直径ϕ800mm（A3、A4 幅

面）的圆圈共同组成，并以三角形为视投方向。

（2）上半圆内的数字表示立面编号，采用大写英文字母，如图 3-10 所示。

（3）下半圆内的数字表示立面所在的图样号。

（4）上、下半圆以一过圆心的水平直线分界。

（5）三角所指方向为立面图投视方向。

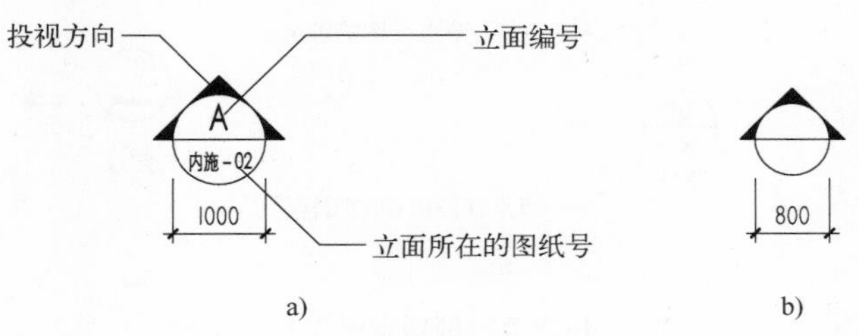

图 3-10 立面索引符号（一）

a) A0、A1、A2 幅面 b) A3、A4 幅面

（6）三角方向随立面投视方向而变，但圆中水平直线、数字及字母永不变方向。上、下半圆内表述内容不能颠倒，如图 3-11 所示。

（7）立面编号宜采用顺时针顺序连续排列，且多个立面索引符号可以组合成一体，如图 3-12 所示。

图 3-11 立面索引符号（二）

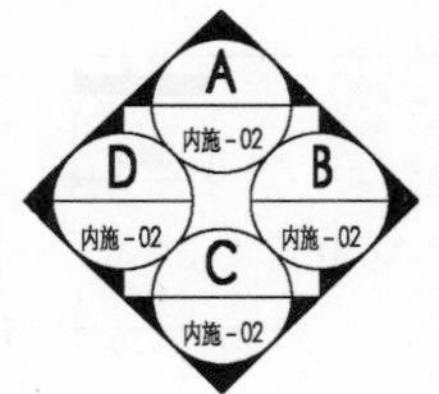

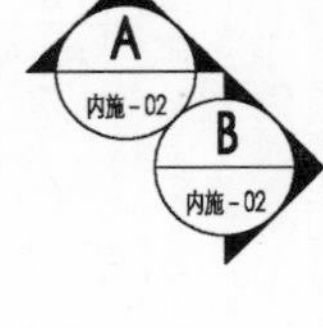

图 3-12 立面索引符号（三）

（8）立面索引符号的文字设置。

- 按 A0、A1、A2 幅面：上半圆字高为 300mm；下半圆字高为 180mm。
- 按 A3、A4 幅面：上半圆字高为 250mm；下半圆字高为 120mm。

3.4.3 节点剖切索引符号

为了更清楚地表达出平、顶、剖、立面图中某一局部或构件，需另见详图，以剖切索引号来表达，剖切索引号即“索引符号+剖切符号”，如图 3-13 所示。

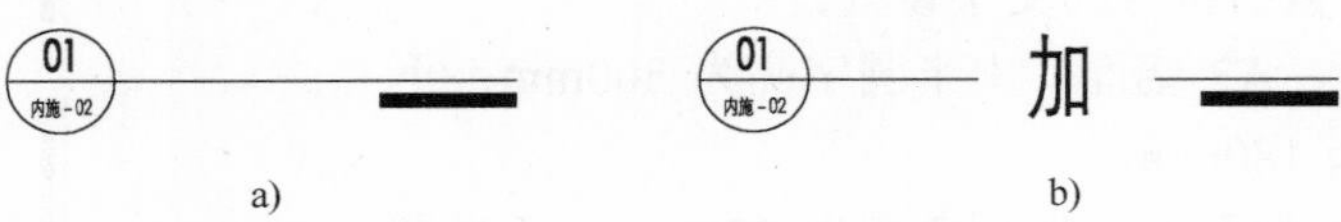

图 3-13 节点剖切索引符号（一）

（1）索引符号以细实线绘制，直径分别为ϕ1000mm（A0、A1、A2 幅面）和ϕ800mm（A3、A4 幅面）。索引号上半圆中的阿拉伯数字表示节点详图的编号，下半圆中的编号表示节点详图所在的图样号，如图 3-14a 和图 3-14b 所示。若被索引的详图与被索引部分在同一张图纸上，可在下半圆用一段宽度为 100mm（A0、A1、A2 幅面）或 80mm（A3、A4 幅面）的水平粗实线表示，如图 3-14c 所示。剖切线所在位置方向为剖视向。

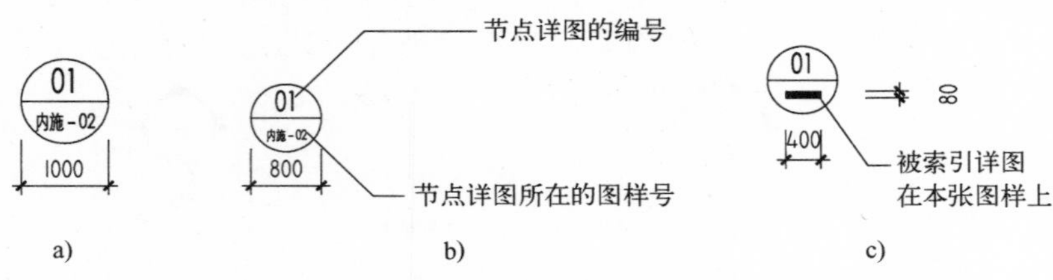

图 3-14　节点剖切索引符号（二）

a) A0、A1、A2 幅面　b) A3、A4 幅面　c) 被索引详图与被索引部分在同一张图样上

（2）剖切索引详图，应在被剖切部位用粗实线绘制出剖切位置线，宽度分别为 150mm（A0、A1、A2 幅面）和 100mm（A3、A4 幅面），用细实线绘制出剖切引出线，引出索引号，且引出线与剖切位置线平行、对齐，相距分别为 150mm（A0、A1、A2 幅面）和 100mm（A3、A4 幅面）。剖切号一侧表示剖切后的投视方向，即由引出线向剖切线方向剖视，并同索引号的方向同视向，如图 3-15 所示。

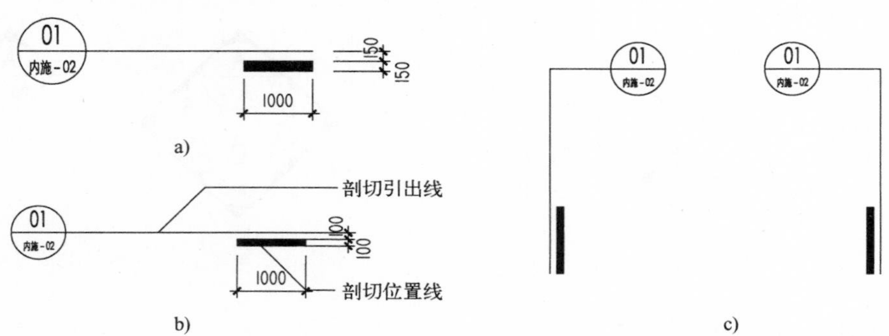

图 3-15　节点剖切索引符号（三）

a) A0、A1、A2 幅面　b) A3、A4 幅面　c) 投视方向

（3）若被剖切的断面较大，则以两端剖切位置线来明确剖切面的范围，如图 3-16 所示，此符号常被用于对立面或剖立面的整体剖切，即从顶至底的整体断面图。

（4）剖切节点索引符号的文字设置。

- 按 A0、A1、A2 幅面：上半圆字高为 300mm；下半圆字高为 180mm。
- 按 A3、A4 幅面：上半圆字高为 250mm；下半圆字高为 120mm。

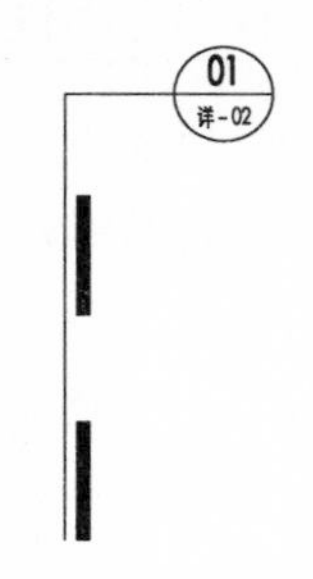

图 3-16　节点剖切索引符号（四）

3.4.4 大样图索引符号

为进一步表现图样中某一局部，需引出后放大，另见详图，以大样图索引符号来表示。大样图索引符号是由“大样符号+引出符号”构成的，如图3-17所示。

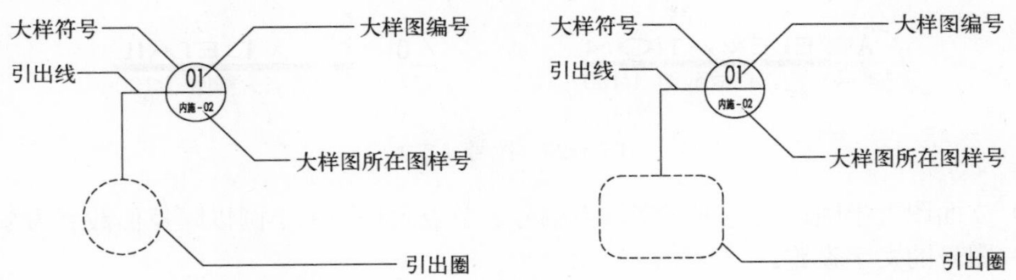

图3-17 大样图索引符号（一）

（1）引出符号由引出圈和引出线组成。

（2）引出圈以细虚线圈出需放样的大样图范围，范围较小的引出圈以圆形虚线绘制，范围较大的引出圈以倒弧角的矩形绘制，引出圈需将被引出的图样范围完整地圈入其中。

（3）大样符号与引出线用细实线绘制。

（4）大样符号直径分别为ϕ1000mm（A0、A1、A2幅面）和ϕ800mm（A3、A4幅面）。

（5）大样符号上半圆中的大写英文字母表示大样图编号，下半圆中的阿拉伯数字表示大样图所在图样的图样号。

（6）若被索引的大样图与被索引部分在同一张图样上，可在下半圆用一条宽度为1mm（所有幅面）的水平粗实线表示，如图3-18所示。

01
400
被索引详图在本张图纸上

图3-18 大样图索引符号（二）

（7）大样图索引符号的文字设置。

- A0、A1、A2幅面：上半圆字高为300mm；下半圆字高为180mm。
- A3、A4幅面：上半圆字高为250mm；下半圆字高为120mm。

3.4.5 图号

图号是被索引引出来表示本图样的标题编号。

（1）图号由图号圆圈、图号编号、被剖切图所在图样的图样号、水平直线、图名、图别及比例读数共同组成，如图3-19所示。

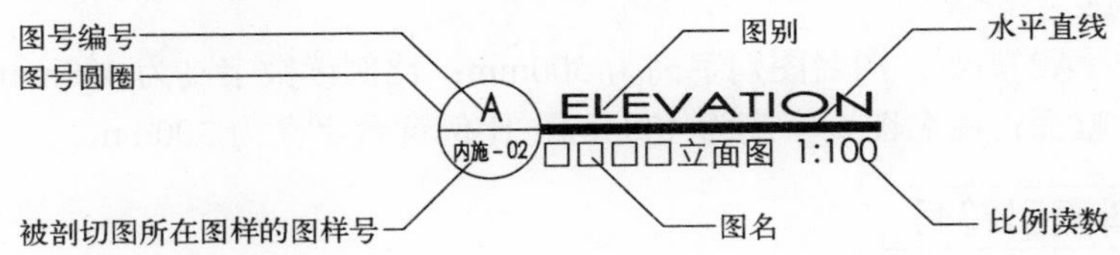

图3-19 图号（一）

（2）图号圆圈直径分别是ϕ1200mm（A0、A1、A2幅面）和ϕ1000mm（A3、A4幅面）。

（3）图号的横向总尺寸长度等同于该图样的横向总尺寸。

（4）图号水平直线为粗实线，粗实线的宽度分别为 150mm（A0、A1、A2 幅面）和 100mm（A3、A4 幅面），上端注明图别；水平直线下端注明图号名称和比例读数，且水平直线末端同比例读数末端对齐，如图 3-20 所示。

图 3-20　图号（二）

（5）立面图上半圆以大写英文字母为编号，节点大样图上半圆以阿拉伯数字为编号。

（6）图号的文字设置。

- A0、A1、A2 幅面：上半圆字高为 350mm；下半圆字高为 200mm；图名、图别、比例读数字高为 300mm。
- A3、A4 幅面：上半圆字高为 300mm；下半圆字高为 180mm；图名、图别、比例读数字高为 250mm。

3.4.6 图标符号

对无法体现图号的图样，在其图样下方以图标符号的形式表达，图标符号由两条长短相同的平行水平直线和图名图别及比例读数共同组成。

（1）上面的水平线为粗实线，下面的水平线为细实线，粗实线的宽度分别为 150mm（A0、A1、A2 幅面）和 100mm（A3、A4 幅面），两线相距分别是 150mm（A0、A1、A2 幅面）和 100mm（A3、A4 幅面），粗实线的左上部为图名图别，右下部为比例读数。图名图别用中文表示，比例读数用阿拉伯数字表示，如图 3-21 所示。

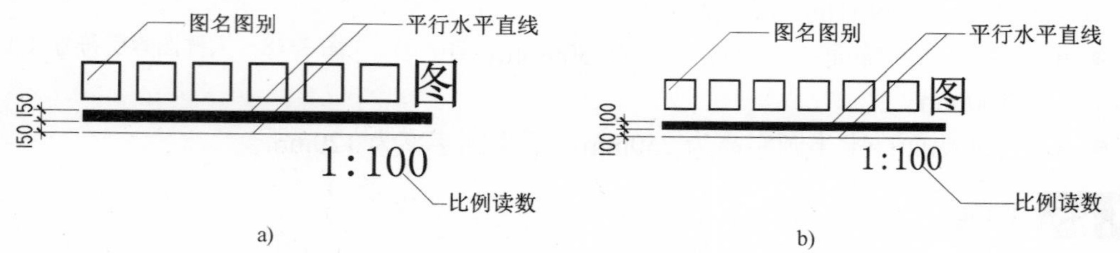

图 3-21　图标符号

a) A0、A1、A2 幅面　b) A3、A4 幅面

（2）图号的文字设置。

- A0、A1、A2 幅面：图名图别字高为 500mm；比例读数字高为 400mm。
- A3、A4 幅面：图名图别字高为 400mm；比例读数字高为 300mm。

3.4.7 材料索引符号

材料索引符号用于表达材料类别及编号，以椭圆形细实线绘制，如图 3-22 所示。

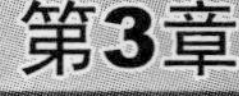

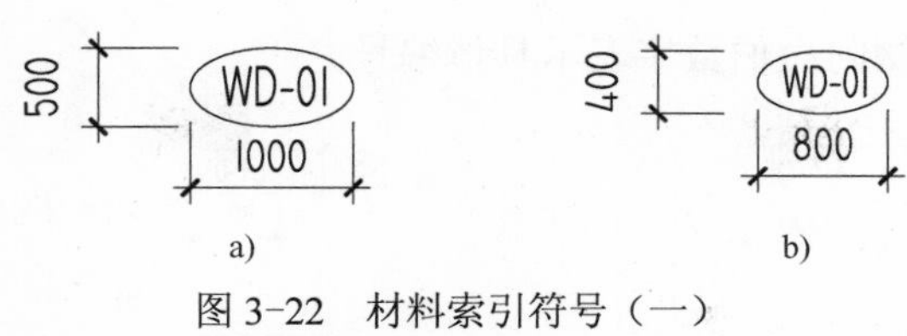

图 3-22 材料索引符号（一）

a) A0、A1、A2 幅面 b) A3、A4 幅面

（1）材料索引符号尺寸分别为 1000mm×500mm（A0、A1、A2 幅面）和 800mm×400mm（A3、A4 幅面）。

（2）符号内的文字由大写英文字母及阿拉伯数字共同组成，英文字母代表材料大类，后缀阿拉伯数字代表该类别的某一材料编号。

（3）材料引出由材料索引符号与引出线共同组成，如图 3-23 所示。

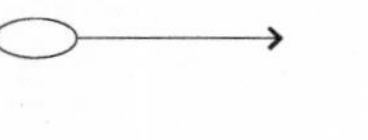

图 3-23 材料索引符号（二）

（4）材料索引符号的文字设置。

- A0、A1、A2 幅面：字高为 250mm。
- A3、A4 幅面：字高为 200mm。

专业技能 材料代号表

各类材料均有对应的代号表示，如表 3-7 所示。

表 3-7 材料代号表

材 料	代 号	材 料	代 号	材 料	代 号
石材	ST	三夹板	PLY-03	马赛克	MOS
木材	WD	五夹板	PLY-05	卫浴	BA
木地板	FL	九夹板	PLY-09	玻璃	GL
涂料、油漆	PT	十二夹板	PLY-12	陈设品	DEC
皮革	PG	细木工板	PLY-18	金属	MT
织物	FA	轻钢龙骨	QL	不锈钢	SS
窗帘	WC	设备	EQUIP	亚克力	AKL
壁纸	WP	灯光	LT	可丽耐	COR
壁布	WF	灯饰	LL	塑铝板	LP
地毯	CP	活动家具	MF	石膏板	GYR
瓷砖	CT	装饰画	AA	防火板	TP

3.4.8 灯光、灯饰索引符号

灯光、灯饰索引符号用于表达灯光、灯饰的类别及具体编号，以矩形细实线绘制，如图 3-24 所示。

（1）灯光、灯饰索引符号尺寸分别为 1000mm×500mm（A0、A1、A2 幅面）和 800mm×400mm（A3、A4 幅面）两种。

（2）符号内的文字由大写英文字母 LT、LL 及阿拉伯数字共同组成，英文字母 LT 表示灯光，LL 表示灯饰，后缀阿拉伯数字表示具体编号。

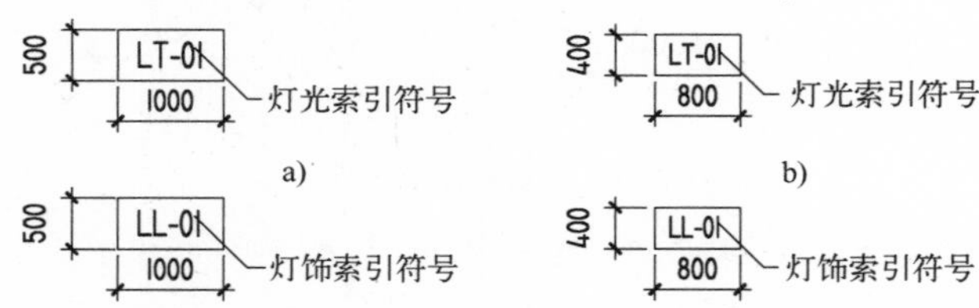

图 3-24　灯光、灯饰索引符号（一）

a) A0、A1、A2 幅面　b) A3、A4 幅面

（3）符号引出由灯光、灯饰索引符号与引出线共同组成，如图 3-25 所示。

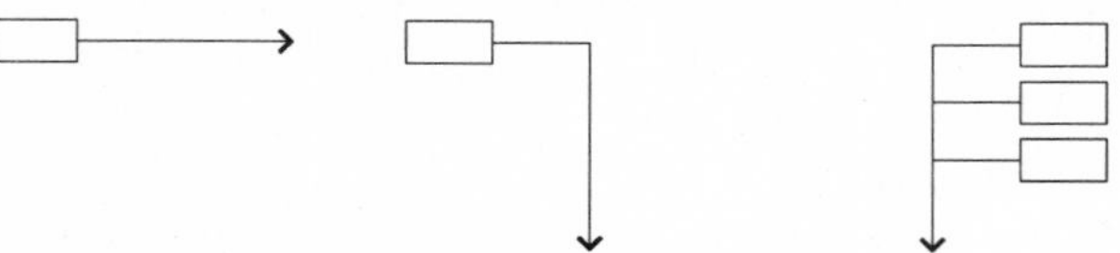

图 3-25　灯光、灯饰索引符号（二）

（4）灯光、灯饰索引符号的文字设置。

● A0、A1、A2 幅面：字高为 250mm。
● A3、A4 幅面：字高为 200mm。

专业技能 灯光图表

各类灯光代号如表 3-8 所示。

表 3-8　灯光代号表

图　例	编号	照明描述	图　例	编　号	照明描述
	LT-01	灯丝管 6275X：35W，300mm，220V 6276X：60W，500mm，220V 6277X：120W，1000mm，220V	LA	LT-08	固定式顶棚灯（光源入射夹角10°、24°、38°） 灯罩：白色；不锈钢色；金色 反光罩：镜面不锈钢或磨砂铝 色温：××××k；显色性：××
	LT-02	日光灯管 OT-3114A：14W，L575*W36*H56 OT-3121A：21W，L875*W36*H56 OT-3128A：28W，L1175*W36*H56/220V OT-3128A：28W，L1175*W36*H56/220V	LB	LT-09	可调式顶棚灯（光源入射夹角10°、24°、38°） 灯罩：白色；不锈钢色；金色 反光罩：镜面不锈钢或磨砂铝 色温：××××k；显色性：××
	LT-03	走珠灯带 DSL-6.3：80W/M，24V DSL-7.5：65W/M，24V DSL-710：50W/M，24V			
	LT-04	镁氖灯 红色 橙色　荧光橙色 黄色 粉红色 荧光绿色 蓝色 淡黄绿色 透明/220V 绿色 奶白色 紫色 浅蓝色	LC	LT-10	隐藏光源顶棚灯（光源入射夹角10°、24°、38°） 灯罩：白色；不锈钢色；金色 反光罩：镜面不锈钢或磨砂铝 色温：××××k；显色性××

（续）

图　例	编号	照明描述	图　例	编　号	照明描述
	LT-05	冷极管 白色：OT-SD-06（K=2800），240V 品色：OT-SD-10，240V 紫色：OT-SD-12，240V 黄色：OT-SD-20，240V 蓝色：OT-SD-28，240V	LD	LT-11	光源深藏天花灯（光源入射夹角 10°、24°、38°） 灯罩：白色；不锈钢色；金色 反光罩：镜面不锈钢或磨砂铝 色温：××××k；显色性：××
	LT-06	LED 数码变色管，17W，160～260V 变色范围：红、黄、绿、蓝、青、紫、白	LE	LT-12	低压吸顶射灯（光源入射夹角 10°、24°、38°） 灯罩：白色；不锈钢色；金色 反光罩：镜面不锈钢或磨砂铝 色温：××××k；显色性：××
	LT-07	橱窗尾光光纤，1HQI-R/150W，230V（蘑菇状金卤灯泡光源）	LF	LT-13	低压轨道射灯（光源入射夹角 10°） 灯罩：白色；不锈钢色；金色 反光罩：镜面不锈钢或磨砂铝 色温：××××k；显色性：××
GA1	LT-14	光源深藏格栅射灯（一个头）	GE4	LT-26	吊线式格栅射灯（四个头）
GA2	LT-15	光源深藏格栅射灯（两个头）	GE4	LT-27	吊线式格栅射灯（四个头）
GA3	LT-16	光源深藏格栅射灯（三个头）	GE4	LT-28	吊线式格栅射灯（四个头）
GA4	LT-17	光源深藏格栅射灯（四个头）	GE6	LT-29	吊线式格栅射灯（六个头）
GB1	LT-18	嵌入式格栅射灯（一个头）	GF2	LT-30	支撑杆式格栅射灯（两个头）
GB2	LT-19	嵌入式格栅射灯（两个头）	GF3	LT-31	支撑杆式格栅射灯（三个头）
GB3	LT-20	嵌入式格栅射灯（三个头）	GF4	LT-32	支撑杆式格栅射灯（四个头）
GB4	LT-21	嵌入式格栅射灯（四个头）	GG2	LT-33	吸顶格栅射灯（两个头）
GC1	LT-22	格栅金卤射灯（一个头）	GG4	LT-34	吸顶格栅射灯（四个头）
GC2	LT-23	格栅金卤射灯（两个头）	DJ	LT-35	地面用金卤射灯
GC3	LT-24	格栅金卤射灯（三个头）	YS	LT-36	地面用隐藏光源射灯
GE2	LT-25	吊线式格栅射灯（两个头）			

3.4.9 家具索引符号

家具索引符号用于表达家具的类别及具体编号，以六角形细实线绘制，如图 3-26 所示。

（1）家具索引符号尺寸以过中心的水平对角线来表示，其长度分别为 1000mm（A0、A1、A2 幅面）和 800mm（A3、A4 幅面），如图 3-27 所示。

（2）符号内文字由大写英文字母及阿拉伯数字共同组成，上半部分为阿拉伯数字，表示某一家具编号，下半部分为英文字母，表示某一家具类别。

图 3-26　家具索引符号（一）

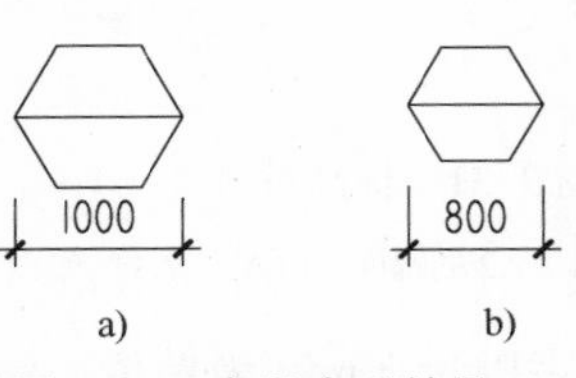

图 3-27　家具索引符号（二）

（3）符号引出由家具索引符号和引出线共同组成，如图 3-28 所示。

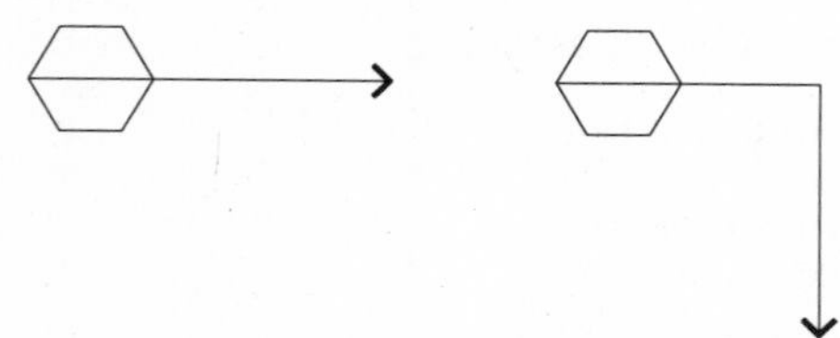

图 3-28　家具索引符号（三）

3.4.10 中心对称符号

中心对称符号表示图样中心对称。

（1）中心对称符号由对称号和中心对称线组成，对称号以细实线绘制，中心对称线以细点画线表示，如图 3-29 所示。

（2）当所绘对称图样需表达出断面内容时，可以中心对称线为界，一半画出外形图样，另一半画出断面图样，如图 3-30 所示。

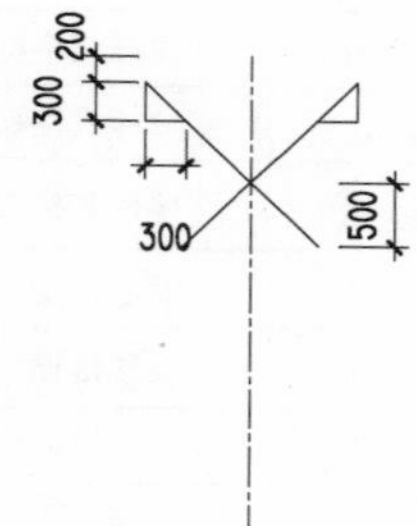

图 3-29　中心对称符号（一）

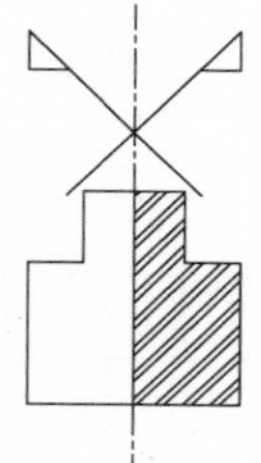

图 3-30　中心对称符号（二）

3.4.11 标高符号

标高符号是表达建筑高度的一种尺寸形式，如图 3-31 所示。

（1）标高符号由一等腰直角三角形构成，三角形高为 200mm（A0、A1、A2 幅面）或 160mm（A3、A4 幅面），尖端所指即被标注的高度，尖端下的短横线为需标注高度的界线，短横线与三角形同宽，地面标高尖端向下，平顶标高尖端向上，长横线之上或之下注写标高数字，如图 3-32 所示。

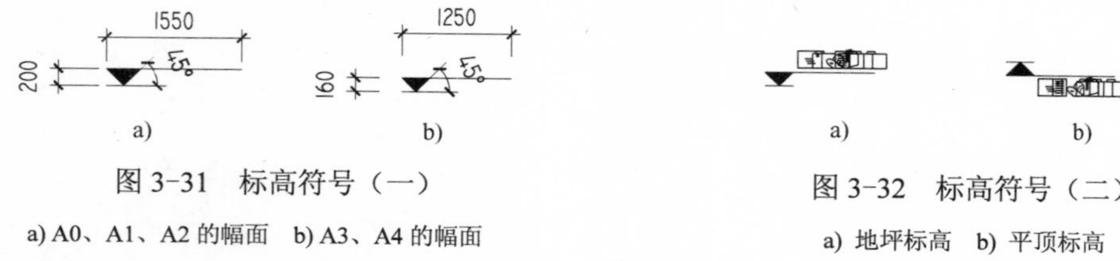

图 3-31　标高符号（一）

a) A0、A1、A2 的幅面　b) A3、A4 的幅面

图 3-32　标高符号（二）

a) 地坪标高　b) 平顶标高

（2）标高数字以米（m）为单位，注写到小数点后第 3 位。

（3）零点标高注写成±0.000，正数标高应注“+”，负数标高应注“-”，如图 3-33 所示。

±0.000　　+3.000　　-0.300

a)　　b)　　c)

图 3-33　标高符号（三）

a) 零点标高　b) 正数标高　c) 负数标高

（4）在图样的同一位置需表示几个不同的标高时，可按图 3-34 所示形式注写。

（5）标高数字字高为 250mm（A0、A1、A2 幅面）或 200mm（A3、A4 幅面）。

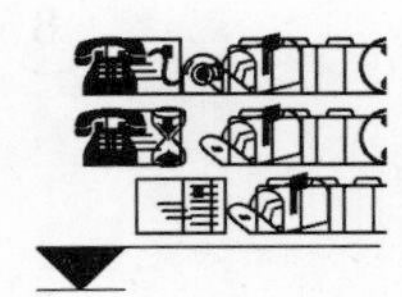

图 3-34　标高符号（四）

3.4.12 折断线

当所绘图样因图幅不够，或因剖切位置复杂不必画全时，采用折断线来终止画面。

（1）折断线以细实线绘制，且必须经过全部被折断的图面，如图 3-35 所示。

（2）圆柱断开线：圆形构件需用曲线来折断，如图 3-36 所示。

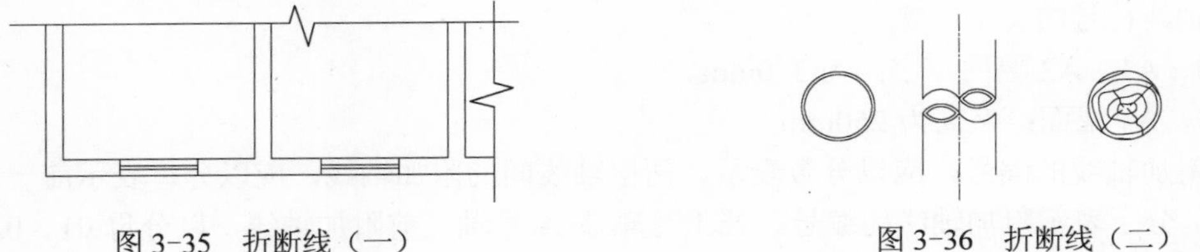

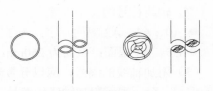

图 3-35　折断线（一）　　图 3-36　折断线（二）

3.4.13 比例尺

若要表示所绘制的方案图比例，则可采用比例尺图示法表达，适用于方案图阶段，如图 3-37 所示。

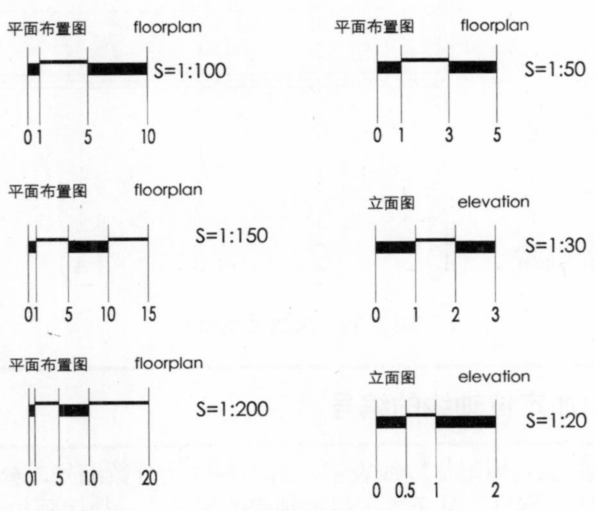

图 3-37　比例尺

3.4.14 轴号

轴线符号是施工定位、放线的重要依据，由定位轴线与轴号圈共同组成，平面图定位轴线的编号在水平方向采用阿拉伯数字，由左向右注写；在垂直方向采用大写英文字母，由下向上注写（不得使用I、O、Z三个字母），如图3-38所示。

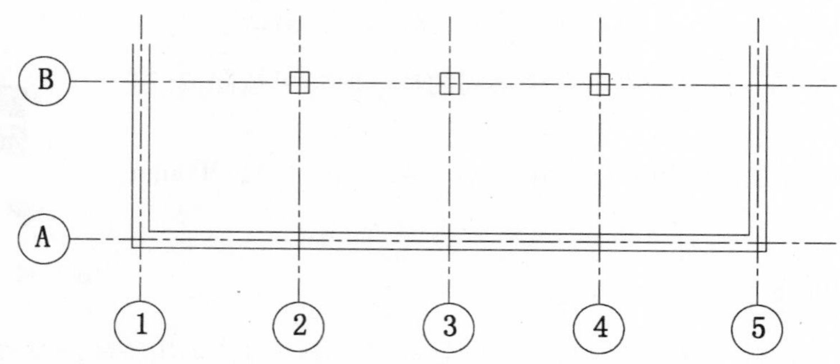

图3-38 轴线编号

（1）轴号圈直径分别为ϕ900mm（A0、A1、A2幅面）和ϕ600mm（A3、A4幅面）。

（2）轴线符号的文字设置。

- A0、A1、A2幅面：字高为350mm。
- A3、A4幅面：字高为250mm。

（3）附加轴线的编号，应以分数表示。两根轴线间的附加轴线，应以分母表示前一根轴线的编号，分子表示附加轴线的编号。若1号轴或A号轴之前附加轴线，以分母01、0A分别表示位于1号轴线或A号轴线之前的轴线（见图3-39）。若1号轴或A号轴之后附加轴线，以分母1、A分别表示位于1号轴线或A号轴线之后的轴线。

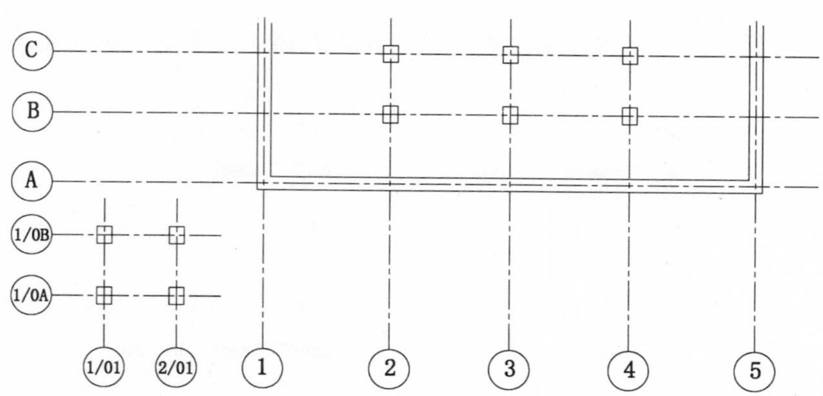

图3-39 附加轴线编号

专业技能 附加定位轴线的编号

两轴线之间，有的需要用附加轴线表示，附加轴线用分数编号，分母表示前一轴线的编号，为阿拉伯数字或大写字母，分子表示附加轴线的编号，一律用阿拉伯数字顺序编写。

（4）折线形平面轴线编号表示方法如图 3-40 所示。

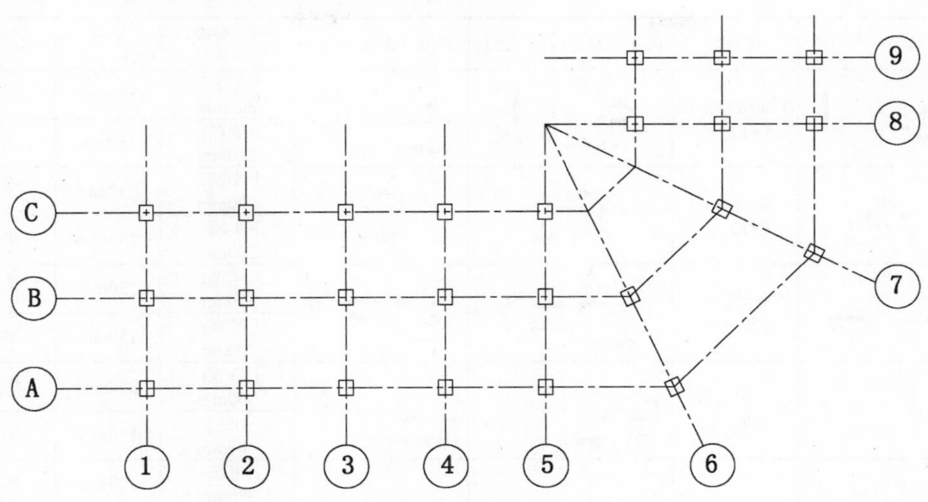

图 3-40 折线轴号标注

（5）在组合较复杂的平面图中，定位轴线也可采用分区编号。编号的注写形式应为“分区号-该分区编号”。分区号采用阿拉伯数字或大写拉丁字母表示，图 3-41 所示为分区轴线编号，编号原则同上。

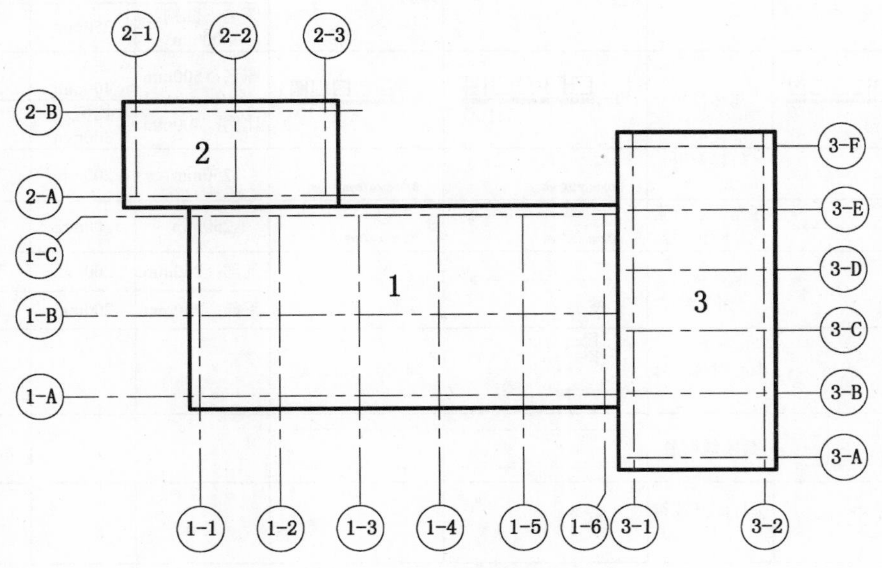

图 3-41 分区定位轴线及编号

3.4.15 符号及文字规范一览表

为了使读者更加一目了然地掌握 AutoCAD 的相关符号和文字规范，特将其归纳在一个表格中，如表 3-9 所示。

表 3-9　符号及文字规范一览表

序号	符　号	符号名	尺寸（A0、A1、A2）	尺寸（A3、A4）	字高（A0、A1、A2）	字高（A3、A4）	字体
1	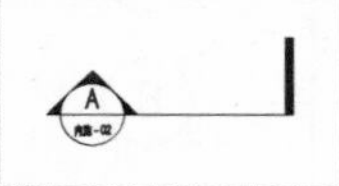 A 内施-02	平面剖切索引（符）号	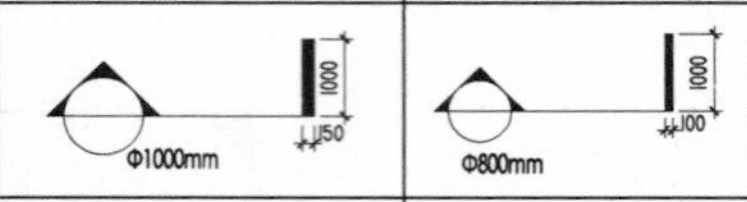 1000 150 Φ1000mm	1000 100 Φ800mm	上半圆：300mm	250mm	华文细黑
					下半圆：200mm	150mm	华文细黑
2	 A 内施-02	立面索引（符）号	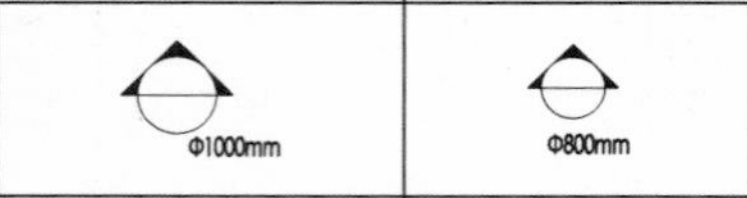 Φ1000mm	Φ800mm	上半圆：300mm	250mm	华文细黑
					下半圆：200mm	150mm	华文细黑
3	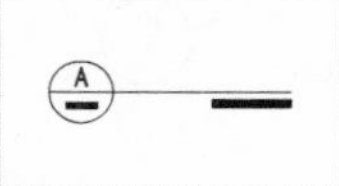 A	节点剖切索引（符）号	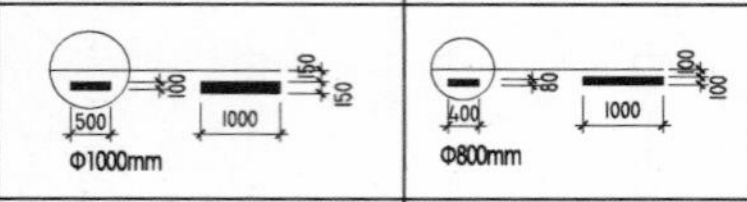 500 1000 150 Φ1000mm	400 1000 Φ800mm	上半圆：300mm	250mm	华文细黑
					下半圆：200mm	150mm	华文细黑
4	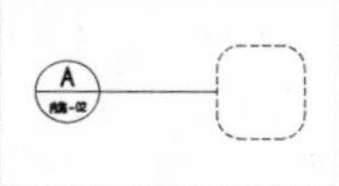 A 内施-02	大样索引（符）号	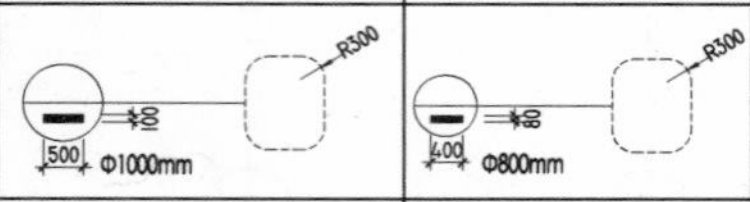 R500 500 Φ1000mm	R300 400 Φ800mm	上半圆：300mm	250mm	华文细黑
					下半圆：200mm	150mm	华文细黑
5	 A ELEVATION 内施-02 □□□立面图 1:100	立面图号	 A ELEVATION 内施-02 □□□立面图 1:100 Φ1200mm	A ELEVATION 内施-02 □□□立面图 1:100 Φ1000mm	上半圆：350mm	300mm	华文细黑
					下半圆：250mm	200mm	华文细黑
					图名、图别：300mm	250mm	华文细黑
6	 01 DETAIL 内施-02 □节点大样图 1:100	节点大样图号	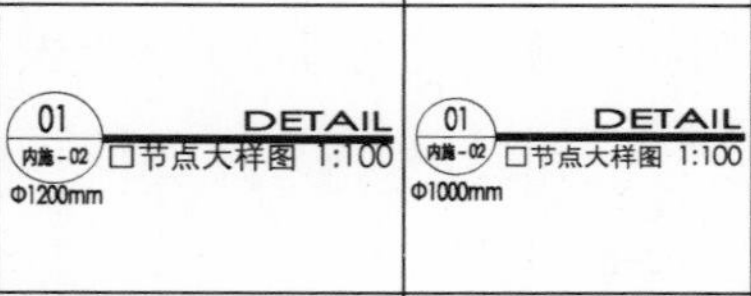 01 DETAIL 内施-02 □节点大样图 1:100 Φ1200mm	01 DETAIL 内施-02 □节点大样图 1:100 Φ1000mm	上半圆：350mm	300mm	华文细黑
					下半圆：250mm	200mm	华文细黑
					图名、图别：300mm	250mm	华文细黑
7	 □□□□□□□图 1:100	图标符号	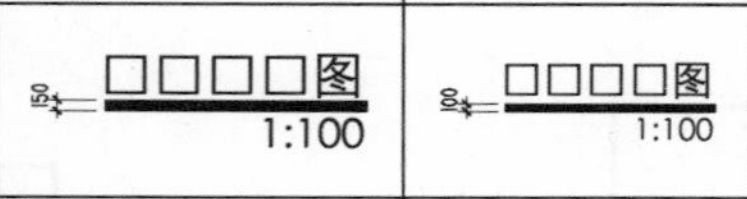 □□□□图 1:100	□□□□图 1:100	图名：500mm	图名：400mm	华文细黑
					比例：400mm	比例：300mm	华文细黑
8	 WD-01	材料索引（符）号	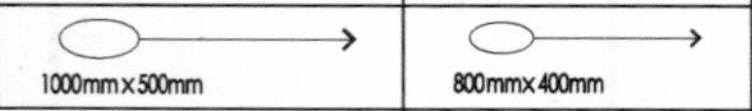 1000mm×500mm	800mm×400mm	250mm	200mm	TechnicLite
9	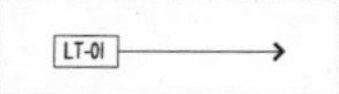 LT-01	灯光、灯饰索引（符）号	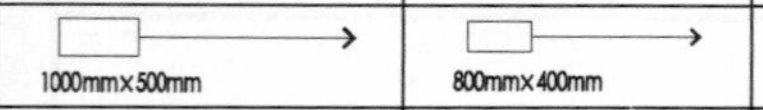 1000mm×500mm	800mm×400mm	250mm	200mm	TechnicLite
10	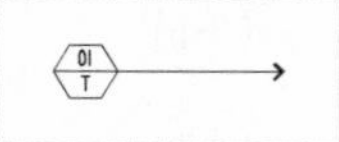 01 T	家具索引（符）号	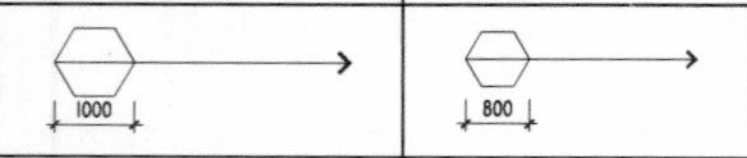 1000	800	上部：250mm	200mm	TechnicLite
					下部：250mm	200mm	TechnicLite
11	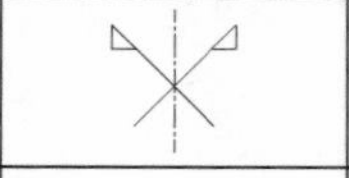	中心对称符号	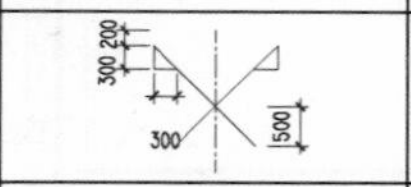 300 200 300 500	同 A0、A1、A2			
12	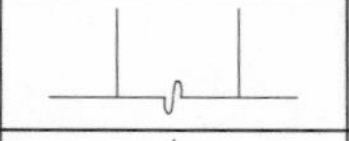	折断线符号	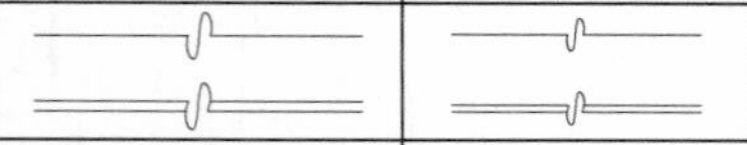				
13	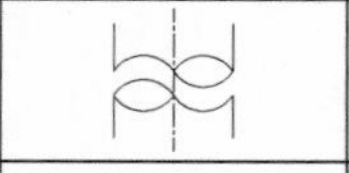	圆柱断开线符号					
14	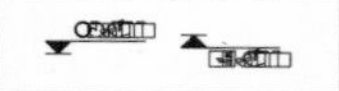	标高符号	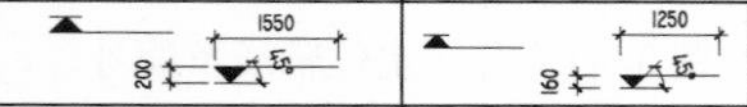 1550 200	1250 160	250mm	200mm	TechnicLite
15	A	轴线符号	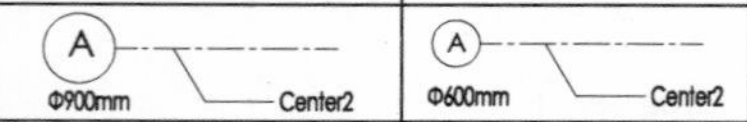 A Φ900mm Center2	A Φ600mm Center2	350mm	250mm	华文细黑
16	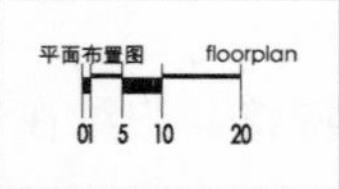 平面布置图 floorplan 01 5 10 20	比例尺（方案）				250mm	华文细黑

3.5 引出线

为了保证图样的清晰、条理，故对各类索引符号、文字说明采用引出线来连接。

（1）引出线为细实线，可采用水平引出、垂直引出、30° 斜线引出的方式，如图 3-42 所示。

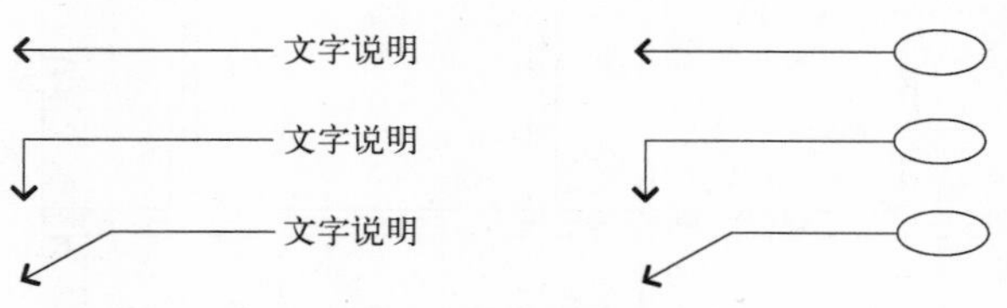

图 3-42 引出线（一）

（2）引出线同时索引几个相同部分时，各引出线应互相保持平行，如图 3-43 所示。

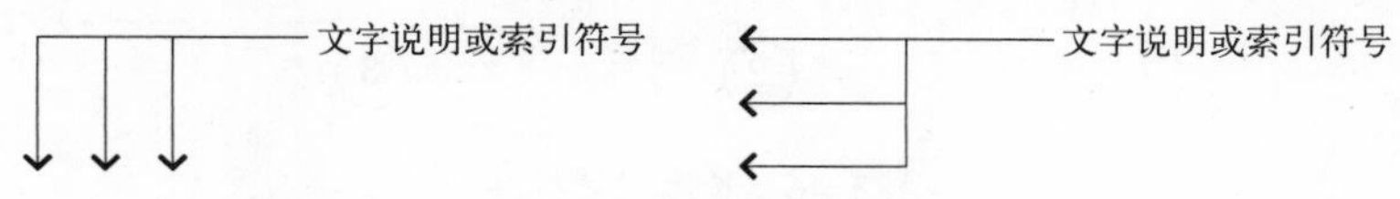

图 3-43 引出线（二）

（3）多层构造的引出线必须通过被引的各层，并保持垂直方向，文字说明的次序应与构造层次一致，即由上而下，从左到右，如图 3-44 所示。

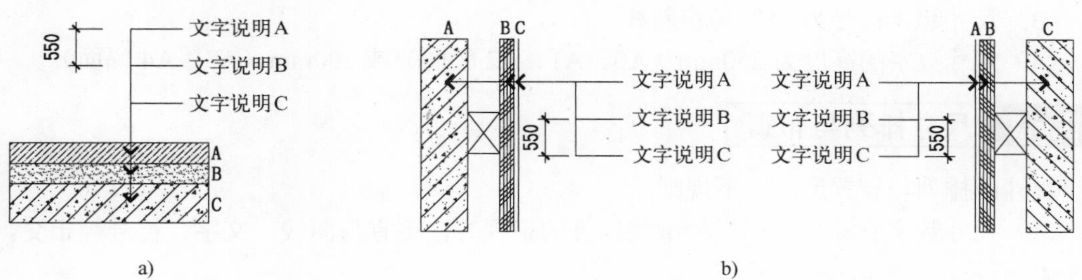

图 3-44 引出线（三）

a) 竖向多层构造 b) 横向多层构造

（4）引出线的一端为引出箭头或引出圈，引出圈以虚线绘制；另一端为说明文字或索引符号，如图 3-45 所示。

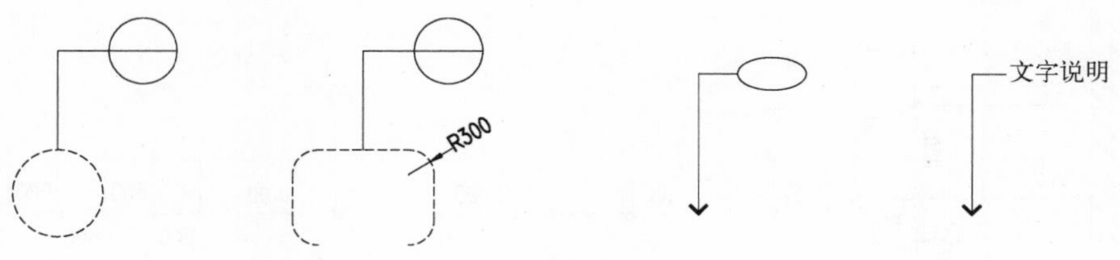

图 3-45 引出线（四）

3.6 尺寸标注

图样尺寸由尺寸界线、尺寸线、起止符号和尺寸数字组成，如图 3-46 所示。

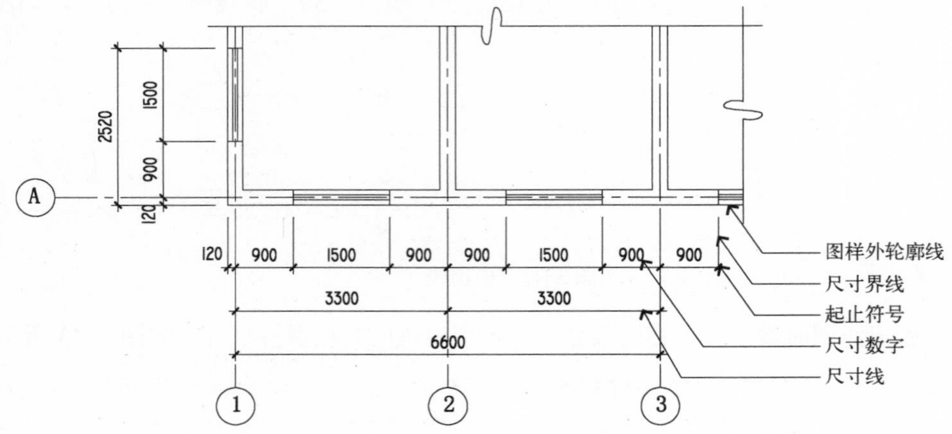

图 3-46 长度尺寸标注

尺寸标注规范如下：

（1）尺寸界线必须与尺寸线垂直相交。

（2）尺寸界线必须与被注图形平行。

（3）尺寸起止符号为 45° 角粗斜线。

（4）尺寸数字的高度为 250mm（A0、A1、A2 幅面）或 200mm（A3、A4 幅面）。

3.6.1 尺寸排列与布置

尺寸的排列与布置遵循以下规则：

（1）尺寸数字宜标注在图样轮廓线以外的正视方，不宜与图线、文字、符号等相交，如图 3-47 所示。

（2）尺寸数字宜标注在尺寸线读数上的中部，如注写位置不够，最外边的尺寸数字可注写在尺寸界线的外侧，中间的尺寸数字可上下错开注写或引出注写，如图 3-48 所示。

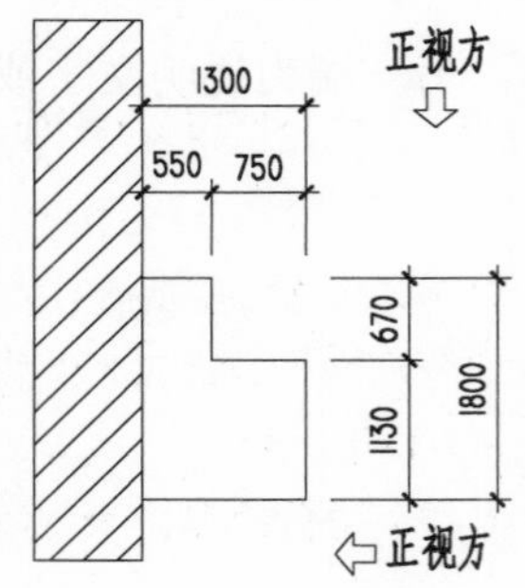

图 3-47 尺寸标注规范（一）

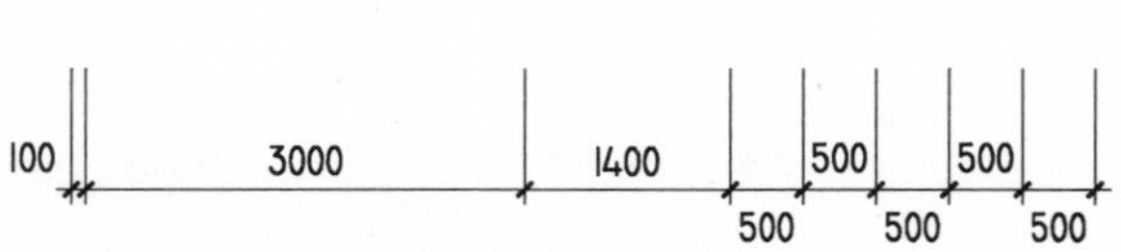

图 3-48 尺寸标注规范（二）

（3）相互平行的尺寸线应从被注的图样轮廓线由内向外排列，尺寸数字标注由最小分尺寸开始。由小到大，先小尺寸和分尺寸、后大尺寸和总尺寸，层层外推，如图 3-49 所示。

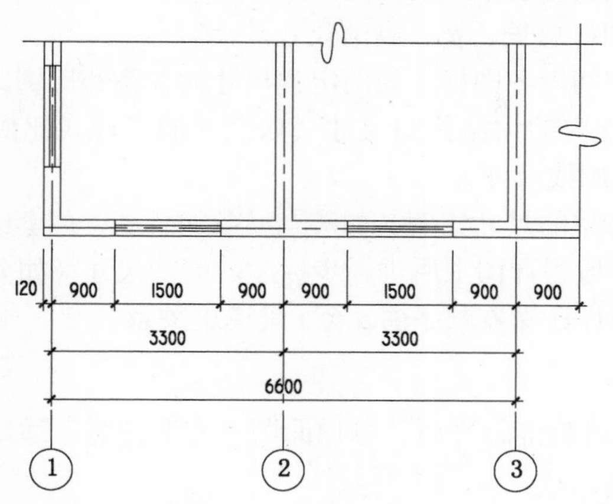

图 3-49 尺寸标注规范（三）

（4）任何图线都应尽量避免穿过尺寸线和尺寸文字。如不可避免，应将尺寸线和尺寸数字处的其他图层断开。

（5）尺寸线和尺寸数字尽可能标注在图样轮廓线以外，如确实需要标注在图样轮廓线以内，尺寸数字处的图线应断开。

（6）平行排列的尺寸线之间的距离为 900mm（A0、A1、A2 幅面）或 700mm（A3、A4 幅面）。

（7）尺寸线与被注长度平行，且应略超出尺寸界线 100mm，如图 3-50 所示。

（8）尺寸界线应用细实线绘制，其一端应距图样轮廓线不小于 100mm，另一端宜超出尺寸线 100mm（如图 3-51 所示）。

（9）必要时，图样轮廓线也可用做尺寸界线，如图 3-52 所示。

（10）图样上的尺寸单位，除标高以“m”为单位以外，其余均以“mm”为单位。

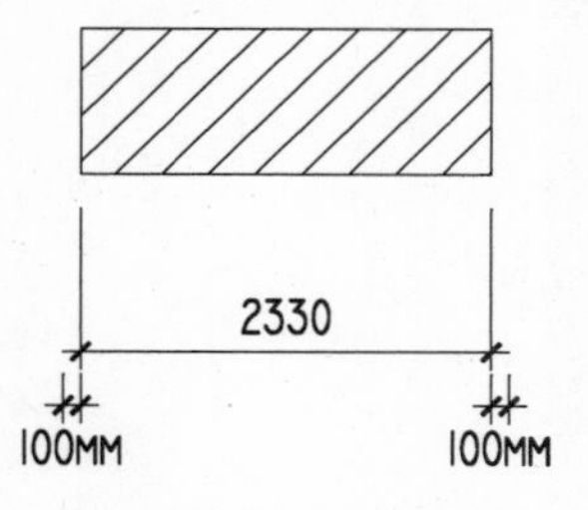

图 3-50 尺寸线规范

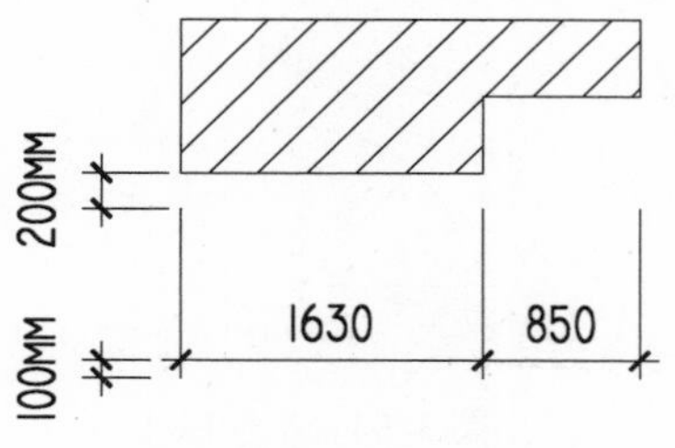

图 3-51 尺寸界线

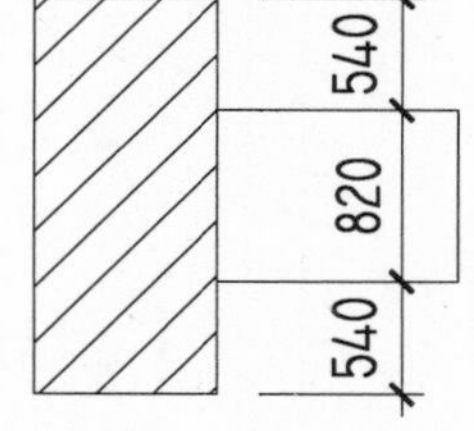

图 3-52 标注在轮廓线

3.6.2 尺寸标注的深度设置

室内设计制图应在不同阶段和不同绘制比例时，对尺寸标注的详细程度作出不同要求。尺寸标注的深度是按制图阶段及图样比例这两方面因素来设置的，具体分为 6 种尺寸标注深度设置。

1. 6 种尺寸设置内容

a. 土建轴线尺寸：反映结构轴号之间的尺寸。

b. 总段尺寸：反映图样总长、宽、高的尺寸。

c. 定位尺寸：反映空间内各图样之间的定位尺寸的关系和比例。

d. 分段尺寸：各图样内的大结构图尺寸（如立面的三段式比例尺寸关系、分割线的板块尺寸、主要可见构图轮廓线尺寸）。

e. 局部尺寸：局部造型的尺寸比例（如装饰线条的总高、门套线的宽度）。

f. 节点细部尺寸：一般为详图上所进一步标注的细部尺寸（如分缝线的宽度等）。

上述 6 类尺寸设置按设计深度顺序由 a 至 f 呈递进关系。

2. 6 种设置的运用

a 类设置: 当绘制建筑装饰总平面、总顶面图、方案图时，适用 1∶200、1∶150、1∶100 的比例。

b 类设置: 当绘制建筑装饰平面、顶面图、方案图时，适用 1∶100、1∶80、1∶60 的比例。

c 类设置: 当绘制建筑装饰分区平面、分区顶面施工图时，适用 1∶60、1∶50 的比例。

d 类设置: 当绘制建筑装饰剖立面图、立面施工图时，适用 1∶50、1∶30 的比例。

e 类设置: 当绘制特别复杂的建筑装饰立面图或断面图时，适用 1∶20、1∶10 的比例。

f 类设置: 当绘制建筑装饰断面图、节点图、大样图时，适用 1∶10、1∶5、1∶2、1∶1 的比例。

上述设置可视具体情况由设计负责人针对某一项目进行合并或调整。

3.6.3 其他尺寸标注设置

1. 半径、直径标注

- 标注圆的半径尺寸时，半径数字前应加符号“R”；半径尺寸线必须从圆心画起或对准圆心，如图 3-53 所示。

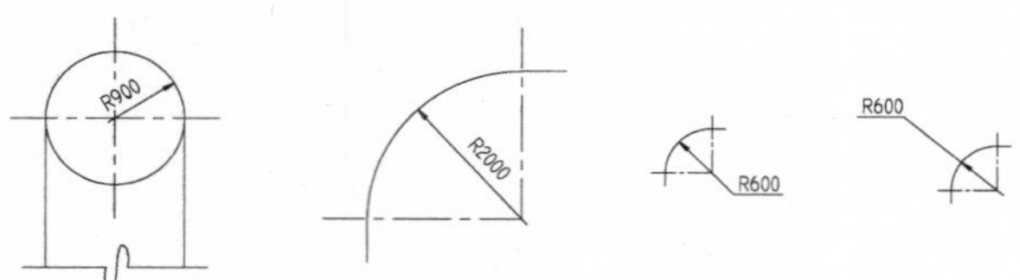

图 3-53　半径标注

- 标注圆的直径尺寸时，直径数字前应加符号“⌀”，直径尺寸线须通过圆心或对准圆心，如图 3-54 所示。

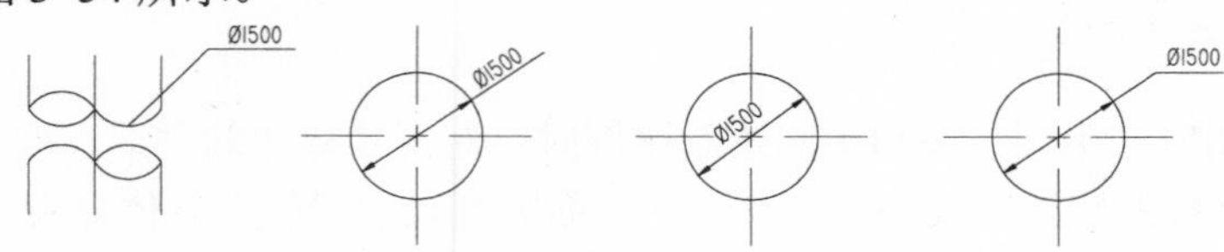

图 3-54　直径标注

- 半径数字、直径数字应沿着半径尺寸或直径尺寸线来注写。当图形较小，注写尺寸数字及符号的位置不够时，也可以引出注写。

2. 角度、弧长、弦长标注

- 角度的尺寸线应以弧线表示。该圆弧的圆心应是该角的顶点，角的两个边为尺寸界线。角度的起止符号应以箭头表示，如没有足够位置画箭头，可用圆点代替。角度数字应水平方向注写，如图 3-55 所示。
- 标注圆弧的弧长时，尺寸线应以与图样的圆弧为同心圆的弧线表示，尺寸界线应垂直于该弧的弦，起止符号应以斜线表示，弧长数字的上方应加注圆弧符号“⌒”，如图 3-56 所示。

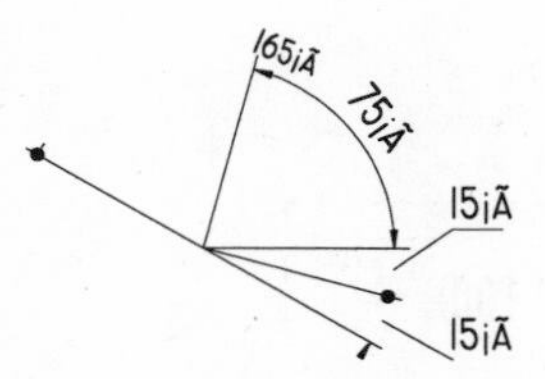

图 3-55　角度标注

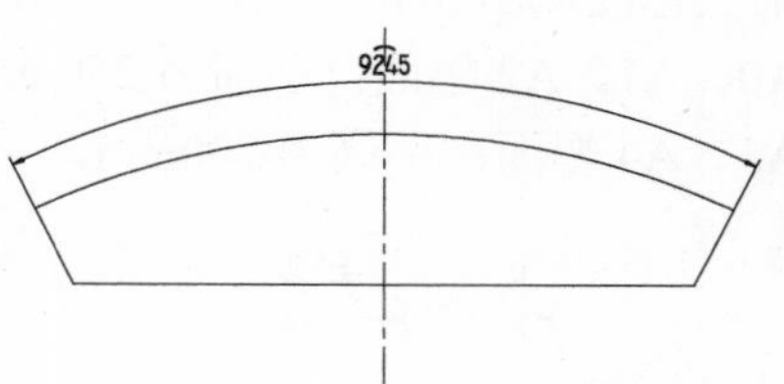

图 3-56　弧长标注

- 标注圆弧的弦长时，尺寸线应平行于该线，尺寸界线应该平行于该弧线，起止符号应以箭头表示，如没有足够位置画箭头，可用圆点代替。角度数字应在水平方向注写，如图 3-57 所示。

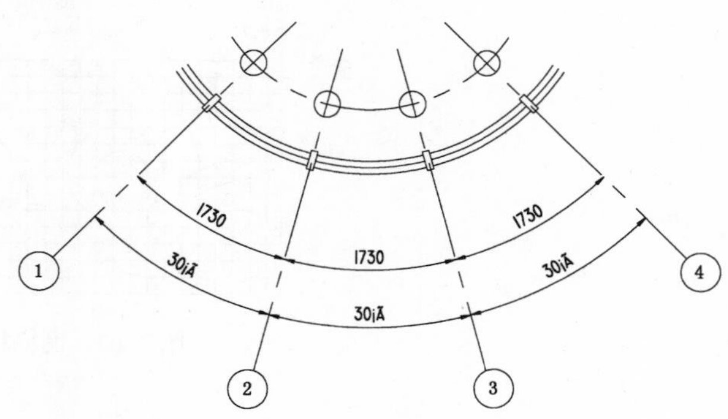

图 3-57　弦长标注规范

3. 坡度标注

- 标注坡度时，在坡度数字下应加注坡度符号，坡度符号的箭头一般应指向下坡的方向。标注坡度时应沿坡度画上指向下坡的箭头，在箭头的一侧或一端注写坡度数字，百分数、比例、小数均可，如图 3-58 所示。

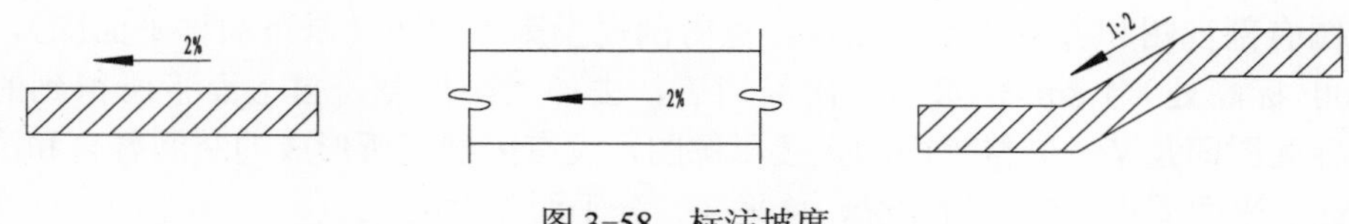

图 3-58　标注坡度

- 坡度也可以用直角三角形形式标注，如图 3-59 所示。

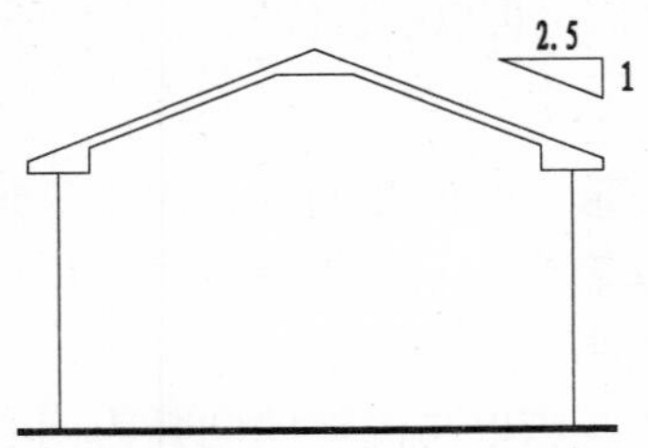

图 3-59　直角三角形标注坡度

- 箭头标注如图 3-60 所示。
- A0、A1、A2 幅面：字高为 250mm。
- A3、A4 幅面：字高为 200mm。

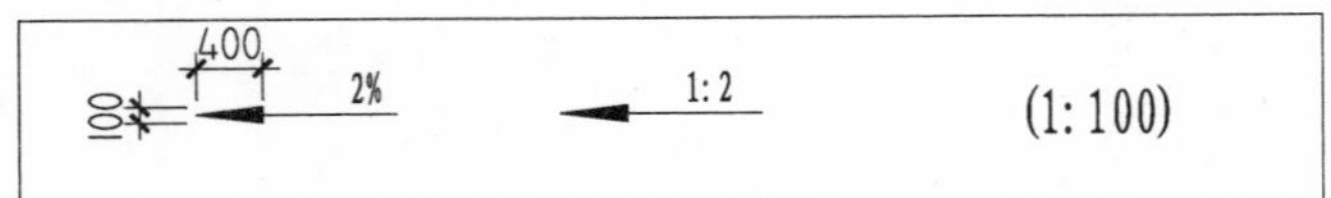

图 3-60　箭头标注

- 斜线标注标准如图 3-61 所示。
- 复杂的图形，可用网格形式标注，如图 3-62 所示。

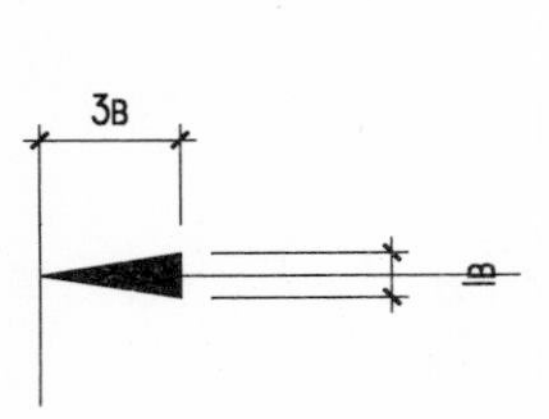

图 3-61　斜线标注

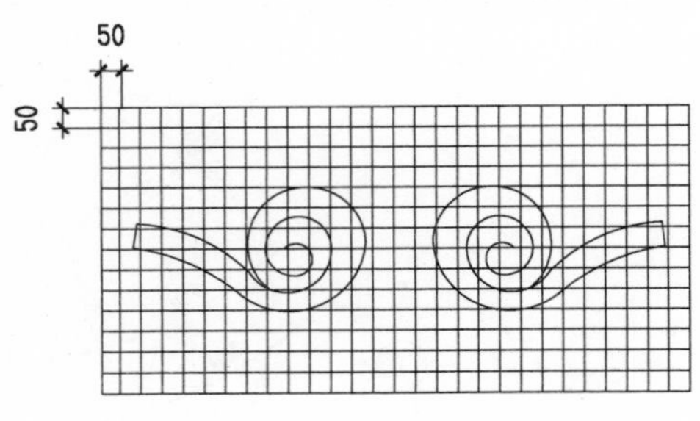

图 3-62　网格标注

3.7　图纸命名与相关规范

在进行室内设计之前，首先要了解设计图样的种类以及相关规范，为以后的室内装潢设计打下基础。

3.7.1 平面图

平面图有剖视图和界面图两种概念。室内剖视投影平面图（以下简称平面图），是距地（或 +0.000 标高处）1.8m 作水平方向剖切后，去掉上半部分，自上而下所得到的正投影图。室内界面图即是某一装修界面的直接影像图，没有因剖视所形成的空间叠合和围合截面的内容表述。平面图可分为建筑原况、总平面、分平面三大类。

为方便施工过程中各施工阶段、各施工内容以及各专业供应方阅图的需求，可将平面图细分为各项分平面图，如图 3-63 所示。

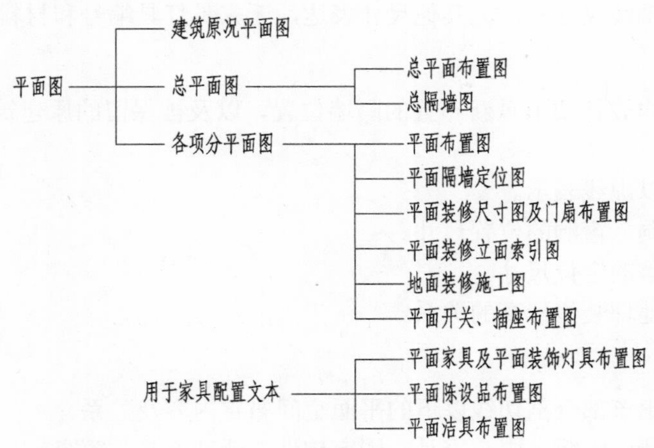

图 3-63　平面图的细分

1. 建筑原况平面图

（1）表达出原建筑的平面结构内容，绘出隔墙位置与空间关系和竖向构件及管井位置等，绘制深度到建筑施工图为止。

（2）表达出建筑轴号及轴线间的尺寸。

（3）表达出建筑标高。建筑原况平面图如图 3-64 所示。

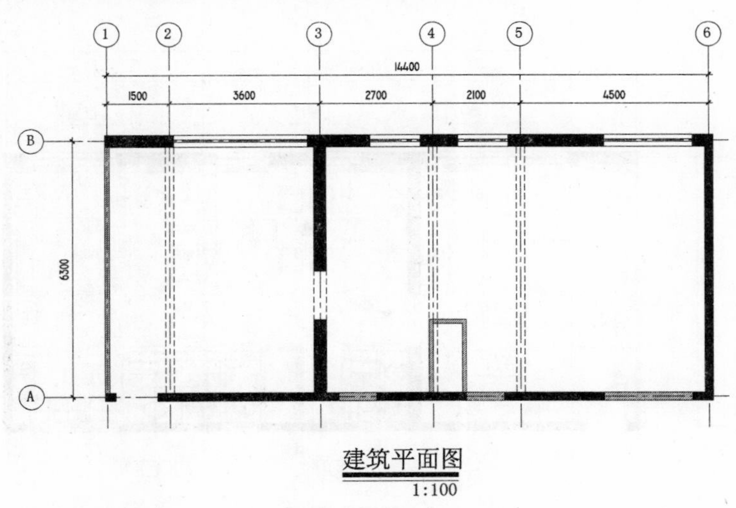

图 3-64　建筑原况平面图

2. 总平面布置图

（1）表达出完整的平面布置内容全貌及各区域之间的相互连接关系。

（2）表达出建筑轴号及轴线间的建筑尺寸。

（3）表达各功能的区域位置及说明。说明用阿拉伯数字分区编号，并在图中将每一编号

的具体功能以文字注明。

（4）表达出装修标高关系。

（5）总图中除轴线尺寸外，无其他尺寸表达，无家具灯具编号和材料编号。

3. 总隔墙图

（1）表达按室内设计要求重新布置的隔墙位置，以及被保留的原建筑隔墙的位置。表达出承重墙的位置。

（2）原墙拆除以虚线表示。

（3）表达出门洞、窗洞的位置尺寸。

（4）表达出隔墙的定位尺寸。

（5）表达出各地坪装修标高的关系。

4. 平面布置图

（1）详细表达出该部分剖切线以下的平面空间布置内容及关系。

（2）表达出隔墙、隔断、固定家具、固定构件、活动家具、窗帘。

（3）表达出该部分详细的功能内容、编号及文字注释。

（4）表达出活动家具及陈设品图例。

（5）表达计算机、电话、灯光灯饰的图例。

（6）注明装修地坪的标高。

（7）注明本部分的建筑轴号及轴线尺寸。

（8）以虚线表达出在剖切位置线之上的、需强调的立面内容。如图 3-65 所示。

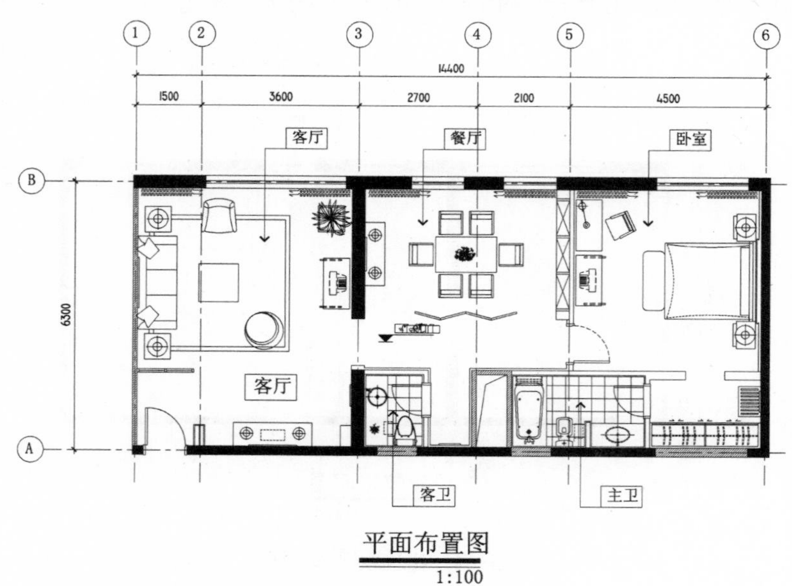

图 3-65　平面布置图

5. 平面隔墙定位图

（1）表达出该部分按室内设计要求重新布置的隔墙位置，以及被保留的原建筑隔墙位置。表达出承重墙与非承重墙的位置。

（2）原墙拆除以虚线表示。

（3）表达出隔墙材质图例及龙骨排列。

（4）表达出门洞、窗洞的位置尺寸。

（5）表达出隔墙的详细定位尺寸。

（6）表达出建筑轴号及轴线尺寸。

（7）表达出各地坪装修标高的关系。平面隔墙定位图如图 3-66 所示。

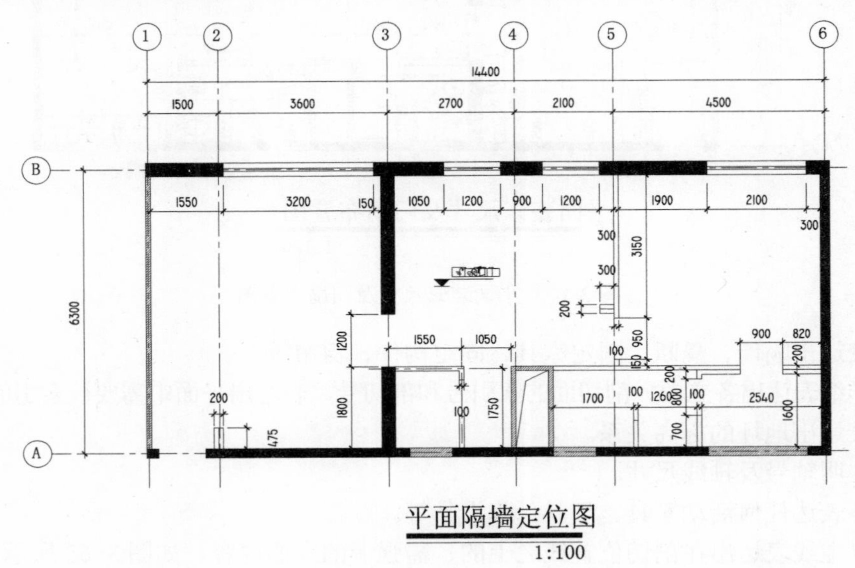

图 3-66 平面隔墙定位图

6. 平面装修尺寸图及门扇布置图

（1）详细表达出该部分剖切线以下的平面空间布置内容及关系。

（2）表达出隔墙、隔断、固定构件、固定家具、窗帘等。

（3）详细表达出平面上各装修内容的详细尺寸。

（4）表达出地坪的标高关系。

（5）注明轴号及轴线尺寸。

（6）不表达任何活动家具、灯具、陈设品等。

（7）以虚线表达出在剖切位置线之上的、需强调的立面内容。

（8）表达出各类门扇的位置和分类编号，FM 后缀数字为防火门编号，M 后缀数字为普通门编号，同一类型的标注相同编号。

（9）表达出各类门扇的索引编号。

（10）表达出各类门扇的长×宽尺寸。

（11）表达出门扇的开启方式和方向。如图 3-67 所示。

7. 平面装修立面索引图

（1）详细表达出该部分剖切线以下的平面空间布置内容及关系。

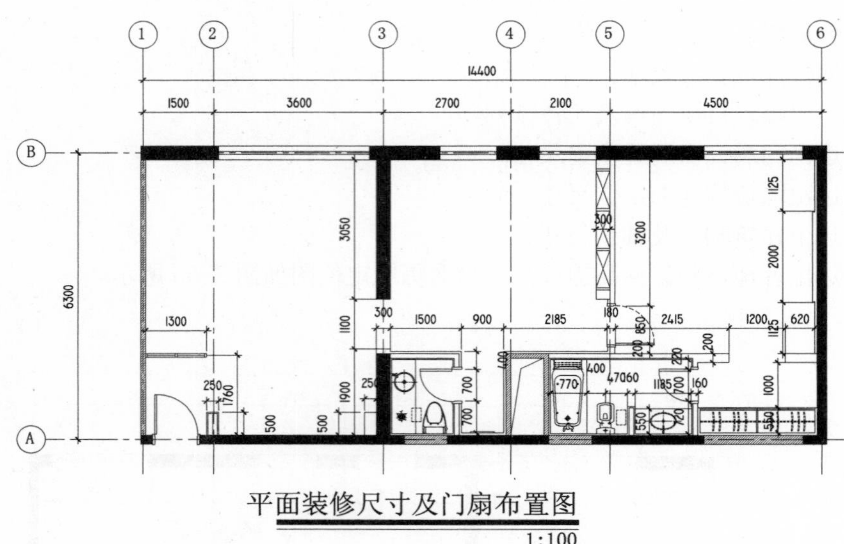

图 3-67　平面装修尺寸及门扇布置图

（2）表达出隔墙、隔断、固定家具、固定构件、窗帘等。

（3）详细表达出各立面、剖切面的索引号和剖切号，表达出平面中需要被索引的详图号。

（4）表达出地坪的标高关系。

（5）注明轴号及轴线尺寸。

（6）不表达任何活动家具、灯具、陈设品等。

（7）以虚线表达出在剖切位置线之上的、需强调的立面内容。如图 3-68 所示。

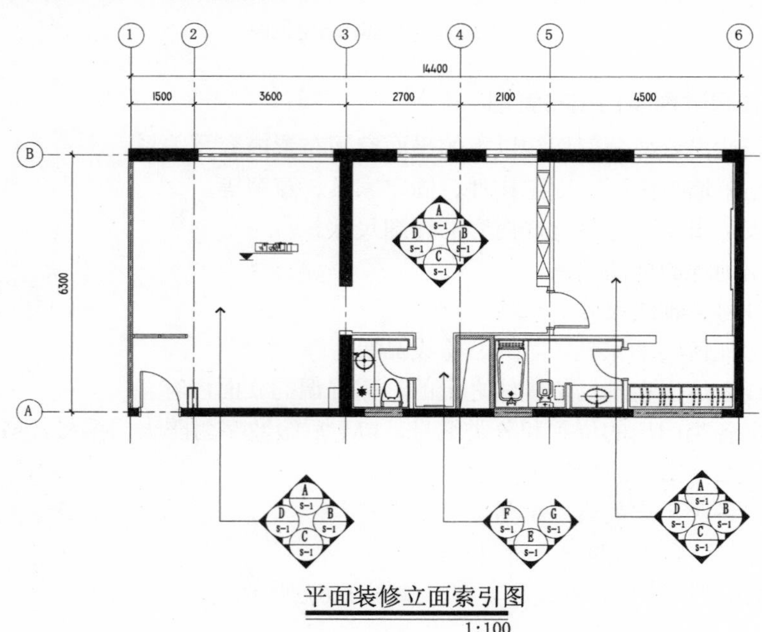

图 3-68　平面装修立面索引图

8. 地面装修施工图

（1）表达出该部分地坪界面的空间内容及关系。

（2）表达出地坪材料的规格、材料编号及施工排版图。

（3）表达出埋地式内容（如埋地灯、埋藏光源、地插座等）。

（4）表达出地坪相接材料的装修节点剖切索引号和地坪落差的节点剖切索引号。

（5）表达出地坪拼花或大样索引号。

（6）表达出地坪装修所需的构造节点索引。

（7）注明地坪标高关系。

（8）注明轴号及轴线尺寸。如图 3-69 所示。

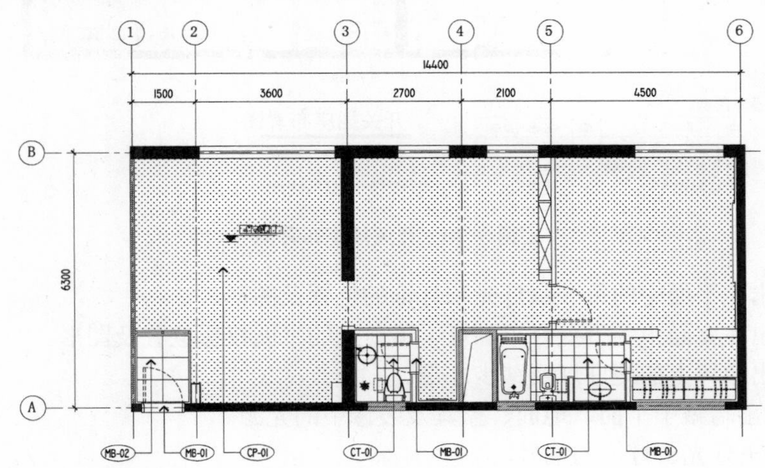

图 3-69　地面装修施工图

9. 开关插座布置图

（1）表达出该部分剖切线以下的平面空间布置内容及关系。

（2）表达出各墙、地面的开关、强/弱电插座的位置及图例。

（3）不表达地坪材料的排版和活动的家具、陈设品。

（4）注明地坪标高关系。

（5）注明轴号及轴线尺寸。

（6）表达出开关、插座在本图纸中的图表注释。如图 3-70 所示。

10. 平面家具及平面装饰灯具布置图

（1）表达出该部分剖切线以下的平面空间布置内容及关系。

（2）表达出每款家具实际的平面形状。

（3）表达出每款家具的索引号。

（4）详细表达出各功能区域的编号及文字注释。

（5）注明地坪标高关系。

（6）注明轴号及轴线尺寸。

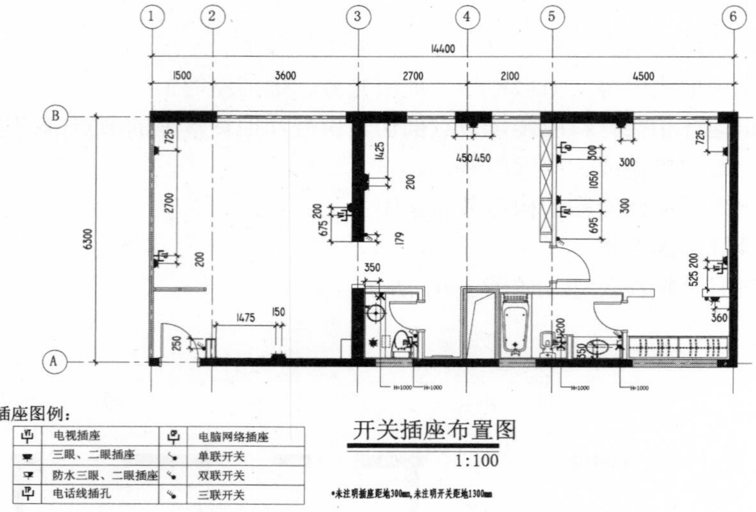

图 3-70　开关插座布置图

（7）表达出在平面中的每一款灯光和灯饰的位置及图形。
（8）表达出在立面中各类壁灯、画灯、镜前灯的平面投影位置及图形。
（9）表达出地坪上的地埋灯及踏步灯带。
（10）表达出暗藏于平面、地面、家具及装修中的光源。
（11）表达出灯光、灯饰的编号。
（12）图表中应包括图例、编号、型号、调光与否及光源的各项参数。如图 3-71 所示。

图 3-71　平面家具及平面装饰灯具布置图

11. 平面陈设品布置图

（1）表达出该部分剖切线以下的平面空间布置内容及关系。

（2）详细表达出陈设品的位置、平面造型及图例。陈设品包括画框、雕塑、摆件、工艺品、绿化、工艺毯、插花、窗帘等。

（3）详细表达出各陈设品的编号及尺寸。

（4）表达出地坪上的陈设品（如工艺毯）的位置、尺寸及编号。

（5）注明地坪标高关系。

（6）注明轴号及轴线尺寸。如图 3-72 所示。

图 3-72　平面陈设品布置图

12. 平面洁具布置图

（1）表达出该部分剖切线以下的平面空间布置内容及关系。

（2）不表达地坪材料的排版和活动的家具、陈设品。

（3）表达出卫生间的洁具位置及编号。

（4）注明地坪标高关系。

（5）注明轴号及轴线尺寸。如图 3-73 所示。

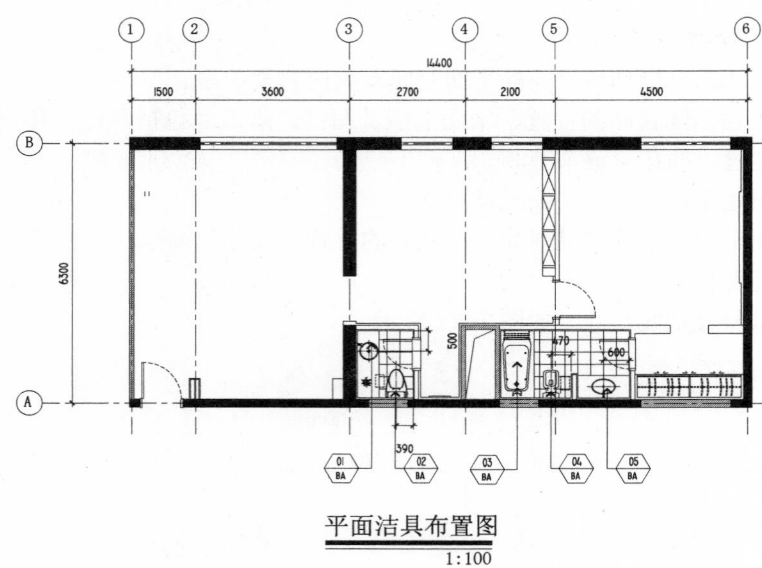

图 3-73　平面洁具布置图

3.7.2 顶面图

室内顶面图为向上仰视的正投影平面图，具体可分为以下两种情况：一，顶面基本处于一个标高时，平顶图就是顶界面的平面影像图，即（顶）界面图；二，顶面处于不同标高时，采用水平剖切后，去掉下半部分，自下而上仰视可得到正投影图，剖切高度以充分展现顶面设计全貌的最恰当处为宜。

顶面图的内容范围如图 3-74 所示。

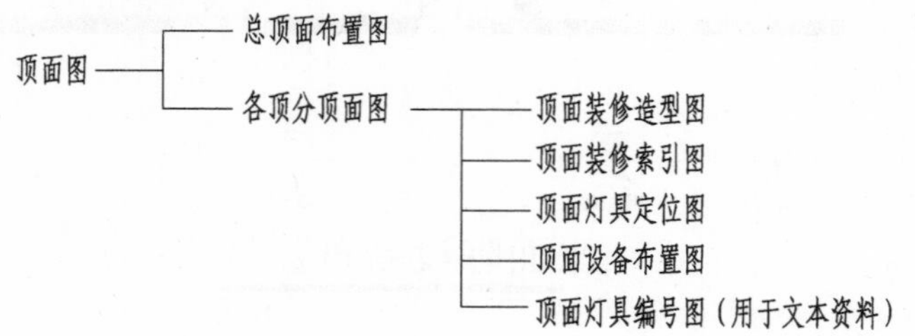

图 3-74　顶面图的细分

1. 总顶面布置图

（1）表达出剖切线以上的总体建筑与室内空间的造型及其关系。

（2）表达出顶面上总的灯位、装饰及其他（不注尺寸）。

（3）表达出风口、烟感、温感、喷淋、广播等设备安装内容（视具体情况而定）。

（4）表达出各顶面的标高关系。

（5）表达出门、窗洞口的位置。

（6）表达出轴号及轴线尺寸。

2. 顶面装修造型图

（1）表达出该部分剖切线以上的建筑与室内空间的造型及其关系。

（2）表达出详细的装修、安装尺寸。

（3）表达出顶面每一光源的位置（不注尺寸）。

（4）表达出窗帘、窗帘盒及窗帘轨道。

（5）表达出门、窗洞口的位置。

（6）表达出风口、烟感、温感、喷淋、广播、检修口等设备安装（不注尺寸）。

（7）表达出顶面的装修材料索引编号及排版。

（8）表达出顶面的标高关系。

（9）表达出轴号及轴线关系。如图 3-75 所示。

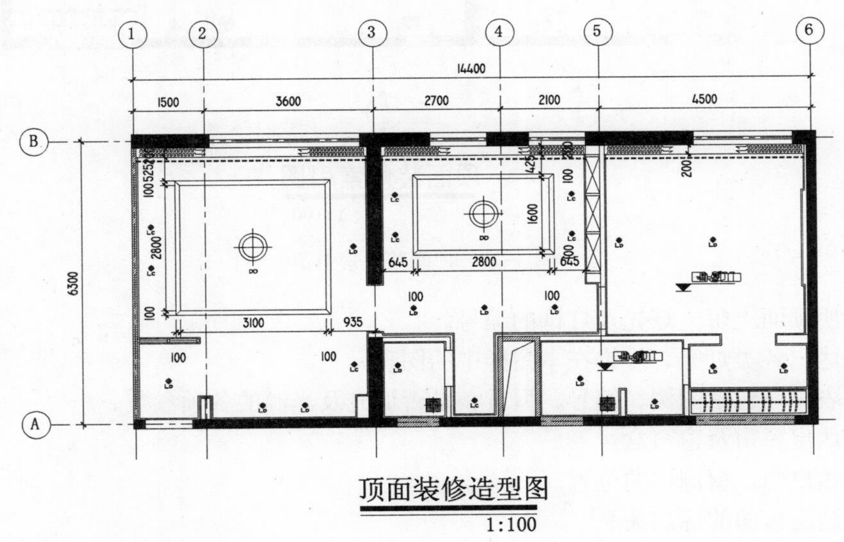

图 3-75 顶面装修造型图

3. 顶面装修索引图

（1）表达出该部分剖切线以上的建筑与室内空间的造型及其关系。

（2）表达出顶面装修的节点剖切索引号及大样索引号。

（3）表达出平顶的灯位图例及其他装饰物（不注尺寸）。

（4）表达出窗帘及窗帘盒。

（5）表达出门、窗洞口的位置。

（6）表达出风口、烟感、温感、喷淋、广播、检修口等设备安装（不注尺寸）。

（7）表达出顶面的标高关系。

（8）表达出轴号及轴线关系。如图 3-76 所示。

4. 顶面灯具定位图

（1）表达出该部分剖切线以上的建筑与室内空间的造型及其关系。

（2）表达出每一光源的位置及图例（注明尺寸）。

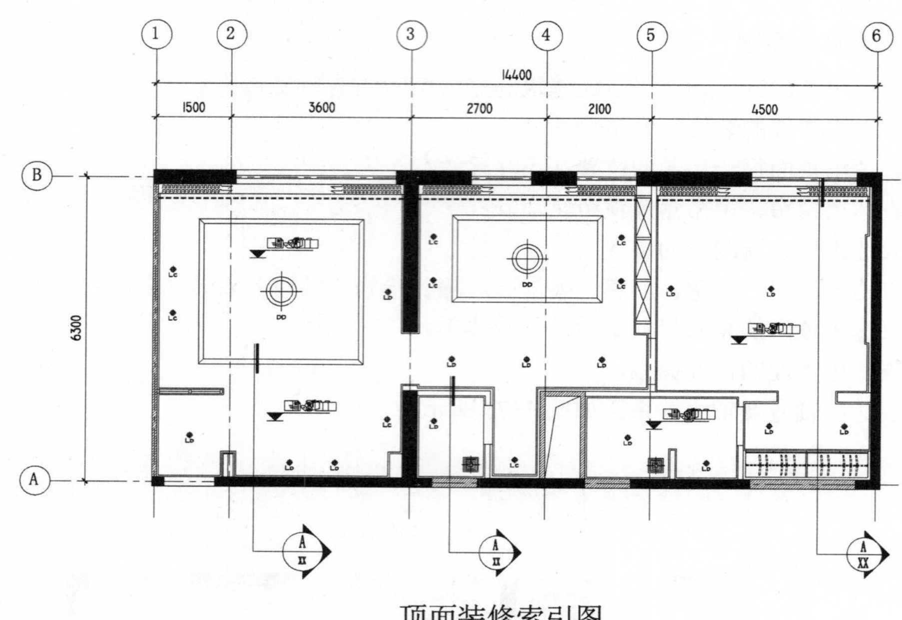

图 3-76　顶面装修索引图

（3）注明顶面上每一灯光及灯饰的编号。

（4）表达出各类灯光、灯饰在本图样中的图表。

（5）图表中应包括图例、编号、型号、是否调光及光源的各项参数。

（6）表达出窗帘及窗帘盒。

（7）表达出门、窗洞口的位置。

（8）表达出顶面的标高关系。

（9）表达出轴号及轴线关系。

（10）表达出需连成一体的光源设置，以弧形细虚线绘制。如图 3-77 所示。

5. 顶面设备布置图

（1）表达出该部分剖切线以上的建筑与室内空间的造型及其关系。

（2）表达出灯位图例及其他。

（3）表达出窗帘及窗帘盒。

（4）表达出门、窗洞口的位置。

（5）表达出消防烟感、风口、温感、喷淋、广播、防排烟口、应急灯、防火卷帘挡烟垂壁等位置及图例。

（6）表达出各消防图例在本图样上的文字注释及图例说明。

（7）表达出各消防内容的定位尺寸关系。

（8）表达出顶面的标高关系。

（9）表达出轴号及轴线尺寸。

（10）表达出轴号及轴线的关系。

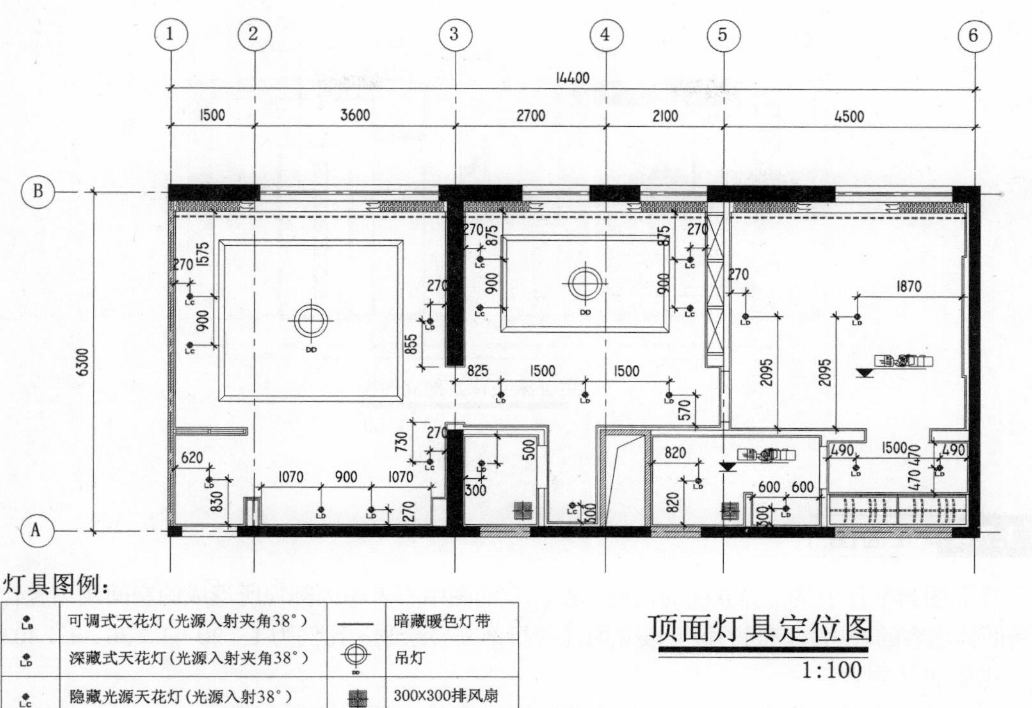

灯具图例：

LB	可调式天花灯（光源入射夹角38°）	——	暗藏暖色灯带
LD	深藏式天花灯（光源入射夹角38°）	DD	吊灯
LC	隐藏光源天花灯（光源入射38°）	▪	300X300排风扇

图 3-77　顶面灯具定位图

3.7.3 剖立面图

室内设计中，在平行于某内空间的立面方向上，假设有一个竖直平面从顶至地将该内空间剖切，所得到的正投影图即为剖立面图。

位于剖切线上的物体均表达出被切的断面图形式，位于剖切线后的物体以界立面形式表示。室内设计的剖立面图即断面加立面。

剖立面图的剖切位置线，应选择在内部空间较为复杂或有起伏变化处，并且最能反映空间组合特征的位置。

装修剖立面图主要表达内容：

（1）表达出被剖切后的断面形式（墙体、门洞、窗洞、抬高地坪、装修内包空间、吊顶背后的内包空间）。

（2）表达出在投视方向未被剖切到的可见装修内容和固定家具、灯具造型及其他。

（3）表达出施工尺寸及标高。

（4）表达出节点剖切索引号、大样索引号。

（5）表达出装修材料索引编号及说明。

（6）表达出该剖立面的轴号、轴线尺寸。

（7）若没有单独的陈设剖立面，则在本图上表达出活动家具、灯具和各陈设的立面造型（以虚线绘制主要可见轮廓线），并表达出家具、灯具、艺术品灯编号。

（8）表达出该剖立面的剖立面图号及标题。如图 3-78 所示。

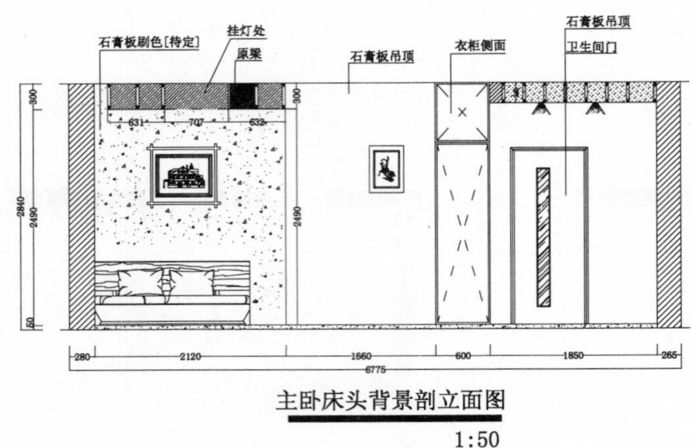

图 3-78　剖立面图

3.7.4 立面图

立面图为平行于某一界立面的正投影图。立面图中不考虑因剖视所形成的空间距离叠合和围合断面体内容的表达。空间的每一段立面及转折都需要绘制，比例为 1∶20、1∶30、1∶40 等。

主要表达内容：

（1）表达出某界立面的可见装修内容和固定家具、灯具造型及其他。

（2）表达出施工所需的尺寸及标高。

（3）表达出节点剖切索引号、大样索引号。

（4）表达出装修材料的编号说明。

（5）表达出该立面的轴号、轴线尺寸。

（6）若没有单独的陈设立面图，则在本图上表达出活动家具、灯具和各饰品的立面造型（以虚线绘制主要可见轮廓线），并表达出这些内容的索引编号。

（7）表达出该立面的立面图号及图名。

（8）表达出家具、灯具、画框、摆件灯陈设品外轮廓形状（用虚线表示）。如图 3-79 所示。

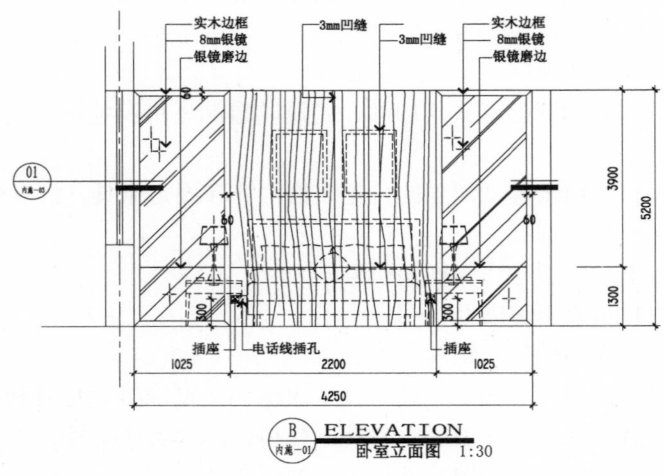

图 3-79　立面图

3.7.5 详图

详图指局部详细图样，由大样、节点和断面 3 部分组成。常采用的比例为 1∶2、1∶3、1∶5、1∶10、1∶15。详细内容如图 3-80 所示。

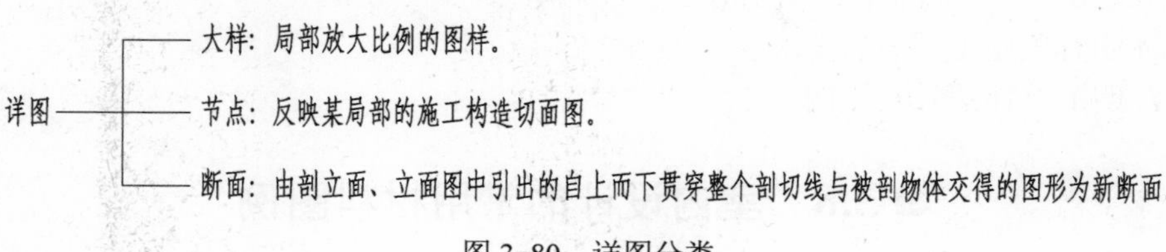

图 3-80　详图分类

1. 大样图

（1）局部详细的大比例放样图。

（2）注明详细尺寸。

（3）注明所需的节点剖切索引号。

（4）注明具体的材料编号及说明。

（5）注明详图号及比例。

2. 节点

（1）详细表达出被切截面从结构体至面饰层的施工构造连接方法及相互关系。

（2）表达出紧固件、连接件的具体图形与实际比例尺度（如膨胀螺栓等）。

（3）表达出详细的面饰层造型与材料编号及说明。

（4）表达出各断面构造内的材料图例、编号、说明及工艺要求。

（5）表达出详细的施工尺寸。

（6）注明有关施工所需的要求。

（7）表达出墙体粉刷线及墙体材质图例。

（8）注明节点详图号及比例。如图 3-81 所示。

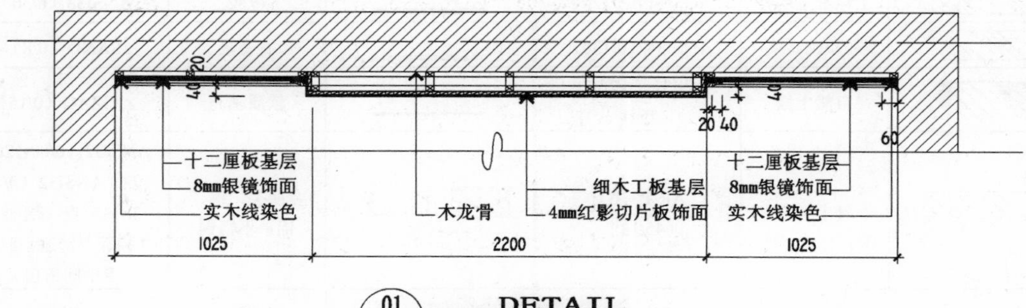

图 3-81　节点详图

3. 断面图

（1）表达出由顶至地连贯的剖截面造型。

（2）表达出由结构体至表饰层的施工构造方法及连接关系（如断面龙骨）。
（3）从断面图中引出需进一步放大表达的节点详图，并有索引编号。
（4）表达出结构体、断面构造层及饰面层的材料图例、编号及说明。
（5）表达出断面图所需的尺寸深度。
（6）注明有关施工所需的要求。
（7）注明节点详图号及比例。

3.8 室内设计的常用材料图例

室内设计中经常应用材料图例来表示材料，在无法用图例表示的地方，也采用文字说明。为了方便读者，将常用的材料图例汇集如表 3-10 所示。

表 3-10 常用建筑与室内材料图例

材质符号	材质类型	CAD 填充类型	材质符号	材质类型	CAD 填充类型
	瓷砖	ANSI31（45/40）		十二厘板	ANSI31（45/40）+直线×3
	马赛克	ANSI33（45/40）		细木工板 十八厘板	3+12+3
	石材	ANSI35（0/80）		密度板	IS002W100（0/1）
	砂、灰土、粉刷层、水泥砂浆	AR-SAND（0/5）		垫木、木砖、木龙骨	对角直线
	混凝土	AR-CONC（0/15）		木材	木纹曲线
	钢筋混凝土	AR-SAND（0/15）+ANSI31（0/350）		多孔材料	ANSI37（0/60）
	黏土砖 土建非承重墙	ANSI31（0/350）		纤维	BOX（0/20）
	土建承重墙柱	ANSI31（0/120）		橡胶	ANSI38（0/30）
	轻质砌砖块	ANSI34（0/130）		石膏板	SAND（0/8）
	自然土壤	ANSI31（0/200）+折线		软质填充	ZIGZAG（0/15）
	素土夯实	AR-PARQ1（45/13）		金属类，铜、铝、不锈钢	ANSI32（0/60-120）立面 ANSI32（0/15-30）节点（剖面）（相邻图例过小时涂黑中间留白）
	玻璃截面	ANSI37（0/100）		硅胶	同侧曲线
	三夹板	直线×2		地毯	曲线
	五夹板	ANSI34（0/40）		轻钢龙骨纸面石膏板隔墙	龙骨+石膏板
	九夹板	ANSI34（0/40）		液体	AR-RROOF（0/40）

（续）

材质符号	材质类型	CAD 填充类型	材质符号	材质类型	CAD 填充类型
	镜面（车边）	AR-RROOF+ 立面小于 300×300（45/100-300） 立面大于 300×300（45/400-500） 根据面积大小，其大小可作调整		地板	DOLMIT（200-500） 根据实际角度/比例大小可作调整
	玻璃	AR-RROOF 立面小于 300×300（45/100-300） 立面大于 300×300（45/400-500）		木拼纹	DOLMIT（200-500） 根据实际角度/比例大小可作调整
	磨砂玻璃	DOTS（0/80） 根据面积和渐变可作调整		木纹	确保曲线美观，间隙/比例和谐
	布饰面	GRASS（40-80） 根据实际面积，比例大小可作调整			

第4章 AutoCAD 2016 基础入门

本章导读

随着计算机辅助绘图技术的不断普及和发展，用计算机绘图全面代替手工绘图已成为必然趋势，只有熟练地掌握计算机图形的生成技术，才能够灵活自如地在计算机上表现自己的设计才能和天赋。

本章首先讲解了 AutoCAD 2016 的新增功能及操作界面，再讲解了图形文件的管理、命令和坐标的输入方式、对象选择、图形的显示控制、绘图环境和辅助功能设置、图层的设置以及文字和标注样式设置等，使用户能够掌握 AutoCAD 2016 软件的基础知识。

学习目标

- 初步认识 AutoCAD 2016
- 掌握图形文件的管理
- 掌握命令和坐标的输入方式
- 掌握辅助绘图功能与绘图环境设置
- 掌握图形的显示控制与选择方法
- 掌握图层、文字和标注样式的设置

预览效果图

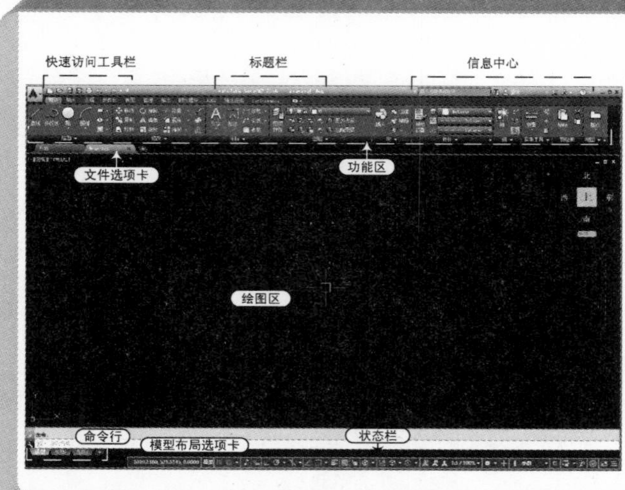

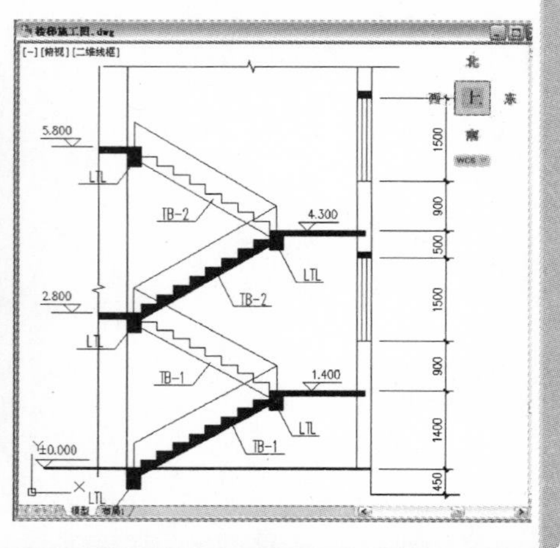

4.1 初步认识 AutoCAD 2016

AutoCAD 是由美国 Autodesk（欧特克）公司于 20 世纪 80 年代初为微机上应用 CAD 技术而开发的绘图程序软件包，经过不断的完善，现已成为国际上广为流行的绘图工具，并在航空航天、造船、建筑、机械、电子、化工、美工、轻纺等很多领域获得了广泛应用。

4.1.1 AutoCAD 的应用领域

由于 AutoCAD 具有强大的二维绘图功能，因此它的应用领域也较宽广，如图 4-1 所示。

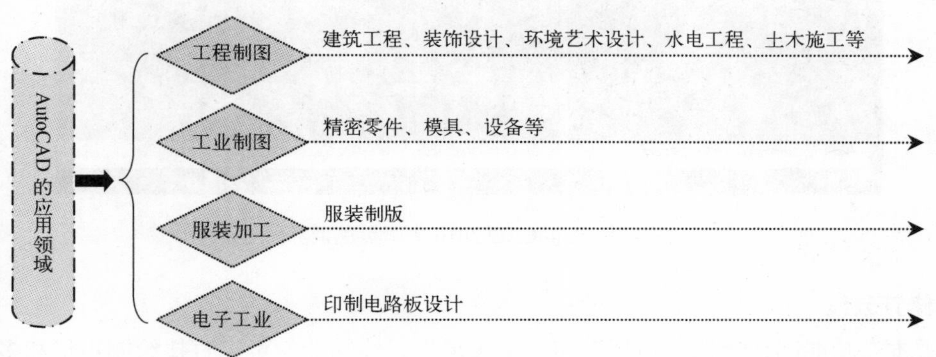

图 4-1 AutoCAD 应用领域

在不同的行业中，Autodesk 开发了行业专用的版本和插件，如图 4-2 所示。

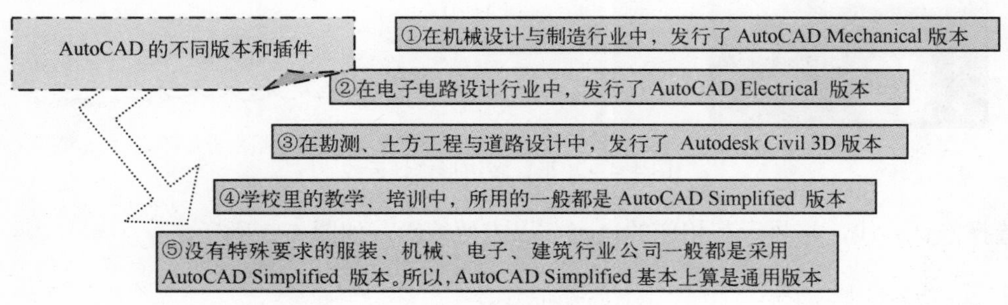

图 4-2 AutoCAD 专用版本

AutoCAD 所面向的对象主要包括土木工程、园林工程、环境艺术、数控加工、机械、建筑、测绘、电气自动化、材料成型、城乡规划、市政工程交通工程和给水排水等专业。

4.1.2 AutoCAD 2016 的新增功能

AutoCAD 2016 版本与上一版本（AutoCAD 2015）相比，在修订云线、标注、PDF 输出、使用点云和渲染等功能上进行了增强。对某些新增功能介绍如下。

1. 全新的暗黑色调界面

AutoCAD 2016 新增暗黑色调界面，使界面协调，利于工作，如图 4-3 所示。

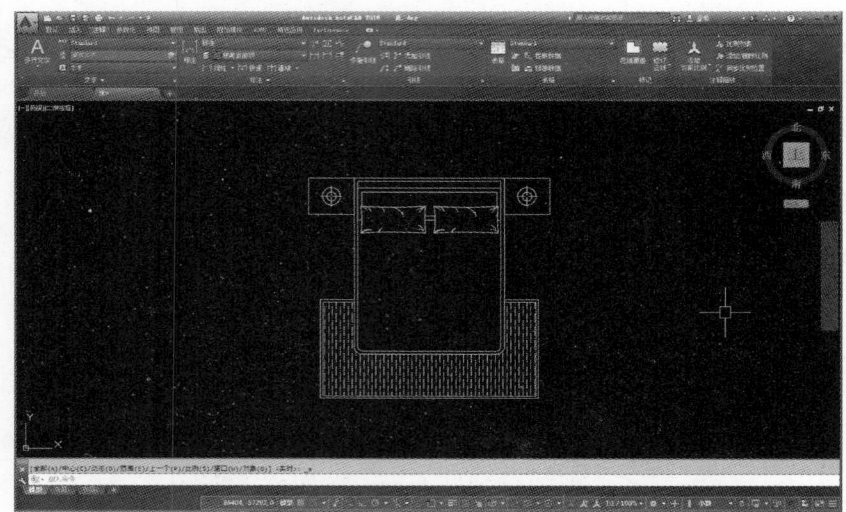

图 4-3　AutoCAD 2016 的暗黑色调界面

2. 修订云线

新版本在功能区新增了“矩形”和“多边形”云线功能，可以直接绘制矩形和多边形云线，如图 4-4 所示。

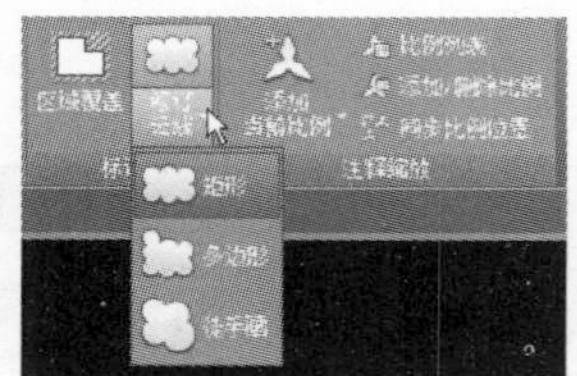

图 4-4　矩形、多边形修订云线

选择修订云线，将显示其相应的夹点，以方便编辑，如图 4-5 所示。

图 4-5　云线显示夹点

通过云线的“修改”选项，允许添加云线，如图 4-6 所示。在添加完成后，还可以删除现有修订云线，如图 4-7 所示。

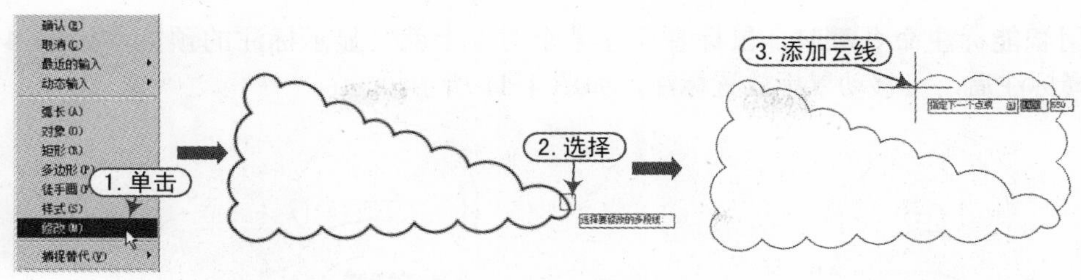

图 4-6　添加云线操作

图 4-7　添加完成后删除云线操作

3. 多行文字

多行文字对象具有新的文字加框特性，可在“特性”选项板中启用或关闭，如图 4-8 所示。

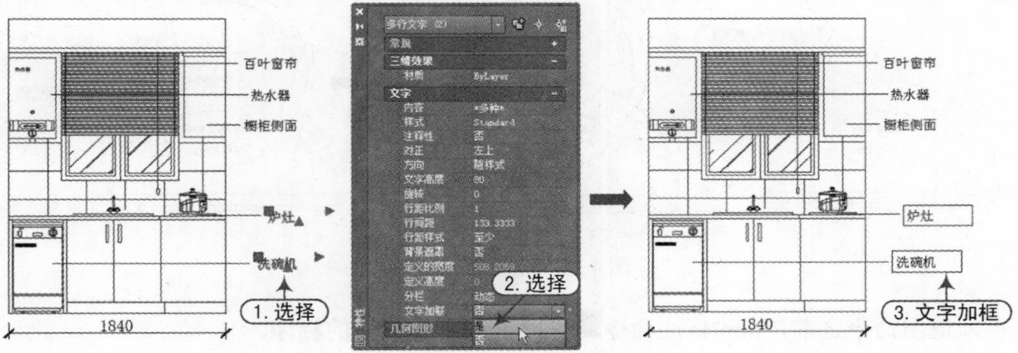

图 4-8　多行文字自动加框功能

4. 对象捕捉

新增“几何中心”捕捉，可以捕捉到封闭多边形的几何中心，方便绘图，如图 4-9 所示。

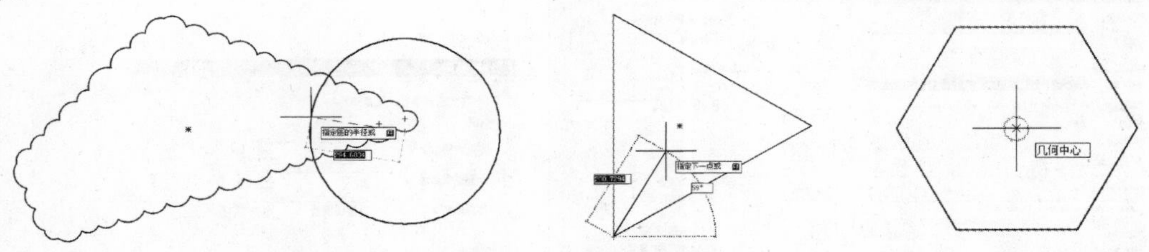

图 4-9　几何中心捕捉功能

5. 标注

全新的 dim 标注命令，可以理解为智能标注，几乎可以一个命令搞定所有日常标注，非常实用。

使用智能标注命令时，鼠标悬停在某个对象上就会显示标注的预览，如图 4-10 所示。选择标注后，可移动鼠标放置标注，如图 4-11 所示。

图 4-10　标注的预览

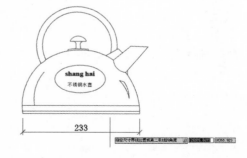

图 4-11　智能标注

使用智能标注命令，可根据选择的对象创建不同的标注。如，选择直线会标注出长度；选择圆或圆弧会标注出直径、半径、圆弧长度、角度等；连续选择两条相交的直线，可标注出角度等，如图 4-12 所示。

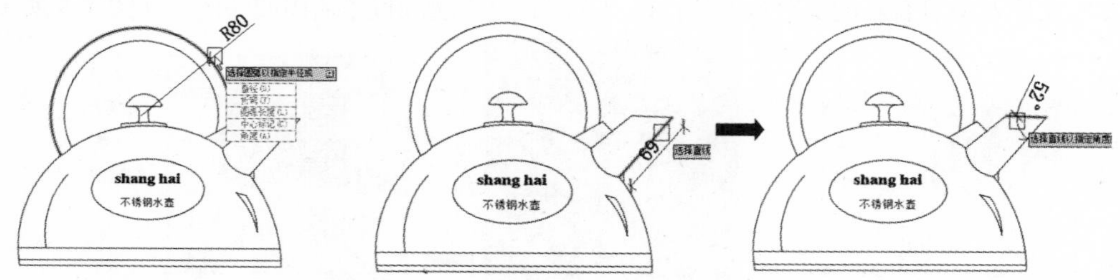

图 4-12　选择对象标注

在未退出命令之前，dim 标注命令可以继续创建其他的标注。

6. PDF 输出

在“打印”对话框添加了“PDF”选项，根据位图中的选项添加了链接，支持链接到外部网站和文件，还可以为输出图样创建书签，使它们显示在 PDF 查看器的书签面板中，如图 4-13 所示。

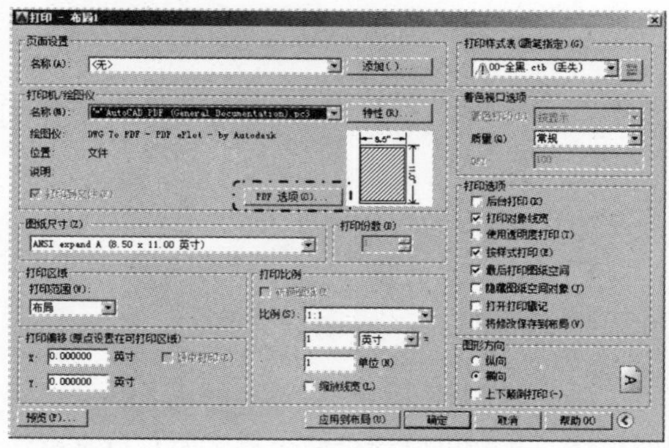

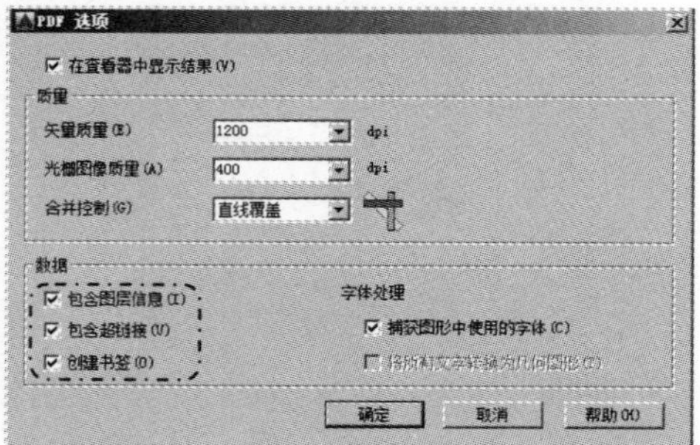

图 4-13　PDF 输出功能

7. 系统变量监视器

增加了系统变量监视器（SYSVARMONITOR 命令），比如修改了 filedia 和 pickadd 这些变量，系统变量监视器可以监测这些变量的变化，并可以恢复默认状态。“启用气泡式通知”项还可以在系统变量时显示通知，如图 4-14 所示。

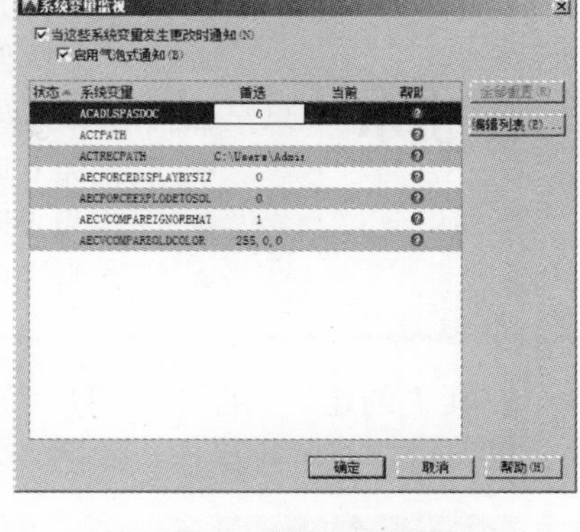

图 4-14 系统变量监视器

4.1.3 AutoCAD 2016 的工作界面

当用户的计算机上已经成功安装好 AutoCAD 2016 软件后，即可以开始启动并运行该软件。与大多数应用软件一样，要启动 AutoCAD 2016 软件，用户可通过以下任意一种方法来启动：

- 双击桌面上的“AutoCAD 2016”快捷图标。
- 单击桌面上的“开始 | 程序 | Autodesk | AutoCAD 2016-Simplified Chinese”命令。
- 右击桌面上的“AutoCAD 2016”快捷图标，从弹出的快捷菜单中选择“打开”命令。

启动软件后，将进入 AutoCAD 2016 的“开始”选项卡，由“了解”和“创建”两部分组成。

在“开始”选项卡的“了解”页面中，可以看到新特性、快速入门、功能等视频，还可以联机学习资源，帮助用户快速学习 AutoCAD 2016 新增功能及其他知识，如图 4-15 所示。

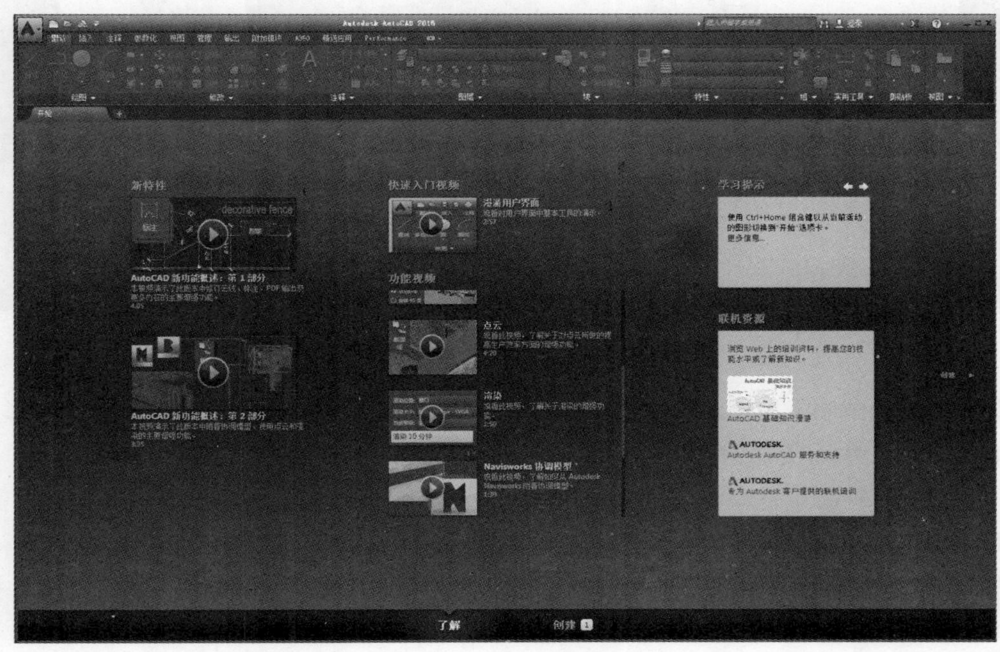

图 4-15 AutoCAD 2016 初始界面（一）

用户可以关闭软件启动时的“开始”选项卡，以提高启动速度。在AutoCAD 2016 的命令行中输入“NewtabMode”，并设置值为 0 即可关闭。关闭后，软件启动为空页面。当然不影响图形文件选项卡的使用，只是去掉启动页面。

- 设置为 0 时表示禁用“开始”选项卡。
- 设置为 1 时表示启用“开始”选项卡（默认值=1）。
- 设置为 2 时表示启用“开始”选项卡，添加为快速样板。

在其“创建”页面中，用户可以新建图形、打开最近使用的文档，还可得到产品更新通知、以及链接社区等操作，如图 4-16 所示。

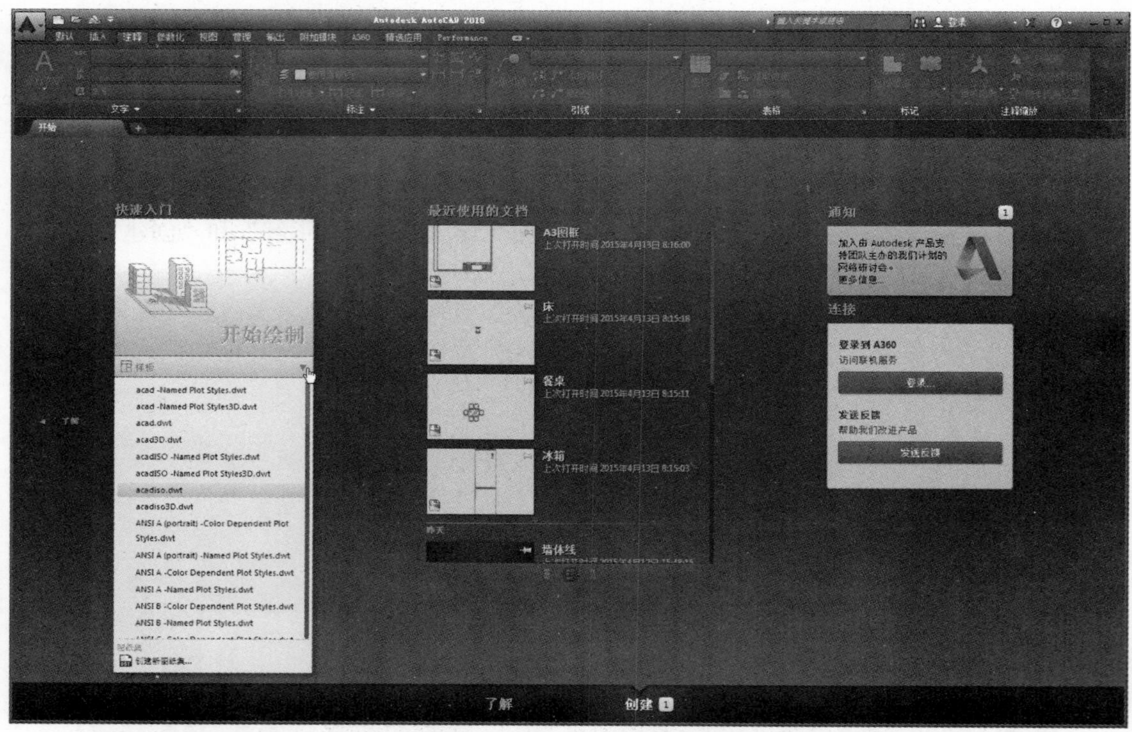

图 4-16　AutoCAD 2016 初始界面（二）

使用“开始绘制”按钮，开始绘制新的图形，或通过提供的各种样板开始绘制图形；还可以通过最近使用过的文档打开图形。

经上任意一种操作后，均可进入 AutoCAD2016 的绘图界面，如图 4-17 所示。

1. 标题栏

标题栏在窗口的最上侧位置，从左至右依次为菜单浏览器、快速访问工具栏、工作空间切换栏、AutoCAD 标题栏、信息中心以及控制区域，如图 4-18 所示。

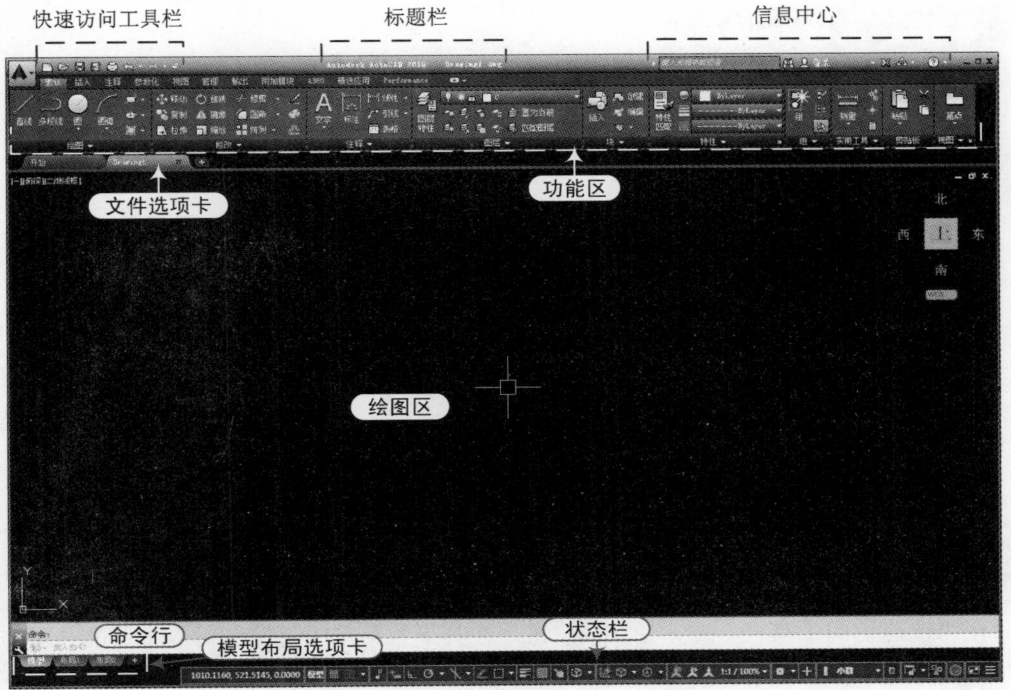

图 4-17 AutoCAD 2016 的“草图与注释”界面

图 4-18 标题栏

◆ 菜单浏览器：窗口左上角的标志按钮为菜单浏览器，单击该按钮将会出现一个下拉列表，其中包含了文件操作命令，包括“新建”“打开”“保存”“打印”“输出”“发布”“另存为”“图形实用”工具等常用命令，还包含了“命令搜索栏”和“最近使用过的文档区域”，如图 4-19 所示。

◆ 快速访问工具栏：主要作用是方便用户更快地找到并使用这些工具，在 AutoCAD 2016 中，直接单击“快速访问工具栏”中的相应命令按钮就可以执行相应的命令操作。

◆ 工作空间切换：用户可通过单击右侧的下拉按钮，在弹出的组合列表框中选择不同的工作空间来进行切换，如图 4-20 所示。

◆ 文件名：当窗口最大化显示时，将显示 AutoCAD 2016 标题名称和图形文件的名称。

◆ 搜索栏：用户可以根据需要在搜索框内输入相关命令的关键词，并单击按钮，对相关命令进行搜索。

◆ 窗口控制区域：用户可以通过窗口控制区域的 3 个按钮，对当前窗口进行最小化、最大化和关闭操作，如图 4-21 所示。

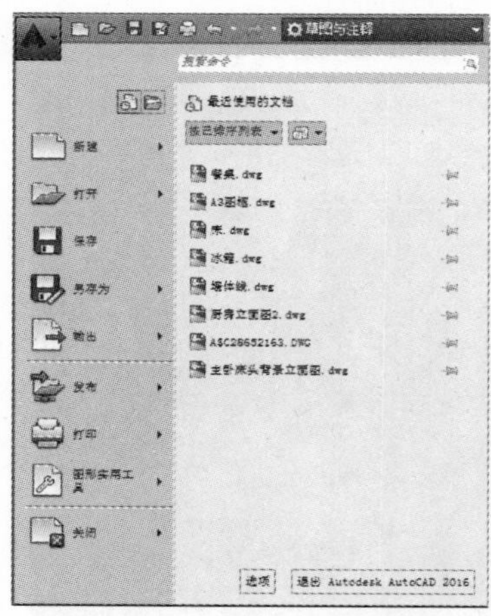

图 4-19　菜单浏览器

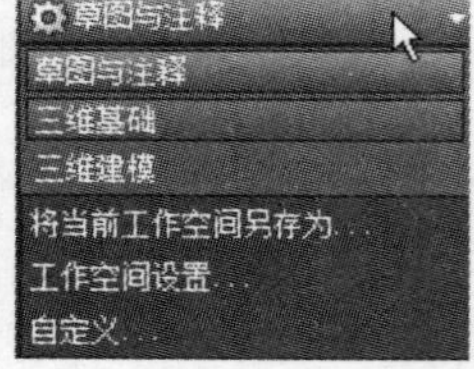

图 4-20　切换工作空间

图 4-21　窗口控制区

专业技能　AutoCAD 常规菜单栏的调出

在“快速访问工具栏”中，单击按钮，在其下拉菜单中可控制对应工具的显示与隐藏。如选择“特性匹配”选项，则在“快速访问工具栏”中会出现“特性匹配”的快捷按钮。若单击“显示菜单栏”，会显示“菜单栏”，如图 4-22 所示。

图 4-22　菜单栏的调出

2. 功能区

功能区由选项卡和面板组成，AutoCAD 所有的命令和工具都组织到选项卡和面板中。

AutoCAD 2016 将各个工具按其类型划分在不同的选项卡中，每个选项卡下包含了多个工具面板，用户直接单击工具面板上的相关工具按钮即可执行相应命令，如图 4-23 所示。

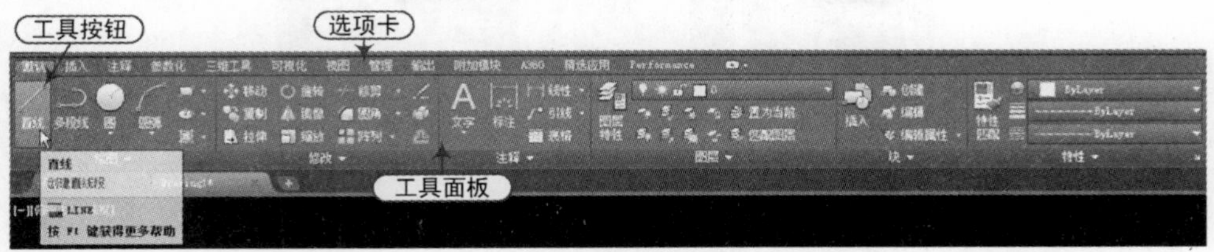

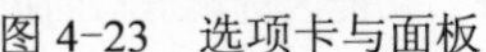
图 4-23　选项卡与面板

在所有的面板上都有一个“倒三角”按钮，单击此按钮会展开该面板相关的操作命令。如单击“修改”面板上的“倒三角”按钮，会展开其相关的命令，如图 4-24 所示。

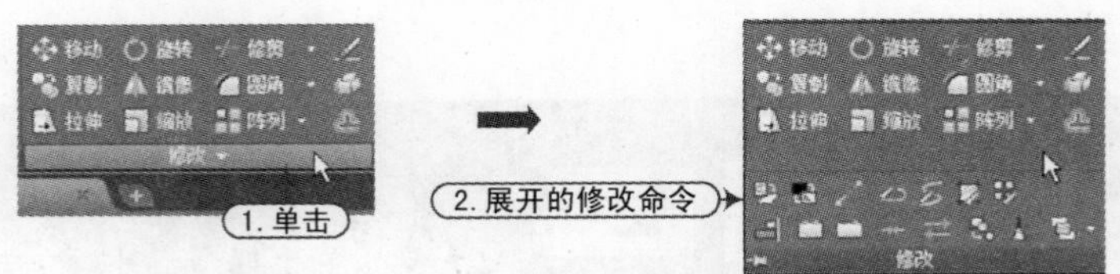

图 4-24　面板隐含命令

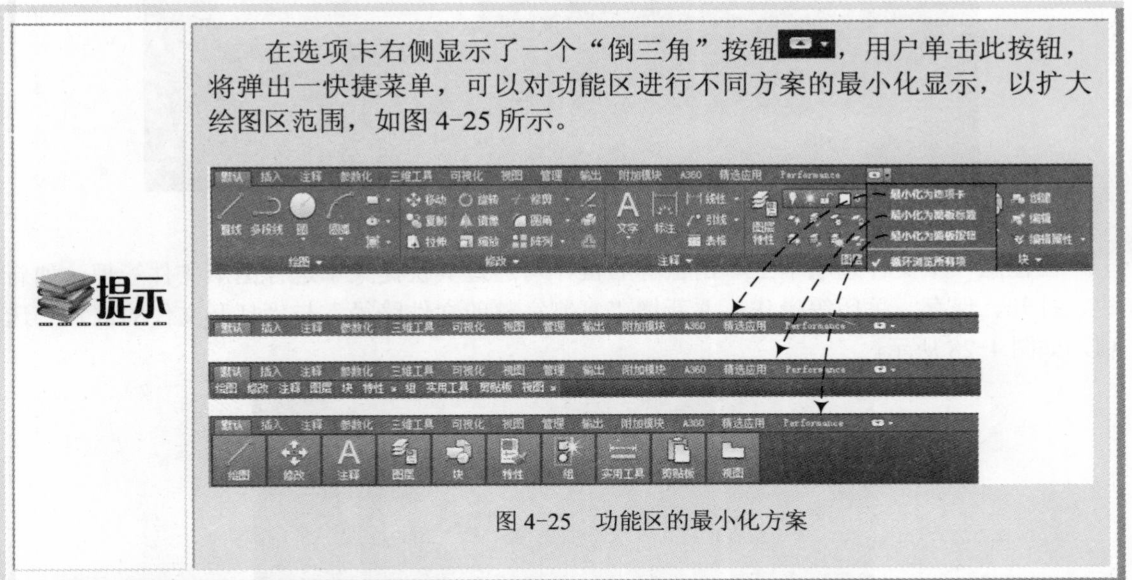

提示

在选项卡右侧显示了一个“倒三角”按钮，用户单击此按钮，将弹出一快捷菜单，可以对功能区进行不同方案的最小化显示，以扩大绘图区范围，如图 4-25 所示。

图 4-25　功能区的最小化方案

专业技能 自定义功能选项卡和面板

使用鼠标在面板上右击，从弹出的快捷菜单中选择“显示选项卡”和“显示面板”项，然后在下级菜单中勾选所需要的子菜单，即可显示或隐藏相应的选项卡或面板，如图 4-26 所示。

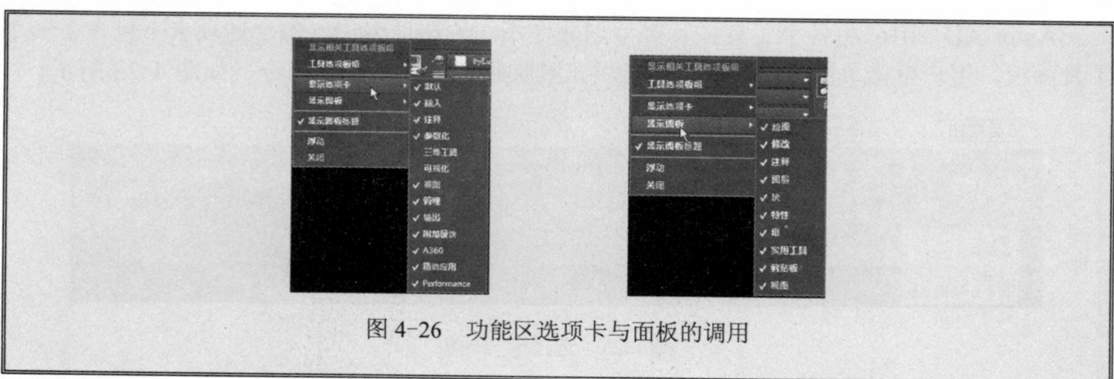

图 4-26　功能区选项卡与面板的调用

3. 图形文件选项卡

当鼠标悬停在某个图形文件选项卡上，将会显示出该图形的模型与图纸空间的预览图像，如图 4-27 所示。

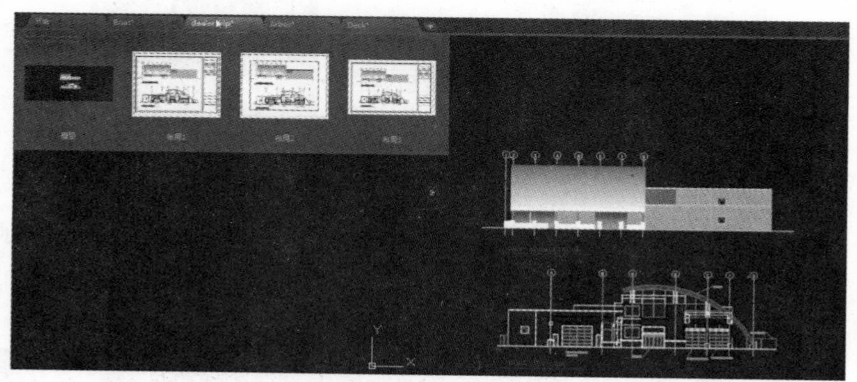

图 4-27　在图形文件卡上预览图像

在任意一个文件选项卡上单击鼠标右键，可通过其快捷菜单进行图形文件管理，如新建、打开、保存、关闭等操作，并新增“复制完整的文件路径”与“打开文件的位置”选项，如图 4-28 所示。

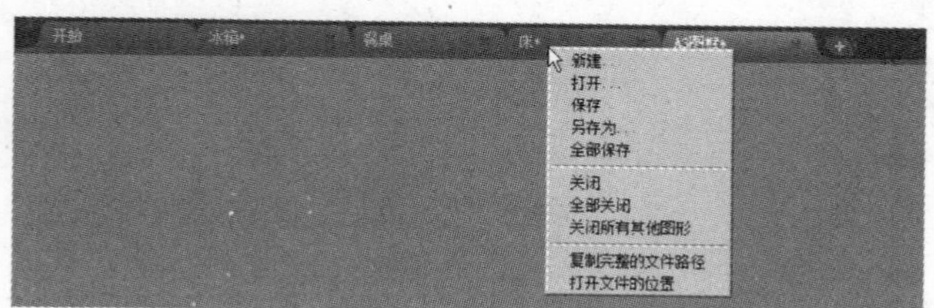

图 4-28　图形文件管理

单击文件选项卡上的 + 按钮，可直接新建一个空白图形。

4. 绘图区

绘图区域是创建和修改对象以展示设计的地方，所有的绘图结果都反映在这个窗口中。绘图窗口中不仅显示当前的绘图结果，而且还显示了坐标系图标、ViewCube、导航栏及视口、视图、视觉样式控件，如图 4-29 所示。

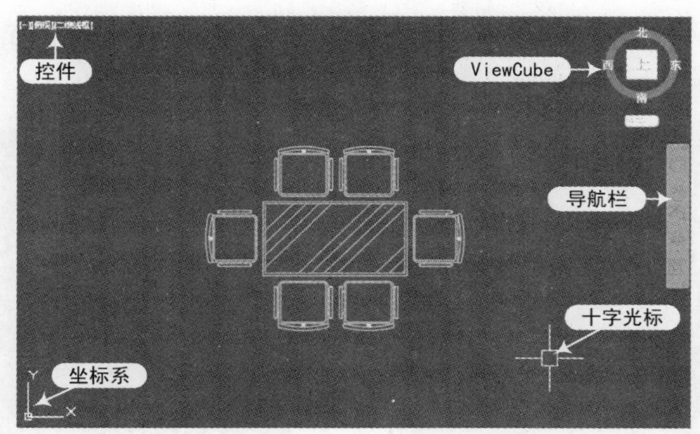

图 4-29 绘图区

绘图区域中主要包含内容如下：

◆ 视口控件：单击绘图区左上角的“视口控件”按钮[-]，通过其下拉菜单可控制视图的显示。如控制 ViewCube、导航栏及 SteeringWheels 的显示与否，以及视口的配置等。如图 4-30 所示为将系统默认的一个视口设置成多个视口的操作。设置多个视口后该控件变成[+]。

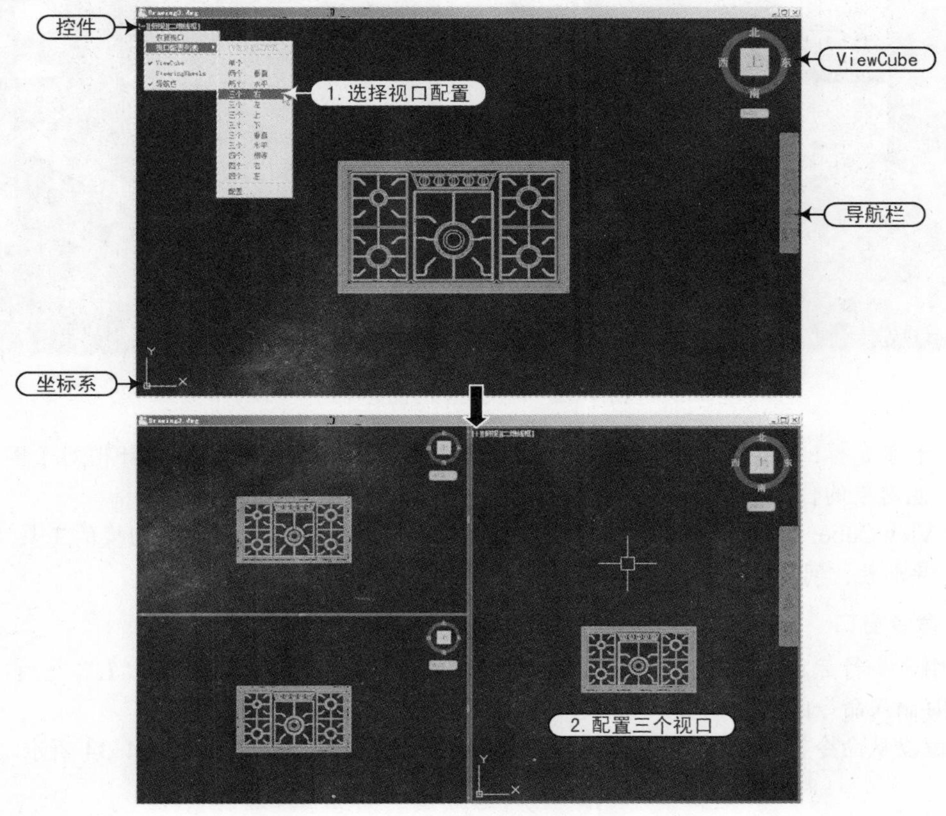

图 4-30 配置多个视口

◆ 视图控件：通过“视图控件”按钮[俯视]（系统默认为“俯视”），切换到不同的视图，来观看不同方位的模型效果，如图 4-31 所示。

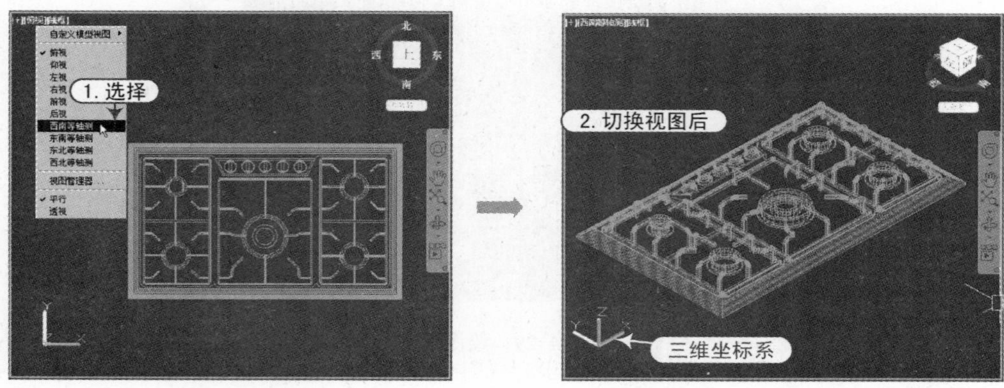

图 4-31　切换视图显示模式

◆ 视觉样式控件：通过“视觉样式控件”按钮[线框]（系统默认为“线框”显示），来控制模型的显示模式，如图 4-32 所示。

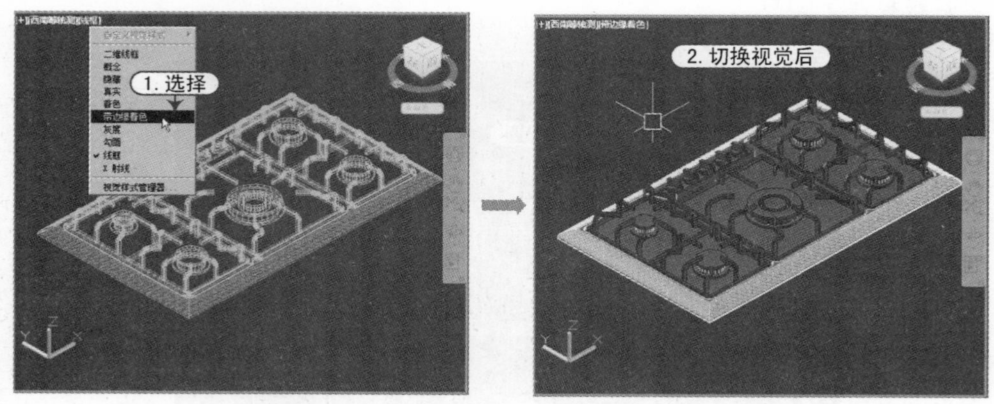

图 4-32　切换模型的视觉样式

◆ 十字光标：由两条相交的十字线和小方框组成，用来显示鼠标指针相对于图形中其他对象的位置和拾取图形对象。
◆ ViewCube：是一个可以在模型的标准视图和等轴测视图之间进行切换的工具。
◆ 导航栏：可以在不同的导航工具之间切换，并可以更改模型的视图。

5. 命令窗口

使用命令行启动命令，并提供当前命令的输入。如在命令行输入命令“L”，会自动完成提供当前输入命令的建议列表，如图 4-33 所示。

还可以从命令行中访问其他的内容，如图层、块、图案填充等，如图 4-34 所示。

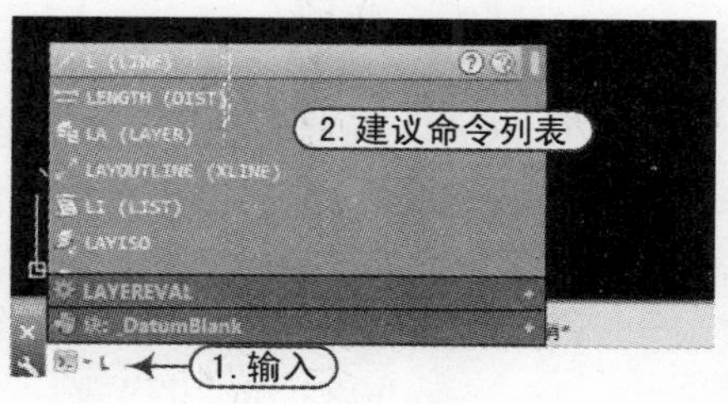

图 4-33　命令的输入

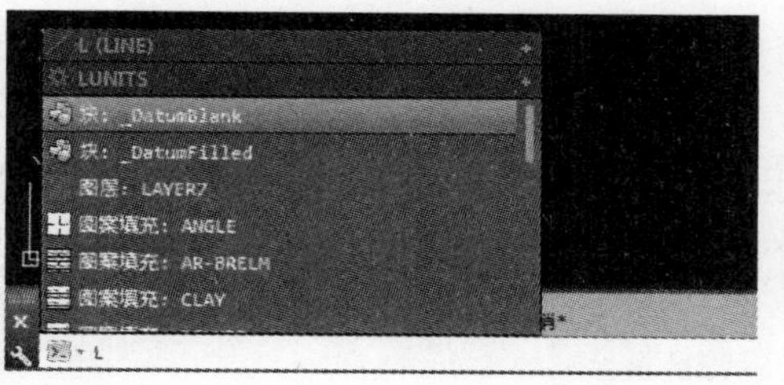

图 4-34　从命令行中访问图层、块、图案填充等

输入命令后，按〈Enter〉键，即启动了该命令，并显示系统反馈的相应命令信息，如图 4-35 所示。

图 4-35　命令窗口

专业技能 命令行内容解析

在 AutoCAD 中，命令行中的[　]的内容表示各种可选项，各选项之间用“/”隔开，< >符号中的值为程序默认值，用户可以用鼠标单击选项或输入相应的字符来进行下一步操作。

6. 模型布局选项卡

通过模型布局选项卡上的相应控件，可在图纸和模型空间中切换，如图 4-36 所示。

模型　布局1　布局2　+

图 4-36　模型布局选项卡

模型空间是进行绘图工作的地方，而图纸空间包含一系列的布局选项卡，可以控制要发布的图形区域以及要使用的比例。可通过单击 + 添加更多布局。图 4-37 所示为模型和图纸空间下的对比。

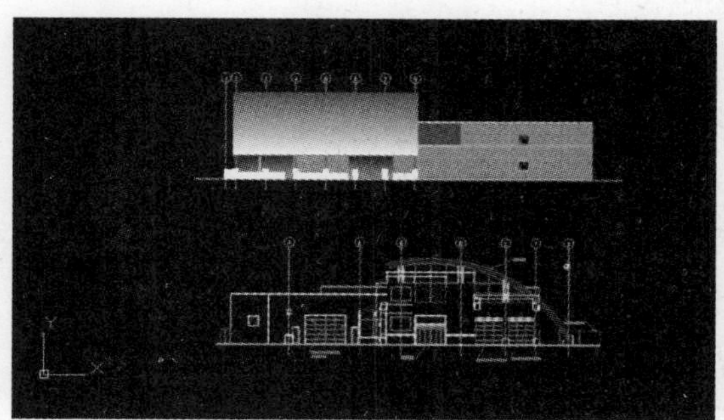

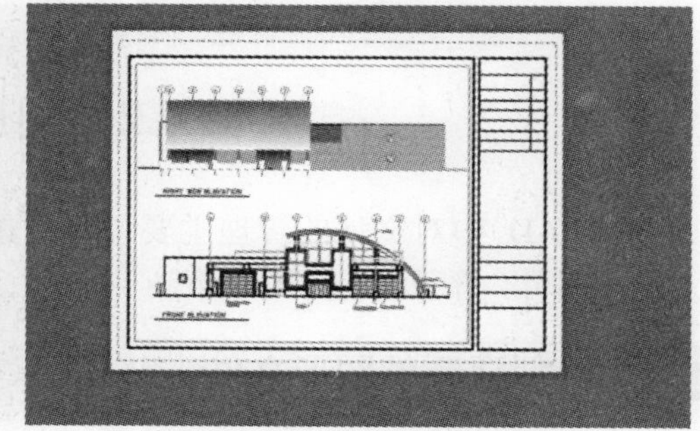

图 4-37　模型与图形空间对比

7. 状态栏

状态栏位于 AutoCAD 2016 窗口的最下方，用于显示 AutoCAD 当前的状态，如当前的光标状态、工作空间、命令和功能按钮等，如图 4-38 所示。

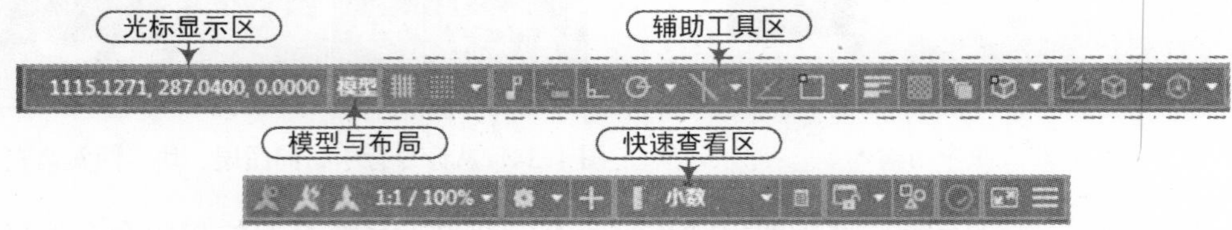

图 4-38 状态栏

在 AutoCAD 2016 中，状态栏根据显示内容不同被划分为以下几个区域：

◆ 光标显示区：在绘图窗口中移动鼠标光标时，状态栏将动态地显示当前光标的坐标值。

◆ 模型与布局：单击此按钮，可在模型和图纸空间中进行切换。

◆ 辅助工具区：主要用于设置一些辅助绘图功能，比如设置点的捕捉方式、设置正交绘图模式、控制栅格显示等，如图 4-39 所示。

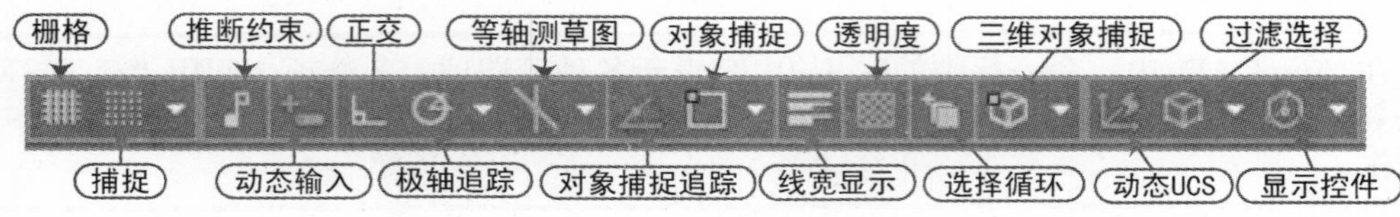

图 4-39 辅助工具区

◆ 快速查看区：包含注释对象、注释比例、切换工作空间、当前图形单位、全屏显示等按钮，如图 4-40 所示。

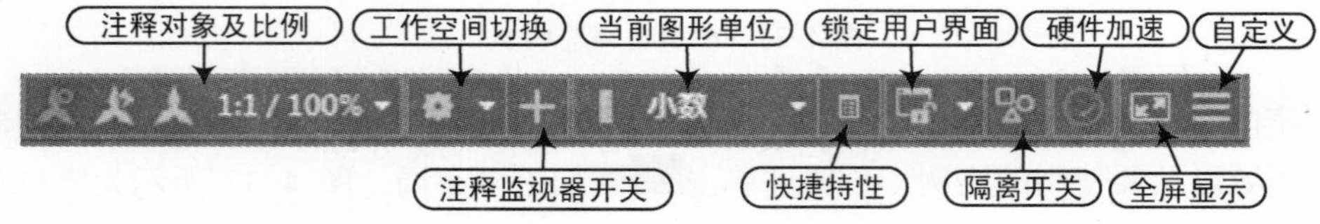

图 4-40 快速查看区

4.2 图形文件的管理

AutoCAD 中对文件的管理主要包括新建图形文件、打开与关闭已有图形文件、保存文件及输出文件，下面分别予以介绍。

4.2.1 创建新的图形文件

启动 AutoCAD 2016 后，将自动创建一个新图形文件，其名称为 Drawing1.dwg。当然，用户也可以重新创建新的图形文件，操作方法如下。

◆ 执行“文件 | 新建（New）”菜单命令；

◆ 单击“快速访问”工具栏中“新建”按钮□；

◆ 按下〈Ctrl+N〉组合键；

◆ 在命令行输入“New”命令并按〈Enter〉键。

以上任意一种方法操作后，都将打开“选择样板”对话框，用户可以根据需要选择相应的模板文件，然后单击“打开”按钮，即可创建一个新的图形文件，如图4-41所示。

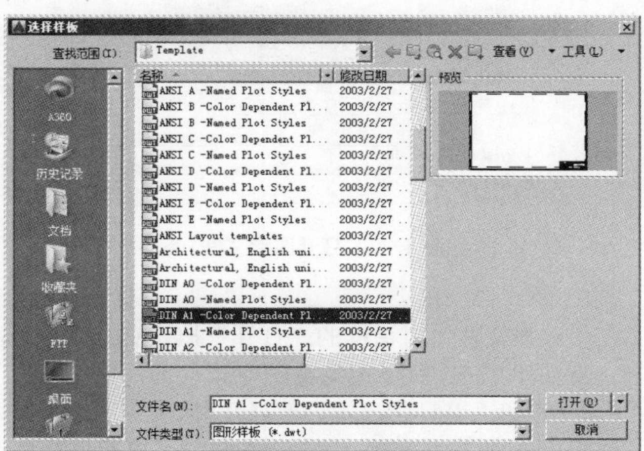

图4-41 选择样板文件

专业技能 样板文件的选择

样板文件主要定义了图形的输出布局、图纸边框和标题栏，以及单位、图层、尺寸标注样式和线型设置等。利用样板来创建新图形，可以避免每次绘制新图时都需要进行的有关绘图设置的重复操作，不仅提高了绘图效率，而且保证了图形的一致性。

在AutoCAD 2016中，系统提供了多种样板文件。对于英制图形，假设单位是英寸，请使用 acad.dwt 或 acadlt.dwt；对于公制单位，假设单位是毫米，使用 acadiso.dwt 或 acadltiso.dwt。其中有符合我国国标的图框和标题栏样板，如“Gb_a3 -Named Plot Styles”样板文件。

4.2.2 图形文件的打开

要将已存在的图形文件打开，可使用以下的方法：

◆ 执行“文件 | 打开（Open）”菜单命令；

◆ 单击“快速访问”工具栏中“打开”按钮；

◆ 按下〈Ctrl+O〉组合键；

◆ 在命令行输入“Open”命令并按〈Enter〉键。

通过执行以上操作，系统将弹出“选择文件”对话框，如图4-42所示。用户可以在“文件类型”选项下拉列表中选择文件的格式，如dwg、dws、dxf、dwt等。在“查找范围”下拉列表中，用户可选择文件路径和要打开的文件名称，最后单击“打开”按钮，即可打开选中的图形文件。

图 4-42　打开图形文件

在“选择文件”对话框的“打开”按钮右侧有一个“倒三角”按钮，单击它将显示出 4 种打开文件的方式，即：“打开”“以只读方式打开”“局部打开”和“以只读方式局部打开”。

若用户选择了“局部打开”，将弹出“局部打开”对话框，在右侧列表框中勾选需要打开的图层对象，然后单击“打开”按钮，则 AutoCAD 只打开勾选图层所包含的对象，来加快文件装载的速度。特别是在大型工程项目中，这可以减少屏幕上显示的实体数量，从而大大提高工作效率。如图 4-43 所示。

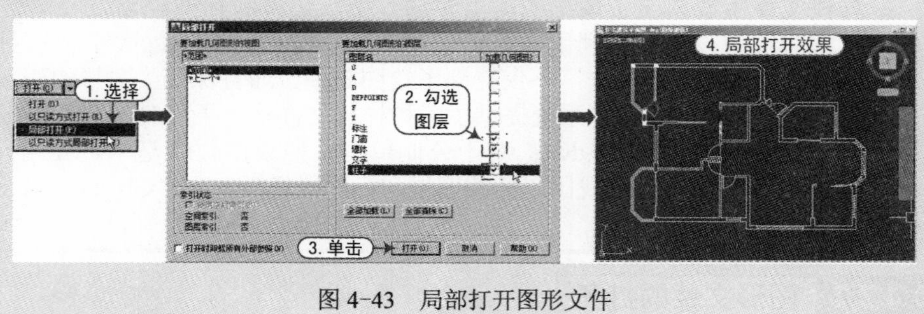

图 4-43　局部打开图形文件

4.2.3 图形文件的保存

对文件操作的时候，要养成随时保存文件的好习惯，以便在出现电源故障或发生其他意外情况时防止图形文件及其数据丢失。

要将当前视图中的文件进行保存，可使用以下方法：

- ◆ 执行“文件 | 保存（Save）”菜单命令；
- ◆ 单击“快速访问”工具栏中的“保存”按钮；
- ◆ 按下〈Ctrl+S〉组合键；

◆ 在命令行输入“Save”命令并按〈Enter〉键。

通过以上任意一种方法，都可以当前使用的文件名保存图形。若当前文件未命名，则弹出一个“图形另存为”对话框，在其中选择保存的路径及名称，然后单击“保存”按钮即可，如图 4-44 所示。

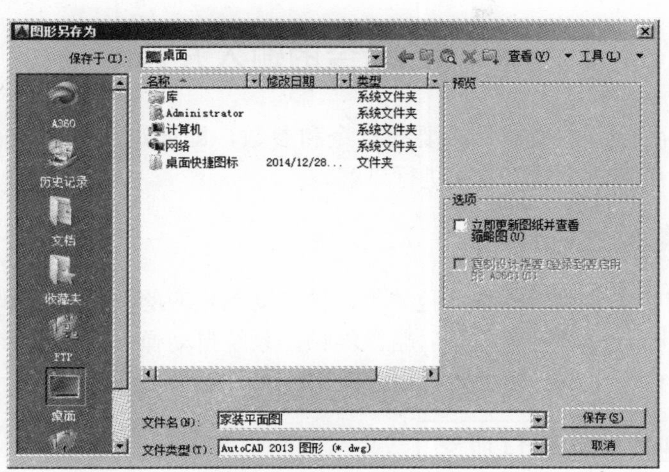

图 4-44 “图形另存为”对话框

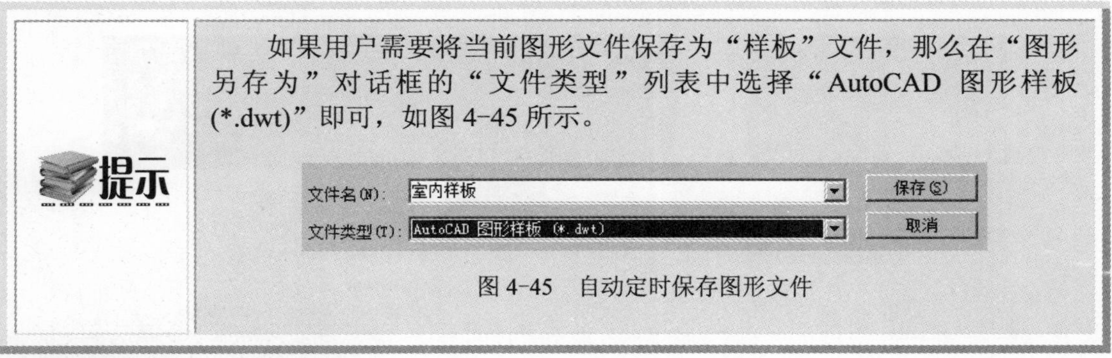

提示

如果用户需要将当前图形文件保存为“样板”文件，那么在“图形另存为”对话框的“文件类型”列表中选择“AutoCAD 图形样板(*.dwt)”即可，如图 4-45 所示。

图 4-45 自动定时保存图形文件

4.2.4 图形文件的关闭

要关闭当前视图中的文件，可使用以下方法：

◆ 执行“文件 | 关闭（Close）”菜单命令；

◆ 单击菜单栏右侧的“关闭”按钮×;

◆ 按下〈Ctrl+Q〉组合键;

◆ 在命令行输入“Quit”命令或“Exit”命令并按〈Enter〉键。

通过以上任意一种方法，都可对当前图形文件进行关闭操作。如果当前图形有所修改而没有存盘，系统将打开“AutoCAD”警告对话框，询问是否保存图形文件，如图 4-46 所示。

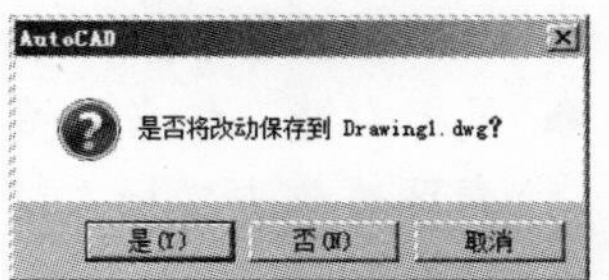

图 4-46 “AutoCAD”警告对话框

单击“是（Y）”按钮或直接按〈Enter〉键，可以保存当前图形文件并将其关闭；单击“否（N）”按钮，可以关闭当前图形文件但不存盘；单击“取消”按钮，取消关闭当前图形文件操作，既不保存也不关闭。如果当前所编辑的图形文件没命名，那么单击“是（Y）”按钮后，AutoCAD 会打开“图形另存为”对话框，要求用户确定图形文件存放的位置和名称。

4.3 命令的输入方式

AutoCAD 交互绘图必须输入必要的指令和参数，即通过执行一项命令进行绘图等操作。下面对其中常用的命令输入方式进行讲解。

4.3.1 使用菜单栏执行命令

通过鼠标左键在主菜单中单击下拉菜单，再移动到相应的菜单条上单击对应的命令。如果有下一级子菜单，则移动到菜单条后略微停顿，系统自动弹出下一级子菜单，这时移动光标到子菜单对应的命令上单击即可执行相应操作，如图 4-47 所示。

4.3.2 使用面板按钮执行命令

面板由表示各个命令的图标按钮组成。用户可以单击相应按钮调用相应的命令，或单击带有下拉符号▾的命令按钮，选择执行该按钮选项下的相应命令，如图 4-48 所示。

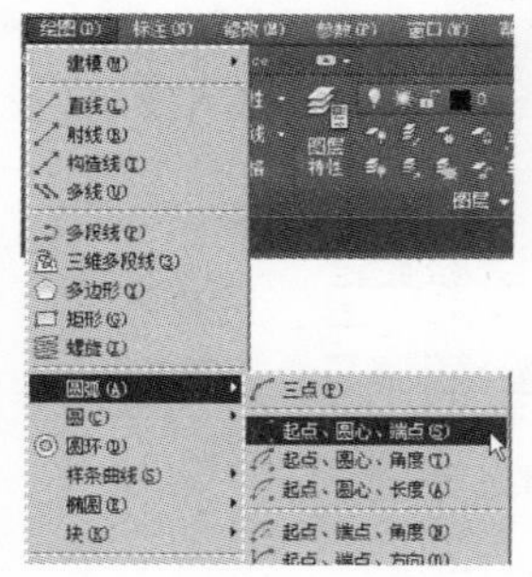

图 4-47 菜单执行命令

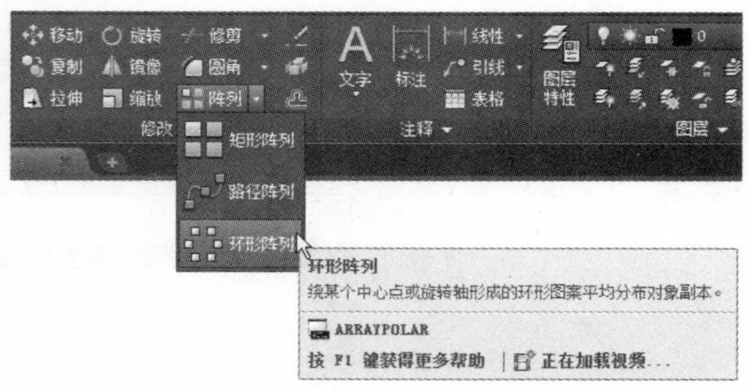

图 4-48 单击按钮执行命令

4.3.3 使用鼠标操作执行命令

鼠标在绘图区域以十字光标的形式显示，在选项板、功能区、对话框等区域中，则以箭头“↖”显示。可以通过单击或者拖动鼠标来执行相应命令的操作。利用鼠标左键、右键、中键（滚轮）可以进行如下操作：

- 鼠标左键：用于指定屏幕上的点，也可以用来选择 Windows 对象、AutoCAD 对象、工具栏按钮和菜单命令等。
- 鼠标右键：相当于按〈Enter〉键，用于结束当前使用的命令。在除菜单栏以外的任意区域单击鼠标右键，系统会根据当前绘图状态弹出不同的快捷菜单，选择菜单里的选项，可以执行相应的命令，如确认、取消、放弃、重复上一步操作等，如图 4-49 所示。当使用〈Shift〉+鼠标右键组合时，系统将弹出一个快捷菜单，用于设置捕捉点的方法，如图 4-50 所示。

◆ 鼠标中键（滚轮）：向上滚动滚轮可以放大视图；向下滚动滚轮可以缩小视图；按住鼠标滚轮，拖动鼠标可以平移视图。

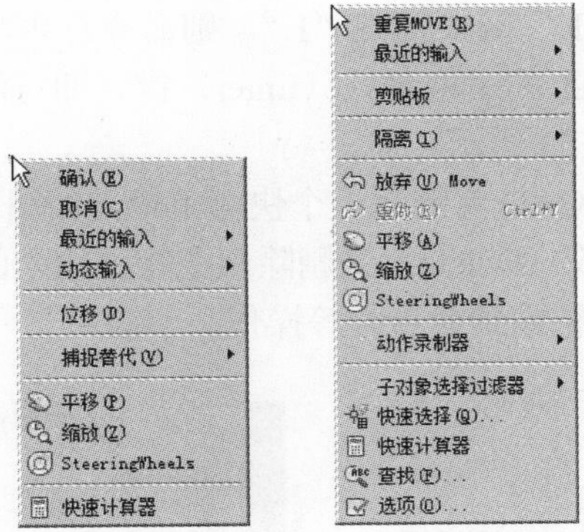

图 4-49 右键快捷菜单

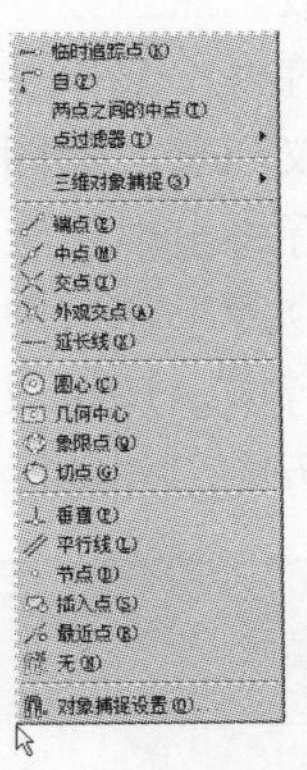

图 4-50 弹出菜单

4.3.4 使用快捷键执行命令

快捷键大致可以分为两类：一类是各种命令的缩写形式，例如 L（Line）、C（Circle）、A（Arc）、Z（Zoom）、R（Redraw）、M（Move）、CO（Copy）、PL（Pline）、E（Erase）等；另一类是一些功能键（〈F1〉～〈F12〉）和组合键，在 AutoCAD 2016 中，用户按〈F1〉键打开帮助窗口，然后在搜索框中输入“快捷键参考”，单击按钮来进行搜索，即可在右侧看到相关的快捷键列表，如图 4-51 所示。

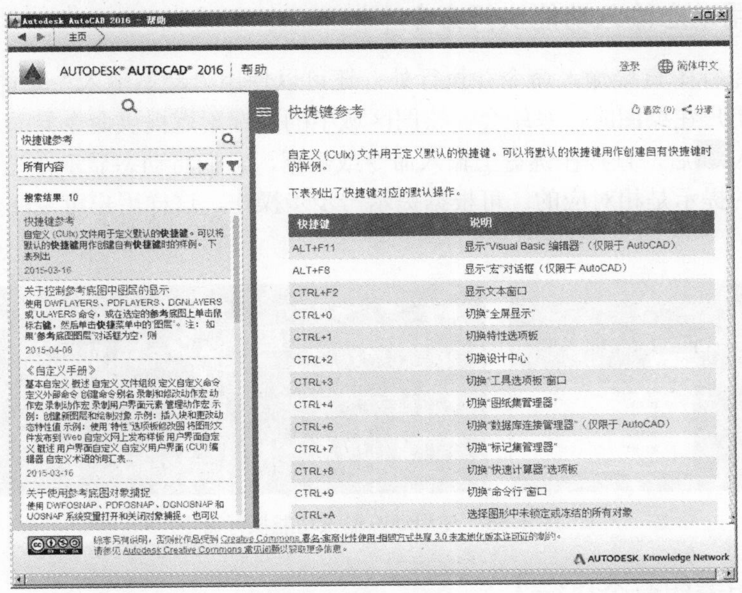

快捷键	说明
ALT+F11	显示"Visual Basic 编辑器"（仅限于 AutoCAD）
ALT+F8	显示"宏"对话框（仅限于 AutoCAD）
CTRL+F2	显示文本窗口
CTRL+0	切换"全屏显示"
CTRL+1	切换特性选项板
CTRL+2	切换设计中心
CTRL+3	切换"工具选项板"窗口
CTRL+4	切换"图纸集管理器"
CTRL+6	切换"数据库连接管理器"（仅限于 AutoCAD）
CTRL+7	切换"标记集管理器"
CTRL+8	切换"快速计算器"选项板
CTRL+9	切换"命令行"窗口
CTRL+A	选择图形中未锁定或冻结的所有对象

图 4-51 命令快捷键

➲ 4.3.5 使用命令行执行

在 AutoCAD 中，用户可以使用键盘快速地在命令行中输入命令、系统变量、文本对象、数值参数、点坐标等。输入的命令字符不区分大小写。

例如，在命令窗口中输入直线命令“LINE”或快捷键“L”，则命令行中将提示当前输入命令的建议列表，如图 4-52 所示。按键盘上的空格键或〈Enter〉键，即可激活“直线”命令，命令行将出现相应的命令提示，如图 4-53 所示。

在“命令行”窗口中单击鼠标右键，AutoCAD 将显示一个快捷菜单，如图 4-54 所示。

在命令行中，还可以使用〈BackSpace〉或〈Delete〉键删除命令行中输入的字符，也可以选中命令历史，并进行复制、剪切、粘贴及粘贴到命令行等操作。

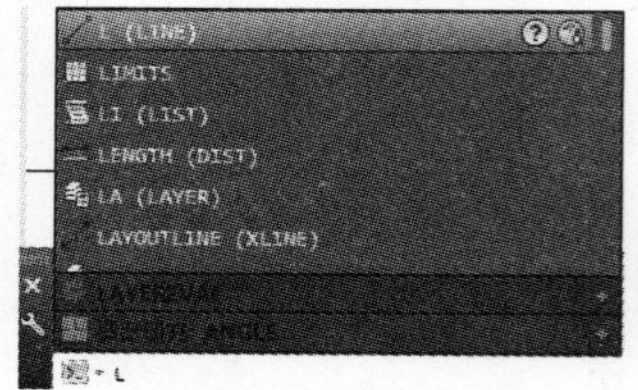

图 4-52　输入命令

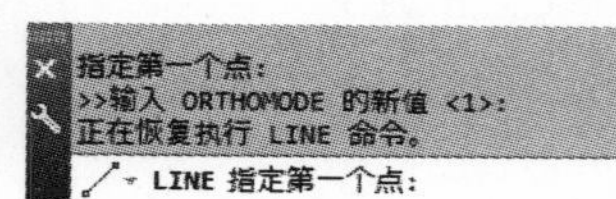

图 4-53　执行命令中

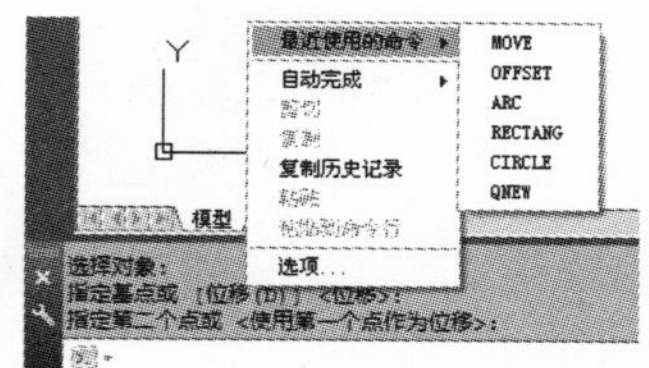

图 4-54　命令行快捷菜单

如果用户在绘图过程中，觉得命令行窗口不能显示更多的内容，可以将鼠标置于命令行上侧，等鼠标呈≑形状时上下拖动，即可改变命令行窗口的高度，显示更多的内容。如果发现 AutoCAD 的命令行没有显示出来，可按下〈Ctrl+9〉组合键对其命令行进行显示或隐藏。

➲ 4.3.6 使用动态输入功能执行命令

除了在命令行中直接输入命令并执行外，还可以使用“动态输入”功能执行命令。“动态输入”是指用户在绘图时，系统会在绘图区域中的光标附近提供命令界面。当在状态栏中激活了动态输入后，直接在键盘上输入命令或数据，它们将动态显示在光标右下角位置，这和命令行中的提示是相对应的。可根据提示一步步操作，这样用户可专注于绘图区域，如图 4-55 所示。

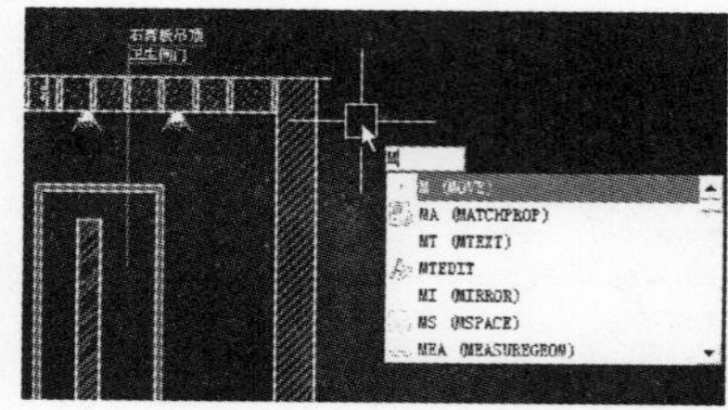

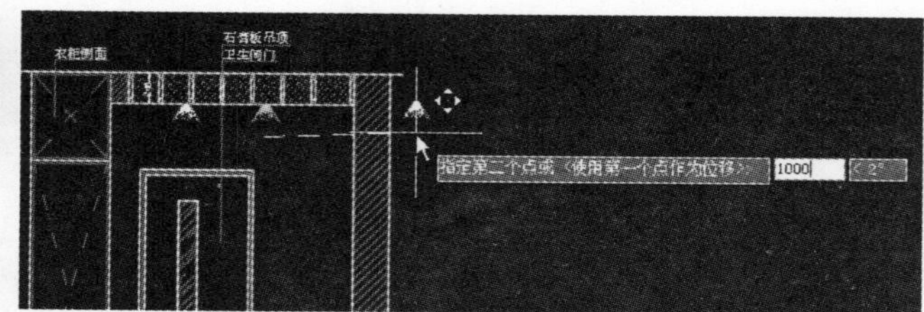

图 4-55　使用动态输入功能执行命令

➲ 4.3.7 使用透明命令执行

在 AutoCAD 中，透明命令是指在执行其他命令的过程中可以执行的命令。通常使用的透明命令多为修改图形设置的命令和绘图辅助工具命令，例如 Snap（捕捉间距）、Grid（栅格间距）、Zoom（窗口缩放）等命令。

要以透明方式使用命令，应在输入命令之前输入单引号（'）。命令行中，透明命令行的提示有一个双折符号（>>），完成透明命令后，将继续执行原命令。

例如，在执行“圆”命令的过程中执行了“栅格间距”透明命令，其命令行提示内容如下：

```
命令: C    \\ 输入“C”执行圆命令
CIRCLE 指定圆的圆心或 [三点(3P)/两点(2P)/切点、切点、半径(T)]: 'grid \\ 透明命令“'grid”
>>指定栅格间距(X) 或 [开(ON)/关(OFF)/捕捉(S)/主(M)/自适应(D)/界限(L)/跟随(F)/纵横向间距(A)] <10.0000>: L    \\ 输入“L”，选择“界限（L）”选项
>>显示超出界限的栅格 [是(Y)/否(N)] <是>: y        \\ 选择“是（Y）”选项
正在恢复执行 CIRCLE 命令。                        \\ 恢复到“圆”命令
指定圆的圆心或 [三点(3P)/两点(2P)/切点、切点、半径(T)]:
指定圆的半径或 [直径(D)] <216.0237>:
```

4.3.8 使用系统变量

在 AutoCAD 中，系统变量用于控制某些功能和设计环境、命令的工作方式，它可以打开或关闭捕捉、正交或栅格等绘图模式，设置默认的填充图案，或存储当前图形和 AutoCAD 配置相关的信息。

系统变量通常是 6～10 个字符长度的缩写名称。许多系统变量有简单的开关设置。例如 GRIDMODE 系统变量用来显示或者关闭栅格，当在命令行的“输入 GRIDMODE”新信息 <1>提示下输入 0 时，可以关闭栅格显示；输入 1 时，可以打开栅格显示。有些系统变量则用来存储数值或文字，例如 DATE 系统变量来存储当前日期。

用户可以在对话框中修改系统变量，也可以直接在命令行中修改系统变量。例如，要使用 ISOLINES 系统变量修改曲面的线框密度，可在命令行提示下输入该系统变量名称并按〈Eenter〉键，然后输入新的系统变量值并按〈Enter〉键，命令行提示如下：

```
命令: ISOLINES   \\ 输入“曲面线框密度”系统变量名称
输入 ISOLINES 的新值 <4>: 32 \\ 输入系统变量的新值 32
```

4.3.9 命令的重复、撤销与重做

为了使绘图更加方便快捷，AutoCAD 提供了“重复”“撤销”和“重做”命令，这样用户在绘图过程中如出现失误，就可以使用重做和撤销来返回到某一操作步骤中，继续进行重新绘制图形。在 AutoCAD 环境中绘制图形时，对所执行的操作可以进行终止、撤销以及重做操作。

1. 重复

重复命令是指执行完一个命令之后，在没有进行任何其他命令操作的前提下再次执行该命令。此时，用户不需要重新输入该命令，直接按空格键或〈Enter〉键即可重复命令。

2. 撤销

在绘图过程中，如果执行了错误的操作，就要返回到上一步的操作。在 AutoCAD 中可以通过以下 4 种方式执行“撤销”命令：

◆ 在“快速工具栏”中单击“撤销”按钮；
◆ 执行“编辑 | 放弃”菜单命令；
◆ 在命令行中输入快捷键“U”；
◆ 按键盘上的〈Ctrl+Z〉组合键。

执行一次“撤销”命令只能撤销一个操作步骤，若想一次撤销多个步骤，用户可以单击“快速工具栏”中“撤销”按钮右侧的下拉按钮，选择需要撤销的命令，执行多步撤销操作，如图 4-56 所示。

用户还可以直接在命令行中输入“UNDO”，然后根据提示进行相应设置，输入要撤销的操作数目，进行多步骤撤销操作。用户如只是撤销当前正在执行的操作，可直接通过按〈Esc〉键终止该命令。

3. 重做

如果错误地撤销了正确的操作，可以通过重做命令进行还原。在 AutoCAD 中，用户可以通过以下 4 种方式来执行“重做”命令。

◆ 在“快速工具栏”中单击“重做”按钮；
◆ 在菜单栏中，选择“编辑 | 重做”菜单命令；
◆ 在命令行中输入快捷命令“REDO”；
◆ 按键盘上的〈Ctrl+Y〉组合键。

如果想要一次性重做多个步骤，用户可单击“快速工具栏”中的“重做”命令按钮右侧的下拉按钮，选择步骤进行多步骤重做，如图 4-57 所示。

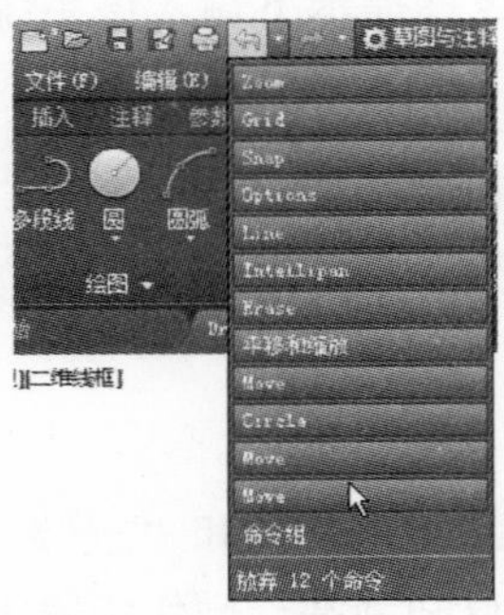

图 4-56　多步撤销

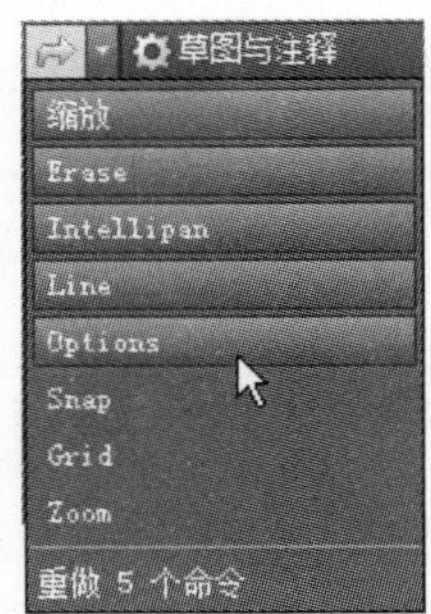

图 4-57　撤销后多步重做

“重做（REDO）”命令要在“撤销（UNDO）”命令之后才能执行。

4.4 坐标输入方式

用户在绘图过程中，使用坐标系作为参照，可以精确定位某个对象，以便精确地拾取点的位置。AutoCAD 的坐标系提供了精确绘制图形的方法，利用坐标值（X，Y，Z）可以精确地表示具体的点。用户可以通过输入不同的坐标值来进行图形的精确绘制。

4.4.1 认识坐标系统

AutoCAD 坐标系统分为世界坐标系（WCS）和用户坐标系（UCS）两种。

- 世界坐标系是系统默认的坐标系，由 3 个相互垂直并相交的坐标轴 X、Y、Z 组成（二维图形中，由轴 X、Y 组成），如图 4-58 所示。Z 轴正方向垂直于屏幕，指向用户。世界坐标轴的交汇处显示方形标记。
- AutoCAD 提供了可改变坐标原点和坐标方向的坐标系，即用户坐标系。在用户坐标系中，原点可以是任意数值，可以是任意角度，由绘图者根据需要确定。如图 4-59 所示，用户坐标轴的交汇处没有方形标记，用户可执行“工具 | 新建 UCS”菜单命令创建用户坐标系，如图 4-60 所示。

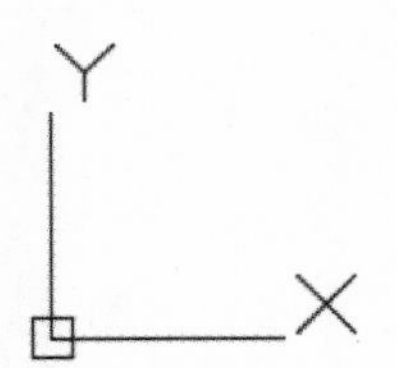

图 4-58 世界坐标系

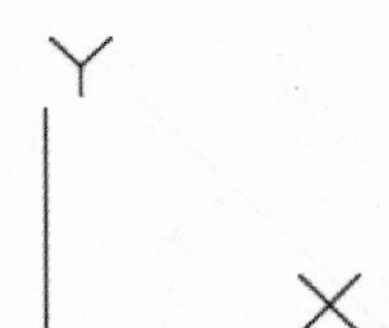

图 4-59 用户坐标系

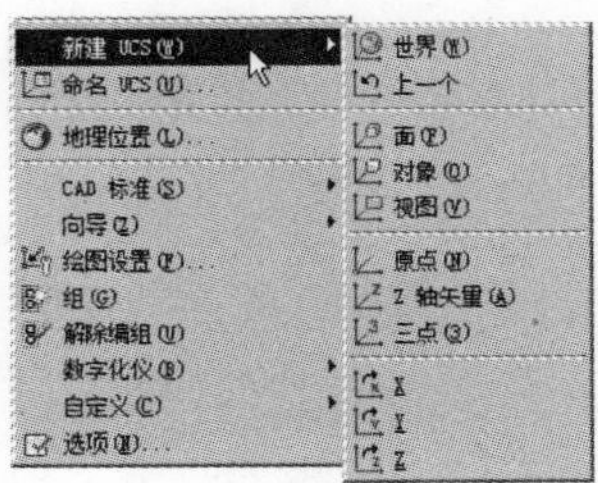

图 4-60 “新建 UCS”

4.4.2 坐标的表示方法

在 AutoCAD 中，点坐标可以用直角坐标、极坐标、球面坐标和柱形坐标来进行表示，其中直角坐标和极坐标为 CAD 中最为常见的坐标表示方法。

- 直角坐标法：直角坐标法是利用 X、Y、Z 值表示坐标的方法。其表示方法为（X，Y，Z），在二维图形中，Z 坐标默认为 0，用户只需输入（X，Y）坐标即可。例如，在命令行中输入点的坐标（5，3），则表示该点沿 X 轴正方向的长度为 5，沿 Y 轴正方向的长度为 3，如图 4-61 所示。
- 极坐标法：极坐标法是用长度和角度表示坐标的方法，其只用于表示二维点的坐标。极坐标表示方法为（L<α），其中“L”表示点与原点的距离（L>0），“α”表示连线与极轴的夹角（极轴的方向为水平向右，逆时针方向为正），“<”表示角度符号。例如某点的极坐标为（5<30），表示该点距离极点的长度为 5，与水平方向的角度为 30°，如图 4-62 所示。

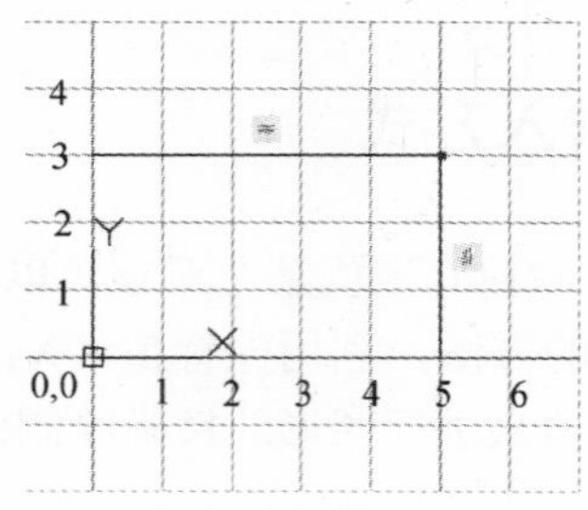
图 4-61　直角坐标系

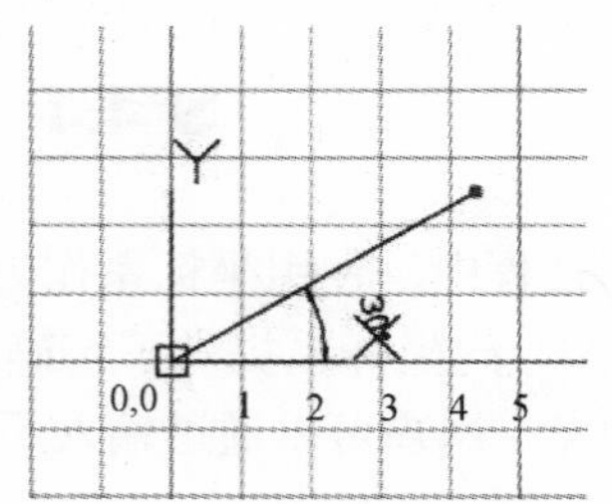
图 4-62　极坐标系

4.4.3 绝对坐标与相对坐标

坐标输入方式有两种，即绝对坐标和相对坐标。

- 绝对坐标：相对于当前坐标系坐标原点(0，0)的坐标。绝对坐标又分为绝对直角坐标（如 5，3）和绝对极坐标（5<30）。
- 相对坐标：基于上一点的坐标。如果已知某一点与上一点的位置关系，即可使用相对坐标绘制图形。要指定相对坐标，用户必须在坐标值前添加一个@符号。如图 4-63 所示，点 B 相对于点 A 的相对直角坐标为“@3，3”、相对极坐标为“@3<45”。

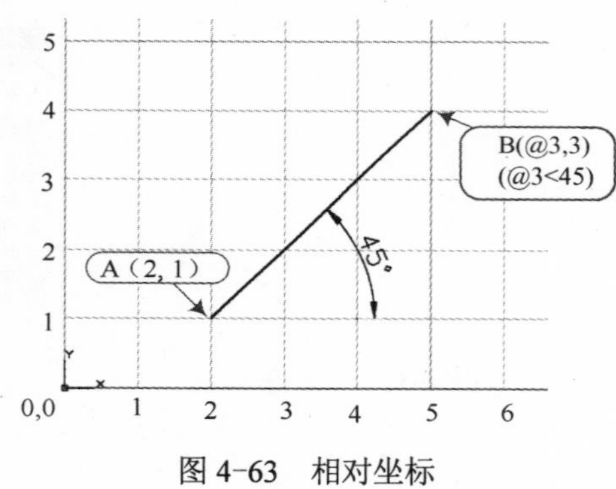

图 4-63　相对坐标

4.4.4 数据输入方法

在 AutoCAD 中，坐标值需要通过数据的方式进行输入，其输入方法主要有两种：静态输入和动态输入。

- 静态输入：指在命令行直接输入坐标值的方法。“静态输入”可直接输入绝对直角坐标（X，Y）、绝对极坐标（X<α），如输入相对坐标，则需在坐标值前加@前缀。
- 动态输入：单击“状态栏”中的“动态输入”按钮，即可打开或关闭动态输入功能。“动态输入”可直接输入相对直角坐标值和相对极坐标值，无须输入@前缀。如输入绝对坐标，则需在坐标前加#前缀。

在动态输入法下绘制直线，其操作步骤如下：

（1）使用键盘输入“直线”命令的快捷键“L”，鼠标右下角将弹出与直线命令有关的相应命令，如图 4-64 所示。

（2）按空格键激活“直线”命令，根据提示在键盘上直接输入绝对坐标值“#1,1”，动态框将动态显示输入的数据，如图 4-65 所示。按〈Enter〉键确定直线的第一点。

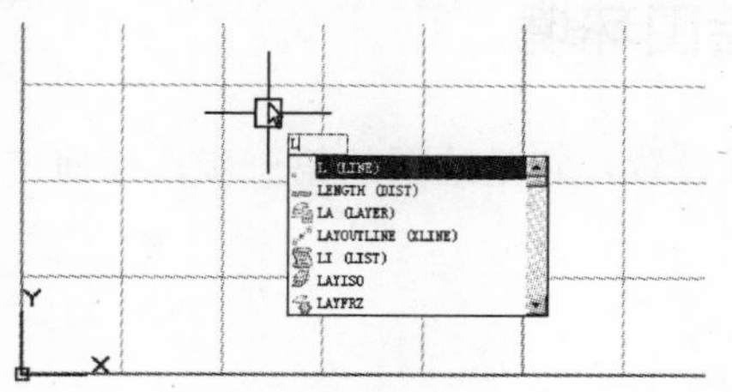

图 4-64 输入命令

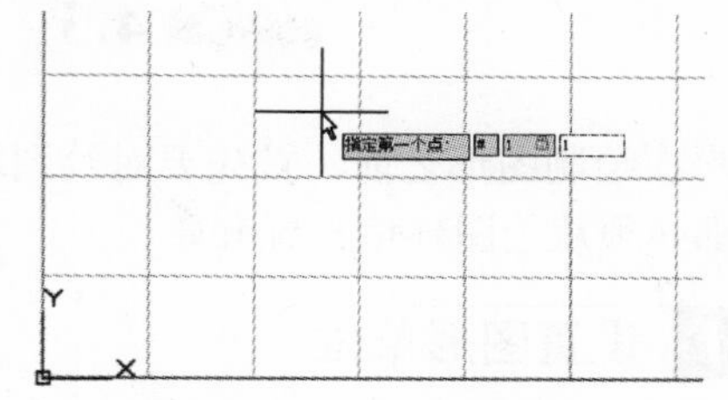

图 4-65 输入绝对坐标值

在指定第一点时，输入“#”会自动出现在动态数据框的前方，输入第一个数据并按键盘上的〈Tab〉键后，该数据框将显示一个锁定图标，并且光标会受用户输入值的约束，〈Tab〉键可以在两个数据框中进行切换，以便修改。

（3）在“指定下一点”提示下，使用键盘输入相对坐标值“4，2”，如图 4-66 所示。

（4）按〈Enter〉键确定直线的第二点，然后再次按〈Enter〉键即可完成一条直线绘制，如图 4-67 所示。

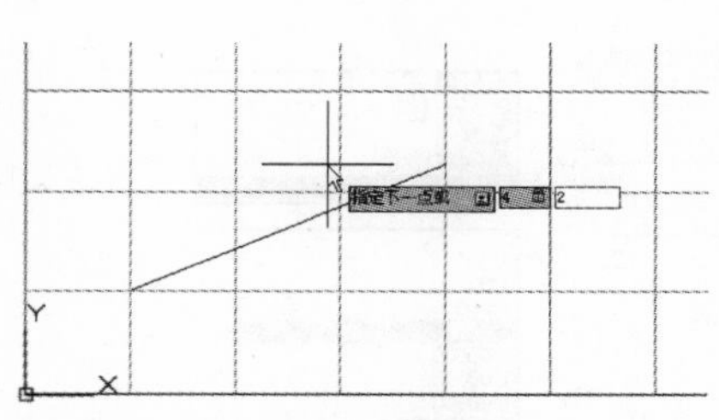

图 4-66 直接输入相对坐标

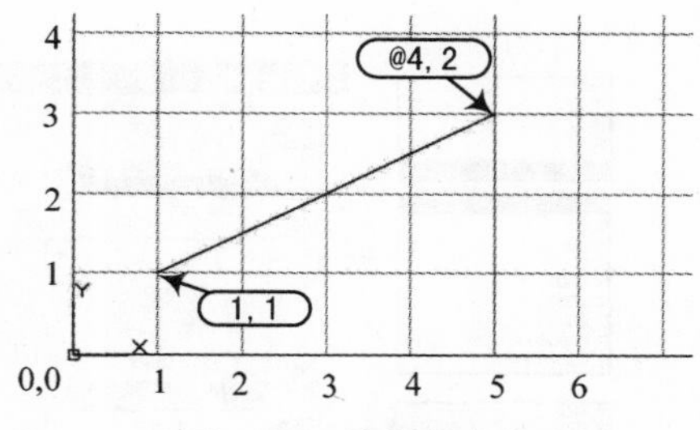

图 4-67 绘制的直线

默认情况下，动态输入的指针输入被设置为“相对极坐标”形式，即输入第一个数据为长度，按〈Tab〉键或“<”符号，会跳转到极轴角度输入，如图 4-68 所示。

若要使输入的坐标类型为直角坐标，请在输入第一个数据后，按〈,〉键转换成为直角坐标输入，输入的值均为长度，如 4-66 所示。

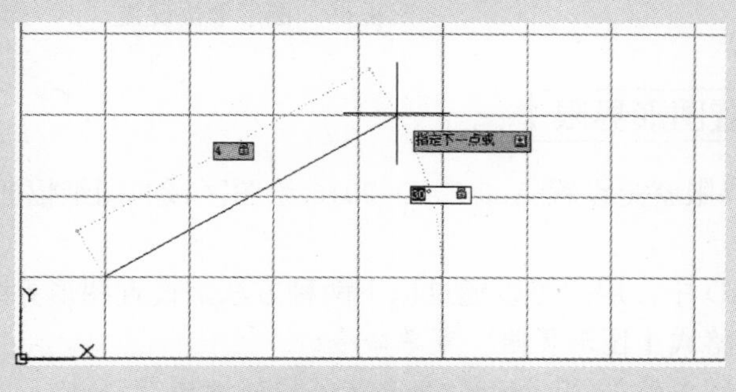

图 4-68 相对极坐标输入

4.5 设置绘图环境

用户在绘制图形之前，首先要对绘图环境进行设置，它是绘图的第一步，任何正式的工程绘图都必须从绘图环境设置开始。

4.5.1 设置图形单位

在绘图窗口中创建的所有对象都是根据图形单位进行测量绘制的。AutoCAD 可以完成不同类型的工作，这就要求绘图时使用不同的度量单位绘制图形以确保图形的精确度，如毫米（mm）、厘米（cm）、分米（dm）、米（m）、千米（km）等，工程制图中最常用的是毫米（mm）。

在 AutoCAD 中，用户可以通过以下两种方法来设置图形单位：

◆ 选择“格式 | 单位”菜单命令；

◆ 在命令行中输入“Units”命令（其快捷键为“UN”）。

当执行“单位”命令之后，系统将弹出“图形单位”对话框，用户可以根据自己的需要对长度、精度、角度、单位及方向进行设置。室内设计图形单位请按图 4-69 所示进行设置。

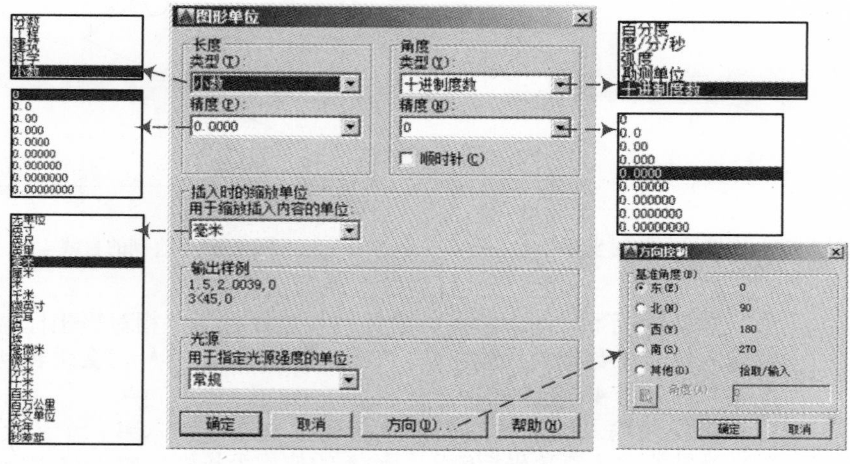

图 4-69 图形单位设置

4.5.2 设置图形界限

设置图形界限就是设置 AutoCAD 2016 绘图区域的图纸幅面，相当于手工绘图时选择纸张的大小。

在 AutoCAD 中，用户可以通过以下两种方法来设置图形界限：

◆ 选择“格式 | 图形界限”菜单命令；

◆ 在命令行中输入“Limits”命令（其快捷键为“LIM”）。

执行图形界限命令之后，命令行会提示指定图形界限的左下角（默认为坐标原点）和右上角坐标，用户可根据需要输入相应的坐标值确定图纸幅面范围。例如，设置 A3 图纸幅面（420，297），命令行提示如下：

```
命令: LIMITS        \\ 执行“图形界限”命令
重新设置模型空间界限:
指定左下角点或 [开(ON)/关(OFF)] <0.0000,0.0000>:
\\ 直接按〈Enter〉键，默认“<>”内的坐标原点
指定右上角点:420.0000,297.0000 \\ 输入 A3 图纸幅面大小
```

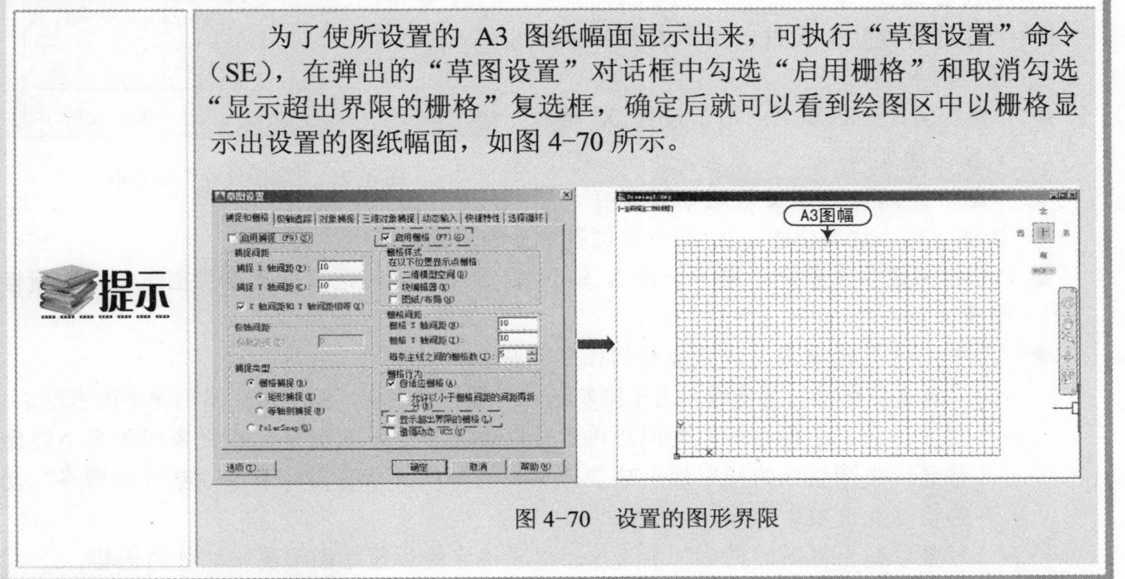

提示

为了使所设置的 A3 图纸幅面显示出来，可执行“草图设置”命令（SE），在弹出的“草图设置”对话框中勾选“启用栅格”和取消勾选“显示超出界限的栅格”复选框，确定后就可以看到绘图区中以栅格显示出设置的图纸幅面，如图 4-70 所示。

图 4-70 设置的图形界限

4.6 设置绘图辅助功能

在实际绘图中，用鼠标定位虽然方便快捷，但精度不高，绘制的图形很不精确，远不能够满足制图的要求，这时可以使用系统提供的绘图辅助功能。

辅助功能的设置都在“草图设置”对话框中进行，用户可采用以下的方法来打开“草图设置”对话框：

- 菜单栏：执行“工具丨绘图设置”菜单命令；
- 快捷键：在命令行输入快捷键“SE”。

提示

在状态栏中右击“捕捉模式”按钮或“栅格显示”按钮，在弹出的快捷菜单中选择“设置”命令，也可以打开“草图设置”对话框。

4.6.1 设置捕捉和栅格

“捕捉”用于设置鼠标光标移动的间距，“栅格”是一些标定位的位置小点，使用它可以提供直观的距离和位置参照。

在“草图设置”对话框的“捕捉和栅格”选项卡中，可以启动或关闭“捕捉”和“栅格”功能，并设置“捕捉”和“栅格”的间距与类型，如图 4-71 所示。

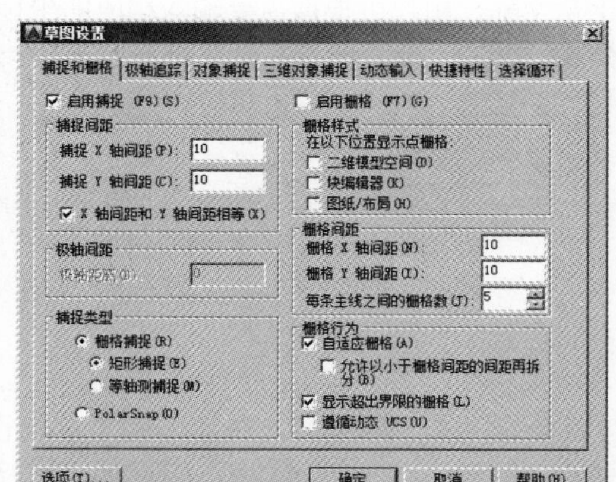

图 4-71 “草图设置”对话框

在“捕捉和栅格”选项卡中，各选项的含义如下：

- “启用捕捉”复选框：用于打开或关闭捕捉方式。
- “启用栅格”复选框：用于打开或关闭栅格的显示。
- “捕捉间距”选项组：用于设置 X 轴和 Y 轴的捕捉间距。
- “栅格样式”选项组：用于设置在二维模型空间、块编辑器、图纸/布局位置中显示点栅格。

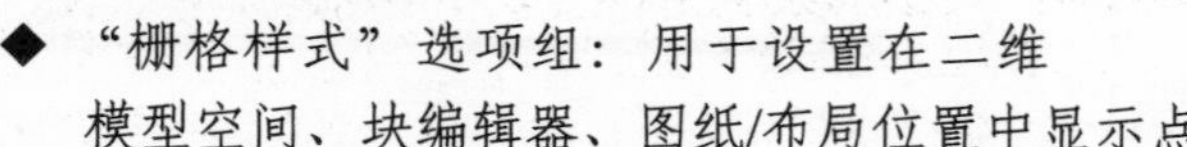

- “栅格间距”选项组：用于设置 X 轴和 Y 轴的栅格间距，以及每条主线之间的栅格数量。

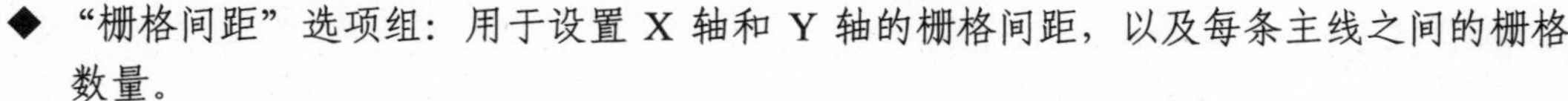

- “栅格行为”选项组：设置栅格的相应规则。

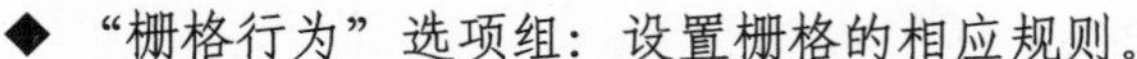

  - ✓ “自适应栅格”复选框：用于限制缩放时栅格的密度。缩小时，限制栅格的密度。
  - ✓ “允许以小于栅格间距的间距再拆分”复选框：放大时，生成更多间距更小的栅格线。主栅格线的频率确定这些栅格线的频率。只有当勾选了“自适应栅格”复选框，此选项才有效。
  - ✓ “显示超出界限的栅格”复选框：用于确定是否显示图形界限之外的栅格。
  - ✓ “遵循动态 UCS”复选框：随着动态 UCS 的 XY 平面而改变栅格平面。

4.6.2 设置正交模式

“正交”是指在绘制图形时指定第一个点后，连接光标和起点的直线总是平行于 X 轴或 Y 轴。若捕捉设置为等轴测模式，正交还迫使直线平行于三个轴中的一个。在“正交”模式下，使用光标只能绘制水平直线或垂直直线，此时只要输入直线的长度即可。

用户可通过以下的方法来打开或关闭“正交”模式。

- 状态栏：单击“正交”按钮;
- 快捷键：按〈F8〉键;
- 命令行：在命令行输入或动态输入“Ortho”命令，然后按〈Enter〉键。

4.6.3 设置对象的捕捉方式

在实际绘图过程中，有时经常需要找到已有图形的特殊点，如圆心点、切点、中点、象限点等，这时可以启动对象捕捉功能。

对象捕捉与捕捉是有区别的，“对象捕捉”是把光标锁定在已有图形的特殊点上，它不是独立的命令，是在执行命令过程中结合使用的模式。而“捕捉”是将光标锁定在可见或不可见的栅格点上，是可以单独执行的命令。

在“草图设置”对话框中单击“对象捕捉”选项卡，分别勾选要设置的对象捕捉模式即可，如图 4-72 所示。

设置好捕捉选项后，在状态栏激活“对象捕捉”对话框▣，或按〈F3〉键，或者按〈Ctrl+F〉组合键即可在绘图过过程中启用捕捉功能。

启用对象捕捉后，将光标放在一个对象上，系统自动捕捉到对象上所有符合条件的几何特征点，并显示出相应的标记。如果光标放在捕捉点达 3 秒钟以上，则系统将显示捕捉的提示文字信息，如图 4-73 所示。

另外，按住〈Ctrl〉键或〈Shift〉键，并单击鼠标右键，将弹出对象捕捉快捷菜单，如图 4-74 所示。

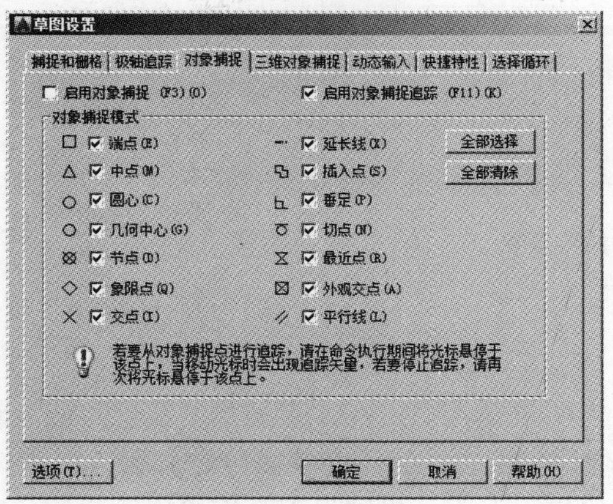

图 4-72 “对象捕捉”对话框

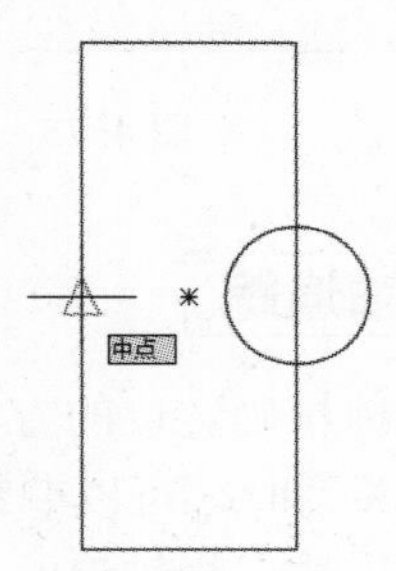

图 4-73 捕捉信息

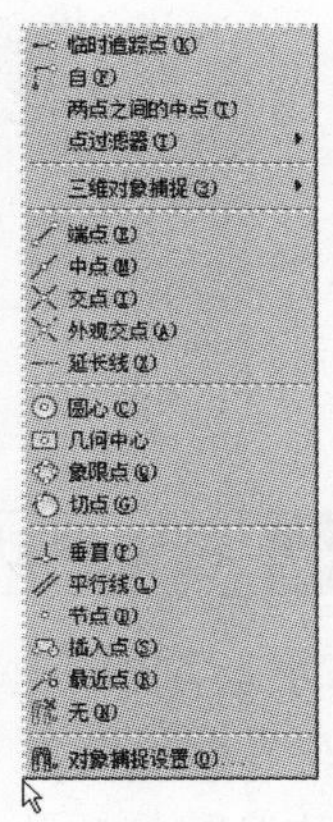

图 4-74 快捷菜单

“捕捉自（F）”工具 并不是对象捕捉模式，但它却经常与对象捕捉一起使用。在使用相对坐标指定下一个应用点时，“捕捉自”工具可以提示用户输入基点，并将该点作为临时参考点，这与通过输入前缀“@”使用最后一个点作为参考点类似。

执行“工具 | 选项”菜单命令，打开“选项”对话框，切换到“绘图”选项卡，即可进行对象捕捉的参数设置。如设置是否显示捕捉标记、自动捕捉标记框的大小和颜色、是否显示自动捕捉靶框等。如图 4-75 所示。

“自动捕捉设置”栏主要选项的含义如下：

- ◆ “标记”复选框：当光标移到对象上或接近对象时，将显示对象捕捉位置。标记的形状取决于它所标记的捕捉。
- ◆ “磁吸”复选框：吸引并将光标锁定到检测到的最接近的捕捉点。提供一个形象化设置，与捕捉栅格类似。
- ◆ “显示自动捕捉工具提示”复选框：在光标位置用一个小标志指示正在捕捉对象的那一部分。
- ◆ “显示自动捕捉靶框”复选框：围绕十字光标并定义从中计算哪个对象捕捉的区

域。可以选择显示或不显示靶框，也可以改变靶框的大小。

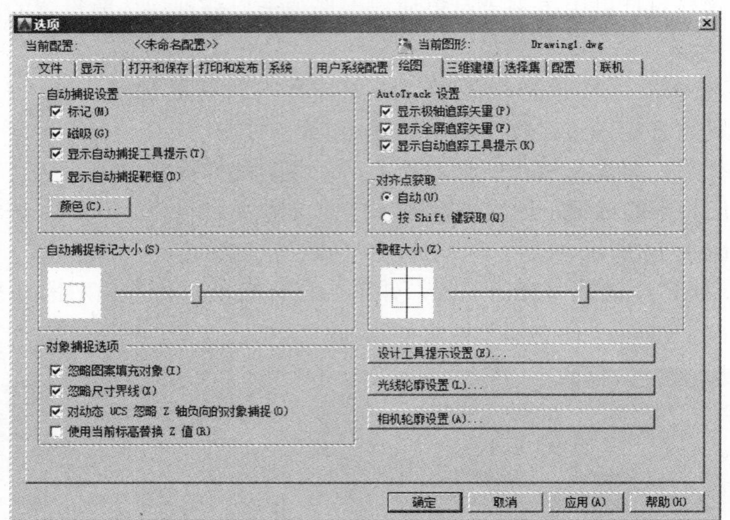

图 4-75　自动捕捉设置

4.6.4 设置自动与极轴追踪

自动追踪实质上也是一种精确定位的方法，当要求输入的点在一定的角度线上，或者输入的点与其他的对象有一定关系时，可以非常方便地利用自动追踪功能来确定位置。

自动追踪包括两种追踪方式：极轴追踪和对象捕捉追踪。极轴追踪是按事先给定的角度增加追踪点；而对象追踪是按追踪与已绘图形对象的某种特定关系来追踪，这种特定的关系确定了一个用户事先并不知道的角度。

如果用户事先知道要追踪的角度（方向），即可使用极轴追踪；如果事先不知道具体的追踪角度（方向），但知道与其他对象的某种关系，则用对象捕捉追踪，如图 4-76 所示。

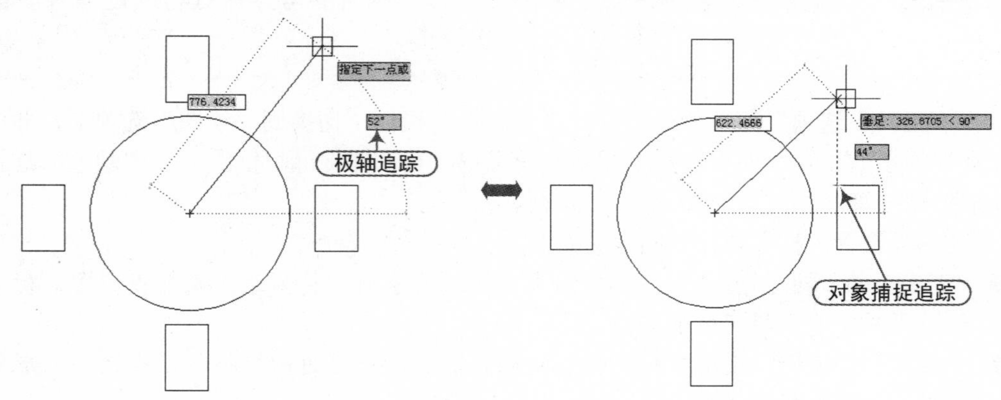

图 4-76　对象追踪与极轴追踪

要设置极轴追踪的角度，在“草图设置”对话框中选择“极轴追踪”选项卡，然后启用极轴追踪并设置极轴的角度即可，如图 4-77 所示。

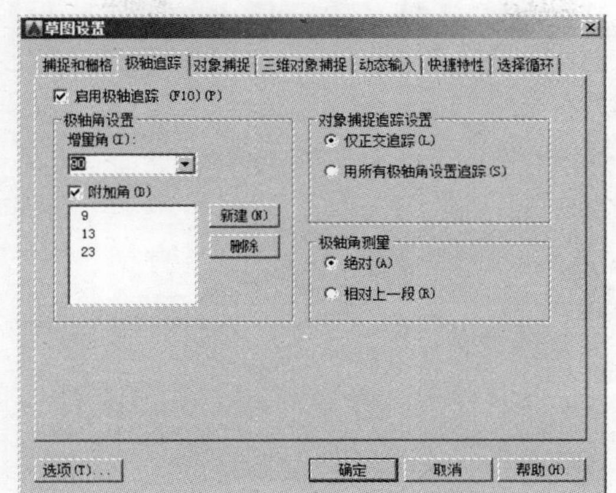

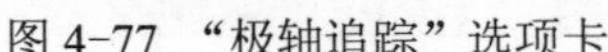
图 4-77 “极轴追踪”选项卡

在“极轴追踪”选项卡中，各主要选项功能含义如下。

- “极轴角设置”选项组：用于设置极轴追踪的角度。默认的极轴追踪角度是 90°，用户可以在“增量角”下拉列表框中选择角度增加量。若该下拉列表框中的角度不能满足用户的要求，可勾选下侧的“附加角”复选框。用户也可以单击“新建”按钮并输入一个新的角度值，将其添加到附加角的列表框中。
- “对象捕捉追踪设置”选项组：若选择“仅正交追踪”单选按钮，可在启用对象捕捉追踪的同时，显示获取的对象捕捉的正交对象捕捉追踪路径；若选择“用所有极轴角设置追踪”单选按钮，可以将极轴追踪设置应用到对象捕捉追踪，此时可以将极轴追踪设置应用到对象捕捉追踪上。
- “极轴角测量”选项组：用于设置极轴追踪对其角度的测量基准。若选择“绝对”单选按钮，表示当用户坐标和 X 轴正方向角度为 0 时计算极轴追踪角；若选择“相对上一段”单选按钮，可以基于最后绘制的线段确定极轴追踪角度。

4.7 图形对象的选择

在 AutoCAD 中，选择对象的方法很多，可以通过单击对象逐个拾取，也可利用矩形窗口或交叉窗口来选择；还可以选择最近创建的对象、前面的选择集或图形中的所有对象；也可以向选择集中添加对象或从中删除对象。

4.7.1 设置选择的模式

在对复杂的图形进行编辑时，经常需要同时对多个对象进行编辑，或在执行命令之前先选择目标对象，设置合适的目标选择方式即可实现这种操作。

在 AutoCAD 2016 中，执行“工具 | 选项”菜单命令，在弹出的“选项”对话框中选择“选择集”选项卡，即可以设置拾取框大小、选择集模式、夹点大小、夹点颜色等，如图 4-78 所示。

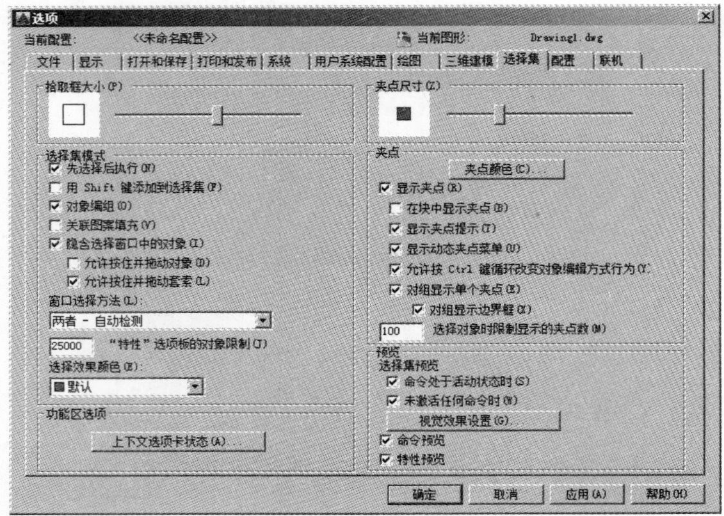

图 4-78 “选择集”选项卡

“选择集”选项卡各主要选项的具体含义如下。

◆ “拾取框大小”滑块：拖动该滑块，可以设置默认拾取框的大小。图 4-79 所示为拾取框的大小的对比。

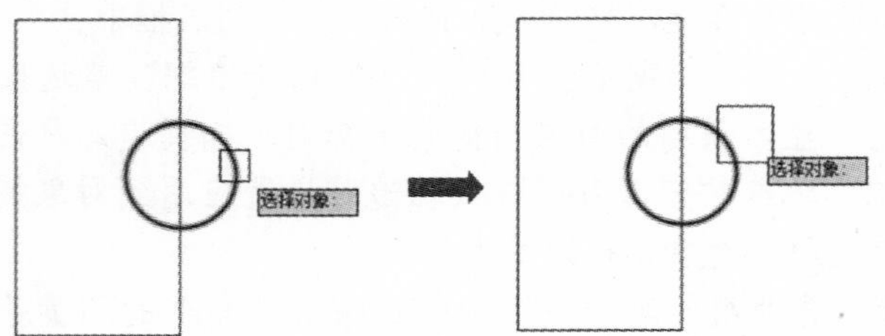

图 4-79 拾取框大小比较

◆ “夹点尺寸”滑块：拖动该滑块，可以设置夹点标记的大小，如图 4-80 所示。

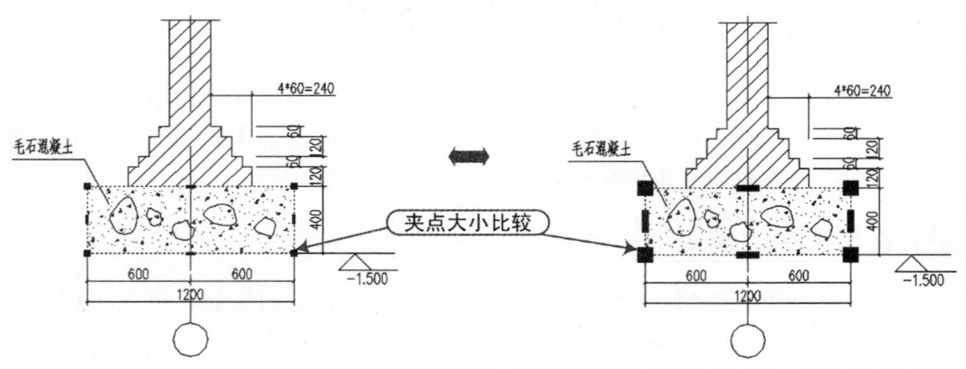

图 4-80 夹点大小比较

◆ “预览”选项组：在“选择集预览”栏中可以设置“命令处于活动状态时”和“未

激活任何命令时”是否显示选择预览。若单击“视觉效果设置”按钮，将打开“视觉效果设置”对话框，从而可以设置选择预览效果和选择有效区域，如图 4-81 所示。

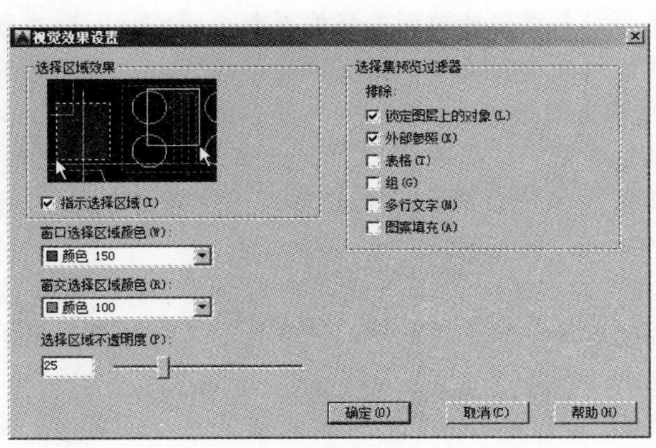

图 4-81 “视觉效果设置”对话框

提示

在“视觉效果设置”对话框中，在“窗口选择区域颜色”和“窗交选择区域颜色”下拉列表框中选择相应的颜色进行比较，如图 4-82 所示。拖动“选择区域不透明度”的滑块，可以设置选择区域的颜色透明度，如图 4-83 所示。

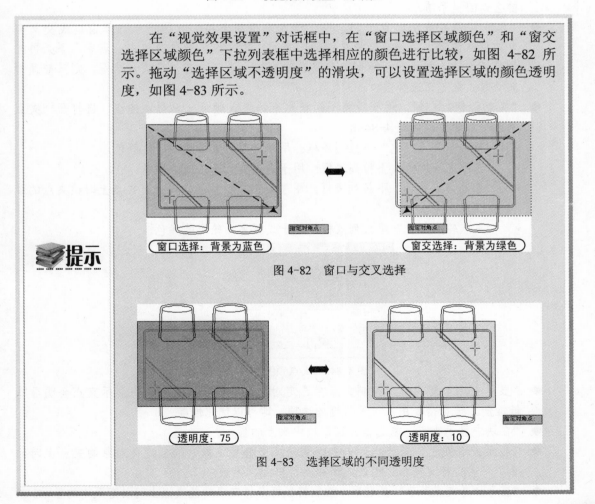

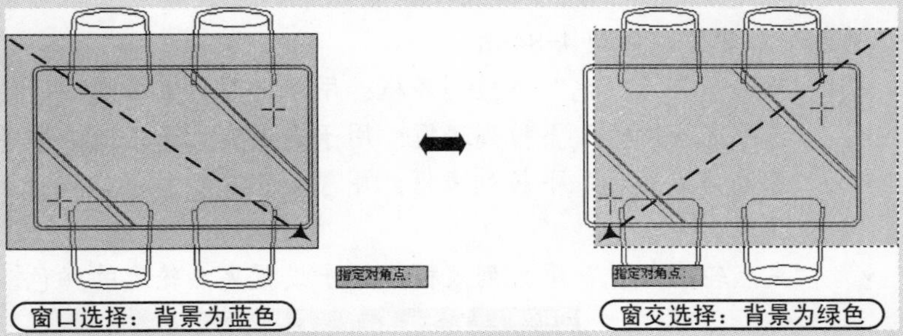

指定对角点:
窗口选择：背景为蓝色
窗交选择：背景为绿色

图 4-82 窗口与交叉选择

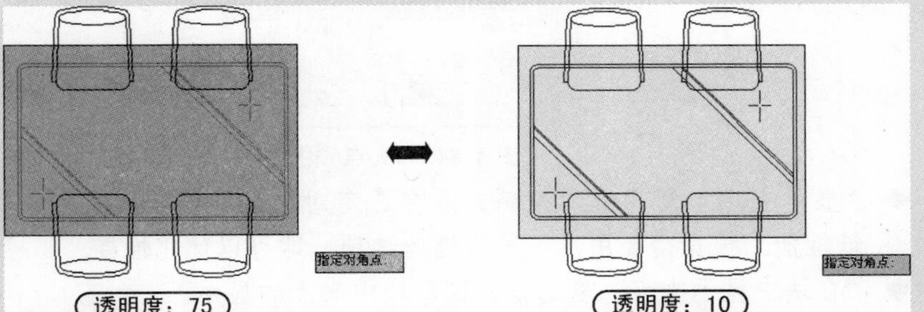

指定对角点:
透明度：75
透明度：10

图 4-83 选择区域的不同透明度

◆ “先选择后执行”复选框：勾选该复选框可先选择对象，再选择相应的命令。但是，无论该复选框是否被勾选，都可以先执行命令，然后再选择要操作的对象。

◆ “用〈Shift〉键添加到选择集”复选框：勾选该复选框则表示在未按住〈Shift〉键时，后面选择的对象将代替前面选择的对象，而不加入到对象选择集中。要想将后面的选择对象加入到选择集中，则必须在按住〈Shift〉键时单击对象。另外，按住〈Shift〉键并选取当前选中的对象，还可将其从选择集中清除。

◆ “对象编组”复选框：设置决定对象是否可以成组。默认情况下，该复选框被勾选，表示选择组中的一个成员就是选择了整个组。但是，此处所指的组并非临时组，而是由“Group”命令创建的命名组。

◆ “关联图案填充”复选框：该设置决定当前用户选择一关联图案时，原对象（即图案边界）是否被选择。默认情况下，该复选框未被选中，表示选中关联图案时，不同时选中其边界。

◆ “隐含选择窗口中的对象”复选框：默认情况下，该复选框被勾选，表示可利用窗口选择对象。若取消勾选，将无法使用窗口来选择对象，即单击时要么选择对象，要么返回提示信息。

◆ “允许按住并拖动对象”复选框：该复选框用于控制如何产生选择窗口或交叉窗口。默认情况下，该复选框被清除，表示在定义选择窗口时单击一点后，不必再按住鼠标按键，单击另一点即可定义选择窗口。否则，若勾选该复选框，则只能通过拖动方式来定义选择窗口。

◆ “夹点颜色”按钮：用于设置不同状态下的夹点颜色。单击该按钮，将打开“夹点颜色”对话框，如图 4-84 所示。

✓ “未选中夹点颜色”下拉列表框：用于设置夹点未选中时的颜色。

✓ “选中夹点颜色”下拉列表框：用于设置夹点选中时的颜色。

✓ “悬停夹点颜色”下拉列表框：用于设置光标暂停在未选定夹点上时该夹点的填充颜色。

✓ “夹点轮廓颜色”下拉列表框：用于设置夹点轮廓的颜色。

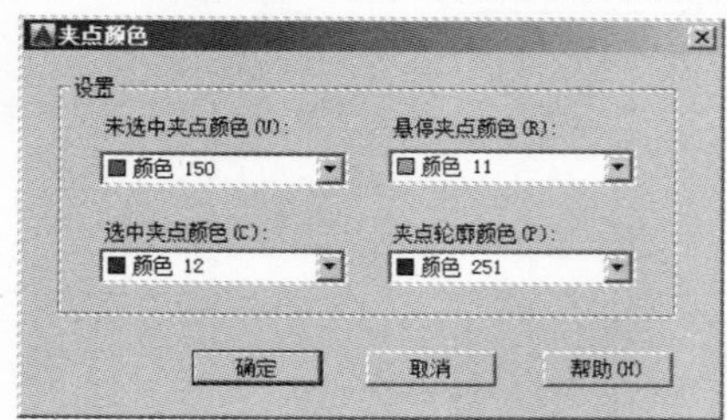

图 4-84 “夹点颜色”对话框

◆ “显示夹点”复选框：控制夹点在选定对象上的显示。在图形中显示夹点会明显降低性能。根据需要用户可不勾选此选项，即可以优化性能。

◆ “在块中显示夹点”复选框：控制块中夹点的显示。

◆ “显示夹点提示”复选框：当光标悬停在支持夹点提示的自定义对象的夹点上时，显示夹点的特定提示。但是此选项对标准对象无效。

◆ “显示动态夹点菜单”复选框：控制将鼠标悬停在多功能夹点上时动态菜单的显示。

◆ “允许按〈Ctrl〉键循环改变对象编辑方式行为”复选框：允许多功能夹点按〈Ctrl〉键循环改变对象编辑方式行为。
◆ “对组显示单个夹点”复选框：显示对象组的单个夹点。
◆ “对组显示边界框”复选框：围绕编组对象的范围显示边界框。
◆ “选择对象时限制显示的夹点数”文本框：如果选择集包括的对象多于指定的数量时，将不显示夹点。可在文本框内输入需要指定的对象数量。

4.7.2 选择对象的方法

在绘图过程中，当执行到某些命令时（如复制、偏移、移动），将提示“选择对象：”，此时出现矩形拾取光标□，将光标放在要选择的对象位置时，将亮显对象，单击则选择该对象（也可以逐个选择多个对象），如图4-85所示。

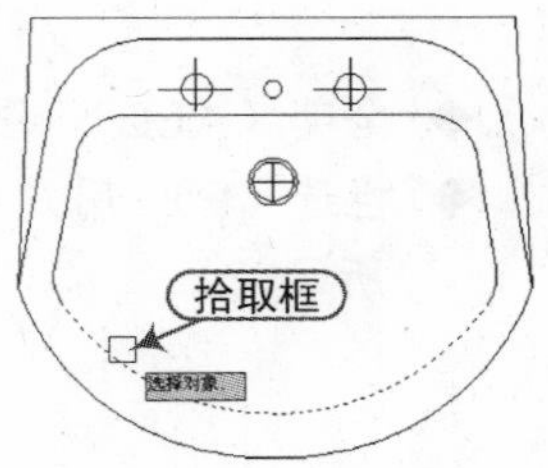

图4-85 拾取选择对象

用户在选择对象时有多种方法，若要查看选择对象的方法，可在“选择对象：”命令提示符下输入“？”，这时命令行将显示如下所有选择对象的方法。

```
选择对象:?
*无效选择*
需要点或窗口(W)/上一个(L)/窗交(C)/框(BOX)/全部(ALL)/栏选(F)/圈围(WP)/圈交(CP)/编组(G)/添加(A)/删除(R)/多个(M)/前一个(P)/放弃(U)/自动(AU)/单个(SI)/子对象(SU)/对象(O)
```

根据上面提示，用户输入相应选项的大写字母，可以指定对象的选择模式。该提示中主要选项的具体含义如下：

◆ 需要点：可逐个拾取所需对象，该方法为默认设置。
◆ 窗口（W）：用一个矩形窗口将要选择的对象框住，矩形窗口必须是从左至右绘制的，凡是在窗口内的目标均被选中，如图4-86所示。

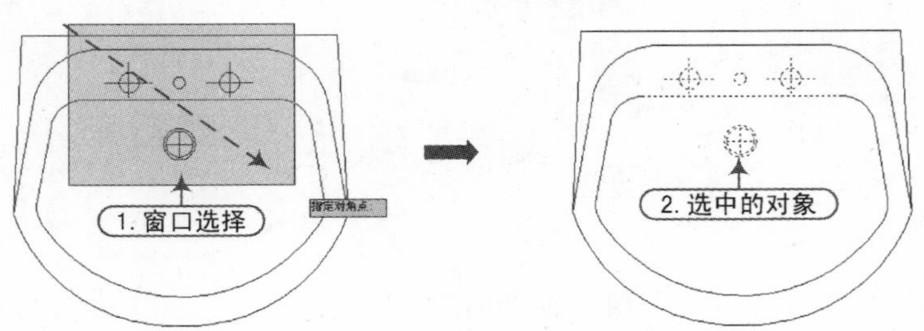

图4-86 “窗口”方式选择

◆ 上一个（L）：此方式将用户最后绘制的图形作为编辑对象。
◆ 窗交（C）：选择该方式后，由右至左绘制一个矩形框，凡是在窗口内和与此窗口四边相交的对象都被选中，如图4-87所示。
◆ 框（BOX）：当用户所绘制矩形的第一角点位于第二角点的左侧时，此方式与窗口（W）选择方式相同；当用户所绘制矩形的第一角点位于第二角点右侧时，此方式与窗交（C）方式相同。

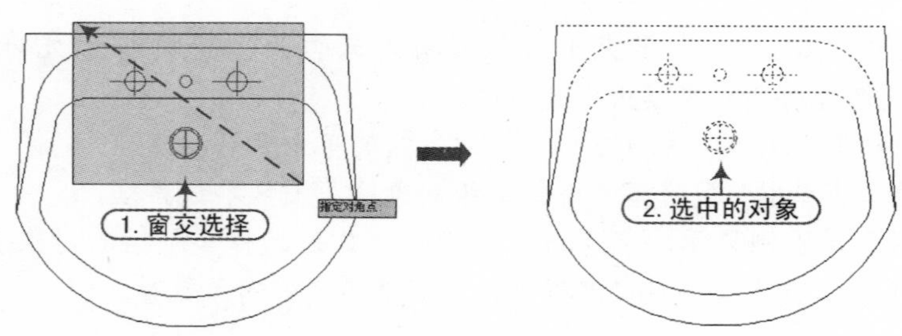

图 4-87 “窗交”方式选择

◆ 全部（ALL）：图形中所有对象均被选中。
◆ 栏选（F）：用户可用此方式画任意折线，凡是与折线相交的图形均被选中，如图 4-88 所示。

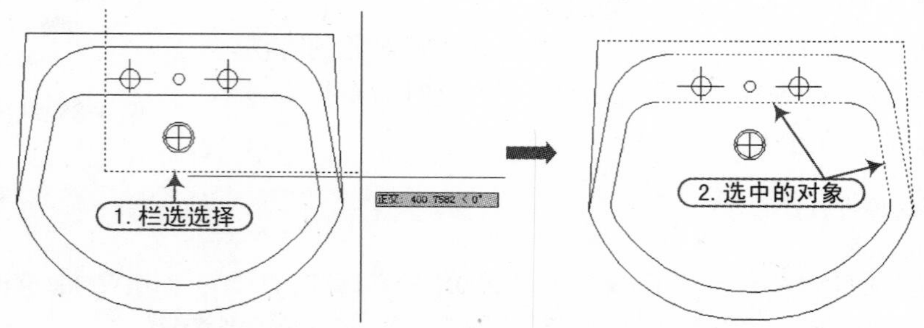

图 4-88 “栏选”方式选择

◆ 圈围(WP)：该选项与窗口（W）选择方式相似，但它可构造任意形状的多边形区域，包含在多边形窗口内的图形均被选中，如图 4-89 所示。

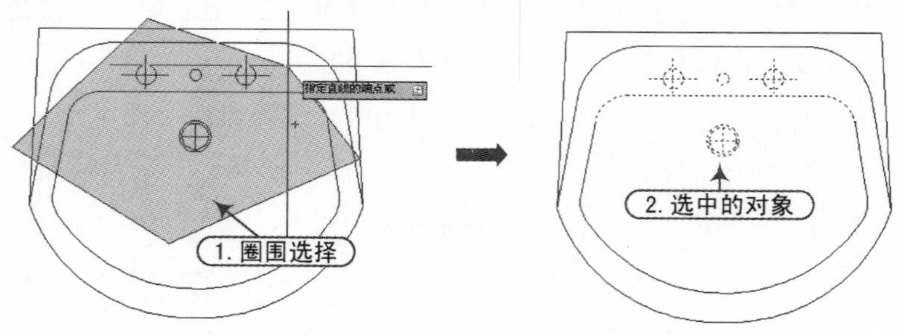

图 4-89 “圈围”方式选择

◆ 圈交（CP）：该选项与窗交（C）选择方式类似，但它可以构造任意形状的多边形区域，包含在多边形窗口内的图形或与该多边形窗口相交的任意图形均被选中，如图 4-90 所示。
◆ 编组（G）：输入已定义的选择集，系统将提示输入编组名称。
◆ 添加（A）：当用户完成目标选择后，还有少数没有选中时，可以通过此方法把目标添加到选择集中。
◆ 删除（R）：把选择集中的一个或多个目标对象移出选择集。

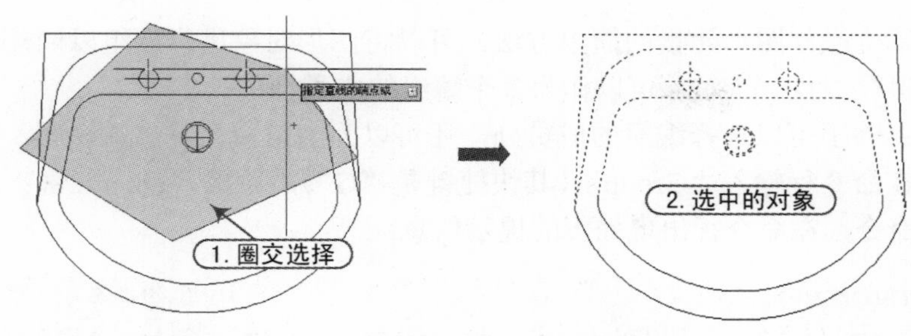

图 4-90 “圈交”方式选择

◆ 前一个（P）：此方法用于选中前一次操作所选择的对象。
◆ 多个（M）：当命令中出现选择对象时，鼠标变为一个矩形小方框，逐一点取要选中的目标即可（可选多个目标）。
◆ 放弃（U）：取消上一次所选中的目标对象。
◆ 自动（AU）：若拾取框正好有一个图形，则选中该图形；反之，则用户指定另一角点以选中对象。
◆ 单个（SI）：当命令行中出现“选择对象”时，鼠标变为一个矩形小框□，点取要选中的目标对象即可。

4.7.3 快速选择对象

在 AutoCAD 中，当用户需要选择具有某些共有特性的对象时，可利用“快速选择”对话框根据对象的图层、线型、颜色、图案填充等特性和类型来创建选择集。

执行“工具 | 快速选择”菜单命令，或者在视图的空白位置右击鼠标，从弹出的快捷菜单中选择“快速选择”命令，将弹出“快速选择”对话框，用户可根据自己的需要来选择相应的图形对象，图 4-91 所示为选择图形中所有的圆对象。

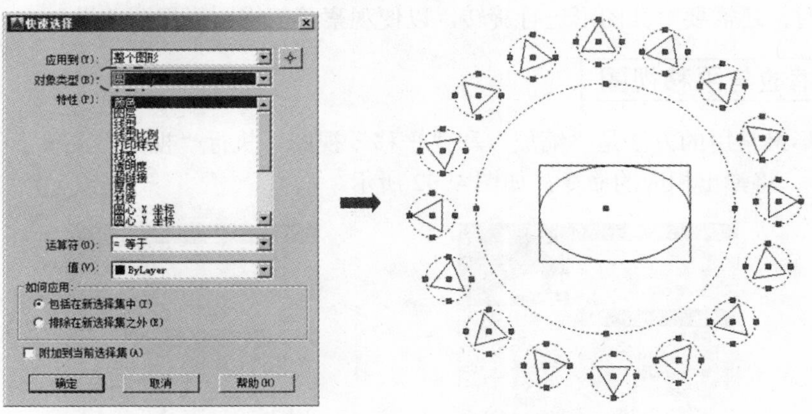

图 4-91 快速选择所有的圆对象

4.7.4 使用编组操作

编组是保存的对象集，可以根据需要同时选择和编辑这些对象，也可以分别进行。编组提供了以组为单位操作图形元素的简单方法。可以将图形对象进行编组以创建一种选择集，它随图形一起保存，且一个对象可以作为多个编组的成员。

创建编组：除了可以选择编组的成员外，还可以为编组命名并添加说明。要对图形对象进行编组，可在命令行输入“Group”（其快捷键是“G”），并按〈Enter〉键；或者执行“工具｜组”菜单命令，在命令行出现如下的提示信息：

```
命令: GROUP                                          \\ 编组命令
选择对象或 [名称(N)/说明(D)]:n                        \\ 选择“名称”项
输入编组名或 [?]: 123                                 \\ 输入组名称
选择对象或 [名称(N)/说明(D)]:指定对角点: 找到 3 个     \\ 选择对象
选择对象或 [名称(N)/说明(D)]:                         \\ 按〈Enter〉键
组“123”已创建。
```

用户可以使用多种方式编辑编组，包括：更改其成员资格、修改其特性、修改编组的名称和说明以及从图形中将其删除。

即使删除了编组中的所有对象，编组定义依然存在。（如果用户输入的编组名与前面输入的编组名称相同，则在命令行出现“编组***已经存在”的提示信息）。

4.8 图形的显示控制

用户所绘制的图形都是在 AutoCAD 的视图窗口中进行的，只有灵活地对图形进行显示与控制，才能更加精确地绘制所需要的图形。进行二维图形操作时，经常用到主视图、俯视图和侧视图，用户可同时将三视图显示在一个窗口中，以便更加灵活地掌握控制。当进行三维图形操作时，还需要对其图形进行旋转，以便观察其三维图形视图效果。

4.8.1 缩放与平移视图

观察图形最常用的方法是“缩放”和“平移”视图。执行“视图”菜单下的“缩放”和“平移”命令，将弹出相应的命令，如图 4-92 所示。

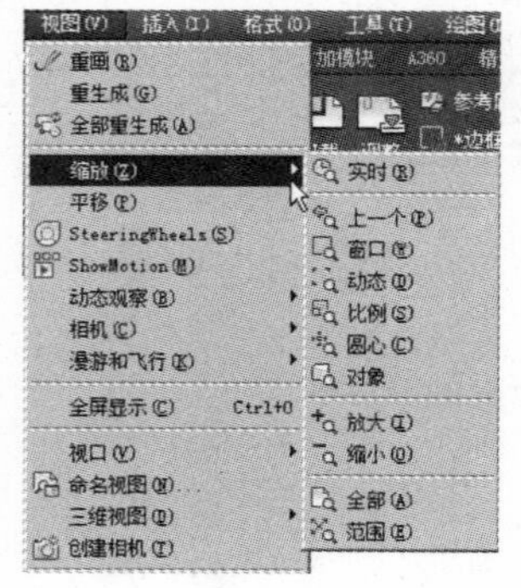

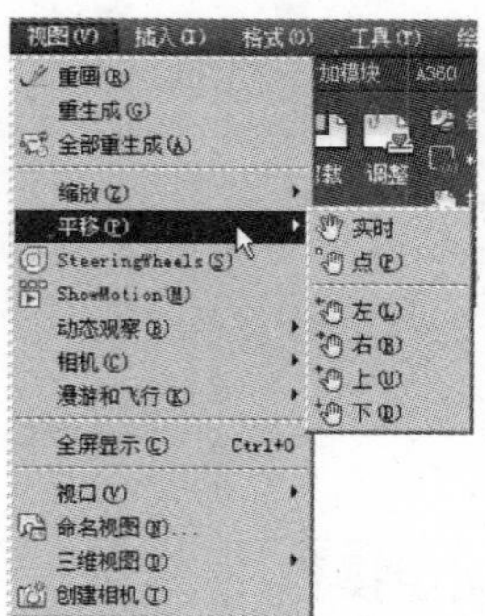

图 4-92 “缩放”与“平移”的命令

1．平移视图

用户可以通平移视图来重新确定图形在绘图区域中的位置。用户可通过以下任意一种方法对图形进行平移操作。

◆ 菜单栏：执行“视图 | 平移 | 实时”命令；

◆ 导航栏：单击“导航栏”中的“实时平移”按钮；

◆ 面板：在“视图”选项卡的“导航”面板中单击“平移”按钮；

◆ 命令行：输入或动态输入“PAN”（其快捷键为“P”），然后按〈Enter〉键；

◆ 鼠标键：按住鼠标中键不放。

例如，打开“案例\04\楼梯施工图.dwg”文件，在执行平移命令后，鼠标形状将变为，按住鼠标左键将变成状，移动鼠标就可以对图形进行平移操作，如图 4-93 所示。平移只是改变图形在屏幕区的显示位置，不改变图形对象的大小。

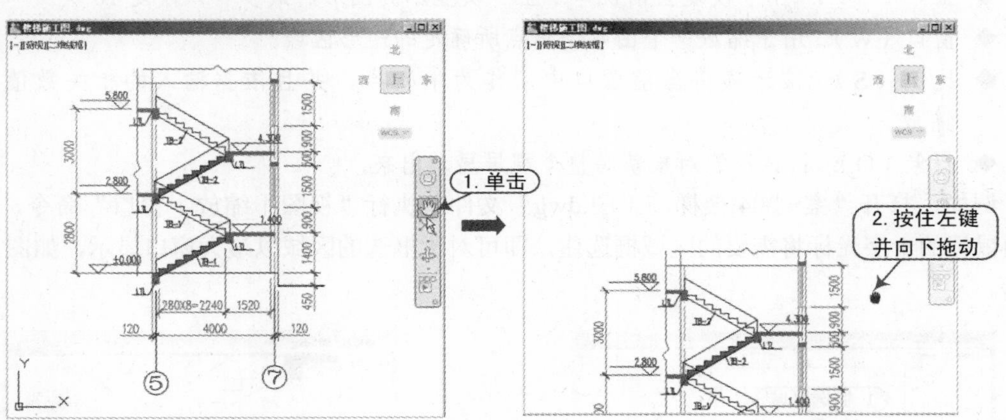

图 4-93　平移视图

2．缩放视图

通常，在绘制图形的局部细节时，需要使用缩放工具放大该绘图区域，当绘制完成后，再使用缩放工具缩小图形，从而观察图形的整体效果。

要对图形进行缩放操作，用户可通过以下任意一种方法。

◆ 菜单栏：选择“视图 | 缩放”菜单命令，在其下级菜单中选择相应命令；

◆ 面板：在“视图”选项卡的“导航”面板中单击相应的缩放按钮；

◆ 命令行：输入或动态输入“ZOOM”（其快捷键为“Z”），并按〈Enter〉键。

若用户选择“视图 | 缩放 | 窗口”命令，其命令行会给出如下的提示信息：

```
命令: ZOOM
指定窗口的角点，输入比例因子 (nX 或 nXP)，或者[全部(A)/中心(C)/动态(D)/范围(E)/上一个(P)/比例(S)/窗口(W)/对象(O)] <实时>:
```

在该命令提示信息中给出多个选项，每个选项含义如下：

◆ 全部（A）：用于在当前视口显示整个图形，其大小取决于图限设置或者有效绘图区域，这是因为用户可能没有设置图限或有些图形超出了绘图区域。

◆ 中心（C）：该选项要求确定一个中心点，然后绘出缩放系数（后跟字母 X）或一个高度值。之后，AutoCAD 就缩放中心点区域的图形，并按缩放系数或高度值显示图形，所选的中心点将成为视口的中心点。如果保持中心点不变，而只想改变缩放系数或高度值，则在新的“指定中心点:”提示符下按〈Enter〉键即可。

◆ 动态（D）：该选项集成了“平移”命令或“缩放”命令中的“全部”和“窗口”选项的功能。能使用时，系统将显示一个平移观察框，拖动它至适当位置并单击，将显示缩放观察框，并能够调整观察框的尺寸。随后，如果单击鼠标，系统将再次显示平移观察框。如果按〈Enter〉键或单击鼠标，系统将利用该观察框中的内容填充视口。

◆ 范围（E）：用于将图形的视口最大限度地显示出来。

◆ 上一个（P）：用于恢复当前视口中上一次显示的图形，最多可以恢复 10 次。

◆ 窗口（W）：用于缩放一个由两个角点所确定的矩形区域。

◆ 比例（S）：该选项将当前窗口中心作为中心点，并且依据输入的相关数值进行缩放。

◆ 对象（O）：将选择的对象填满整个视屏显示出来。

例如，打开“案例\04\楼梯施工图.dwg”文件，执行“视图｜缩放｜窗口”命令，然后利用鼠标的十字光标将需要的区域框选住，即可对所框选的区域以最大窗口显示，如图 4-94 所示。

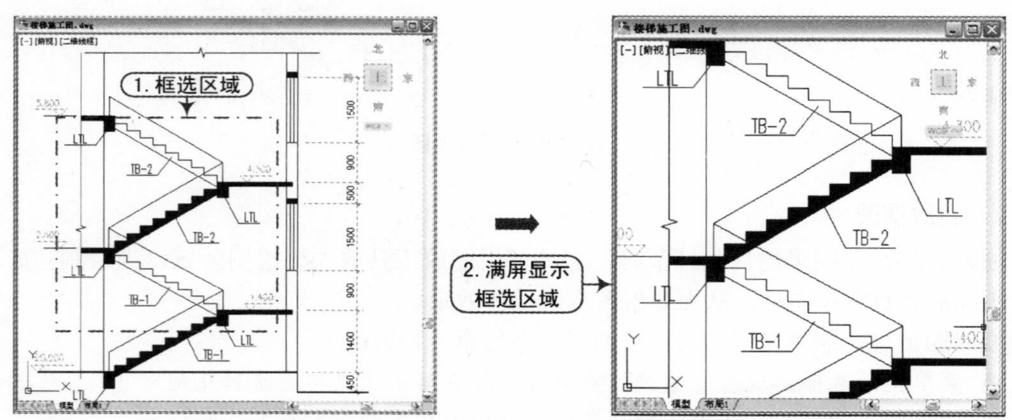

图 4-94　窗口缩放操作

执行“视图｜缩放｜实时”菜单命令，或者单击“标准”工具栏上的“实时缩放”按钮，则鼠标在视图中呈形状，按住鼠标左键向上或向下拖动，可以进行放大或缩小操作。

例如，打开“案例\04\楼梯施工图.dwg”文件，在命令行输入“Z”命令，在提示信息下选择“中心（C）”选项，然后在视图中确定一个位置点并输入“5”，则视图将以指定点为中心进行缩放，如图 4-95 所示。

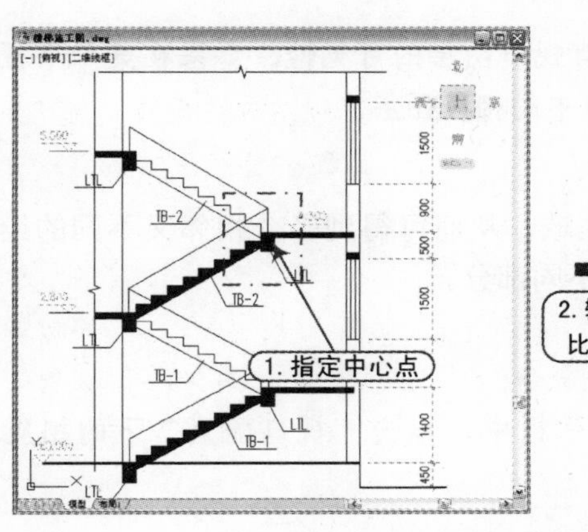

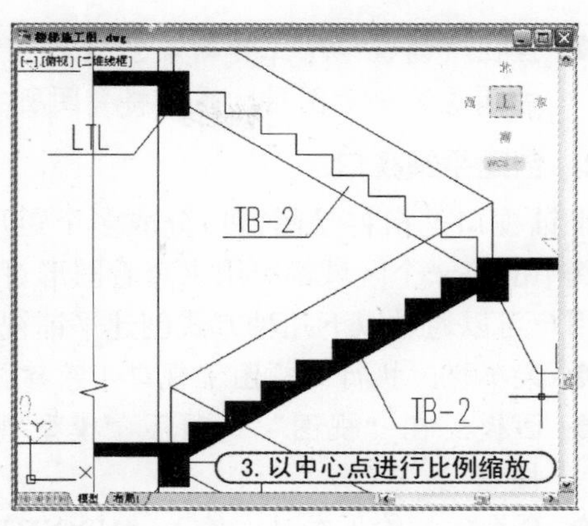

图 4-95 从选择点进行比例缩放

4.8.2 模型视口应用

在绘图时，为了方便编辑，经常需要将图形的局部进行放大来显示详细细节。当用户还希望观察图形的整体效果时，仅使用单一的绘图视口无法满足需要。此时，可以借助AutoCAD 的“平铺视口”功能，将视图划分为若干个视口，在不同的视口中显示图形的不同部分。

1. 模型视口的特点

当打开一个新的图形时，默认情况下将用一个单独的视口填满模型空间的整个绘图区域。而当系统变量 TILEMODE 被设置为 1 后（即在模型空间模型下），就可以将屏幕的绘图区域分割成多个平铺视口。在 AutoCAD 2016 中，平铺视口具有以下特点。

- 每个视口都可以平移和缩放，设置捕捉、栅格和用户坐标系等，且每个视口都可以有独立的坐标系统。
- 在命令执行期间，可以切换视口，以便在不同的视口中绘图。
- 可以命名视口中的配置，以便在模型空间中恢复视口或者应用到布局。
- 只有在当前视口中才显示坐标系与十字光标，指针移出当前视口后变成为箭头形状，如图 4-96 所示。

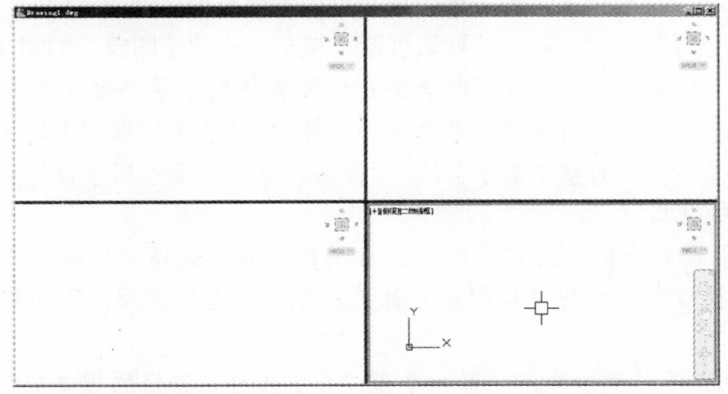

图 4-96 新建视口

◆ 当在平铺视口中工作时，可全局控制所有视口图层的可见性。如果在某一个视口中关闭了某一个图层，系统将关闭所有视口中的相应图层。

2．创建平铺视口

平铺视口是指将绘图窗口分成多个矩形视区域，从而可得到多个相邻又不同的绘图区域，其中的每一个区域都可用来查看图形对象的不同部分。

用户可以通过以下几种方式创建平铺视口。

◆ 菜单栏：执行“视图 | 视口 | 新建视口”命令；
◆ 面板：在“视图”选项下“模型视口”面板中，单击“视口配置”下的相应视口按钮；
◆ 命令行：输入或动态输入“VPOINTS”。

例如：打开“楼梯施工图.dwg”文件，在“模型视口”面板中，单击“视口配置”下的“四个：相等”视口按钮，则在绘图区创建 4 个相等的视口，如图 4-97 所示。

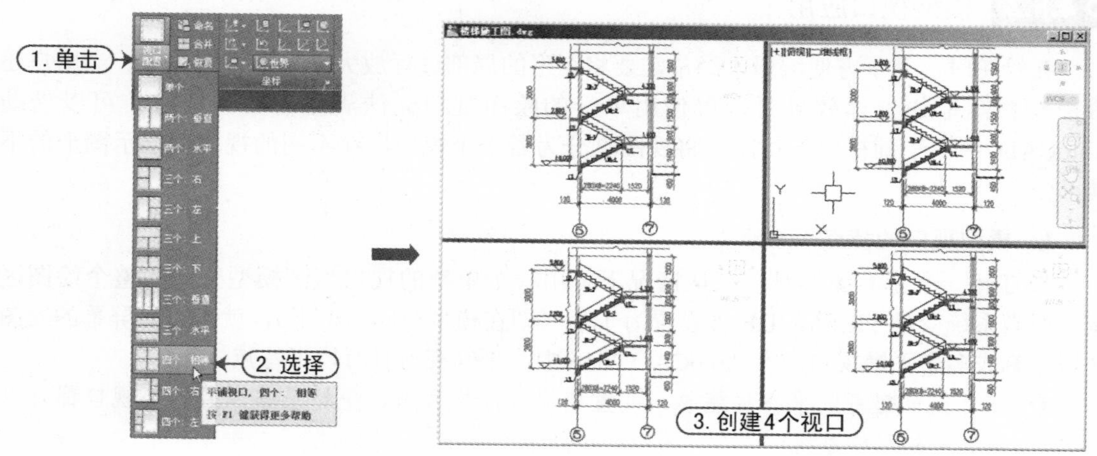

图 4-97　新建视口

3．新建命名视口

在创建平铺视口时，可通过面板上的 命名 按钮，在弹出对话框的“新名称”中输入新建的平铺视口名称，在“标准视口”列表框中选择可用的标准视口配置，此时“预览”区将显示所选视口配置以及已经赋给每个视口的默认视图及视觉样式预览图象。如图 4-98 所示。

◆ “应用于”下拉列表框：设置所选的视口配置是用于整个显示屏幕还是当前视口，包括“显示”和“当前视口”两个选项。其中，“显示”选项卡用于设置将所选视口配置用于模型空间的整个显示区域，“当前视口”选项卡用于设置将所选的视口配置用于当前的视口。
◆ “设置”下拉列表框：指定二维或三维设置。如果选择“二维”选项，则使用视口中的当前视口来初始化视口配置；如果选择“三维”选项，则使用正交的视图来配置视口。
◆ “修改视图”下拉列表框：选择一个视口配置代替已选择的视口配置。
◆ “视觉样式”下拉列表框：可以从中选择一种视觉样式代替当前的视觉样式。

在“视口”对话框中，使用“命名视口”选项卡可以显示图形中已命名的视口配置。选择一个视口配置后，配置的布局将显示在预览窗口中，如图 4-99 所示。

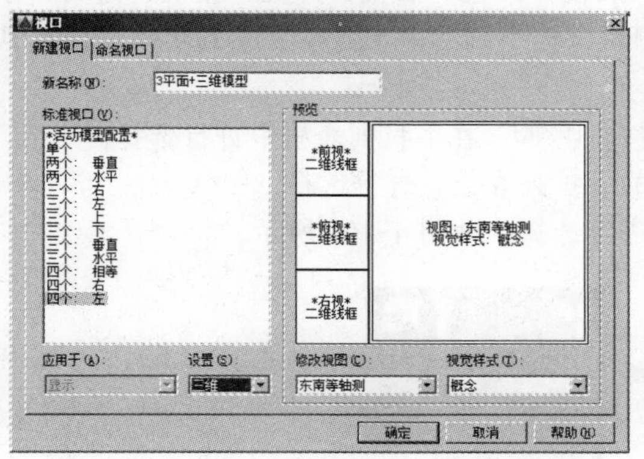

图 4-98 “新建视口”选项卡

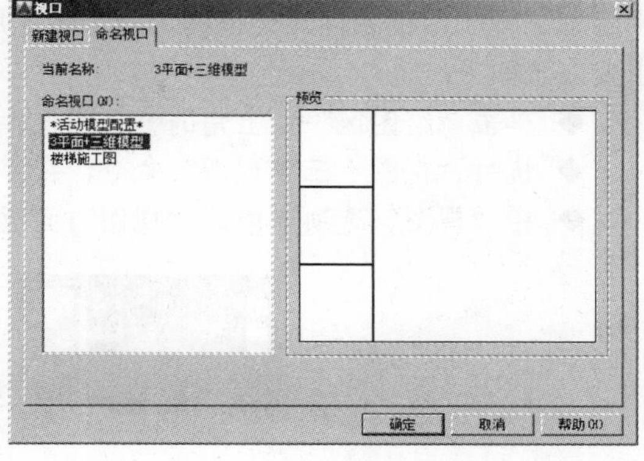

图 4-99 “命名视口”选项卡

如果需要设置每个窗口，首先在“预览”窗口中选择需要设置的视口，然后在下侧依次设置视口的视图、视觉样式等。

4．合并视口

在 AutoCAD 2016 中，可以在不改变视口显示的情况下分割或合并当前视口。

例如已为“案例\04\楼梯施工图.dwg”文件设置了 4 个视口，然后单击面板上的“合并”按钮 合并，系统将要求选择一个视口作为主视口，再选择一个相邻的视口，即可将所选择的两个视口进行合并，如图 4-100 所示。

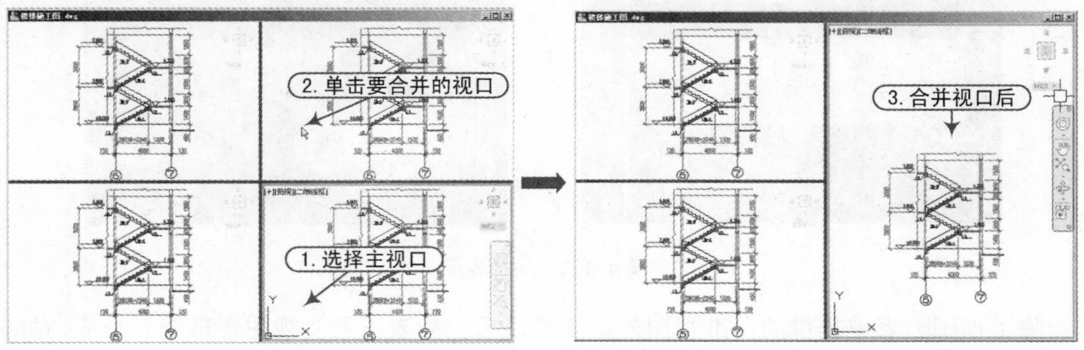

图 4-100 合并视口

在多个视口中，其四周有粗边框的为当前视口。

5．恢复视口

在面板上单击“恢复”按钮 恢复，可在单个视口和上次的多个视口配置之间进行切换。

4.8.3 视图控制

在 AutoCAD 2016 中，视图样式分为前视、后视、左视、右视、仰视、俯视、西南和东南等轴测视图，视图样式转换的选择很多，用户可根据不同的需求进行视图的转换操作，其主要方法如下：

◆ 单击“绘图区”左上角的“视图控件”按钮[俯视]，在下拉列表框中进行选择；
◆ 执行“视图丨三维视图”命令，在弹出的下拉列表框中进行选择；
◆ 在“视图”选项卡中的“视图”面板中进行选择，如图 4-101 所示。

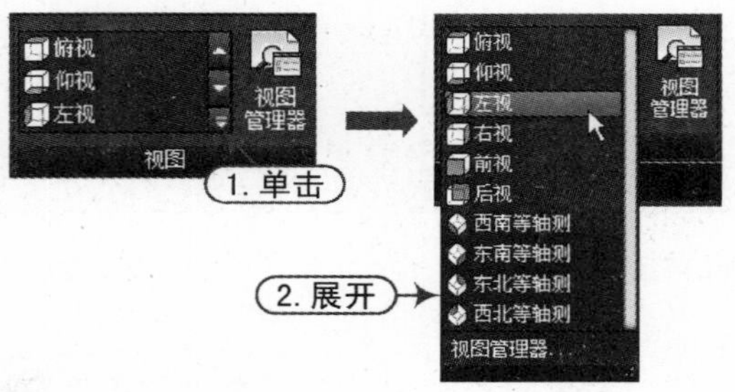

图 4-101 面板中选择视图

通过以上方法，用户根据需求选择后，可以完成视图的转换操作，如图 4-102 所示为将前视转换为西南等轴测视图。

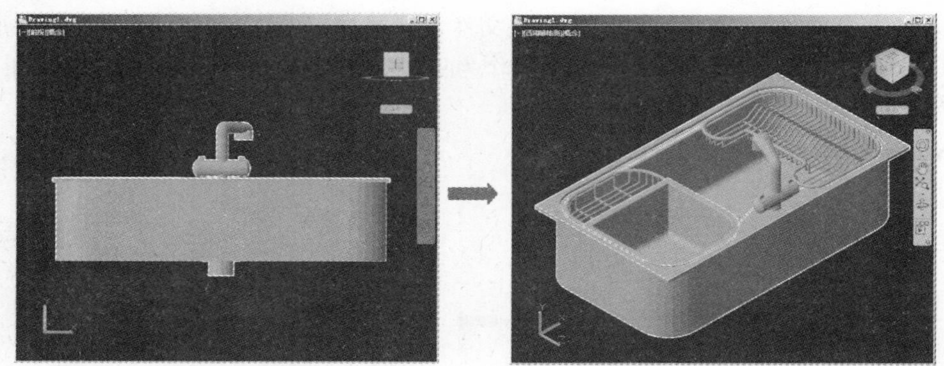

图 4-102 切换视图

除了视图列表中提供的标准视图外，还可以单击列表下的“视图管理器”命令，打开“视图管理器”对话框，来创建和管理视图。

1. 命名视图

命名视图是指将某一视图的状态以某种名称保存起来，然后在需要时将其恢复为当前显示，以提高绘图效率。

在 AutoCAD 环境中，可以通过命名视图将视图的区域、缩放比例、透视设置等信息保存起来。若要命名视图，可按如下操作步骤进行：

（1）在 AutoCAD 环境中，执行“文件丨打开”菜单命令，打开“案例\04\楼梯施工图.dwg”文件，然后使用缩放和平移工具，调整成图 4-103 所示的视图显示。

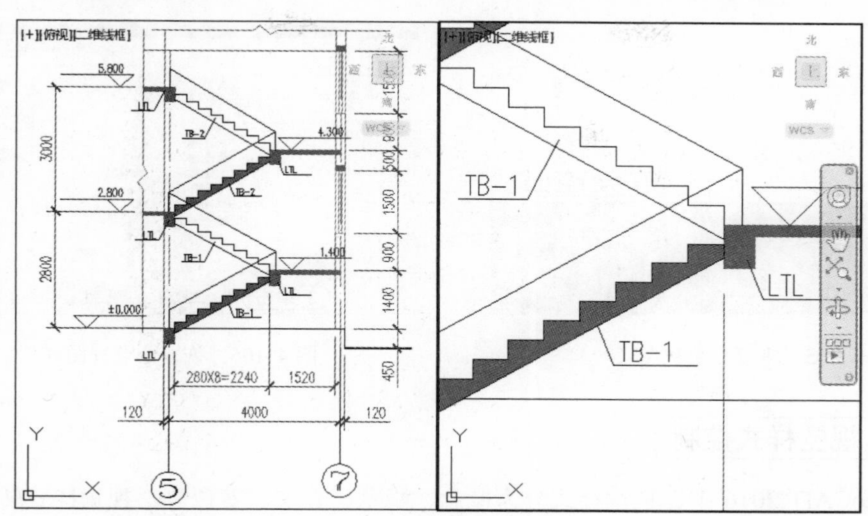

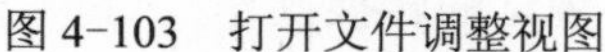

图 4-103 打开文件调整视图

（2）执行“视图 | 命名视图”菜单命令，或单击“视图”面板上的“视图管理器”按钮，打开“视图管理器”对话框，然后按照图 4-104 所示进行操作，以命名新的视图。

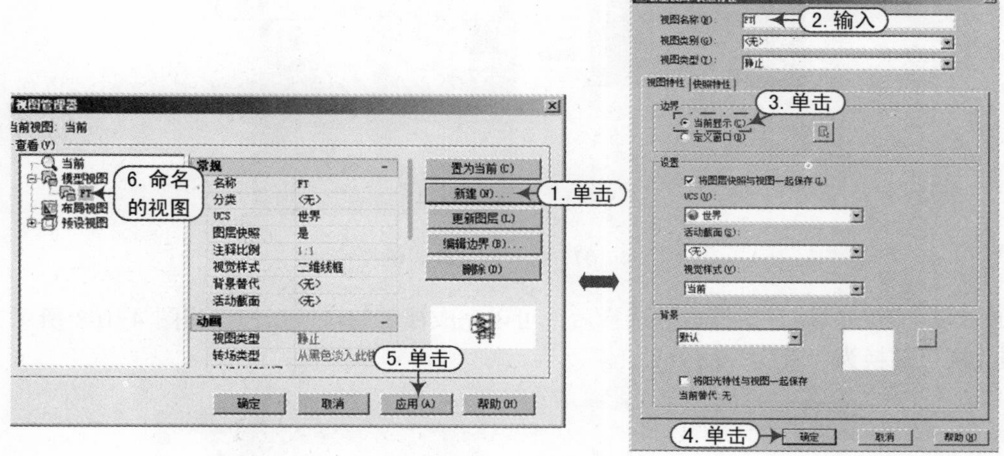

图 4-104 新命名视图

2. 恢复命名视图

当需要重新使用一个已命名的视图时，可以将该视图恢复到当前窗口。操作方法有两种：

- 在“视图”选项卡的“视图”面板中，在“视图”下拉列表框中选择已经命名的视图“FT”，如图 4-105 所示；
- 在“视图”面板中，单击“视图管理器”按钮，弹出“视图管理器”对话框，选择已经命名的视图，然后单击“置为当前”按钮，再单击“确定”按钮，即可恢复

已命名的视图显示，如图 4-106 所示。

图 4-105　恢复命名视图（一）

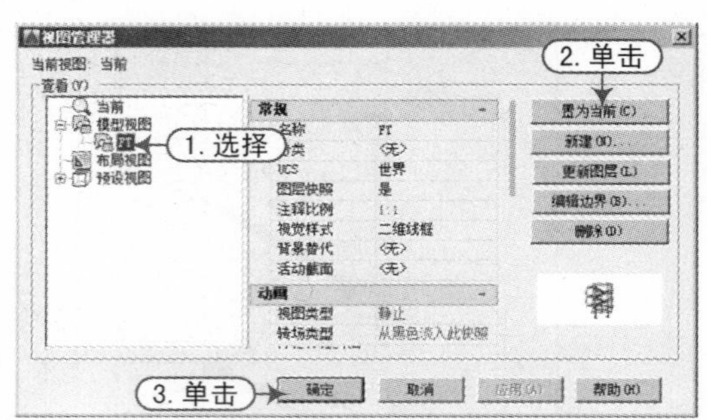

图 4-106　恢复命名视图（二）

4.8.4 视觉样式控制

在 AutoCAD 2016 中，视觉样式分为概念、隐藏、真实、着色等，视觉样式转换的选择很多，用户根据不同的需求进行“视觉的转换操作”，其主要方法如下：

- ◆ 单击“绘图区”左上角的“视觉样式控件”按钮[二维线框]，在下拉列表框中进行选择；
- ◆ 执行“视图 | 视觉样式”命令，在弹出的下拉列表框中进行选择；
- ◆ 在“视图”标签中的“视觉样式”面板中进行选择，如图 4-107 所示。

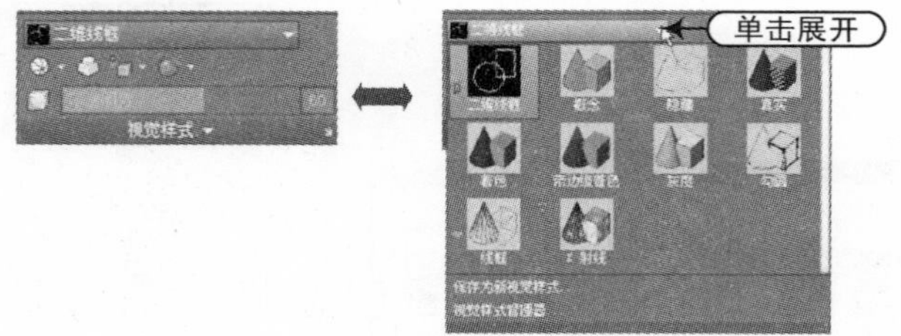

图 4-107　选择视觉样式模式

通过以上方法，用户根据需求选择后，可以完成视觉的转换操作，如图 4-108 所示为将“二维线框”转换为“真实”的效果。

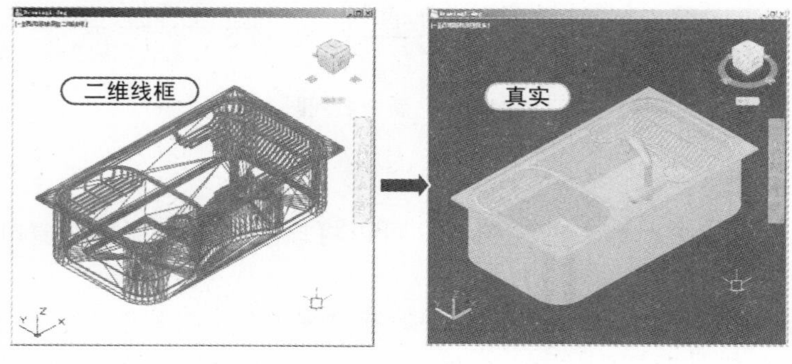

图 4-108　视觉样式转换

在“视觉样式”下拉列表框进行选择时，可以选择“视觉样式管理器”命令打开“视觉样式管理器”选项板，在“图形中的可用视觉样式”列表框中，显示图形中可用的视觉样式的样例图像。选定的视觉样式的面设置、环境设置和边设置将显示在设置面板中，如图 4-109 所示。

图 4-109 “视觉样式管理器”选项板

4.9 图层的设置

在 AutoCAD 中，一个复杂的图形由许多不同类型的图形对象组成，而这些对象又都具有图层、颜色、线宽和线型 4 个基本属性，为了方便区分和管理，一般通过创建多个图层来控制对象的显示和编辑，从而提高绘制复杂图形的效率和准确性。

4.9.1 图层特性管理

利用“图层特性管理器”选项板不仅可以创建图层，设置图层的颜色、线型和宽度，还可以对图层进行更多的设置与管理，如切换图层、过滤图层、修改和删除图层等。图层的设置对图形的分类管理和综合控制具有重要的意义，用户可以通过以下几种方法来打开“图层特性管理器”来进行设置。

- 菜单栏：选择“格式 | 图层”菜单命令；
- 面板：在“默认”选项卡中的“图层”面板中单击“图层特性”按钮；
- 命令行：在命令行中输入或动态输入“LAYER”命令（其快捷键为“La”）。

启动图层命令后，弹出“图层特性管理器”面板，如图 4-110 所示。

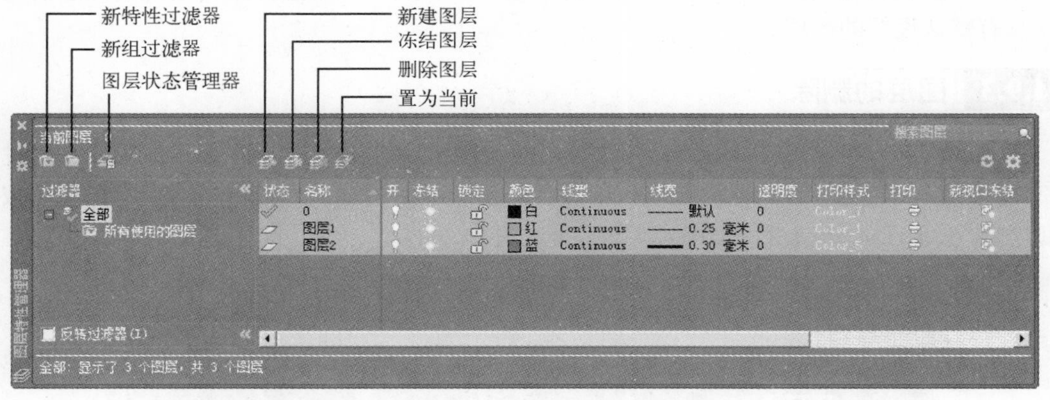

图 4-110 “图层特性管理器”面板

通过“图层特性管理器”选项板，用户可以添加、删除和重命名图层，更改它们的特性，设置布局视口中的特性替代以及添加图层说明。图层特性管理器包括“过滤器”面板和图层列表面板。图层过滤器可以控制将在图层列表中显示的图层，也可以用于同时更改多个图层。

每个图形均包含一个名为 0 的图层。图层 0 无法删除或重命名，以便确保每个图形至少包括一个图层。

4.9.2 图层的新建

在 AutoCAD 2016 中，单击“图层特性管理器”选项板中的“新建图层”按钮，或者按快捷键〈Alt+N〉可以新建“图层 1”的图层，并且处于名称可编辑状态，如图 4-111 所示。

新建图层时，可在名称编辑状态下直接输入新图层名，也可以在后面更改图层名，用鼠标单击该图层并按〈F2〉键，重新输入图层名即可，图层名最长可达 255 个字符，但不允许有>、<、\、:、=等符号，否则系统会弹出图 4-112 所示的“图层”警告框。

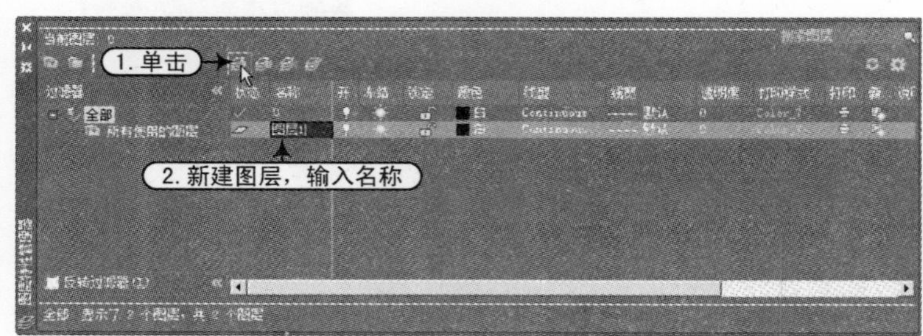

图 4-111　新建图层

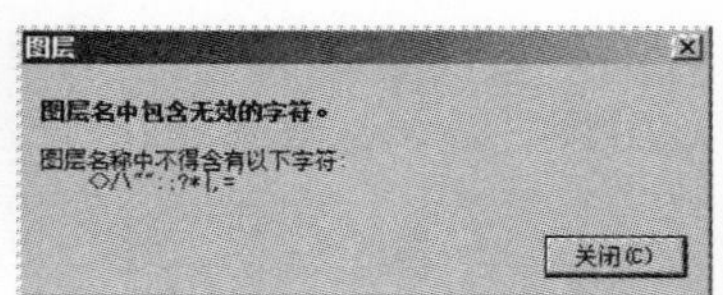

图 4-112　“图层”警告框

新建的图层继承了“图层 0”的颜色、线型等，如果需要对新建图层进行颜色、线型等的重新设置，可使用鼠标左键单击该图层对应的特性按钮（如颜色、线型、线宽）来进行。如果要使用默认设置创建图层，则不要选择列表中的任何一个图层，或在创建新图层前选择一个具有默认设置的图层。

4.9.3 图层的删除

在 AutoCAD 2016 中，图层的状态栏为灰色的图层为空白图层，如果要删除没有用过的图层，可在“图层特性管理器”选项板中选择好要删除的图层，然后单击“删除图层”按钮或者按〈Alt+D〉快捷键，如图 4-113 所示。

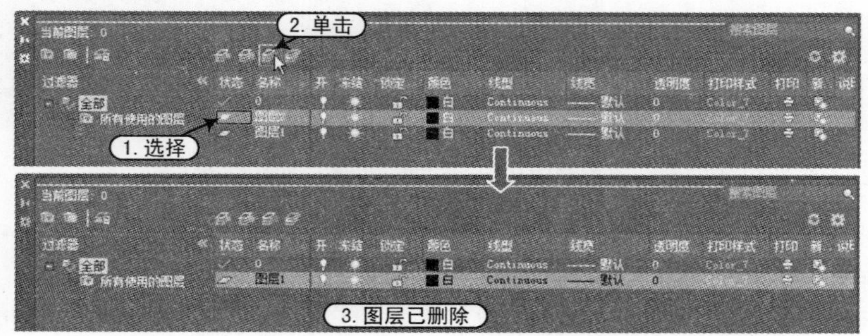

图 4-113　删除图层操作

在 AutoCAD 中，无法删除的图层有“图层 0 和图层 Defpoints”“当前图层”“包含对象的图层”和“依赖外部参照的图层”。一旦对这些图层执行了删除，会弹出图 4-114 所示的“图层-未删除”警告框。

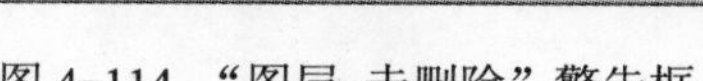

图 4-114 “图层-未删除”警告框

4.9.4 设置当前图层

在 AutoCAD 2016 中，“当前图层”是指正在使用的图层，用户绘制的图形对象将保存在当前图层，在默认情况下，“图层”面板中显示了当前图层的状态信息。

设置当前图层的方法如下：

◆ 在“图层特性管理器”选项板中，选择需要设置为当前层的图层，然后单击“置为当前”按钮，被设置为当前图层的图层前面有标记，如图 4-115 所示。

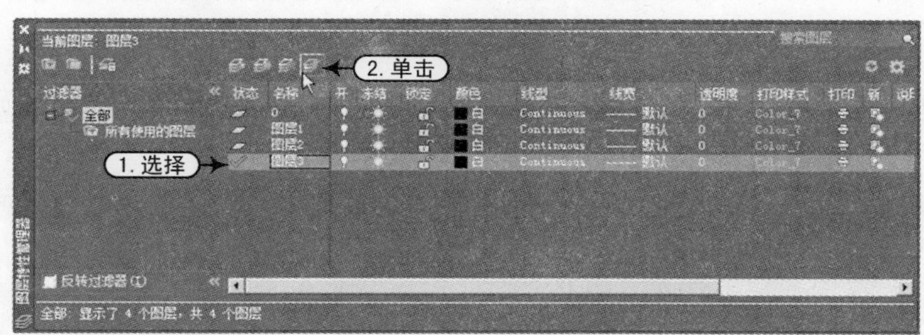

图 4-115 将图层设置为当前

◆ 在“默认”标签下“图层”面板的“图层控制”下拉列表框中，选择需要设置为当前的图层即可，如图 4-116 所示。

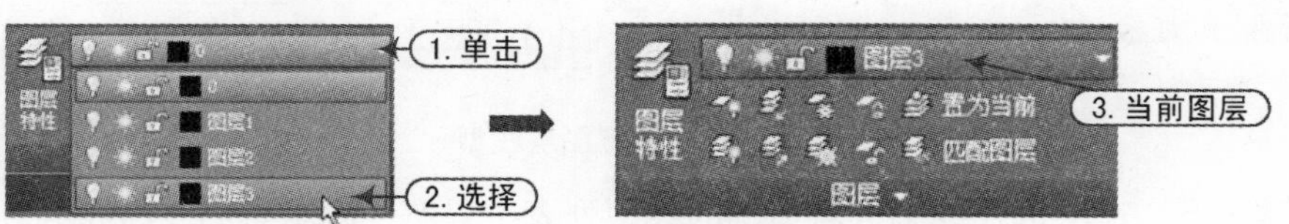

图 4-116 选择当前图层

◆ 单击“图层”面板中的“将对象的图层置为当前”按钮，然后使用鼠标在绘图区中选择某个图形对象，则该图形对象所在图层即被设置为当前图层。

4.9.5 设置图层的颜色

图层的颜色实际上是图层中图形对象的颜色，在绘制图形的过程中，可以将不同的组件、功能和区域用不同的颜色来表示。这样，很容易就可以区分图形中的每一个部分。默认情况下，新创建的图层颜色被指定使用 7 号颜色（白色或黑色，由背景色决定）。

在“图层特性管理器”选项板中，在需要设置的图层上，单击其颜色按钮，会弹出“选择颜色”对话框，在其中选择相应的颜色即可，如图 4-117 所示。

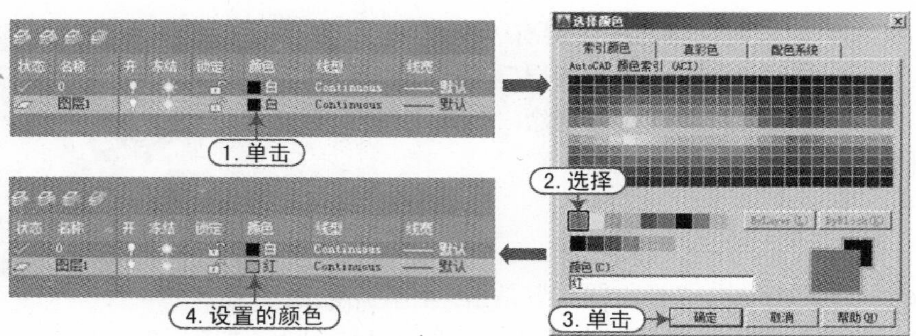

图 4-117　设置图层颜色

在“选择颜色”对话框中，可以使用“索引颜色”“真彩色”和“配色系统”3 个选项卡来为图层选择颜色。

4.9.6 图层的线型设置

线型是指作为图形基本元素的线条的组成和显示方式，在绘制图形时，经常需要使用不同的线型来表示或区分不同图形对象的效果。

在“图层特性管理器”选项板中，在需要设置的图层上，单击其对应的线型按钮，会弹出“选择线型”对话框，在线型列表中选择相应的线型即可，如图 4-118 所示。

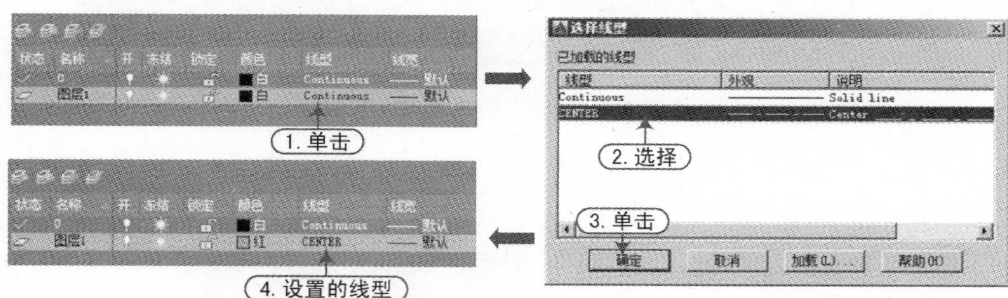

图 4-118　设置图层线型

默认情况下，在“选择线型”对话框的线型列表中只有一种默认的“Continuous 实线”线型，可单击“加载”按钮，随后在弹出的“加载或重载线型”对话框中，选择相应的线型进行加载，加载的线型会显示到“选择线型”对话框，以便选择，如图 4-119 所示。

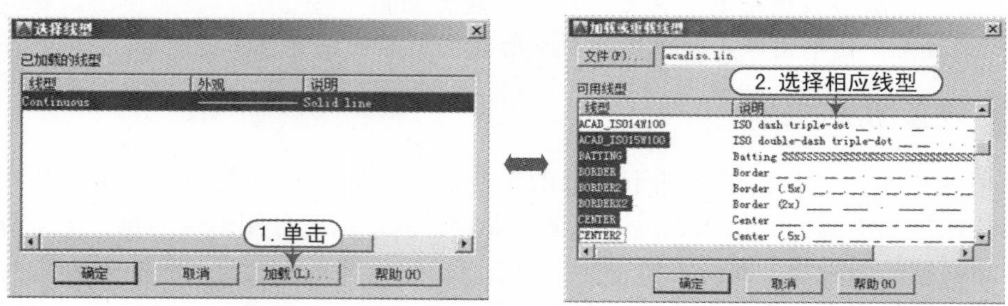

图 4-119　加载线型

图 4-120 所示分别为不同线型在绘图区的显示情况。

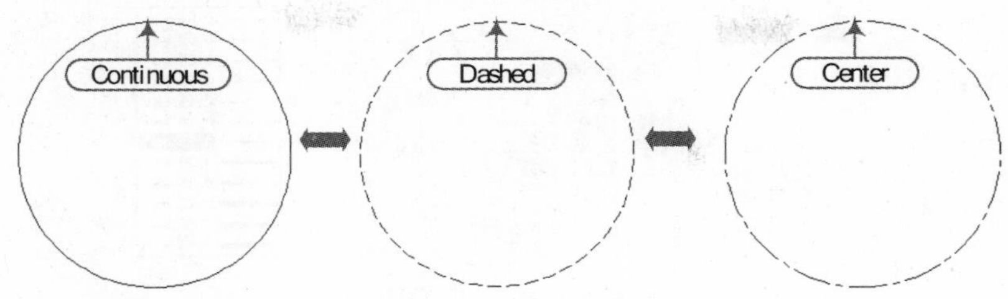

图 4-120　不同线型比较

4.9.7 图层的线宽设置

线宽就是线条的宽度，在 AutoCAD 2016 中，使用不同类型的线宽表现图形对象的类别区分，增加图形表达能力与可读性能。

在“图层特性管理器”选项板中，在需要设置的图层上，单击其对应的线宽按钮，会弹出“线宽”对话框，在“线宽”列表中选择相应的宽度即可，如图 4-121 所示。

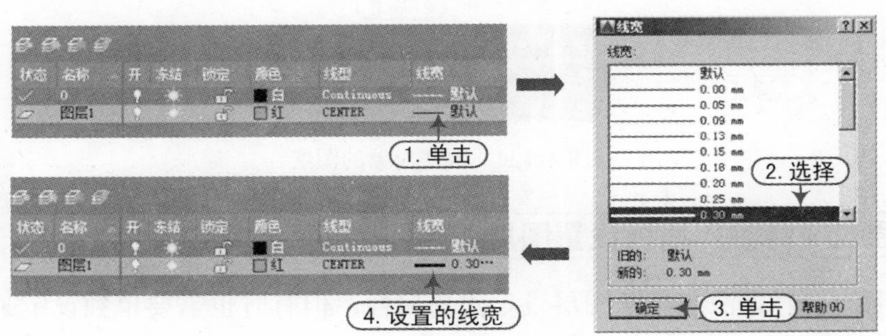

图 4-121　设置图层线宽

图 4-122 所示分别是当线宽为 0.15mm、0.60mm 和 1.20mm 时，在绘图区的显示情况。

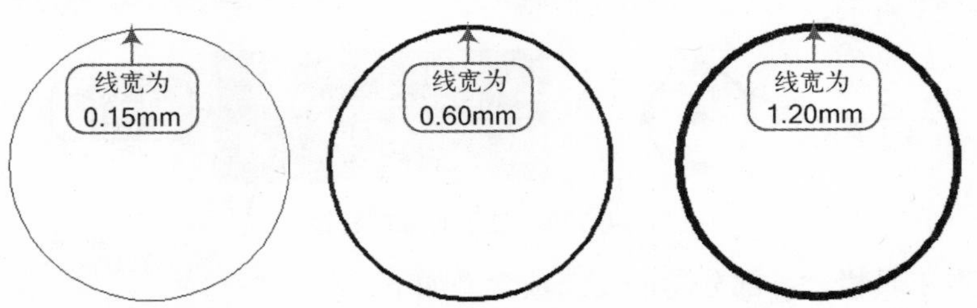

图 4-122　不同线宽对比

专业技能 默认线宽的修改

在“线宽”列表中有一个“默认”线宽，默认线宽值可通过“格式 | 线宽”菜单命令，打开“线宽设置”对话框，可对默认线宽参数进行设置，还可以设置线宽单位及显示比例等，如图 4-123 所示。

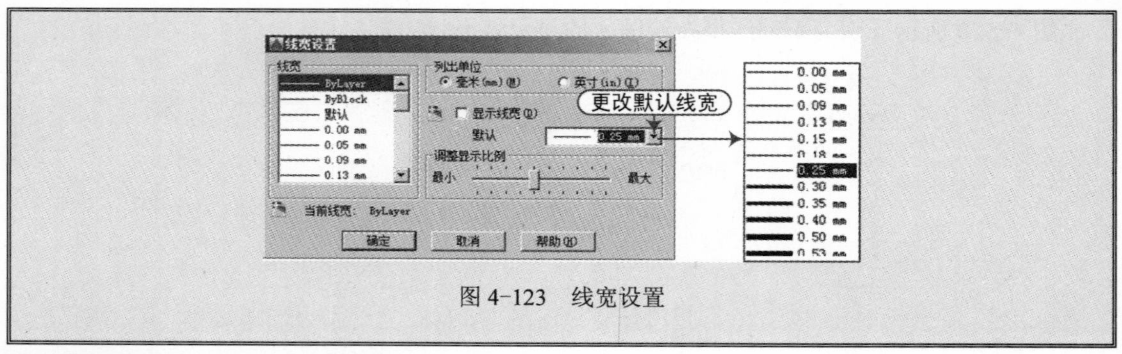

图 4-123　线宽设置

4.9.8 改变对象所在的图层

在 AutoCAD 2016 实际绘图中，如果绘制完某一图形元素后，发现该元素并没有绘制在预先设置的图层上，可选中该图形元素，并在“图层”面板的“图层控制”下拉列表框中选择相应的图层名，即可改变对象所在图层。

图 4-124 所示为将图层 0 上的圆对象转换到图层 1 的效果。

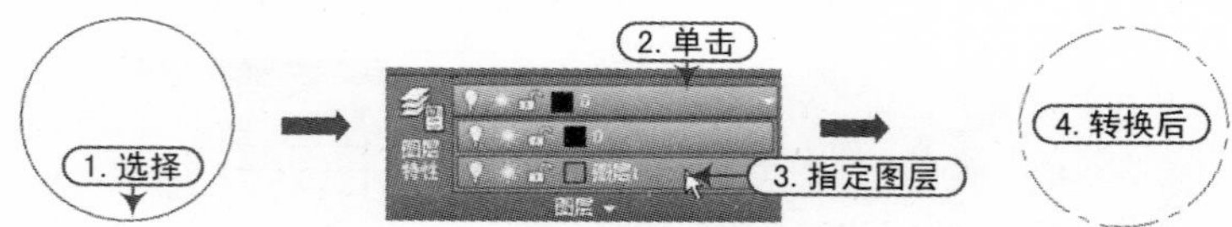

图 4-124　改变对象的图层

4.9.9 通过“特性”面板设置图层

组织图形的最好方法是按照图层设定对象属性，但有时也需要单独设定某个对象的属性。使用“特性”面板可以快速设置对象的颜色、线型和线宽等属性，但不会改变对象所在的图层。“特性”面板上的图层颜色、线型、线宽的控制增强了查看和编辑对象属性的命令，在绘图区单击或选择任何对象，都将在面板上显示该对象所在图层颜色、线型、线宽等属性，如图 4-125 所示。

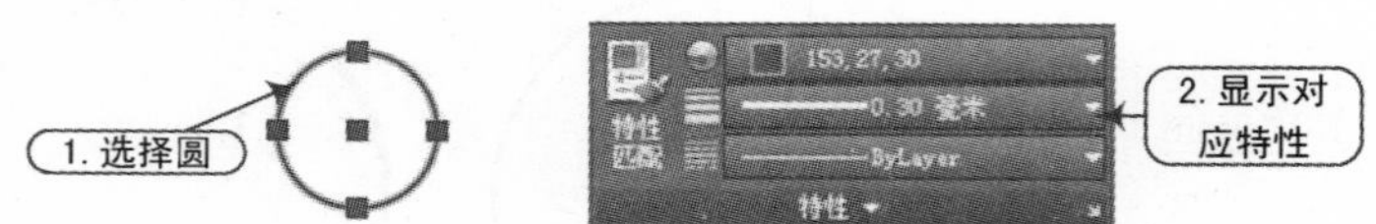

图 4-125　显示对象的特性

在“特性”工具栏，各部分功能及选项含义如下：

- “颜色控制”下拉列表框：位于特性工具栏中的第一行，单击右侧的下拉箭头符号▼，用户可以从打开的下拉列表框中选择颜色，使之成为当前的绘图颜色或更改选定对象的颜色，如图 4-126 所示。如果列表中没有需要的颜色，可单击“更多颜色”，然后在“选择颜色”对话框中选择需要的颜色。
- “线宽控制”下拉列表框：位于特性工具栏中的第二行，单击右侧下拉箭头符号▼，用户可以从打开的下拉列表框中选择线宽，使之成为当前的绘图线宽或更改选定对象的线宽，如图 4-127 所示。

◆ “线型控制”下拉列表框：位于特性工具栏中的第三行，单击右侧下拉箭头符号▾，用户可以从打开的下拉列表框中选择需要的线型，使之成为当前线型或更改选定对象的线型，如图 4-128 所示。如果列表中没有需要的线型，可选择“其他”选项，然后在弹出的“线型管理器”对话框中加载新的线型。

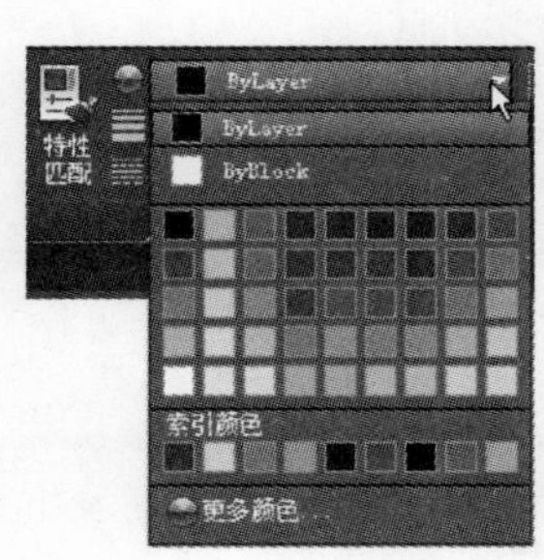

图 4-126　颜色列表

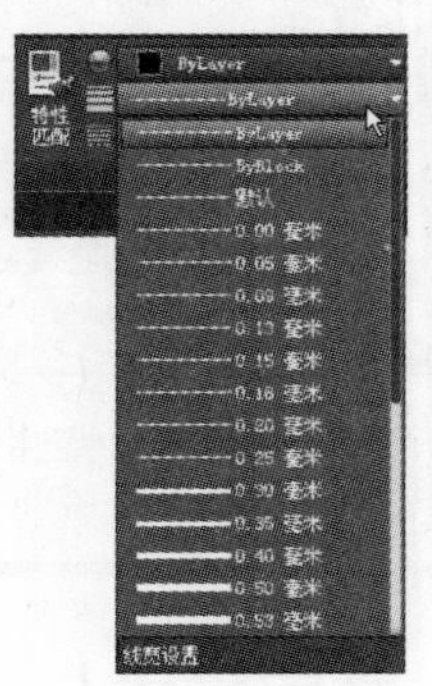

图 4-127　线宽列表

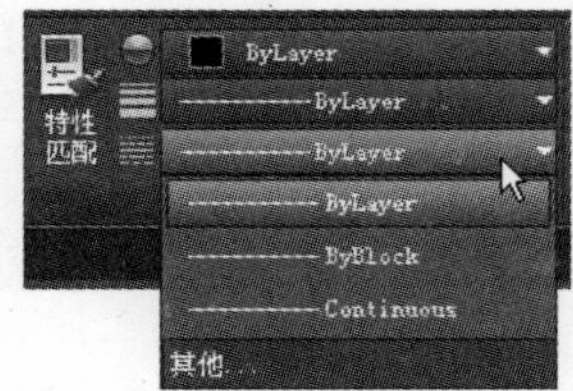

图 4-128　线型列表

用户可选中图形对象，然后在“特性”工具栏中修改选中对象的颜色、线型以及线宽。如果在没有选中图形的情况下设置颜色、线型或线宽，那么所设置的是当前绘图的颜色、线型、线宽，无论在哪个图层上绘图都采用此设置，但不会改变各个图层的原有特性。

4.9.10 通过“特性匹配”改变图形特征

在 AutoCAD 2016 中，“特性匹配”是用来将选定对象的特性应用到其他对象，可应用的特性类型包含颜色、图层、线型、线型比例、线宽、打印样式、透明度和其他指定的特性。

单击“默认”标签下“特性”面板中的“特性匹配”按钮，根据提示先选择源对象，然后选择要应用此特性的目标对象，如图 4-129 所示。

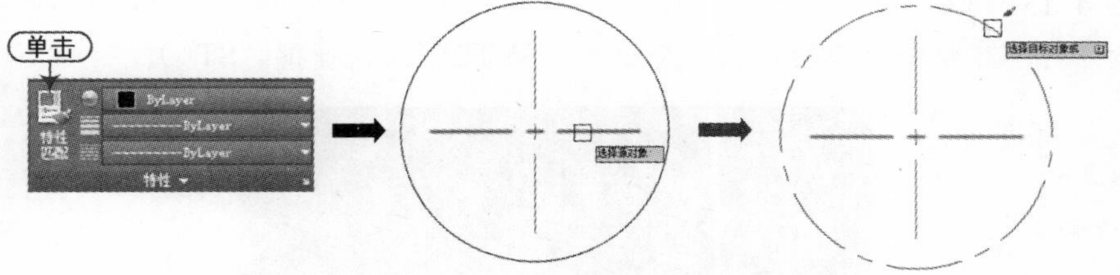

图 4-129　特性匹配操作

在执行“特性匹配”命令时，命令行提示“选择目标对象或[设置(S)]:”时，输入“S”命令可以显示“特性设置“对话框，从中可以控制要将哪些对象特性复制到目标对象，如图 4-130 所示。默认情况下，选定所有对象特性进行复制。

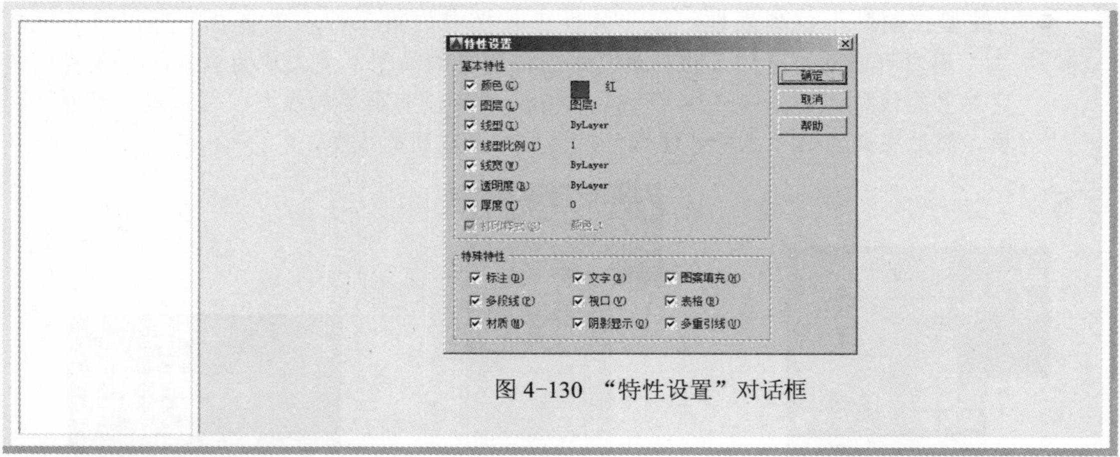

图 4-130 “特性设置”对话框

4.10 文字样式与标注样式

文字和标注是 AutoCAD 图形中非常重要的一部分内容。在进行各种设计时，不仅需要绘制图形，而且还需要进行文字注释说明和尺寸标注等。AutoCAD 提供了许多的文字样式与标注样式，能满足用户的多种需求。

4.10.1 文字样式

在 AutoCAD 中创建文字对象时，文字对象的字体和外观都由与其关联的文字样式所决定。默认情况下，“Standard”文字样式是当前样式，用户也可根据需要创建新的文字样式。

创建文字样式命令主要有以下 3 种方式：

- ◆ 菜单栏：选择“格式 | 文字样式”命令；
- ◆ 面板：在“注释”选项卡的“文字”面板中单击右下角的“文字样式”按钮，如图 4-131 所示；
- ◆ 命令行：在命令行中输入或动态输入“SYTLE”（快捷键“ST”）。

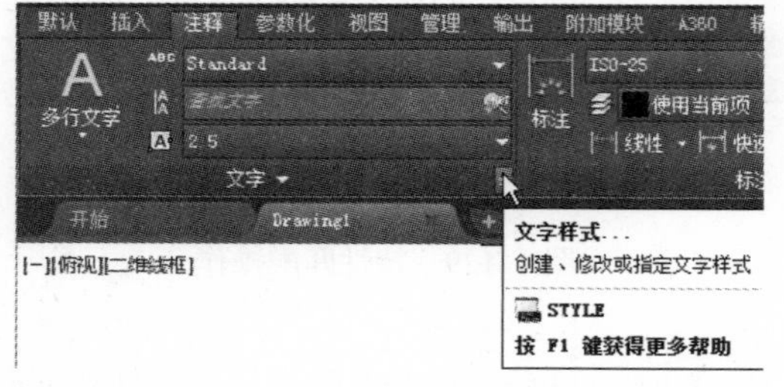

图 4-131 “文字样式”按钮

执行上述命令之一后，系统将打开“文字样式”对话框，利用该对话框可以修改或创建文字样式，并设置文字的当前样式。图 4-132 所示为创建“图内说明”文字样式操作。

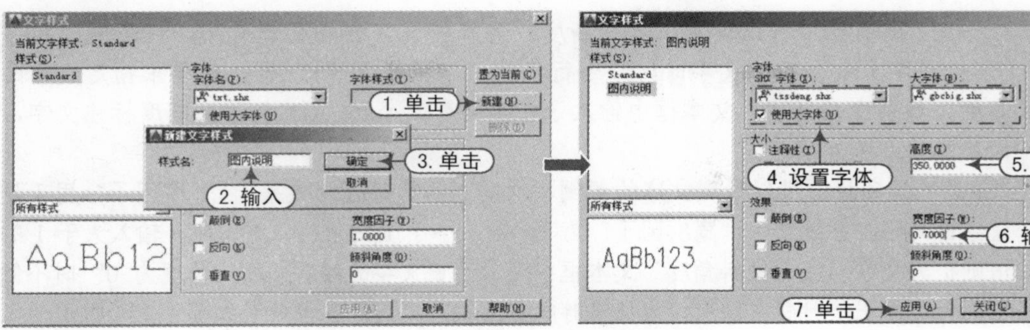

图 4-132　创建文字样式

在“文字样式”对话框中，各选项的含义介绍如下：

◆ “样式”列表框：显示了当前图形文件中所有定义的文字样式名称，默认文字样式为 Standard。

◆ “新建”按钮：单击该按钮打开“新建文字样式”对话框，在“样式名”文本框中输入新建文字样式名称后，再单击“确定”按钮，可以创建新的文字样式，新建的文字样式将显示在“样式”下拉列表框中。

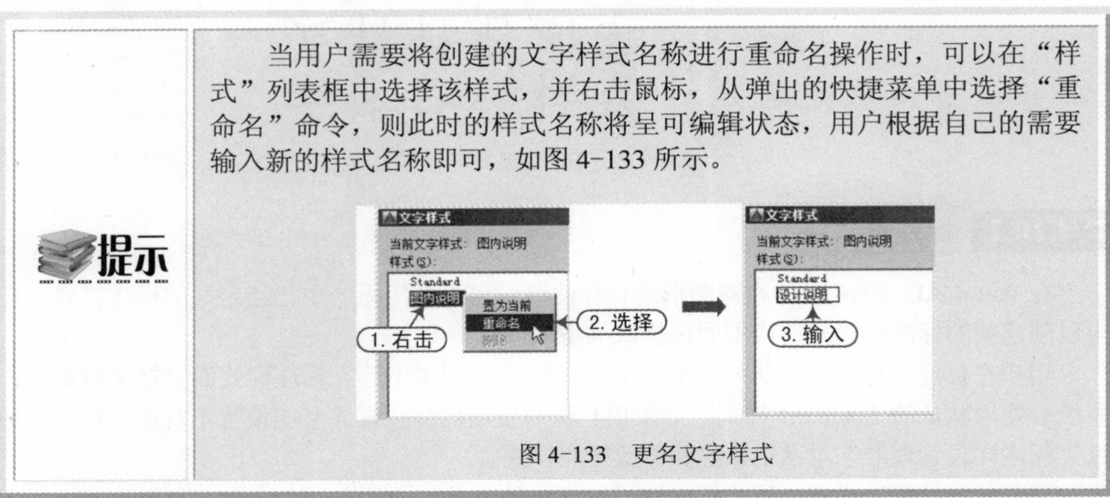

提示

当用户需要将创建的文字样式名称进行重命名操作时，可以在“样式”列表框中选择该样式，并右击鼠标，从弹出的快捷菜单中选择“重命名”命令，则此时的样式名称将呈可编辑状态，用户根据自己的需要输入新的样式名称即可，如图 4-133 所示。

图 4-133　更名文字样式

◆ “删除”按钮：单击该按钮可以删除某一已有的文字样式，但无法删除已经使用的文字样式、当前文字样式和默认的 Standard 样式。

◆ “字体”选项栏：用于设置文字样式使用的字体和字高等属性。其中，“字体名”下拉列表框用于选择字体；“字体样式”下列表框用于选择字体格式，如斜体、粗体和常规字体等；勾选“使用大字体”复选框，“字体样式”下拉列表框变为“大字体”下拉列表框，用于选择大字体文件。

提示

AutoCAD 提供了符合标注要求的字体形文件：gbenor.shx、gbeitc.shx 和 gbcbig.shx 文件。其中，gbenor.shx 和 gbeitc.shx 文件分别用于标注直体和斜体字母与数字；gbcbig.shx 则用于标注中文。

◆ “大小”选项栏：可以设置文字的高度。如果将文字的高度设为 0，在使用 TEXT（单行文字）命令标注文字时，命令行将显示“指定高度:”提示，要求指定文字的高度。如果在“高度”文本框中输入了文字高度，AutoCAD 将按此高度标注文字，而不再提示指定高度。

◆ “效果”选项栏：可以设置文字的颠倒、反向、垂直等显示效果。“宽度因子”用于设置字符间距，系统默认“宽度因子”为 1，输入小于 1 的值将压缩文字，输入大于 1 的值则扩大文字。在“倾斜角度”文本框中可以设置文字的倾斜角度，角度为 0° 时不倾斜，角度为正值时向右倾斜，为负值时向左倾斜。文字的各种效果如图 4-134 所示。

标准 宋体　字体各种样式

标准 黑体　字体各种样式

标准 楷体　字体各种样式

宽度因子：1.2　字体各种样式

倾斜角度：30°　字体各种样式

颠倒　字体各种样式

反向　字体各种样式

图 4-134　不同效果文字对比

4.10.2 标注样式

在 AutoCAD 2016 中，在对图形进行标注时，可以使用系统中已经定义的标注样式，也可以创建新的标注样式来适应不同风格或类型的图样。

用户在标注尺寸之前，第一步要建立标注样式，如果不建立标注样式而直接进行标注，系统会使用默认的 Standard 样式。如果用户认为使用的标注样式某些设置不合适，也可以通过“标注样式管理器”对话框新建和修改标注样式。

要创建尺寸标注样式，用户可以通过以下 3 种方式：

◆ 菜单栏：选择“标注 | 标注样式”命令。

◆ 面板：单击“注释”标签下“标注”面板中右下角的“标注样式”按钮，如图 4-135 所示。

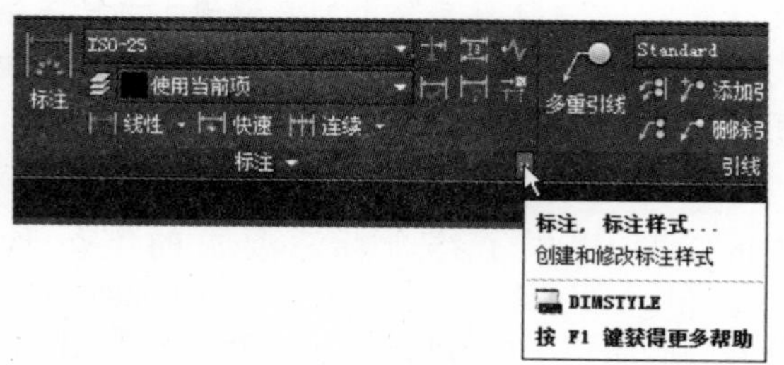

图 4-135　标注样式按钮

◆ 命令行：在命令行中输入或动态输入“DIMSTYLE”（快捷键“D”）。

执行“标注样式”命令之后，系统将弹出“标注样式管理器”对话框，单击“新建”按钮，新建一个样式名称，然后单击“继续”按钮，在弹出的“新建标注样式：XXX”对话框中，对尺寸标注的线、符号和箭头、文字、调整、主单位、换算单位和公差等进行相应的参数设置，如图 4-136 所示。

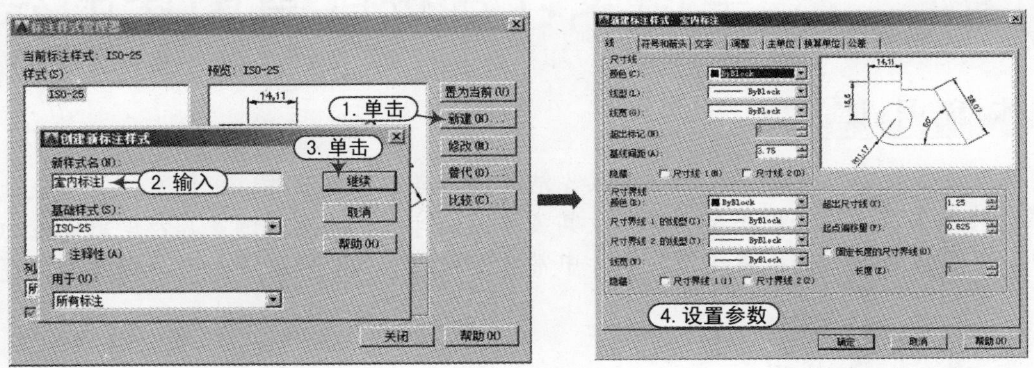

图 4-136 创建标注样式

在新建标注样式过后，若对创建的标注样式不满意，还可以进行修改操作。首先选择要修改的标注样式，然后单击“修改”按钮，同样会弹出“修改标注样式：XXX”对话框，根据需要对标注样式的线、符号和箭头、文字、调整、主单位、换算单位和公差等参数进行修改，如图 4-137 所示。

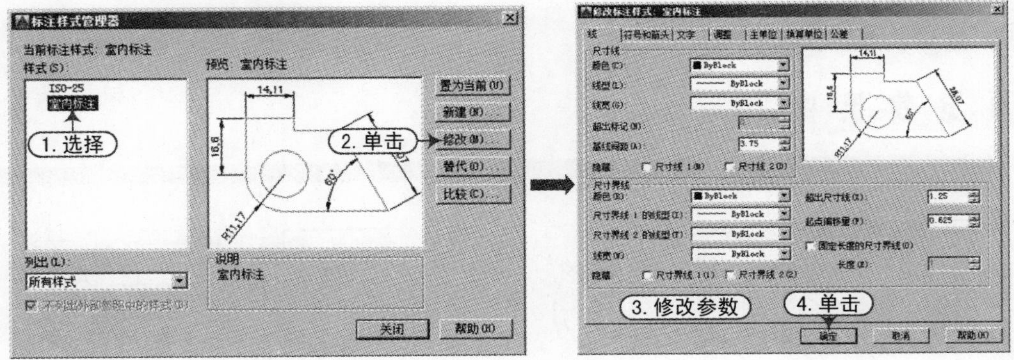

图 4-137 修改标注样式

第5章 室内设计各种配景图块的绘制

本章导读

在室内设计中，常常需要绘制家具、洁具和厨具等各种设施，以便真实、形象地表示装修的效果。本章将论述室内装饰及其装饰图设计中一些常见的家具及电器设施的绘制方法，所讲解的实例涵盖了室内设计中常常使用的家具及电器等图形，如沙发、洗脸盆、冰箱和电视等。

学习目标

- 掌握室内常用符号的绘制方法
- 掌握室内家具图块的绘制方法
- 掌握室内厨具图块的绘制方法
- 掌握室内洁具图块的绘制方法
- 掌握室内灯具图块的绘制方法
- 掌握室内电器图块的绘制方法
- 掌握室内陈设图块的绘制方法

预览效果图

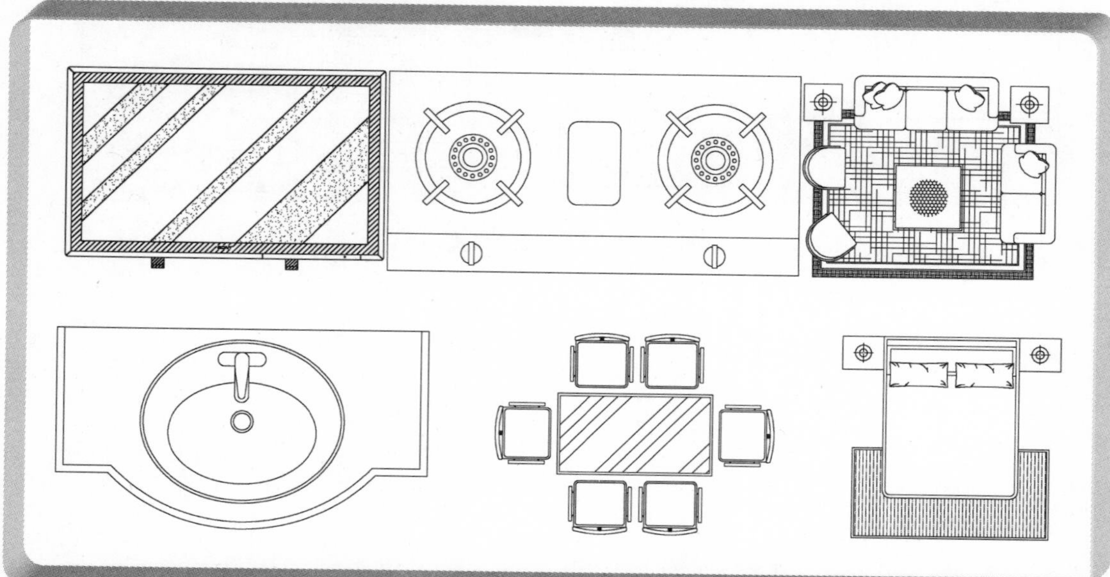

5.1 室内符号图块的绘制

符号以简化的形式来表现实物的意义，是传递信息的中介，是认识事物的一种简化手段，而室内设计中的符号是一种艺术性符号，是体现室内空间形式和内容的表现性符号，具有一定的文化内涵。

5.1.1 指北针的绘制

素材 视频\05\指北针的绘制.avi
案例\05\指北针.dwg

本实例主要针对一室内设计中经常用到的符号图块进行绘制。用户在绘制本实例时，首先调用样板文件，再根据要求绘制圆、指针，再标上符号，其最终效果如图 5-1 所示。

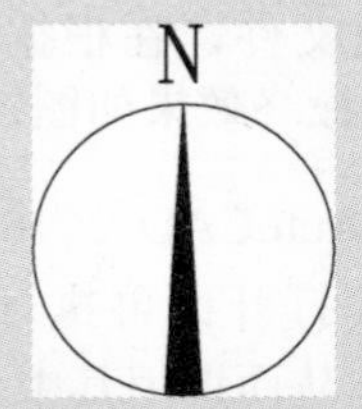

图 5-1 指北针符号

（1）启动 AutoCAD 2016 软件，执行“文件 | 打开”菜单命令，将“案例\05\室内装潢样板.dwt”文件打开；再执行“文件 | 另存为”菜单命令，将其另存为“案例\05\指北针.dwg”文件，从而调用其中已经有的绘制环境。

（2）执行“圆（C）”命令，根据提示选择圆心，再输入半径为 12mm，绘制圆，如图 5-2 所示。

（3）执行“多段线（PL）”命令，根据如下提示选择圆的上象限点为起点，设置多段线起点线宽为 0，端点线宽为 3，画出指针，如图 5-3 所示。

```
命令: PLINE                                                          \\ 多段线命令
指定起点:                                                            \\ 单击圆的上象限点
当前线宽为 0.0000
指定下一个点或 [圆弧(A)/半宽(H)/长度(L)/放弃(U)/宽度(W)]: w           \\ 选择“宽度”项
指定起点宽度 <0.0000>:                                               \\ 空格键默认
指定端点宽度 <0.0000>: 3                                             \\ 输入端点宽度 3
指定下一个点或 [圆弧(A)/半宽(H)/长度(L)/放弃(U)/宽度(W)]:             \\ 单击圆下象限点
```

（4）执行“单行文字（DT）”命令，根据提示输入大写的“N”，其文字的大小为 5，再执行“移动（M）”命令，将“N”移动到指针的顶端，如图 5-4 所示。

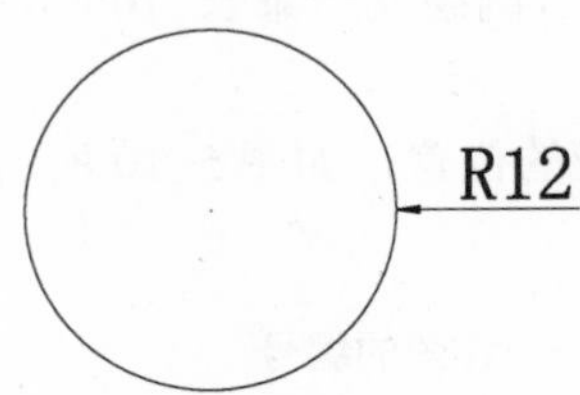

图 5-2 绘制圆效果

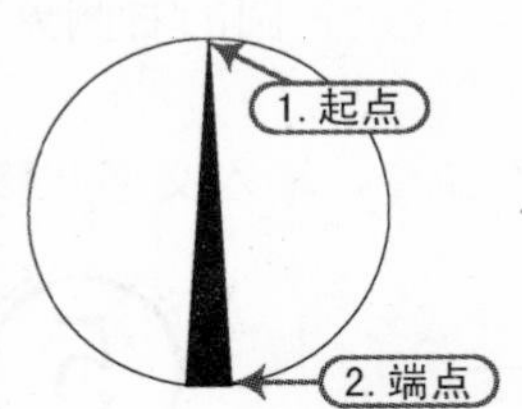

图 5-3 绘制多段线

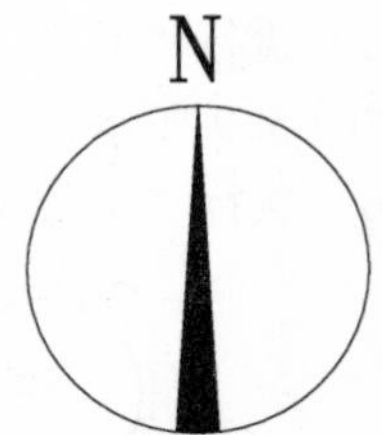

图 5-4 移动“N”到指针顶端

（5）执行“基点（BASE）”命令，指定圆的下侧象限点作为基点，然后按〈Ctrl+S〉快捷键对文件进行保存。

5.1.2 详图符号的绘制

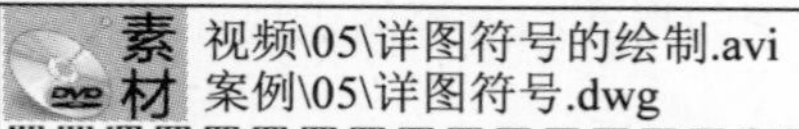

本实例主要针对室内设计中经常用到的详图符号进行绘制。用户在绘制本实例时，首先调用样板文件，在根据要求绘制圆和输入文字等，其最终效果如图 5-5 所示。

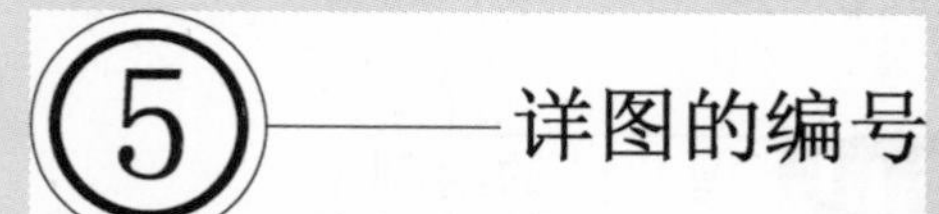

图 5-5　详图符号

（1）启动 AutoCAD 2016 软件，执行“文件 | 打开”菜单命令，将“案例\05\室内装潢样板.dwt”文件打开；再执行“文件 | 另存为”菜单命令，将其另存为“案例\05\详图符号.dwg”文件，从而调用其中已经有的绘制环境。

（2）执行“圆（C）”命令，根据提示绘制出一个半径为 5mm 的圆，如图 5-6 所示。

（3）执行“偏移（O）”命令，将圆向内偏移 1mm，如图 5-7 所示。

图 5-6　绘制的圆　　图 5-7　偏移的圆

（4）选择内侧圆，在“特性”面板中设置线宽为 0.30mm，如图 5-8 所示。

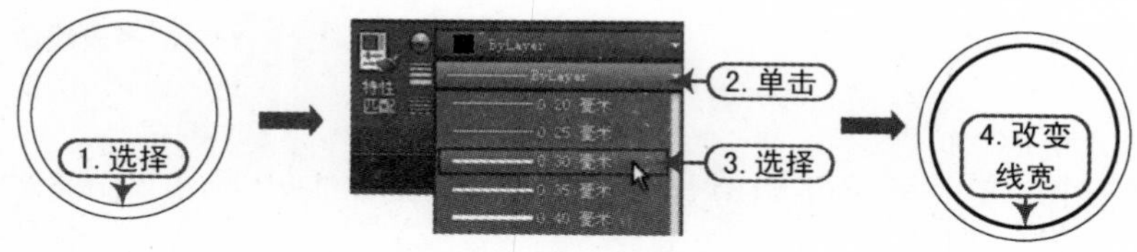

图 5-8　线宽设置

当用户设置了线宽过后，应激活状态栏的“线宽”按钮，这样才能在视图中显示出所设置的线宽效果。

（5）执行“直线（L）”命令，经过外圆的右侧象限点，向右侧绘制一条长 10mm 的直线，如图 5-9 所示。

（6）执行“单行文字（DT）”命令，输入文字并移动到相应的位置，如图 5-10 所示。

图 5-9　修剪直线　　图 5-10　输入文字

（7）执行“基点（BASE）”命令，指定圆心点作为基点，然后按〈Ctrl+S〉快捷键对文件进行保存。

专业技能 索引符号的规定

按国标规定，索引符号的圆和引出线均应以细实线绘制，圆直径为 10mm。引出线应对准圆心，圆内过圆心画一水平线，上半圆中用阿拉伯数字注明该详图的编号，下半圆中用阿拉伯数字注明该详图所在图样的图样号，如果详图与被索引的图样在同一张图样内，则在下半圆中间画一水平细实线。索引出的详图，如采用标准图，应在索引符号水平直径的延长线上加注该标准图册的编号。

当索引符号用于索引剖面详图时，应在被剖切的部位绘制剖切位置线。引出线所在一侧应为投射方向。

5.1.3 A3 图框的绘制

本实例主要针对室内设计中经常用到的 A3 图框进行绘制。用户在绘制本实例时，首先调用样板文件，再根据要求绘制矩形，然后执行偏移和输入文字命令等操作，其最终效果如图 5-11 所示。

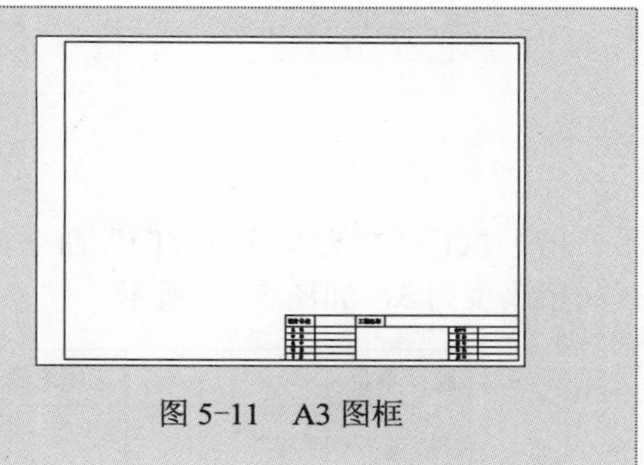

图 5-11 A3 图框

（1）启动 AutoCAD 2016 软件，执行“文件 | 打开”菜单命令，将“案例\05\室内装潢样板.dwt”文件打开；再执行“文件 | 另存为”菜单命令，将其另存为“案例\05\A3 图框.dwg”文件，从而调用其中已经有的绘制环境。

（2）执行“矩形（REC）”命令，根据提示绘制出一个 420mm×297mm 的直角矩形，并执行“分解（X）”命令，将其打散，如图 5-12 所示。

（3）执行“偏移（O）”命令，将矩形向内偏移至图 5-13 所示的位置。

（4）执行“矩形（REC）”命令，以内矩形的右下角为基点，绘制 200mm×40mm 的矩形，如图 5-14 所示。

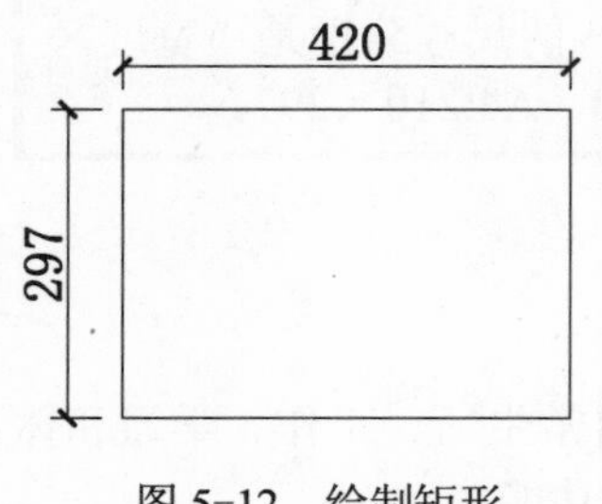

图 5-12 绘制矩形

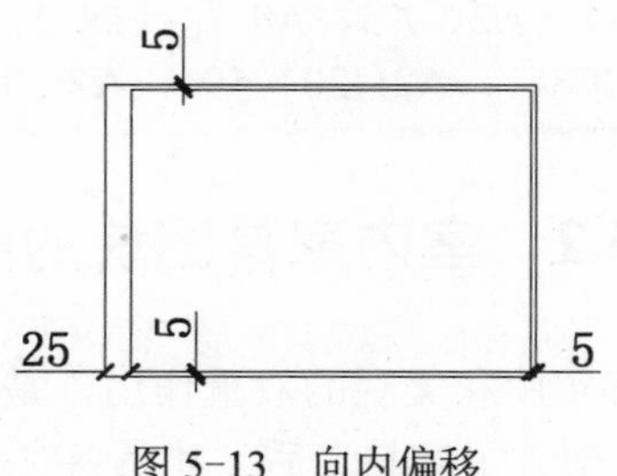

图 5-13 向内偏移

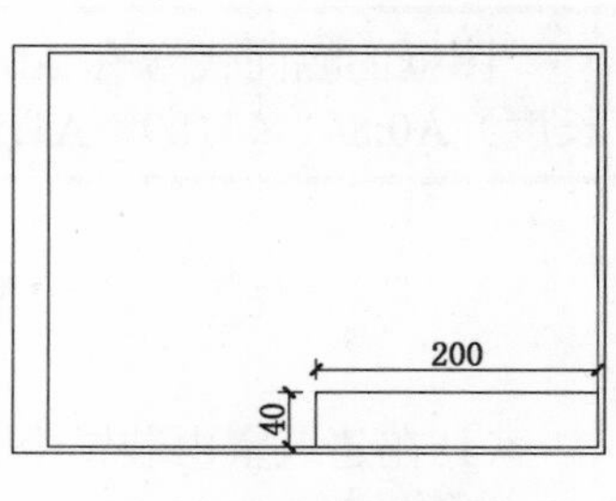

图 5-14 绘制标题栏

（5）执行“分解（X）”命令，将上步矩形进行分解；再执行“偏移（O）”命令，按照图 5-15 所示的表格进行偏移。

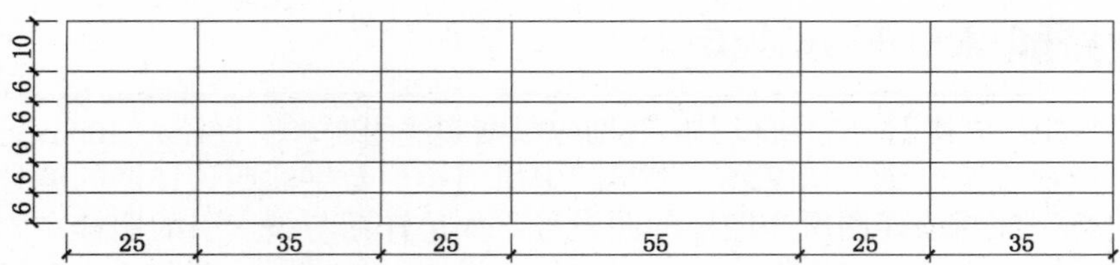

图 5-15　绘制表格

（6）执行“修剪（TR）”命令，将表格多余的线条修剪掉，如图 5-16 所示。

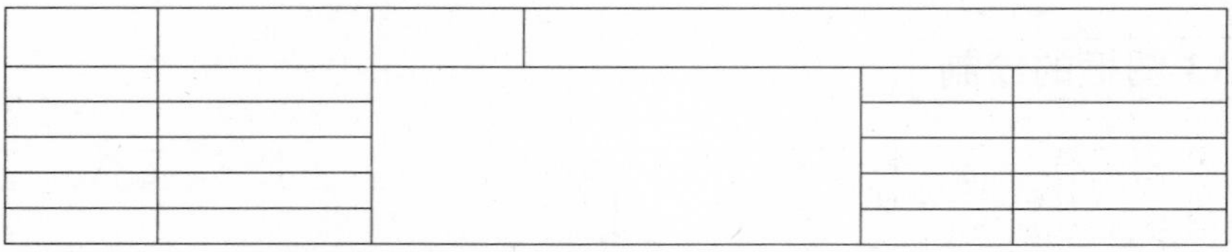

图 5-16　修剪表格

（7）执行“单行文字（DT）”命令，填写出表格内容，第一排的文字高度为 4，第 2～6 行文字高度为 3，如图 5-17 所示。

设计单位		工程名称		
负　责			设计号	
审　核			图 别	
设　计			图 号	
制　图			比 例	
日　期			数 量	

图 5-17　填写表格内容

（8）执行“基点（BASE）”命令，指定图框右下角点为基点，然后按〈Ctrl+S〉快捷键对文件进行保存。

专业技能 图幅的规格及尺寸

图框的幅面代号有 A0、A1、A2、A3、A4 几种规格，其对应的尺寸分别是（宽度×长度）A0:841×1189，A1:594×841，A2:420×594，A3:297×420，A4:210×297。

5.2　室内家具图块的绘制

家具在建筑室内装饰中具有实用和美观的双重作用，是人们日常生活、工作、学习和休息的必要设施。室内环境只有在配置了家具之后，才具备它应有的功能。

5.2.1 组合沙发的绘制

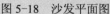

素材 视频\05\组合沙发的绘制.avi
案例\05\组合沙发.dwg

用户在绘制本实例时，首先调用样板文件，再根据要求依次绘制三人沙发、两人沙发、单人沙发、沙发柜等，再绘制地毯对象，最后绘制中心位置的茶几，其最终效果如图5-18所示。

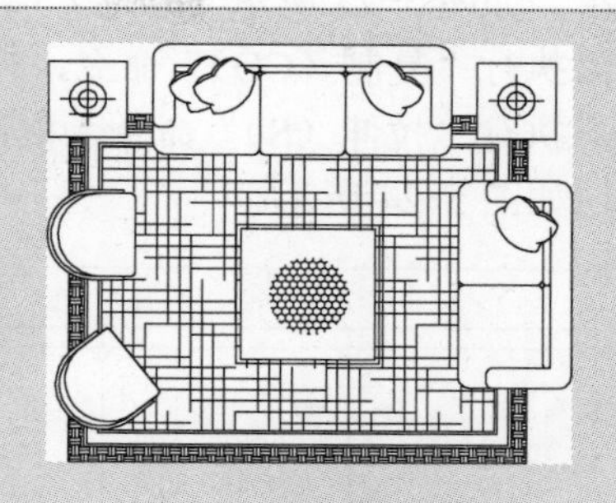
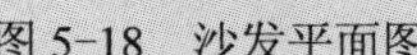
图5-18 沙发平面图

（1）启动AutoCAD 2016软件，执行“文件 | 打开”菜单命令，将“案例\05\室内装潢样板.dwt”文件打开；再执行“文件 | 另存为”菜单命令，将其另存为“案例\05\组合沙发.dwg”文件，从而调用其中已经有的绘制环境。

（2）将“家具”图层置为当前图层，执行“矩形（REC）”命令，根据命令行提示，选择“圆角（F）”选项，设置圆角半径为100mm，在视图的指定位置绘制2100mm×800mm的圆角矩形，如图5-19所示。

（3）执行“分解（X）”命令，将绘制的圆角矩形进行打散操作。

（4）执行“偏移（O）”命令，将上侧的水平线段向下依次偏移150mm、50mm、400mm，将左侧的垂直线段向右侧偏移150mm、600mm、600mm、600mm，如图5-20所示。

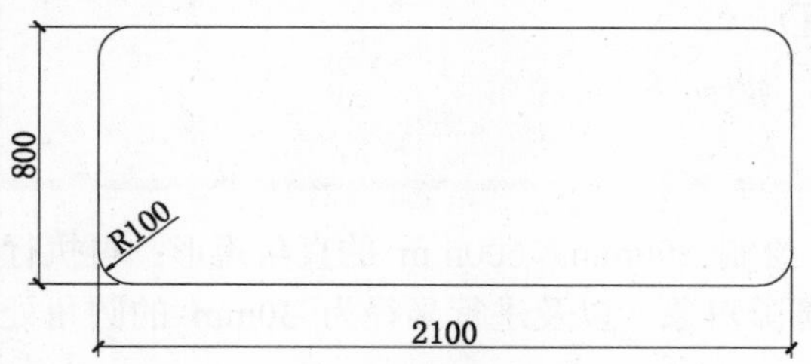

图5-19 绘制的圆角矩形

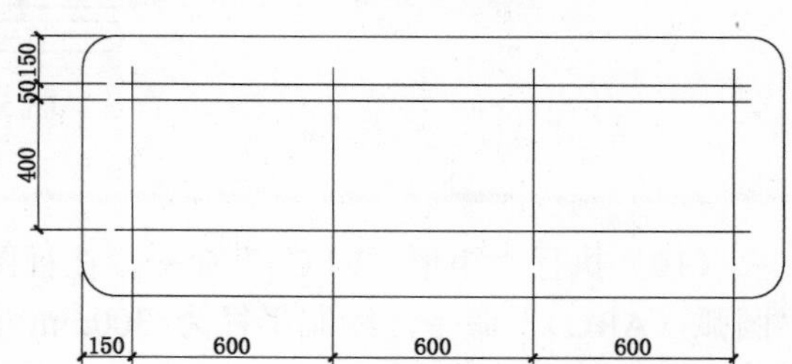

图5-20 偏移操作

（5）执行“修剪（TR）”命令，将多余的线条对象进行修剪操作；再执行“延伸（EX）”命令，将指定的线进行延伸操作，其效果如图5-21所示。

（6）执行“圆角（F）”命令，将指定的位置按照半径为50mm进行圆角操作，且将多余的对象进行修剪和删除操作，其效果如图5-22所示。

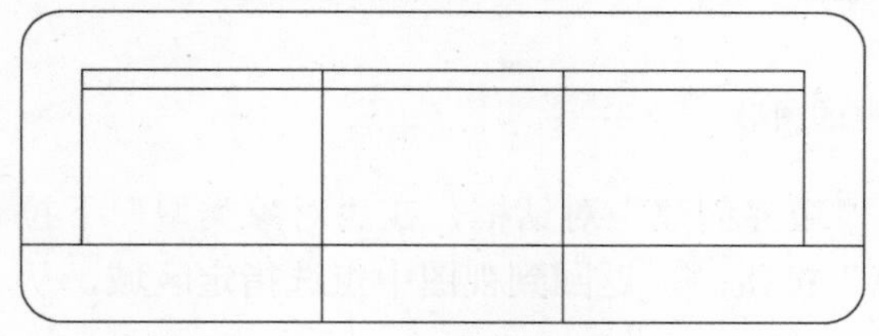
图5-21 修剪和延伸操作

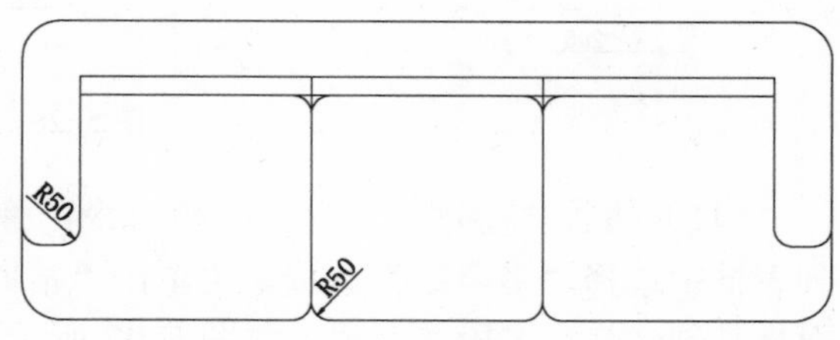

图5-22 圆角50mm

（7）执行“圆角（F）”命令，对图形的上侧按照半径为 20mm 进行圆角操作，从而形成沙发效果，如图 5-23 所示。

（8）执行“复制（CO）”命令，将绘制的三座沙发水平向右侧复制一份。

（9）执行“拉伸（S）”命令，框选最右侧的沙发，将其水平向左拉伸，使之成为两座沙发效果，如图 5-24 所示。

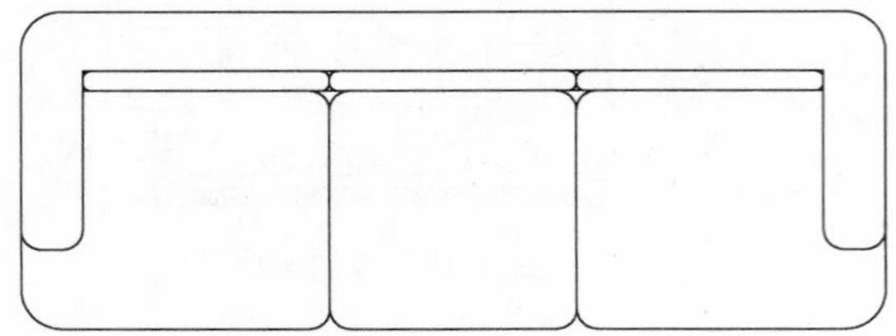
图 5-23　圆角操作

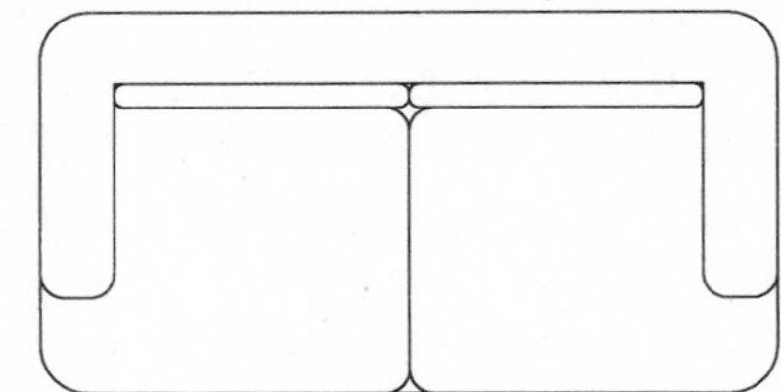
图 5-24　拉伸的沙发

提示

用户在执行“拉伸”操作时，其框选的范围、拉伸的基点和目标点如图 5-25 所示。

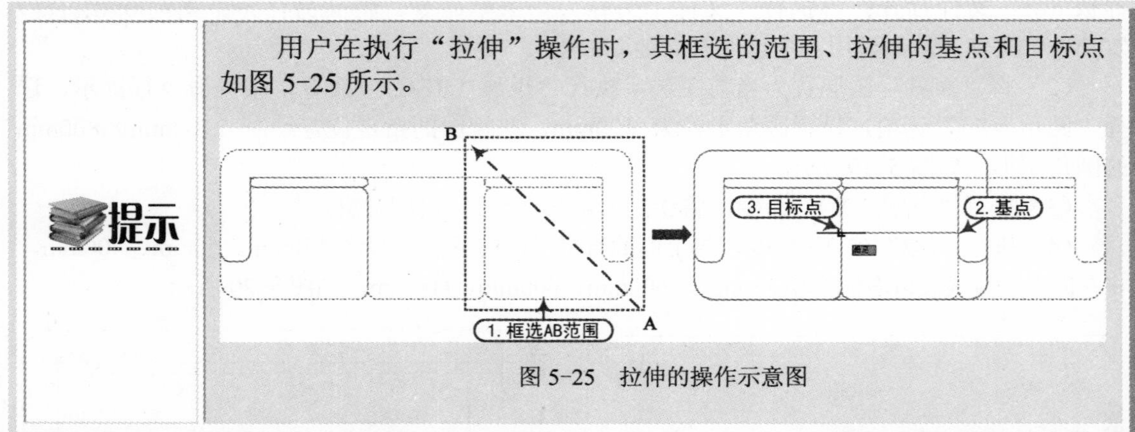

图 5-25　拉伸的操作示意图

（10）执行“矩形（REC）”命令，在视图中绘制 290mm×600mm 的直角矩形；再执行“圆弧（ARC）”命令，绘制半径为 300mm 的圆弧对象，以及进行半径为 30mm 的圆角处理，如图 5-26 所示。

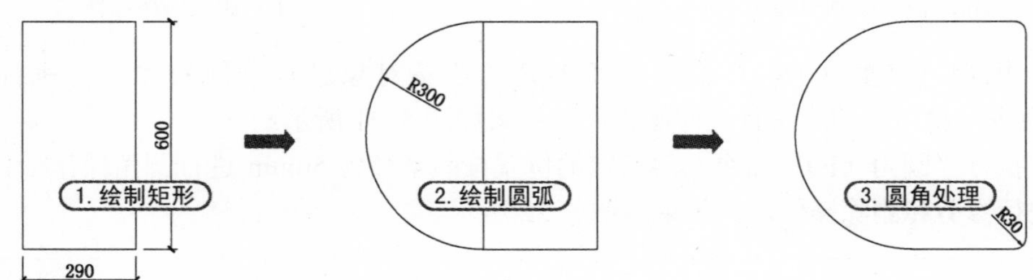

图 5-26　绘制的图形

（11）执行“绘图 | 边界”菜单命令，弹出“边界创建”对话框，在“对象类型”下拉列表框中选择“多段线”选项，再单击“拾取点”按钮，返回到视图中点选指定区域，从而将其创建为一多段线对象，如图 5-27 所示。

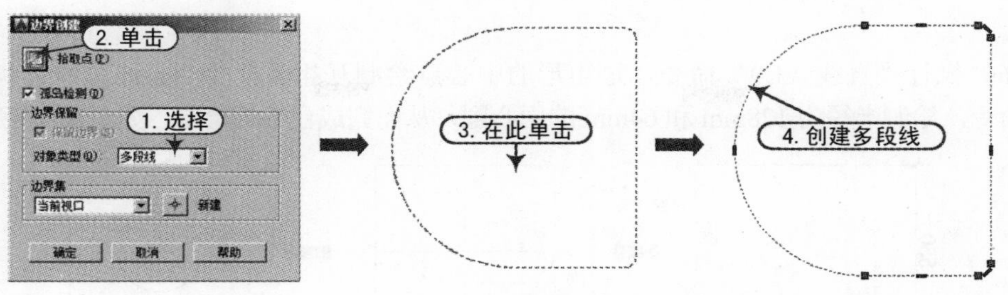

图 5-27 创建多段线

（12）执行“偏移（O）”命令，将创建的多段线向外侧偏移 25mm，再执行修剪等命令，对多余的对象进行修剪操作，如图 5-28 所示。

（13）执行“复制（CO）”命令，将内侧的圆弧对象向右侧复制 50mm，从而完成椅子的绘制，如图 5-29 所示。

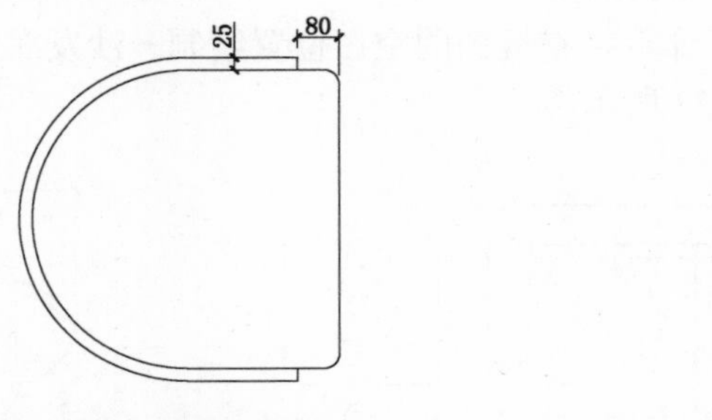

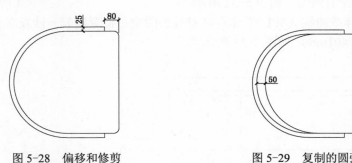

图 5-28 偏移和修剪

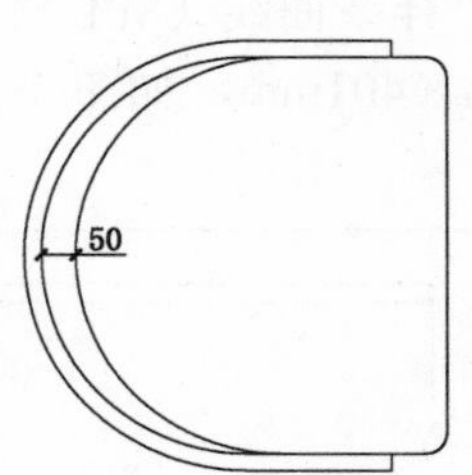

图 5-29 复制的圆弧

提示：在复制圆弧对象时，可先使用“分解（X）”命令，将其内侧的多段线进行打散操作。

（14）使用“旋转（RO）”命令，将前面绘制的两座沙发旋转-90°，再使用移动和复制等命令，将绘制的几座沙发对象按照图 5-30 所示进行布置。

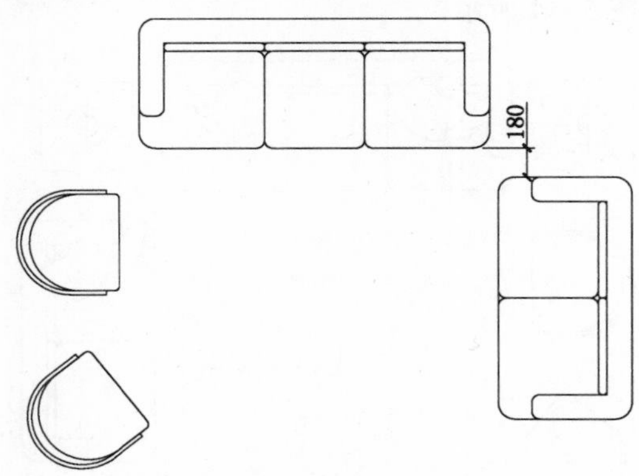

图 5-30 摆放的沙发

（15）使用“矩形（REC）”命令，绘制 550mm×550mm 的矩形对象，从而完成沙发柜的绘制。

（16）执行“直线（L）”命令，过矩形的中心点绘制互相垂直的两条线段；再执行“圆（C）”命令，绘制半径为128mm和64mm的同心圆，从而完成台灯的绘制，如图5-31所示。

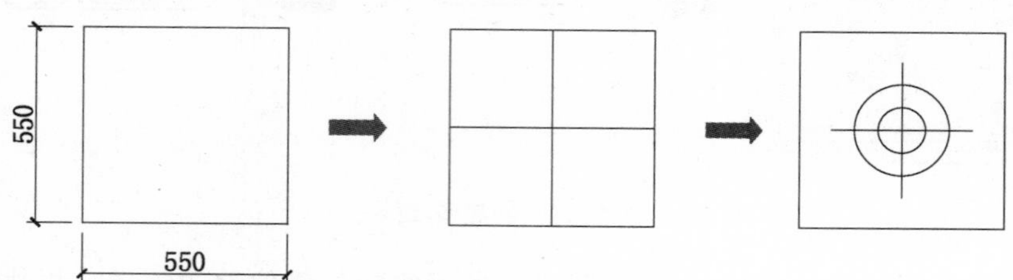

图5-31 绘制的沙发柜和台灯

（17）执行“移动（M）”和“复制（CO）”命令，将上一步所绘制的沙发柜和台灯对象分别布置在沙发的左右两侧，如图5-32所示。

（18）执行“样条曲线（SPL）”命令，在视图的空白位置绘制一沙发靠背，其靠背的尺寸大致为430mm×401mm，如图5-33所示。

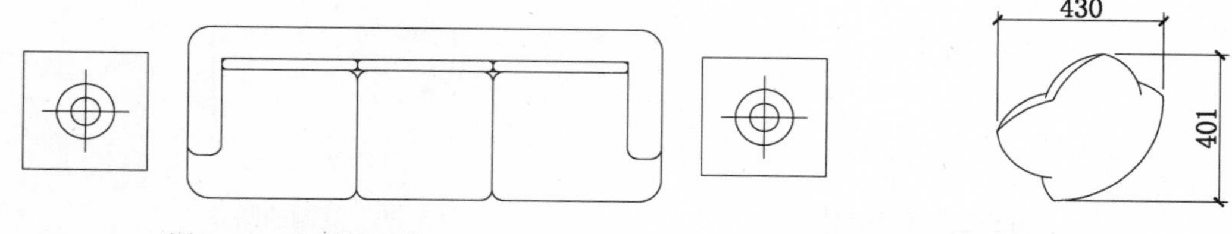

图5-32 布置的对象　　图5-33 绘制的靠背

用户在绘制沙发靠背的时候，可以将其图形的颜色设置为灰色（颜色代号为8）。

（19）执行“复制（CO）”命令，将绘制的沙发靠背分别复制到沙发的指定位置，并进行镜像、修剪等操作，如图5-34所示。

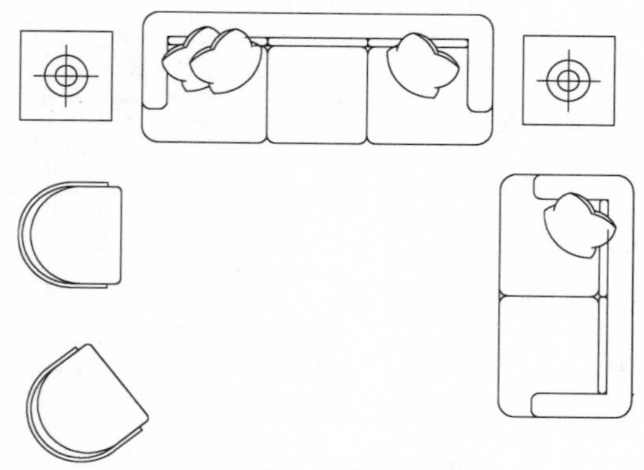

图5-34 放置的靠背

（20）执行“矩形（REC）”命令，在视图的指定位置绘制 3220mm×2510mm 的矩形对象，再执行“偏移（O）”命令，将其矩形向内侧偏移 110mm、20mm、80mm、20mm，如图 5-35 所示。

（21）执行“图案填充（H）”命令，分别对矩形的指定区域进行图案填充，并将最外侧的矩形对象删除，从而完成地毯的绘制，如图 5-36 所示。

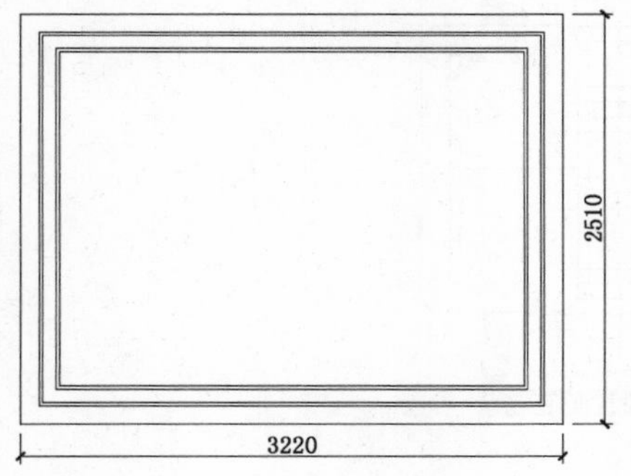

图 5-35 绘制并偏移的矩形

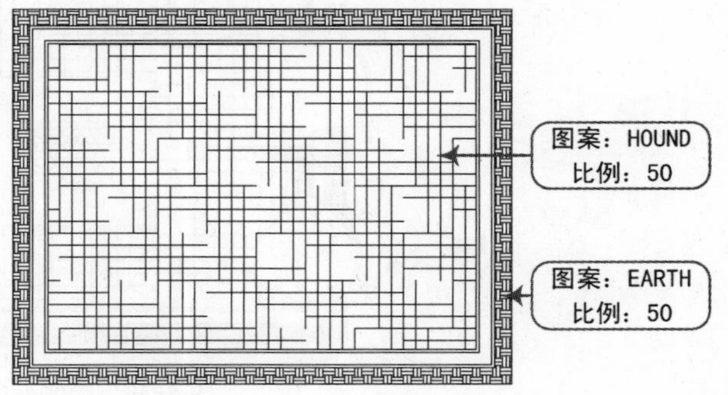

图 5-36 填充的图案

（22）执行“移动（M）”命令，将绘制好的地毯对象移至组合沙发的下侧，如图 5-37 所示。

用户可以先将绘制和偏移的地毯轮廓对象先移至沙发的相应位置，且将多余的线条进行删除，然后再对地毯进行相应的图案填充。

（23）执行“矩形（REC）”命令，绘制 1000mm×1000mm 的矩形对象，再执行“偏移（O）”命令，将该矩形对象向内偏移 30mm，再执行“图案填充（H）”命令，将内侧的矩形填充为“白色”，以及绘制半径为 300mm 的圆，且填充“HONEY”图案，从而完成茶几的绘制，如图 5-38 所示。

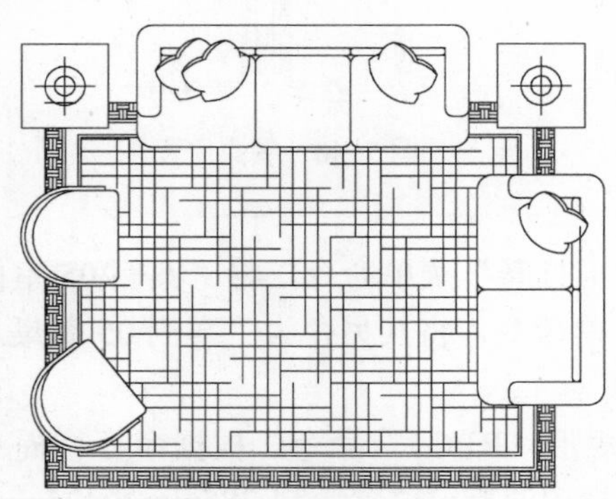

图 5-37 布置的地毯

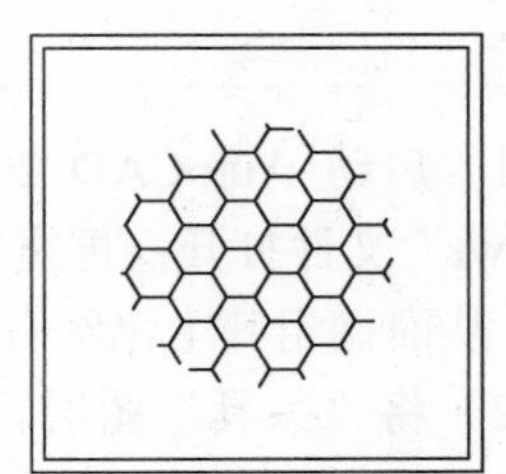

图 5-38 绘制茶几

在绘制茶几对象时，之所以填充白色，是为了遮挡住下面的地毯对象。

（24）执行“移动（M）”命令，将绘制的茶几对象移至地毯中心位置，其最终效果如图 5-39 所示。

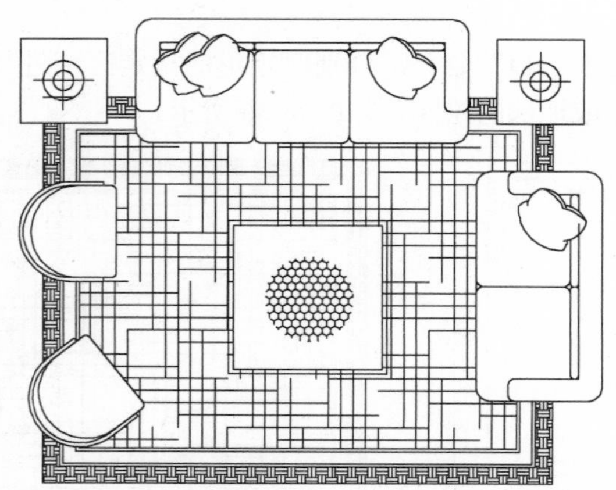

图 5-39　绘制好的沙发

（25）执行“基点（BASE）”命令，指定上侧沙发靠背的中点作为基点，然后按〈Ctrl+S〉快捷键对文件进行保存。

5.2.2 餐桌的绘制

素材　视频\05\餐桌的绘制.avi
案例\05\餐桌.dwg

用户在绘制本实例时，首先调用样板文件，再根据要求依次绘制矩形、座椅、填充玻璃材质等，其最终效果如图 5-40 所示。

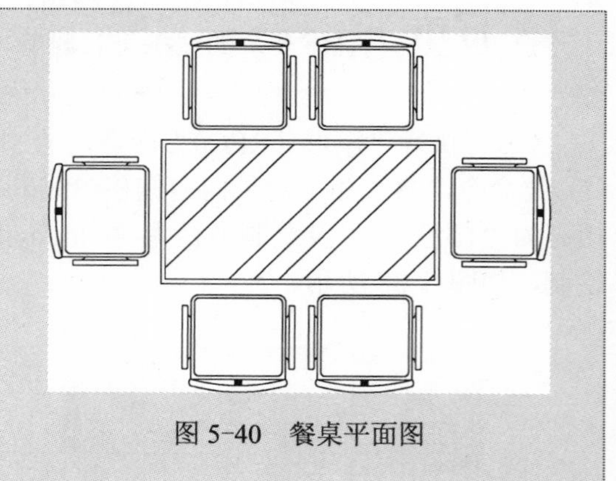

图 5-40　餐桌平面图

（1）启动 AutoCAD 2016 软件，执行“文件 | 打开”菜单命令，将“案例\05\室内装潢样板.dwt”文件打开；再执行“文件 | 另存为”菜单命令，将其另存为“案例\05\餐桌.dwg”文件，从而调用其中已经有的绘制环境。

（2）将“家具”图层置为当前图层，执行“矩形（REC）”命令，根据命令行提示，选择“圆角（F）”选项，设置圆角半径为 35mm，在视图的指定位置绘制 385mm×425mm 的矩形，如图 5-41 所示。

（3）执行“偏移（O）”命令，将圆角矩形向内偏移 15mm，再执行“分解（X）”命令，将外面的矩形分解；再执行“圆角（F）”命令，根据提示将圆角矩形右边的两个角变为直角，如图 5-42 所示。

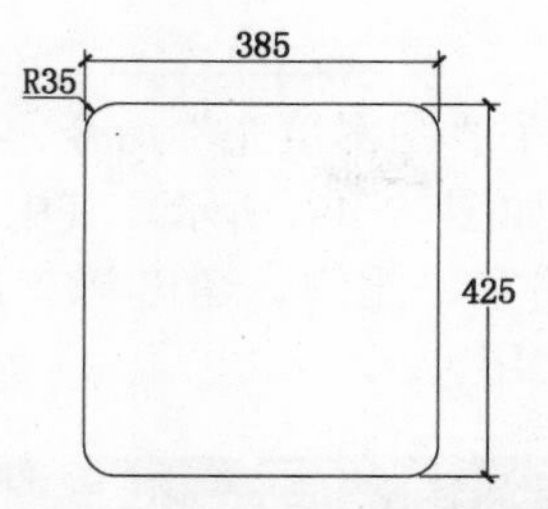

图 5-41 绘制的圆角矩形

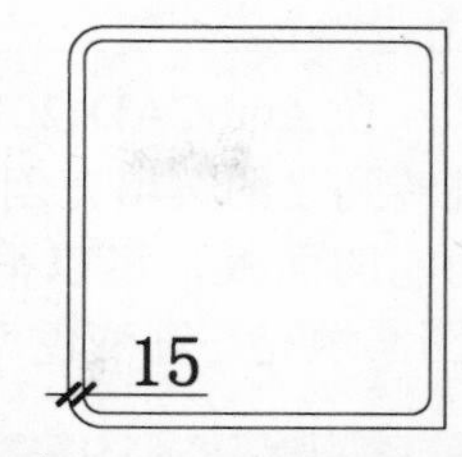

图 5-42 偏移和圆角操作

（4）执行“矩形（REC）”命令，根据命令行提示，选择“圆角（F）”选项，设置圆角半径为 5mm，在视图的指定位置绘制 290mm×25mm 的矩形，如图 5-43 所示。

（5）执行“移动（M）”命令，选择刚刚绘制好的矩形，移动到大矩形合适的位置（其间隔大概为 15mm），如图 5-44 所示。

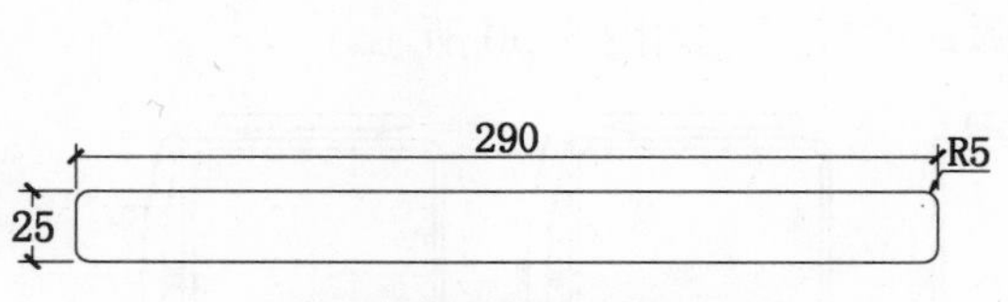

图 5-43 绘制的圆角矩

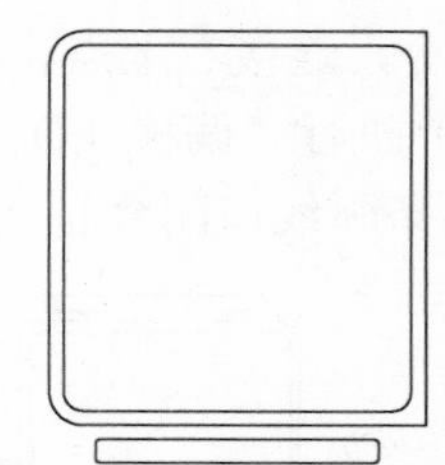
图 5-44 组合后的矩形

（6）执行“圆弧（A）”命令，在适当的位置绘制连接两个圆角矩形的弧线，如图 5-45 所示。

（7）执行“镜像（MI）”命令，将刚画的弧线镜像到右边，如图 5-46 所示。

（8）重复“镜像（MI）”命令，将下半部分矩形和圆弧镜像到上面，如图 5-47 所示。

图 5-45 绘制圆弧

图 5-46 镜像圆弧

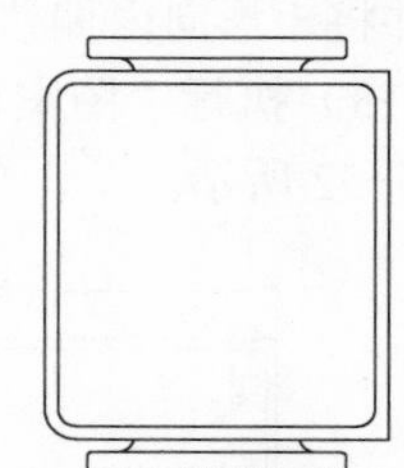
图 5-47 镜像矩形和圆弧

（9）执行“矩形（REC）”命令，根据命令行提示，选择“圆角（F）”选项，设置圆角半径为 0，在视图的指定位置绘制 30mm×30mm 的矩形；再进行“填充”命令，在功能区的“图案”面板中，选择“SOLID”图案对矩形进行填充，如图 5-48 所示。

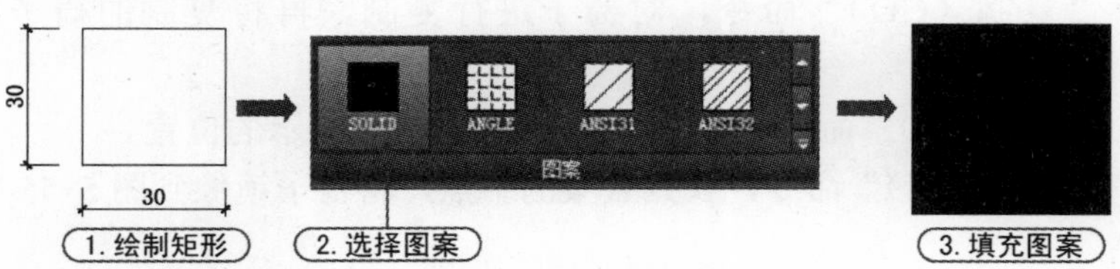

图 5-48 矩形填充

在 AutoCAD 2016 中，若执行了“图案填充”命令，功能区将会自动跳转到“图案填充创建”选项卡，如图 5-49 所示。其中有包含所有填充功能的面板，可以很轻松地设置图案、比例、角度等。这比以往传统的“图案填充与渐变色”对话框更为实用。

图 5-49 “图案填充创建”选项卡

（10）执行“移动（M）”命令，将填充的矩形移动到右边中间的位置；执行“圆弧（A）”命令，连接右上点和右下点，将圆弧调整到合适的位置。

（11）执行“偏移（O）”命令，将刚绘制的弧线向右偏移 30mm；执行“圆弧（A）”命令，将两条弧线口闭合起来，并调整好弧线的位置，如图 5-50 所示。

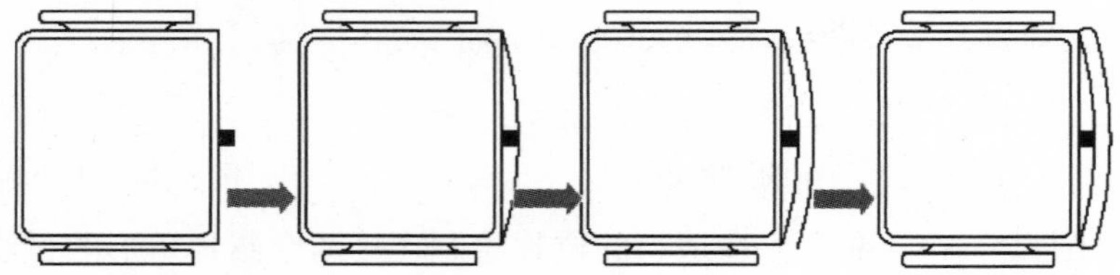

图 5-50 靠背的绘制

（12）执行“矩形（REC）”命令，在视图的指定位置绘制 1250mm×670mm 的直角矩形，并将矩形向内偏移 20mm，如图 5-51 所示。

（13）执行“图案填充（H）”命令，对里面的矩形填充“ANSI34”图案，比例为 25，如图 5-52 所示。

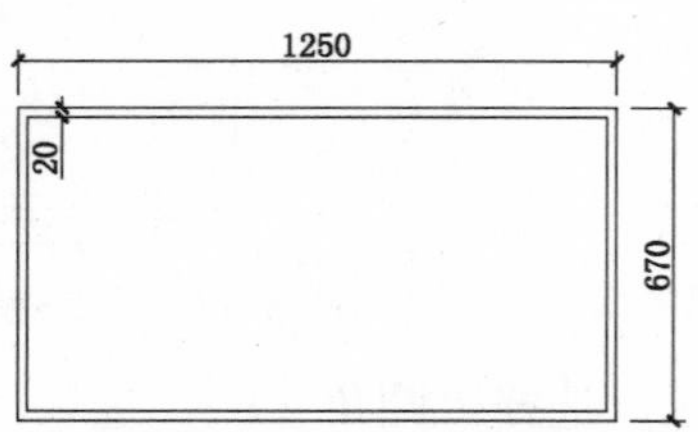

图 5-51 矩形的绘制 5

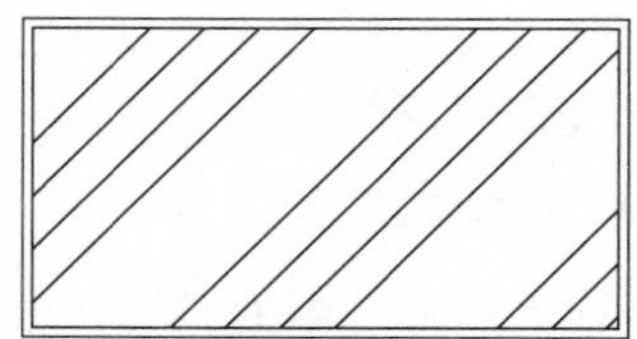

图 5-52 矩形的填充

（14）执行“复制（CO）”命令，对椅子进行复制，再将复制的椅子旋转-90°，如图 5-53 所示。

（15）执行“移动（M）”命令，将椅子移动到图 5-54 所示的位置。

（16）执行“镜像（MI）”命令，找到餐桌的中点，将椅子镜像到图 5-55 所示的位置。

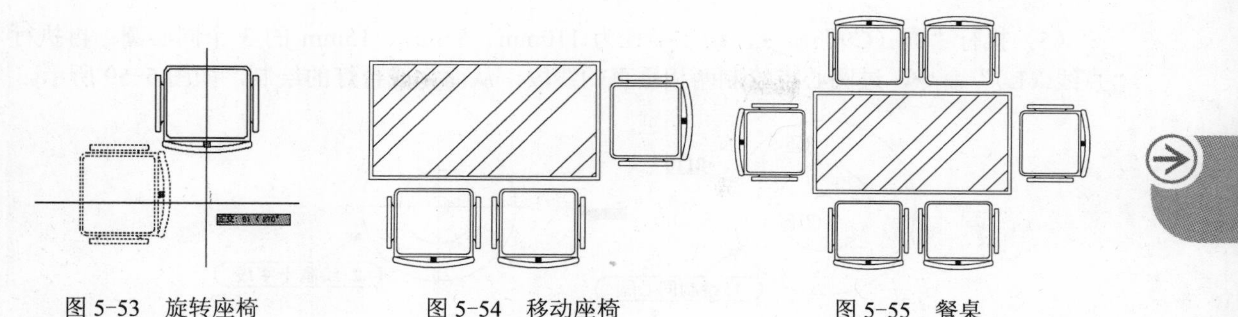

图 5-53 旋转座椅　　图 5-54 移动座椅　　图 5-55 餐桌

（17）执行“基点（BASE）”命令，以指定餐桌的中心点作为基点，然后按〈Ctrl+S〉快捷键对文件进行保存。

5.2.3 床的绘制

素材
视频\05\床的绘制.avi
案例\05\床.dwg

用户在绘制本实例时，首先调用样板文件，再根据要求依次绘制床面、床头柜、床头灯等，再将它们组合在一起，其最终效果如图 5-56 所示。

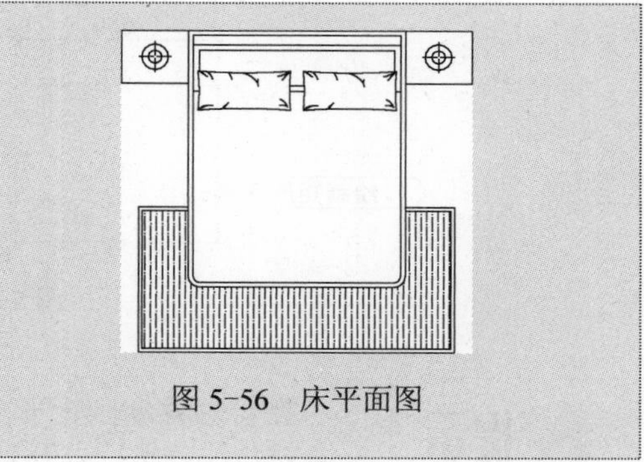

图 5-56 床平面图

（1）启动 AutoCAD 2016 软件，执行“文件 | 打开”菜单命令，将“案例\05\室内装潢样板.dwt”文件打开；再执行“文件 | 另存为”菜单命令，将其另存为“案例\05\餐桌.dwg”文件，从而调用其中已有的绘制环境。

（2）将“家具”图层置为当前图层，执行“矩形（REC）”命令，在视图的指定位置绘制 1800mm×2200mm 的直角矩形。

（3）执行“圆角（F）”命令，根据提示设置半径为 100mm，将矩形的下面两个直角变成半径为 100mm 的圆弧；再执行“偏移（O）”命令，将矩形向内偏移 30，如图 5-57 所示。

（4）执行“矩形（REC）”命令，在视图的指定位置绘制 1720mm×400mm 的矩形；再执行“偏移（O）”命令，将矩形向内偏移 50mm，如图 5-58 所示。

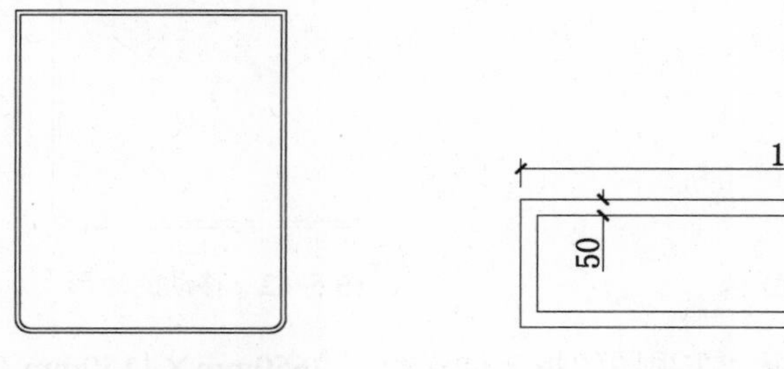

图 5-57 绘制矩形　　图 5-58 绘制矩形

（5）执行“圆（C）”命令，绘制半径为 110mm、55mm、15mm 的 3 个同心圆；再执行“直线（L）”命令，过圆心点绘制两相垂直的线段，从而完成台灯的绘制，如图 5-59 所示。

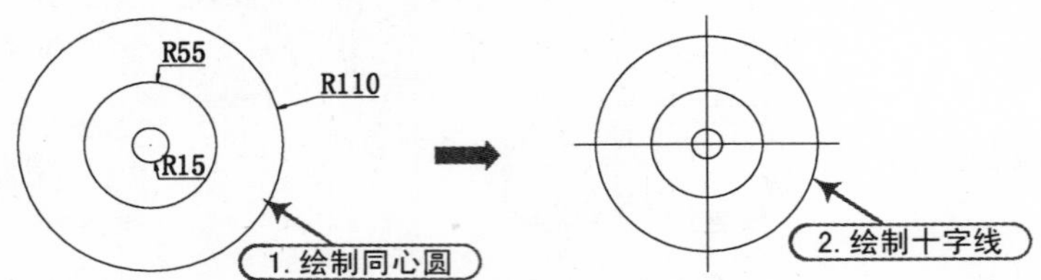

图 5-59　绘制台灯

（6）执行“矩形（REC）”命令，根据命令行提示，在视图的指定位置绘制 550mm×450mm 的直角矩形作为床头柜；再执行“移动（M）”命令，将上一步所绘制的台灯对象移至床头柜的中心位置，如图 5-60 所示。

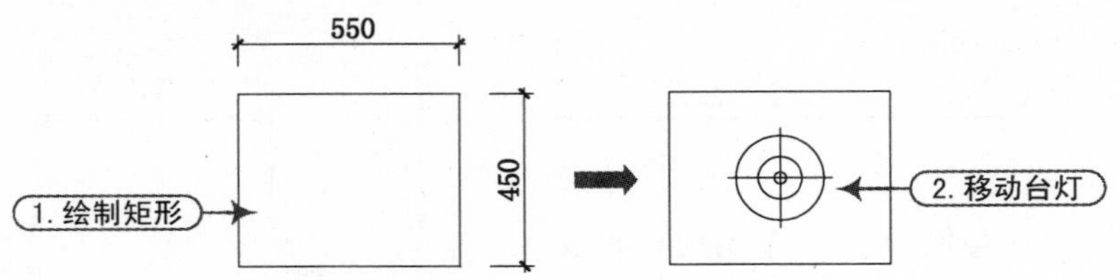

图 5-60　绘制床头柜

在将灯移动到矩形内时，如果找不到矩形的中心点，可以连接矩形的一条对角线，然后打开对象捕捉里面的中点，从而找到矩形的中心点。

（7）执行“移动（M）”命令，将床头柜移动到床的左边，使其与床的顶边对齐；再执行“镜像（MI）”命令，将左侧的床头柜及台灯对象水平镜像到右边，以床的上下中心点作为镜像端点，如图 5-61 所示。

（8）执行“移动（M）”命令，将之前绘制的矩形移动到床垫上合适的位置，如图 5-62 所示。

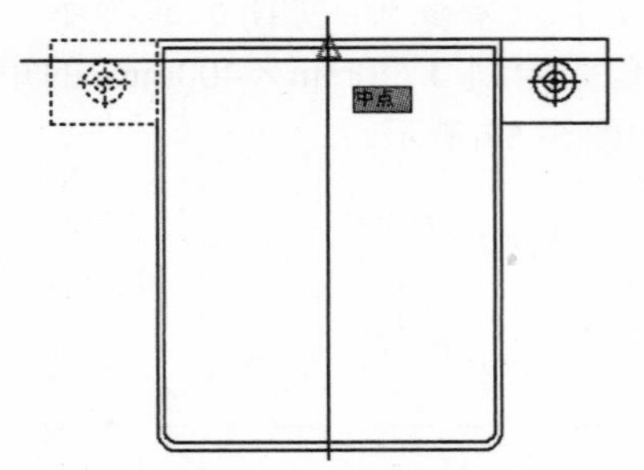

图 5-61　移动并镜像床头柜

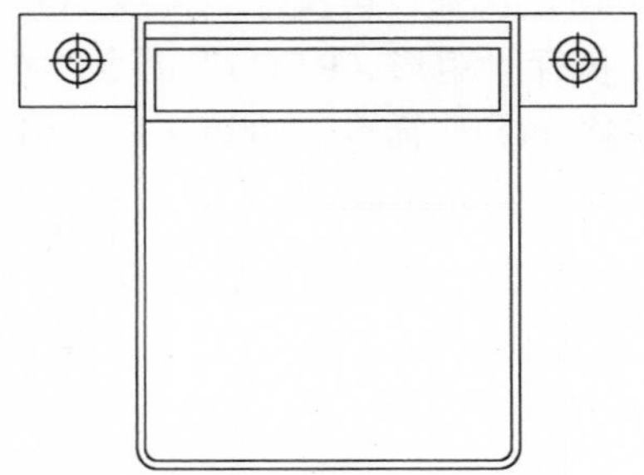

图 5-62　移动的矩形

（9）执行“矩形（REC）”命令，在视图的指定位置绘制 2650mm×1150mm 的矩形；再执行“偏移（O）”命令，将矩形向内偏移 30mm，如图 5-63 所示。

（10）执行“移动（M）”命令，将上步的矩形移动到床的正下方；再执行“修剪（TR）”命令，将多余的线条修剪掉，如图 5-64 所示。

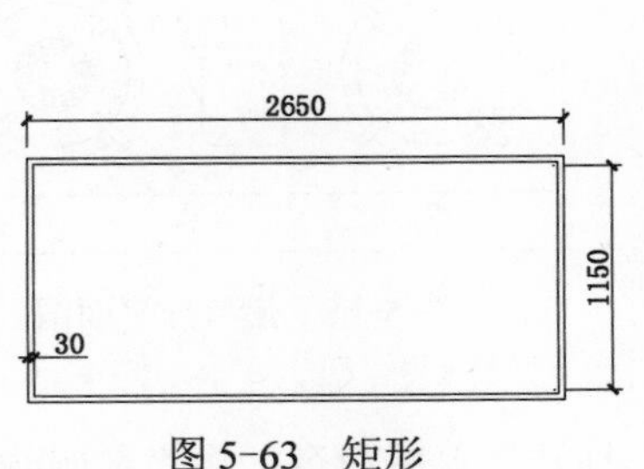

图 5-63　矩形

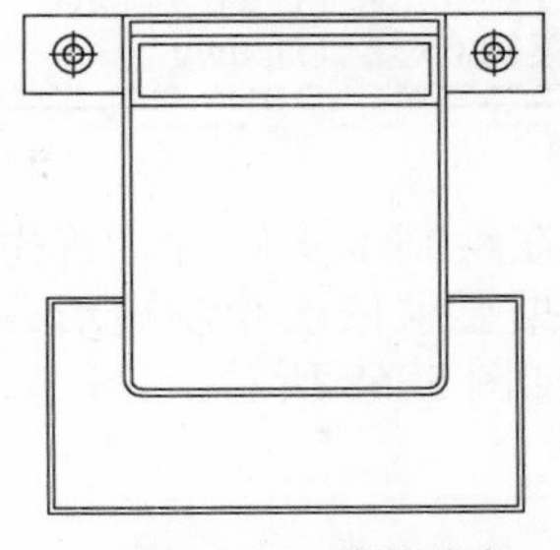

图 5-64　修剪线条

提示　执行“修剪（TR）”命令，按空格键后提示先选中边界对象，再次按空格键，可以根据选择的边界对象来修剪掉与其相交的线条；若执行“修剪（TR）”命令后，直接按空格键两次，系统默认选择图形中所有的对象作为边界对象，直接单击要修剪的位置即可。读者在实际操作中，可以灵活地运用这两种方法。

（11）执行“图案填充（H）”命令，选择“ANSI 36”图案，比例为 15，角度为 45°，对地毯进行填充，如图 5-65 所示。

（12）执行“样条曲线（SPL）”命令，在视图的空白位置绘制一枕头，其枕头的尺寸大致为 765mm×335mm，如图 5-66 所示。

（13）执行“移动（M）”命令，将枕头对象移至床上侧的相应位置；再执行“镜像（MI）”命令，将枕头对象水平镜像一份；再执行“修剪（TR）”命令，将枕头内的线段进行修剪，从而形成双人枕头效果，如图 5-67 所示。

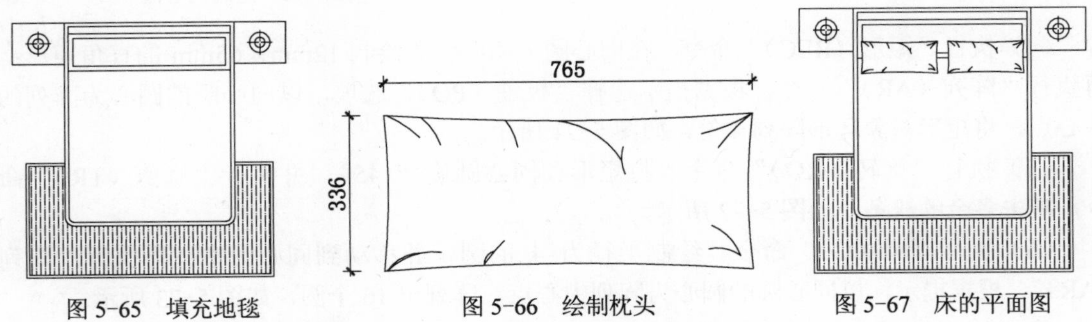

图 5-65　填充地毯　　图 5-66　绘制枕头　　图 5-67　床的平面图

（14）执行“基点（BASE）”命令，指定上侧床的中点作为基点，然后按〈Ctrl+S〉快捷键对文件进行保存。

5.3　室内厨具图块的绘制

厨具是厨房用具的统称，主要包括储藏用具、洗涤用具、调理用具、烹调用具和进餐用具。

5.3.1 燃气灶的绘制

素材 视频\05\燃气灶的绘制.avi
案例\05\燃气灶.dwg

用户在绘制本实例时，首先调用样板文件，再根据要求依次绘制矩形、圆形等，其最终效果如图 5-68 所示。

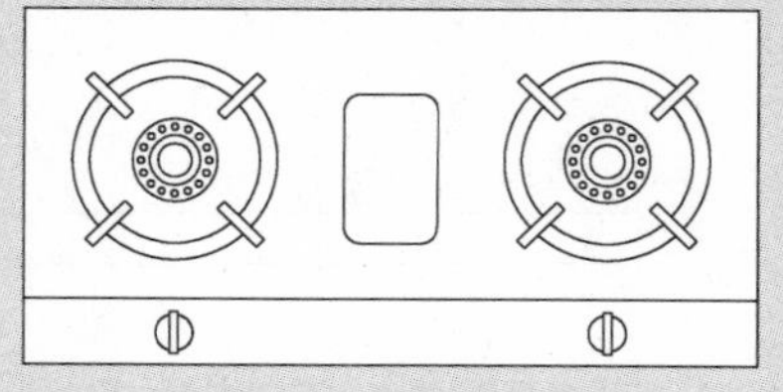

图 5-68 燃气灶平面图

（1）启动 AutoCAD 2016 软件，执行“文件 | 打开”菜单命令，将“案例\05\室内装潢样板.dwt”文件打开；再执行“文件 | 另存为”菜单命令，将其另存为“案例\05\燃气灶.dwg”文件，从而调用其中已有的绘制环境。

（2）执行“矩形（REC）”命令，绘制 860mm×430mm 的矩形；再执行“分解（X）”命令将矩形打散，并将下面的线向上偏移 80mm 的距离，如图 5-69 所示。

（3）执行“圆（C）”命令，绘制半径为 20mm、30mm、50mm、100mm、120mm 的同心圆，如图 5-70 所示。

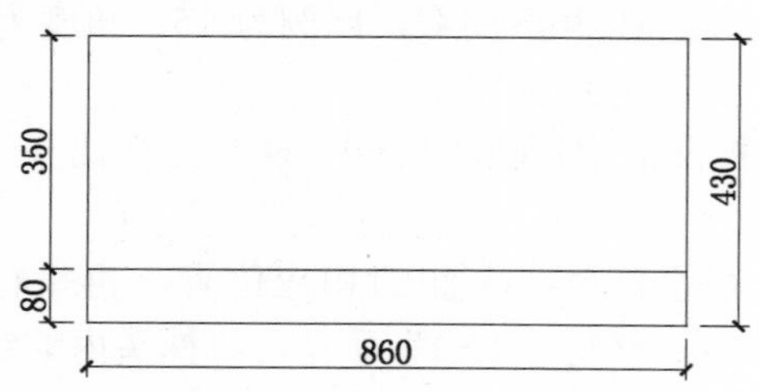

图 5-69 绘制外框

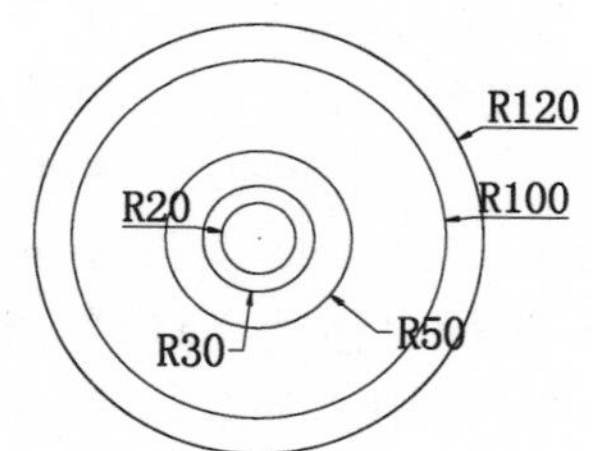

图 5-70 绘制同心圆

（4）执行“矩形（REC）”命令，在同心圆上相应位置绘制 12mm×65mm 的直角矩形；再执行“阵列（AR）”命令，根据提示选择“极轴（PO）”选项，以同心圆的圆心为阵列的中心点，将矩形对象环形阵列 4 份，如图 5-71 所示。

（5）执行“旋转（RO）”命令，将矩形和同心圆旋转 45°，并执行“修剪（TR）”命令，减去多余的线条，如图 5-72 所示。

（6）执行“圆（C）”命令，绘制半径为 4 的圆，并移动到同心圆中；再执行“阵列（AR）”，根据提示，以同心圆的圆心为阵列中心点，阵列出 16 个圆，如图 5-73 所示。

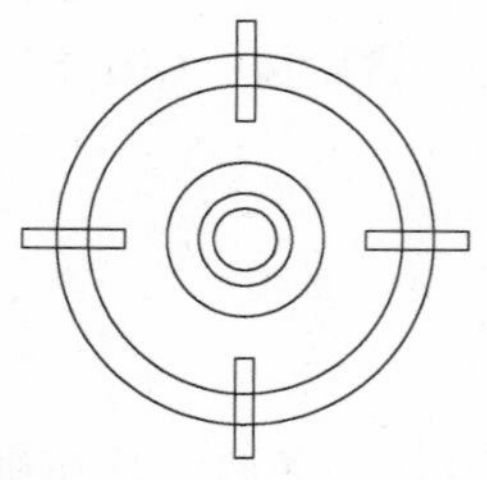

图 5-71 阵列矩形

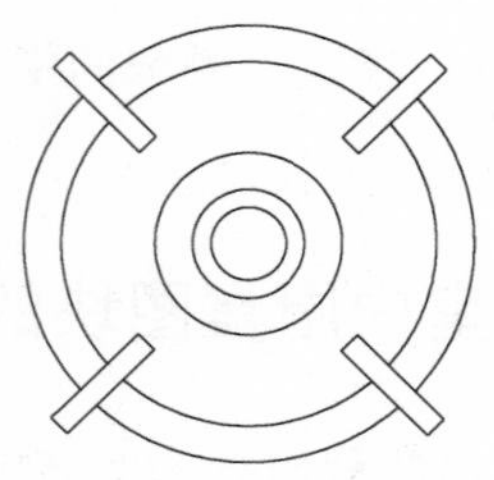

图 5-72 旋转并修剪矩形

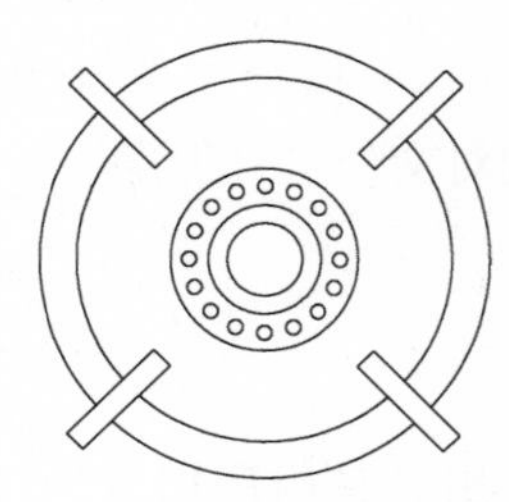

图 5-73 阵列圆

（7）执行“圆（C）”命令，绘制半径为 22mm 的圆；再执行“矩形（REC）”命令，绘制 10mm×50mm 的直角矩形，且将矩形移动到圆中心位置；执行“修剪（TR）”命令，对矩形内的圆弧对象进行修剪，如图 5-74 所示。

（8）执行“移动（M）”命令，将燃气灶开关移动到合适的位置，再执行“镜像（MI）”命令，绘制出图 5-75 所示的图形。

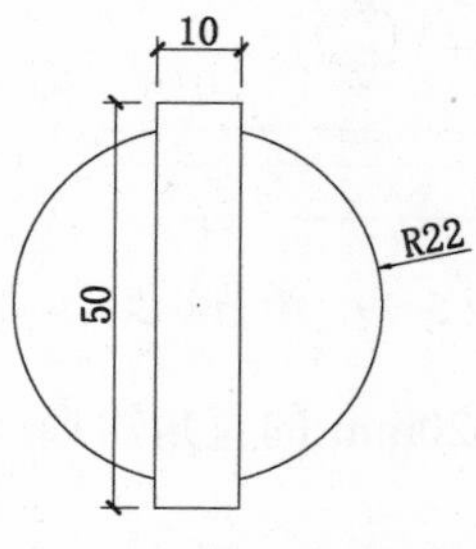

图 5-74　开关的绘制

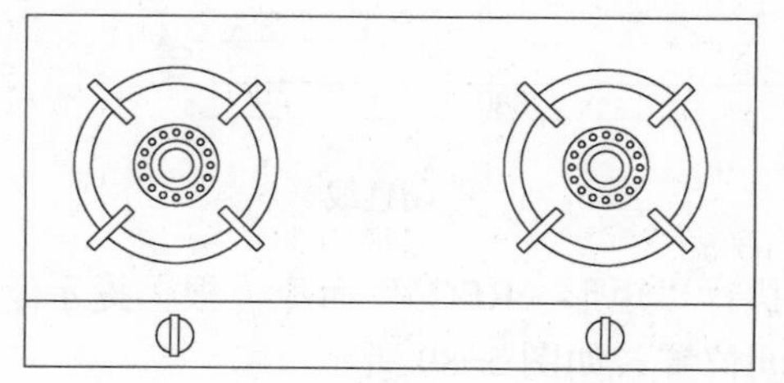

图 5-75　镜像开关

（9）执行“矩形（REC）”命令，根据提示选择“圆角（F）”选项，设置半径为 20mm，在图形上绘制 110mm×180mm 的圆角矩形，如图 5-76 所示。

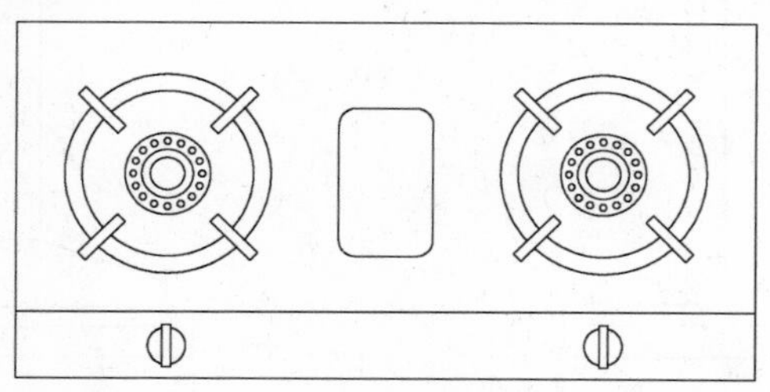

图 5-76　绘制圆角矩形

（10）执行“基点（BASE）”命令，指定上侧水平线段的中点作为基点，然后按〈Ctrl+S〉快捷键对文件进行保存。

5.3.2 抽油烟机的绘制

用户在绘制本实例时，首先调用样板文件，再根据要求依次绘制矩形、直线、圆形等，其最终效果如图 5-77 所示。

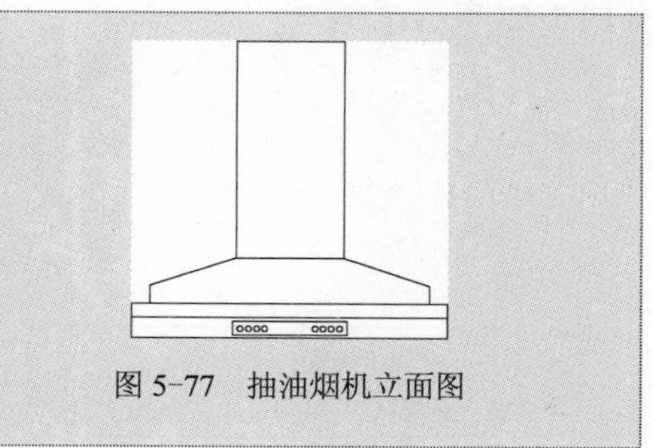

图 5-77　抽油烟机立面图

（1）启动 AutoCAD 2016 软件，执行“文件｜打开”菜单命令，将“案例\05\室内装潢样板.dwt”文件打开；再执行“文件｜另存为”菜单命令，将其另存为“案例\05\抽油烟机.dwg”文件，从而调用其中已经有的绘制环境。

（2）执行“直线（L）”命令，绘制长度为 880mm 的水平线段；再执行“偏移（O）”命令，将直线依次向上偏移 60mm、40mm，如图 5-78 所示。

（3）执行“直线（L）”命令，绘制图 5-79 所示的直线，并执行“镜像（MI）”命令，将直线水平镜像。

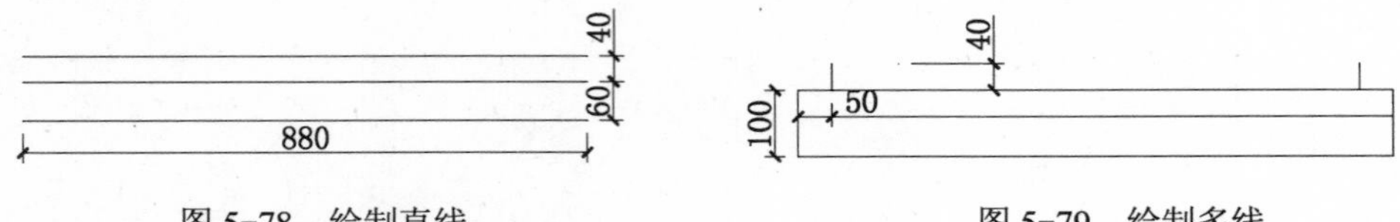

图 5-78　绘制直线　　图 5-79　绘制多线

（4）执行“矩形（REC）”命令，根据提示绘制 300mm×620mm 的直角矩形，并移动到直线的中间位置，如图 5-80 所示。

（5）执行“移动（M）”命令，将矩形向上移动 130mm，再执行“直线（L）”命令，将其连接起来，如图 5-81 所示。

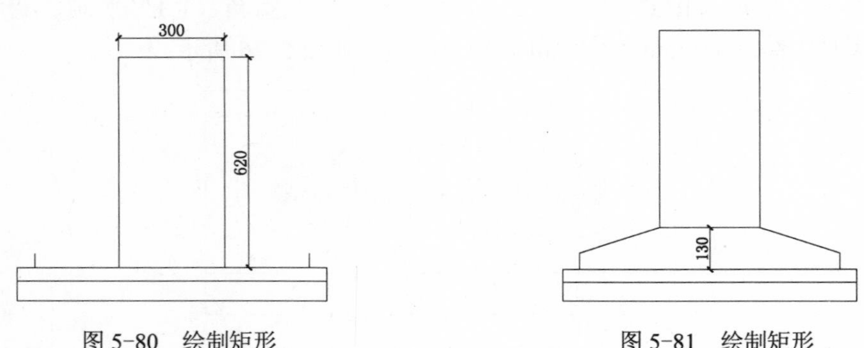

图 5-80　绘制矩形　　图 5-81　绘制矩形

（6）执行“矩形（REC）”命令，绘制 320mm×40mm 的矩形；再执行“圆（C）”命令，在矩形的左侧绘制半径为 8mm 的圆；再执行“复制（CO）”命令，将小圆依次向右侧进行多次复制，从而绘制形成抽油烟机的控制面板，如图 5-82 所示。

（7）执行“移动（M）”命令，将上一步所绘制的控制面板移至抽油烟机的相应位置，如图 5-83 所示。

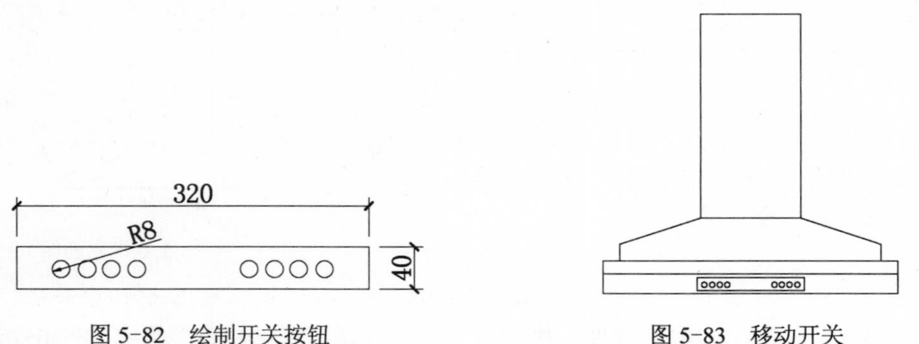

图 5-82　绘制开关按钮　　图 5-83　移动开关

（8）执行“基点（BASE）”命令，指定上侧水平线段的中点作为基点，然后按

〈Ctrl+S〉快捷键对文件进行保存。

5.3.3 洗菜盆的绘制

素材 视频\05\洗菜盆的绘制.avi
案例\05\洗菜盆.dwg

用户在绘制本实例时，首先调用样板文件，再根据要求依次绘制矩形、圆形等，其最终效果如图 5-84 所示。

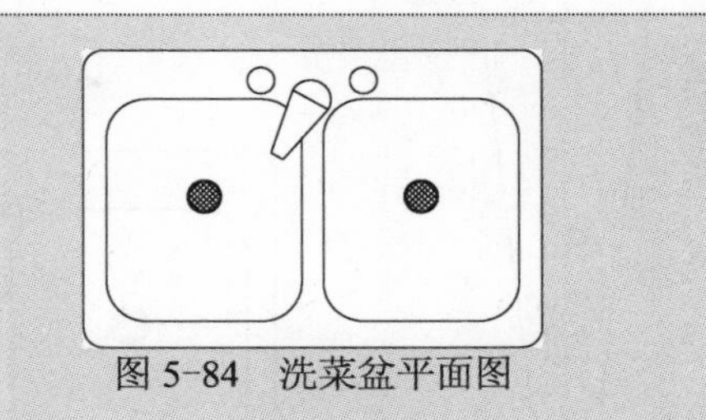

图 5-84 洗菜盆平面图

（1）启动 AutoCAD 2016 软件，执行“文件 | 打开”菜单命令，将“案例\05\室内装潢样板.dwt”文件打开；再执行“文件 | 另存为”菜单命令，将其另存为“案例\05\洗菜盆.dwg”文件，从而调用其中已经有的绘制环境。

（2）执行“矩形（REC）”命令，根据提示绘制两个圆角半径分别为 30mm 和 60mm 的圆角矩形，如图 5-85 所示。

（3）执行“移动（M）”命令，将较小的矩形移动到大矩形内；然后执行“复制（CO）”命令，将较小矩形再复制出一份，位置参照图 5-86 所示。

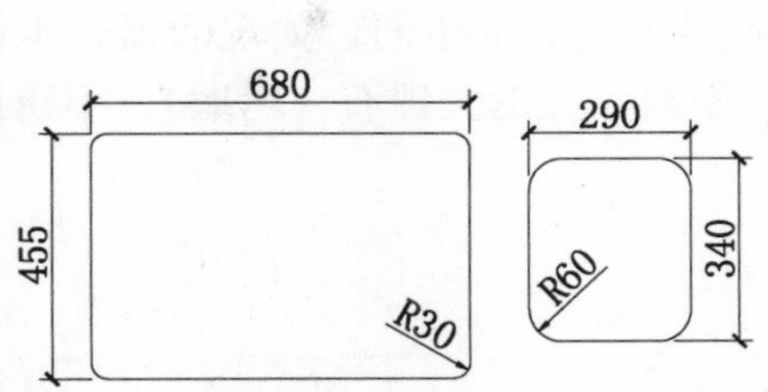

图 5-85 绘制圆角矩形

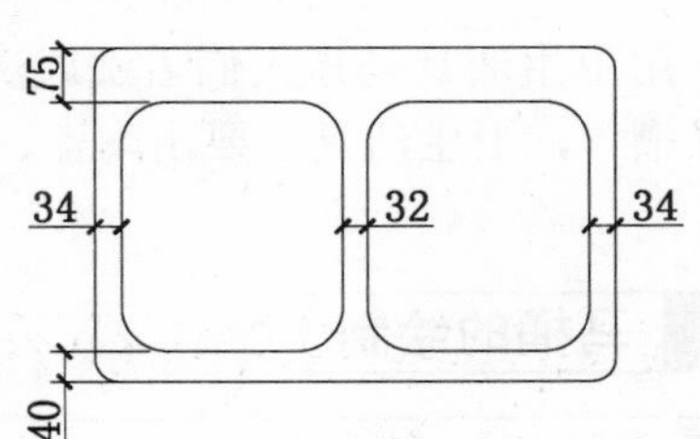

图 5-86 外轮廓的绘制

（4）执行“圆（C）”命令，绘制半径为 25mm 和 23mm 的同心圆，为内圆填充图 5-87 所示的图案。

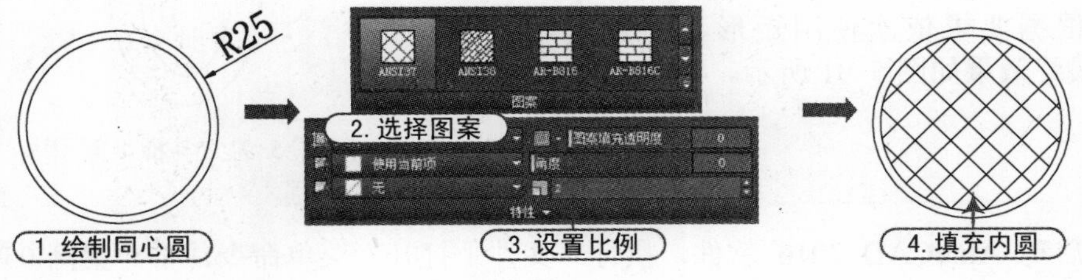

图 5-87 漏水孔的绘制

（5）执行“圆（C）”命令和“直线（L）”命令，绘制图 5-88 所示的图形。

（6）执行“移动（M）”命令，将绘制好的洗脸盆外轮廓、漏水孔和把手组合起来；再执行“圆（C）”命令，在把手一侧绘制半径为 20mm 的圆，如图 5-89 所示。

（7）执行“复制（CO）”，“旋转（RO）”和“修剪（TR）”命令，绘制出图 5-90 所示的图形。

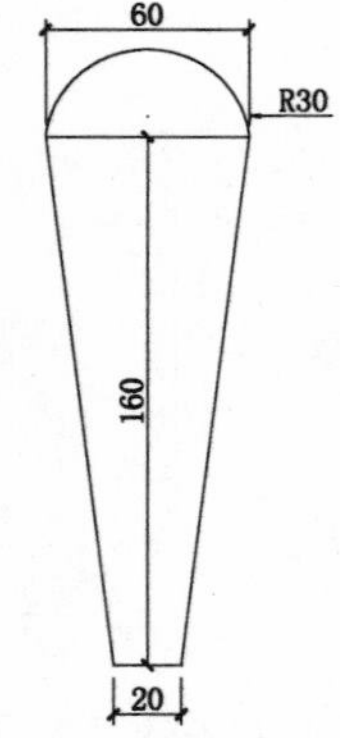

图 5-88 把手的绘制

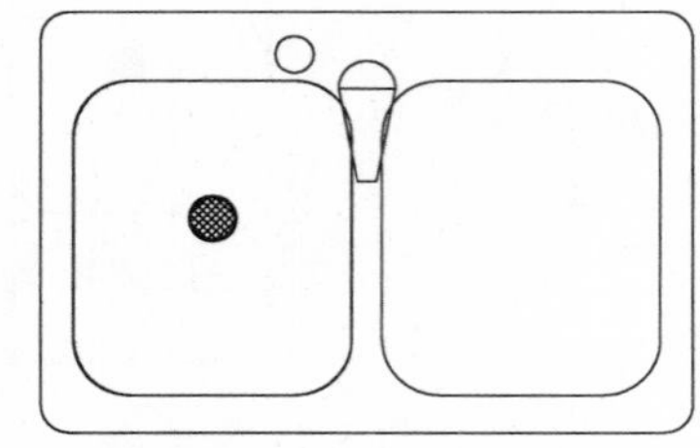

图 5-89 组合洗菜盆

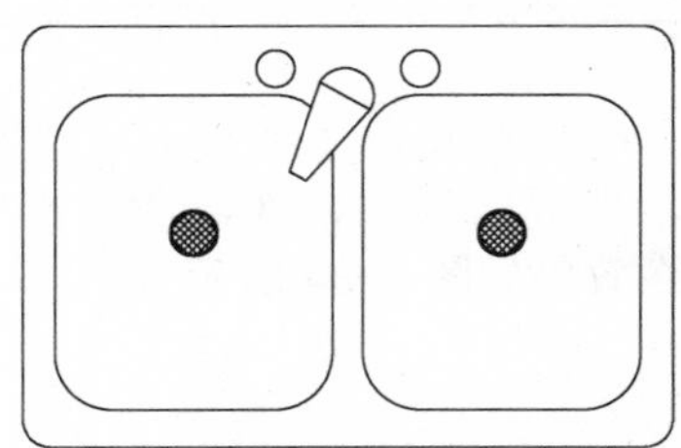

图 5-90 洗菜盆

（8）执行“基点（BASE）”命令，指定上侧水平线段的中点作为基点，然后按〈Ctrl+S〉快捷键对文件进行保存。

5.4 室内洁具图块的绘制

家居用卫生洁具是指人们盂洗或洗涤用的器具，用于卫生间，如洗面器、坐便器、浴缸、洗涤槽等，卫生洁具主要由陶瓷、玻璃钢、塑料、人造大理石（玛瑙）、不锈钢等材质制成。

5.4.1 马桶的绘制

素材 视频\05\马桶的绘制.avi
案例\05\马桶.dwg

用户在绘制本实例时，首先调用样板文件，再根据要求依次使用矩形、圆弧等命令，其最终效果如图 5-91 所示。

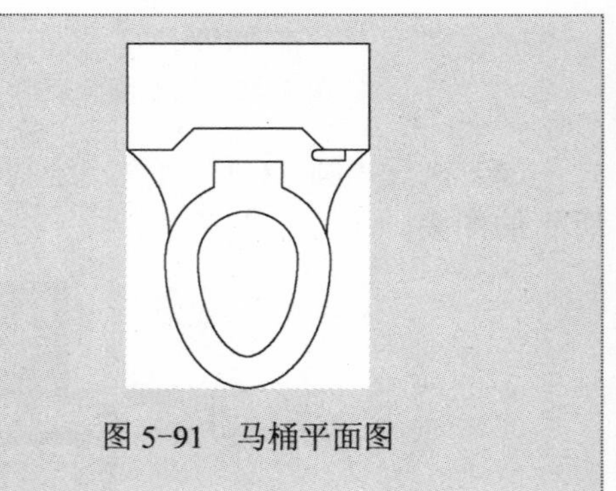

图 5-91 马桶平面图

（1）启动 AutoCAD 2016 软件，执行“文件 | 打开”菜单命令，将“案例\05\室内装潢样板.dwt”文件打开；再执行“文件 | 另存为”菜单命令，将其另存为“案例\05\马桶.dwg”文件，从而调用其中已经有的绘制环境。

（2）执行“矩形（REC）”命令，根据提示绘制 445mm×205mm 的直角矩形，如图 5-92 所示。

（3）执行“分解（X）”命令，将矩形进行分解，再执行“直线（L）”命令，绘制出图 5-93 所示的图形。

图 5-92　绘制矩形

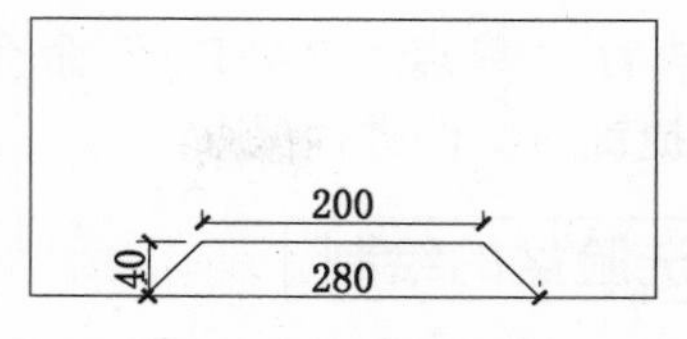

图 5-93　绘制线条

（4）执行“矩形（REC）”命令，绘制 50mm×20mm 的直角矩形；再执行“圆角（F）”命令，进行半径为 10 的圆角处理，如图 5-94 所示。

（5）执行“移动（M）”命令，将图形组合起来形成水箱，如图 5-95 所示。

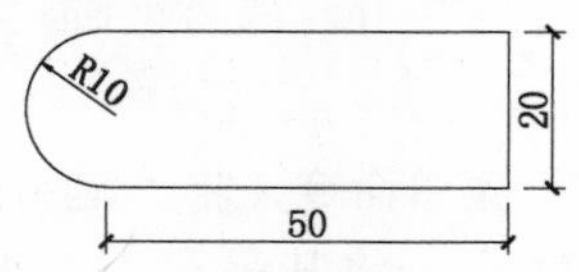

图 5-94　绘制圆并圆角处理

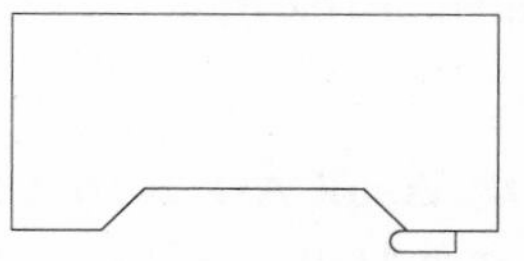
图 5-95　组合图形

（6）执行“椭圆（EL）”命令，根据提示绘制长轴为 244mm，短轴为 152mm 的椭圆，再执行“圆（C）”命令，以椭圆圆心绘制半径为 152mm 的圆，如图 5-96 所示。

（7）执行“修剪（TR）”命令，修剪多余的图形，并将其向内偏移 60mm，如图 5-97 所示。

（8）执行“矩形（REC）”命令，绘制 125mm×25mm 的直角矩形，再将其移动到图 5-98 所示的位置。

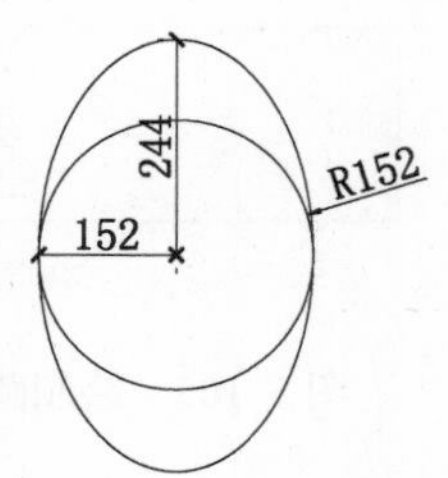

图 5-96　绘制圆和椭圆

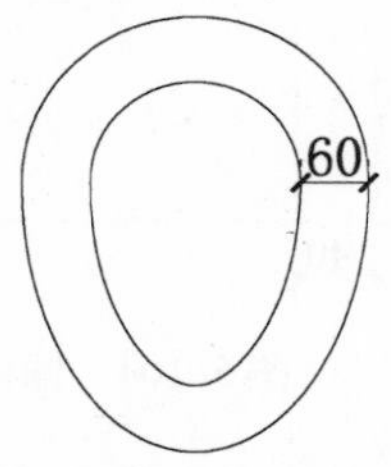

图 5-97　修剪偏移

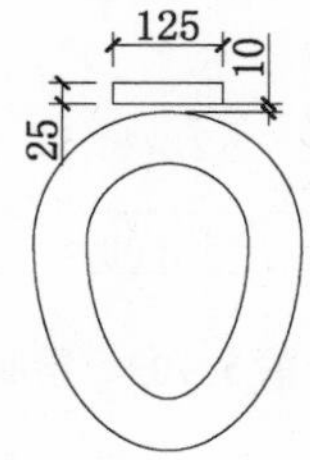

图 5-98　绘制矩形

（9）执行“直线（L）”命令，过矩形的两点绘制两条垂线；再执行“修剪（TR）”命令，删除多余的线条，如图 5-99 所示。

（10）执行“移动（M）”命令，将两个图形移动到图 5-100 所示的位置。

（11）执行“绘图 | 圆弧 | 起点、端点、半径”菜单命令，绘制图 5-101 所示的图形。

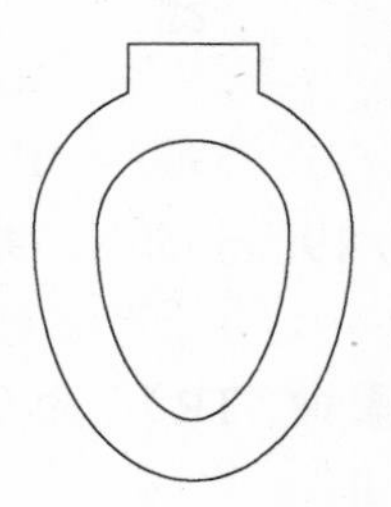
图 5-99　修剪线条

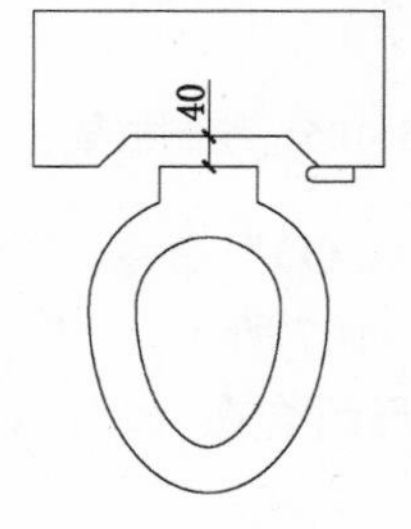

图 5-100　组合马桶

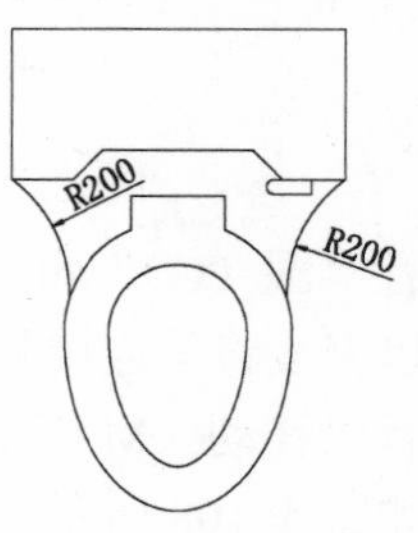

图 5-101　绘制圆弧

（12）执行“基点（BASE）”命令，指定上侧水平线段的中点作为基点，然后按〈Ctrl+S〉快捷键对文件进行保存。

5.4.2 洗脸盆的绘制

素材 视频\05\洗脸盆的绘制.avi
案例\05\洗脸盆.dwg

用户在绘制本实例时，首先调用样板文件，再根据要求依次绘制矩形、圆形等，其最终效果如图 5-102 所示。

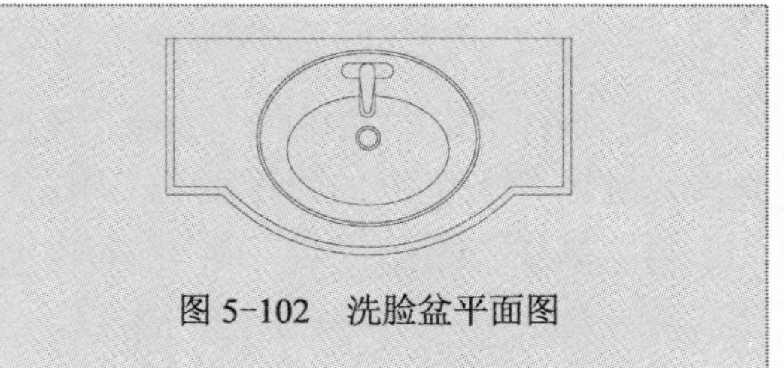

图 5-102　洗脸盆平面图

（1）启动 AutoCAD 2016 软件，执行“文件 | 打开”菜单命令，将“案例\05\室内装潢样板.dwt”文件打开；再执行“文件 | 另存为”菜单命令，将其另存为“案例\05\洗脸盆.dwg”文件，从而调用其中已经有的绘制环境。

（2）执行“矩形（REC）”命令，绘制 1000mm×400mm 的直角矩形，并执行“分解（X）”命令，将矩形分解，如图 5-103 所示。

（3）执行“偏移（O）”命令，将左右两边的线段分别向内偏移 140mm，如图 5-104 所示。

（4）选择“绘图 | 圆弧 | 起点、端点、半径”菜单命令，绘制半径为 500mm 的圆弧，如图 5-105 所示。

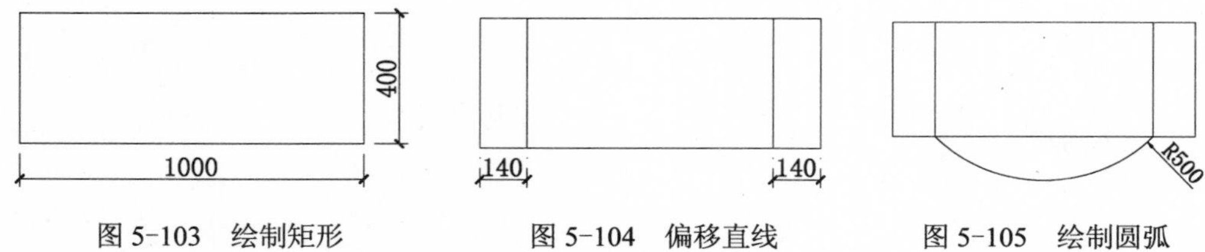

图 5-103　绘制矩形　　图 5-104　偏移直线　　图 5-105　绘制圆弧

（5）执行“修剪（TR）”命令，删掉多余的线条；再执行“编辑多段线（PE）”命令，根据提示选择“合并”，将线条组合成多段线（除去最上面的那根直线），最后将多段线向内“偏移”20mm，如图 5-106 所示。

图 5-106　绘制框架

（6）执行“圆（C）”命令和“复制（CO）”命令，绘制半径为 19mm 的圆，并将其复制出几个；再以直线将其连接起来，如图 5-107 所示。

（7）执行“移动（M）”命令，将圆形组合在一起；再执行“修剪（TR）”命令，删去多余的线条，如图 5-108 所示。

（8）执行“偏移（O）”命令，将底下的半圆向上偏移 10mm，再执行“直线（L）”命令，将其连接起来，如图 5-109 所示。

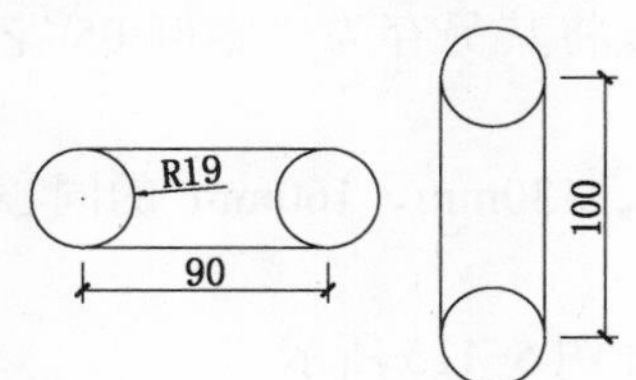

图 5-107　绘制圆

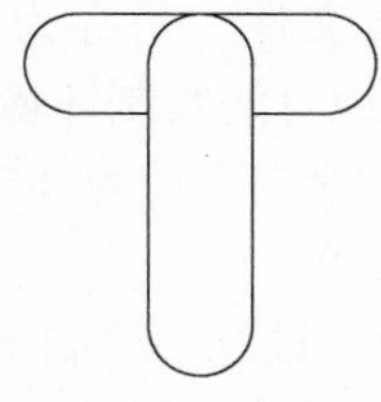

图 5-108　组合把手

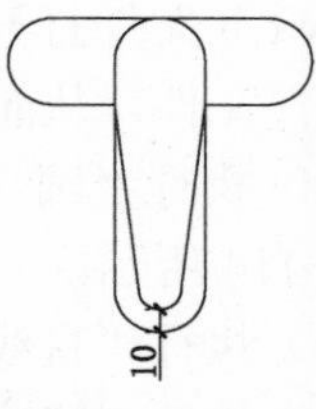

图 5-109　绘制把手

（9）执行“椭圆（EL）”命令，绘制长轴半径 275mm，短轴半径 225mm 的椭圆，并将椭圆向内偏移 8mm，如图 5-110 所示。

（10）执行“圆（C）”命令，绘制半径为 23mm 和 30mm 的同心圆，再执行“椭圆（EL）”命令，绘制长轴为 200mm，短轴为 140mm 的椭圆，并将几个图形组合在一起，如图 5-111 所示。

（11）执行“移动（M）”命令，将面盆、把手和外轮廓组合在一起；再执行“修剪（TR）”命令，删除掉多余的线条，如图 5-112 所示。

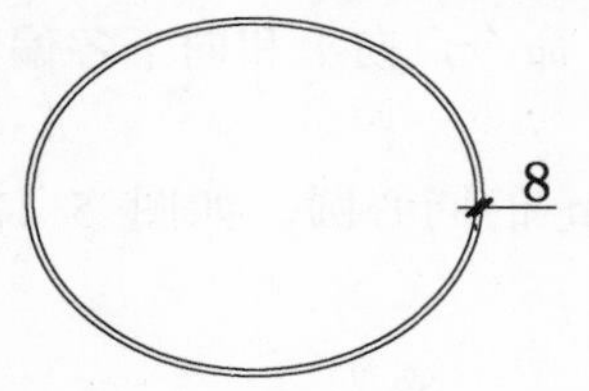

图 5-110　偏移椭圆

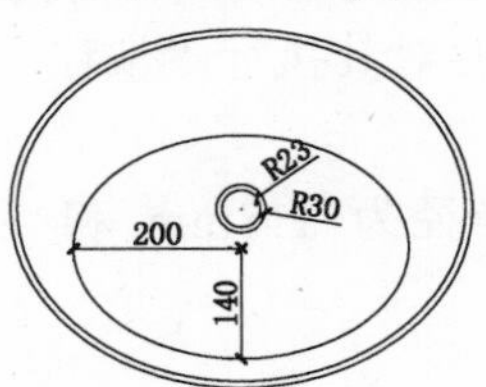

图 5-111　面盆的绘制

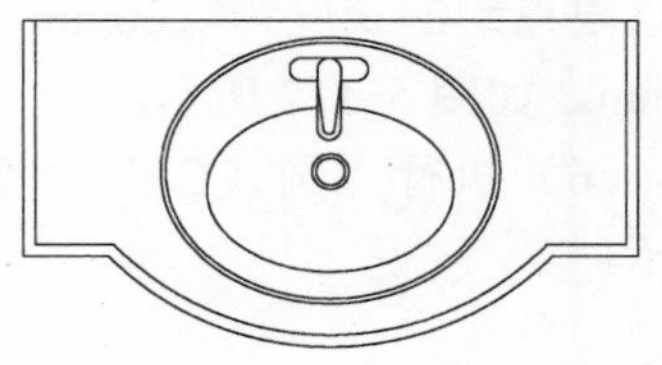

图 5-112　组合面盆

（12）执行“基点（BASE）”命令，指定上侧水平线段的中点作为基点，然后按〈Ctrl+S〉快捷键对文件进行保存。

5.5　室内灯具图块的绘制

室内灯具是室内照明的主要设施，为室内空间提装饰效果及照明功能，它不仅能给较为单调的顶面色彩和造型增加新的内容，同时还可以通过室内灯具造型的变化、灯光强弱的调整等手段，达到烘托室内气氛、改变房间结构感觉的作用。

5.5.1　花枝吊灯的绘制

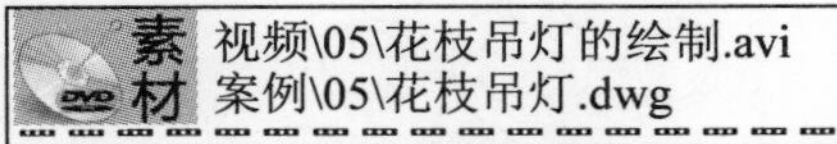

用户在绘制本实例时，首先调用样板文件，再根据要求依次绘制圆、直线等，其最终效果如图 5-113 所示。

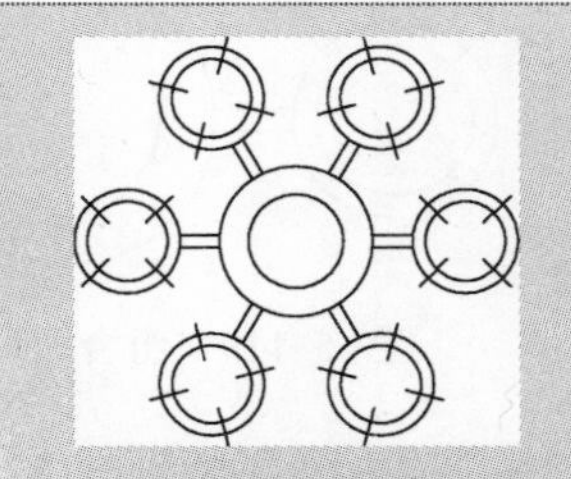

图 5-113　花枝吊灯平面图

（1）启动 AutoCAD 2016 软件，执行“文件 | 打开”菜单命令，将“案例\05\室内装潢样板.dwt”文件打开；再执行“文件 | 另存为”菜单命令，将其另存为“案例\05\花枝吊灯.dwg”文件，从而调用其中已经有的绘制环境。

（2）执行“圆（C）”命令，绘制半径为 65mm、100mm、130mm、160mm 的同心圆，如图 5-114 所示。

（3）执行“直线（L）”命令，过圆心绘制十字交叉线，如图 5-115 所示。

（4）执行“修剪（TR）”命令，删除多余的线条，如图 5-116 所示。

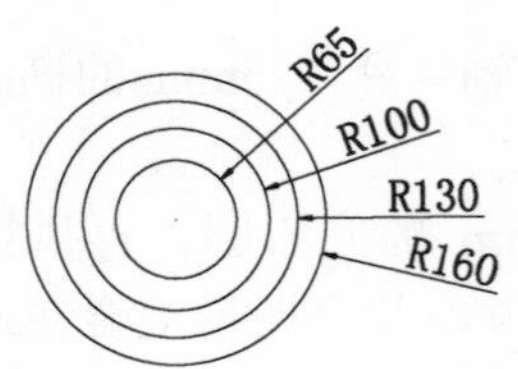

图 5-114　绘制同心圆

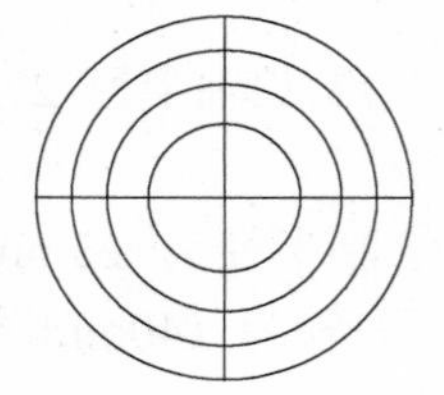

图 5-115　绘制十字线

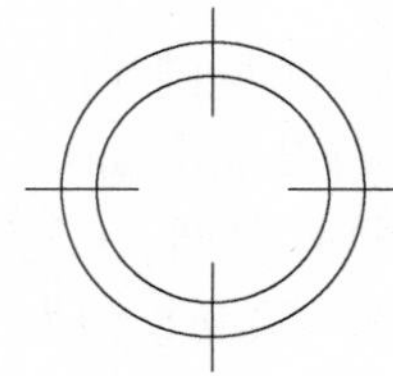

图 5-116　修剪操作

（5）执行“旋转（RO）”命令，将外灯旋转 45°，再执行“直线（L）”命令，过外圆的象限点绘制长度为 100mm 的线段，并对其执行“偏移（O）”命令，向上和向下各偏移 15mm，如图 5-117 所示。

（6）执行“圆（C）”命令，绘制半径为 118mm 和 190mm 的同心圆，如图 5-118 所示。

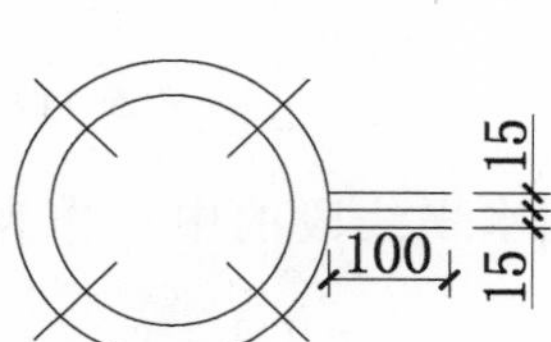

图 5-117　绘制直线

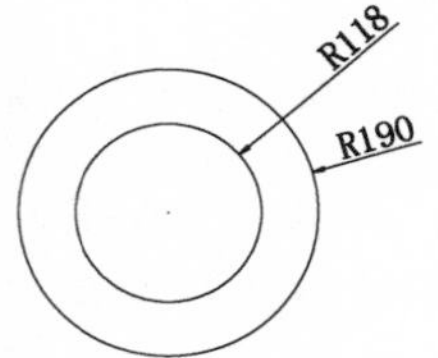

图 5-118　绘制同心圆

（7）执行“移动（M）”命令，将外灯和绘制的同心圆移动到一起，并执行“删除（E）”命令，去掉多余的线条，如图 5-119 所示。

（8）执行“阵列（AR）”命令，根据提示，将外灯和直线围绕同心圆圆心阵列出 6 个，绘制出图 5-120 所示的图形。

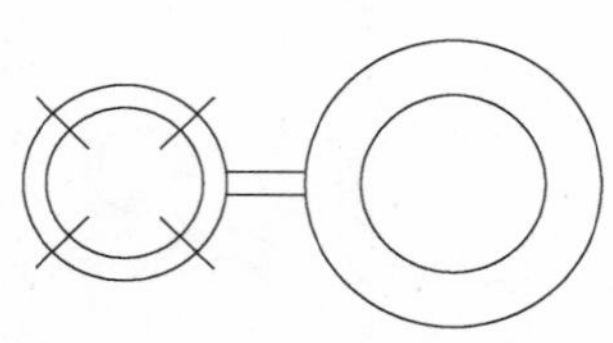

图 5-119　组合图形

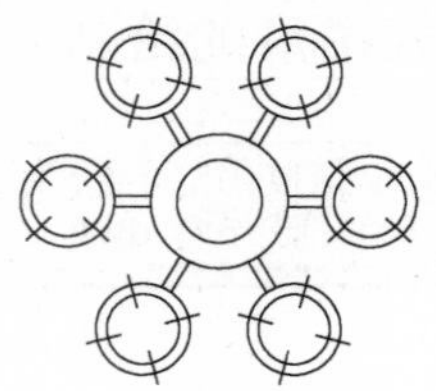

图 5-120　阵列图形

（9）执行“基点（BASE）”命令，指定中间的圆心点作为基点，然后按〈Ctrl+S〉组合键对文件进行保存。

5.5.2 台灯的绘制

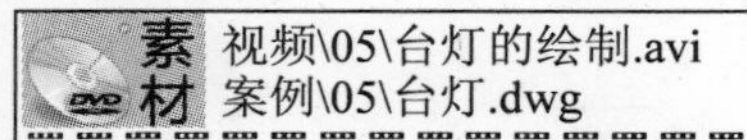

用户在绘制本实例时，首先调用样板文件，再根据要求依次绘制底座和台灯等，其最终效果如图 5-121 所示。

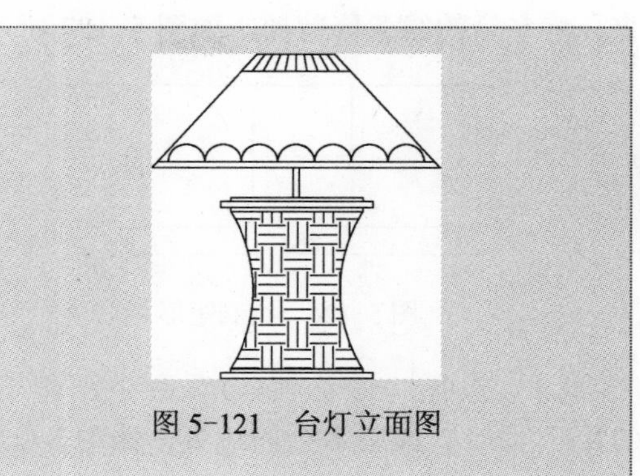

图 5-121　台灯立面图

（1）启动 AutoCAD 2016 软件，执行“文件｜打开”菜单命令，将“案例\05\室内装潢样板.dwt”文件打开；再执行“文件｜另存为”菜单命令，将其另存为“案例\05\台灯.dwg”文件，从而调用其中已有的绘制环境。

（2）执行“矩形（REC）”命令，绘制 150mm×6mm 和 130mm×4mm 的直角矩形；再执行“移动（M）”命令，将上一步所绘制的矩形移动到图 5-122 所示的位置。

（3）执行“复制（CO）”命令，将矩形复制到图 5-123 所示的位置。

（4）单击“绘图”菜单栏中的“起点、端点、半径”，以矩形的顶点为端点绘制半径为 268mm 的圆弧，并执行“修剪（TR）”命令，删除掉多余的线条，如图 5-124 所示。

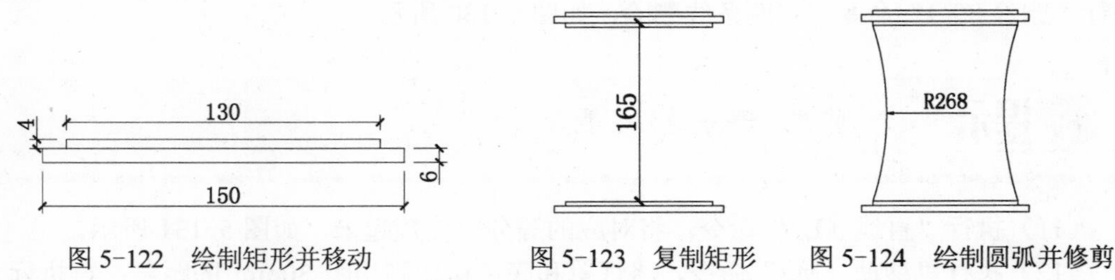

图 5-122　绘制矩形并移动　　图 5-123　复制矩形　　图 5-124　绘制圆弧并修剪

（5）执行“填充（H）”命令，为台灯底座填充图 5-125 所示的图案。

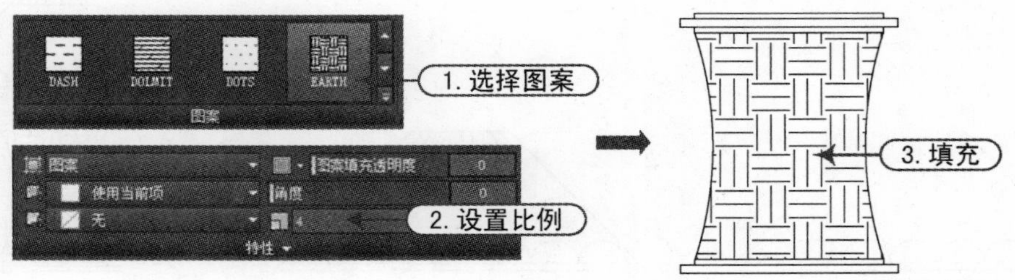

图 5-125　填充台灯底座

（6）执行“矩形（REC）”命令，绘制 284mm×110mm 和 74mm×110mm 的直角矩形，并执行“移动（M）”命令，将两个矩形移动到图 5-126 所示的位置。

（7）执行“直线（L）”命令，在上步图形内绘制两条斜线；再执行“修剪（TR）”命令，将多余的线条修剪掉，如图 5-127 所示。

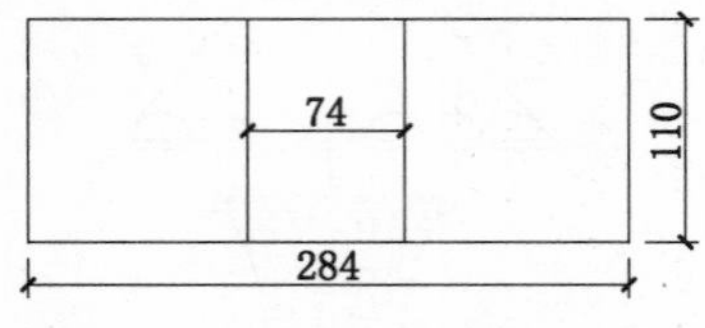

图 5-126　绘制矩形

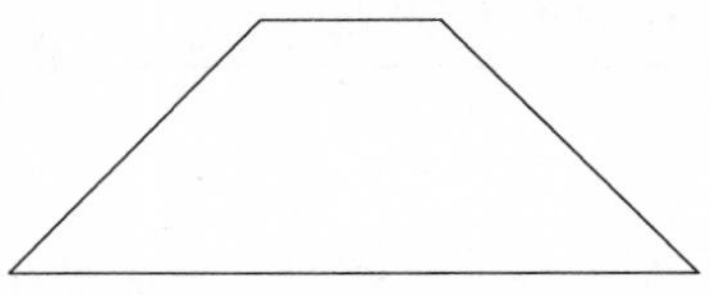

图 5-127　修剪线条

（8）执行“偏移（O）”命令，将下面的线条向上依次偏移 6、90；再执行“修剪（TR）”命令，减去多余的线条，如图 5-128 所示。

（9）执行“圆（C）”命令，绘制半径为 18mm 的圆，并执行“移动（M）”“修剪（TR）”和“复制（CO）”命令，绘制出图 5-129 所示的图形。

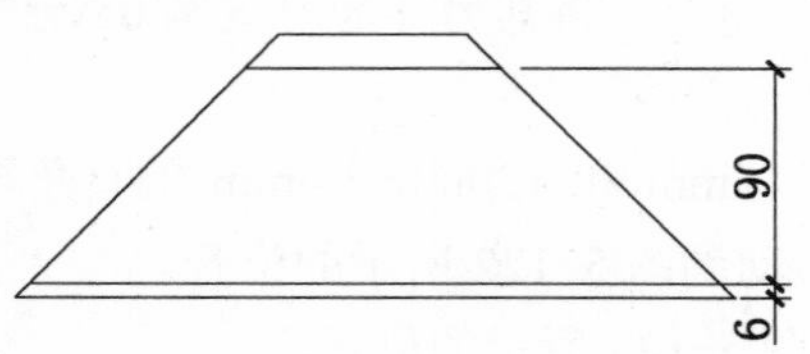

图 5-128　偏移并修剪

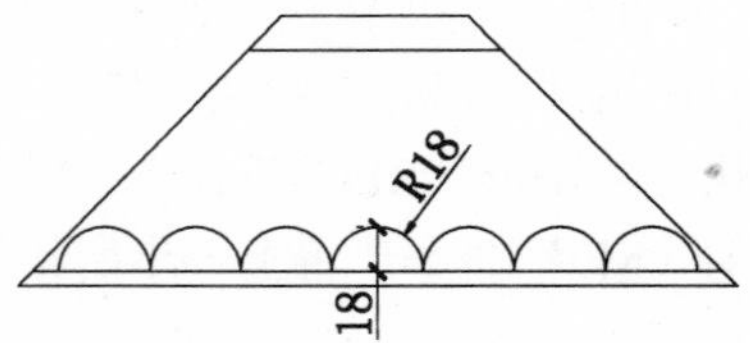

图 5-129　绘制半圆图案

（10）执行“等分（DIV）”命令，根据提示将上面两条线分别进行 10 等分的操作，再执行“删除（E）”命令，将两条线删除，如图 5-130 所示。

提示　将线条删除是为了能看见等分点。

（11）执行“直线（L）”命令，将对应的等分点连接起来，如图 5-131 所示。

（12）执行“移动（M）”命令，将灯罩和底座移动到相距 30mm 的距离；再执行“直线（L）”命令，绘制两条直线（直线距离为 6mm），将它们组合在一起，如图 5-132 所示。

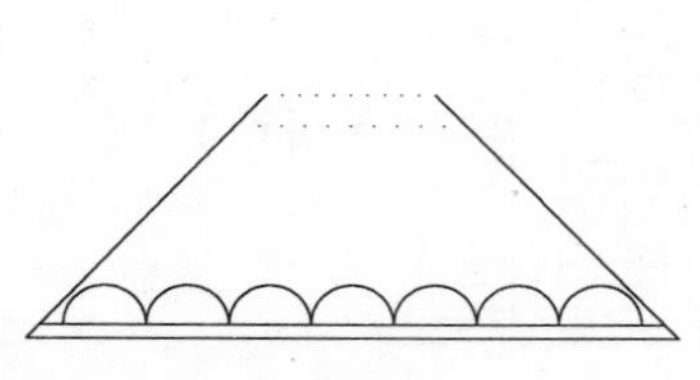

图 5-130　进行等分操作

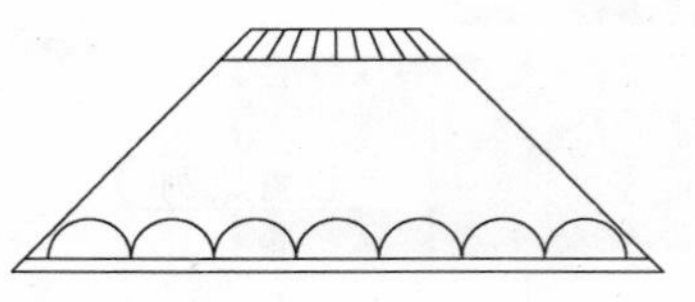

图 5-131　灯罩的绘制

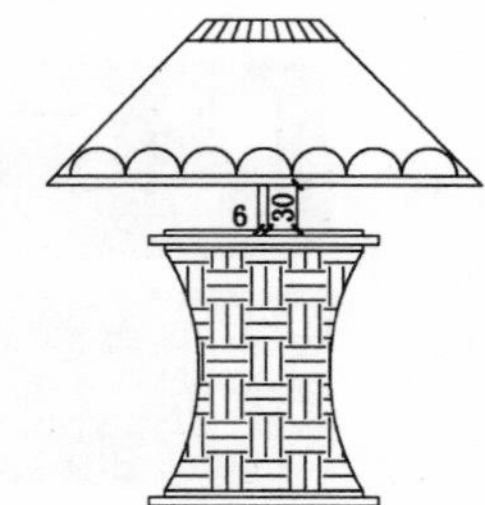

图 5-132　组合台灯

（13）执行“基点（BASE）”命令，指定下侧水平线段的中点作为基点，然后按〈Ctrl+S〉快捷键对文件进行保存。

5.5.3 落地灯的绘制

素材
视频\05\落地灯的绘制.avi
案例\05\落地灯.dwg

用户在绘制本实例时，首先调用样板文件，再根据要求依次绘制，其最终效果如图 5-133 所示。

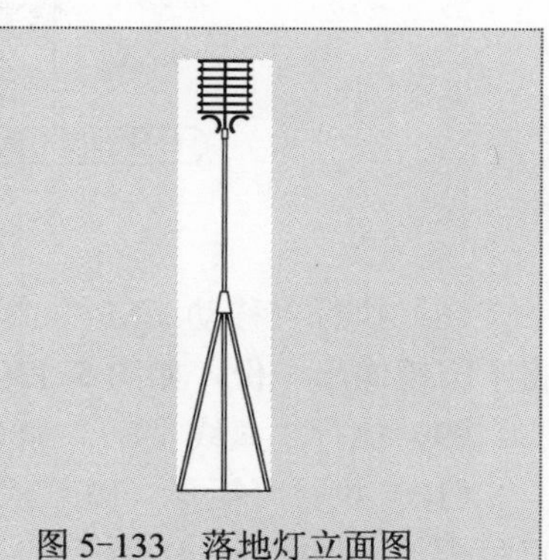

图 5-133 落地灯立面图

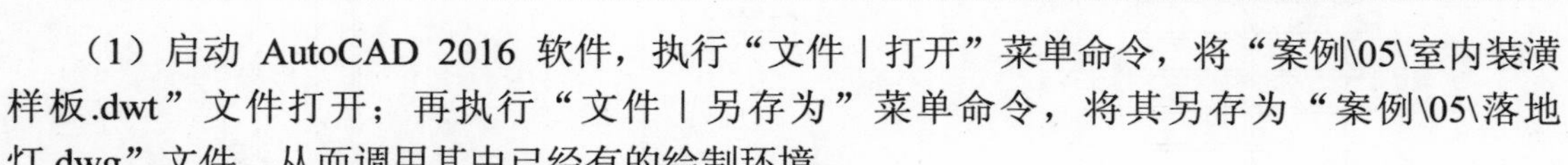

（1）启动 AutoCAD 2016 软件，执行“文件 | 打开”菜单命令，将“案例\05\室内装潢样板.dwt”文件打开；再执行“文件 | 另存为”菜单命令，将其另存为“案例\05\落地灯.dwg”文件，从而调用其中已经有的绘制环境。

（2）执行“矩形（REC）”命令，根据提示绘制 180mm×5mm 的直角矩形；再执行“复制（CO）”命令，将矩形复制到图 5-134 所示的位置。

（3）执行“圆（C）”命令，根据提示输入“2P”，绘制图 5-135 所示的圆，并修剪掉多余的图形。

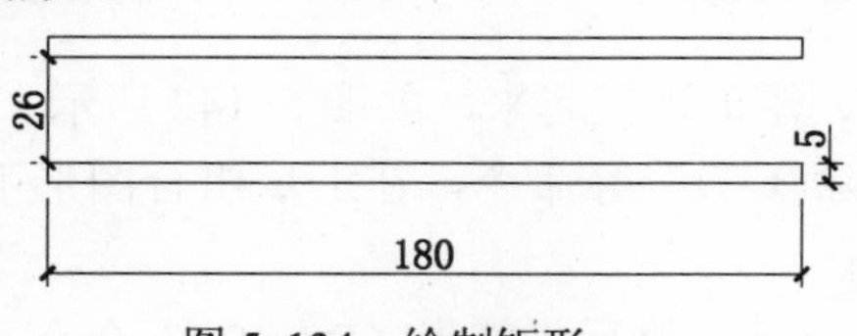

图 5-134 绘制矩形

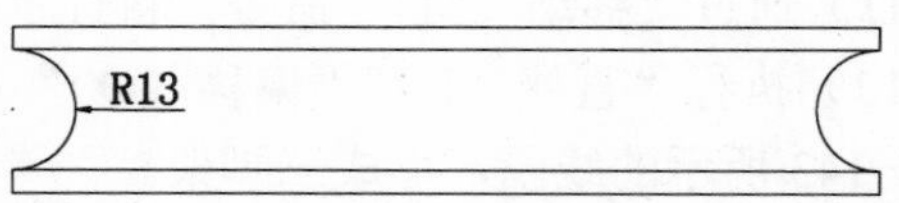

图 5-135 绘制半圆

（4）执行“复制（CO）”命令，将矩形和半圆垂直复制出 6 个，如图 5-136 所示。

（5）执行“矩形（REC）”命令，绘制 6mm×244mm 和 18mm×35mm 的两个矩形；再执行“移动（M）”命令，将矩形移动到图 5-137 所示的位置。

图 5-136 复制图形

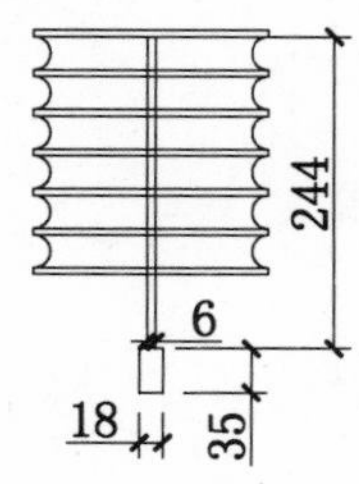

图 5-137 绘制矩形并移动

（6）执行“圆（C）”命令，绘制半径为 37mm 和 31mm 的同心圆；再执行“直线（L）”命令，过圆心绘制一条垂直的直线。

（7）执行“修剪（TR）”命令，将多余的线条删除；再执行“旋转（RO）”命令，将半圆旋转-45°，如图 5-138 所示。

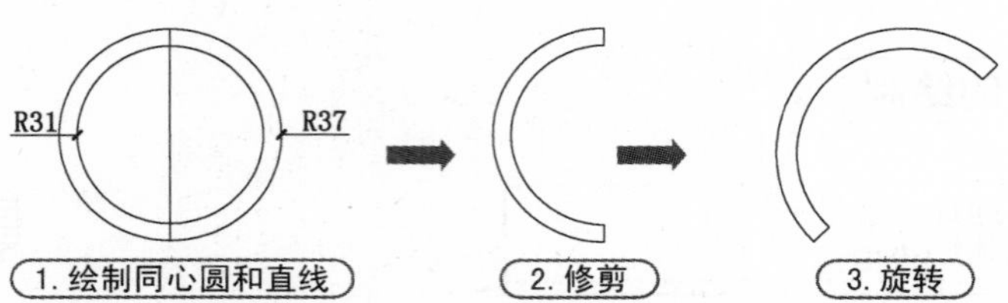

图 5-138　绘制半圆并修剪旋转

（8）执行“移动（M）”命令，将半圆移动到灯罩下面；然后执行“镜像（MI）”命令，将半圆镜像出一份，如图 5-139 所示。

（9）执行“直线（L）”命令，绘制出图 5-140 所示的等腰梯形。

（10）执行“矩形（REC）”命令，根据提示绘制 12mm×555mm 和 12mm×640mm 的直角矩形，如图 5-141 所示。

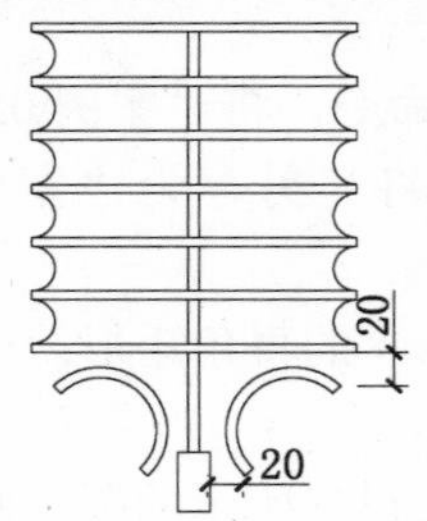

图 5-139　镜像半圆

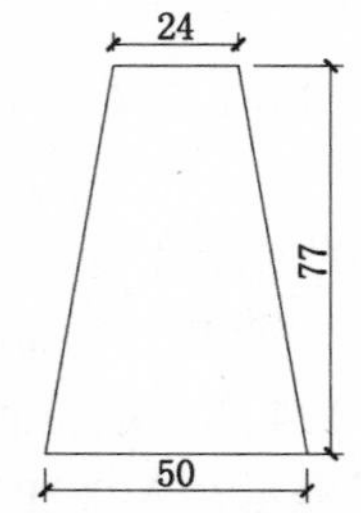

图 5-140　绘制等腰梯形

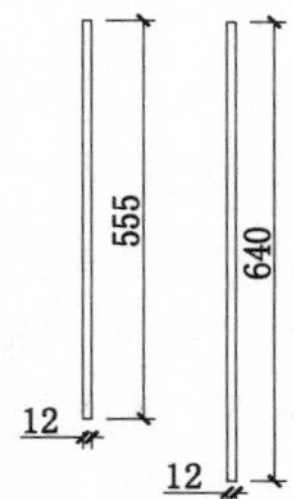

图 5-141　绘制矩形

（11）通过“移动（M）”命令，将灯罩、梯形、矩形连接起来，如图 5-142 所示。

（12）执行“直线（L）”“偏移（O）”和“删除（E）”等命令，在上步组合图形下侧绘制图 5-143 所示的线段，形成三脚架。

（13）至此，落地灯的绘制完成，如图 5-144 所示。执行“基点（BASE）”命令，指定下侧水平线段的中点作为基点，然后按〈Ctrl+S〉快捷键对文件进行保存。

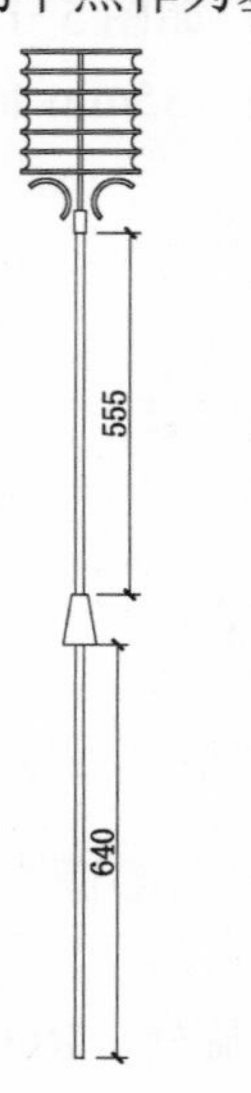

图 5-142　组合图形

图 5-143　绘制三脚架

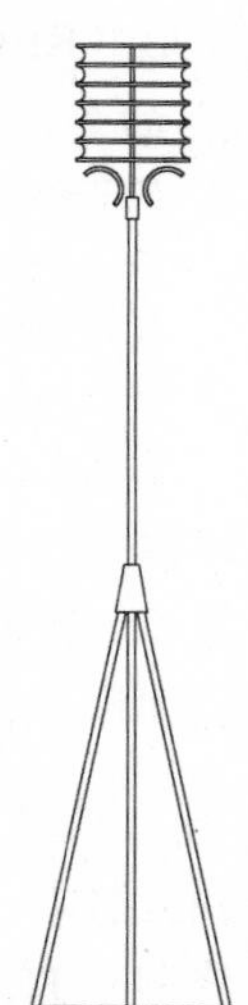

图 5-144　完成落地灯绘制

5.6 室内电器图块的绘制

家用电器主要指在家庭及类似场所中使用的各种电器和电子器具，又称民用电器、日用电器。家用电器为人类创造了更为舒适优美、更有利于身心健康的生活和工作环境，为人们提供了丰富多彩的文化娱乐条件，已成为现代家庭生活的必需品。

5.6.1 冰箱的绘制

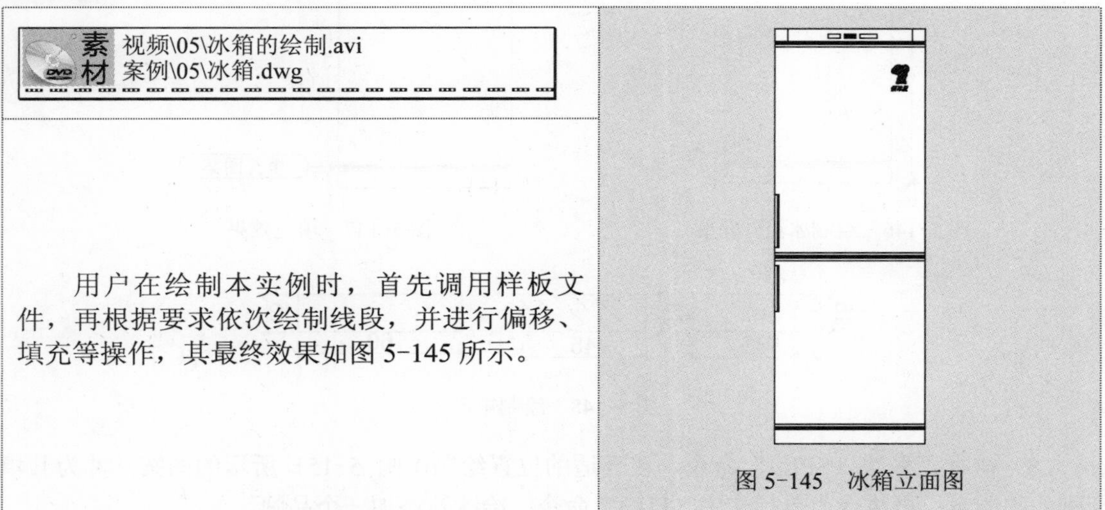

素材
视频\05\冰箱的绘制.avi
案例\05\冰箱.dwg

用户在绘制本实例时，首先调用样板文件，再根据要求依次绘制线段，并进行偏移、填充等操作，其最终效果如图 5-145 所示。

图 5-145 冰箱立面图

（1）启动 AutoCAD 2016 软件，执行“文件 | 打开”菜单命令，将“案例\05\室内装潢样板.dwt”文件打开；再执行“文件 | 另存为”菜单命令，将其另存为“案例\05\冰箱.dwg”文件，从而调用其中已经有的绘制环境。

（2）执行“直线（L）”命令，绘制长为 555mm 的直线；再执行“偏移（O）”命令，将直线依次向上偏移 55mm、10mm、10mm、630mm、10mm、10mm、10mm、780mm、10mm、10mm、50mm，并将左右两边的点连接起来，如图 5-146 所示。

（3）执行“图案填充（H）”命令，根据提示选择“IS004W100”图案、角度为 45°、比例为 1，对指定区域进行图案填充，如图 5-147 所示。

（4）执行“矩形（REC）”命令，根据提示绘制两个 45mm×15mm 和一个 60mm×15mm 的矩形。

（5）执行“图案填充（H）”命令，填充中间那个 45mm×15mm 的矩形，其填充的图案为“ANSI 31”，填充比例为 40，如图 5-148 所示。

（6）执行“矩形（REC）”命令，根据提示绘制一个 15mm×200mm 的直角矩形；再执行“分解（X）”命令，将它打散；然后执行“偏移（O）”命令，将左右两边的线分别向内偏移，其偏移的距离分别为 10mm 和 1mm，如图 5-149 所示。

（7）执行“移动（M）”命令，将绘制的 3 个图形组合在一起，如图 5-150 所示。

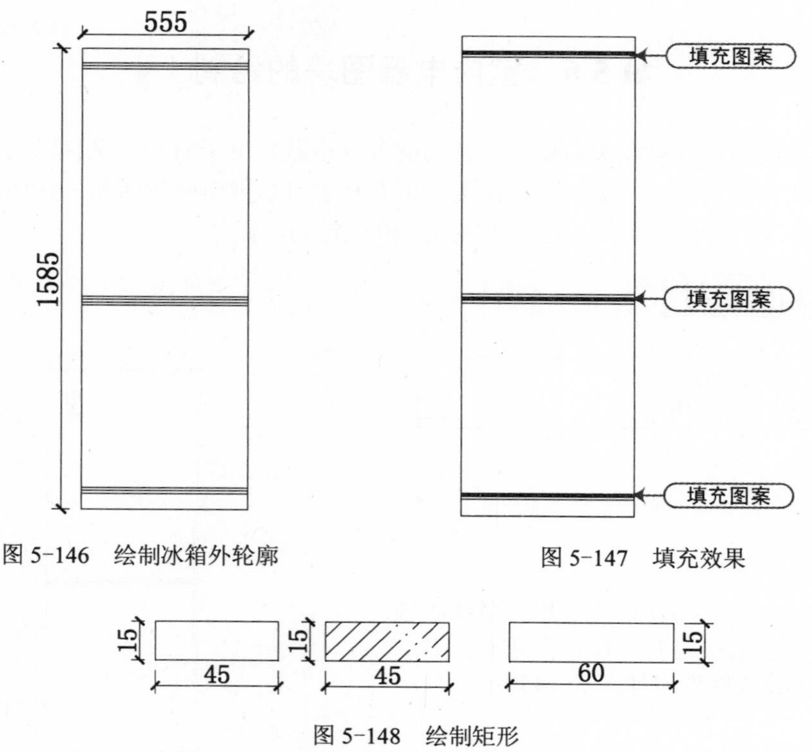

图 5-146　绘制冰箱外轮廓　　　　图 5-147　填充效果

图 5-148　绘制矩形

（8）执行“多线（SPL）”命令，在合适的位置绘制出图 5-151 所示的图案，并为其填充刚才的图案；再执行“单行文字（DT）”命令，给冰箱添加一个品牌。

（9）执行“基点（BASE）”命令，指定下侧水平线段的中点作为基点，然后按〈Ctrl+S〉快捷键对文件进行保存。

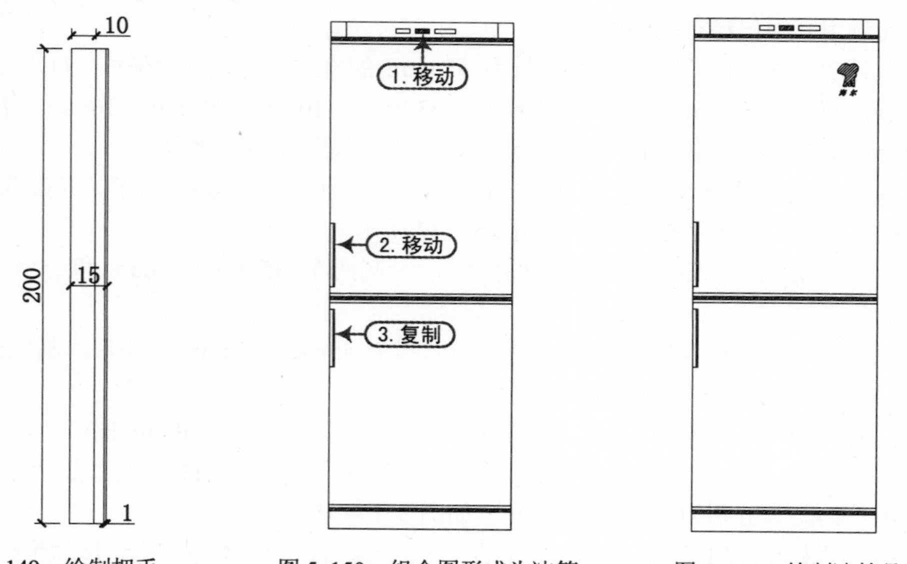

图 5-149　绘制把手　　　　图 5-150　组合图形成为冰箱　　　　图 5-151　绘制冰箱品牌

5.6.2 饮水机的绘制

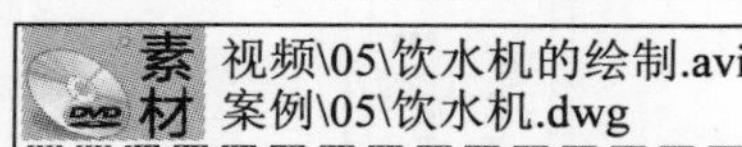

素材
视频\05\饮水机的绘制.avi
案例\05\饮水机.dwg

用户在绘制本实例时，首先调用样板文件，然后通过直线、偏移、修剪、圆弧、移动、填充、单行文字等命令，绘制出饮水机效果，如图 5-152 所示。

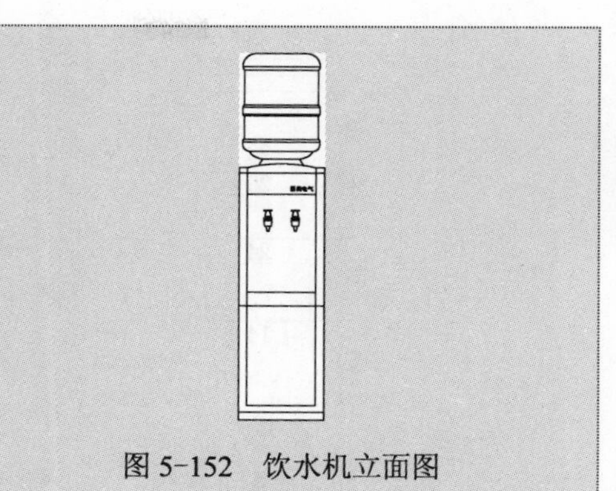
图 5-152 饮水机立面图

（1）启动 AutoCAD 2016 软件，执行“文件 | 打开”菜单命令，将“案例\05\室内装潢样板.dwt”文件打开；再执行“文件 | 另存为”菜单命令，将其另存为“案例\05\饮水机.dwg”文件，从而调用其中已经有的绘制环境。

（2）执行“直线（L）”命令和“偏移（O）”命令，绘制图 5-153 所示的图形。

（3）执行“修剪（TR）”命令，将多余的线条去掉，如图 5-154 所示。

（4）执行“绘图 | 圆弧 | 起点、端点、半径”菜单命令，绘制半径为 525mm 的圆弧，如 图 5-155 所示。

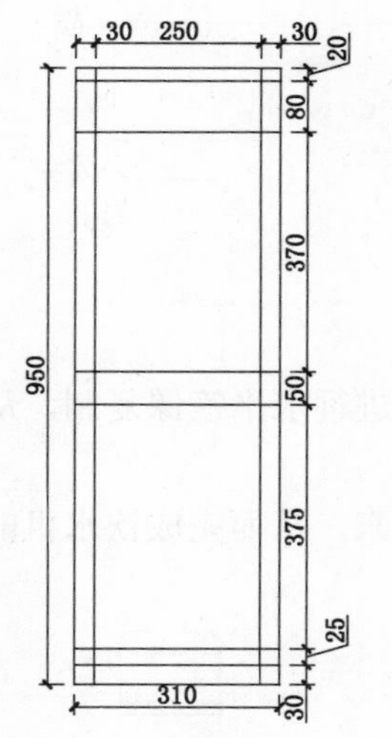

图 5-153 绘制外轮廓

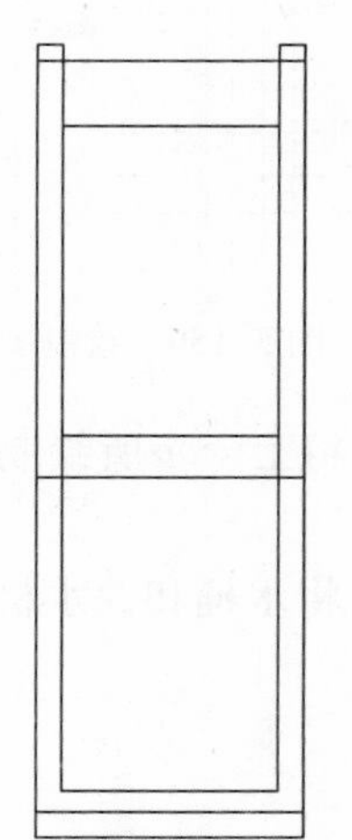
图 5-154 修剪线条

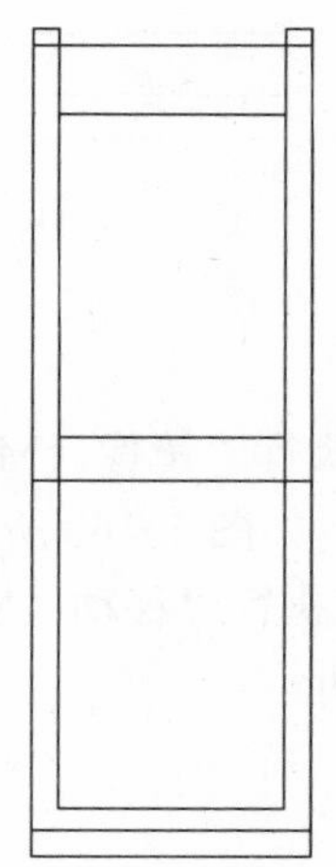
图 5-155 绘制圆弧

（5）执行“直线（L）”命令、“偏移（O）”命令，按照图形的要求来绘制放水阀，如图 5-156 所示。

（6）执行“图案填充（H）”命令，对指定的区域填充“JIS_W00D”图案，填充比例为 4，如图 5-157 所示。

（7）执行“单行文字（DT）”命令，设置文字高度为 15，然后在指定位置输入饮水机的品牌名称；再执行“移动（M）”命令和“复制（CO）”命令，将上一步所绘制的放水阀安装在饮水机的相应位置，如图 5-158 所示。

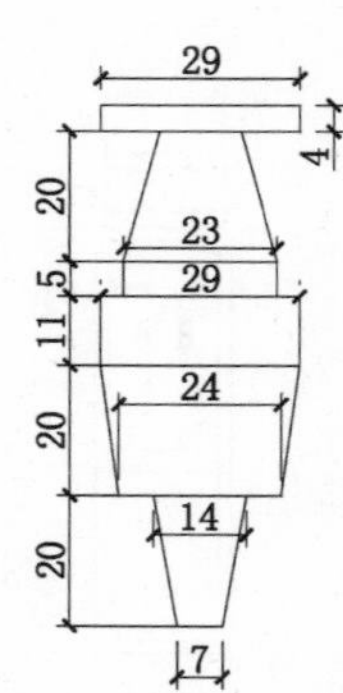

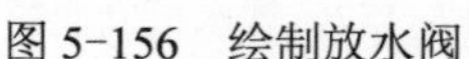
图 5-156 绘制放水阀

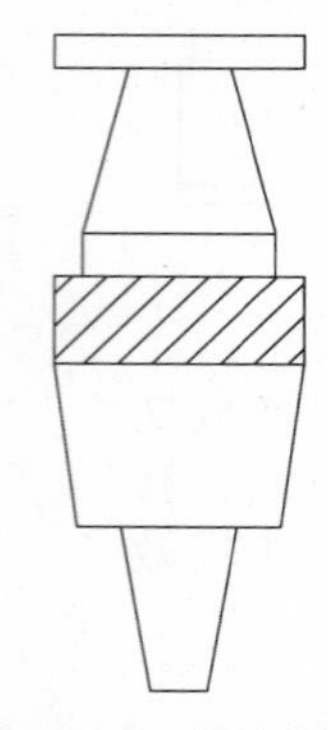
图 5-157 填充图案

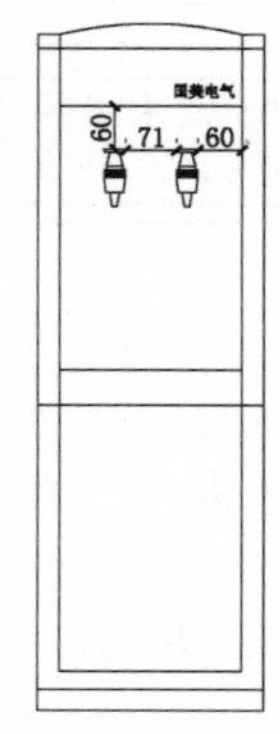

图 5-158 安装放水阀

（8）执行“直线（L）”“偏移（O）”“修剪（TR）”和“圆弧（A）”等命令，按照图 5-159 所示来绘制图形。

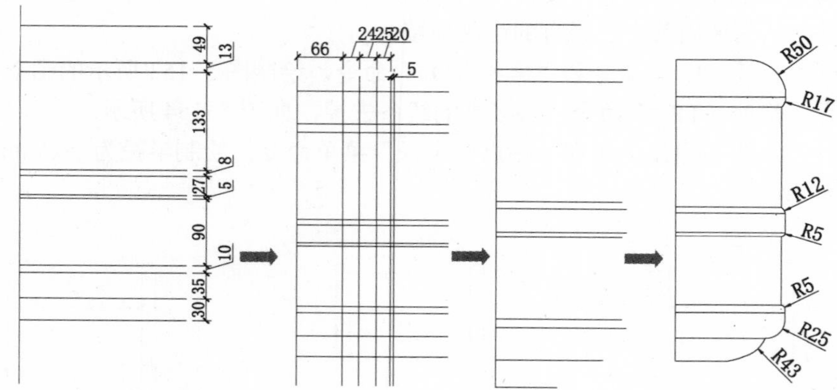

图 5-159 绘制图形

（9）执行“镜像（MI）”命令，将上一步所绘制的对象进行水平镜像复制，从而完成水桶的绘制，如图 5-160 所示。

（10）执行“移动（M）”命令，将水桶和饮水机组合起来，从而完成饮水机的绘制，如图 5-161 所示。

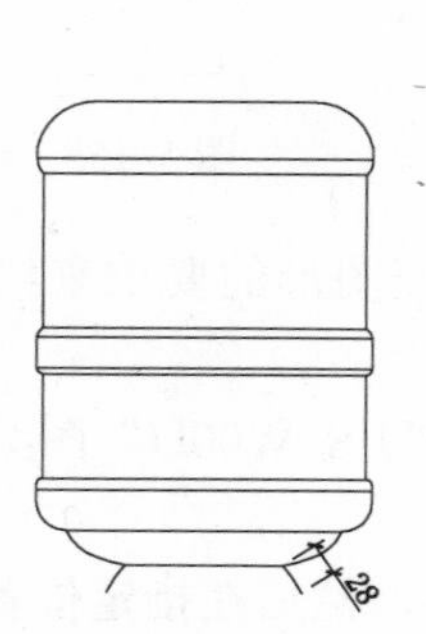

图 5-160 镜像水桶

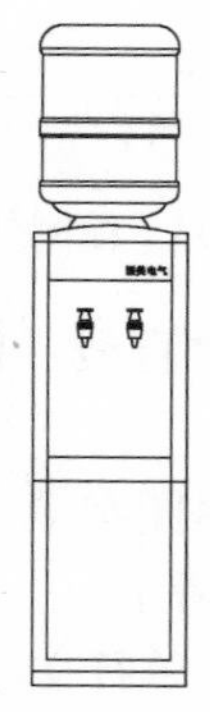
图 5-161 绘制好的饮水机

（11）执行“基点（BASE）”命令，指定下侧水平线段的中点作为基点，然后按〈Ctrl+S〉快捷键对文件进行保存。

5.6.3 液晶电视的绘制

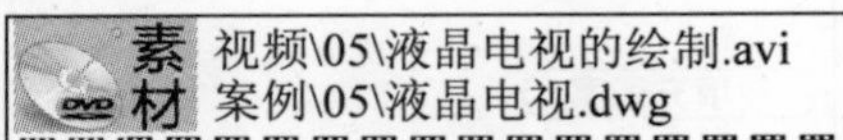

素材
视频\05\液晶电视的绘制.avi
案例\05\液晶电视.dwg

用户在绘制本实例时，首先调用样板文件，然后通过矩形、直线、偏移、图案填充、直线、圆、单行文字等命令，完成液晶电视的绘制，其最终效果如图 5-162 所示。

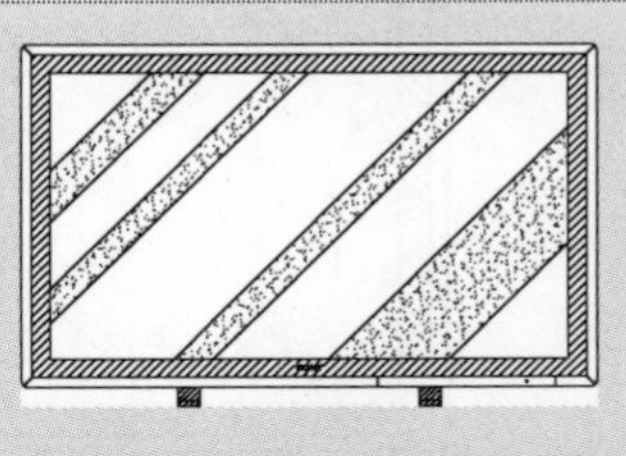

图 5-162 液晶电视立面图

（1）启动 AutoCAD 2016 软件，执行“文件 | 打开”菜单命令，将“案例\05\室内装潢样板.dwt”文件打开；再执行“文件 | 另存为”菜单命令，将其另存为“案例\05\液晶电视.dwg”文件，从而调用其中已经有的绘制环境。

（2）执行“矩形（REC）”命令，根据提示绘制 1036mm×636mm 的圆角矩形，其圆角半径为 10mm；再执行“偏移（O）”命令，将矩形向内依次偏移 18mm 和 35mm，如图 5-163 所示。

（3）执行“矩形（REC）”命令，绘制 40mm×35mm 和 40mm×25mm 的直角矩形；再执行“移动（M）”命令，将其移动到图 5-164 所示的位置。

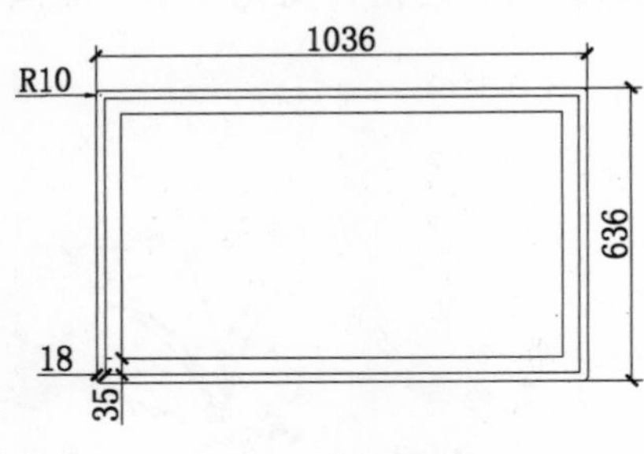

图 5-163 绘制矩形并偏移

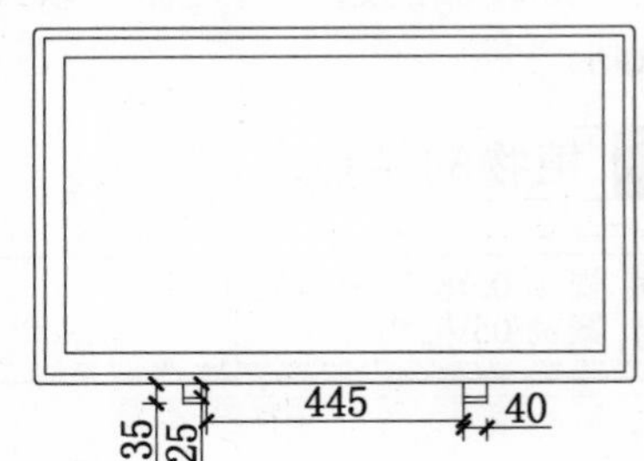

图 5-164 绘制直角矩形并移动

（4）执行“图案填充（H）”命令，对电视屏和轮廓分别填充不同的图案，如图 5-165 所示。

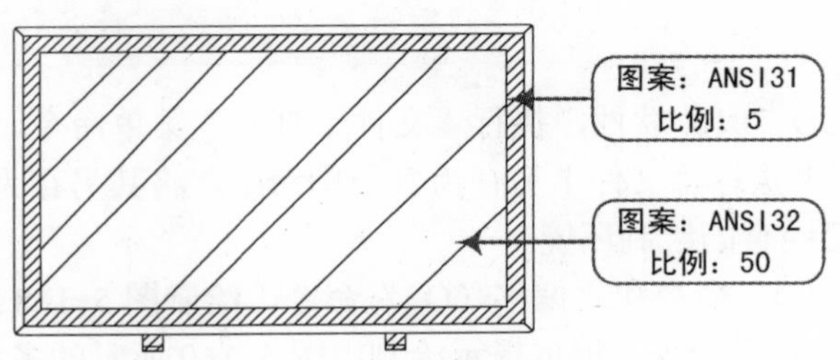

图 5-165 填充图案

（5）执行“图案填充（H）”命令，在上步的图案区域内填充“AR-SAND”图案，比例为 0.5；再执行“删除（E）”命令，删掉多余的线条；然后在下侧添加单行文字“SONY”字样，以及绘制一个圆作为电视机按钮，如图 5-166 所示。

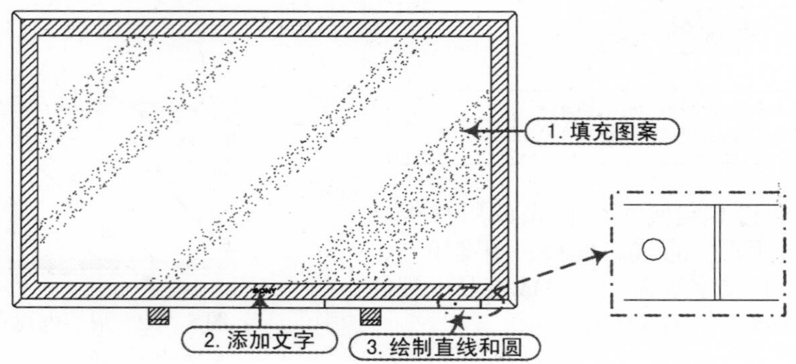

图 5-166　添加图形细节

（6）至此，液晶电视的绘制基本完成。执行“基点（BASE）”命令，指定下侧水平线段的中点作为基点，然后按〈Ctrl+S〉快捷键对文件进行保存。

5.7　室内陈设图块的绘制

在室内陈设设计中，按照陈设品的性质，可以将陈设品分为实用性陈设品和装饰性陈设品两大类。陈设品的选择需遵循“以人为本，兼顾经济、习俗、文化等多方面因素综合考虑”的原则。

5.7.1　植物的绘制

用户在绘制本实例时，首先调用样板文件，然后通过直线、偏移、圆弧、样条曲线和圆环等命令，绘制出植物效果，如图 5-167 所示。

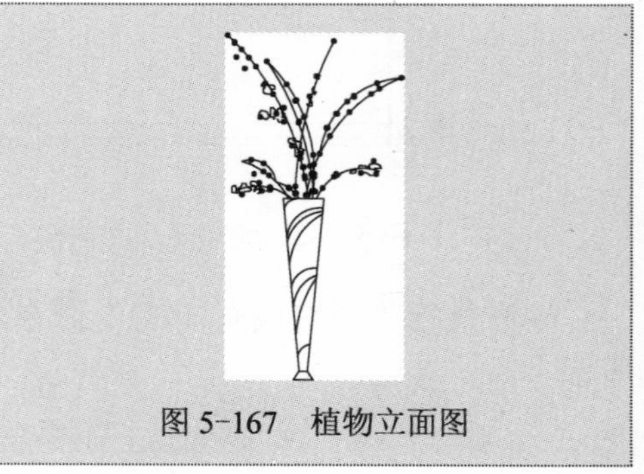

图 5-167　植物立面图

（1）启动 AutoCAD 2016 软件，执行“文件 | 打开”菜单命令，将“案例\05\室内装潢样板.dwt”文件打开；再执行“文件 | 另存为”菜单命令，将其另存为“案例\05\植物.dwg”文件，从而调用其中已经有的绘制环境。

（2）执行“直线（L）”命令和“偏移（O）”命令，绘制图 5-168 所示的图形。

（3）执行“圆弧（A）”命令，根据提示绘制出图 5-169 所示的多条圆弧。

（4）执行“样条曲线（SPL）”命令，依次勾绘出图 5-170 所示的图形。

（5）执行“圆环（DO）”命令，根据提示设置内径为 0，外径为 10mm，在样条曲线上添加一些圆点，如图 5-171 所示。

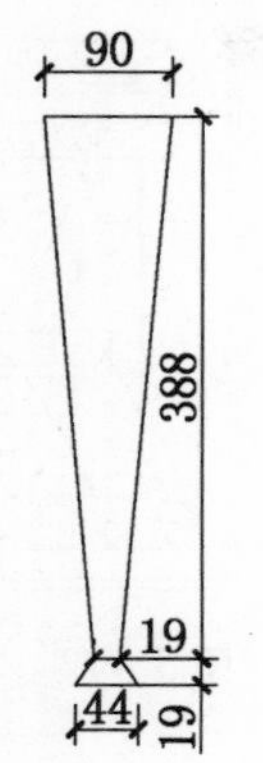

图 5-168 绘制轮廓

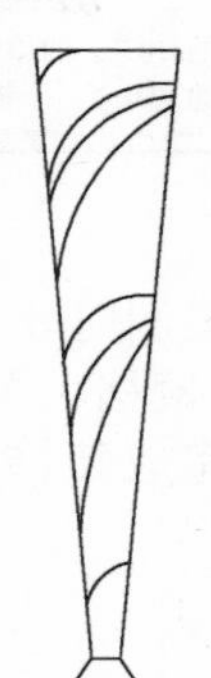

图 5-169 绘制多条圆弧

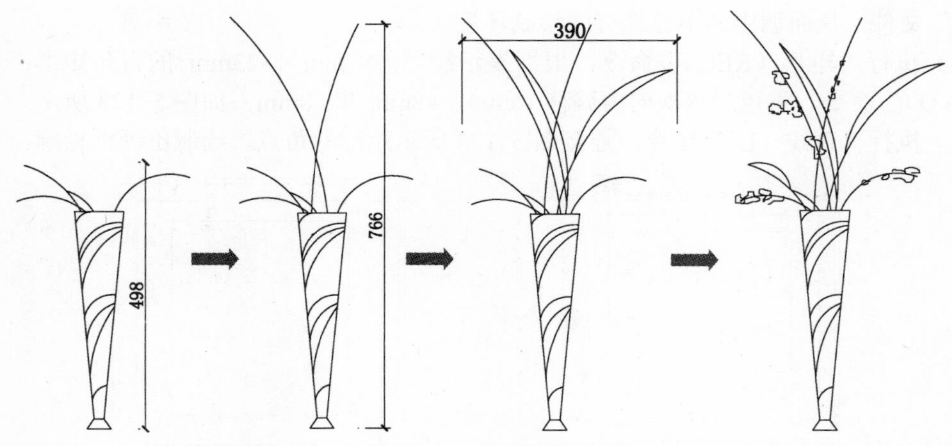

图 5-170 绘制植物效果

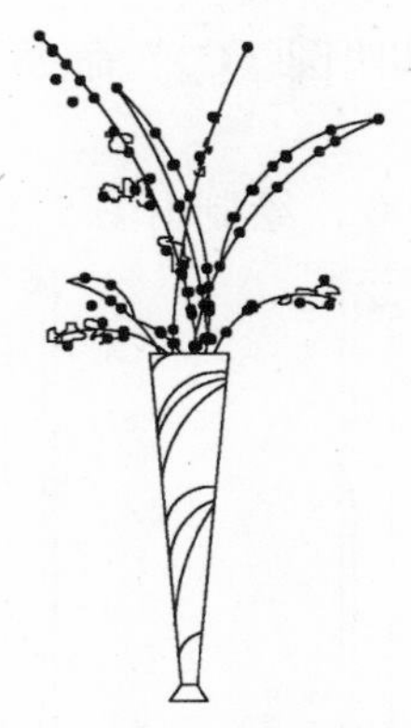

图 5-171 添加花朵的植物效果

（6）至此，植物立面图的绘制基本完成。执行“基点（BASE）”命令，指定下侧水平线段的中点作为基点，然后按〈Ctrl+S〉快捷键对文件进行保存。

5.7.2 装饰画的绘制

素材 视频\05\装饰画的绘制.avi
案例\05\装饰画.dwg

用户在绘制本实例时，首先调用样板文件，然后通过矩形、偏移、直线、圆、圆弧、图案填充等命令，完成装饰画最终效果，如图 5-172 所示。

图 5-172　装饰画立面图

（1）启动 AutoCAD 2016 软件，执行“文件 | 打开”菜单命令，将“案例\05\室内装潢样板.dwt”文件打开；再执行“文件 | 另存为”菜单命令，将其另存为“案例\05\装饰画.dwg”文件，从而调用其中已经有的绘制环境。

（2）执行“矩形（REC）”命令，根据提示绘制 797mm×823mm 的直角矩形；再执行“偏移（O）”命令，将矩形依次向内偏移 16mm、48mm 和 58mm，如图 5-173 所示。

（3）执行“直线（L）”命令，连接图 5-174 所示矩形的角点，绘制出画框轮廓。

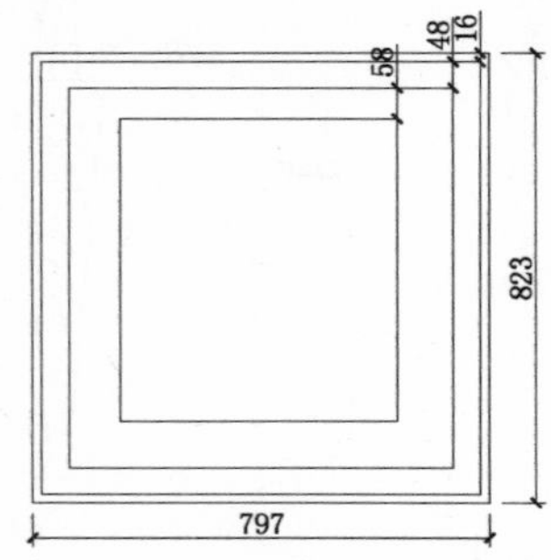

图 5-173　绘制矩形并偏移

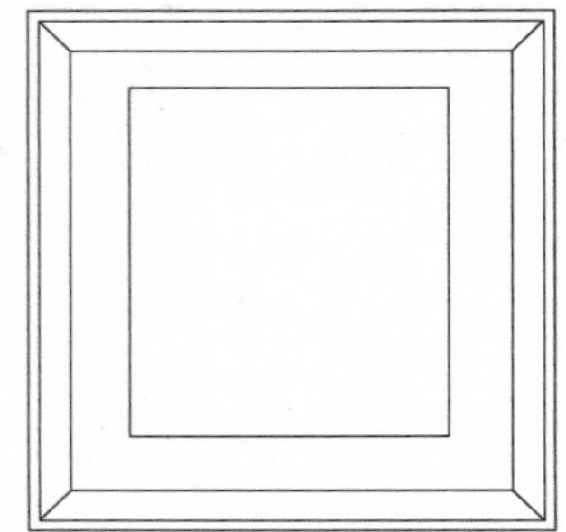

图 5-174　绘制画框轮廓

（4）执行“矩形（REC）”命令和“圆（C）”命令，在画框内部绘制出图 5-175 所示的图形。

（5）执行“样条曲线（SPL）”命令，绘制出图 5-176 所示的 4 条曲线。

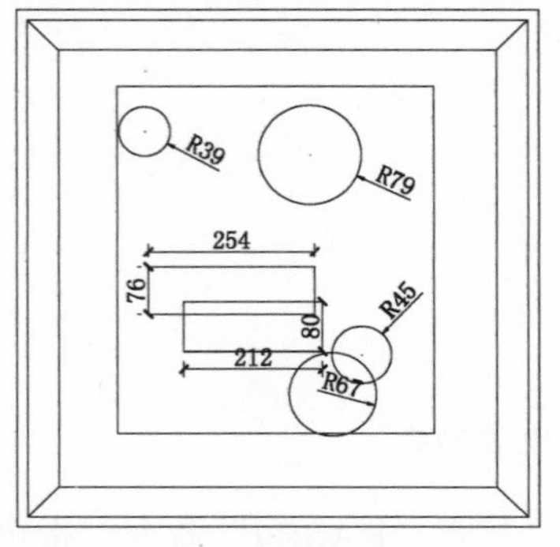

图 5-175　绘制圆

图 5-176　绘制样条曲线

（6）执行“填充（H）”命令，选择填充图案“AR-SAND”，设置填充比例为 0.5，对矩形轮廓进行填充，如图 5-177 所示。

图 5-177 装饰画的绘制

（7）至此，装饰画立面图的绘制基本完成。执行“基点（BASE）”命令，指定下侧水平线段的中点作为基点，然后按〈Ctrl+S〉快捷键对文件进行保存。

5.7.3 钢琴的绘制

用户在绘制本实例时，首先调用样板文件，然后通过矩形、多段线、移动、圆弧、图案填充等命令，完成钢琴最终效果，如图 5-178 所示。

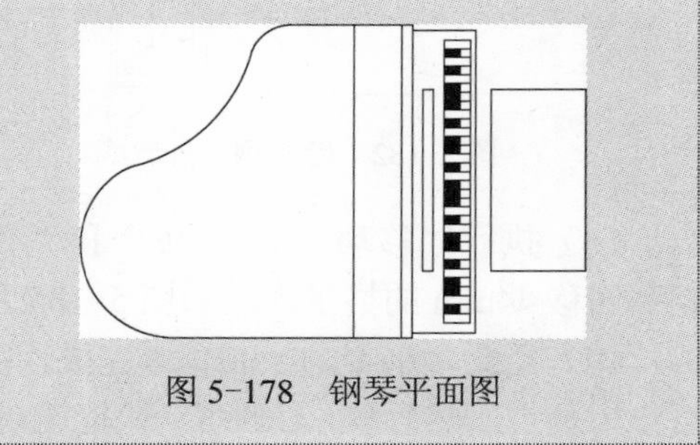

图 5-178 钢琴平面图

（1）启动 AutoCAD 2016 软件，执行“文件｜打开”菜单命令，将“案例\05\室内装潢样板.dwt”文件打开；再执行“文件｜另存为”菜单命令，将其另存为“案例\05\钢琴.dwg”文件，从而调用其中已经有的绘制环境。

（2）执行“多线（PL）”命令，绘制图 5-179 所示的图形。

（3）执行“矩形（REC）”命令，在上步绘制的图形右侧，绘制 230mm×1575mm 和 50mm×1575mm 的矩形，如图 5-180 所示。

（4）执行“矩形（REC）”命令，在空白处绘制 350mm×1524mm 和 457mm×914mm 的矩形；再执行“移动（M）”命令，让两个矩形的距离为 76mm，如图 5-181 所示。

（5）执行“移动（M）”命令，将前面的两组对象组合到一起；然后执行“矩形（REC）”命令，在 350mm×1524mm 的矩形内相应位置，绘制 51mm×914mm 和 127mm×1422mm 的两个矩形；再执行“圆弧（A）”命令，按图 5-182 所示来绘制圆弧对象。

（6）执行“分解（X）”命令，将 127mm×1422mm 的矩形进行分解；再将底上的那条线依次向上偏移 44mm 的距离，如图 5-183 所示。

（7）执行“矩形（REC）”命令，在空白处绘制 76mm×44mm 的矩形，并通过“填充

(H)”命令，为其填充黑色操作，从而完成琴键的绘制，如图 5-184 所示。

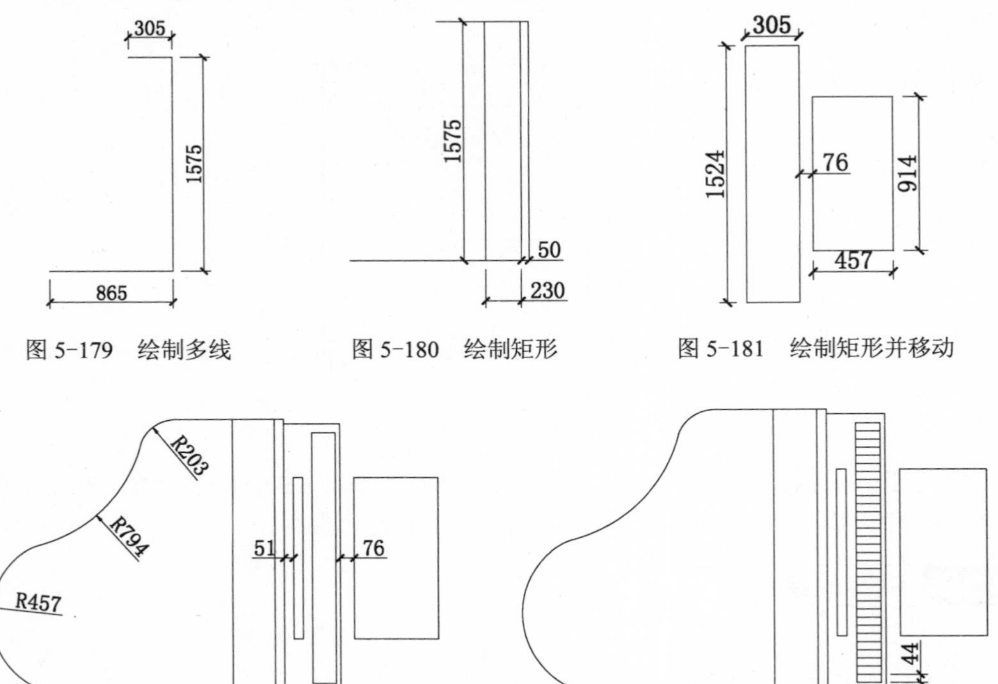

图 5-179 绘制多线　　图 5-180 绘制矩形　　图 5-181 绘制矩形并移动

图 5-182 绘制钢琴外轮廓　　图 5-183 绘制钢琴键轮廓

（8）执行“移动（M）”命令和“复制（CO）”命令，将上一步所绘制的琴键移动并复制到偏移 44mm 的格子内，如图 5-185 所示的位置。

（9）至此，钢琴的绘制基本完成，执行“基点（BASE）”命令，指定右侧垂直线段的中点作为基点，然后按〈Ctrl+S〉快捷键对文件进行保存。

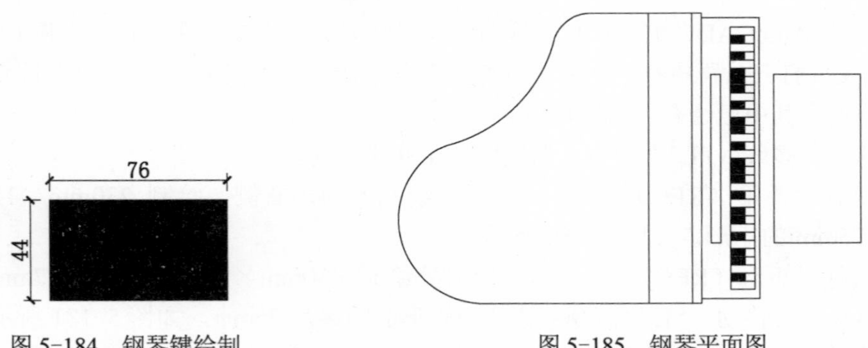

图 5-184 钢琴键绘制　　图 5-185 钢琴平面图

第6章 住宅室内设计六面图的绘制

本章导读

住宅室内设计是在建筑设计成果的基础上进一步深化、完善室内空间环境，使住宅在满足常规功能的同时，更适合特定住户的物质要求和精神要求。

本章以某住宅室内设计为例，详细讲解了客厅和卧室六面图的绘制方法和技巧，使读者能够按照操作步骤完成相应的绘图任务；最后给出了厨房、卫生间和书房的相应六面图，让读者自行去演练绘制，从而达到举一反三的效果。

学习目标

- 熟练掌握客厅六面图的绘制方法和技巧
- 熟练掌握卧室六面图的绘制方法和技巧
- 演练厨房六面图的绘制
- 演练卫生间六面图的绘制
- 演练书房六面图的绘制

预览效果图

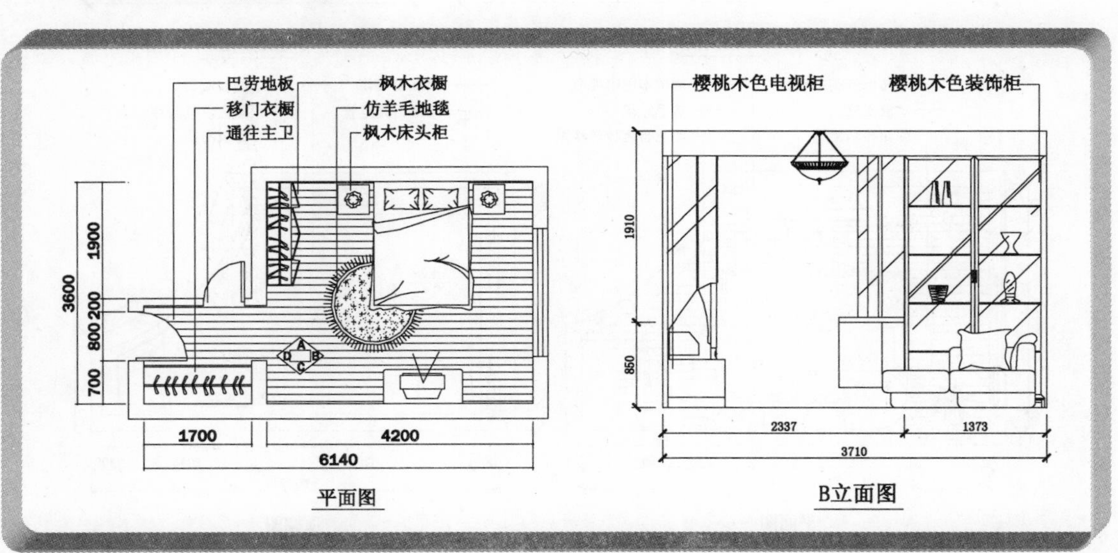

6.1 客厅装潢设计六面图的绘制

每一个居室都存在六面图，即下侧、上侧、左侧、后侧、右侧、前侧。而在 AutoCAD 绘制图形过程中，分别称之为平面布置图、顶棚布置图、ABCD 立面图。下面以某客厅装饰设计的六面图为例来进行绘制，其效果如图 6-1 所示。

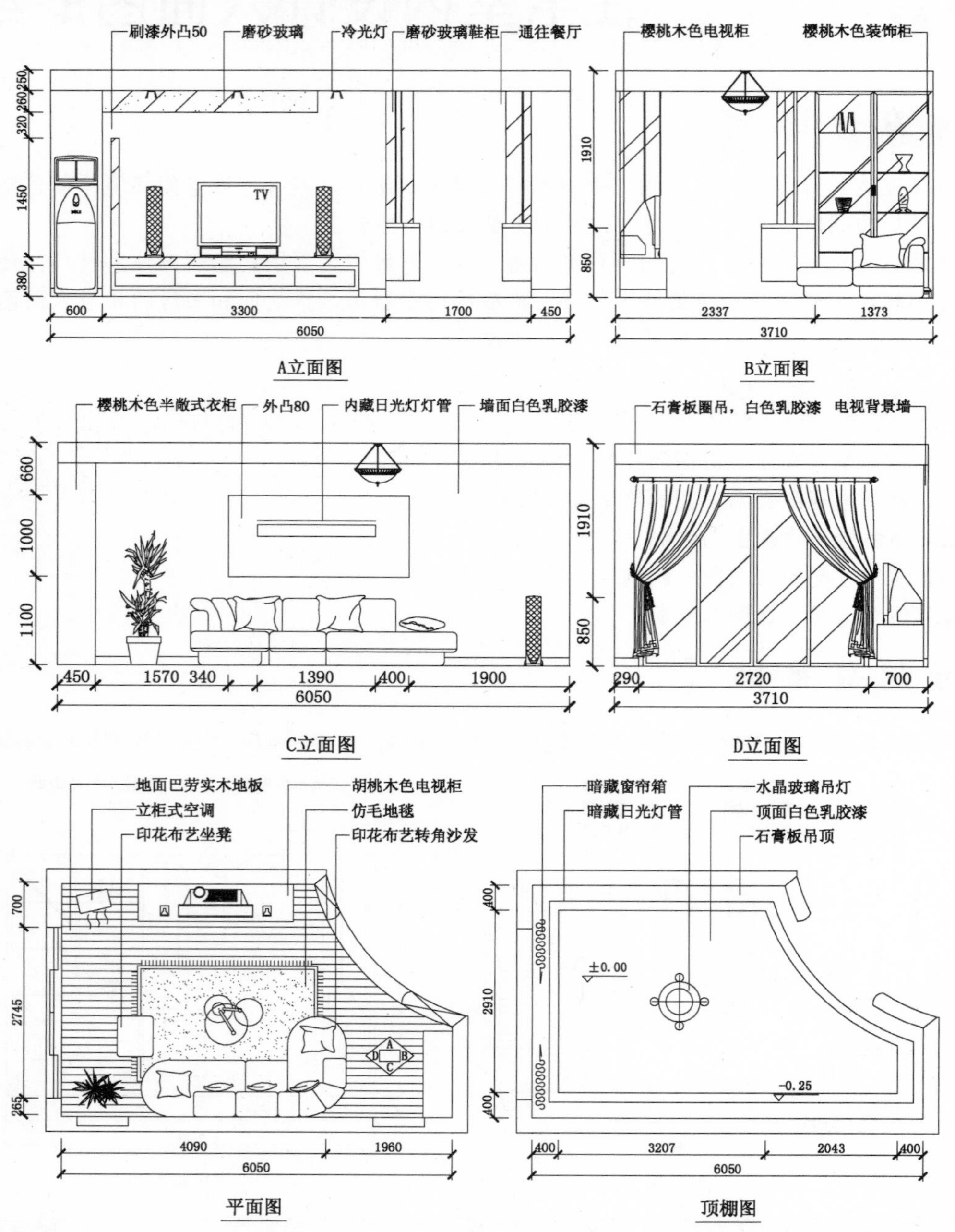

图 6-1　客厅六面图效果

6.1.1 客厅平面图的绘制

素材 视频\06\客厅平面图的绘制.avi
案例\06\客厅平面图.dwg

打开样板文件并另存为新的图形文件，再根据要求绘制客厅平面布置图。首先执行矩形、偏移、修剪、直线等命令绘制客厅的墙体、门窗洞口；再执行直线、偏移命令绘制电视组合柜；然后插入推拉门窗、组合沙发、空调、盆景、内视符号等图块对象，并设置统一的图块比例；最后根据要求对客厅进行地板填充，并对其进行文字、尺寸和图名标注，从而完成客厅平面布置图的绘制，如图 6-2 所示。

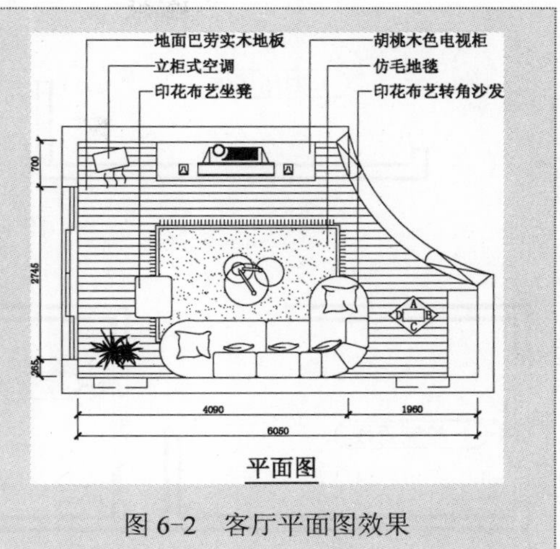

图 6-2 客厅平面图效果

（1）启动 AutoCAD 2016 软件，选择“文件 | 打开”菜单命令，将“案例\06\住宅居室样板.dwt”文件打开，再执行“文件 | 另存为”菜单命令，将其另存为“案例\06\客厅平面图.dwg”文件。

（2）在“图层”面板的“图层控制”下拉列表框中选择“QT-墙体”图层作为当前图层，如图 6-3 所示。

图 6-3 设置当前图层

（3）执行“多线（PL）”命令，绘制图 6-4 所示的两条多线；再执行“偏移（O）”命令，将多线对象向外偏移 240mm。

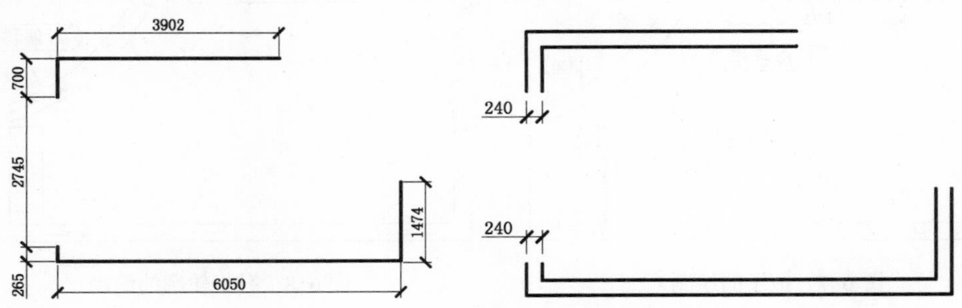

图 6-4 绘制墙体线

（4）执行“直线（L）”命令，绘制相应的直线段，形成封闭墙体；再执行“旋转（RO）”命令和“修剪（TR）”命令，在右上侧绘制出入口，如图 6-5 所示。

（5）将“MC-门窗”图层作为当前图层，执行“直线（L）”命令，绘制左侧的推拉门窗；再执行“圆弧（ARC）”命令，在图形的右上角处绘制半径为 3841mm 和 3882mm 的圆弧，如图 6-6 所示。

用户可以单击屏幕左下方的按钮，从而达到打开线宽和隐藏线宽的效果。

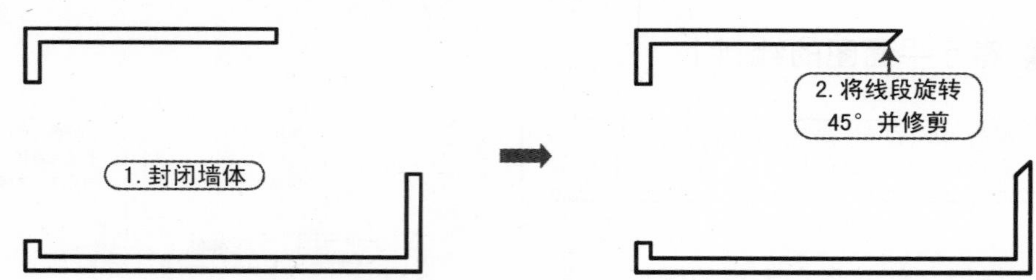

图 6-5　绘制出入口

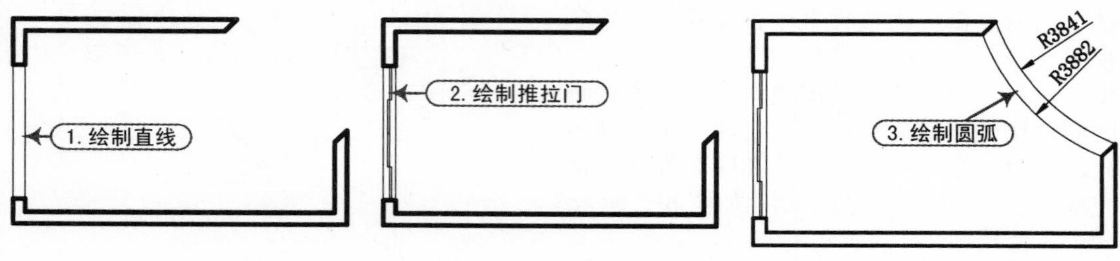

图 6-6　绘制门窗

（6）将“JJ-家具”图层作为当前图层，执行“矩形（REC）”命令，在图形中绘制2400mm×600mm 和 450mm×1370mm 的矩形来形成电视柜和展示柜，如图 6-7 所示。

（7）执行“偏移（O）”命令，将两条斜线分别进行相应的偏移操作；再执行“延伸（EX）”和“修剪（TR）”命令，绘制出图 6-8 所示的图形。

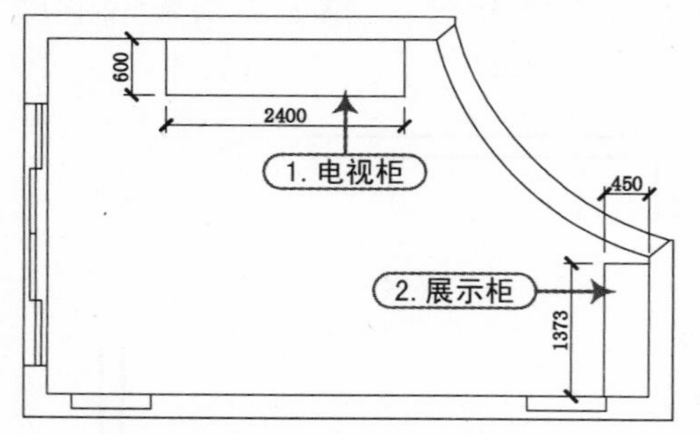

图 6-7　柜子的绘制

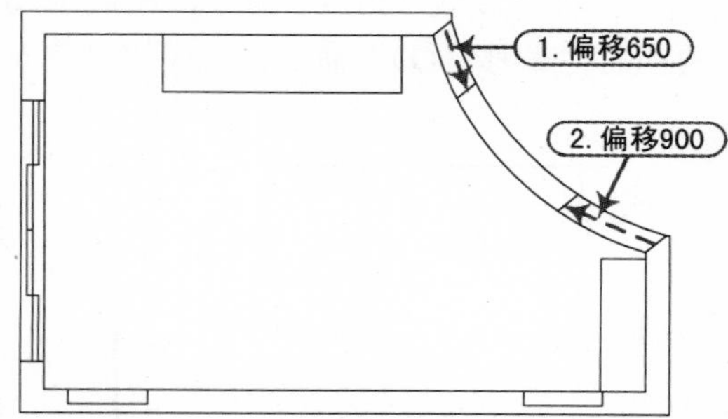

图 6-8　鞋柜轮廓的绘制

（8）执行“直线（L）”命令，分别连接斜线绘制出鞋柜；再执行“圆弧（A）”命令和“删除（E）”命令，在中间斜线端分别绘制圆弧，然后删除多余的线条，如图 6-9 所示。

（9）执行“插入块（I）”命令，将“案例\06”文件夹下的“平面电视机”“平面组合沙发”“平面盆景”和“内视符号”图块插入到图形的相应位置。

（10）将“TC-填充”图层置为当前图层，执行“图案填充（H）”命令，对客厅按照“DOLMIT”图案进行填充，填充的比例为 20，填充效果如图 6-10 所示。

（11）将“BZ-标注”图层置为当前图层，再执行“线性标注（DLI）”命令，对其平面图形进行尺寸标注，如图 6-11 所示。

（12）将“WZ-文字”图层置为当前图层，执行“引线（LE）”命令，按照图形的要求进行注释，其文字高度为 170mm。

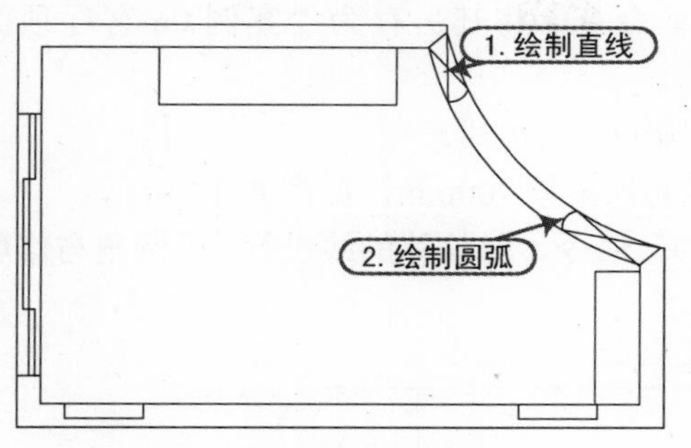

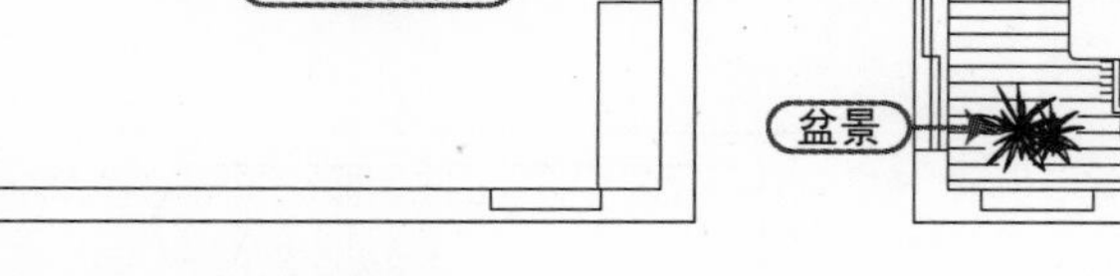

图 6-9 鞋柜的绘制

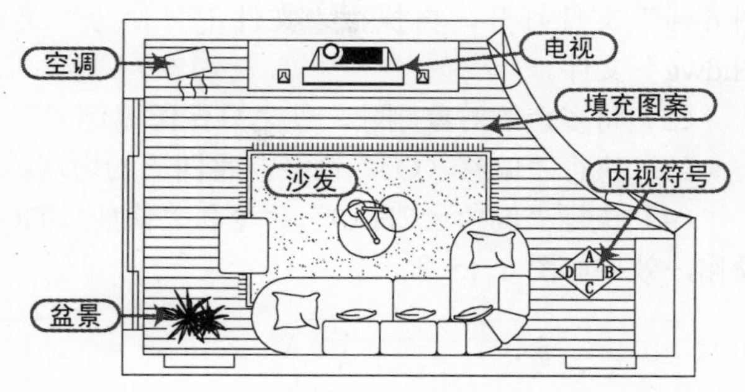

图 6-10 布置填充效果

（13）执行“单行文字（DT）”命令，设置字高为 250mm，在图形下方注写图名；然后执行“多段线（PL）”命令，在图名下方绘制适当长度和宽度的多段线，完成效果如图 6-12 所示。

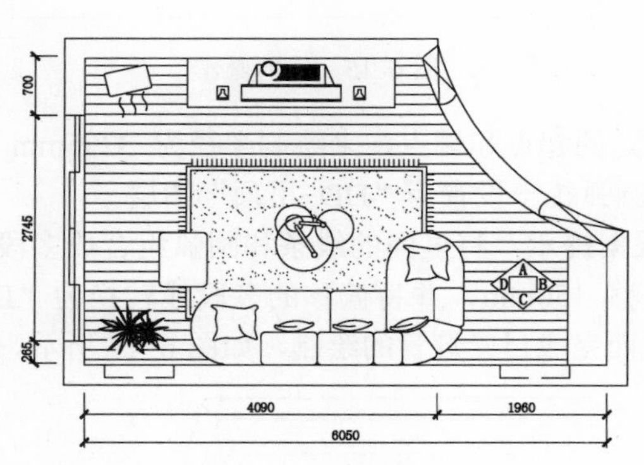

图 6-11 进行文字注释

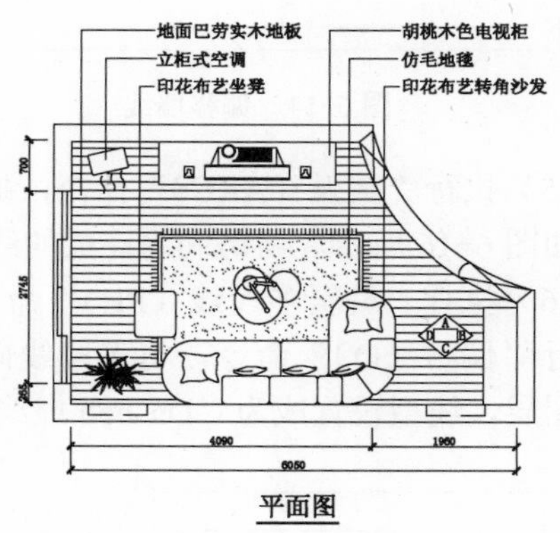

图 6-12 标注图形

（14）至此，客厅平面布置图已经绘制完成，按〈Ctrl+S〉快捷键进行保存。

6.1.2 客厅顶棚图的绘制

素材 视频\06\客厅平面图的绘制.avi
案例\06\客厅顶棚图.dwg

首先将前面绘制的客厅平面布置图另存为“客厅顶棚图”文件；再根据要求将多余的对象删除，只保留墙体和门窗洞口线；再绘制吊顶的轮廓；再插入吊灯、窗帘、标高图块；最后对其进行文字、尺寸和图名标注，从而完成客厅顶棚布置图的效果，如图 6-13 所示。

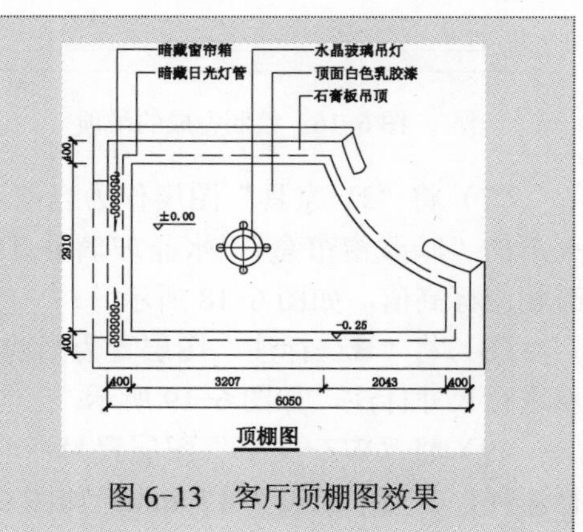

图 6-13 客厅顶棚图效果

（1）启动 AutoCAD 2016 软件，选择“文件 | 打开”菜单命令，将“案例\06\客厅平面图.dwg”文件打开，再执行“文件 | 另存为”菜单命令，将其另存为“案例\06\客厅顶面图.dwg”文件。

（2）将多余的对象删除，使之只保留墙体和门窗洞口的虚线。

（3）执行“偏移（O）”命令，将四周的内墙线向内偏移 400mm，如图 6-14 所示。

（4）执行“倒角（CHA）”命令和“修剪（TR）”命令，对偏移的线进行 0° 倒角与修剪操作，效果如图 6-15 所示。

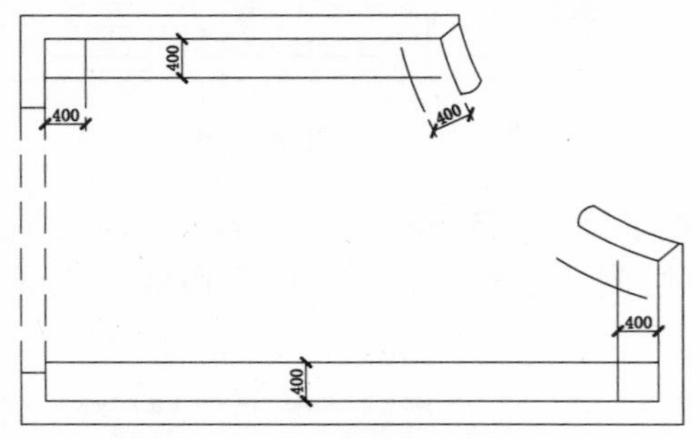

图 6-14　偏移墙线

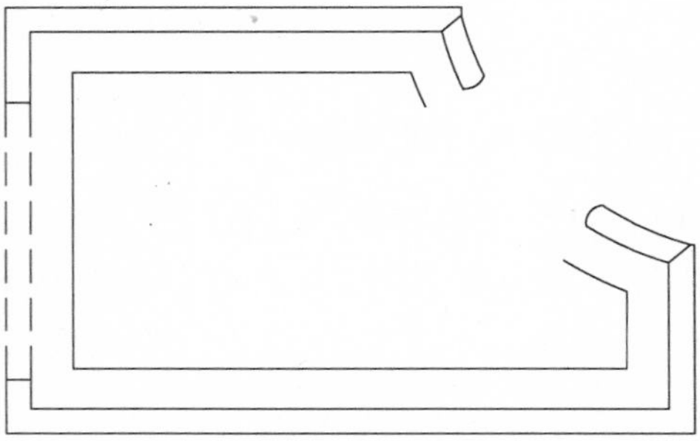

图 6-15　修剪操作

（5）执行“圆弧（ARC）”命令，捕捉指定的起点和端点，来绘制半径为 3295mm 的圆弧，如图 6-16 所示。将房间内完成的线条和圆弧统一设置为“DD-吊顶”图层。

（6）执行“编辑多段线（PE）”命令，根据提示，将里面的线条和圆弧组合成多段线；再执行“偏移（O）”命令，将多段线向外偏移 150mm，并将偏移的多段线转换为“DJ-灯具”图层，线型设置成为“Dashed 虚线”，从而完成日光灯管的绘制，如图 6-17 所示。

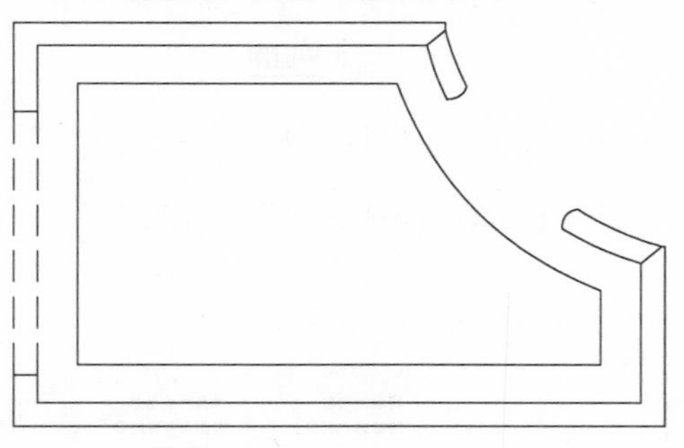

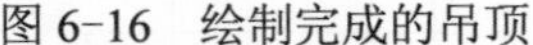

图 6-16　绘制完成的吊顶

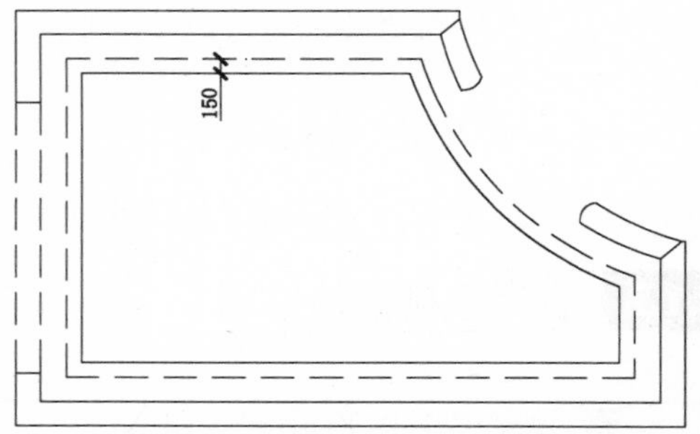

图 6-17　绘制日光灯管

（7）将“JJ-家具”图层作为当前图层，执行“插入块（I）”命令，将“案例\06”文件夹下的“暗藏窗帘盒”“水晶玻璃吊灯”和“标高符号”图块插入到图形的相应位置，并修改相应标高值，如图 6-18 所示。

（8）将“BZ-标注”图层置为当前图层，再执行“线性标注（DLI）”命令，对其平面图形进行尺寸标注，如图 6-19 所示。

（9）将“WZ-文字”图层置为当前图层，执行“引线（LE）”命令，按照图形的要求进行注释，其文字高度为 170mm，如图 6-20 所示。

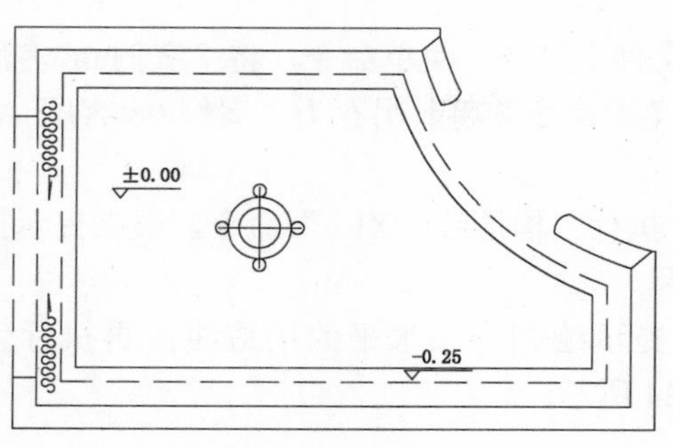

图 6-18 插入图块

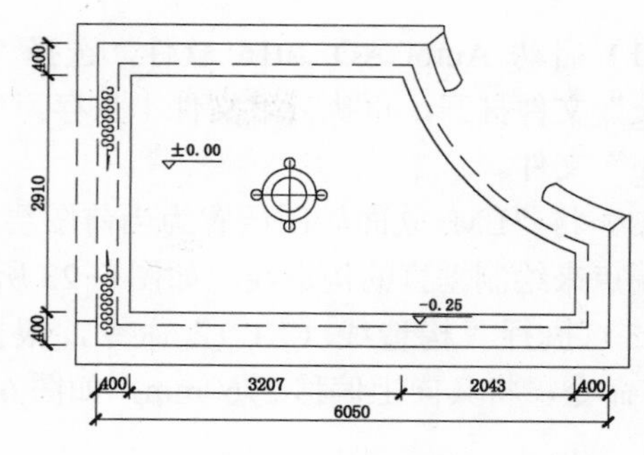

图 6-19 尺寸标注

（10）执行“单行文字（DT）”命令，设置字高为 250mm，在图形下方注写图名内容；然后执行“多段线（PL）”命令，在图名下方绘制适当长度和宽度的多段线，完成效果如图 6-21 所示。

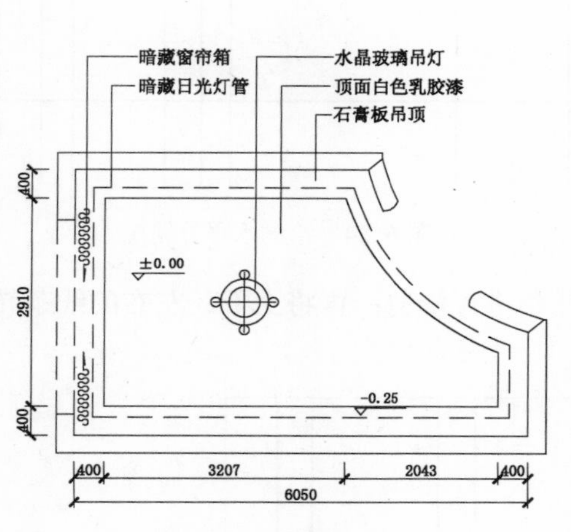

图 6-20 注释文字

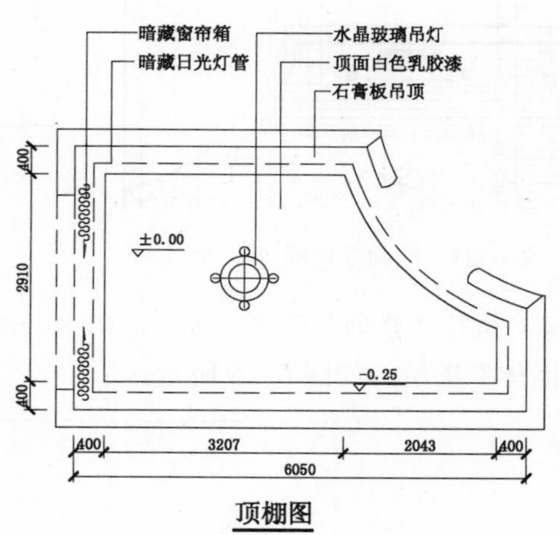

图 6-21 图名标注

（11）至此，客厅顶棚布置图已经绘制完成，按〈Ctrl+S〉快捷键进行保存。

6.1.3 客厅 A 立面图的绘制

素材 视频\06\客厅 A 立面图的绘制.avi
案例\06\客厅 A 立面图.dwg

首先将前面绘制的客厅平面布置图另存为“客厅 A 立面图”文件；再根据要求执行构造线、偏移、修剪等命令，从而形成 A 立面的轮廓线；再将线条向内偏移形成造型和立面鞋柜；再插入立面空调、立面电视柜等；然后对其进行文字、尺寸和图名标注，从而完成客厅 A 立面图的绘制，如图 6-22 所示。

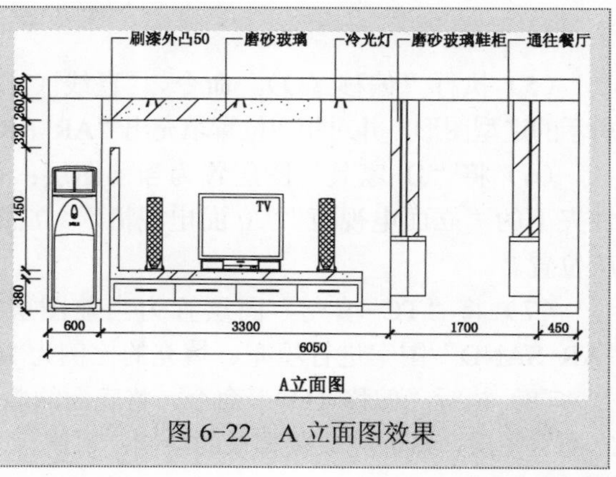

图 6-22 A 立面图效果

（1）启动 AutoCAD 2016 软件，选择“文件 | 打开”菜单命令，将“案例\06\客厅平面图.dwg”文件打开，再执行“文件 | 另存为”菜单命令，将其另存为“案例\06\客厅 A 立面图.dwg”文件。

（2）将“LM-立面”图层置为当前图层，执行“构造线（XL）”命令，根据提示捕捉相应的端点来绘制垂直的构造线，如图 6-23 所示。

（3）执行“构造线（XL）”命令，根据提示绘制一条水平的构造线；再执行“偏移（O）”命令，将其向上偏移 2760mm，如图 6-24 所示。

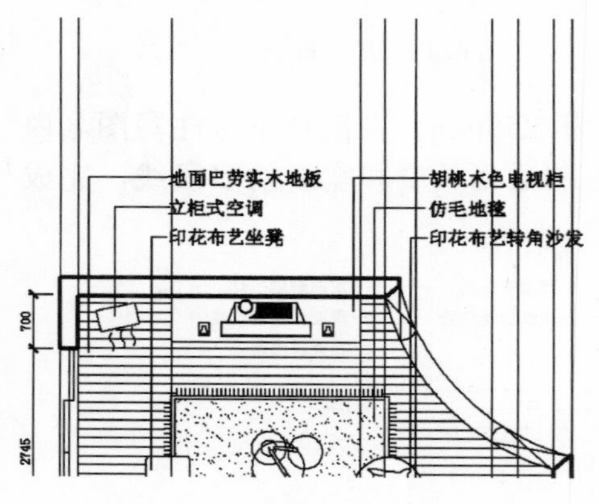

图 6-23　绘制垂直构造线

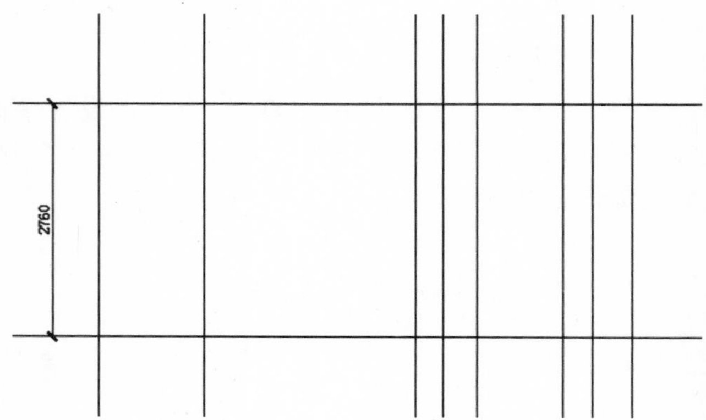

图 6-24　绘制水平外轮廓

（4）执行“修剪”命令（TR），将多余的线条进行修剪；再将上下、左右的线条转换为“QT-墙体”图层，如图 6-25 所示。

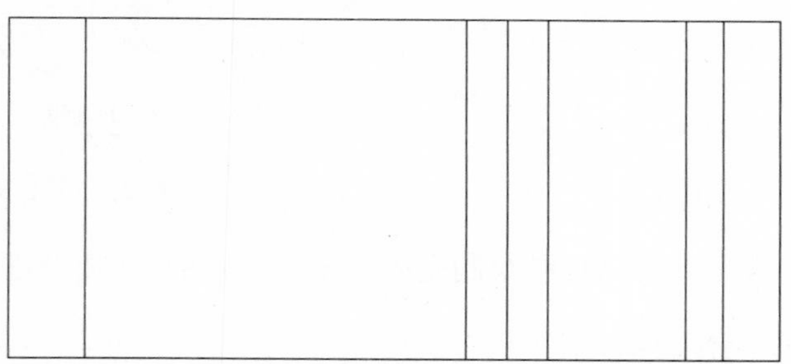

图 6-25　形成轮廓

（5）执行“偏移（O）”命令、“直线（L）”命令和“修剪（TR）”命令，绘制出图 6-26 所示的造型图形，并对相应位置填充出“AR-RROOF”图案，其角度为 45°，比例为 50。

（6）将“JJ-家具”图层置为当前图层；再执行“插入块（I）”命令，将“案例\06”文件夹下的“立面电视柜”“立面电视机”“立面空调”和“冷光灯”图块分别插入到图形的相应位置。

（7）将“TC-填充”图层置为当前图层，执行“图案填充（H）”命令，对客厅按照“AR-SAND”图案进行填充、填充的比例为 10，填充效果如图 6-27 所示。

（8）执行“偏移（O）”命令，将底面的墙体线向上偏移 100mm 的距离，并置换到“LM-立面”图层，从而完成踢脚板的绘制；再进行“修剪（TR）”命令，修剪掉多余的线。

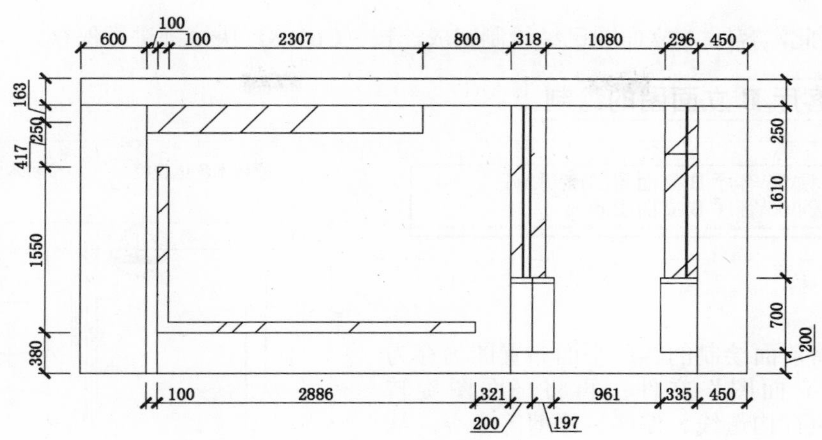

图 6-26 绘制造型

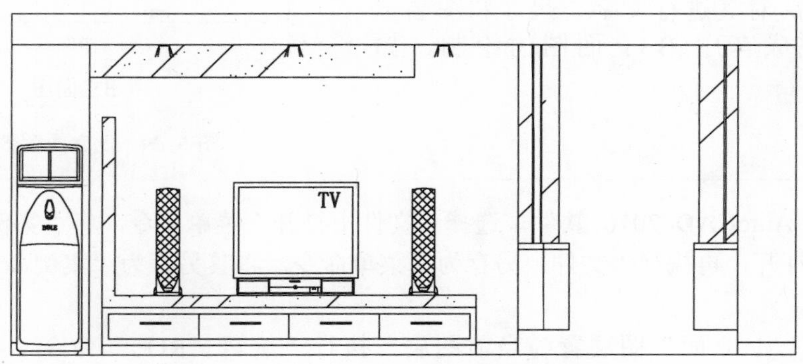

图 6-27 插入家具图块并填充图案

（9）根据要求，对其 A 立面图进行文字、尺寸和图名的标注，如图 6-28 所示。

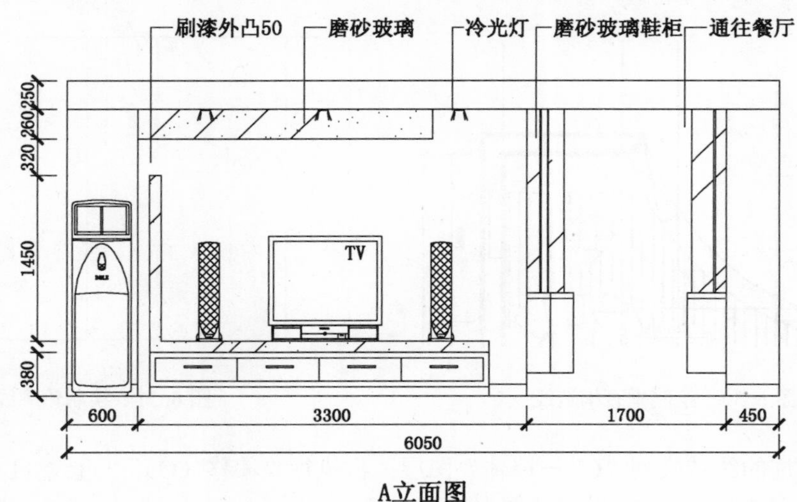

图 6-28 A 立面图最终效果

（10）至此，客厅A立面图已经绘制完成，按〈Ctrl+S〉快捷键进行保存。

6.1.4 客厅B立面图的绘制

素材 视频\06\客厅B立面图的绘制.avi
案例\06\客厅B立面图.dwg

首先将前面绘制的客厅平面布置图另存为“客厅B立面图”文件；再将平面图旋转90°，并执行构造线、偏移、修剪等命令，从而形成B立面的轮廓线；再将线条向内偏移形成造型和立面鞋柜；再插入立面沙发、立面展示柜等；然后对其进行文字、尺寸和图名标注，从而完成客厅B立面图的绘制，如图6-29所示。

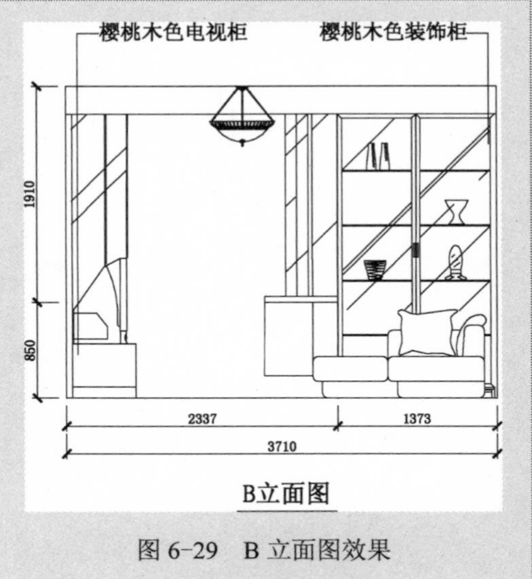

图6-29　B立面图效果

（1）启动AutoCAD 2016软件，选择“文件｜打开”菜单命令，将“案例\06\客厅平面图.dwg”文件打开，再执行“文件｜另存为”菜单命令，将其另存为“案例\06\客厅B立面图.dwg”文件。

（2）将“LM-立面”图层置为当前图层，执行“旋转（RO）”命令，将平面图旋转90°，再执行“构造线（XL）”命令，根据提示绘制图6-30所示的垂直构造线。

（3）执行“直线（L）”命令，水平画一条直线；再将直线向上偏移2760mm；再执行“修剪（TR）”命令，将多余的线条进行修剪，如图6-31所示。

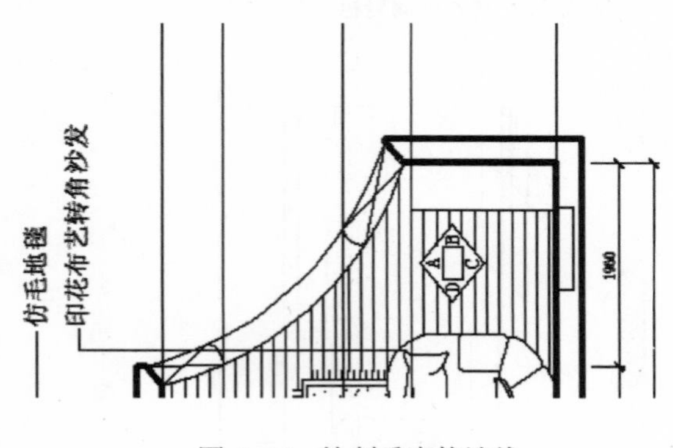

图6-30　绘制垂直构造线

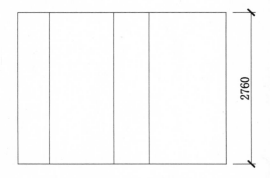

图6-31　绘制轮廓线

（4）将四周的线转换到“QT—墙体”图层；再执行“偏移（O）”“直线（L）”和“修剪（TR）”命令，绘制出图6-32所示的图形造型。

（5）将“JJ-家具”图层置为当前图层，执行“插入块（I）”命令，将“案例\06”文件夹下的“客厅 B 立面沙发”“客厅 B 立面电视柜”“客厅立面水晶吊灯”和“客厅立面展示柜”插入到B立面图的相应位置。

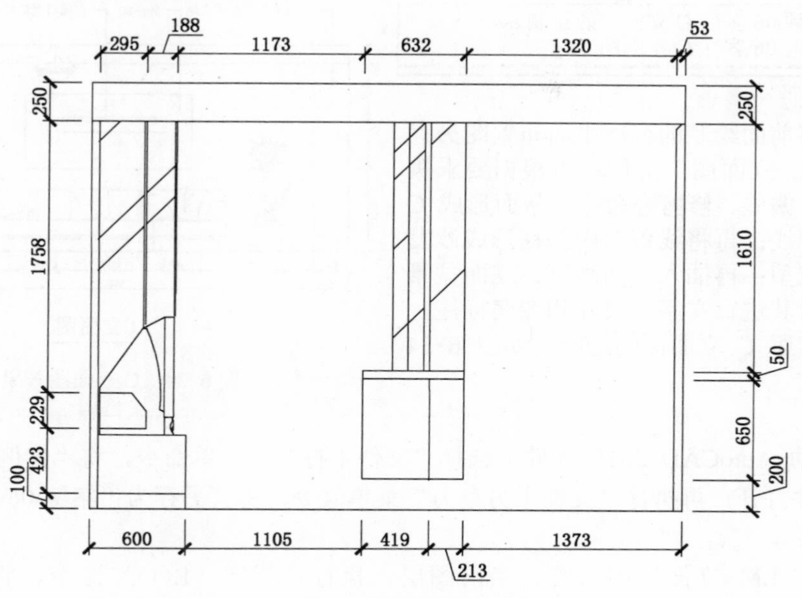

图 6-32　绘制的造型

（6）根据要求，按照前面的方法，对其 B 立面图进行文字、尺寸和图名的标注，如图 6-33 所示。

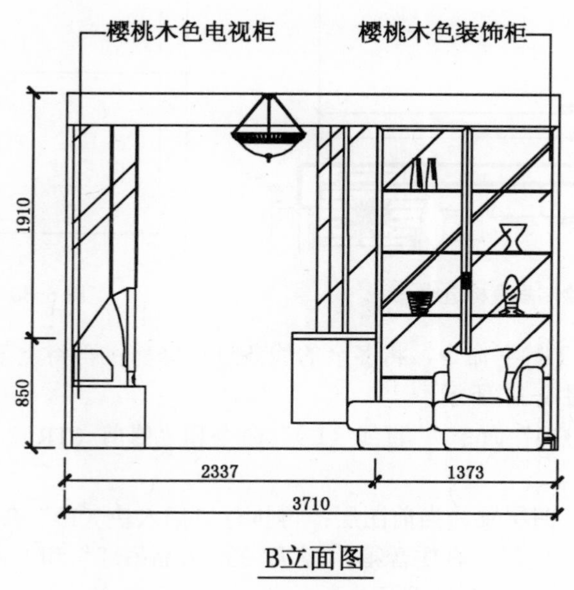

图 6-33　B 立面图最终效果

（7）至此，客厅B立面图已经绘制完成，按〈Ctrl+S〉快捷键进行保存。

6.1.5 客厅 C 立面图的绘制

素材 视频\06\客厅 C 立面图的绘制.avi
案例\06\客厅 C 立面图.dwg

首先将前面绘制的客厅平面布置图另存为“客厅 C 立面图”文件；再根据要求执行构造线、偏移、修剪等命令，从而形成 C 立面的轮廓线；再将线条向内偏移形成沙发背景墙的造型；再插入立面沙发、立面盆景等；然后对其进行文字、尺寸和图名标注，从而完成客厅 C 立面图的绘制，如图 6-34 所示。

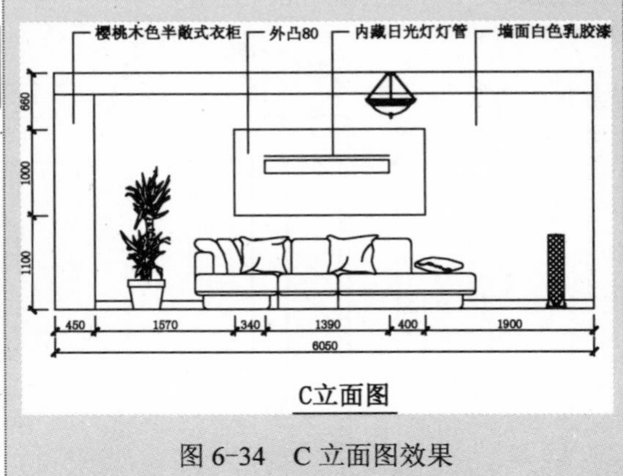

图 6-34　C 立面图效果

（1）启动 AutoCAD 2016 软件，选择“文件｜打开”菜单命令，将“案例\06\客厅平面图.dwg”文件打开，再执行“文件｜另存为”菜单命令，将其另存为“案例\06\客厅 C 立面图.dwg”文件。

（2）将“LM-立面”图层置为当前图层，执行“旋转（RO）”命令，将平面图旋转 180°；再执行“构造线（XL）”命令，根据提示，绘制垂直的构造线，如图 6-35 所示。

（3）执行“直线（L）”命令，绘制一条水平的直线；再执行“偏移（O）”命令，将其向上偏移 2760mm，如图 6-36 所示。

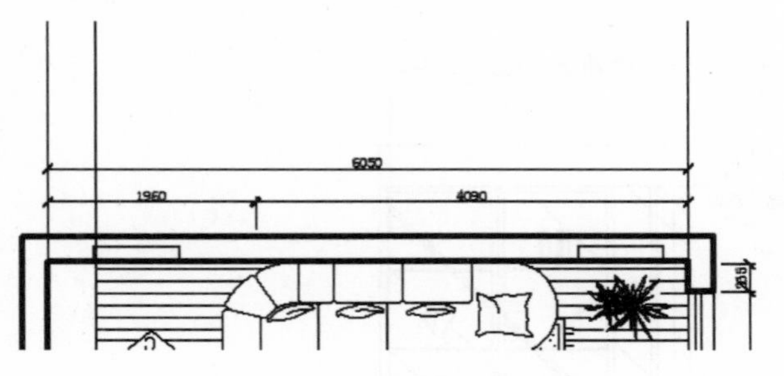

图 6-35　绘制垂直构造线

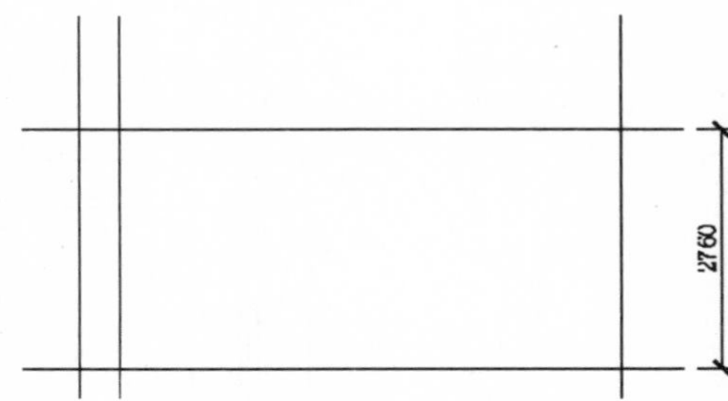

图 6-36　绘制外轮廓

（4）执行“修剪（TR）”命令，将多余的线条进行修剪；再将上下、左右的线条转换为“QT-墙体”图层，如图 6-37 所示。

（5）执行“偏移（O）”命令、“直线（L）”命令和“修剪（TR）”命令，绘制出图 6-38 所示的图形造型。

（6）将“JJ-家具”图层置为当前图层；再执行“插入块（I）”命令，将“案例\06”文件夹下的“客厅 C 立面沙发”“客厅音箱”“客厅立面水晶吊灯”和“客厅盆景立面图”图块插入到图形的相应位置，如图 6-39 所示。

（7）执行“偏移（O）”命令，将底面的墙体线向上偏移 100mm 的距离，并置换到“LM-立面”图层，从而完成踢脚板的绘制；再进行“修剪（TR）”命令，修剪掉多余的线。

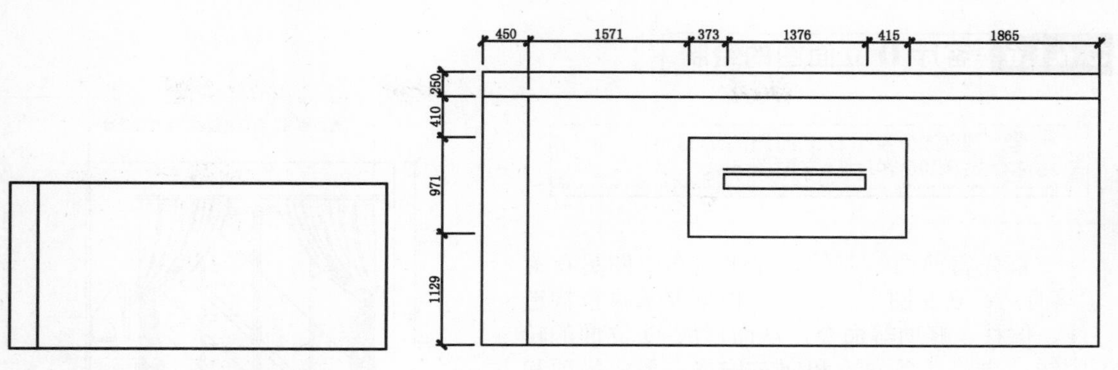

图 6-37 形成轮廓

图 6-38 绘制造型

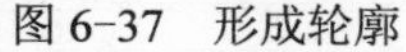

图 6-39 插入家具图块

（8）根据要求，按照相同的方法对其 C 立面图进行文字、尺寸和图名的标注，如图 6-40 所示。

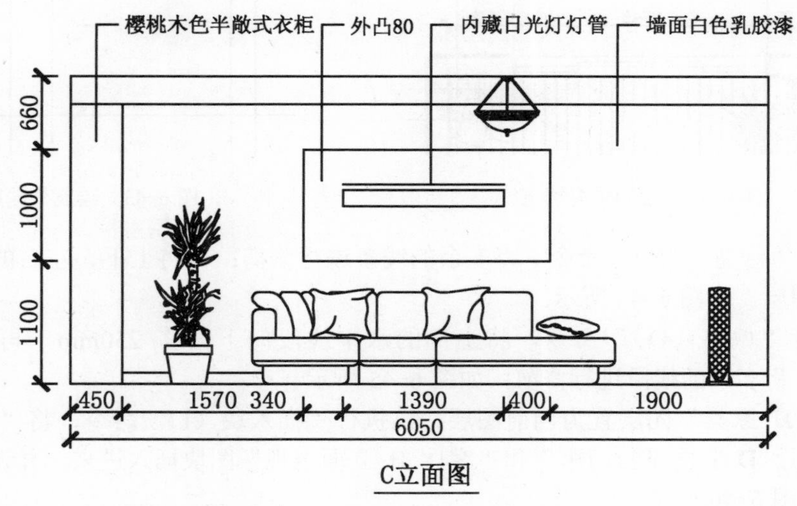

图 6-40 C 立面图最终效果

（9）至此，客厅 C 立面图已经绘制完成，按〈Ctrl+S〉快捷键进行保存。

6.1.6 客厅 D 立面图的绘制

素材 视频\06\客厅 D 立面图的绘制.avi
案例\06\客厅 D 立面图.dwg

首先将前面绘制的客厅平面布置图另存为“客厅 A 立面图”文件；再根据要求执行构造线、偏移、修剪等命令，从而形成 D 立面的轮廓线；再将线条向下和向右偏移，形成吊顶和电视背景墙的造型；再插入立面推拉门和 D 立面电视等；然后对其进行文字、尺寸和图名标注，从而完成客厅 D 立面图的绘制，如图 6-41 所示。

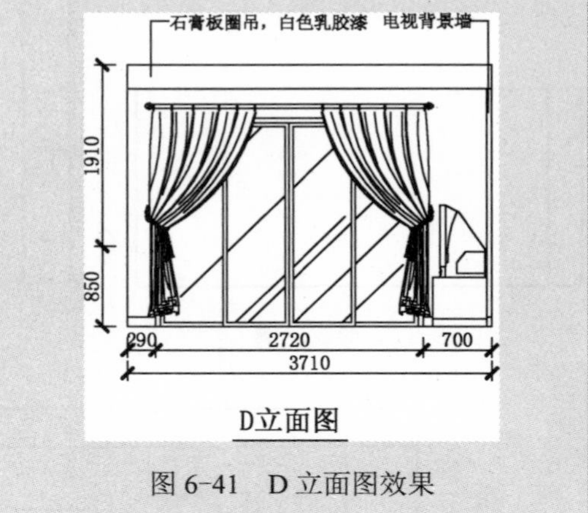

图 6-41　D 立面图效果

（1）启动 AutoCAD 2016 软件，选择“文件 | 打开”菜单命令，将“案例\06\客厅平面图.dwg”文件打开，再执行“文件 | 另存为”菜单命令，将其另存为“案例\06\客厅 D 立面图.dwg”文件。

（2）将“LM-立面”图层置为当前图层，执行“旋转（RO）”命令，将平面图旋转-90°；再执行“构造线（XL）”命令，根据提示，绘制垂直的构造线，如图 6-42 所示。

（3）执行“直线（L）”命令，绘制一条水平的直线；再执行“偏移（O）”命令，将其向上偏移 2760mm，如图 6-43 所示。

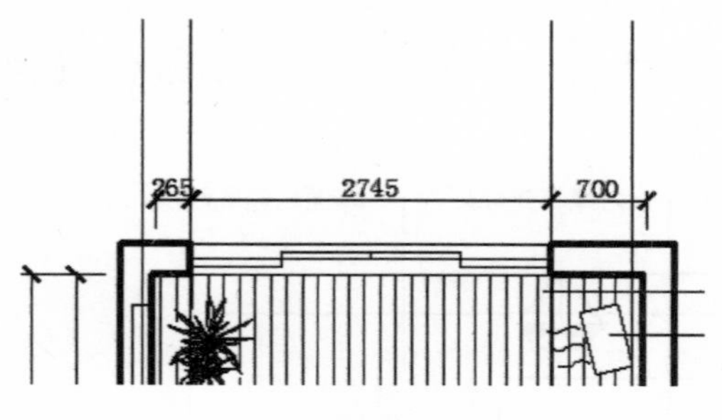

图 6-42　绘制垂直构造线

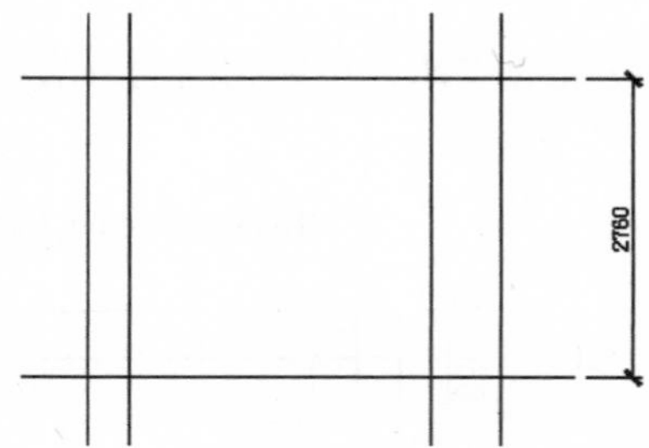

图 6-43　绘制外轮廓

（4）执行“修剪（TR）”命令，将多余的线条进行修剪；再将上下、左右的线条转换为“QT-墙体”图层，如图 6-44 所示。

（5）执行“偏移（O）”命令，将上侧的水平线段向下偏移 250mm，再执行“修剪（TR）”命令，将多余的线段进行修剪，如图 6-45 所示。

（6）将“JJ-家具”图层置为当前图层；再执行“插入块（I）”命令，将“案例\06”文件夹下的“客厅 D 立面推拉门帘”和“客厅 B 立面电视”图块插入进来，并调整到图形的相应位置，如图 6-46 所示。

（7）执行“偏移（O）”命令，将底面的墙体线向上偏移 100mm 的距离，并置换到“LM-立面”图层，从而完成踢脚板的绘制；再执行“修剪（TR）”命令，修剪掉多余的线。

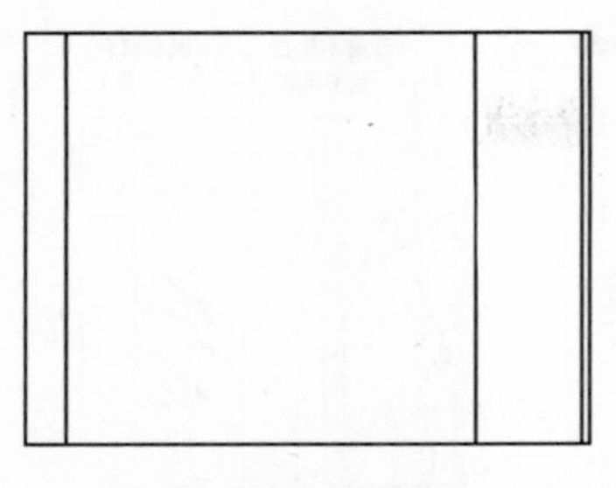

图 6-44 形成轮廓

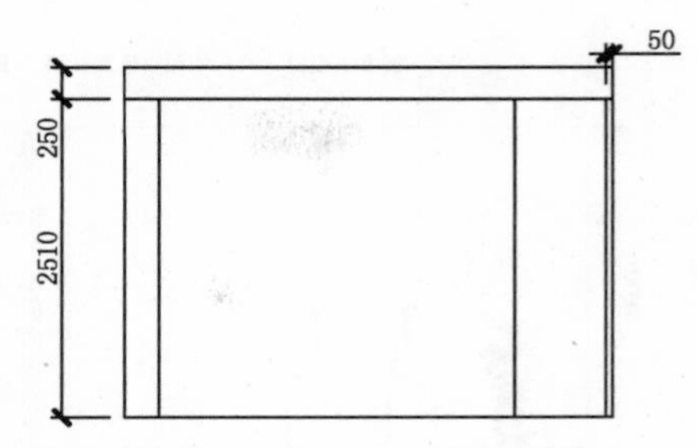

图 6-45 绘制造型

（8）根据要求，对其 C 立面图进行文字、尺寸和图名的标注，如图 6-47 所示。

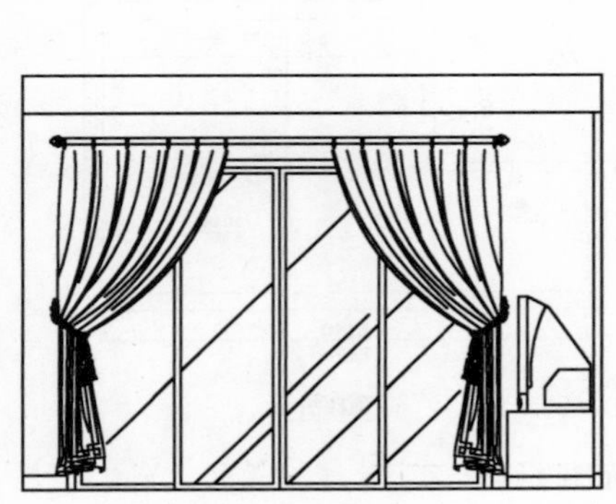

图 6-46 插入家具图块

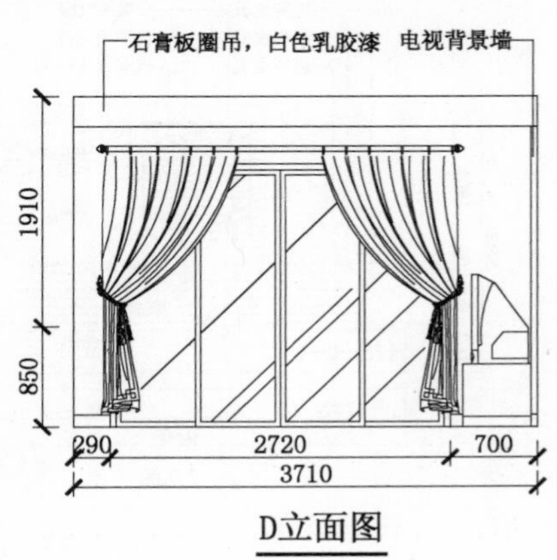

图 6-47 客厅 D 立面图效果

（9）至此，客厅 D 立面图已经绘制完成，按〈Ctrl+S〉快捷键进行保存。

6.2 卧室装潢设计六面图的绘制

同客厅装饰图一样，其卧室装饰图也应该包括平面布置图、顶面布置图和 ABCD 立面图。下面以某卧室装饰设计的六面图为例来进行绘制，其效果如图 6-48 所示。

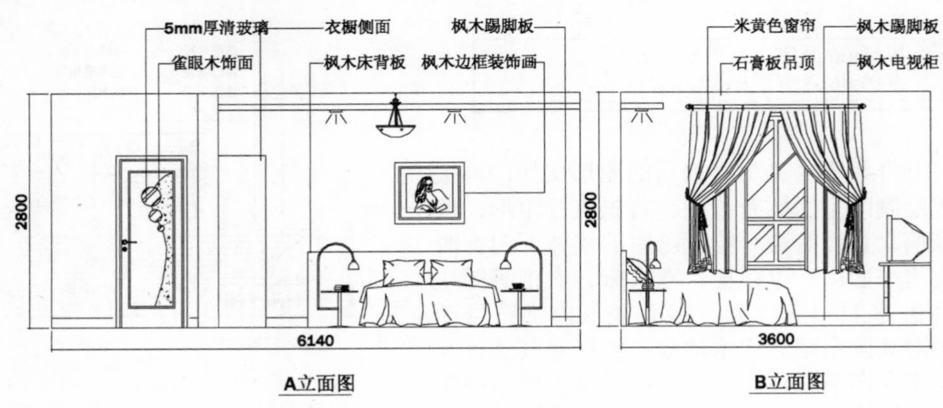

图 6-48 卧室六面图

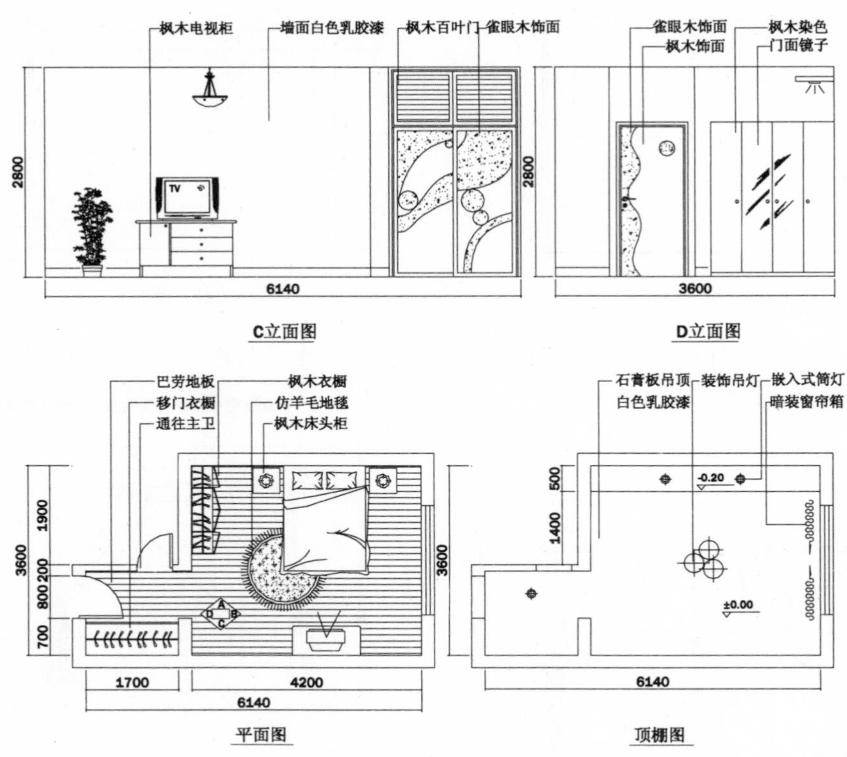

图 6-48　卧室六面图（续）

专业技能　卧室的布置技巧

卧室的布置应以床为中心。床的大小视卧室的大小而定，家具不宜放置过多。卧室的色彩也不宜过重，大多采用暖色调，灯光的设计通常比较柔和，总之，卧室的布置应达到温馨和舒适的效果。

6.2.1　卧室平面图的绘制

素材　视频\06\卧室平面图的绘制.avi
案例\06\卧室平面图.dwg

打开样板文件并另存为新的图形文件，再根据要求绘制卧室平面布置图。首先执行矩形、偏移、修剪、直线等命令绘制卧室的墙体、门窗洞口；再将平面门、电视柜、双人床、衣柜等图块布置在卧室的相应位置；接着插入内饰符号图块；再对其卧室填充实木地板；然后对其进行尺寸、文字和图名标注，从而完成卧室平面布置图的绘制，如图 6-49 所示。

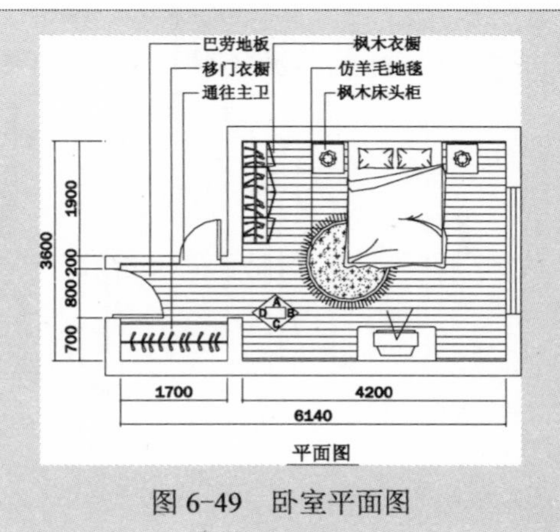

图 6-49　卧室平面图

（1）启动 AutoCAD 2016 软件，选择“文件 | 打开”菜单命令，将“案例\06\住宅居室样板.dwt”文件打开，再执行“文件 | 另存为”菜单命令，将其另存为“案例\06\卧室平面图.dwg”文件。

（2）在“图层”工具栏的“图层控制”下拉列表框中选择“QT-墙体”图层作为当前图层。

（3）执行“矩形（REC）”命令、“偏移（O）”命令、“修剪（TR）”命令和“直线（L）”命令，绘制出图 6-50 所示的图形。

（4）将“MC-门窗”图层作为当前图层；再执行“直线（L）”命令、“偏移（O）”命令和“修剪（TR）”命令，绘制出图 6-51 所示的图形。

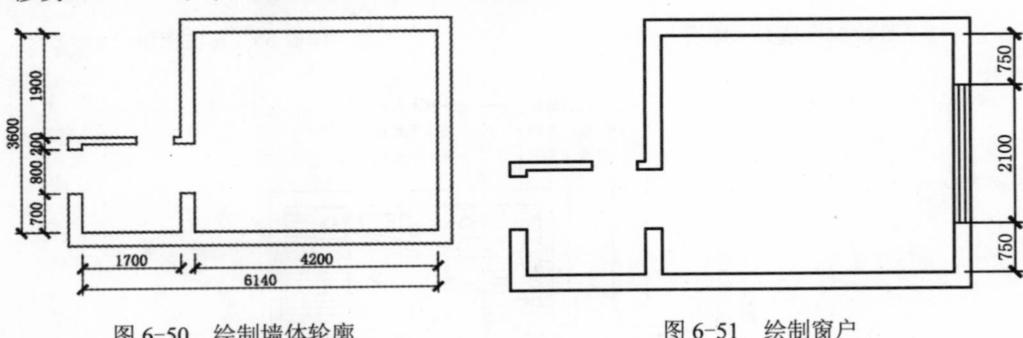

图 6-50　绘制墙体轮廓

图 6-51　绘制窗户

（5）执行“插入块（I）”命令，将“案例\06”文件夹下的“卧室平面门”和“内饰符号”插入到图形的相应位置，如图 6-52 所示。

（6）将“JJ-家具”图层置为当前图层，再执行“插入块（I）”命令，“案例\06”文件夹下的“卧室平面电视”“卧室平面衣柜 1”“卧室平面衣柜 2”和“卧室平面双人床”插入到图形的相应位置，如图 6-53 所示。

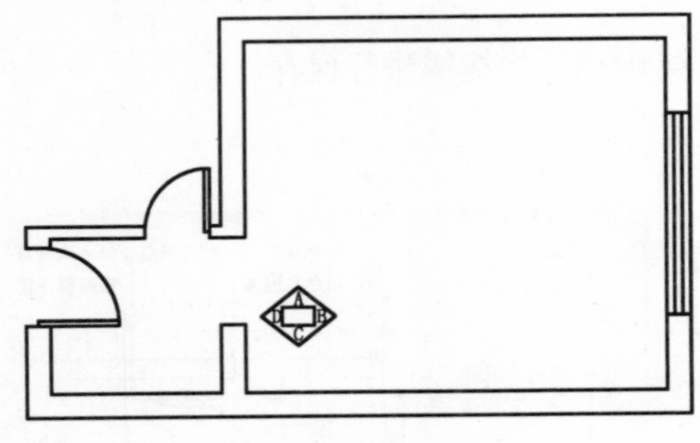

图 6-52　插入门

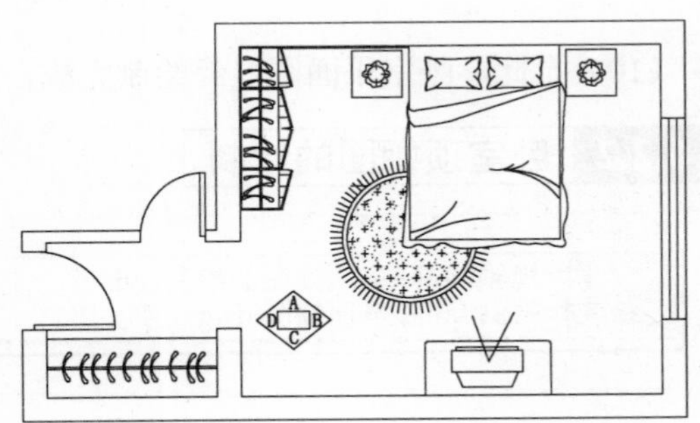

图 6-53　插入家具

（7）将“TC-填充”图层置为当前图层，执行“图案填充（H）”命令，为卧室空白区域填充“DOLMIT”图案，填充的比例为 20，填充效果如图 6-54 所示。

（8）将“BZ-标注”图层置为当前图层，执行“线型标注（DLI）”命令，按照要求进行标注，如图 6-55 所示。

（9）将“ZS-注释”图层置为当前图层，执行“引线（LE）”命令，对卧室平面图进行注释，其文字高度为 170mm；再执行“单行文字（DT）”命令，设置字高为 200mm，进行图名标注，然后在图名下侧绘制一水平线，完成效果如图 6-56 所示。

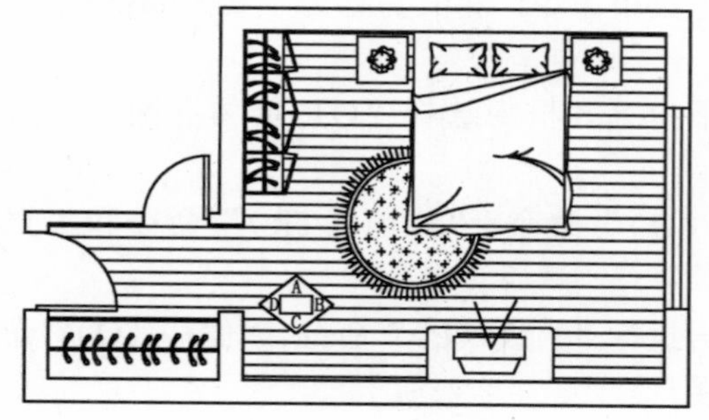

图 6-54　填充木地板

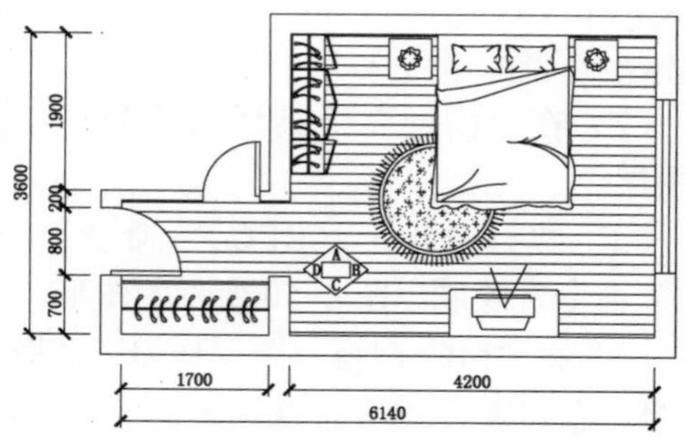

图 6-55　标注图形

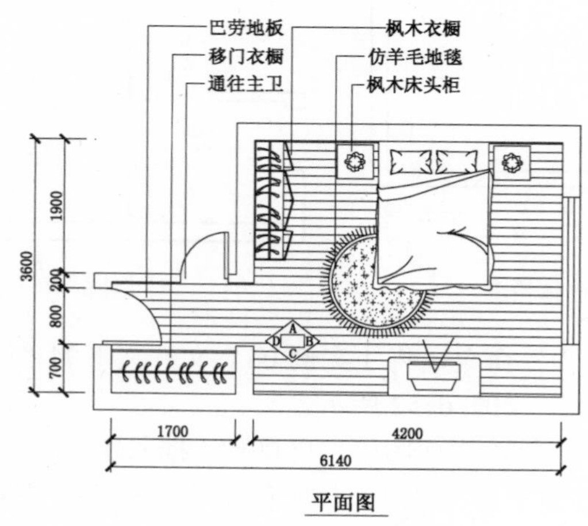

图 6-56　文字标注

（10）至此，卧室平面图已经绘制完成，按〈Ctrl+S〉快捷键进行保存。

6.2.2 卧室顶棚图的绘制

素材　视频\06\卧室顶棚图的绘制.avi
案例\06\卧室顶棚图.dwg

首先将前面绘制的卧室平面布置图另存为“卧室顶棚图”文件；再根据要求将多余的对象删除，只保留墙体和门窗洞口线；再绘制吊顶的轮廓；然后插入吊灯、窗帘、标高图块；最后对其进行文字、尺寸和图名标注，从而完成卧室顶棚布置图的效果，如图 6-57 所示。

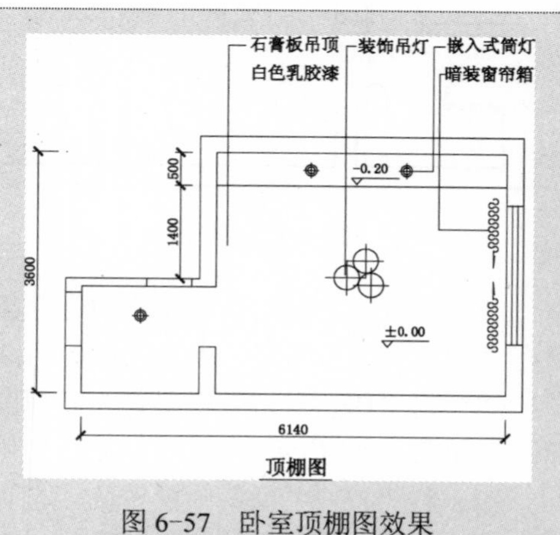

图 6-57　卧室顶棚图效果

（1）启动 AutoCAD 2016 软件，选择“文件 | 打开”菜单命令，将“案例\06\卧室平面图.dwg”文件打开，再执行“文件 | 另存为”菜单命令，将其另存为“案例\06\卧室顶棚图.dwg”文件。

（2）将多余的对象删除，使之只保留墙体和门窗洞口的虚线；再执行“偏移（O）”命令，将上方的内墙体线向下偏移 500mm，并将偏移后的线条置换到“DD-吊顶”图层，如图 6-58 所示。

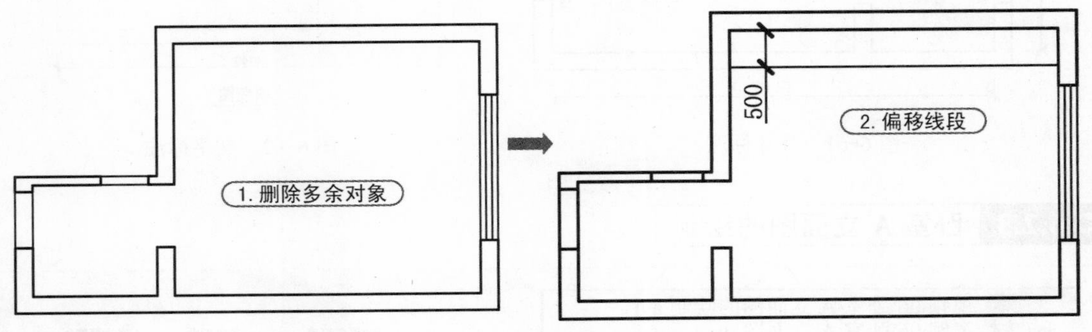

图 6-58　保留外轮廓

（3）将“DJ-灯具”图层置为当前图层，执行“插入块（I）”命令，将“案例\06”文件夹下的“卧室嵌入式筒灯”和“卧室装饰吊灯”图块插入到视图的指定位置；再执行“复制（CO）”命令和“移动（M）”命令，将筒灯放在图 6-59 所示的位置。

（4）同样，将“标高符号”和“暗装窗帘盒”插入到图 6-60 所示的位置。

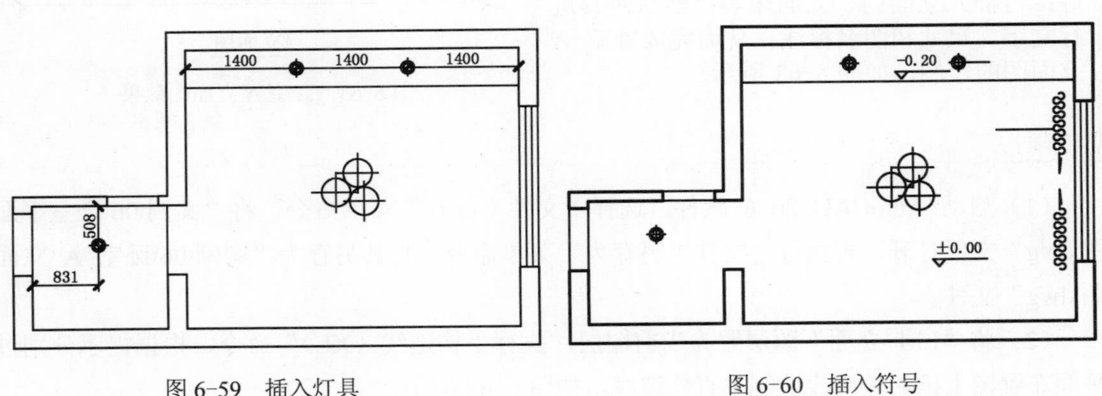

图 6-59　插入灯具　　图 6-60　插入符号

（5）将“BZ-标注”图层置为当前图层，执行“线型标注（DLI）”命令，根据要求对图形进行图 6-61 所示的尺寸标注。

（6）将“ZS-注释”图层置为当前图层，执行“引线（LE）”命令和“单行文字（DT）”命令，对其顶棚布置图进行文字标注，如图 6-62 所示。

（7）至此，卧室顶棚布置图已经绘制完成，按〈Ctrl+S〉快捷键进行保存。

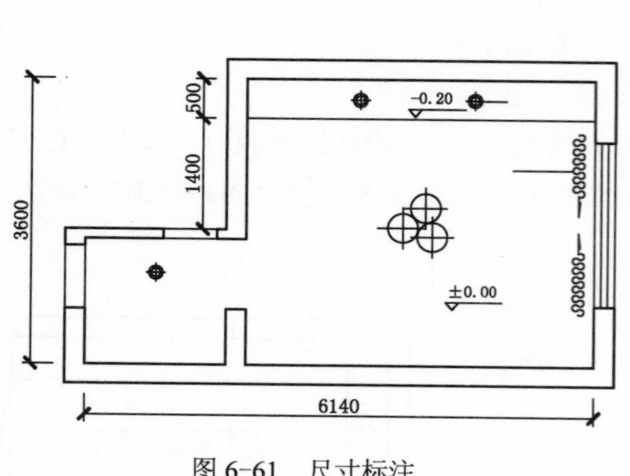

图 6-61　尺寸标注

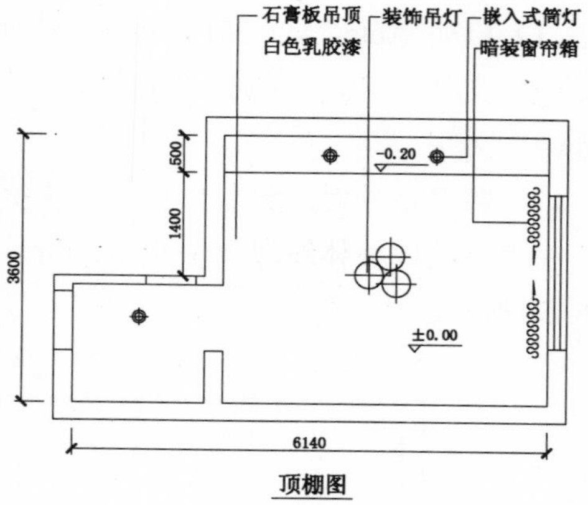

图 6-62　文字标注

6.2.3 卧室 A 立面图的绘制

素材 视频\06\卧室 A 立面图的绘制.avi
案例\06\卧室 A 立面图.dwg

首先将前面绘制的卧室平面布置图另存为“卧室 A 立面图”文件；再根据要求执行构造线、偏移、修剪等命令，从而形成 A 立面图的轮廓线；再将线条向内偏移形成造型等；再插入立面门、立面床等；然后对其进行文字、尺寸和图名标注，从而完成卧室 A 立面图的绘制，如图 6-63 所示。

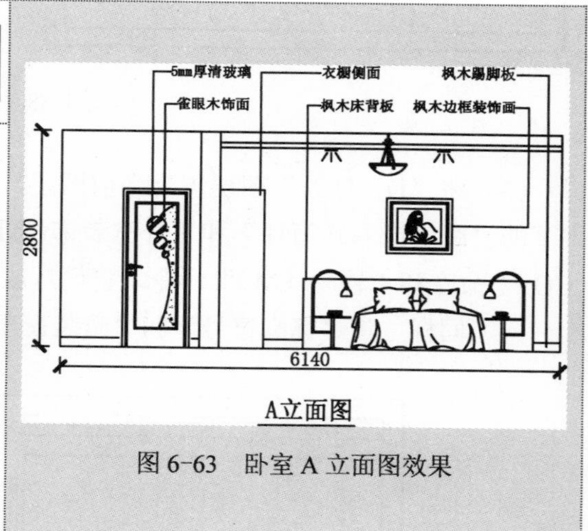

图 6-63　卧室 A 立面图效果

（1）启动 AutoCAD 2016 软件，选择“文件 | 打开”菜单命令，将“案例\06\卧室平面图.dwg”文件打开，再执行“文件 | 另存为”菜单命令，将其另存为“案例\06\卧室 A 立面图.dwg”文件。

（2）将“LM-立面”图层置为当前图层，执行“构造线（XL）”命令，根据提示分别过平面布置图上侧的轮廓线绘制垂直构造线，如图 6-64 所示。

（3）执行“直线（L）”命令，水平绘制一条直线；再执行“偏移（O）”命令，将直线向上偏移 2800mm 的距离，如图 6-65 所示。

（4）执行“偏移（O）”命令，将顶上的直线依次向下偏移 120mm 和 80mm，形成吊顶的轮廓，执行“修剪（TR）”命令修剪多余的线条，如图 6-66 所示。

（5）执行“偏移（O）”命令和“修剪（TR）”命令，绘制出立面衣柜的轮廓，如图 6-67 所示。

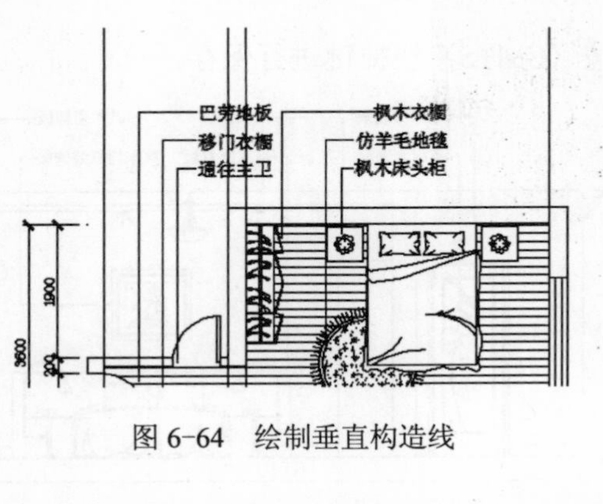

图 6-64 绘制垂直构造线

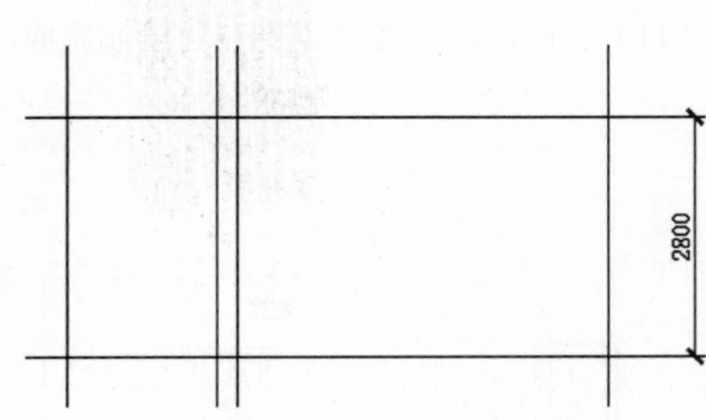

图 6-65 偏移出墙体轮廓

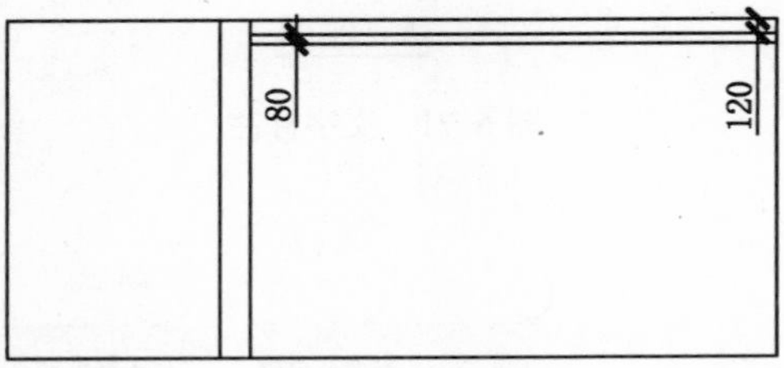

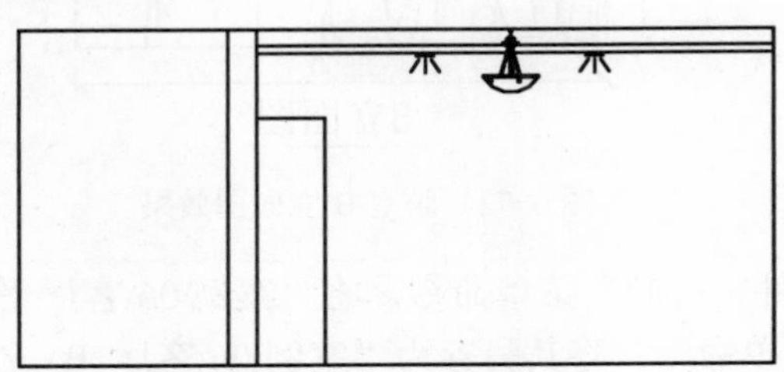

图 6-66 绘制吊顶

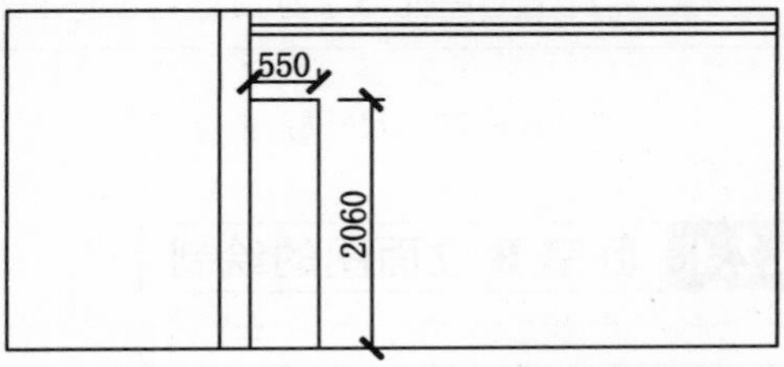

图 6-67 绘制立面衣柜

（6）将“DJ-灯具”图层置为当前图层，执行“插入块（I）”命令，将“案例\06”文件夹下的“卧室立面筒灯”和“卧室立面吊灯”插入到图形的相应位置，如图 6-68 所示。

（7）将“JJ-家具”图层置为当前图层，执行“插入块（I）”命令，将“案例\06”文件夹下的“卧室 A 立面门”“卧室立面床”和“卧室 A 立面装饰画”插入到图形的相应位置，如图 6-69 所示。

图 6-68 插入灯具

图 6-69 插入家具

（8）执行“偏移（O）”命令，将底面的墙体线向上偏移 100mm 的距离，并置换到“LM-立面”图层，从而完成踢脚板的绘制；再进行“修剪（TR）”命令，修剪掉多余的线。

（9）将“BZ-标注”图层置为当前图层，执行“线性标注（DLI）”命令，根据要求对图形进行标注，如图 6-70 所示。

（10）将“ZS-注释”图层置为当前图层，执行“引线（LE）”命令和“单行文字（DT）”命令，对其 A 立面图进行文字标注，如图 6-71 所示。

（11）至此，卧室 A 立面图已经绘制完成，按〈Ctrl+S〉快捷键进行保存。

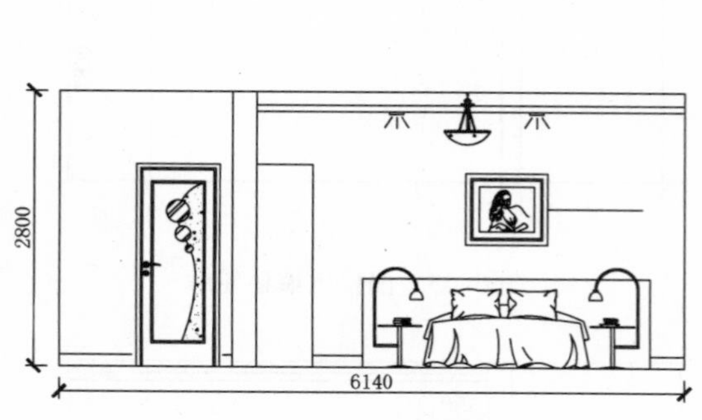

图 6-70　尺寸标注

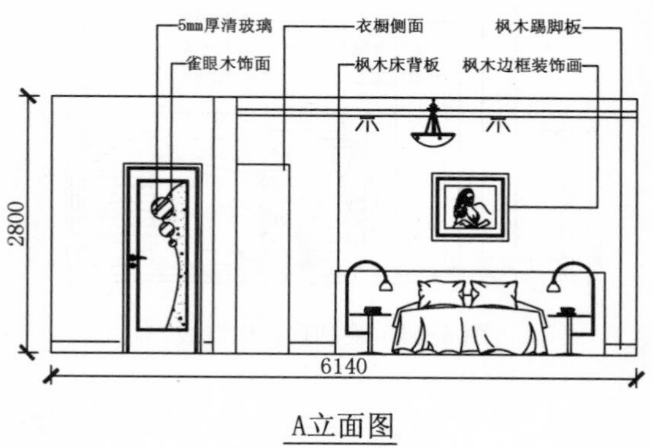

图 6-71　文字标注

6.2.4 卧室 B 立面图的绘制

素材　视频\06\卧室装潢 B 立面图的绘制.avi
案例\06\卧室装潢 B 立面图.dwg

首先将前面绘制的客厅平面布置图另存为“卧室 B 立面图”文件；再将平面图旋转 90°，并执行构造线、偏移、修剪等命令，从而形成 B 立面的轮廓线；再插入立面电视柜、立面展示柜等、立面窗户等；然后对其进行文字、尺寸和图名标注，从而完成卧室 B 立面图的绘制，如图 6-72 所示。

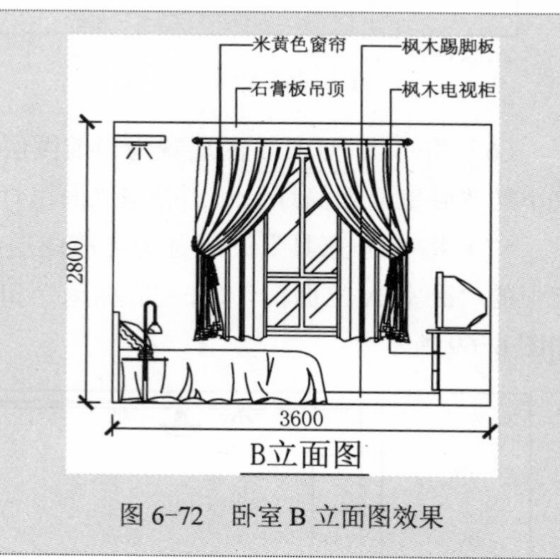

图 6-72　卧室 B 立面图效果

（1）启动 AutoCAD 2016 软件，选择“文件 | 打开”菜单命令，将“案例\06\客厅平面图.dwg”文件打开，再执行“文件 | 另存为”菜单命令，将其另存为“案例\06\客厅 B 立面图.dwg”文件。

（2）将“LM-立面”图层置为当前图层，执行“旋转（RO）”命令，将平面图旋转 90°，再执行“构造线（XL）”命令，根据提示绘制图 6-73 所示的垂直构造线。

（3）执行“直线（L）”命令，水平画一条直线；再将直线向上偏移 2800mm。

（4）执行“修剪（TR）”命令，将多余的线条进行修剪；再将上下、左右的线条转换为“QT-墙体”图层，如图 6-74 所示。

（5）将“JJ-家具”图层置为当前图层，执行“插入块（I）”命令，将“案例\06”文件夹下的“卧室 B 立面电视”“卧室 B 立面床”和“卧室 B 立面窗户”插入到图形的相应位置，如图 6-75 所示。

（6）执行“偏移（O）”命令，将底面的墙体线向上偏移 100mm 的距离，并置换到

"LM-立面"图层，从而完成踢脚板的绘制；再进行"修剪（TR）"命令，修剪掉多余的线，如图 6-76 所示。

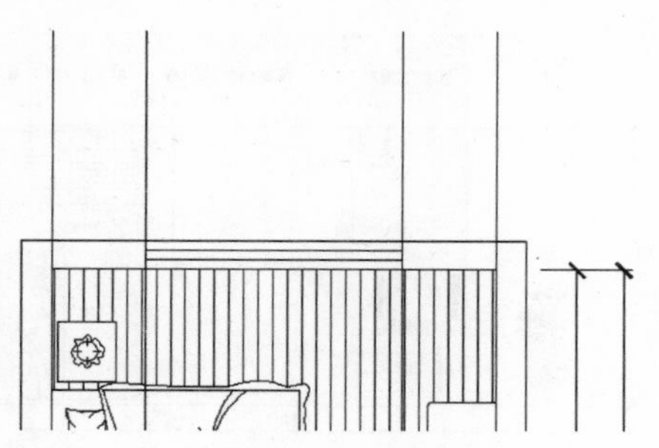
图 6-73 绘制垂直构造线

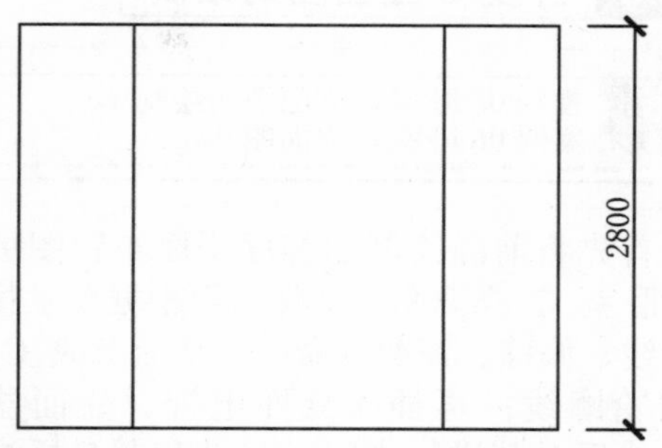

图 6-74 绘制轮廓线

图 6-75 插入图块

图 6-76 绘制踢脚板

（7）将"BZ-标注"图层置为当前图层，执行"线型标注（DLI）"命令，根据要求对图形进行标注，如图 6-77 所示。

（8）将"ZS-注释"图层置为当前图层，执行"引线（LE）"命令和"单行文字（DT）"命令，对其 B 立面图进行文字标注，如图 6-78 所示。

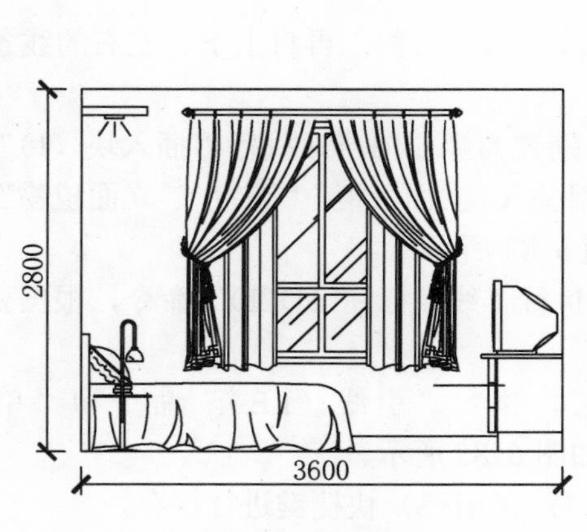

图 6-77 尺寸标注

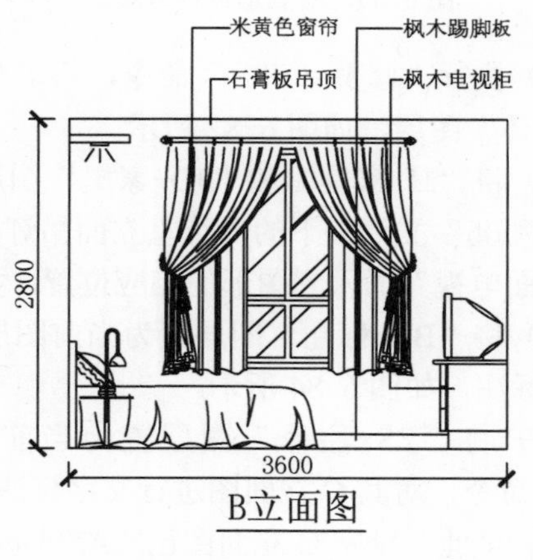

图 6-78 文字标注

（9）至此，卧室 B 立面图已经绘制完成，按〈Ctrl+S〉快捷键进行保存。

6.2.5 卧室 C 立面图的绘制

首先将前面绘制的客厅平面布置图另存为“卧室 C 立面图”文件；再根据要求执行构造线、偏移、修剪等命令，从而形成 C 立面的轮廓线；再插入立面电视、立面盆景等；然后对其进行文字、尺寸和图名标注，从而完成卧室 C 立面图的绘制，如图 6-79 所示。

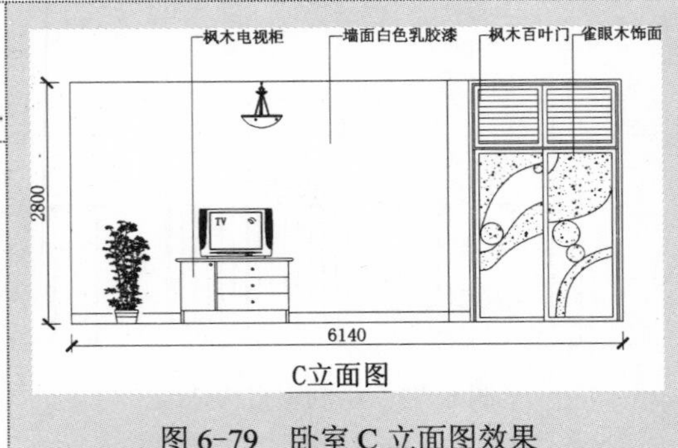

图 6-79　卧室 C 立面图效果

（1）启动 AutoCAD 2016 软件，选择“文件 | 打开”菜单命令，将“案例\06\卧室平面图.dwg”文件打开，再执行“文件 | 另存为”菜单命令，将其另存为“案例\06\卧室 C 立面图.dwg”文件。

（2）将“LM-立面”图层置为当前图层，执行“旋转（RO）”命令，将平面图旋转 180°；再执行“构造线（XL）”命令，根据提示绘制垂直的构造线，如图 6-80 所示。

（3）执行“直线（L）”命令，绘制一条水平的直线；再执行“偏移（O）”命令，将其向上偏移 2800mm，如图 6-81 所示。

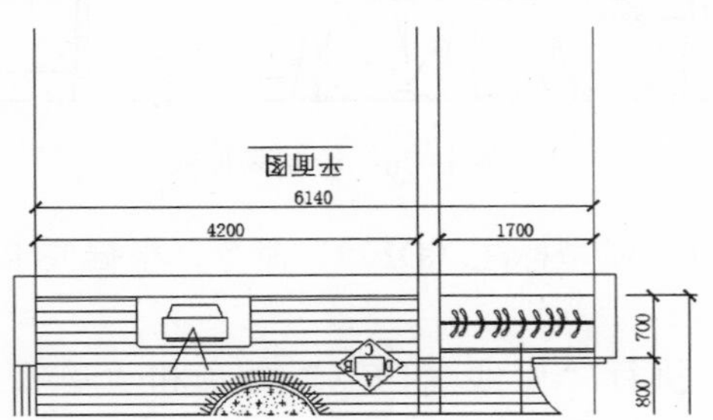

图 6-80　绘制垂直构造线

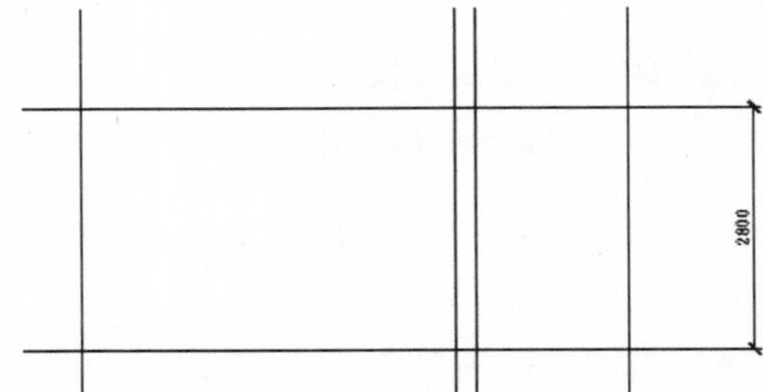

图 6-81　绘制轮廓线

（4）执行“修剪（TR）”命令，将多余的线条进行修剪；再将上下、左右的线条转换为“QT-墙体”图层，如图 6-82 所示。

（5）将“JJ-家具”和“JD-家电”图层分别置为当前图层，执行“插入块（I）”命令，将“案例\06”文件夹下的“卧室立面吊灯”“卧室 C 立面衣柜”“卧室 C 立面植物”和“卧室 C 立面电视”插入到图形的相应位置，如图 6-83 所示。

（6）将“BZ-标注”图层置为当前图层，执行“线性标注（DLI）”命令，根据要求对图形进行标注，如图 6-84 所示。

（7）将“ZS-注释”图层置为当前图层，执行“引线（LE）”命令和“单行文字（DT）”命令，对其 C 立面图进行文字标注，如图 6-85 所示。

（8）至此，卧室 C 立面图已经绘制完成，按〈Ctrl+S〉快捷键进行保存。

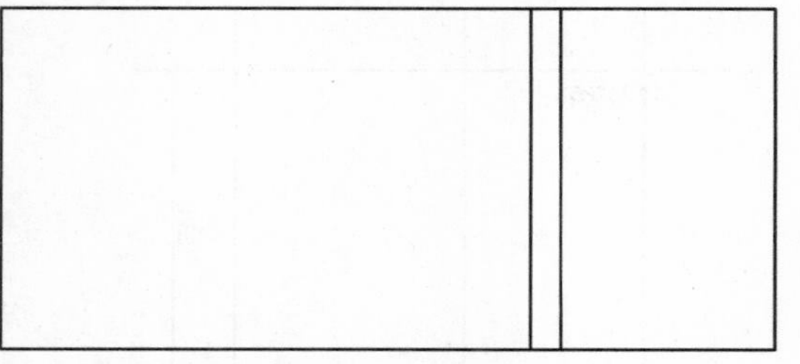

图 6-82 绘制墙体

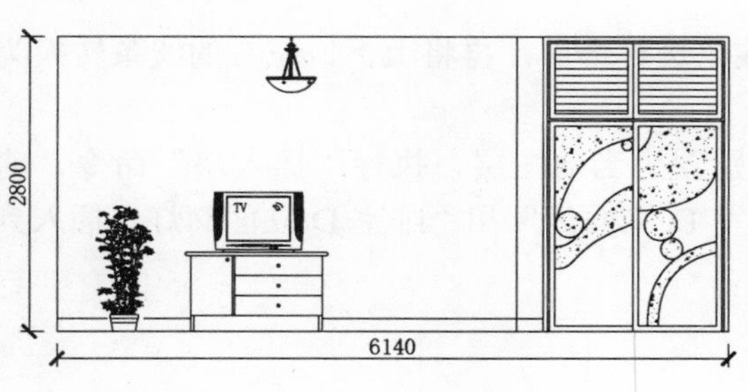

C立面图

图 6-84 尺寸标注

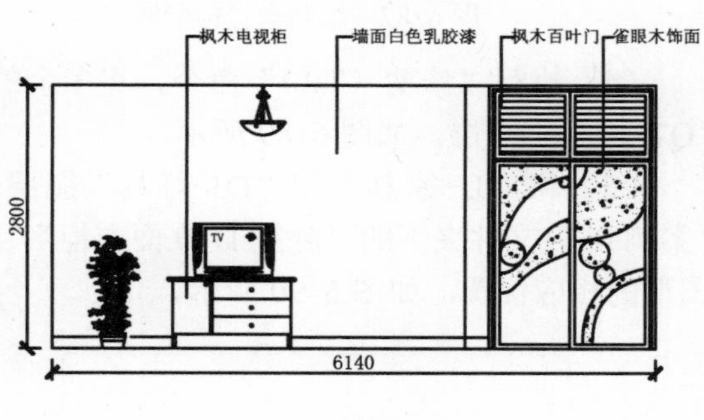

C立面图

图 6-85 文字标注

6.2.6 卧室 D 立面图的绘制

素材 视频\06\卧室 D 立面图的绘制.avi
案例\06\卧室 D 立面图.dwg

首先将前面绘制的卧室平面布置图另存为“客厅 D 立面图”文件；再根据要求执行构造线、偏移、修剪等命令，从而形成 D 立面的轮廓线；再插入立面门和立面衣柜等；然后对其进行文字、尺寸和图名标注，从而完成客厅 D 立面图的绘制，如图 6-86 所示。

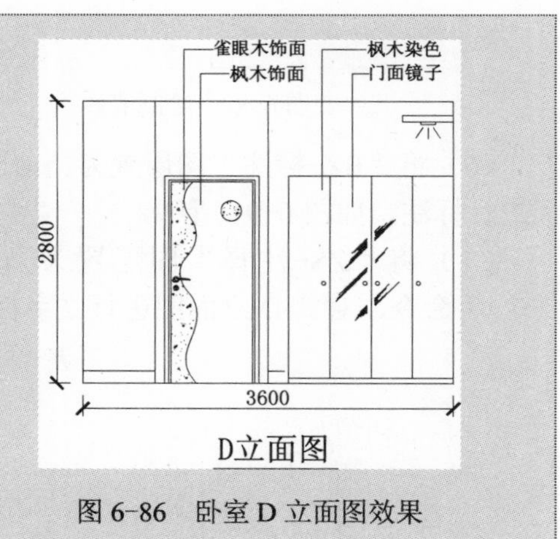

图 6-86 卧室 D 立面图效果

（1）启动 AutoCAD 2016 软件，选择“文件 | 打开”菜单命令，将“案例\06\客厅平面图.dwg”文件打开，再执行“文件 | 另存为”菜单命令，将其另存为“案例\06\客厅 D 立面图.dwg”文件。

（2）将“LM-立面”图层置为当前图层，执行“旋转（RO）”命令，将平面图旋转 -90°；再执行“构造线（XL）”命令，根据提示绘制垂直的构造线，如图 6-87 所示。

（3）执行“直线（L）”命令，绘制一条水平的直线；再执行“偏移（O）”命令，将其向上偏移 2800mm，如图 6-88 所示。

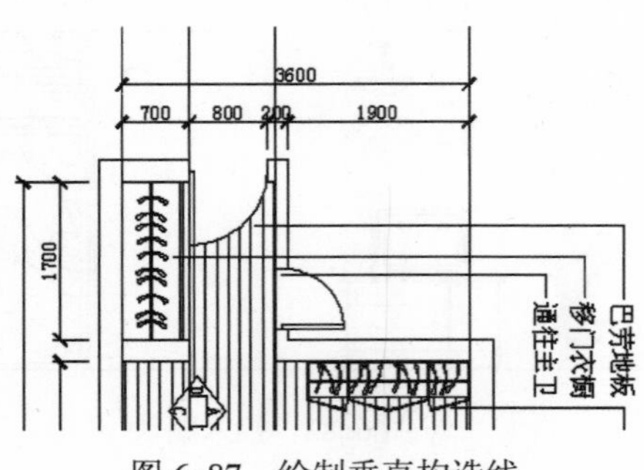

图 6-87 绘制垂直构造线

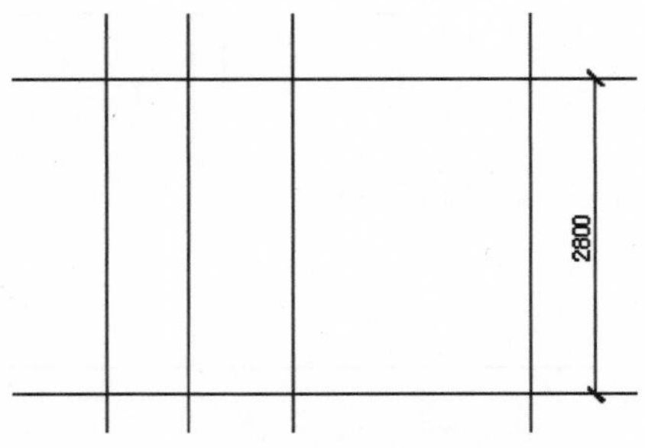

图 6-88 绘制轮廓线

（4）执行“修剪（TR）”命令，将多余的线条进行修剪；再将上下、左右的线条转换为“QT-墙体”图层，如图 6-89 所示。

（5）将“JJ-家具”和“DJ-灯具”图层分别置为当前图层，执行“插入块”命令，将“案例\06”文件夹下的“卧室 D 立面衣柜”“卧室 D 立面门”和“卧室 D 立面筒灯”插入到图形的相应位置，如图 6-90 所示。

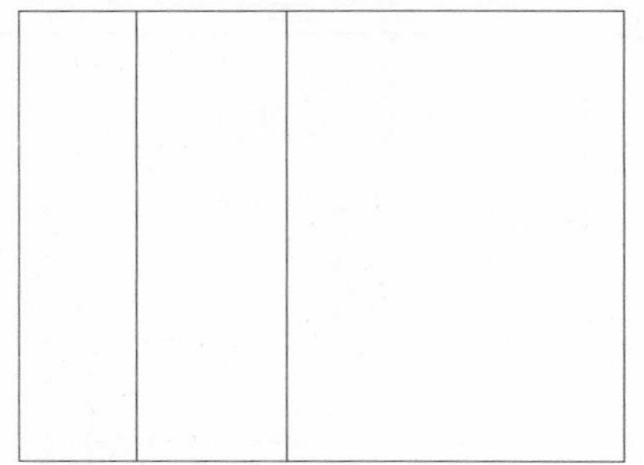

图 6-89 绘制墙体

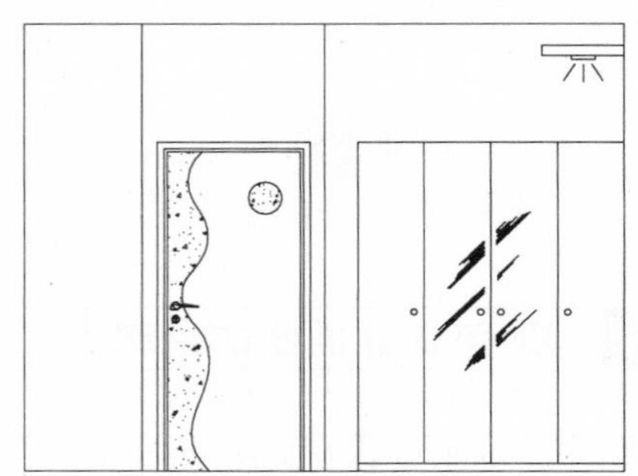

图 6-90 插入图块

（6）将“BZ-标注”图层置为当前图层，执行“线型标注（DLI）”命令，根据要求对图形进行标注，如图 6-91 所示。

（7）将“ZS-注释”图层置为当前图层，执行“引线（LE）”命令和“单行文字（DT）”命令，对其 D 立面图进行文字标注，如图 6-92 所示。

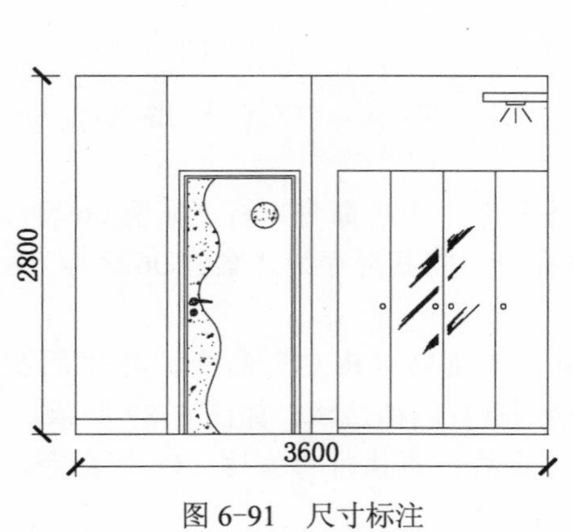

图 6-91 尺寸标注

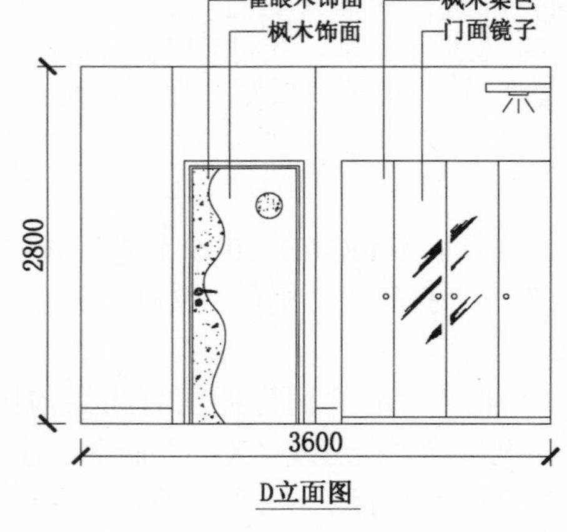

图 6-92 文字标注

（8）至此，卧室 D 立面图已经绘制完成，按〈Ctrl+S〉快捷键进行保存。

专业技能 室内设计六面图概述

在进行住宅室内装潢设计时，要根据每个居室的功能要求、布置方式、材质选择等进行设计处理。每个空间都包括了地面、顶面和 4 个侧面共计 6 个面，设计时在考虑到各居室的空间尺度的同时，还应该考虑到空间每个面的造型和最终效果等。

居室的布置应该划分区域，如客厅、卧室、厨房、卫生间、书房等，再根据使用功能选择一个中心，而其他部分则围绕中心进行有序的配置。若中心太多，就会分散视线，给人一种杂乱无章的感觉，图 6-93 所示为住宅居室的常用布置方式。

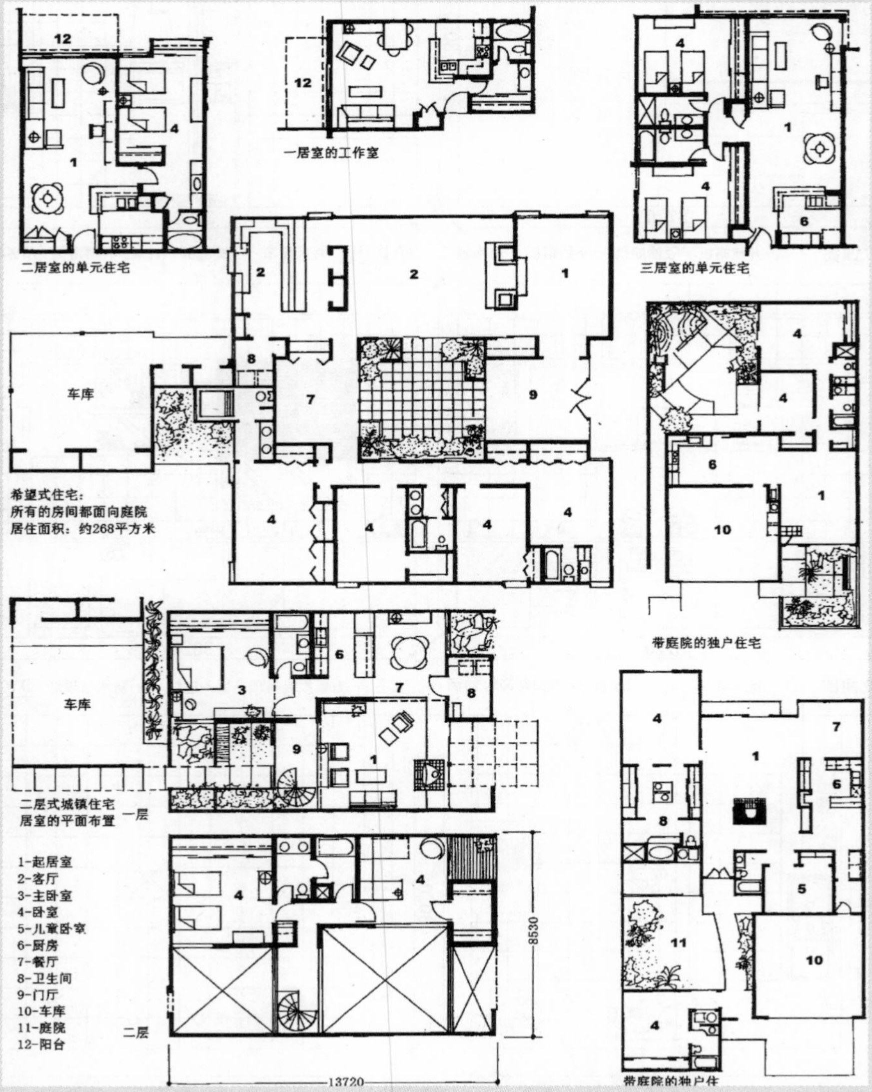

图 6-93 住宅居室的常用平面布置

6.3 厨房装潢设计六面图效果

厨房装饰设计六面图的绘制方法与客厅、卧室装饰设计六面图的绘制方法相同，只是尺寸不同，以及摆设的家具不同而已。厨房装饰设计六面图效果如图 6-94 和图 6-95 所示。

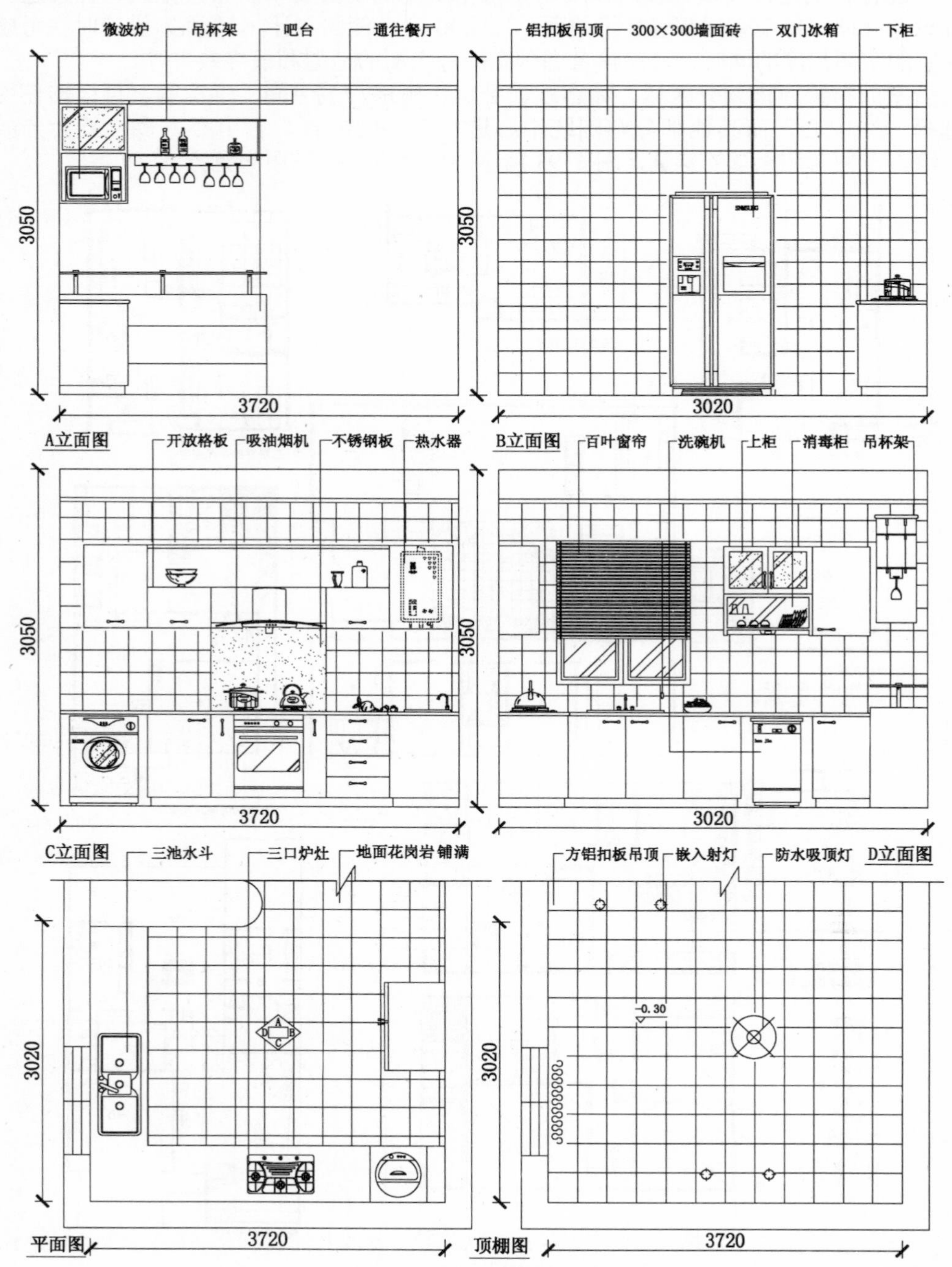

图 6-94 厨房六面图（一）

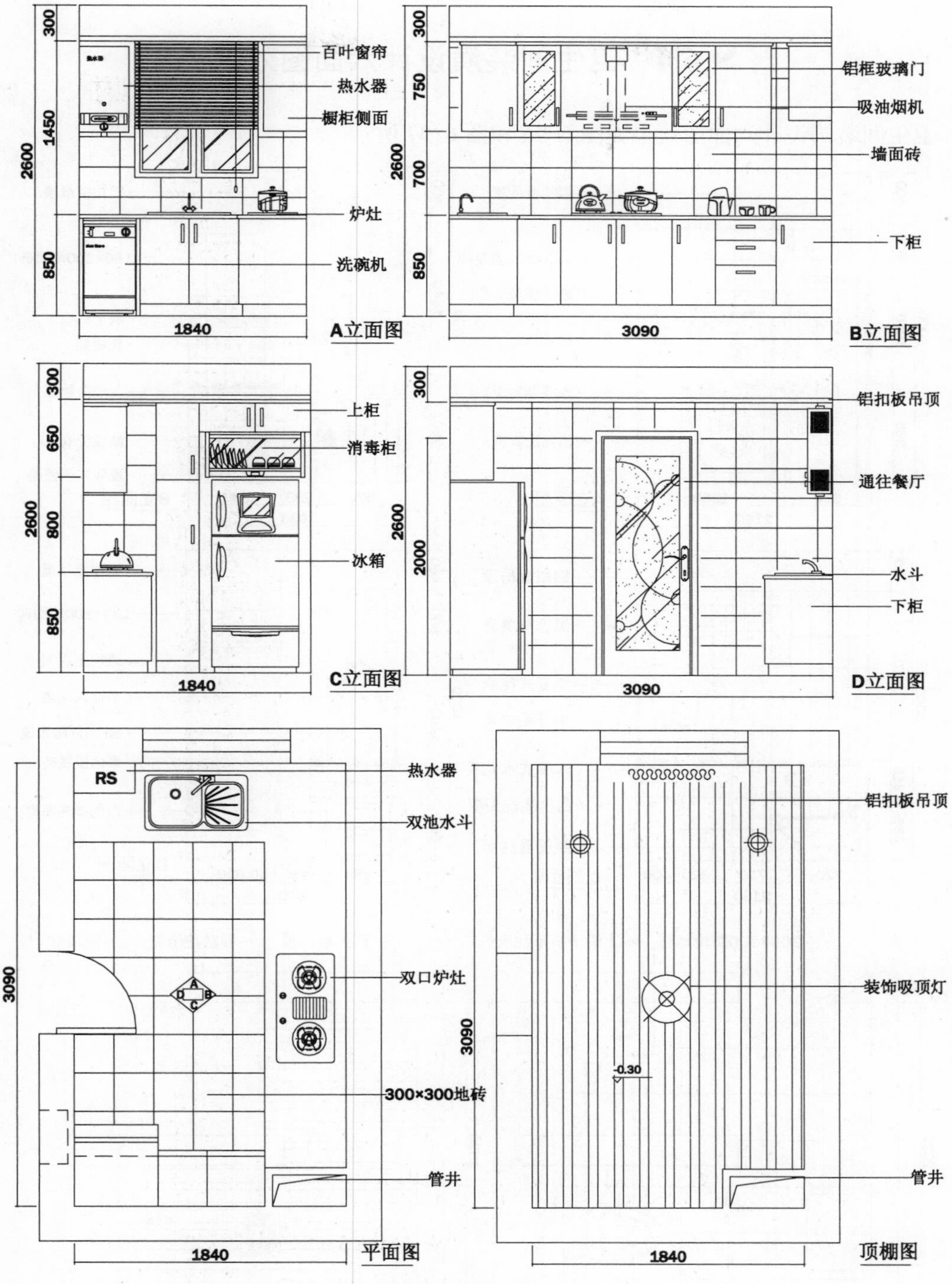

图 6-95 厨房六面图（二）

用户可以参照“案例\06”文件下面的“厨房六面图 1.dwg 和“厨房六面图 2.dwg”文件进行绘制。

6.4 卫生间装潢设计六面图效果

卫生间装饰设计六面图效果如图 6-96 和图 6-97 所示。

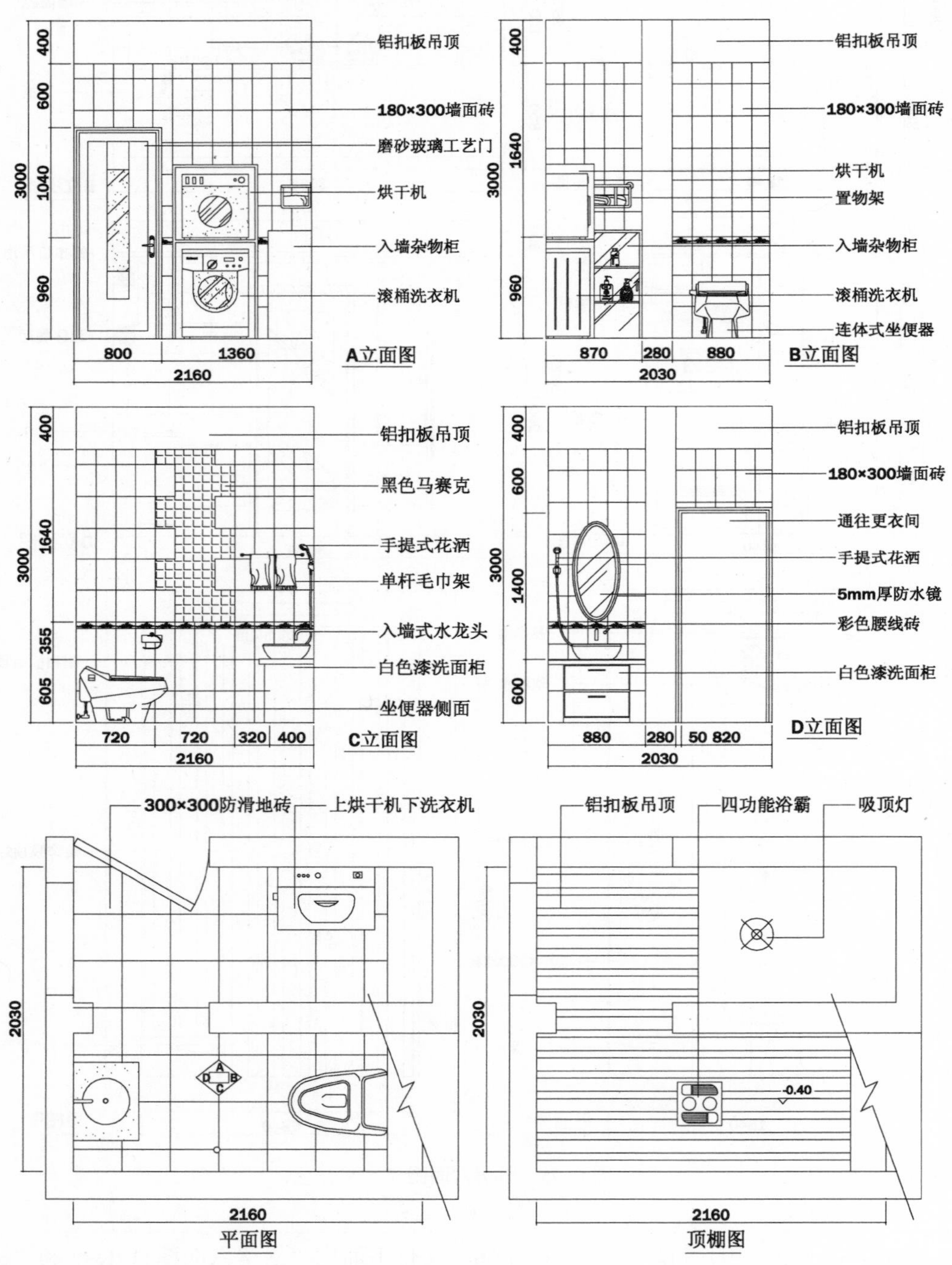

图 6-96 卫生间六面图（一）

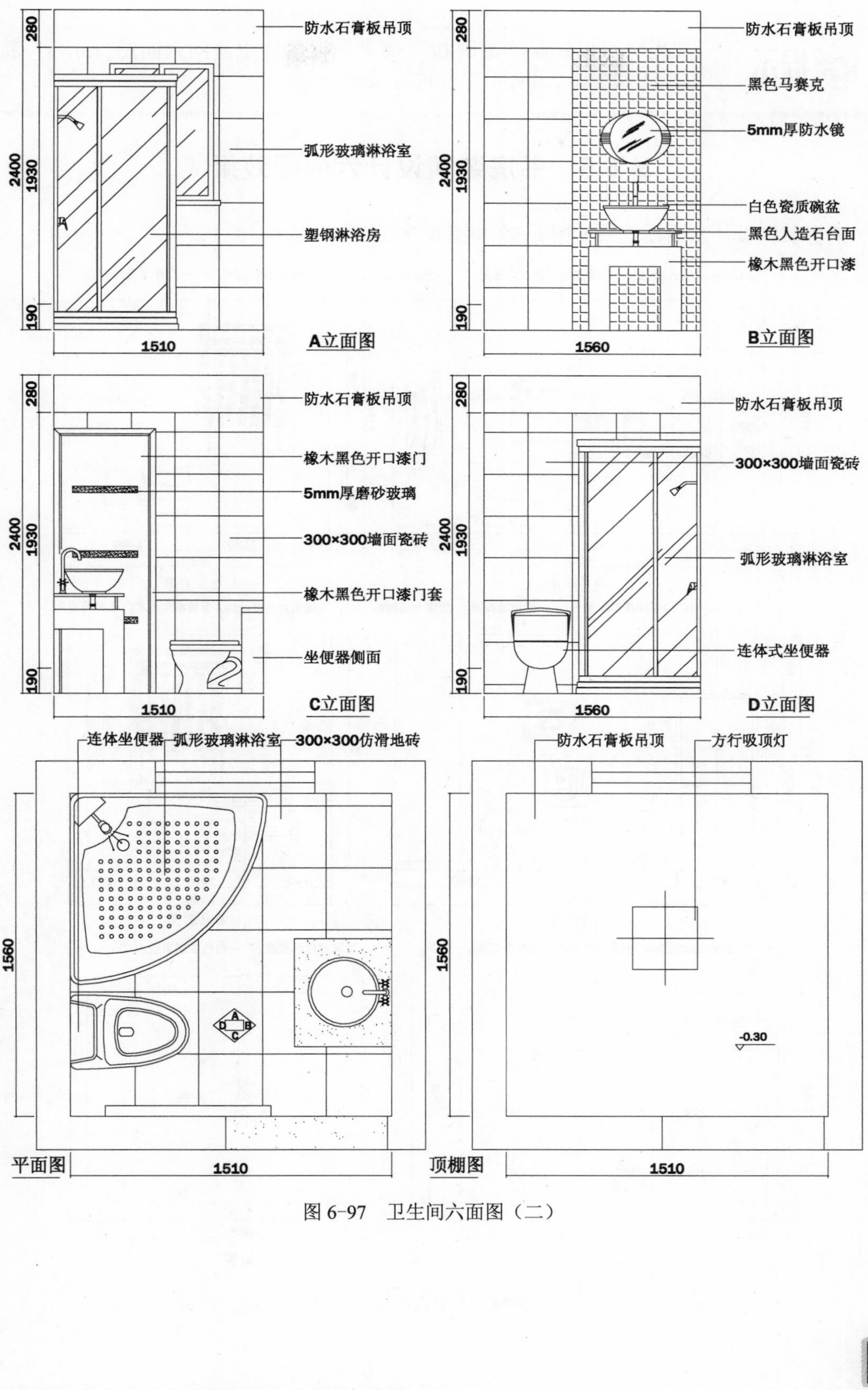

图 6-97　卫生间六面图（二）

用户可以参照“案例\06”文件下面的“卫生间六面图 1.dwg”和“卫生间六面图 2.dwg”文件进行绘制。

6.5 书房装潢设计六面图效果

书房装饰设计六面图效果如图 6-98 和图 6-99 所示。

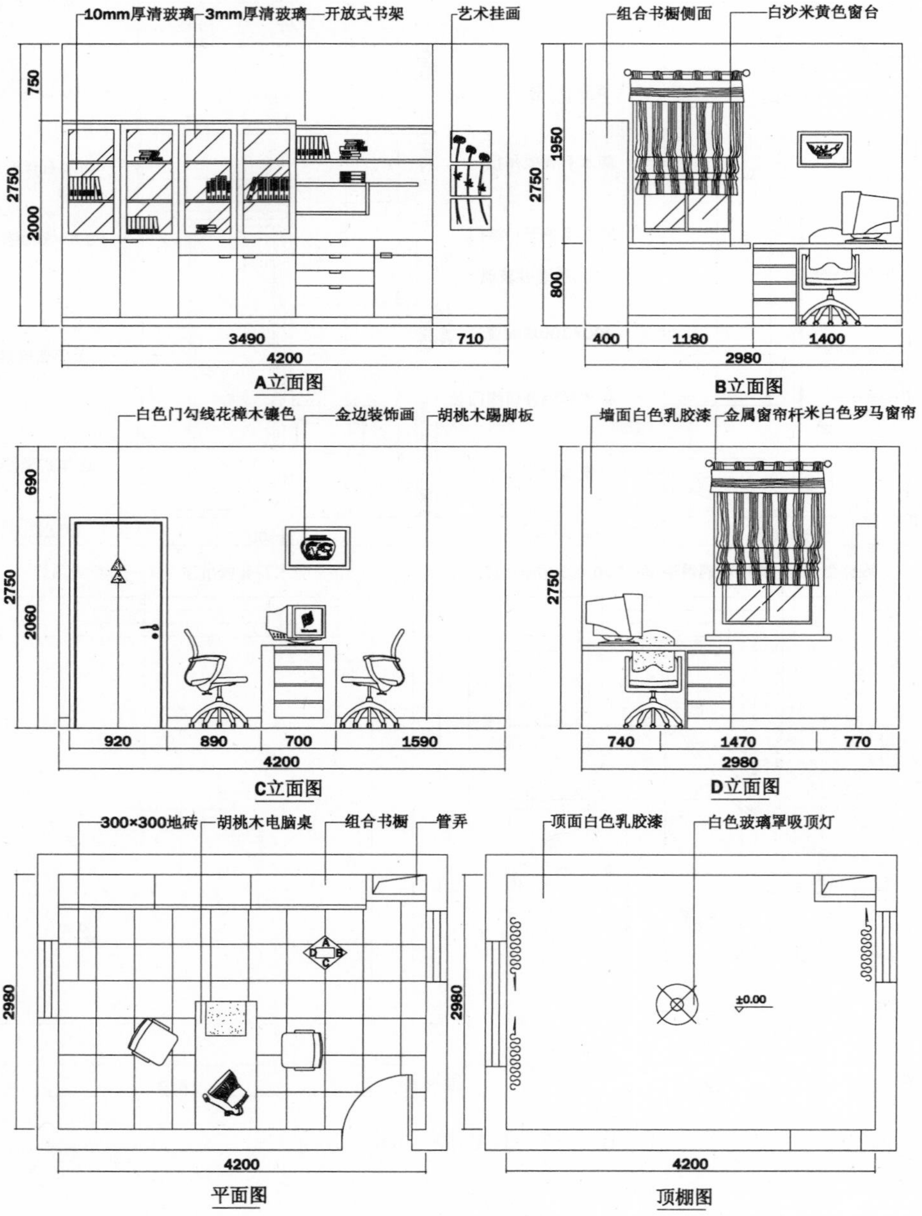

10mm厚清玻璃 3mm厚清玻璃 开放式书架 艺术挂画
750 2750 2000
3490 710 4200
A立面图

组合书橱侧面 白沙米黄色窗台
1950 2750 800
400 1180 1400 2980
B立面图

白色门勾线花樟木镶色 金边装饰画 胡桃木踢脚板
690 2750 2060
920 890 700 1590 4200
C立面图

墙面白色乳胶漆 金属窗帘杆 米白色罗马窗帘
2750
740 1470 770 2980
D立面图

300×300地砖 胡桃木电脑桌 组合书橱 管弄
2980 4200
平面图

顶面白色乳胶漆 白色玻璃罩吸顶灯
±0.00
2980 4200
顶棚图

图 6-98 书房六面图（一）

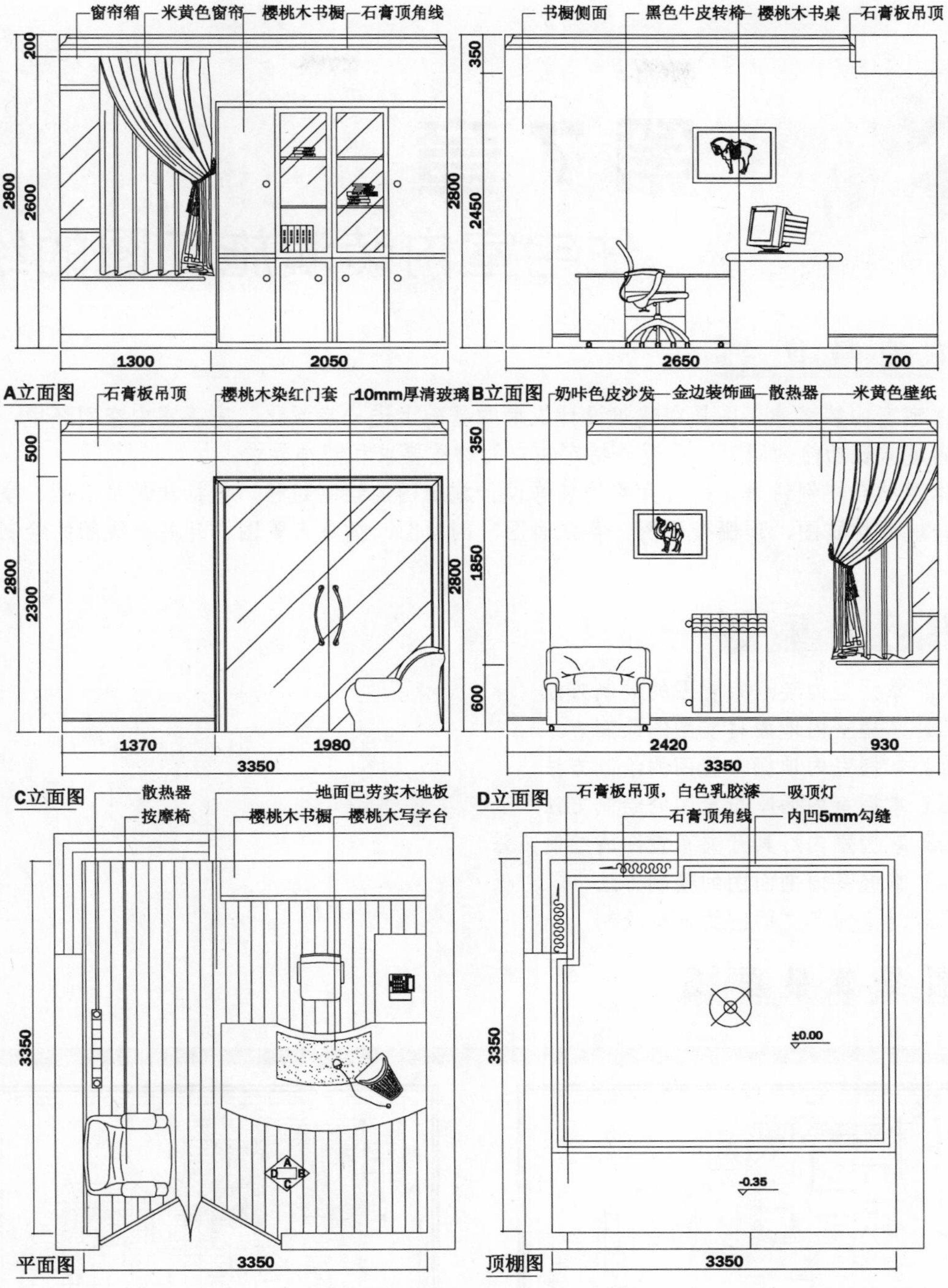

窗帘箱 米黄色窗帘 樱桃木书橱 石膏顶角线
书橱侧面 黑色牛皮转椅 樱桃木书桌 石膏板吊顶
200 2800 2600 1300 2050
350 2800 2450 2650 700
A立面图 石膏板吊顶 樱桃木染红门套 10mm厚清玻璃
B立面图 奶咔色皮沙发 金边装饰画 散热器 米黄色壁纸
500 2800 2300 1370 1980 3350
350 2800 1850 600 2420 930 3350
C立面图 散热器 按摩椅 地面巴劳实木地板 樱桃木书橱 樱桃木写字台
D立面图 石膏板吊顶，白色乳胶漆 吸顶灯 石膏顶角线 内凹5mm勾缝
3350 ±0.00 -0.35
平面图 3350
顶棚图 3350

图 6-99 书房六面图（二）

用户可以参照“案例\06”文件下面的“书房六面图 1.dwg”和“书房六面图 2.dwg”文件进行绘制。

第7章 住宅室内装潢施工图的绘制

本章导读

住宅室内装潢施工图是在建筑设计成果的基础上进一步深化、完善室内空间环境，使住宅在满足常规功能的同时，更适合特定住户的物质要求和精神要求。

本章结合实例讲解了一套完整的装饰设计施工图的绘制过程，包括建筑平面图、室内布置图、地面材质图、顶棚布置图、各立面图、剖面图、插座布置图、开关布线图的绘制等内容。

学习目标

- 掌握室内装潢布置图的绘制方法
- 掌握室内地面材质图的绘制方法
- 掌握室内顶棚布置图的绘制方法
- 掌握室内插座布置图的绘制方法
- 掌握室内灯具开关布置图的绘制方法
- 掌握室内剖面图的绘制方法
- 对室内各立面图的演练绘制

预览效果图

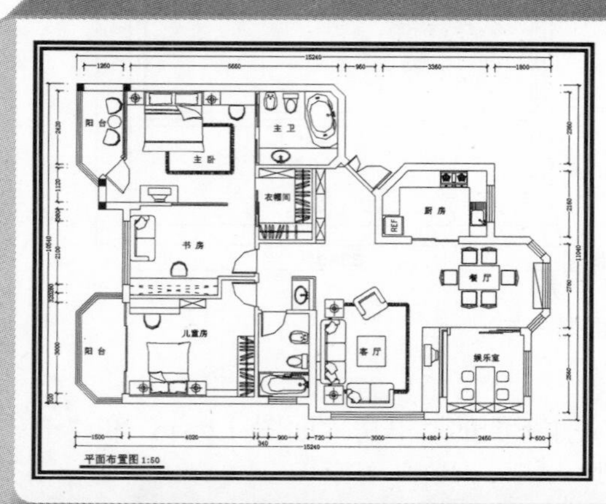

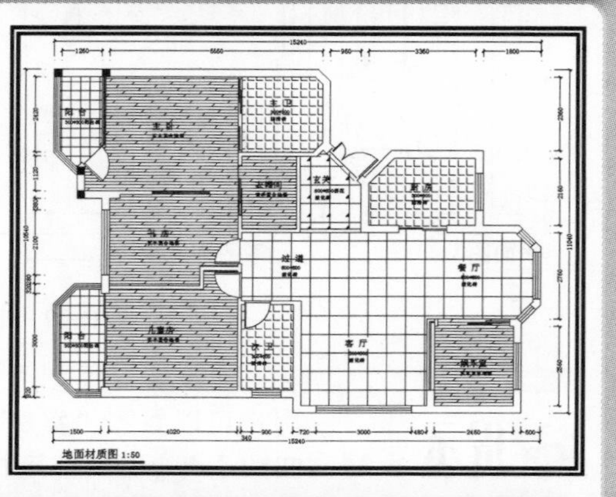

7.1 住宅室内装潢布置图的绘制

素材 视频\07\住宅室内装潢布置图的绘制.avi
案例\07\室内装潢平面布置图.dwg

本实例主要针对一套经典住宅室内装潢平面布置图进行绘制。该室内住宅平面图包括客厅、餐厅、厨房、卫生间、主人房、儿童房、书房、娱乐室、阳台等。用户可以将事先准备好的建筑平面图运用到当前的环境中，然后根据各功能房间进行平面布置图的设计，如图 7-1 所示。

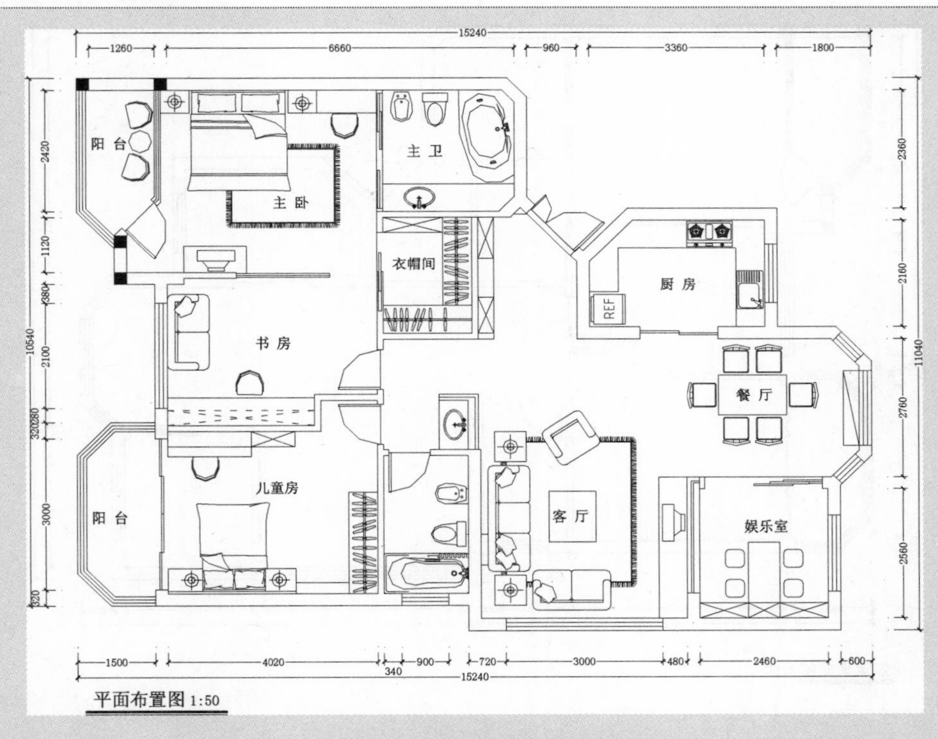

图 7-1　室内布置图效果

专业技能 平面布置图的设计思路

本案例的住宅原始平面图空间布置已经比较合理，加之结构形式为砌体结构，也不能随意改动，所以应尊重原有空间布局，在这些基础上作进一步的设计。

1）客厅部分以会客、娱乐为主，因为进门后就是客厅，所以会客部分需安排玄关、鞋柜、沙发、茶几、电视设备及柜子。

2）阳台部分在客厅靠左的位置，安排双推式玻璃门和绿色盆景或花卉。

3）厨房的空间比较大，这就在设计上给了用户很大的发挥空间，橱柜的摆放可以采用“一”字形、“L”形、“U”形等造型，在进行设计时要根据具体情况来选择最适当的摆放方式。

7.1.1 打开住宅建筑平面图

在使用 AutoCAD 进行室内装潢设计之前，如果没有事先绘制好的建筑原始平面图，则需要绘制相应的建筑原始平面图；反之，可以调用已有的原始平面图，只需加以修改使之符合需要即可。在本案例中，已经有准备好的“建筑平面图.dwg”文件，这时可将其打开并保存为新的文件。

（1）启动 AutoCAD 2016 软件，选择“文件｜打开”菜单命令，将“案例\07\住宅建筑平面图.dwg”文件打开，如图 7-2 所示。

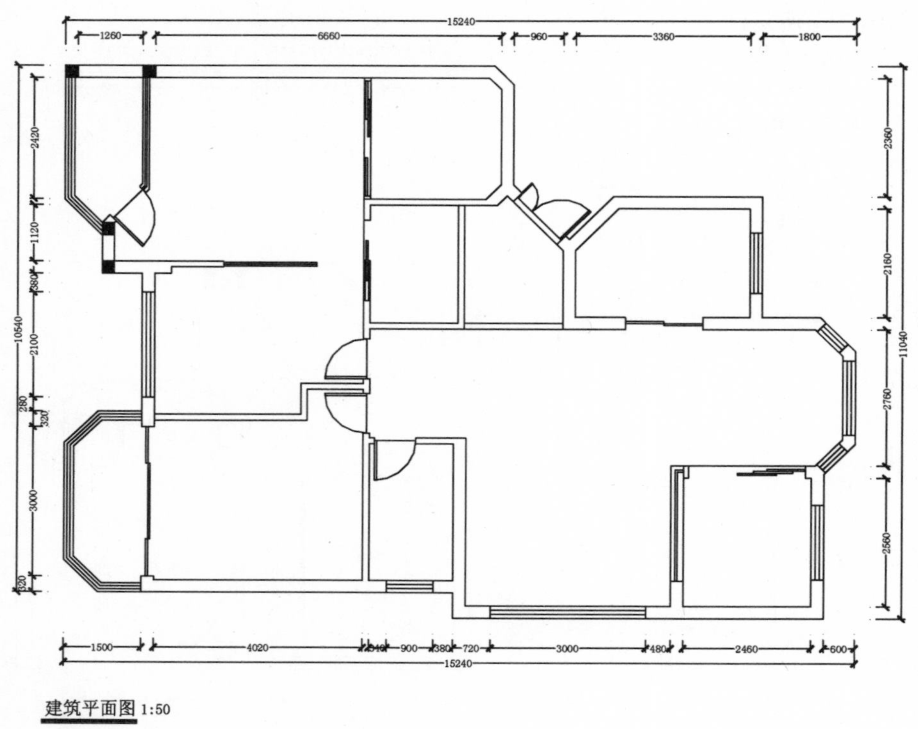

图 7-2 打开的文件

（2）执行“文件｜另存为”菜单命令，将其另存为“案例\07\室内装潢平面布置图.dwg”文件，并修改左下侧图名为“平面布置图”。

7.1.2 客厅和餐厅的布置

从打开的平面图可以看出，进户门没有正对着客厅，而是有一个过渡的空间，可设置为“玄关”，玄关是大门与客厅的缓冲地带，能起到基本的遮掩作用。虽然面积不大，但使用频率较高，是进出住宅的必经之处。

为了使客厅的区域划分更合理，在适当的位置进行相关家具、装饰、地板等的布置，从而使施工人员按照设计要求进行施工布置，方便房主的安排调整。

（1）选择“格式｜图层”菜单命令（或输入“LA”命令），在打开的“图层特性管理器”面板中新建“家具”图层，设置颜色为“红色”，并置为当前图层，如图 7-3 所示。

家具　红　CONTINUOUS ——— 默认　0

图 7-3　建立“辅助线”图层

为了方便、快捷地绘图，可将不同功能的图形对象置于不同的图层中，所以这里先建立一个“家具”图层，作为整个装饰图的隔断、柜子及各类家具等。

（2）执行“矩形（REC）”命令和“直线（L）”命令，在进户门的左侧绘制 300mm×830mm 和 300mm×710mm 的矩形表示鞋柜，如图 7-4 所示。

（3）使用“矩形（REC）”命令，在进户门的正下方大厅相应的位置处绘制 550mm×2800mm 和 300mm×1500mm 的矩形对象，分别表示客厅电视柜和餐厅展示柜，如图 7-5 所示。

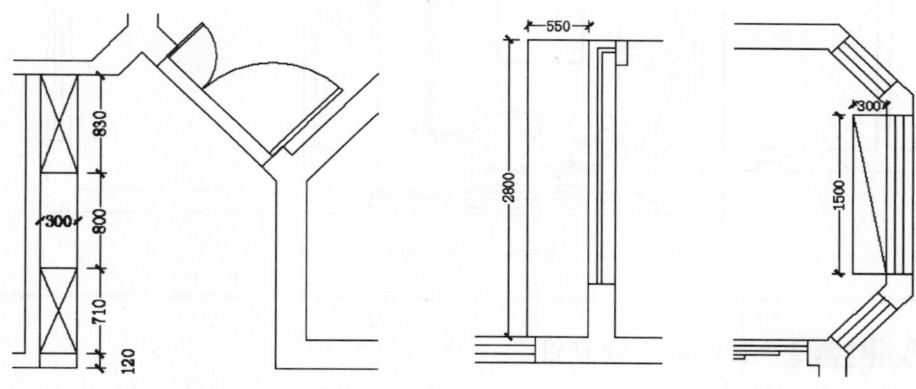

图 7-4　绘制鞋柜　　　图 7-5　绘制电视柜和展示柜

（4）使用“插入（I）”命令，打开“插入”对话框，单击“名称”下拉列表框右边的“浏览”按钮打开“选择图形文件”对话框，选择“案例\07\平面沙发.dwg”文件，并单击“打开”按钮返回到“插入”对话框中，然后单击“确定”按钮，如图 7-6 所示。

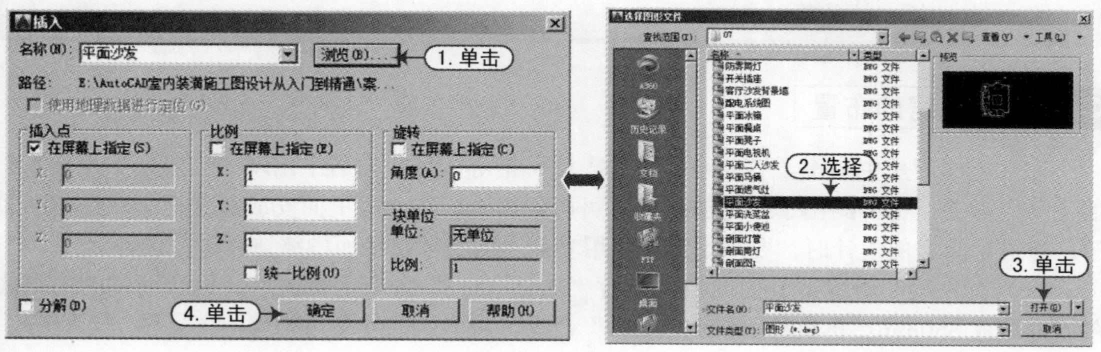

图 7-6　插入图块

（5）所选择的“平面沙发”图块就附着在鼠标上，移动鼠标到客厅适当位置时单击，则插入该图块。

（6）同样，将“案例\07”文件夹下面的“平面电视机”“平面餐桌”等图块插入到指定的位置，如图 7-7 所示。

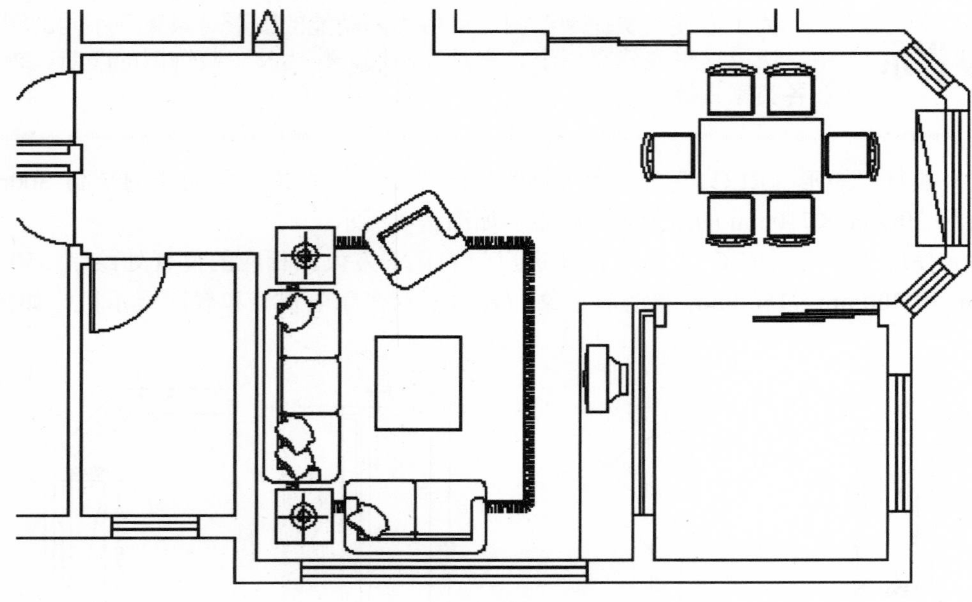

图 7-7 布置客厅

专业技能 客厅的“公共性”

在实际的室内设计中，很多业主有自己对装潢的要求，但是客厅作为公共空间，保持适当的“公共性”是很有必要的。

◆ 客厅的设计应根据住房的不同需要、生活习惯及实际住房面积等一些因素来进行空间的划分及平面布置。
◆ 客厅的地面宜采用耐磨、防滑的材料，如大块彩色的釉面陶瓷地砖、木地板、塑胶地板、地毯等。

7.1.3 厨房的布置

在住宅的厨房中少不了有冰箱、炉灶、洗碗槽等。现代家居中出现的集成灶不仅使人们的生活更方便，也节约出了一定的空间，可以任由人们在厨房里面安放消毒柜、双开门冰箱等。在进行厨房的设计时，要满足它在使用功能上的要求，从而围绕这点进行设计。

（1）首先绘制厨房部分的橱柜。执行“偏移（O）”命令，将厨房上面和两侧的内墙线条向内偏移 550mm；再执行“修剪（TR）”命令，将多余的线条进行修剪，如图 7-8 所示。

（2）执行“偏移（O）”命令，将推拉门左侧的墙线向上偏移 700mm，再执行“修剪（TR）”命令，对线条进行修剪，将形成的橱柜轮廓线转换到“家具”图层，如图 7-9 所示。

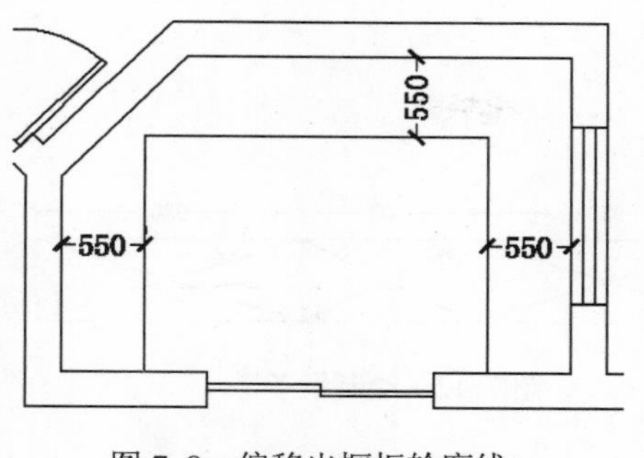

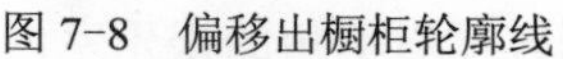
图 7-8　偏移出橱柜轮廓线

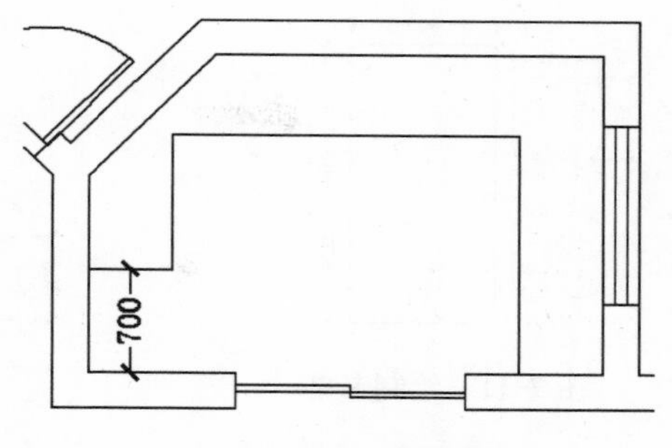

图 7-9　形成冰箱预留位

（3）执行“插入块（I）”命令，将“案例\07”文件夹下面的“平面冰箱”“平面燃气灶”和“平面洗菜盆”图块插入到厨房的相应位置，如图 7-10 所示。

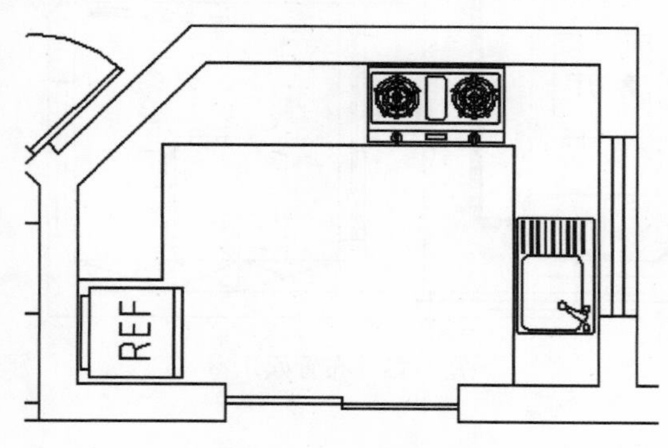

图 7-10　插入的图块

专业技能　厨房的布置技巧

在厨房布局中，洗菜盆应该放在窗户下面，这样在洗菜时就拥有充足的光线；燃气灶不应放置在离烟道过远的位置，否则厨房会有油烟问题。洗菜盆和燃气灶不能靠得太近，中间应该保留足够的空间便于操作，从而形成洗、切、炒一条流程的操作顺序，更方面人们的使用。

7.1.4 娱乐室的布置

娱乐室可根据主人的需要进行设计。

（1）首先绘制娱乐室部分的桌子，执行“矩形（REC）”命令，根据提示绘制 600mm×1200mm 的直角矩形；再执行“矩形（REC）”命令，设置圆角半径为 80mm，绘制 370mm×355mm 的圆角矩形。

（2）执行“复制（CO）”命令，将已绘制的圆角矩形复制 4 个，从而完成娱乐室桌子的绘制，如图 7-11 所示。

（3）执行“矩形（REC）”命令和“直线（L）”命令，绘制出图 7-12 所示的图形。

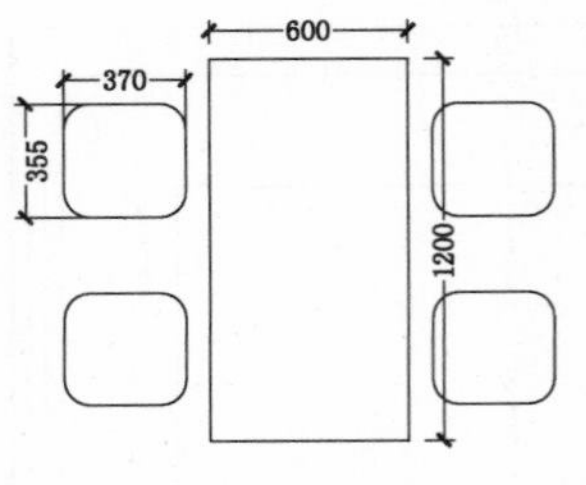

图 7-11　绘制书桌

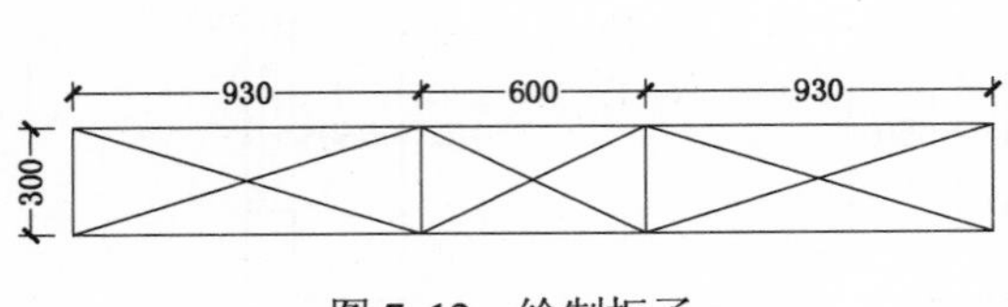

图 7-12　绘制柜子

（4）执行“移动（M）”命令，将桌子和柜子组合到客厅右下角的娱乐室内，如图 7-13 所示。

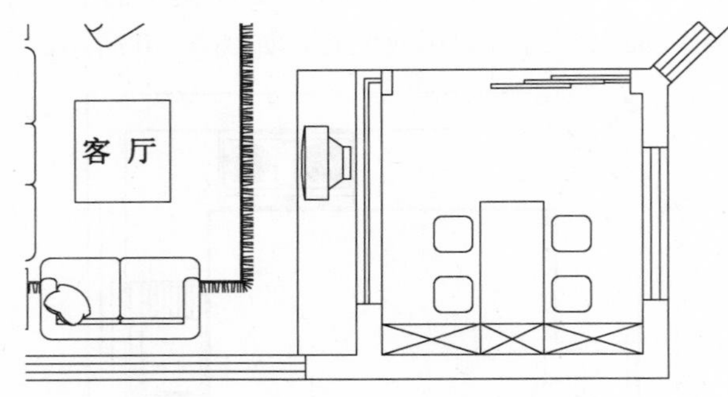

图 7-13　布置娱乐室

7.1.5 主卧室的布置

图例中主卧室的空间比较大，主要划分成 4 个功能区域，包括书房、卧室、衣帽间和主卫，接下来一一进行布置。

（1）现在对主卧室书房进行布置，执行“偏移（O）”命令和“直线（L）”命令，将书房下侧的墙体线向上依次偏移出 300mm 和 250mm，并绘制交叉线，形成组合书柜、书桌效果，并将其置为“家具”图层。然后设置书柜的线型为虚线（Dashed），如图 7-14 所示。

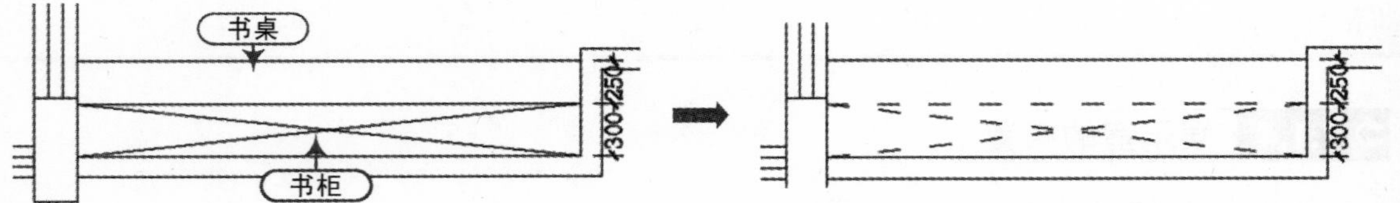

图 7-14　绘制的轮廓

由于书房下侧要表示出有书柜和书桌的存在，但也需要区分出两个物体的轮廓，所以将书柜轮廓置换为虚线。书柜里面的交叉线表示书柜是做到顶的，如果表示书柜没有做到顶，只是半高，就需要表示成一条斜线。同理，鞋柜、酒柜等都可以用这种方法表示。

（2）执行“插入块（I）”命令，将“案例\07”文件夹下面的“平面二人沙发”和“平面凳子”图块插入到书房的相应位置，如图 7-15 所示。

（3）布置主卧室。执行“矩形（REC）”命令，绘制 1200mm×550mm 和 1140mm×450mm 的矩形分别作为主卧电视柜和化妆台的轮廓，如图 7-16 所示。

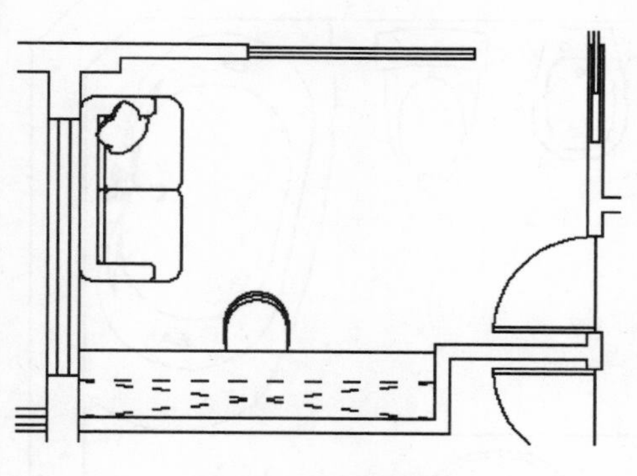

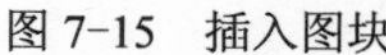

图 7-15 插入图块

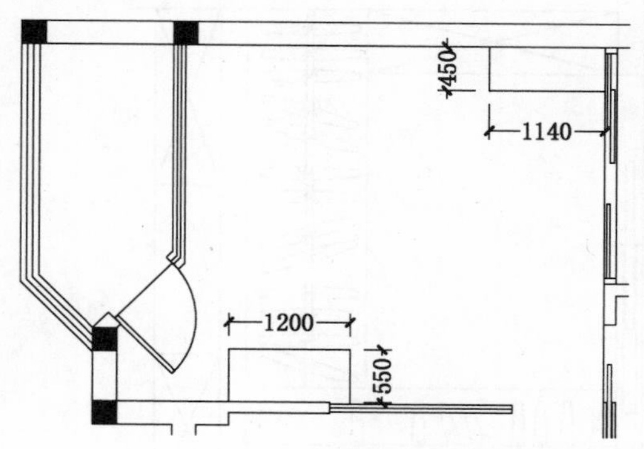

图 7-16 绘制的矩形

（4）执行“插入块（I）”命令，将“案例\07”文件夹下面的“休闲桌凳”“主卧平面床”“平面凳子”和“平面电视机”图块插入到主卧的相应位置，如图 7-17 所示。

（5）布置衣帽间。执行“偏移（O）”修剪（TR）”和“直线（L）”等命令，绘制出衣帽间衣柜的轮廓，如图 7-18 所示。

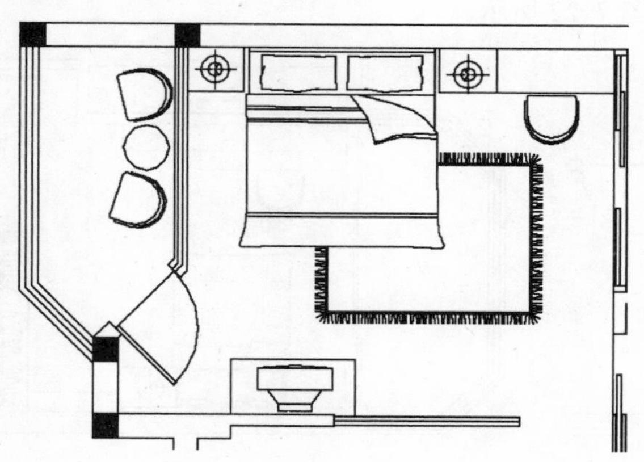

图 7-17 主卧插入图块

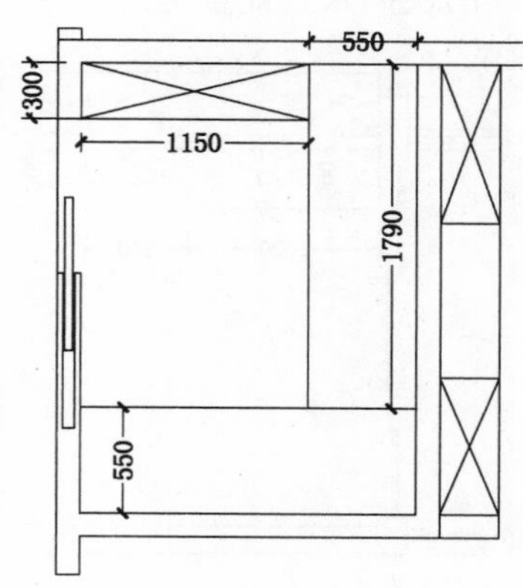

图 7-18 绘制衣柜轮廓

（6）执行“直线（L）”“圆弧（A）”和“修剪（TR）”等命令，绘制出一个衣架的造型，并对其执行“复制（CO）”和“旋转（RO）”操作，完成衣柜效果，如图 7-19 所示。

（7）布置主卫。执行“偏移（O）”命令，将主卫下侧内墙线向上偏移 550mm 作为洗手台；然后执行“插入（I）”命令，将“案例\07”文件夹下面的“主卫浴缸”“平面马桶”“平面小便池”和“洗脸盆”图块插入到主卫的相应位置，如图 7-20 所示。

7.1.6 儿童房的布置

在进行儿童房的布置时，首先绘制固定家具，如书柜、衣柜等，然后插入活动的家具图块。具体操作步骤如下：

（1）执行“矩形（REC）”命令和“直线（L）”命令，在儿童房中绘制出书桌、书柜和衣柜的造型，如图 7-21 所示。

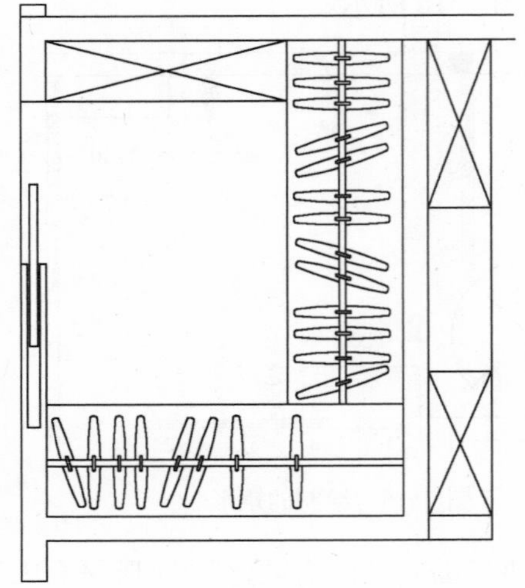

图 7-19　绘制衣柜造型

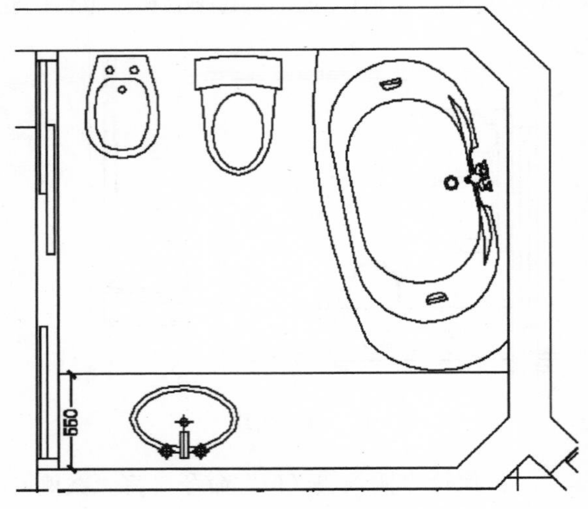

图 7-20　布置主卫

（2）执行“插入块（I）”命令，将“案例\07”文件夹下面的“平面凳子”和“儿童房平面床”图块插入到儿童房的相应位置，如图 7-22 所示。

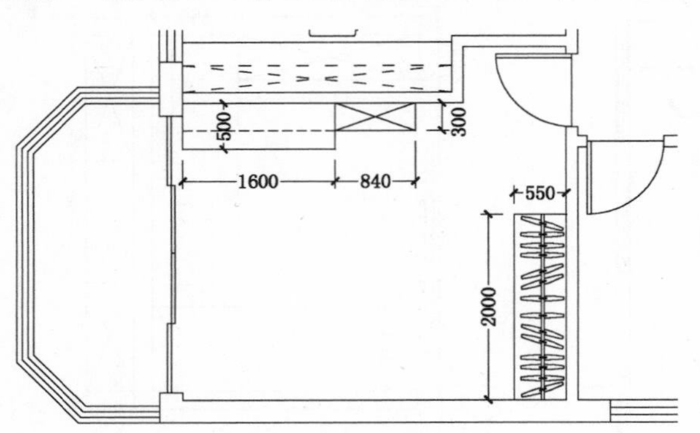

图 7-21　绘制的书柜和衣柜

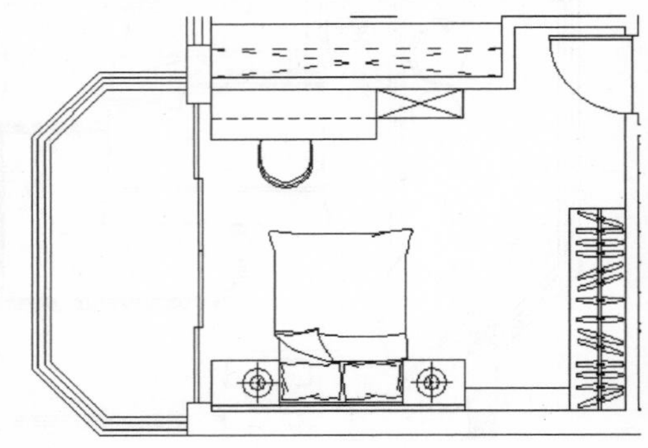

图 7-22　儿童房的布置

7.1.7 公卫的布置

在进行卫生间的布置时，在空间尺寸允许的情况下，应该考虑将洗盥区和洗澡的区域划分开。

在本实例中，将洗脸盆的位置分离了出来，这样在使用上更加方便。

（1）执行“多线（PL）”命令、绘制出图 7-23 所示的图形，做为隔断墙的轮廓线。

（2）执行“矩形（REC）”命令，绘制 550mm×980mm 的直角矩形，从而形成洗手台的轮廓，如图 7-24 所示。

（3）执行“移动（M）”命令，将绘制好的上步图形移动到公卫的上侧。

（4）执行“插入块（I）”命令，将“案例\07”文件夹下面的“公卫浴缸”“平面马桶”“平面小便池”和“洗脸盆”图块插入到公卫的相应位置，如图 7-25 所示。

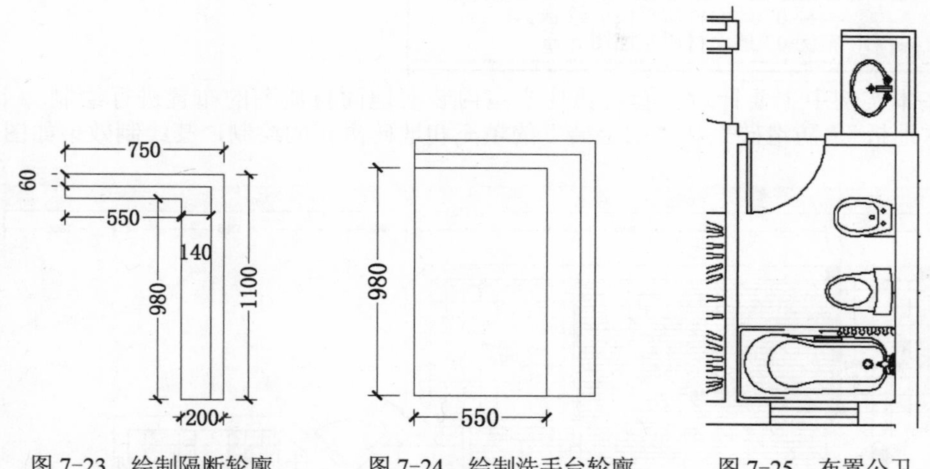

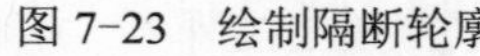

图 7-23　绘制隔断轮廓　　图 7-24　绘制洗手台轮廓　　图 7-25　布置公卫

（5）执行“单行文字（DT）”命令，设置字高为 200mm，对整个平面图进行房间名称的注释，如图 7-26 所示。

（6）室内布置图已经绘制完成，按〈Ctrl+S〉快捷键进行保存。

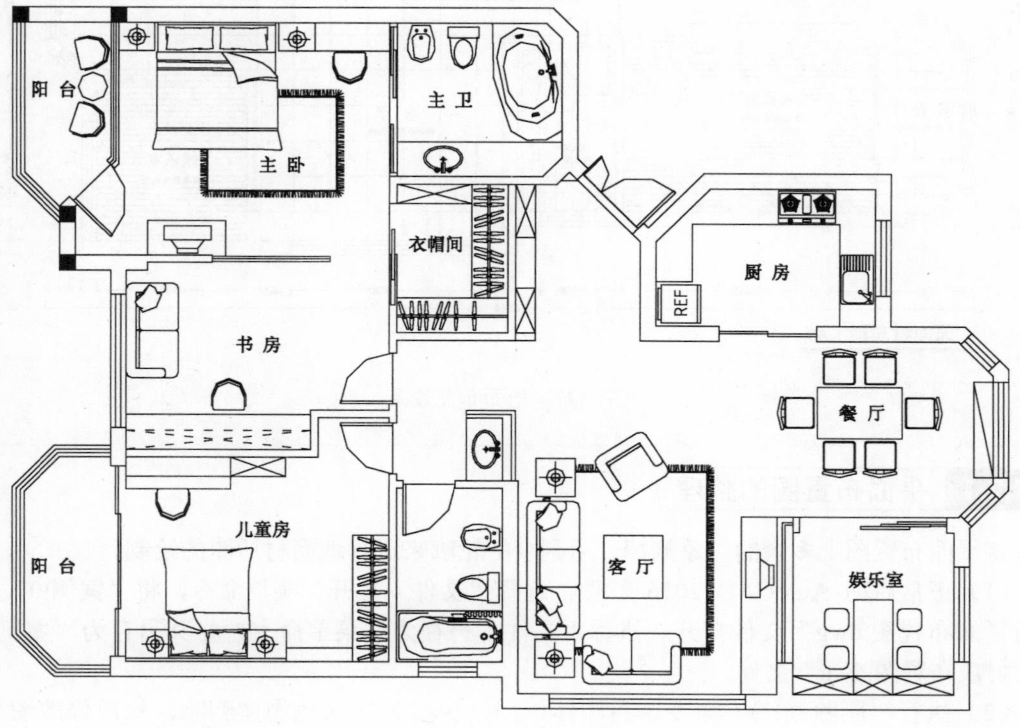

图 7-26　文字标注

7.2 地面材质平面图的绘制

素材 视频\07\地面材质平面的绘制.avi
案例\07\地面材质平面图.dwg

在本实例中主要针对一套经典住宅室内装潢地面材质图的布置进行绘制。主要进行“木地板”“防滑砖”和“阳台砖”的填充和地砖拼花的绘制，其绘制效果如图 7-27 所示。

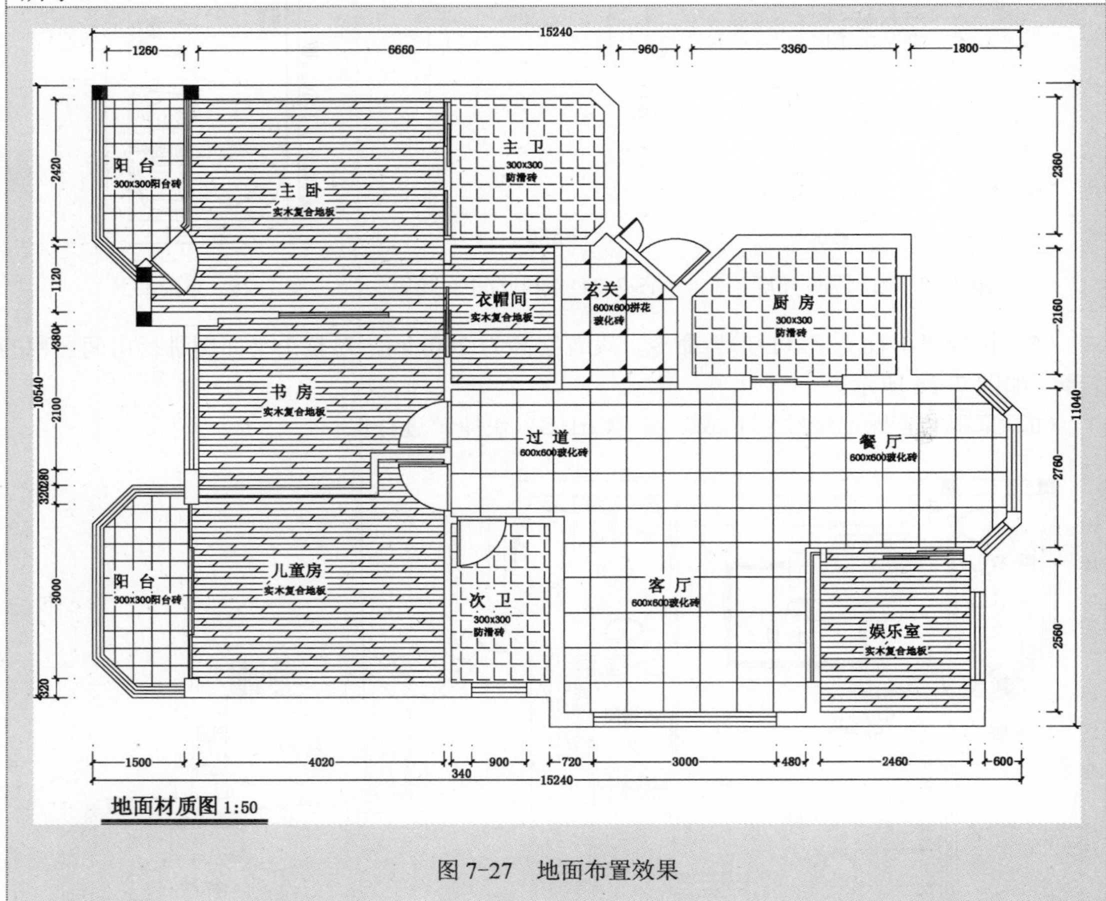

图 7-27 地面布置效果

7.2.1 平面布置图的整理

将平面布置图上多余的对象删掉，用剩余的轮廓来进行地面材质图的绘制。

（1）正常启动 AutoCAD 2016 软件，选择“文件｜打开”菜单命令，将“案例\07\室内装潢平面布置图.dwg”文件打开，执行“文件｜另存为”菜单命令，将其另存为“案例\07\地面材质布置图.dwg”文件。

（2）执行“删除（E）”命令，将墙体、门、窗以外的其他物体删除，然后修改图名为“地面材质图”，如图 7-28 所示。

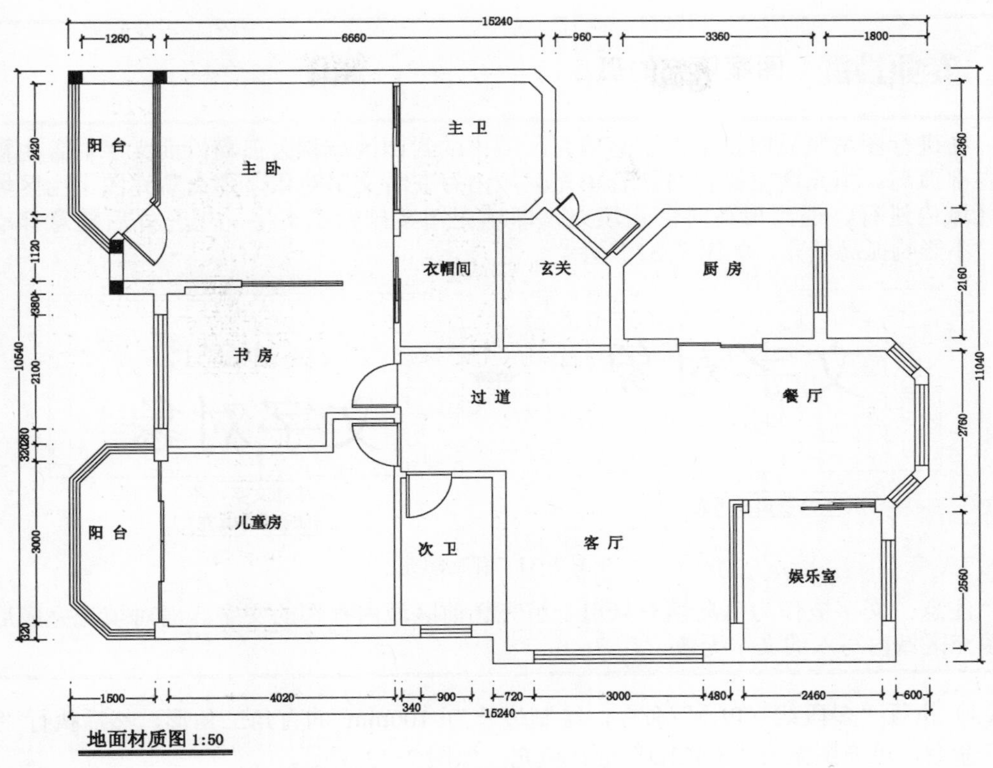

图 7-28 删除多余构件

7.2.2 玄关和客厅、餐厅地材的铺贴

玄关是进门的第一个空间，也起到从室外到室内过渡的作用。下面是进行材质布置的操作步骤：

（1）将“填充”图层置为当前图层，执行“直线（L）”命令，绘制一条水平线条；再执行“偏移（O）”命令，将线条向上偏移 120mm，从而将玄关和客餐厅区分开来，如图 7-29 所示。

（2）执行“填充（H）”命令，选择类型为“用户定义”选项，勾选“双向”复选框，设置填充间距为 600mm， 如图 7-30 所示。

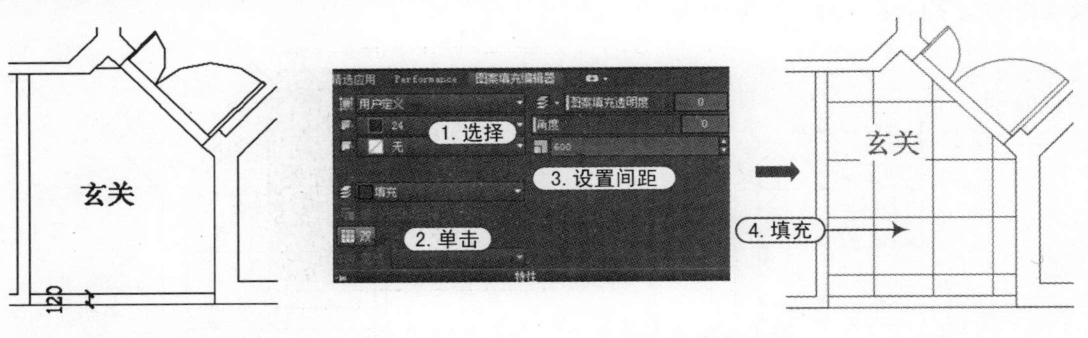

图 7-29 划分区域

图 7-30 填充玄关

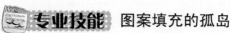

专业技能 图案填充的孤岛

在进行图案填充时，把位于总填充区域内的封闭区域称为孤岛，而文字对象也被视作内部孤岛。填充图案操作时，若填充区域内存在着文字对象，那么填充图案由区域外向区域内进行，遇到孤岛时停止填充，即填充图案排除了文字。填充好后随意移动文字，不影响孤岛填充，如图 7-31 所示。

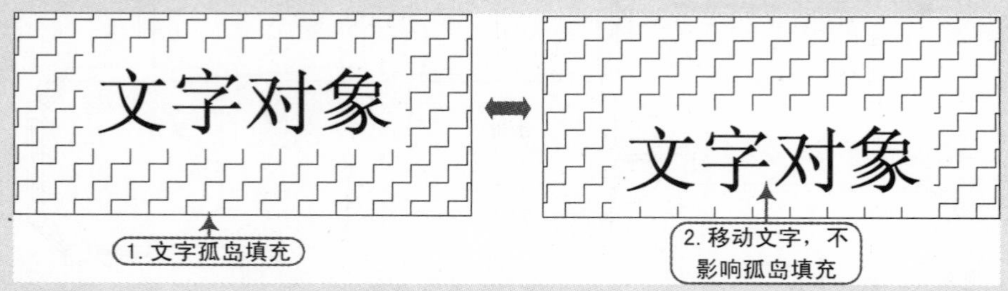

图 7-31　孤岛填充

注意：文字被作为孤岛填充只用于填充之前区域内存在的文字。而对填充完成后，在填充区域内写入的文字无效。

（3）执行“多段线（PL）”命令，绘制边长为 100mm 的直角三角形，然后执行“填充（H）”命令，填充图案为“SOLID”进行填充，如图 7-32 所示。

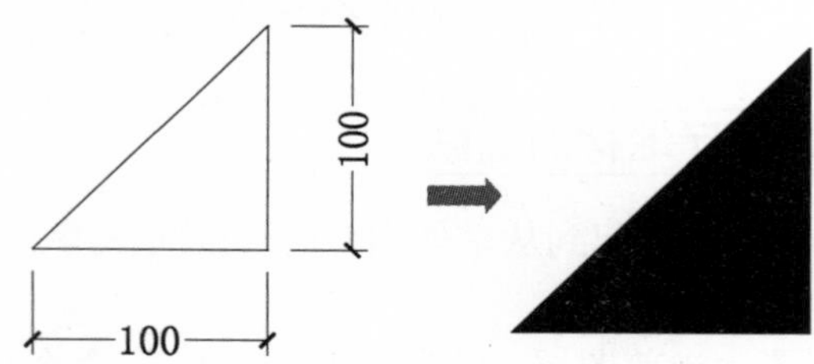

图 7-32　绘制并填充

（4）执行“复制（CO）”命令，将三角形填充图案复制到玄关网格内，从而形成拼花效果，如图 7-33 所示。

（5）执行“单行文字（DT）”命令，字高设置为 120mm，在房间名的下侧进行铺砖材料及规格的文字标注，如图 7-34 所示。

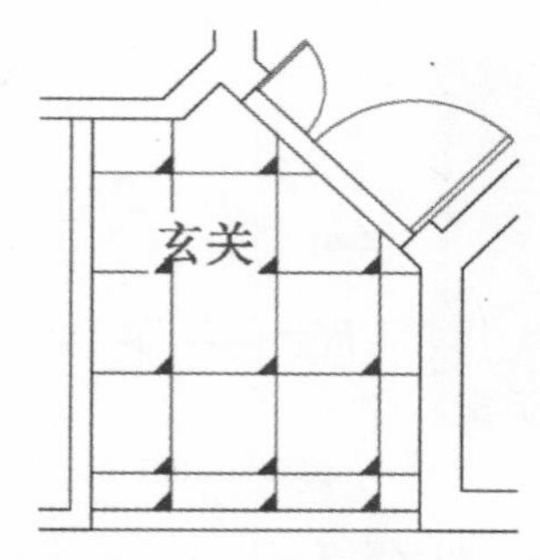

图 7-33　复制并生成拼花效果

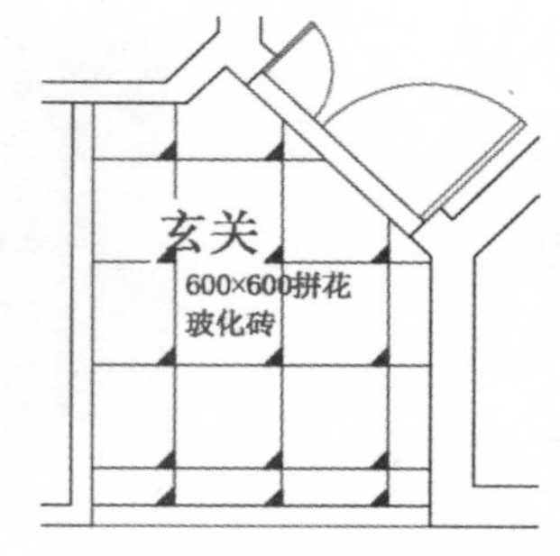

图 7-34　文字标注

专业技能 图案填充的捕捉

在将三角形填充图案移动或复制到网格内时，需要使用捕捉点的功能，而填充的图案默认情况下是捕捉不到相应点的，那么可执行“选项（OP）”命令，在打开“选项”对话框的“绘图”选项卡下，取消勾选“忽略图案填充对象”复选框，这样就可以很方便地捕捉到图案的特性点，如图 7-35 所示。

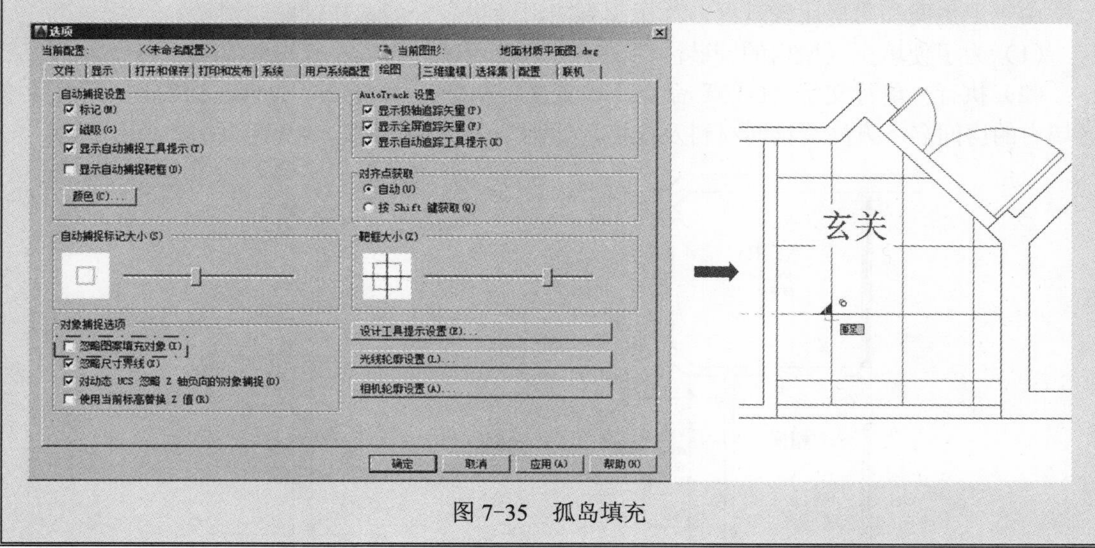

图 7-35　孤岛填充

（6）采用同样的方法，执行“图案填充（H）”命令，对客厅、餐厅进行 600mm×600mm 网格的填充，并进行文字标注，如图 7-36 所示。

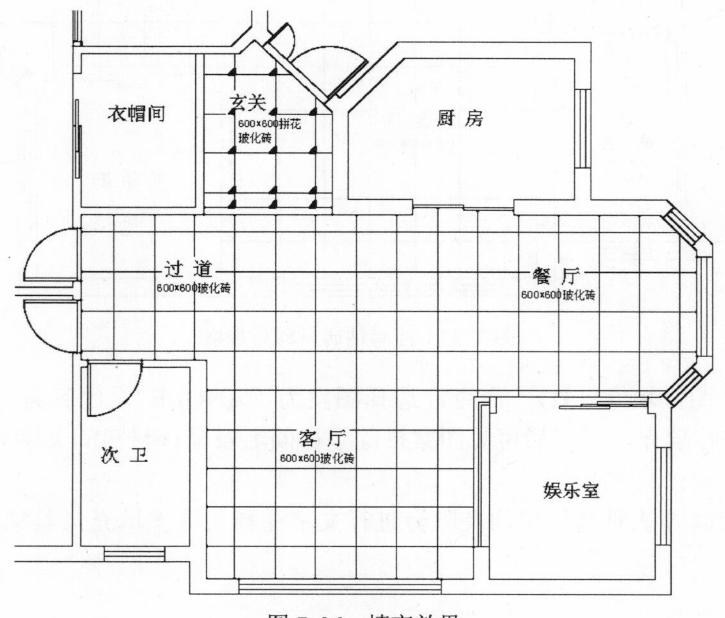

图 7-36　填充效果

在进行图案填充拾取点时，若提示无法确定闭合界限，说明需要填充的空间没有完全闭合，需检查相交位置处。可围绕边界先绘制一封闭多段线对象，然后通过“选择边界对象”来进行填充。

7.2.3 其他房间地材的铺贴

由于卫生间和厨房比较潮湿，为了起到防滑效果，一般选择铺贴防滑砖。

（1）为了使填充区域内的铺砖注释文字更容易识读，可先注写这些文字。

（2）执行“单行文字（DT）”命令，设置文字高度为 120mm，分别在厨房和两个卫生间区域内的房间名下方注写铺砖材料及规格，如图 7-37 所示。

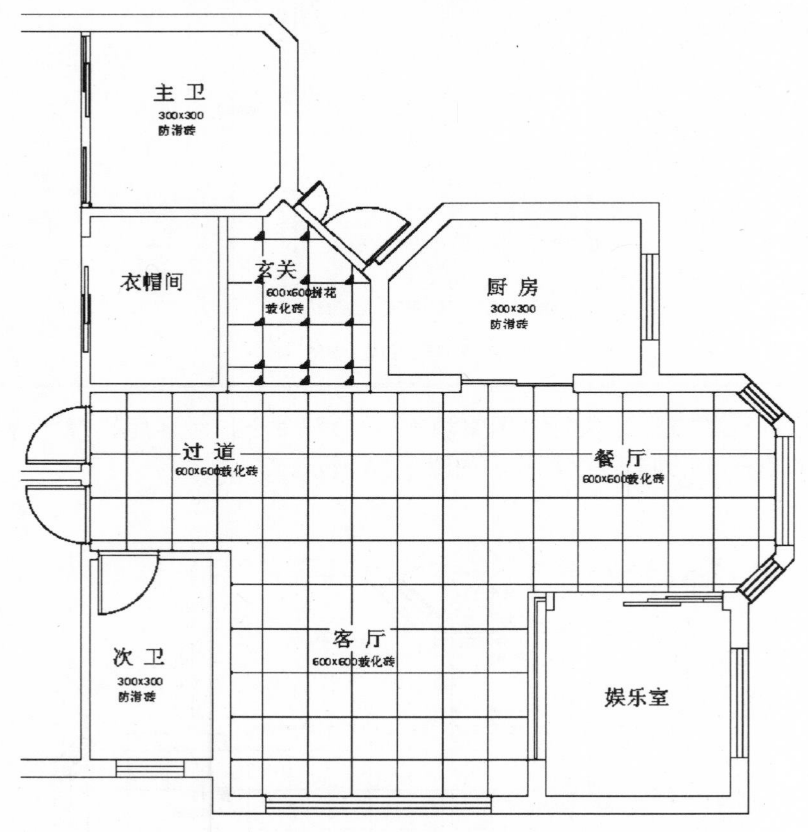

图 7-37　注写铺砖材料与规格

（3）执行“图案填充（H）”命令，选择图案为“ANGLE”，比例为 1000，对厨房和两卫生间区域进行填充，填充后可见图案排除了房间名及铺砖材料的文字对象，如图 7-38 所示。

（4）采用相同方法对其他房间及阳台进行文字注释与图案填充，其填充的最终效果如图 7-39 所示。

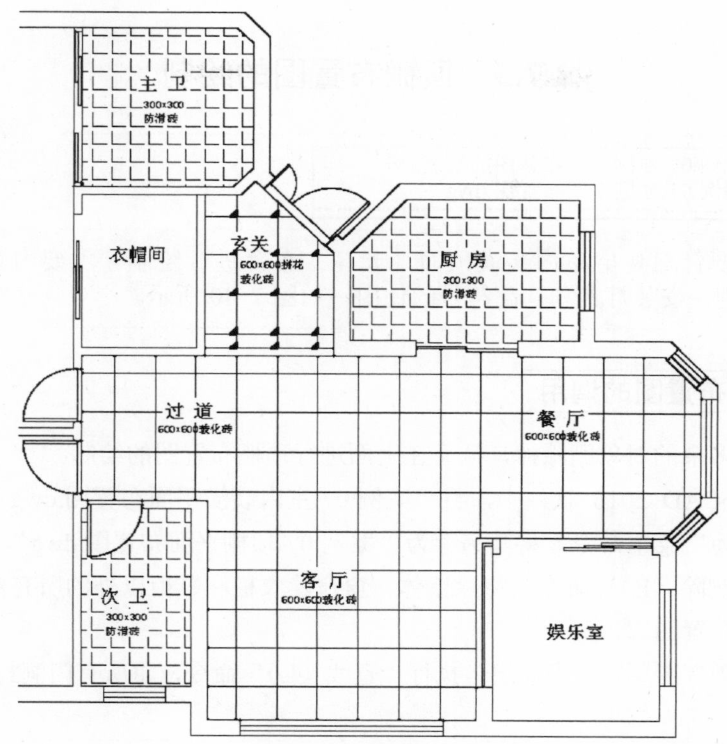

图 7-38　填充效果

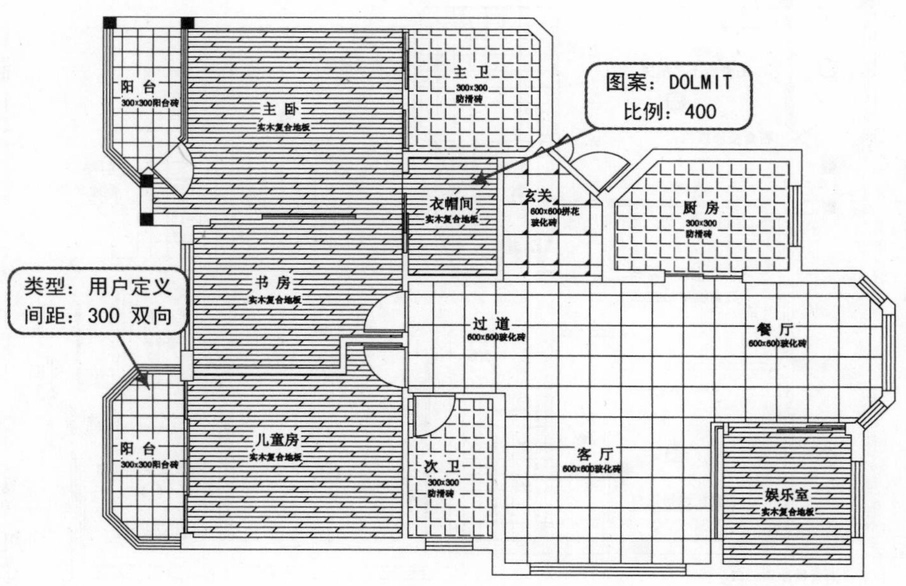

图 7-39　填充效果

（5）至此，地面布置图已经绘制完成，按〈Ctrl+S〉快捷键进行保存。

7.3 顶棚布置图的绘制

素材 视频\07\顶棚平面布置图的绘制.avi
案例\07\顶棚平面布置图.dwg

本实例主要针对住宅室内装潢顶面（天花）布置进行绘制。主要内容有吊顶的绘制、灯带的绘制、安装灯具和标高符号的使用，如图 7-40 所示。

7.3.1 平面布置图的调用

将平面图上多余的对象删除掉，从而在上面进行顶棚布置图的绘制。

（1）在 AutoCAD 2016 软件中，将“案例\07\室内装潢平面布置图.dwg”文件打开，执行“文件｜另存为”菜单命令，将其另存为“案例\07\顶棚平面布置图.dwg”文件。

（2）执行“删除（E）”命令，将除墙体、窗户、衣柜和鞋柜以外的所有对象删除，并修改图名为“顶棚布置图”。

（3）将“吊顶”图层置为当前层，执行“直线（L）”命令，将所有门洞封闭，如图 7-41 所示。

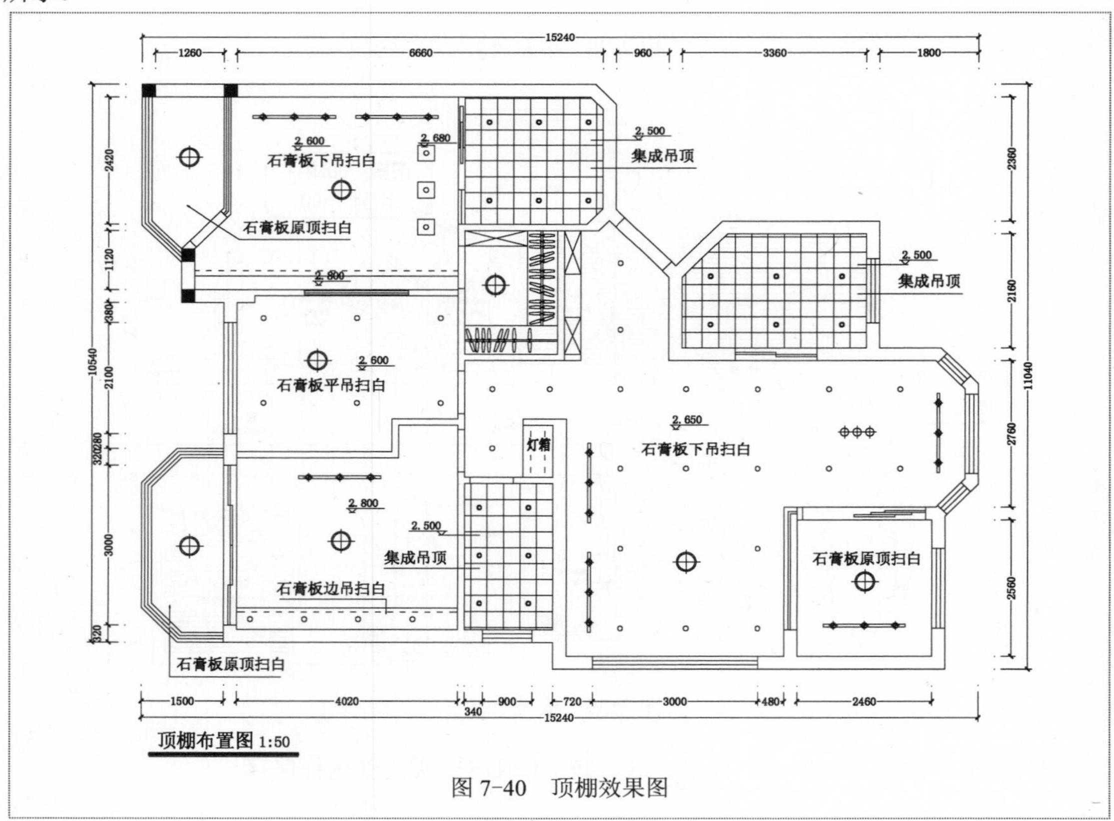

图 7-40 顶棚效果图

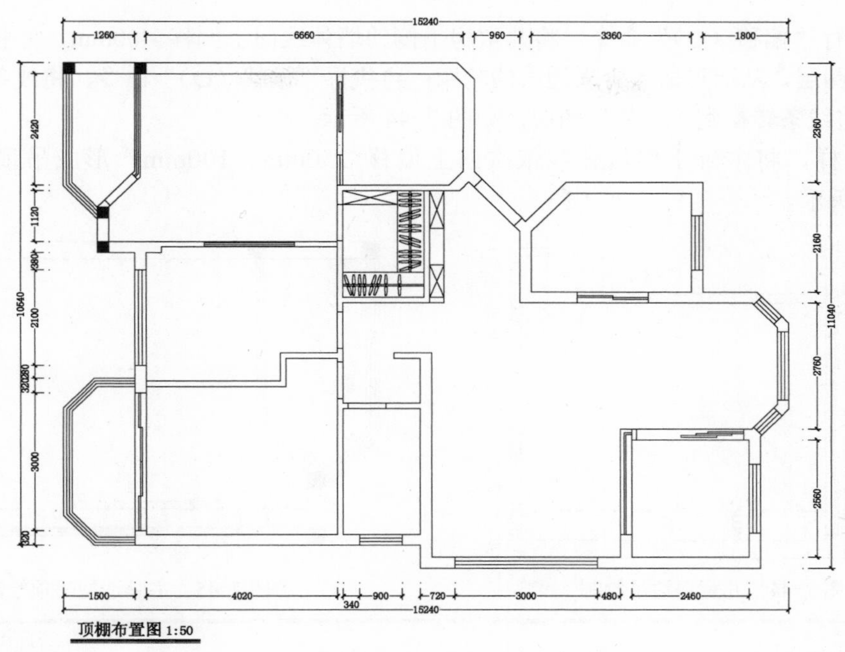

图 7-41　调用平面图并调整

7.3.2 吊顶对象的绘制

本实例客厅、餐厅和卧室、书房主要采用的是石膏板吊顶，而卫生间和厨房采用的是 300mm×300mm 的集成吊顶。

（1）选择“格式 | 图层”菜单命令（或输入“LA”命令），在打开的“图层特性管理器”面板中新建“吊顶”“灯具”和“灯带”图层，并设置对应的特性，然后将“吊顶”图层置为当前，如图 7-42 所示。

图 7-42　新建图层

（2）执行“直线（L）”命令，在洗脸盆上方绘制一条垂直的线条，然后执行“偏移（O）”命令，将线条向右依次偏移 150mm、250mm 的距离，将偏移的线条置换到“灯带”图层，从而表示灯带，如图 7-43 所示。

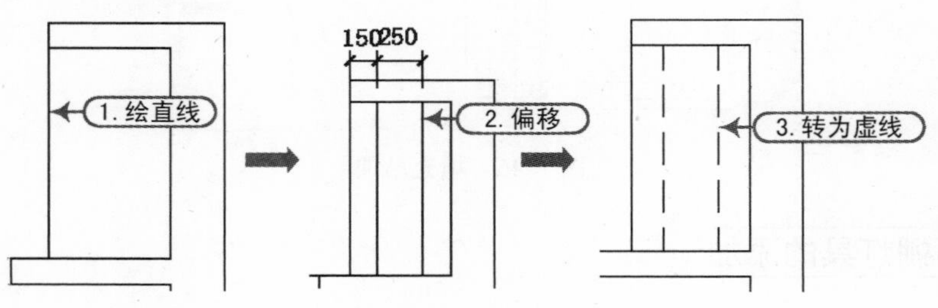

图 7-43　创建灯带

（3）执行“偏移（O）”命令，将儿童房下侧的墙体线向上偏移 400mm，并将线条转换到“吊顶”图层，从而形成石膏板边吊的轮廓；再执行“偏移（O）”命令，将线条往下偏移 75mm，并将线条转换到“灯带”图层，如图 7-44 所示。

（4）同样，将主卧下侧墙体线依次向上偏移 250mm、100mm，形成吊顶与灯带，如图 7-45 所示。

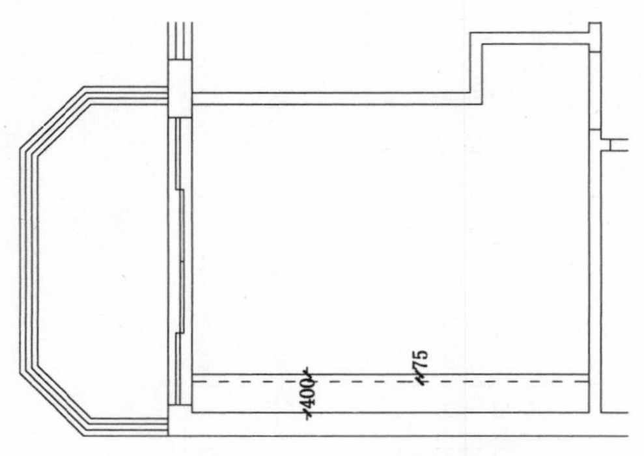

图 7-44　儿童房边吊绘制

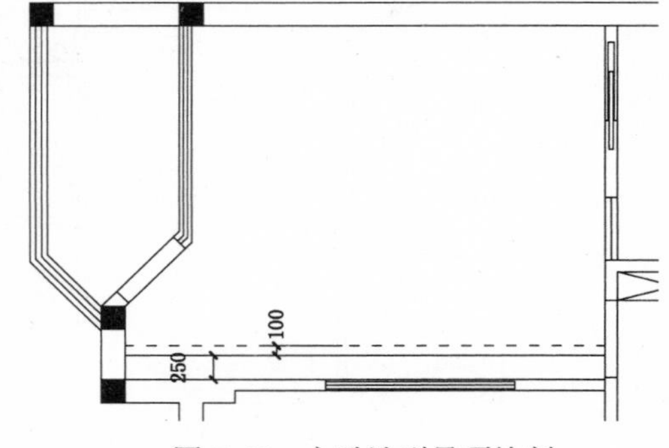

图 7-45　主卧造型吊顶绘制

专业技能　石膏板吊顶要点

石膏板边吊尺寸一般在 150～400mm 左右。由于石膏板和木工板的尺寸规格，所以边吊宽度在 300mm 和 400mm 比较节约材料，吊出来大小也比较合适。需要在边吊中暗藏反光灯带的时候，灯槽的尺寸一般在 70～100mm，也就是说，至少要保证 70mm 的宽度才能保证施工。

（5）执行“图案填充（H）”命令，选择“用户定义”选项，勾选“双向”复选框，设置间距为 300mm，来对卫生间和厨房进行填充，从而形成集成吊顶，如图 7-46 所示。

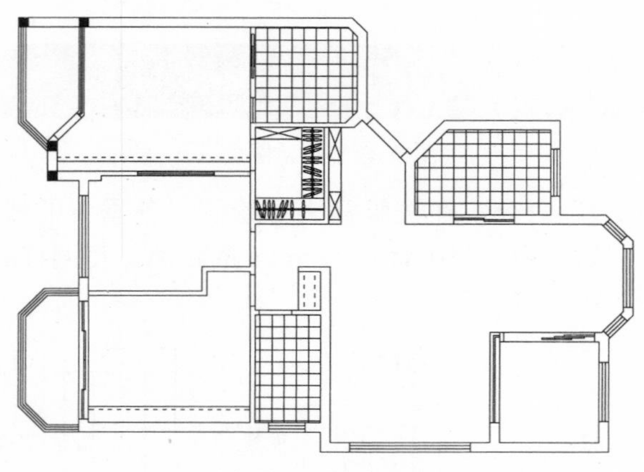

图 7-46　填充吊顶

7.3.3　顶棚灯具的添加

在顶棚布置图中，灯具的安装对整个空间的装饰效果起到不可忽视的作用。

（1）选择“灯具”图层为当前层，执行“插入块（I）”命令，将“案例\07”文件夹下面的“吸顶灯”“锥形吊顶”“防雾筒灯”“40W 筒灯”“射灯”和“低压轨道射灯”插入到顶棚布置图中，如图 7-47 所示。

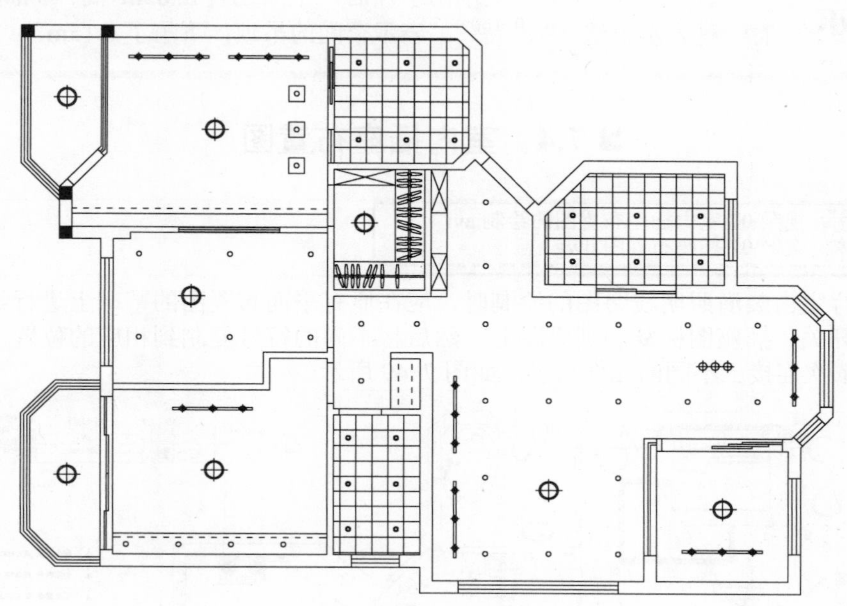

图 7-47 插入灯具

（2）将“文字标注”图层置为当前层，执行“插入块（I）”命令，将“案例\07”文件夹下面“标高符号”图块插入到图形中，并结合移动、复制等命令进行标高标注。

（3）执行“单行文字（DT）”命令，对顶棚图进行文字标注，如图 7-48 所示。

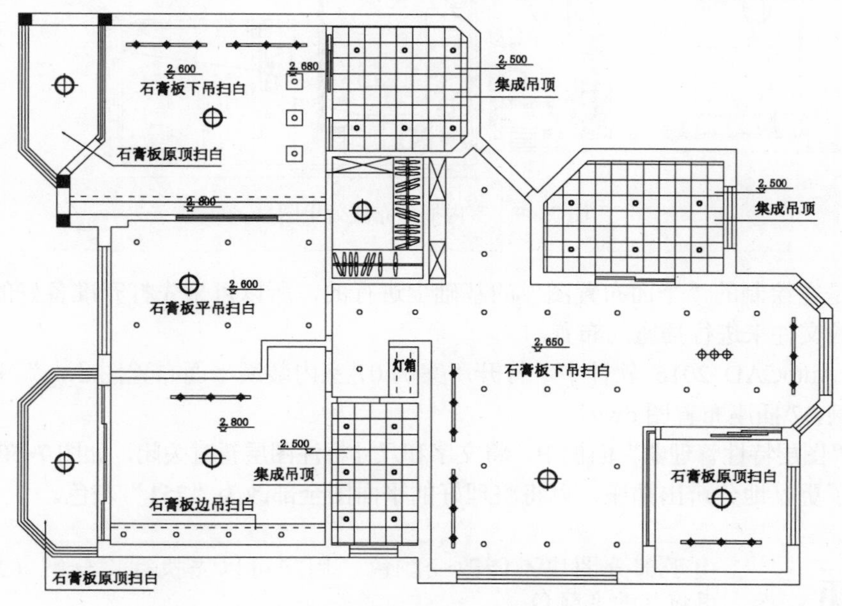

图 7-48 文字标注

（4）此时，顶棚布置图已经绘制完成，按〈Ctrl+S〉快捷键进行保存。

提示

标高符号 2.650 表示吊了顶后，空间还有 2.65m 高；标高符号还有一种表示方法，“-0.150”，表示空间的吊顶，下吊了 0.15m。

7.4 室内插座布置图

素材

视频\07\室内插座布置图的绘制.avi
案例\07\插座布置图.dwg

在进行室内装潢照明线路图的绘制时，应在原有平面布置图的基础上进行绘制，将准备好的开关、插座图标复制到原图上，然后将不同的符号复制到相应的位置，最后将路线管线依次连接上不同的元件符号，如图 7-49 所示。

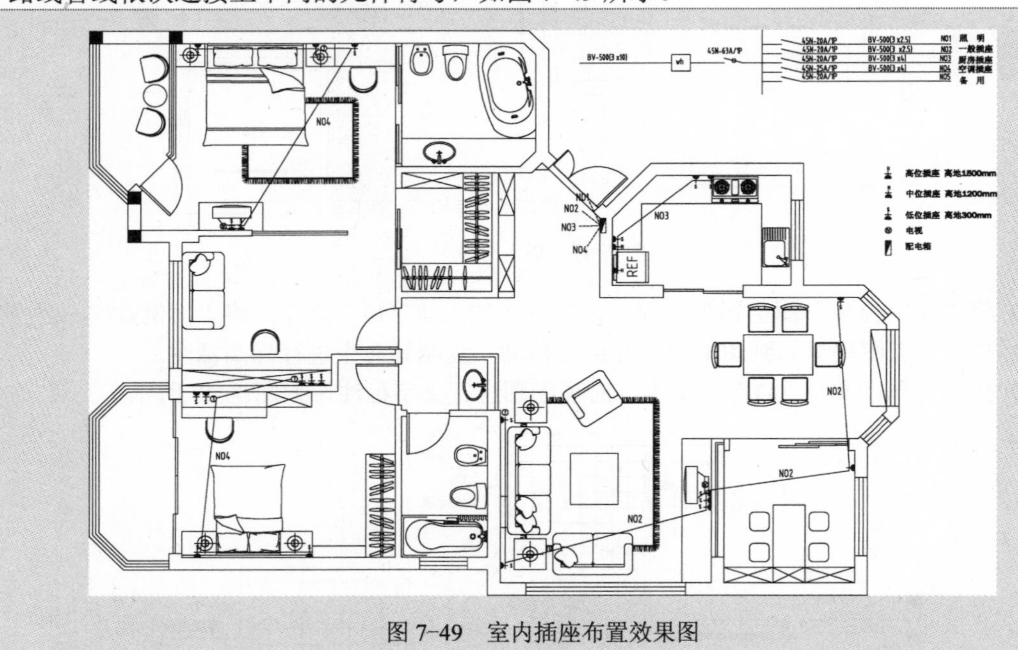

图 7-49　室内插座布置效果图

该案例是在绘制的“平面布置图”的基础上进行的，所以可事先打开准备好的文件，然后另存为新的文件来进行插座的布置。

（1）在 AutoCAD 2016 软件中，打开“案例\07\室内装潢平面布置图.dwg”文件，然后另存为“案例\07\插座布置图.dwg”。

（2）在“图层特性管理器”面板中，将文字和尺寸标注图层暂时关闭，如图 7-50 所示。

（3）为了更好地分辨出插座，可将整理好的平面图全部改为“251”灰色。

提示

由于部分图块不能改变颜色，用户可以先执行“分解（X）”命令，再将其改变颜色。

（4）执行“插入块（I）”命令，将“案例\07”文件夹下的“开关插座”符号和“配电系统图”图块插入到当前文件的右上角；再执行“分解（X）”命令，将插入的文件进行打散操作，如图 7-51 所示。

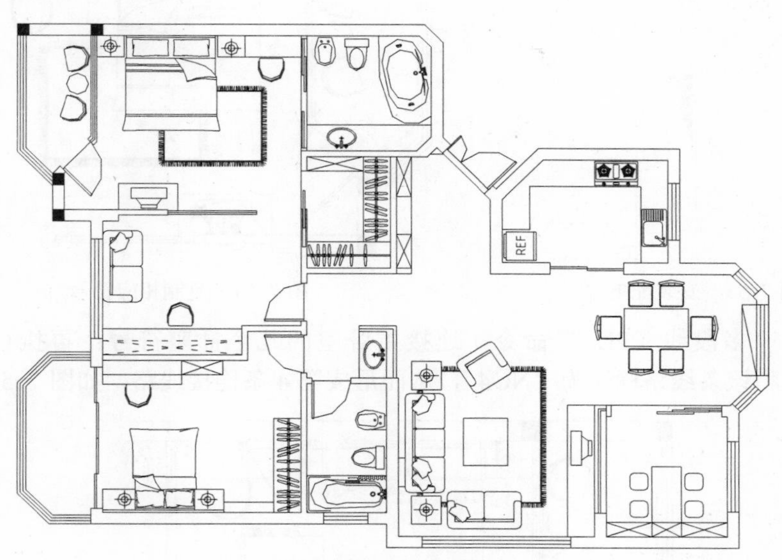

图 7-50　隐藏标注

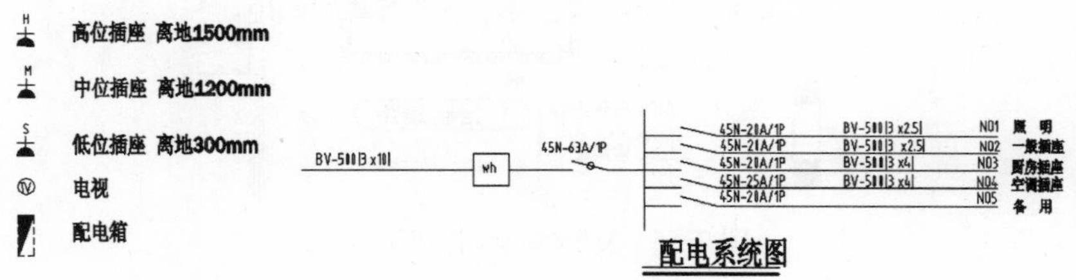

图 7-51　插入的电器符号

（5）新建一个“开关插座”图层，设置颜色为红色，并置为当前图层，如图 7-52 所示。

图 7-52　新建图层

（6）将插入的电器符号置为“开关插座”图层，则这些符号将显示为“红色”。

提示 用户可使用“编组（G）”命令，分别将不同的开关插座符号进行单独的编组，方便后面对这些符号进行复制和移动。

（7）执行“复制（CO）”命令，将配电箱复制到入户门口的右侧；再执行“直线（L）”命令绘制多条线路，且转换为虚线；再执行“单行文字（DT）”命令，对不同电气线路进行标注，如图 7-53 所示。

（8）执行“复制（CO）”命令，将“低位插座”符号和“电视”符号Ⓣ复制到主卧室的相应位置，如图 7-54 所示。

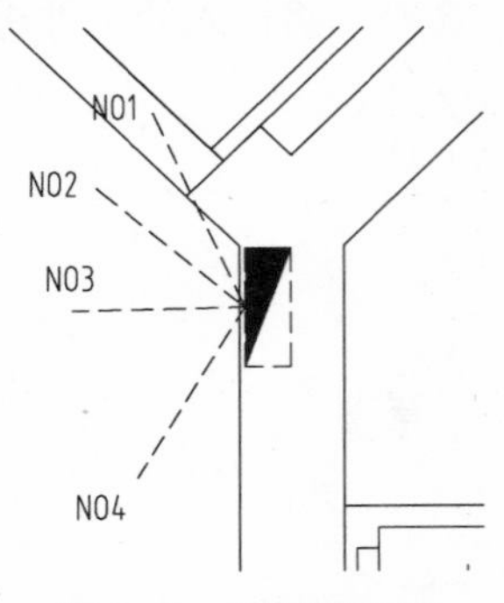

图 7-53　安装配电箱

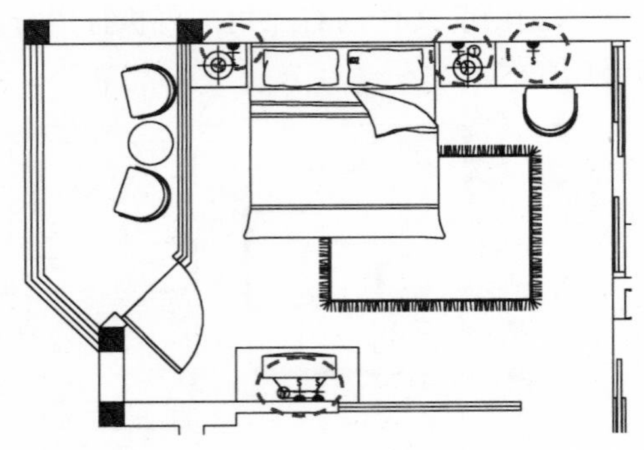

图 7-54　复制相应符号

（9）执行“多段线（PL）”命令，连接主卧室的几个插座符号；再执行“单行文字（DT）”命令，将该条线路标注为“NO4”，从而形成第 4 条连接线路，如图 7-55 所示。

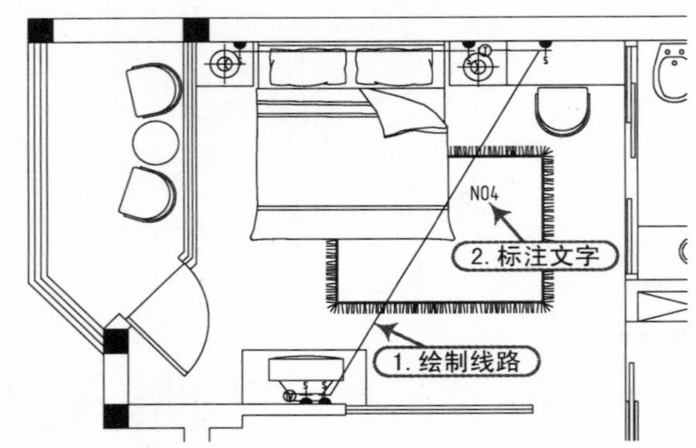

图 7-55　复制的低位插座符号

（10）使用相同方法，对客厅和剩余空间进行布置，布置的效果如图 7-56 所示。

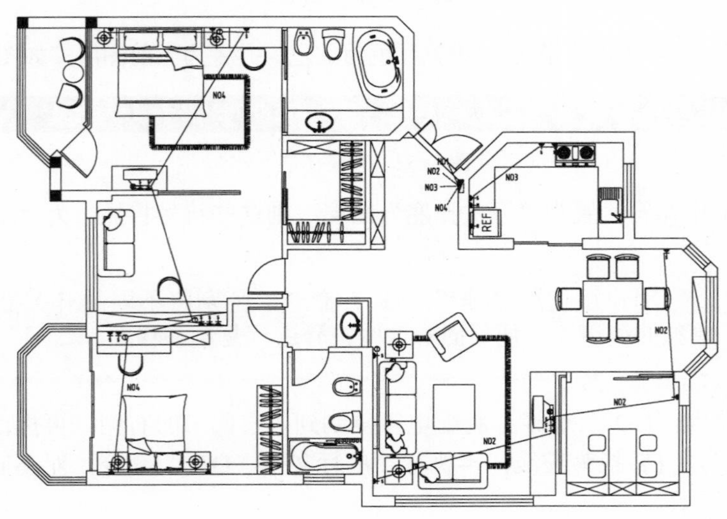

图 7-56　布置其他插座

（11）这时室内插座布置图已经绘制完成，按〈Ctrl+S〉快捷键进行保存。

7.5 灯具开关布置图的绘制

素材 视频\07\室内灯具开关线布置图的绘制.avi
案例\07\灯具开关线布置图.dwg

在绘制室内电气管线布置图时，可借用前面绘制的插座平面布置图，以及第 4 节绘制的“顶棚布置图.dwg”文件来配合绘制；再绘制不同的电气管线，如电源管线、宽带管线、电话管线、电视管线等，如图 7-57 所示。

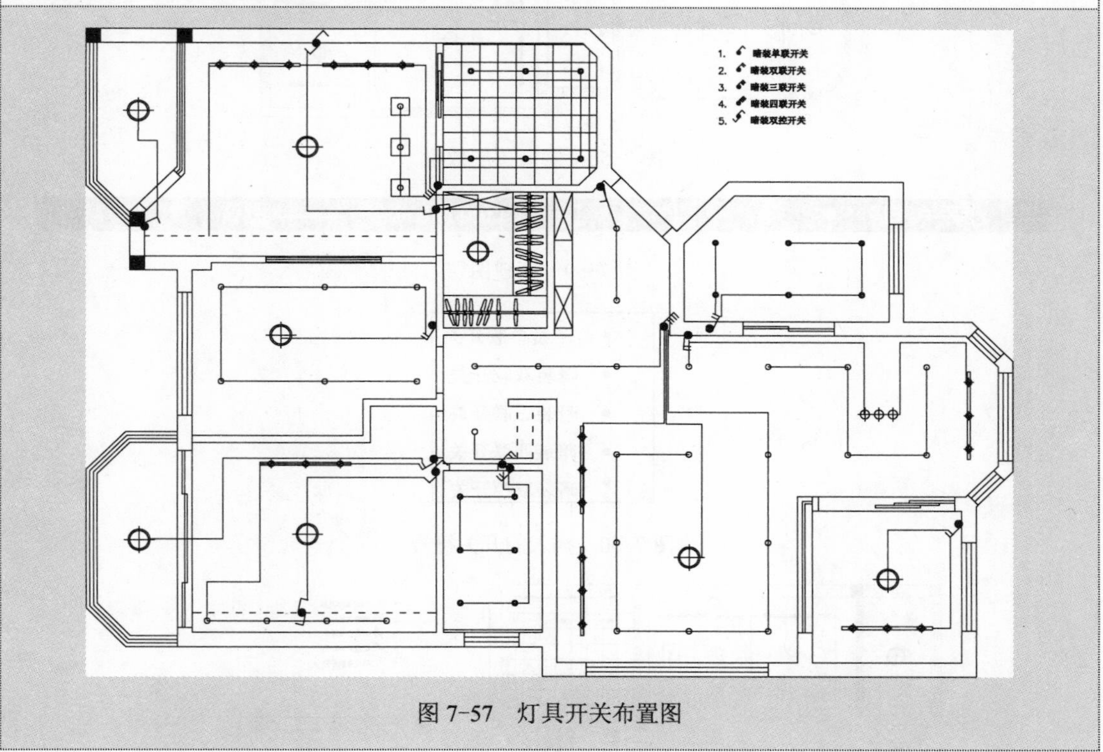

图 7-57 灯具开关布置图

（1）启动 AutoCAD 2016 软件，打开“案例\07\顶棚布置图.dwg”文件，然后另存为“灯具开关布置图”文件。

（2）在“图层控制”下拉列表框中，将尺寸标注和文字注释图层隐藏，如图 7-58 所示。

（3）新建一个“开关线路”图层，设置颜色为红色，并置为当前图层。如图 7-59 所示。

（4）执行“插入块（I）”命令，将“案例\07”文件夹下的“开关图例”文件插入到图形的右上角；再执行“分解（X）”命令，将插入的文件进行打散操作，并转换为“开关线路”图层，如图 7-60 所示。

（5）通过“复制（CO）”“旋转（RO）”和“移动（M）”等命令，把开关图块复制到指定位置，然后通过“直线（L）”命令，绘制由开关连接各灯具的线路，如图 7-61 所示。

（6）至此，室内开关布线图已经绘制完成，按〈Ctrl+S〉快捷键进行保存即可。

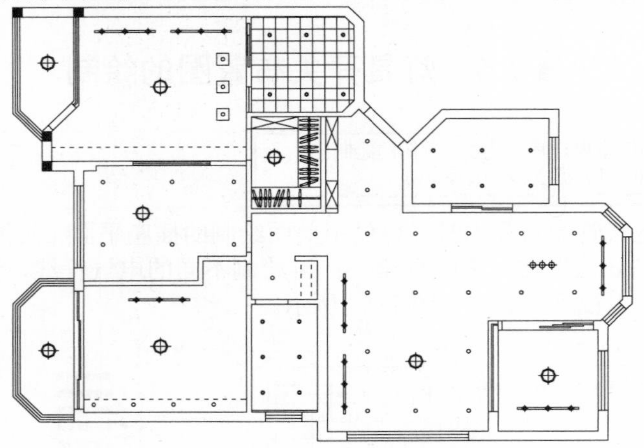

图 7-58 隐藏图层效果

开关线路 红 CONTINUOUS —— 默认 0

图 7-59 新建图层

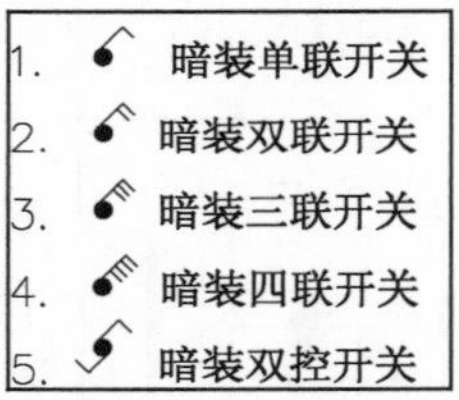

1. 暗装单联开关
2. 暗装双联开关
3. 暗装三联开关
4. 暗装四联开关
5. 暗装双控开关

图 7-60 插入的开关符号

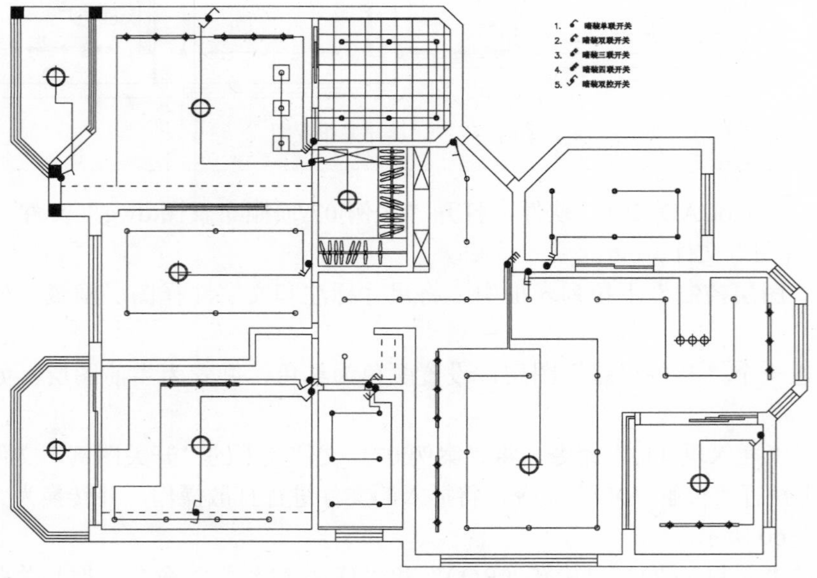

图 7-61 开关布线图

7.6 室内各立面图效果预览

由于本书在前面章节已经详细地介绍过立面图的绘制方法，因此这里就不再进行讲解，读者可以参考“案例\07”文件夹下面的“电视墙立面图”“沙发背景立面图”“主卧 A 立面图”和“书房 C 立面图”进行练习，如图 7-62～图 7-65 所示。

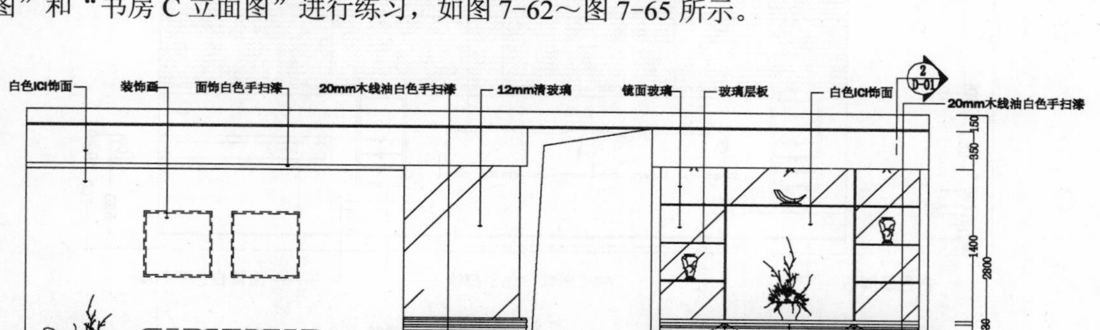

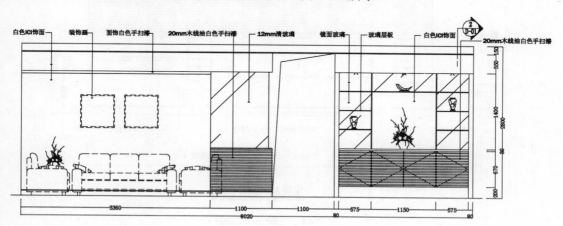

图 7-62 沙发背景墙立面图

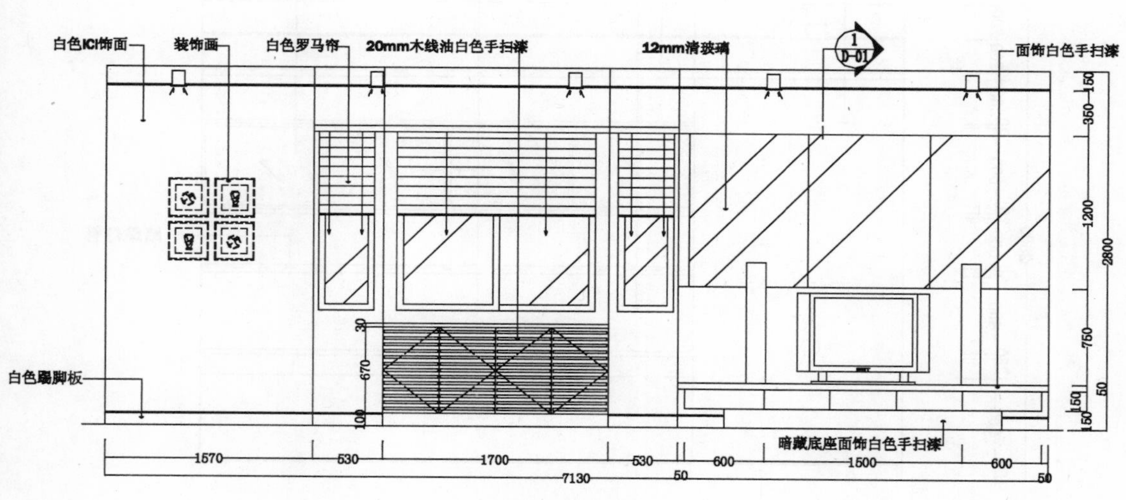

图 7-63 电视墙立面图

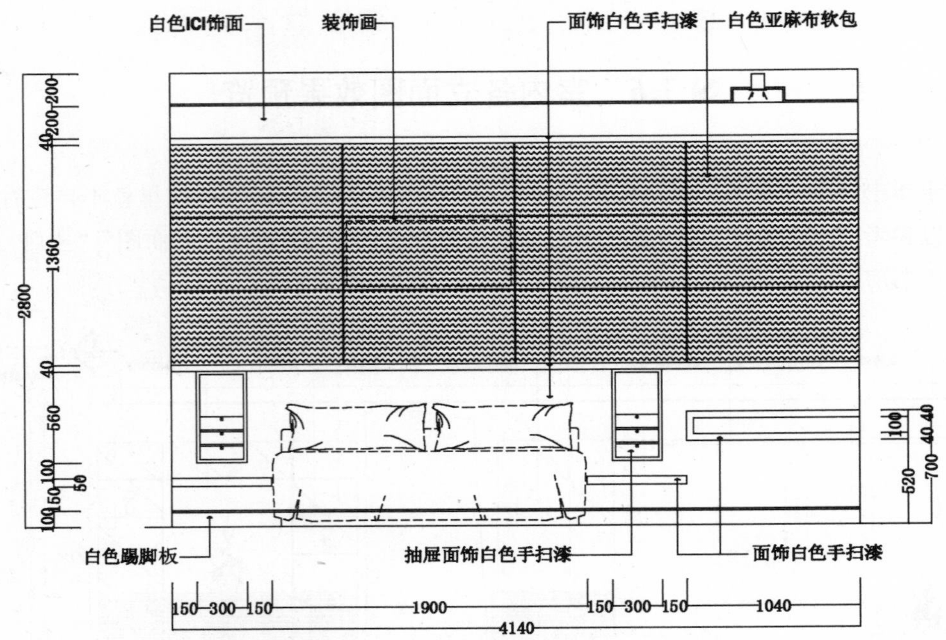

图 7-64　主卧 A 立面图

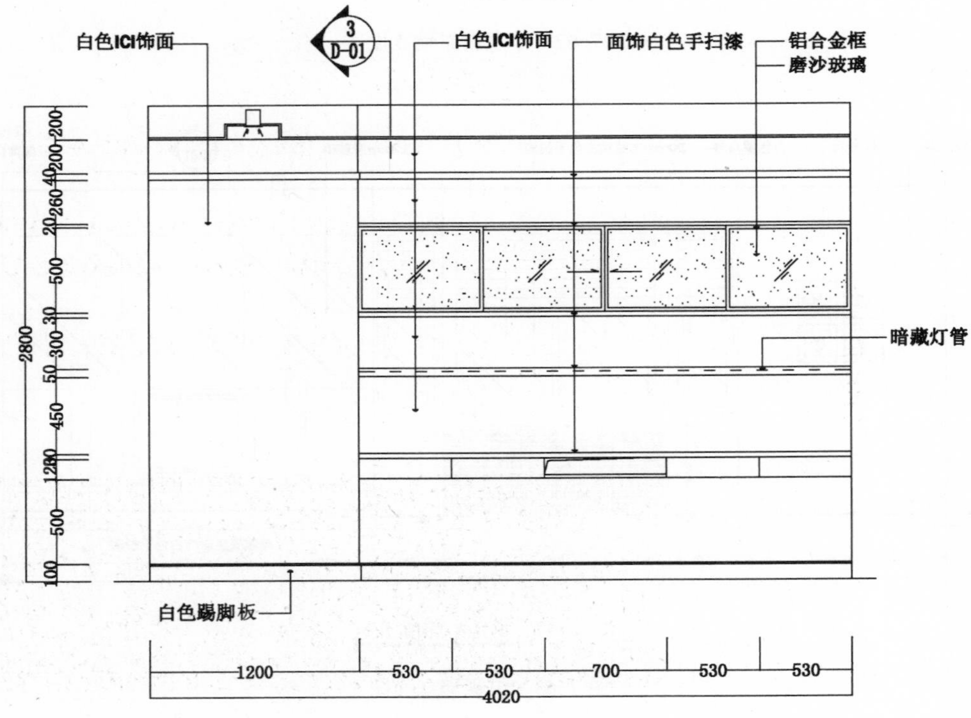

图 7-65　书房 C 立面图

7.7 室内剖面图的绘制

素材 视频\07\剖面图的绘制.avi
案例\07\剖面图 3.dwg

本实例主要针对设计中有造型的地方进行剖面图的绘制，如图 7-66 所示。

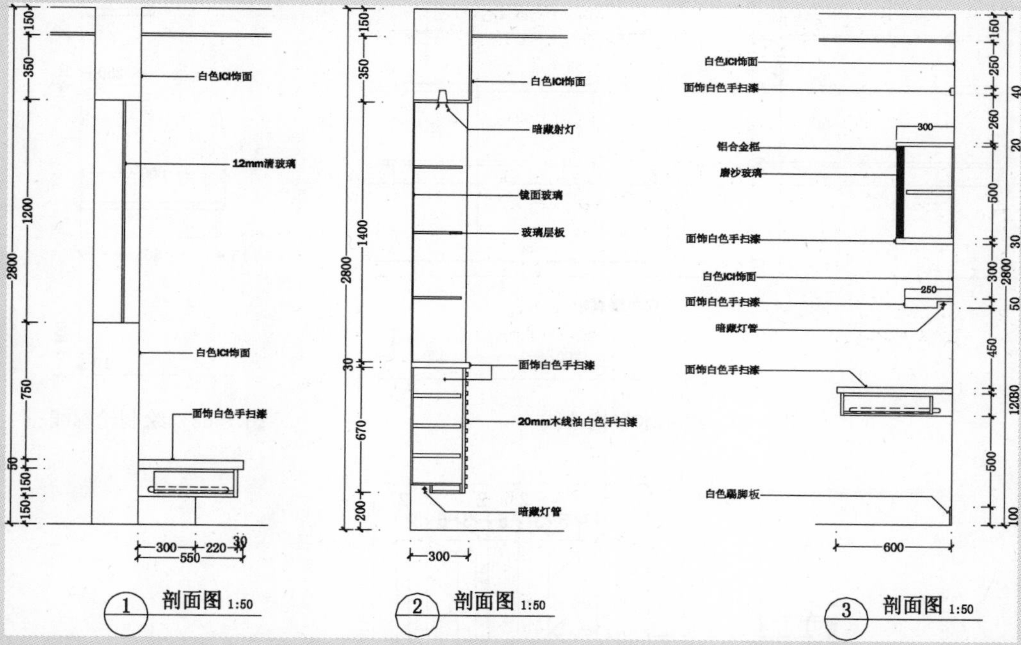

图 7-66 剖面图效果

下面将对“剖面图 3”的绘制进行详细讲解，具体步骤如下：

（1）启动 AutoCAD 2016 软件，选择“文件｜打开”菜单命令，将“案例\07\书房 C 立面图.dwg”文件打开，执行“文件｜另存为”菜单命令，将其另存为“案例\07\剖面图 3.dwg”文件。

（2）执行“构造线（XL）”命令，根据提示过书房 C 立面图的左侧轮廓绘制水平构造线，如图 7-67 所示。

（3）执行“偏移（O）”命令、“修剪（TR）”命令等，绘制出图 7-68 所示的图形。

（4）使用“偏移（O）”和“修剪（TR）”等命令，绘制出图 7-69 所示的图形细节。

（5）将“标注”图层置为当前图层，执行“线性标注（DLI）”命令和“连续标注（PCO）”命令，对剖面图进行尺寸标注，如图 7-70 所示。

（6）将“文字”图层置为当前图层，执行“引线（LE）”命令，对该剖面图进行文字标注；再结合“圆（C）”、“直线（L）”和“单行文字（DT）”命令，进行图名标注，效果如图 7-71 所示。

（7）剖面图绘制完成，按〈Ctrl+S〉快捷键进行保存。

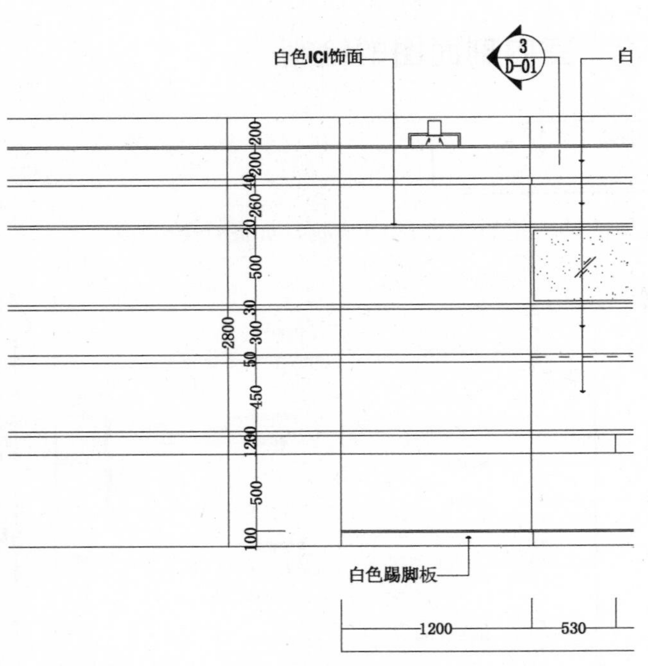

图 7-67　绘制水平构造线

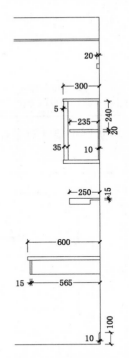

图 7-68　绘制轮廓线

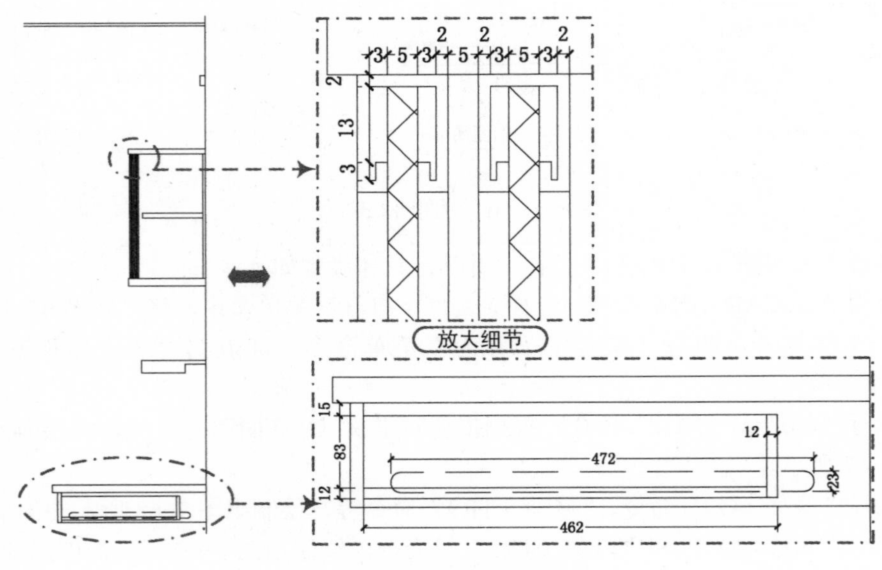

图 7-69　绘制图形细节

由于剖面详图的尺寸较小，不能表现得很详细，所以读者在绘制剖面图的时候，可以将“案例\07\剖面图”文件打开，参照对应文件进行绘制。

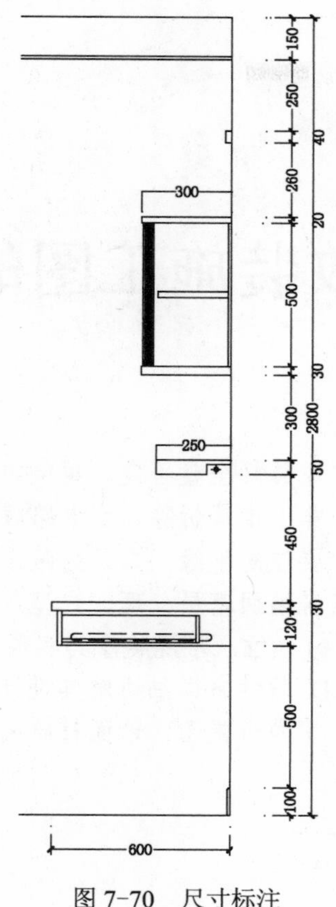

图 7-70　尺寸标注

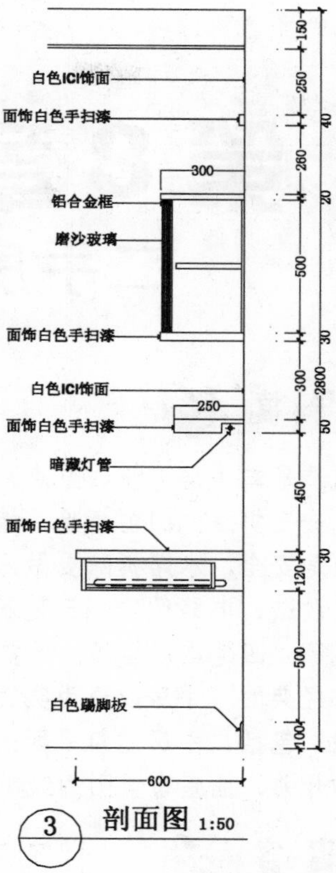

白色ICI饰面
面饰白色手扫漆
300
铝合金框
磨沙玻璃
面饰白色手扫漆
白色ICI饰面
250
面饰白色手扫漆
暗藏灯管
面饰白色手扫漆
白色踢脚板
600
150
250
40
260
20
500
30
300
2800
50
450
30
120
500
100
3 剖面图 1:50

图 7-71　文字标注

第8章 二手房室内改装施工图的绘制

本章导读

二手房改造是二手房装修的重点，全面改造就是对原装修全盘否定、推倒重来。二手房改造分四步。一是拆除：门窗拆除、墙地砖地板拆除、非承重墙拆除、水电路暖气拆除。门窗拆除的重点是安全，水路拆除要做好封闭，电路拆除要注意绝缘；二是隐蔽工程施工：防水施工、水路改造、电路改造；三是基础工程施工：旧房墙面基层处理、户型改造、门窗拆换、阳台保温等；四是常规装修：只要拆除和隐蔽工程做到位，常规装修其实很容易。

本章以一经典的二手房改造为实例，通过 AutoCAD 软件来详细讲解其设计思路和绘制的方法及步骤，包括二手房建筑平面图、墙体拆建图、室内布置图、地面材质图、顶棚图、各个立面图和开关、插座布置图的绘制等。

主要内容

- 掌握二手房墙体拆建图的绘制
- 掌握二手房室内布置图的绘制
- 掌握二手房室内地面材质图的绘制
- 掌握二手房顶棚布置图的绘制
- 掌握二手房各立面图的绘制
- 对二手房插座和开关布置图的演练绘制

预览效果图

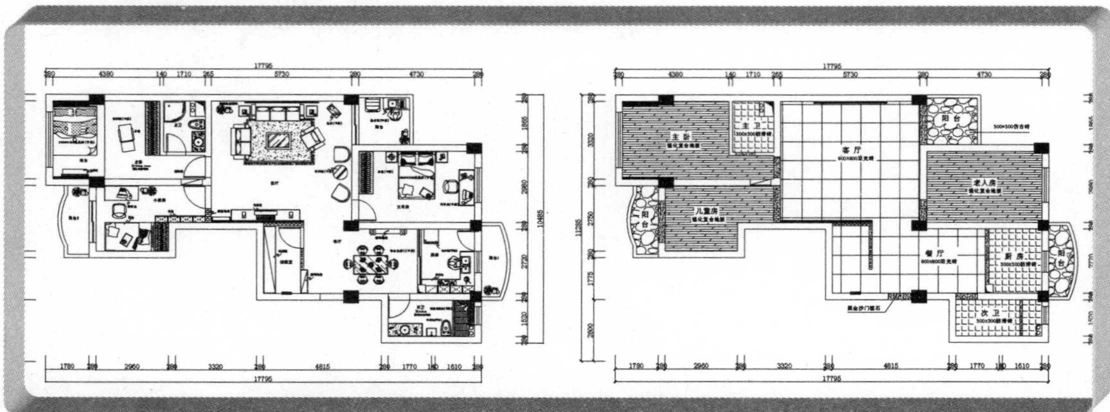

8.1 二手房墙体拆建图的绘制

素材 视频\08\二手房墙体拆建图的绘制.avi
案例\08\二手房墙体拆建图.dwg

用户在进行二手房的设计时，首先应该考虑客户的具体情况，按照客户的需要对整个空间进行重新规划，并且要结合现场的实际情况进行设计；再在建筑平面图的基础上，根据要求对空间进行墙体的拆建处理和门洞的处理；最后对其进行文字、尺寸、图名、比例的标注操作，完成的二手房墙体拆建图如图 8-1 所示。

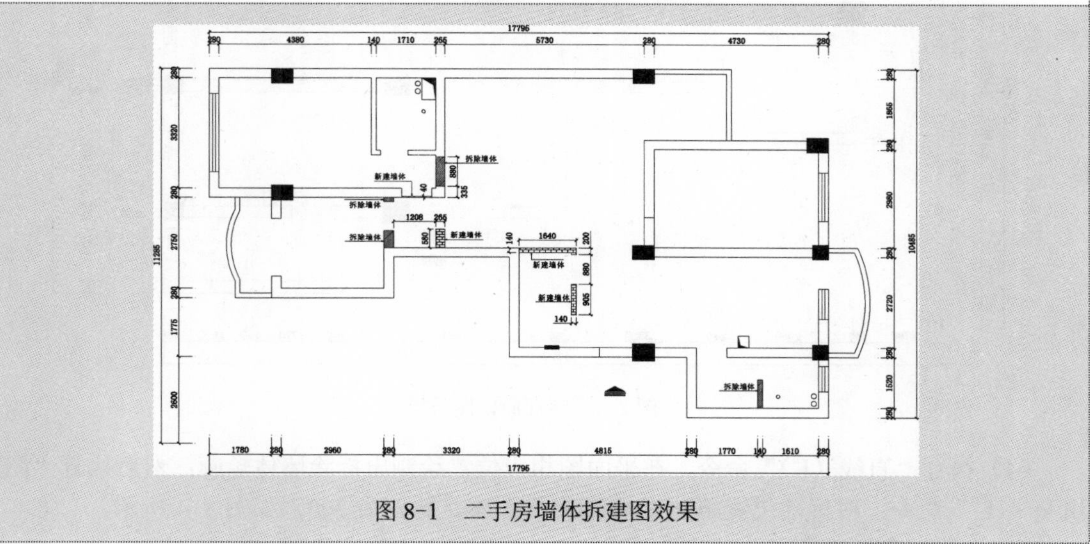

图 8-1 二手房墙体拆建图效果

（1）启动 AutoCAD 2016 软件，选择“文件｜打开”菜单命令，将“案例\08\二手房建筑平面图.dwg”文件打开，如图 8-2 所示。

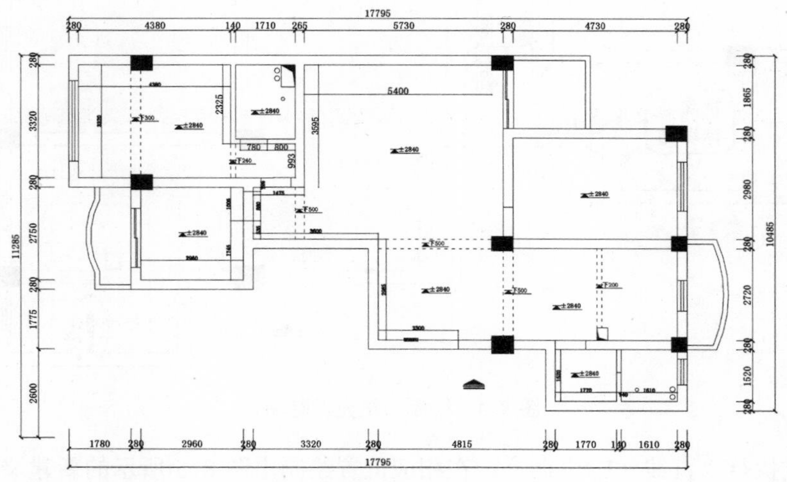

图 8-2 二手房建筑平面图

（2）选择“文件 | 另存为”菜单命令，将该文件另存为“案例\08\二手房墙体拆建图.dwg”文件。

（3）执行“删除（E）”命令，将建筑平面图中不需要的对象删除，只需要保留墙体线和外面的标注，如图 8-3 所示。

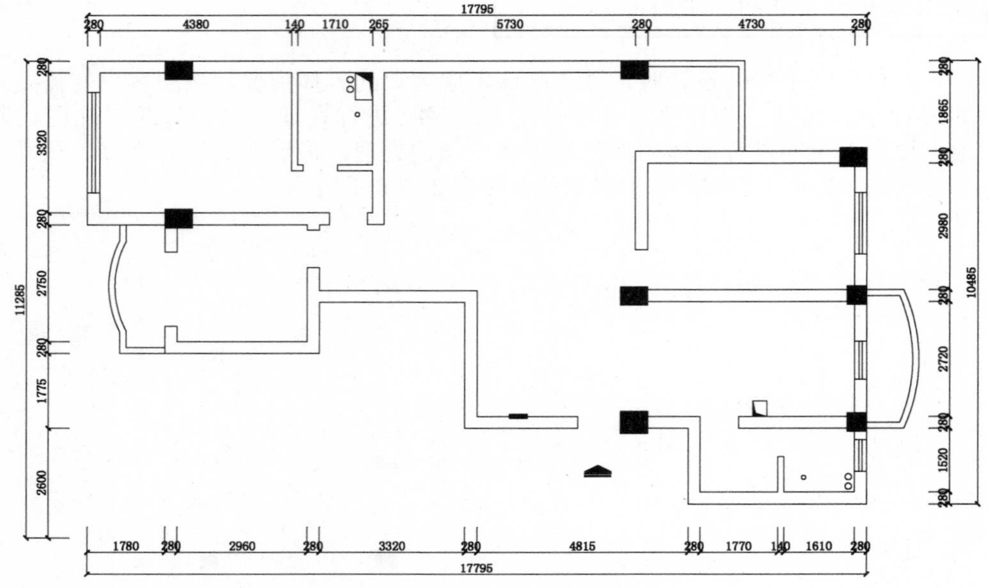

图 8-3　整理原始图效果

（4）执行“直线（L）”命令，在平面图相应位置绘制出拆除墙体轮廓；然后执行“图案填充（H）”命令，对拆除位置填充“ANSI31”图案，比例为 300，如图 8-4 所示。

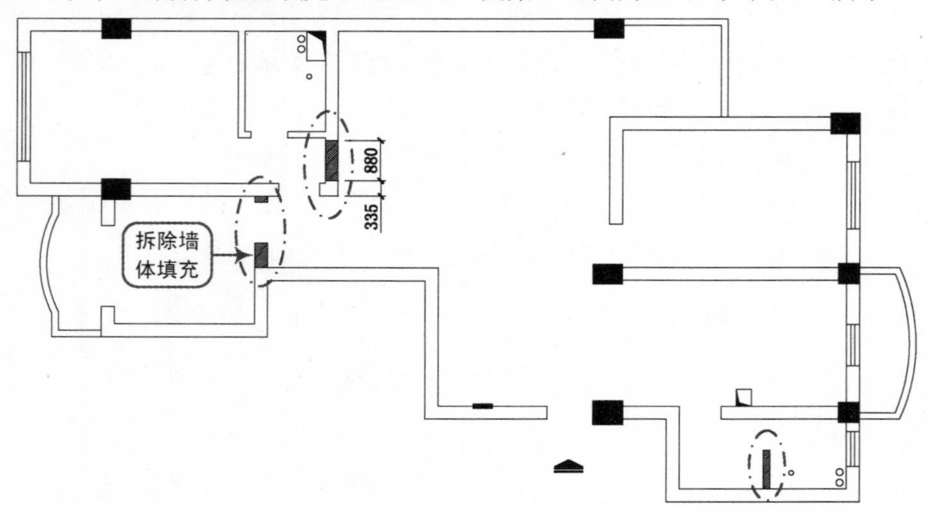

图 8-4　绘制与填充拆除墙体

（5）通过执行“直线（L）”命令，在相应位置绘制出图 8-5 所示的新建墙体轮廓，并为其填充“AR-B816C”图案，其比例为 10。

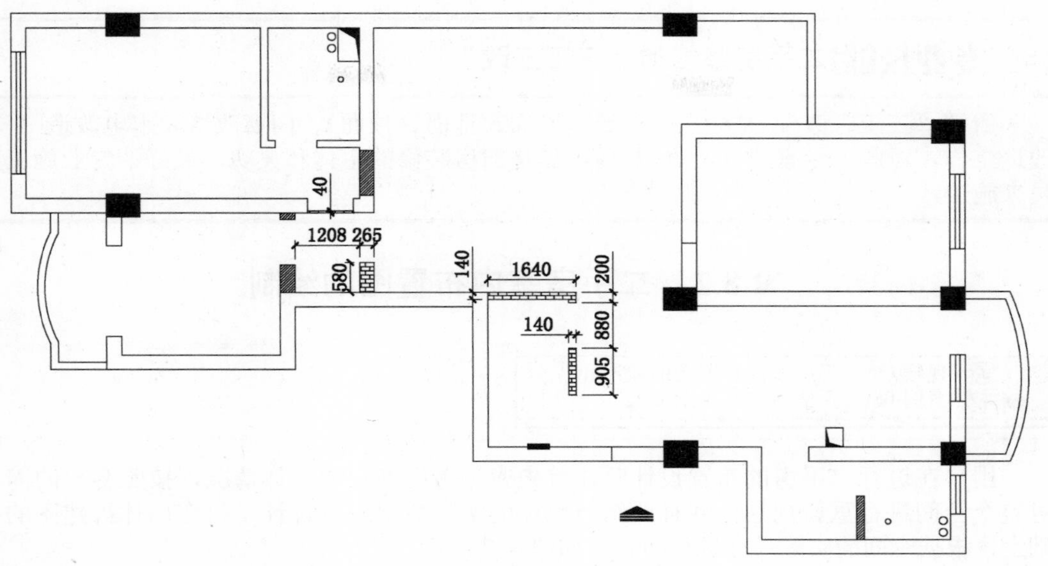

图 8-5 绘制与填充新建墙体

（6）将图层置换到“标注”图层，执行“线性标注（DLI）”命令，对拆除和新建的墙体进行尺寸标注定位，再将“文字注释”图层置为当前图层，对拆除和新建的墙体进行文字注释，如图 8-6 所示。

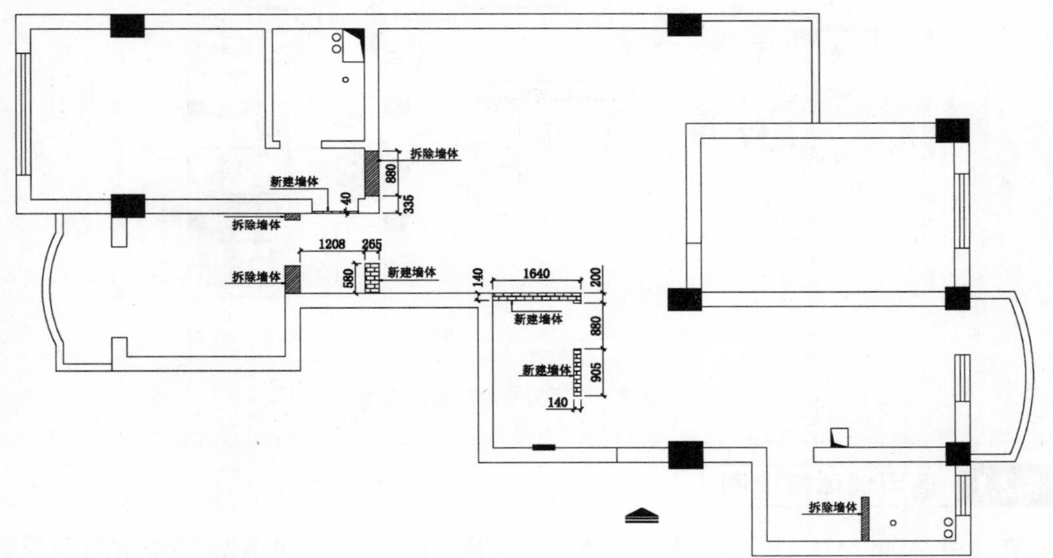

图 8-6 注释标注

（7）至此，墙体拆建图已经绘制完成，按〈Ctrl+S〉快捷键进行保存。

如果墙体改动比较大，用户可以将新建墙体图和墙体拆除图分开进行绘制。

专业技能 二手房装修的“三工三改”

所谓“三工三改”，是指三面改造（墙面、地面、顶面）、门窗改造和水电改造 3 项改造工作。对此，专家建议，这 3 项工作是旧房装修的主体和灵魂，最好请专业施工人员来施工。

8.2 二手房室内布置图的绘制

素材 视频\08\二手房室内布置图的绘制.avi
案例\08\二手房室内布置图.dwg

用户在进行二手房的布置设计时，首先应该考虑客户的具体情况，按照客户的需要对整个空间进行重新规划，并且要结合现场的实际情况进行设计。再在墙体拆建图的基础上，根据空间的实际尺寸进行布置，如图 8-7 所示。

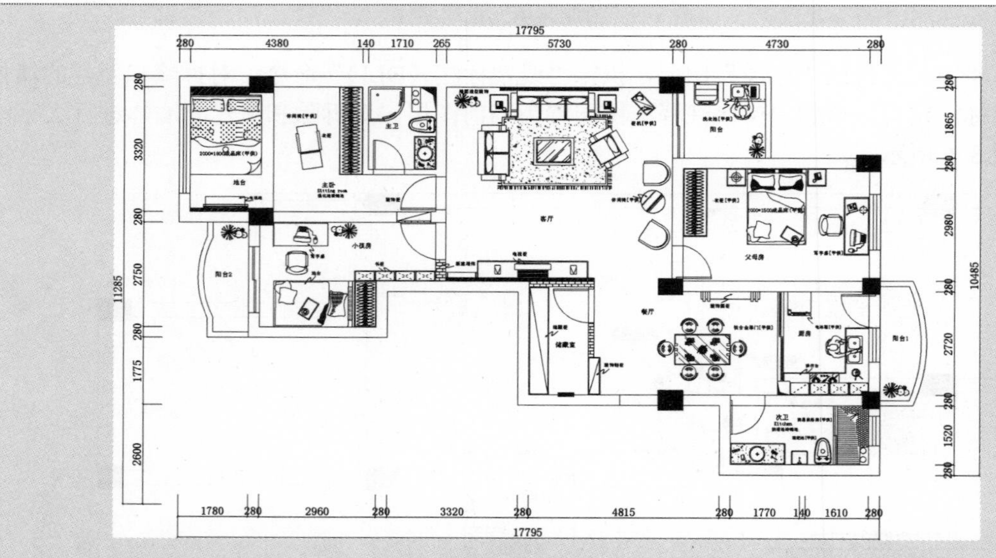

图 8-7 二手房室内布置图效果

8.2.1 调用墙体拆建图

在使用 AutoCAD 进行室内装潢布置图的绘制之前，如果没有事先绘制好的建筑原始平面图，则需要绘制相应的建筑原始平面图；反之，可以调用已有的原始平面图，只需加以修改使之符合需要。在本案例中，前面已经绘制好“二手房墙体拆建图.dwg”文件，这时将其打开并保存为新的文件即可。

（1）启动 AutoCAD 2016 软件，选择“文件 | 打开”菜单命令，将“案例\08\二手房墙体拆建图.dwg”文件打开。

（2）执行“文件 | 另存为”菜单命令，将其另存为“案例\08\二手房室内布置图.dwg”文件。

（3）执行“删除（E）”命令，将图内的文字和拆除墙体删除，如图 8-8 所示。

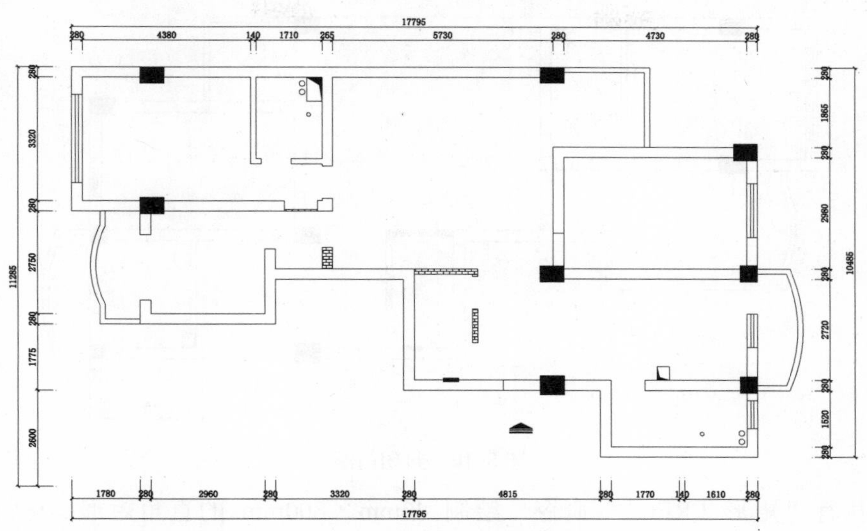
17795
280 4380 140 1710 265 5730 280 4730 280
280 3320 280 2750 280 1775 2600
11285
280 1865 280 2980 280 2720 280 1520 280
10486
1780 280 2960 280 3320 280 4815 280 1770 140 1610 280
17795

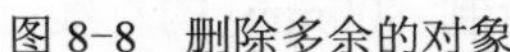
图 8-8　删除多余的对象

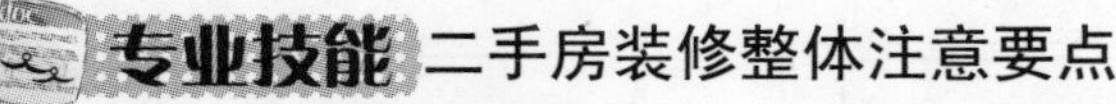
专业技能 二手房装修整体注意要点

二手房或老房的装修过程中，用户、设计师和施工人员必须要注意一些关键要点，这样才不至于走弯路、走错路，如图 8-9 所示。

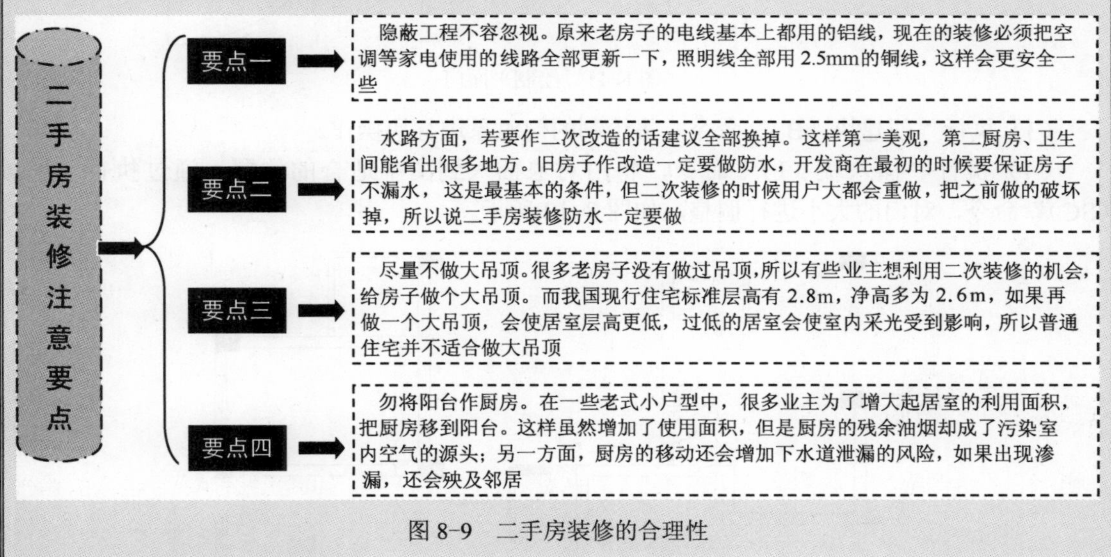
二手房装修注意要点
要点一
隐蔽工程不容忽视。原来老房子的电线基本上都用的铝线，现在的装修必须把空调等家电使用的线路全部更新一下，照明线全部用 2.5mm的铜线，这样会更安全一些
要点二
水路方面，若要作二次改造的话建议全部换掉。这样第一美观，第二厨房、卫生间能省出很多地方。旧房子作改造一定要做防水，开发商在最初的时候要保证房子不漏水，这是最基本的条件，但二次装修的时候用户大都会重做，把之前做的破坏掉，所以说二手房装修防水一定要做
要点三
尽量不做大吊顶。很多老房子没有做过吊顶，所以有些业主想利用二次装修的机会，给房子做个大吊顶。而我国现行住宅标准层高有 2.8m，净高多为 2.6m，如果再做一个大吊顶，会使居室层高更低，过低的居室会使室内采光受到影响，所以普通住宅并不适合做大吊顶
要点四
勿将阳台作厨房。在一些老式小户型中，很多业主为了增大起居室的利用面积，把厨房移到阳台。这样虽然增加了使用面积，但是厨房的残余油烟却成了污染室内空气的源头；另一方面，厨房的移动还会增加下水道泄漏的风险，如果出现渗漏，还会殃及邻居

图 8-9　二手房装修的合理性

8.2.2 绘制门窗对象

在进行室内布置之前，首先应在门窗洞口位置安装门窗对象，并绘制直线封闭门口线。

（1）将图层传换到“门窗”图层，执行“直线（L）”命令，将所有门洞封闭起来，

如图 8-10 所示。

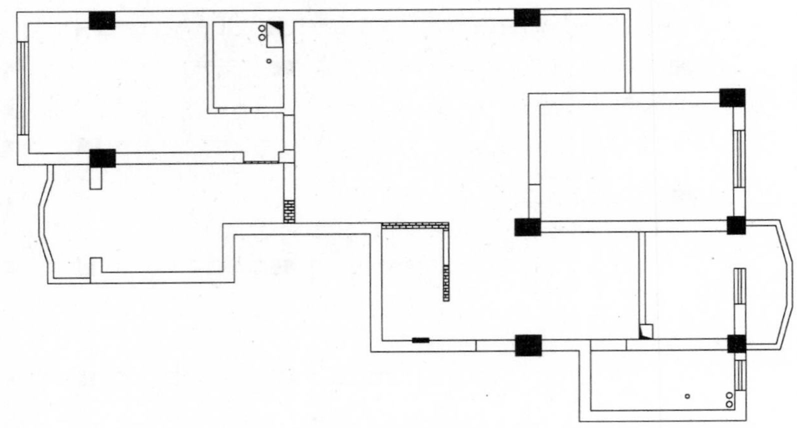

图 8-10　封闭门洞

（2）执行“矩形（REC）”命令，绘制 40mm×800mm 的直角矩形；再执行“直线（L）”命令，以矩形的顶点为起点绘制 800mm 的直线；最后执行“圆弧（A）”命令，绘制出一条弧线，形成平面门效果，如图 8-11 所示。

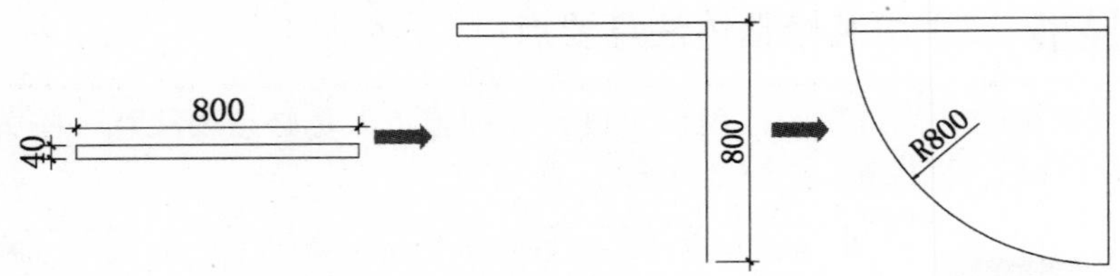

图 8-11　绘制平面门

（3）执行“创建块（B）”命令，将绘制的门对象进行块操作。

（4）执行“插入块（I）”命令，将门对象插入到图中适合的位置，通过执行“缩放（SC）”命令，对门的大小进行调整，如图 8-12 所示。

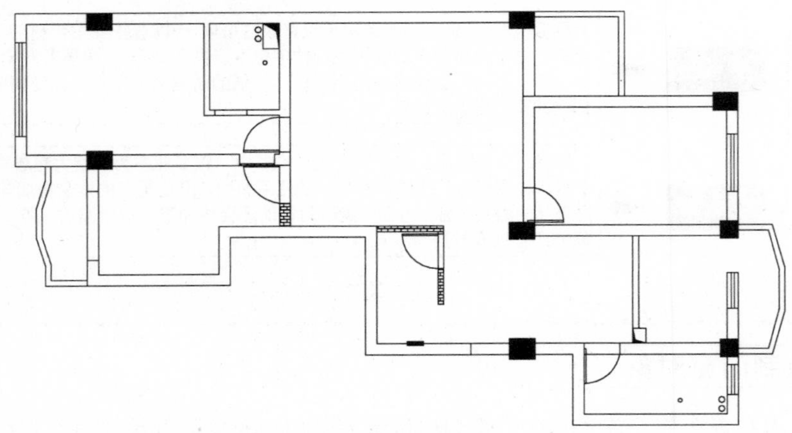

图 8-12　插入门对象并调整

操作时，若插入门的尺寸是 800mm，但是门洞的尺寸是 700mm，这时就需要把门进行缩放，比例为 700÷800=0.875，这样计算起来显然比较麻烦。而通过 CAD 自带的计算功能，用户在执行“缩放”命令时，直接输入“700/800”的比例，系统会自动计算出结果并将门尺寸缩放到 700。

（5）执行“矩形（REC）”命令和“直线（L）”命令，绘制出图 8-13 所示的推拉门。

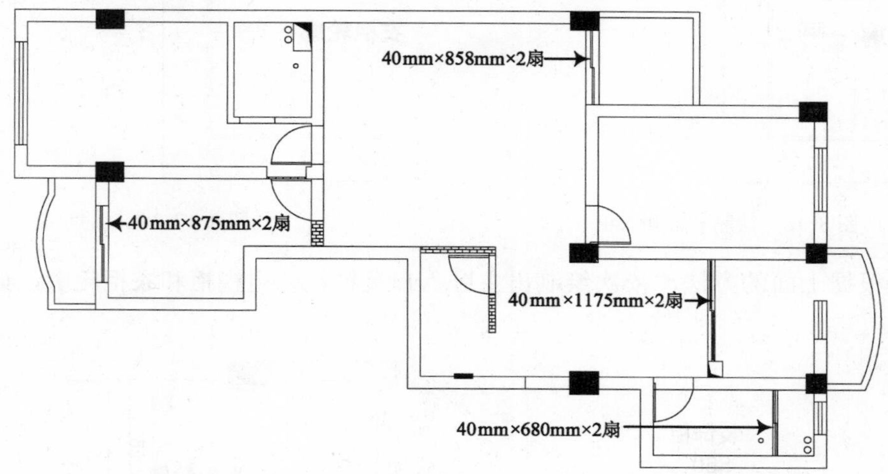

图 8-13 绘制门效果

8.2.3 绘制家具轮廓

在进行室内布置的过程中，少不了一些家具对象，这时就要根据要求来绘制出家具轮廓。

（1）将“家具”图层置为当前图层，执行“矩形（REC）”“偏移（O）”和“直线（L）”命令，在入户门的位置绘制 300mm×1000mm 的鞋柜和 500mm×2825mm 的储物柜，如图 8-14 所示。

（2）执行“矩形（REC）”“偏移（O）”和“移动（M）”命令，绘制出图 8-15 所示的电视柜图形。

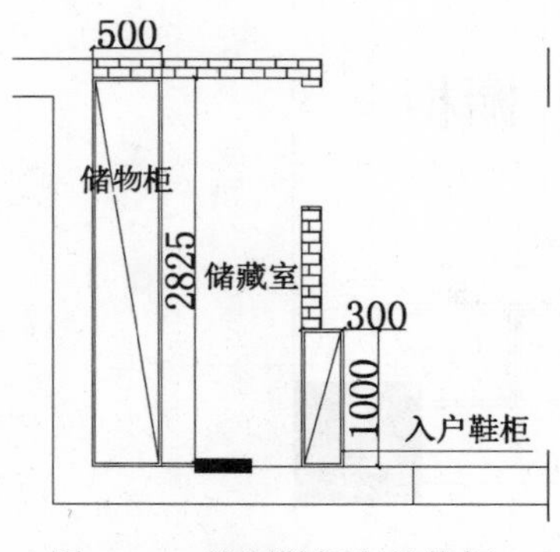

图 8-14 绘制鞋柜和储物柜

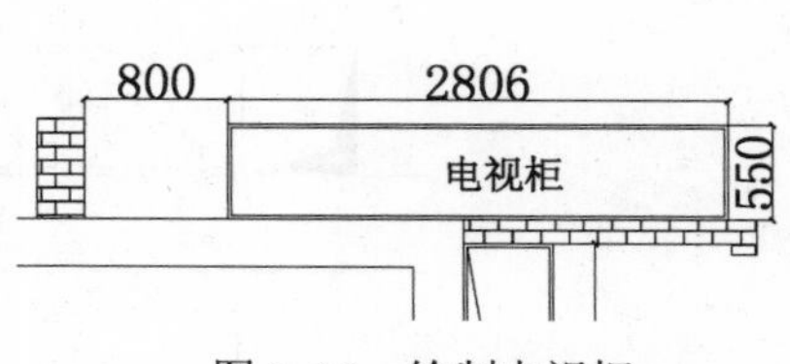

图 8-15 绘制电视柜

（3）执行“矩形（REC）”命令和“直线（L）”命令，在儿童房绘制出图 8-16 所示的书柜和衣柜轮廓。

（4）将衣柜里面的斜线转换成虚线线型，从而完成衣柜的绘制，如图 8-17 所示。

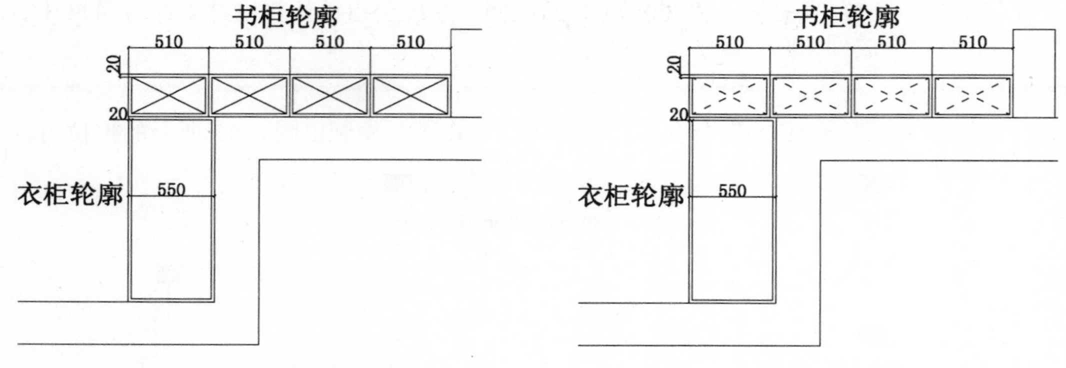

图 8-16　绘制书柜和衣柜　　　　图 8-17　衣柜的绘制

（5）根据上面的方法，依次绘制出主卧入口装饰柜、电视柜和衣柜轮廓，如图 8-18 所示。

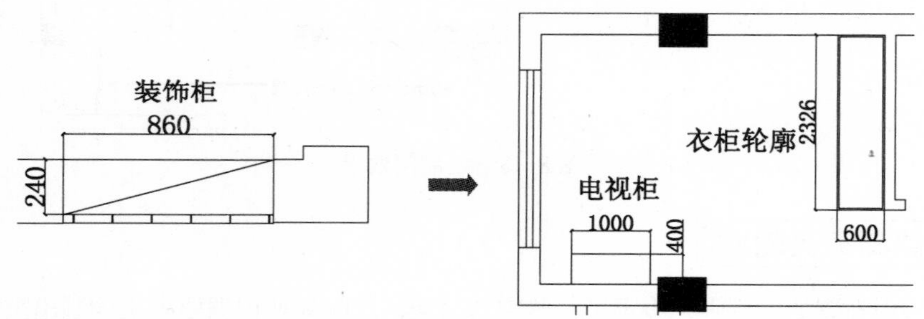

图 8-18　绘制主卧

（6）同样，绘制出厨房的橱柜和吊柜，如图 8-19 所示。

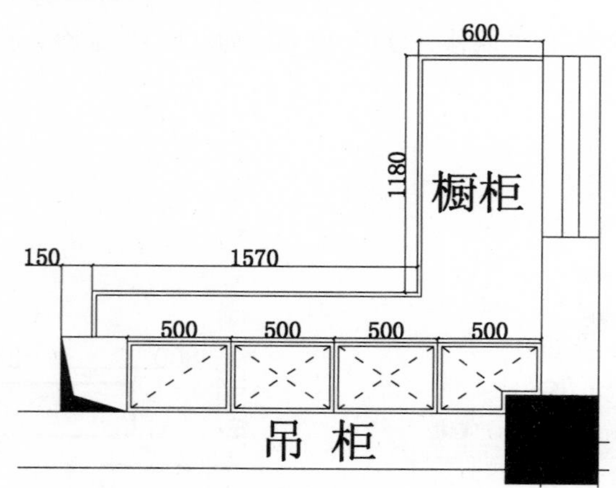

图 8-19　厨房的绘制

8.2.4 绘制造型墙和包水管

在进行室内布置的过程中，少不了用一些隔断来作为墙体使用，以及对露出的水管使用红砖进行包管处理。

（1）执行“矩形（REC）”命令，绘制 3765mm×100mm 的矩形；再执行“图案填充（H）”命令，对矩形进行图案填充，形成电视背景造型，如图 8-20 所示。

（2）用同样的方法对主卧造型的地方进行绘制，如图 8-21 所示。

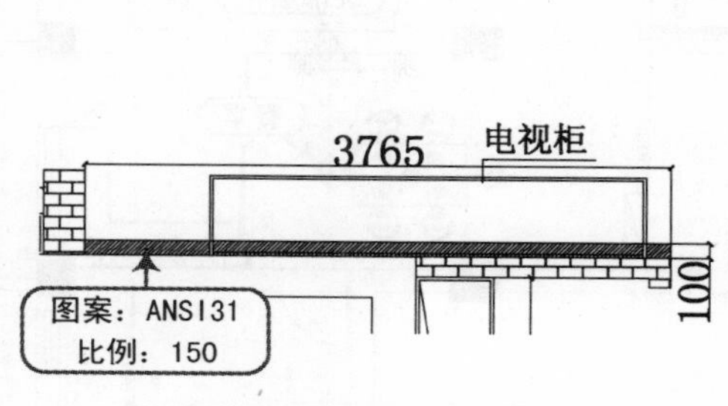

图 8-20 绘制电视墙造型

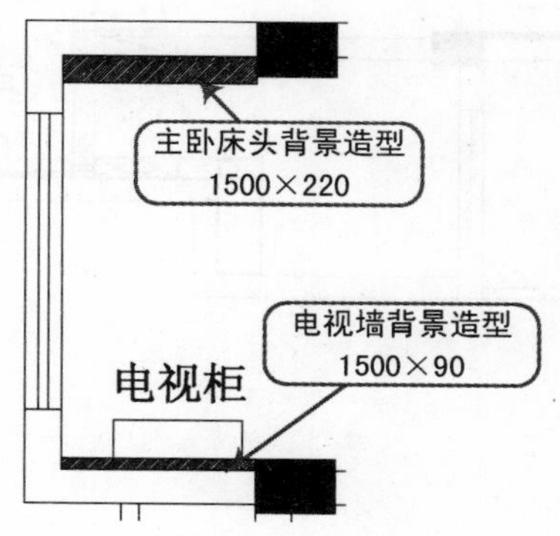

图 8-21 绘制主卧墙造型

（3）执行“矩形（REC）”命令，将下水管包起来，如图 8-22 所示。

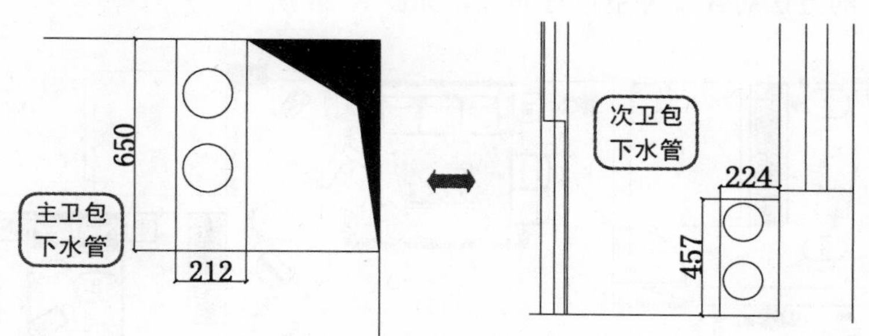

图 8-22 包下水管效果

提示

室内下水管一般都是用红砖包起来，然后再贴瓷砖，不要用木工板或铝塑板包，否则受潮会起胶变形，管道上如果有检修口，要保留检修口，在包以前要确保下水管不会漏水。

8.2.5 插入家具家电

室内布置少不了一些家具对象，如沙发、电视、餐桌等，这些对象都可以使用插入块的方法将事先准备好的图块布置在相应的位置。

（1）将“家具”图层置为当前图层，执行“插入块（I）”命令，将“案例\08”文件夹下面的“平面沙发”“平面休闲凳”“平面电视”“平面餐桌”“平面装饰酒柜”“平面空调”和

“平面音响”等图块插入到客餐厅的相应位置；再执行“移动（M）”“旋转（RO）”和“镜像（MI）”等命令，对所插入的图块分别进行位置调整，如图 8-23 所示。

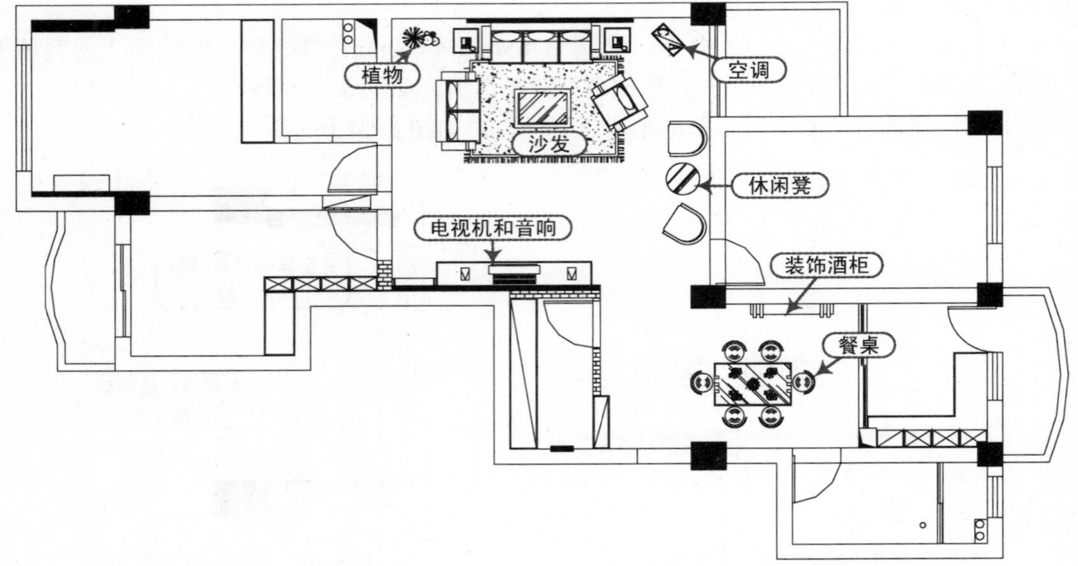

图 8-23　布置客餐厅

（2）用同样的方法对 3 个卧室进行布置，如图 8-24 所示。

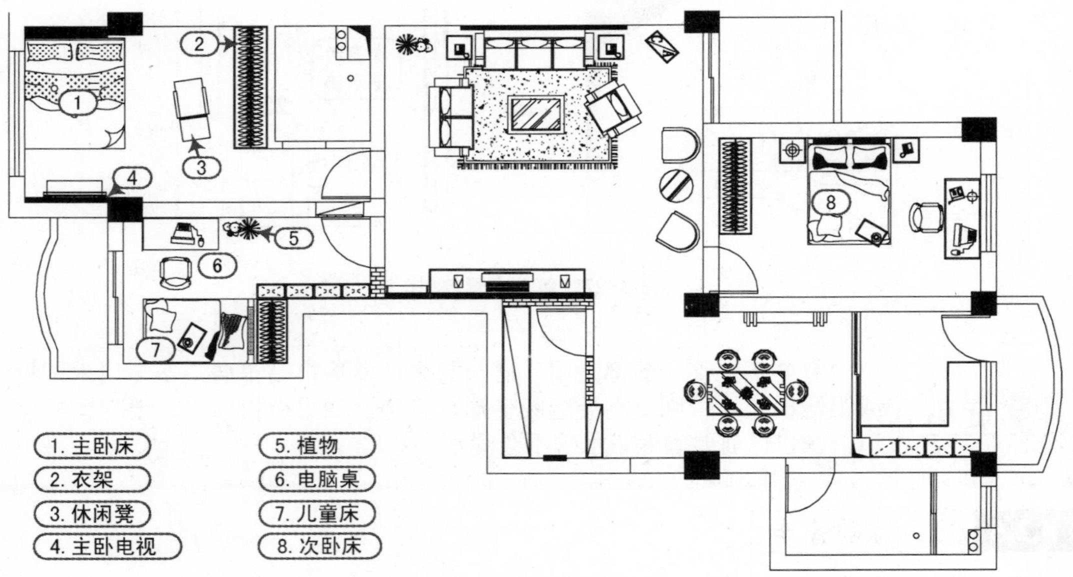

图 8-24　布置卧室

（3）执行“插入块（I）”命令，对主卫、次卫、厨房和阳台进行布置，如图 8-25 所示。

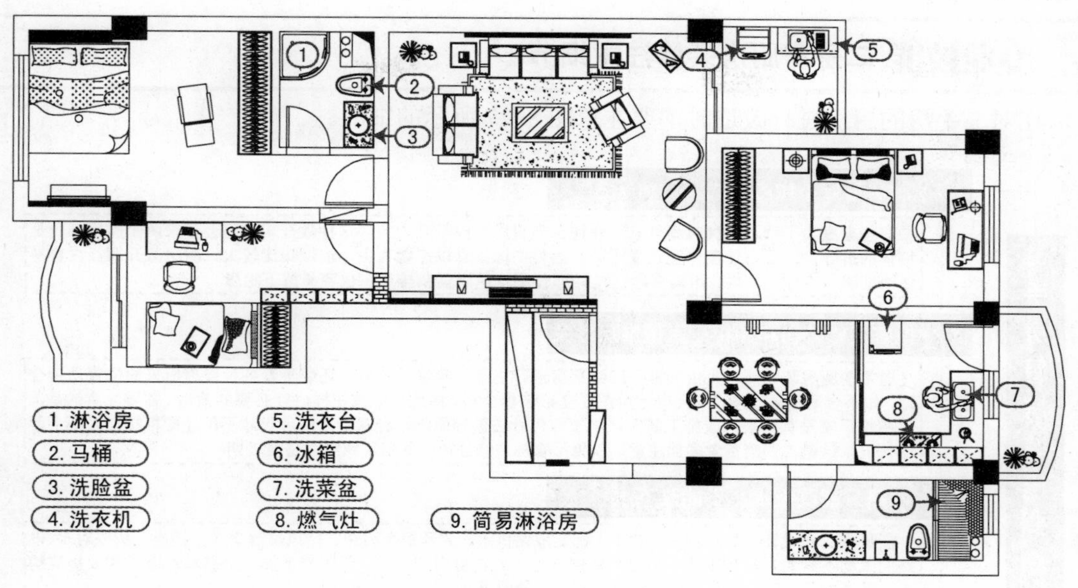

图 8-25　布置卫生间和厨房

（4）将“文字”图层置为当前图层，对室内布置图进行文字注释，效果如图 8-26 所示。

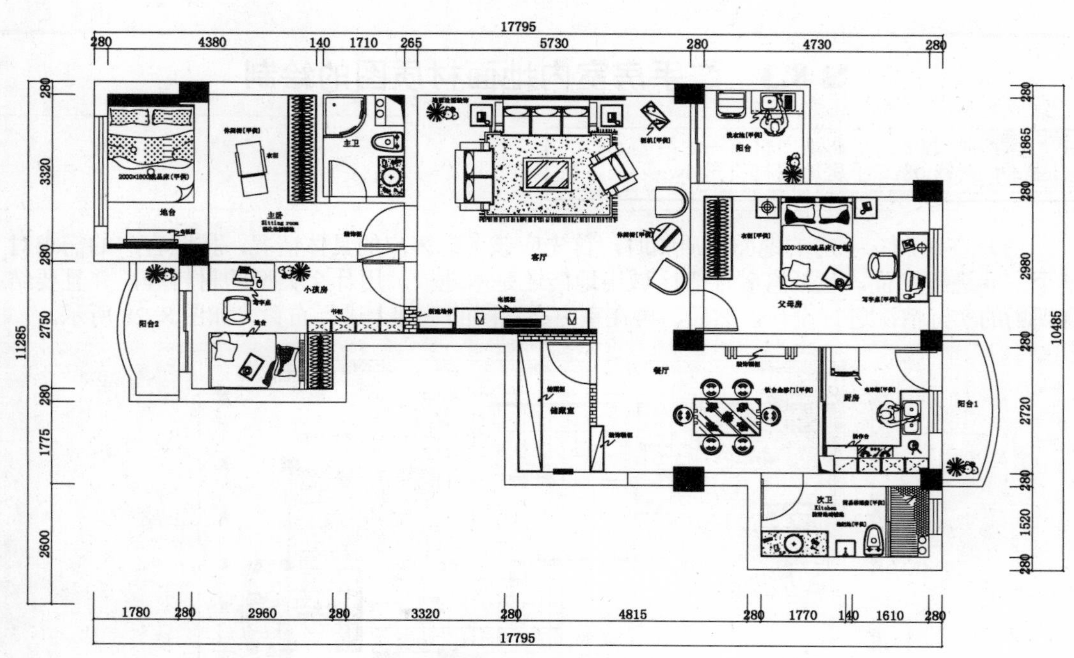

图 8-26　室内布置图

（5）至此，二手房室内布置图已经绘制完成，按〈Ctrl+S〉快捷键进行保存。

专业技能 二手房厨房装修注意细节

在对二手房的厨房进行改造时，要注意图 8-27 所示的细节。

二手房厨房装修要点

（1）厨房最好不做敞开式

有些家庭为了营造某种时尚气息，往往会把厨房做成敞开式的，这种敞开式厨房会带来两个问题：一是墙体的拆除，二是易使室内空气受污染。因为中国饮食以烹调为主，油烟味比较大，厨房敞开后，很容易使油烟飘入客厅及室内，污染室内空气，即使用排风扇强制排风，也容易留下隐患

（2）把好装修公司和橱柜厂家量准尺寸关

通常在厨房装修前，先由橱柜厂家到厨房进行丈量，除量尺寸外，还要看看各种管道原来的位置是否合适，如不合适需要改动，则会出一份图样交给装修公司，由施工队按图样进行必要的改造。需要注意的是，因橱柜厂家没有量准，或施工队没严格按照尺寸去做等原因，经常会出现因尺寸不准使橱柜接口对不上茬的情况。这就需要消费者多加注意，以免厂家与装修公司因此出现纠纷而延误工期

（3）水路只能改上水，不能改下水

新楼在厨房设计上日趋合理，基本上都是双路供水，并预留微波炉、排风扇等 2~3 个插座，所以对水、电路的改动不需太大。但旧房一般是单路供水，因此在厨房装修时，最好能增加一个热水管道。需要提醒的是，受结构的限制，水路改动只能改上水，不能改下水

（4）煤气管道的改造要由专业公司负责

煤气与天然气管道因受房屋结构的限制，一般不能随意改动。如果不得不改，必须征得物业公司的同意。改动时，由于专业性较强，为方便日后的维修，通常由煤气、天然气公司或物业公司指定的专业公司负责改动

图 8-27 二手房厨房装修注意细节

8.3 二手房室内地面材质图的绘制

素材 视频\08\二手房地面材质图的绘制.avi
案例\08\二手房地面材质图.dwg

用户在绘制二手房的地面材质图时，首先应该考虑客户的具体情况，按照客户的需求对整个空间进行定位，包括客餐厅等区域用地砖还是木地板，用什么类型的材料等，并且要结合现场的实际情况进行设计，然后，再在室内布置图的基础上进行布置，如图 8-28 所示。

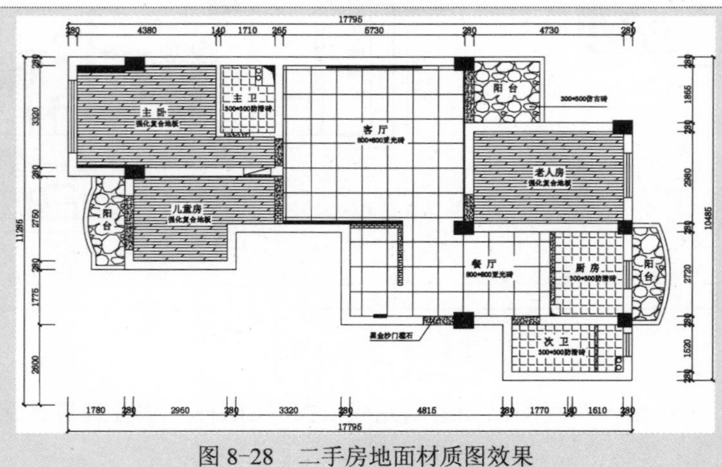

图 8-28 二手房地面材质图效果

8.3.1 调用平面布置图

将平面布置图上多余的对象隐藏，用剩余的轮廓来进行地面材质图的绘制。

（1）启动 AutoCAD 2016 软件，选择“文件 | 打开”菜单命令，将“案例\08\二手房室内布置图.dwg”文件打开。

（2）执行“文件 | 另存为”菜单命令，将其另存为“案例\08\二手房地面材质图.dwg”文件。

（3）执行“删除（E）”命令，将图中的文字、门和相应的家具对象删除，保留图形效果，如图 8-29 所示。

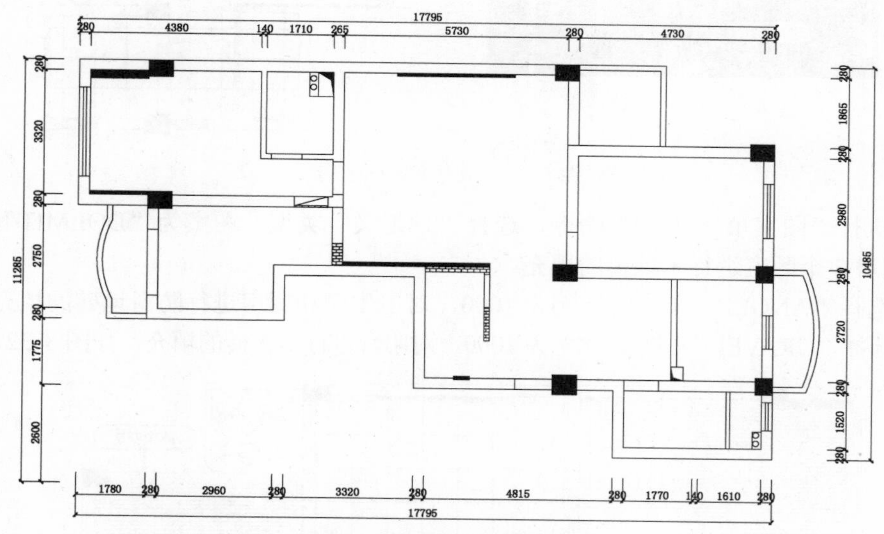

图 8-29 整理已有布置图

8.3.2 填充地面材质

根据室内地面材质图的布置要求，对门进行门槛石的填充，对客餐厅填充地砖，对 3 间卧室填充实木地板，对卫生间、厨房等填充防滑砖，对阳台填充仿古砖。

（1）将“填充”图层置为当前图层，执行“图案填充（H）”命令，对所有门洞填充“AR-CONC”的图案，比例为 20，从而形成门槛石的效果，如图 8-30 所示。

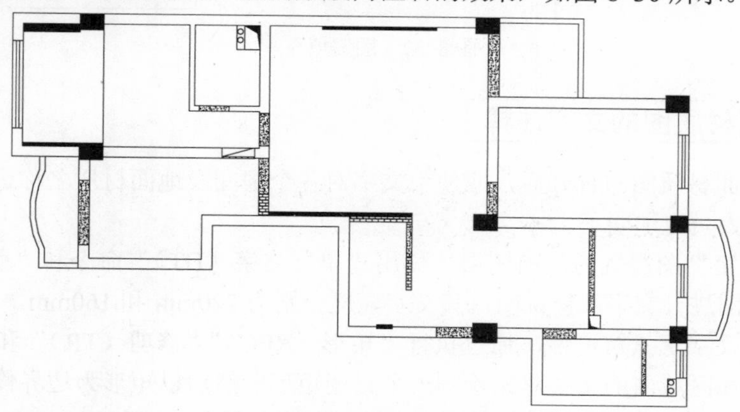

图 8-30 填充门槛石

（2）重复“图案填充（H）”命令，对客餐厅填充 800mm×800mm 的地砖，如图 8-31 所示。

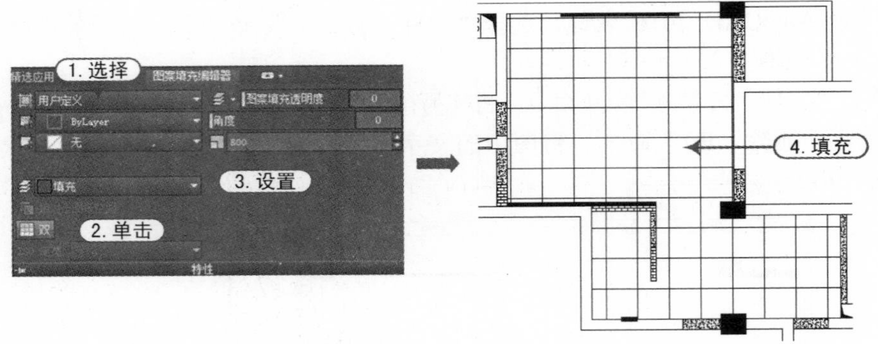

图 8-31 填充客餐厅地砖

（3）执行“图案填充（H）”命令，选择“预定义”类型，图案为“DOLMIT”，比例为 400，分别对 3 个卧室进行木地板的填充。

（4）选择“ANGLE”图案，比例为 1000，对卫生间和厨房进行防滑地砖的填充。

（5）选择“GRAVEL”图案，比例为 1000，对阳台进行仿古砖的填充，如图 8-32 所示。

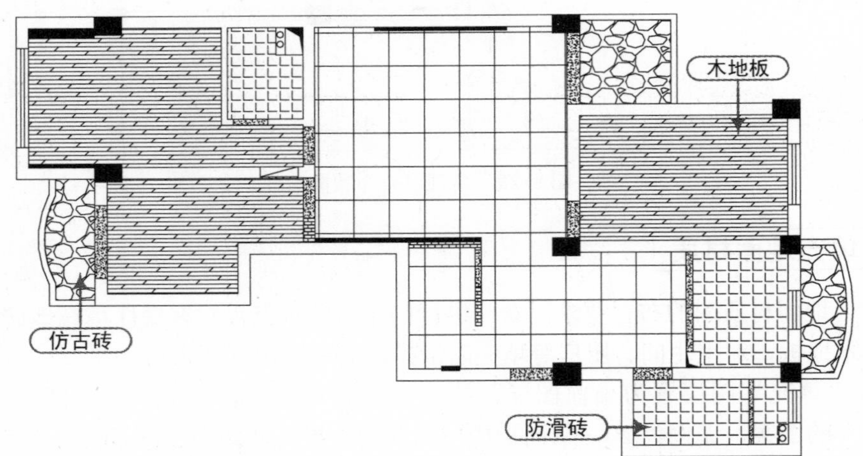

图 8-32 图案填充

8.3.3 地面材质图的文字注释

在将室内地面材质图布置好后，应使用文字对各个房间及地面材质名称进行标注，这样可使阅读和施工人员更加明了。

（1）将“文字”图层置为当前图层，使用“单行文字（DT）”命令和“引线（LE）”命令，对地面材质图进行文字注释说明，其文字高度分别为 220mm 和 160mm。

（2）为了使文字更具可读性，通过执行“矩形（REC）”“修剪（TR）”和“删除（E）”命令，先围绕填充区域内的文字对象绘制一个封闭矩形，然后以矩形为边界修剪掉矩形内填充的图案，以显示出文字，最后将辅助矩形删除，效果如图 8-33 所示。

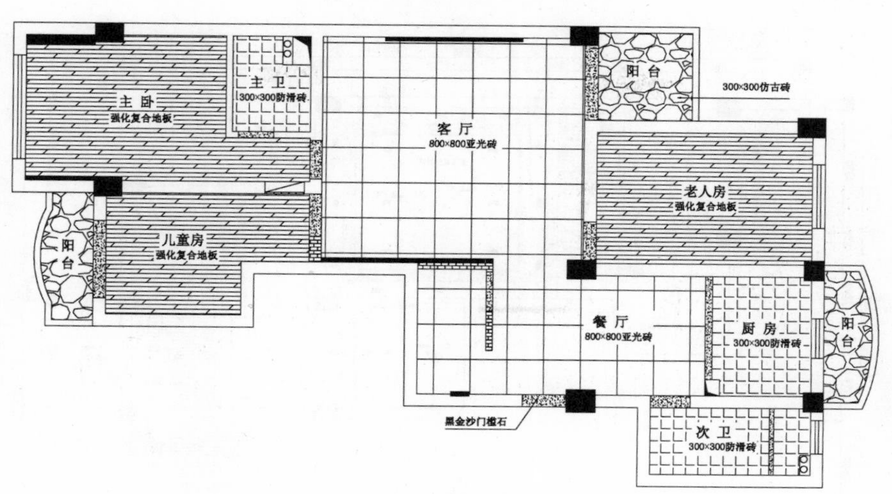

图 8-33　进行文字注释

专业技能 填充图案的修剪方法

填充的线型图案是可以进行修剪处理的，但前提是必须解除填充图案的关联性。可在“图案填充创建”选项卡下，取消图案的“关联”属性，如图 8-34 所示。只有非关联性的线型图案可被修剪。

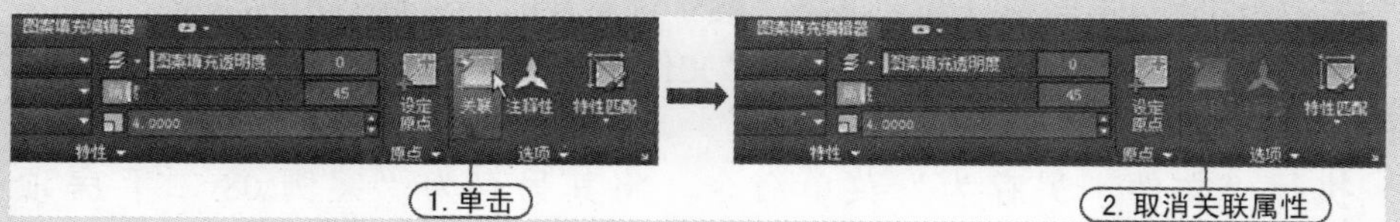

图 8-34　取消图案的关联性

在 AutoCAD 中，纯色图案和“SOLID”图案不能被修剪。

（3）至此，地面材质图已经绘制完成，按〈Ctrl+S〉快捷键进行保存。

在进行地面材质图绘制时，用户可以先进行文字注释，再进行图案填充操作。这样就可以对文字进行排除性填充。

8.4　二手房顶棚布置图的绘制

素材
视频\08\二手房顶棚布置图的绘制.avi
案例\08\二手房顶棚布置图.dwg

在对二手房顶棚图进行布置时，首先应将前面所绘制好的室内布置图调出，将多余的对象删除，再将原始建筑平面图中的梁对象复制到顶棚图中；然后分别绘制入户口、餐厅和客厅的吊顶对象；最后布置灯具对象，并进行文字、标高等标注操作，其布置好的顶棚图效果如图 8-35 所示。

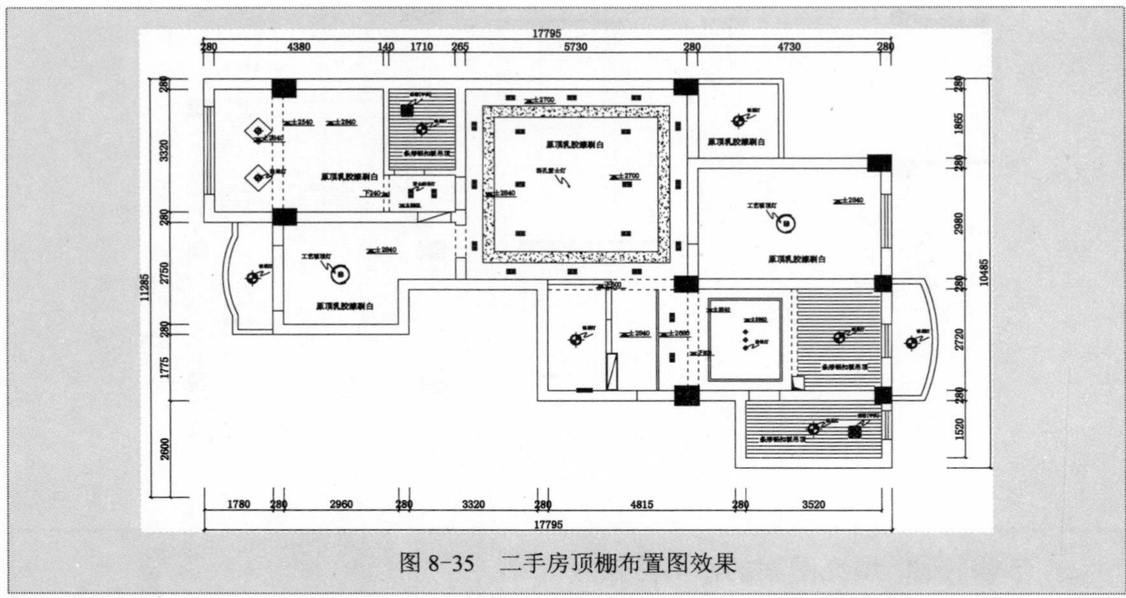

图 8-35　二手房顶棚布置图效果

8.4.1 整理平面布置图

对顶棚进行布置时，首先应将之前准备好的室内布置图打开，将多余的对象隐藏或删除，然后将原始的建筑平面图打开，再将“梁”对象复制到顶棚的相应位置。

（1）启动 AutoCAD 2016 软件，选择“文件｜打开”菜单命令，将“案例\08\二手房室内布置图.dwg”文件打开。

（2）执行“文件｜另存为”菜单命令，将其另存为“案例\08\二手房顶棚布置图.dwg”文件。

（3）执行“删除（E）”命令，将对除尺寸标注、墙体、门洞、窗户、墙体类的装饰柜和入户处的鞋柜以外的所有对象进行删除操作，使当前图形的效果如图 8-36 所示。

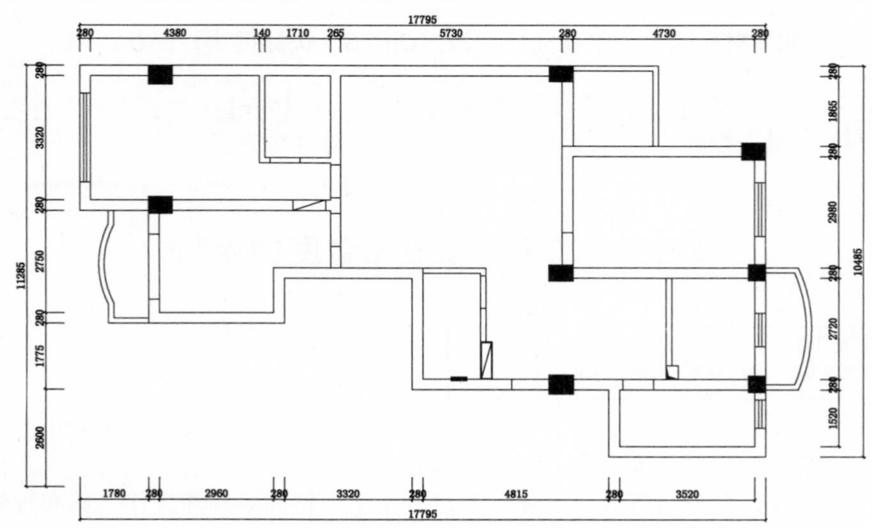

图 8-36　整理平面图

（4）选择“文件丨打开”菜单命令，将“案例\08\二手房建筑平面图.dwg”文件打开，将所有的梁线复制到顶棚布置图中合适的位置，如图 8-37 所示。

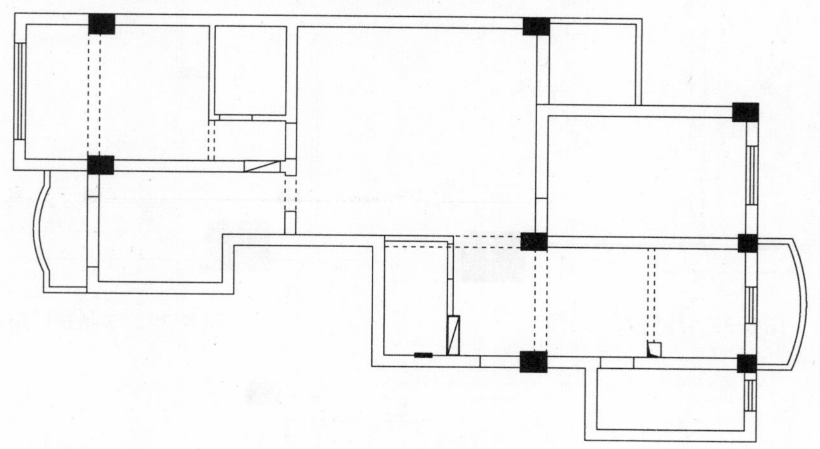

图 8-37 复制梁

在 AutoCAD 软件绘图中，各个图形文件之间可以通过按〈Ctrl+Tab〉快捷键或单击“文件”选项卡上的图形名来进行切换。

在此步复制梁线操作时，由于两个图是一个户型，可通过“带基点复制”命令选择同一个基点来复制操作。首先在“二手房建筑平面图”中选择要复制的梁图形，在右键菜单中，选择“剪贴板丨带基点复制”选项，并指定一个基点；然后来到“二手房顶棚布置图”中，按〈Ctrl+V〉快捷键进行粘贴，并根据提示指定相同的基点来插入。

8.4.2 吊顶的绘制

在对顶棚图进行绘制时，少不了要绘制一些吊顶轮廓对象。在本实例中对入户吊顶、餐厅吊顶和客厅吊顶进行了绘制。

（1）将“吊顶”图层置为当前图层，并把梁置换到“吊顶”图层，把线型改为默认线型。

（2）执行“偏移（O）”命令，将入户门右边的梁线条依次向左偏移 750mm 和 50mm，从而形成吊顶的绘制；再将偏移的第一条线置换到“灯带”图层，如图 8-38 所示。

（3）通过“矩形（REC）”“偏移（O）”和“删除（E）”命令，在餐厅上方绘制离四面都为 300mm 的矩形形成吊顶；再将矩形向外偏移 50mm，并将偏移出来的线条置换到“灯带”图层，如图 8-39 所示。

（4）通过“矩形（REC）”“偏移（O）”和“删除（E）”命令，在客厅上方绘制离四面都为 450mm 的矩形；再将矩形向内偏移 300mm，形成客厅吊顶；再执行“图案填充（H）”命令，选择图案为“AR-CONC”，比例为 20，对矩形进行填充，如图 8-40 所示。

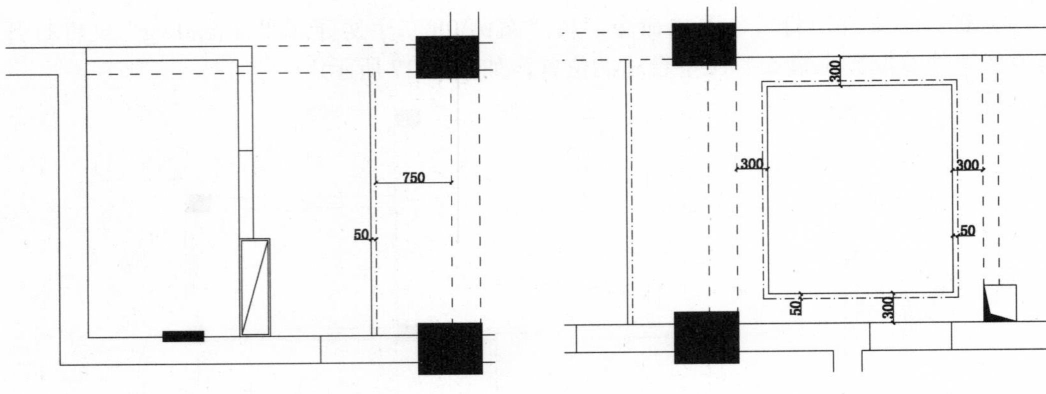

图 8-38　绘制入户吊顶　　　　图 8-39　绘制餐厅吊顶

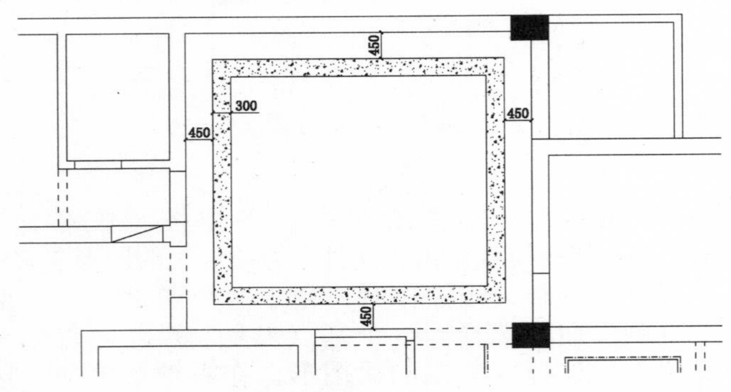

图 8-40　绘制客厅吊顶

8.4.3 添加灯具和注释

（1）将“灯具”图层置为当前图层，执行“插入块（I）”命令，将“案例\08”文件夹下面的“拉丝灯”“吸顶灯”“工艺吸顶灯”“浴霸”“雷士照明灯”“四孔雷士灯”插入到顶棚图中适合的位置，如图 8-41 所示。

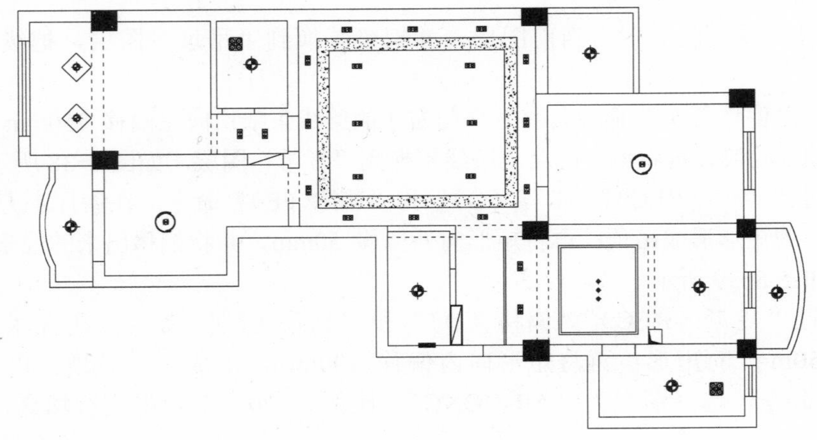

图 8-41　插入灯具

（2）将“文字”图层置为当前图层，对顶棚图进行文字标注，其文字高度为 110mm；再执行“插入块（I）”命令，将“案例\08”文件夹下面的“标高符号”插入到图中，并修改标高的数值，如图 8-42 所示。

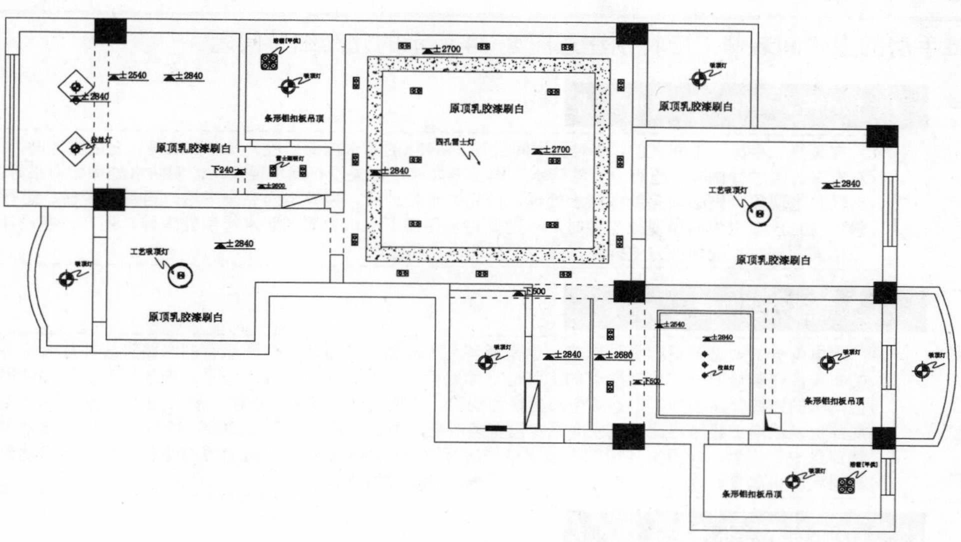

图 8-42　注释效果

用户在进行灯具布置和文字注释的时候，可以将“案例\08”文件夹下面的“二手房顶棚布置图”文件打开，参照进行绘制。

（3）将“吊顶”图层置为当前图层，执行“图案填充（H）”命令，选择“用户定义”类型，间距为 100mm，对卫生间和厨房进行填充，从而形成条形铝扣板吊顶效果，如图 8-43 所示。

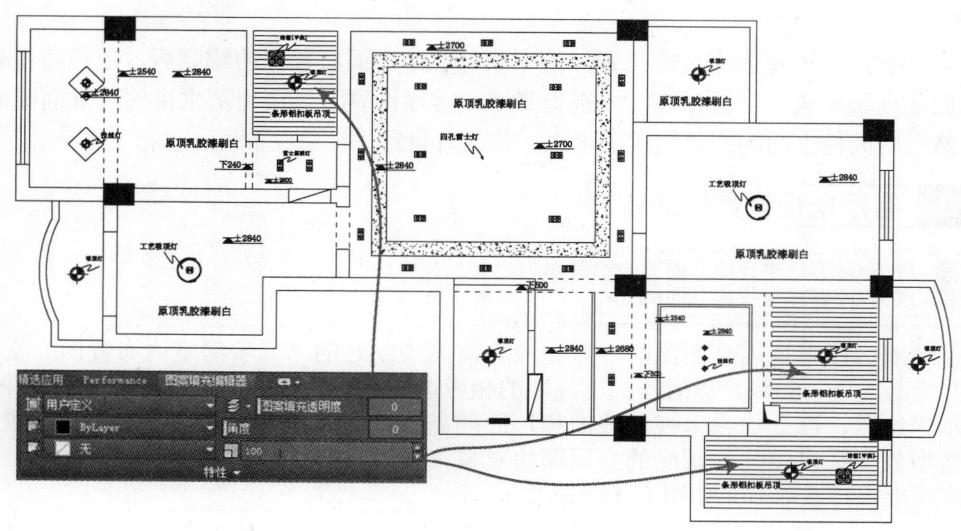

图 8-43　填充效果

（4）至此，顶棚布置图已经绘制完成，按〈Ctrl+S〉快捷键进行保存。

专业技能 二手房卫生间装修注意细节

二手房的卫生间装修，应特别注意图 8-44 所示的几个细节问题。

二手房卫生间装修要点

（1）做个 24～48 小时漏水测试

在装修二手房卫生间之前，要对卫生间进行 24~48h 的蓄水测漏试验。具体做法是，先堵住地漏，放50mm左右深的水进行试验，检查原有的防水工程做得如何，如果没有漏水现象，证明防水处理做得很好；如果出现漏水现象，则必须重新做防水处理，做完防水处理后，要等地面完全干透，再铺设瓷砖、进行整体装修。而且，在卫生间蹲便改坐便时，一定要将坐便器下水口位置的防水特别处理好。还有，在设计和装修卫生间顶部时，应保证方便拆装，便于今后的检查和维修

（2）水电部分的改造

水电部分的改造是最容易被忽略，也是最容易出问题的项目。卫生间原有的水路管线往往有许多不合理的布局，在装修时一定要对原有的水路进行彻底检查，看其是否锈蚀、老化。如果原有的管线使用的是已被淘汰的镀锌管，在施工中必须全部更换为铜管、铝塑复合管或 PP-R 管。涉及卫生间的电路改良主要是局部更换或增加线路。比如卫生间原本没有装浴霸，由于浴霸的功率在 2000~2500 W 之间，这就需要加一线路进来。当然，对原来使用的电线得事先进行安全检测，看原有电线有没有老化。如果电量达到要求，线路状况也属良好，电路改造就不必完全重来，只是添加或删减而已

（3）浴缸要见深不见宽

长度在 1.5m 以下的浴缸，深度往往比一般的浴缸深，约 700mm。由于缸底的面积小，这种浴缸比一般浴缸容易站立，也不会影响使用的舒适度

（4）洗面盆拒绝柱盆

一般不倾向于安装柱盆，因为下面的柱体空间几乎无法利用，除非包裹在浴室柜体里

图 8-44 二手房卫浴间装修注意细节

8.5 二手房各立面图的绘制

针对一套完整的室内家装施工图，待完成好各个平面布置图的绘制后，还应将主要功能间的立面图展现出来。下面以客厅电视背景墙、客厅沙发背景墙为例来讲解其立面图的绘制方法，然后将其他立面图的效果展现出来，让读者自行去演练绘制。

8.5.1 客厅电视背景墙的绘制

素材 视频\08\客厅电视墙立面图的绘制.avi
案例\08\客厅电视墙立面图.dwg

在绘制客厅电视墙立面图时，首先应将前面绘制好的“二手房室内布置图”文件打开，并将其旋转 180°，然后捕捉电视墙的相应墙角点来绘制出多条垂直构造线，并绘制两条水平线段，以此作为电视墙地面和顶面的高度，然后根据要求来绘制电视背景墙的相应造型效果，以及插入相应的立面图块对象，最后对其进行文字和尺寸的标注，其最终的客厅电视背景墙效果如图 8-45 所示。

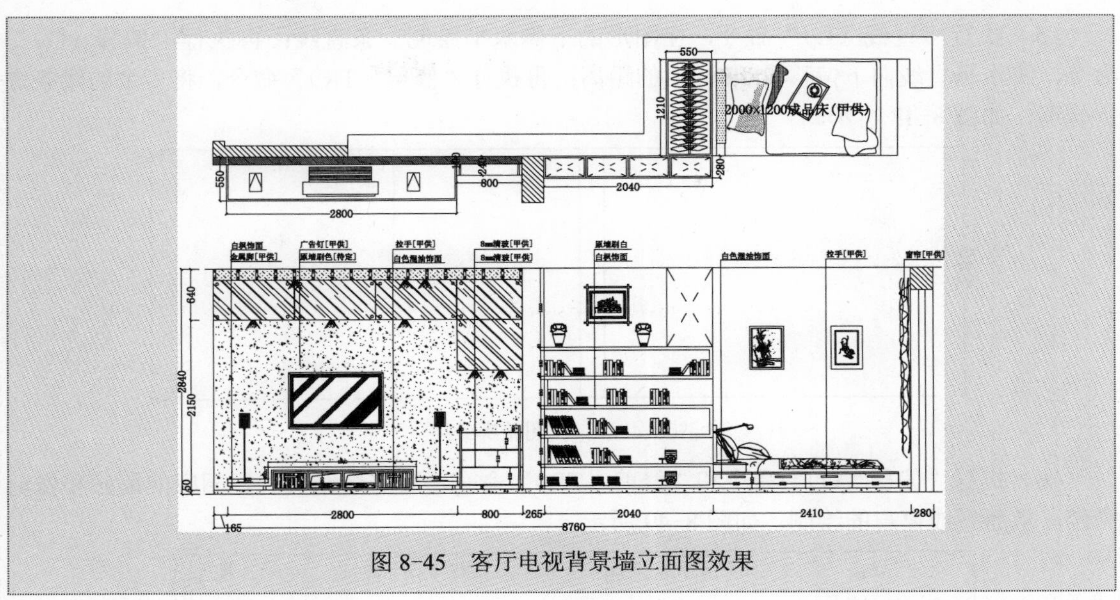

图 8-45 客厅电视背景墙立面图效果

（1）启动 AutoCAD 2016 软件，选择“文件 | 打开”菜单命令，将“案例\08\二手房室内布置图.dwg”文件打开；再执行“文件 | 另存为”菜单命令，将其另存为“案例\08\客厅电视墙立面图.dwg”文件。

（2）执行“旋转（RO）”命令，将当前图形对象旋转 180°；再执行“修剪（TR）”命令，将平面图中电视背景墙进行整理。

（3）将图层置为“标注”图层，执行“线型标注（DLI）”命令，对指定的线段进行尺寸标注，如图 8-46 所示。

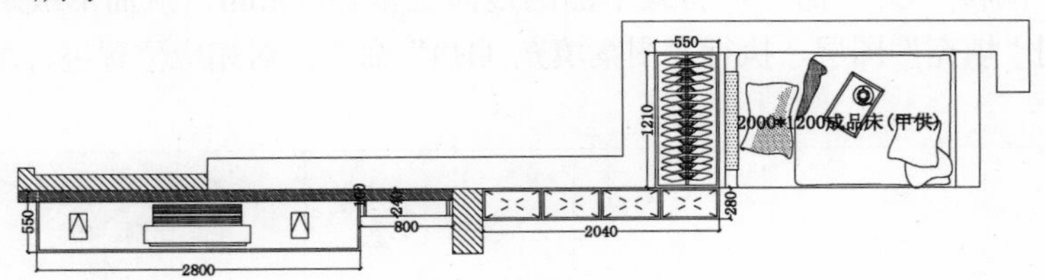

图 8-46 进行线型标注

（4）将“墙体”图层置为当前图层，执行“构造线（XL）”命令，根据电视墙平面图的轮廓绘制 5 条垂直构造线，如图 8-47 所示。

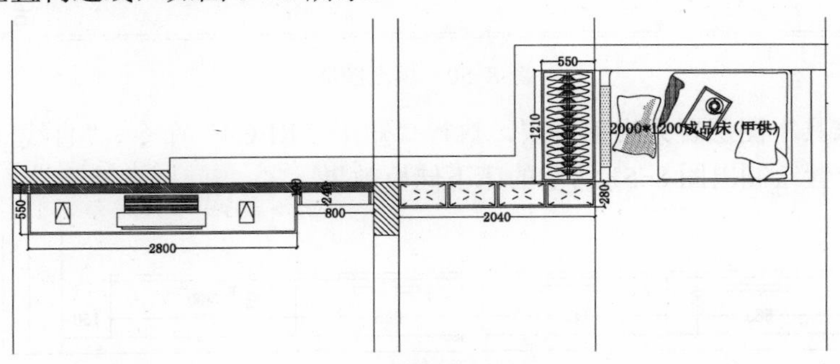

图 8-47 绘制垂直构造线

（5）执行“直线（L）”命令，在图形的下侧水平绘制一条直线；再执行“偏移（O）”命令，将水平直线向下偏移 2840mm 的距离；再执行“修剪（TR）”命令，将多余的线条进行修剪，如图 8-48 所示。

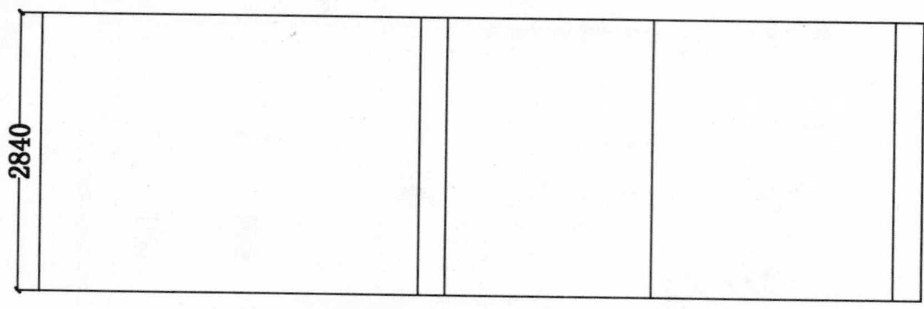

图 8-48　立面图轮廓效果

（6）执行“偏移（O）”命令和“修剪（TR）”命令，将右侧线段进行相应的偏移和修剪操作，从而完成窗户的绘制，如图 8-49 所示。

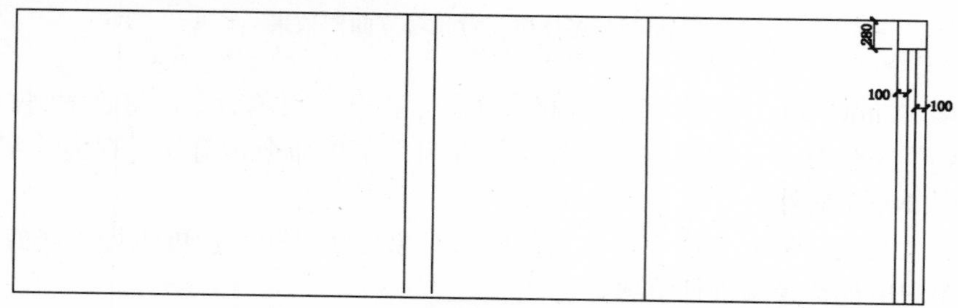

图 8-49　绘制窗户

（7）执行“偏移（O）”命令，将最下面的线向上偏移 50mm，从而形成踢脚板效果。

（8）切换到“填充”图层，执行“图案填充（H）”命令，对相应位置进行填充，如图 8-50 所示。

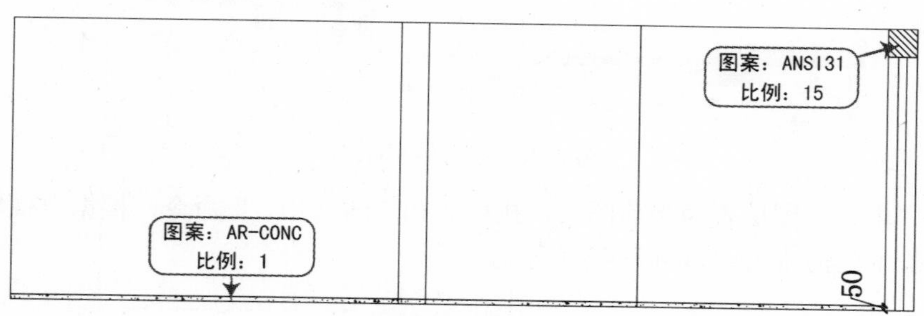

图 8-50　填充图案

（9）将“家具”图层置为当前图层，执行“矩形（REC）”命令、“直线（L）”命令等，在图形的右侧位置绘制出图 8-51 所示的床下储柜效果。

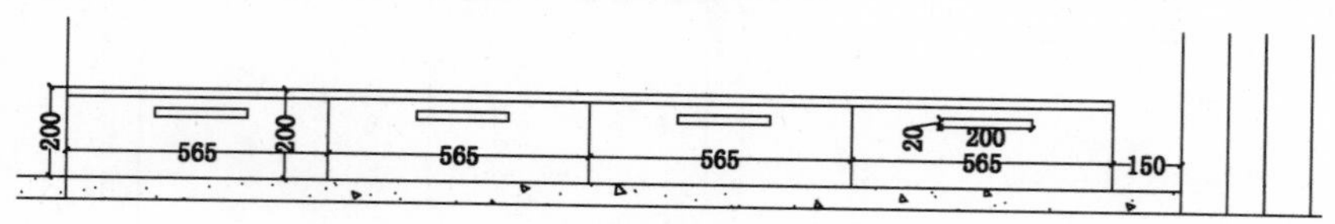

图 8-51　绘制床下储柜效果

（10）同样，在图中绘制出图 8-52 所示的书架和衣柜立面效果。

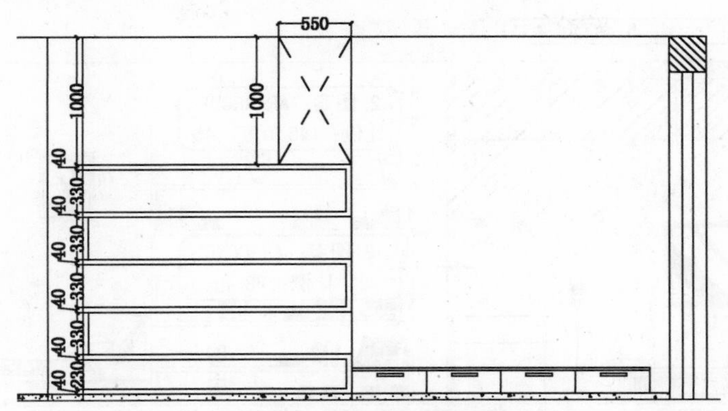

图 8-52　绘制书架和衣柜

（11）执行“偏移（O）”“矩形（REC）”和“圆（C）”等命令，绘制出图 8-53 所示的电视背景墙造型。

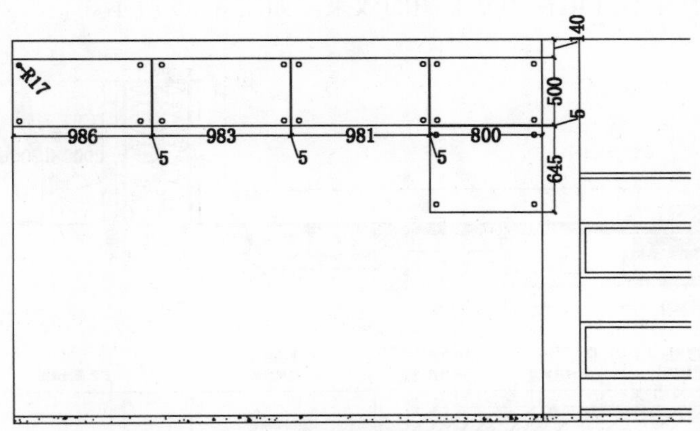

图 8-53　绘制电视背景墙造型轮廓

（12）将“家具”图层置为当前图层，执行“插入块（I）”命令，将“案例\08”文件夹下面的“立面窗帘”“立面装饰画”“立面装饰品”“立面电视柜”“立面电视机”“立面装饰柜”“立面筒灯”和“立面音响”等插入到立面图中适合的位置，如图 8-54 所示。

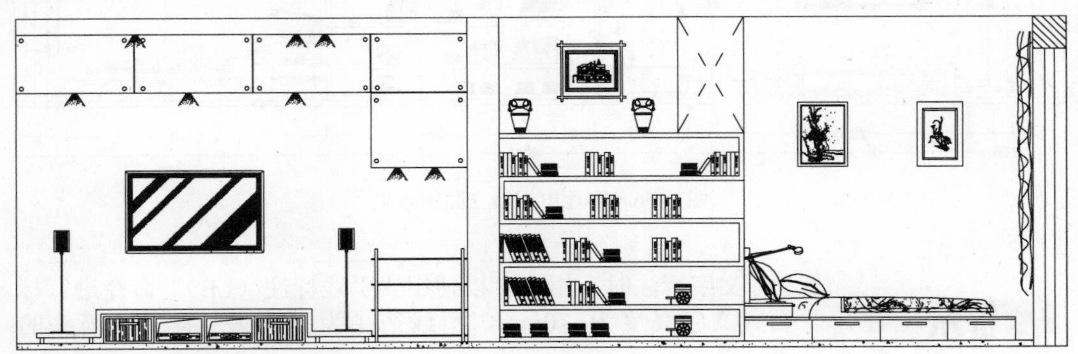

图 8-54　插入图块

（13）将“填充”图层置为当前图层，对立面图进行图案填充，如图 8-55 所示。

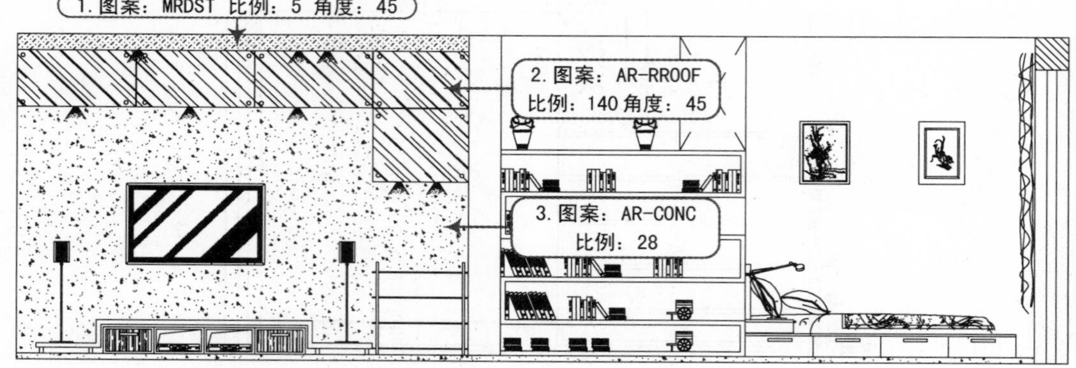

图 8-55 填充效果

（14）将“文字”和“标注”图层分别置为当前图层，对立面图分别进行文字注释和尺寸标注，从而完成整个客厅电视墙立面图的效果，如图 8-56 所示。

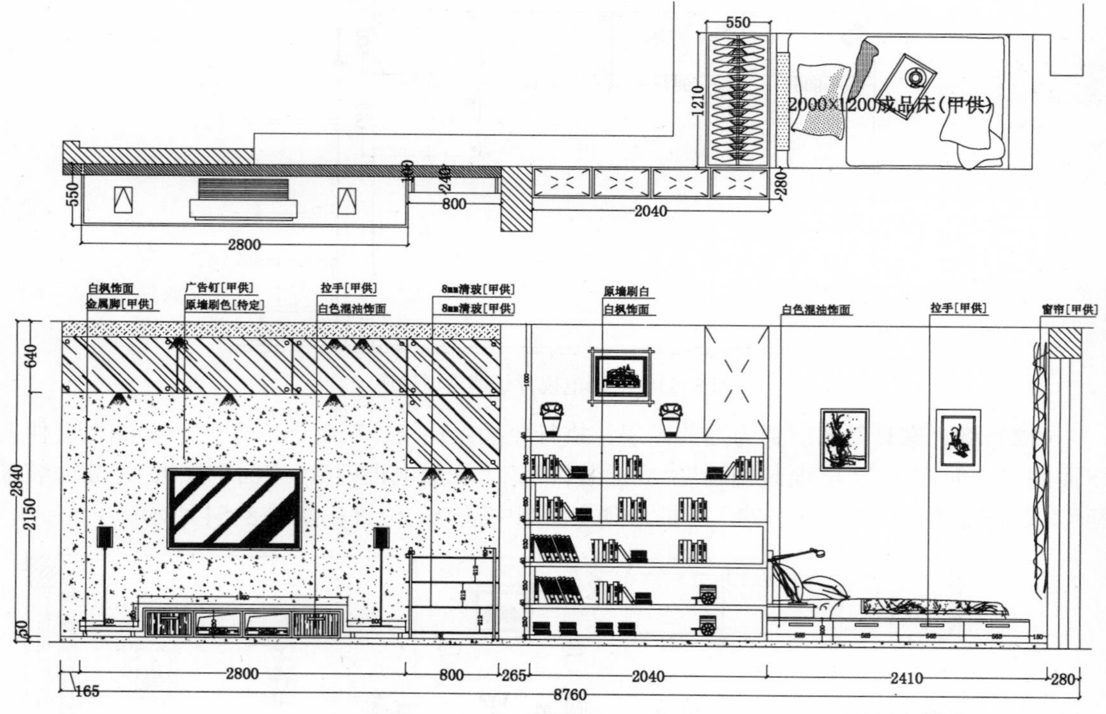

图 8-56 客厅电视墙立面图效果

提示

在进行文字标注时，用户可以使用“引线标注（LE）”命令进行标注，并设置文字高度为 70mm，引线箭头为“箭头”样式，箭头的大小为 20。

（15）至此，客厅电视墙立面图已经绘制完成，按〈Ctrl+S〉快捷键进行保存。

专业技能 二手房水路改造问题

水路分为给水和排水（又称上下水），而给水还分冷热水，冷热水改造是卫生间改造的重点。在对二手房进行防水施工时，应注意如图 8-57 所示的几个要点。

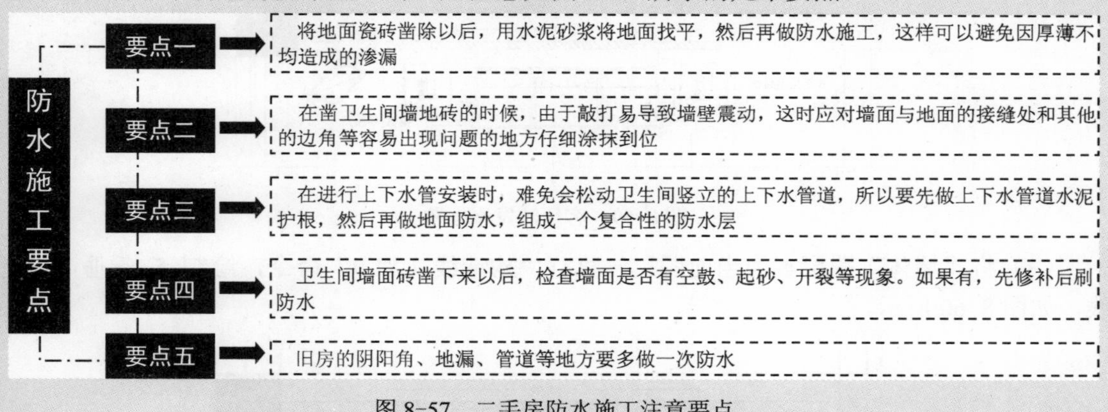

图 8-57　二手房防水施工注意要点

8.5.2 客厅沙发背景墙的绘制

素材　视频\08\客厅沙发背景墙立面图的绘制.avi
案例\08\客厅沙发背景墙立面图.dwg

在绘制客厅沙发背景墙立面图时，首先应将前面绘制好的“二手房室内布置图”文件打开，整理出客厅沙发背景墙的效果，然后捕捉沙发背景墙的相应墙角点来绘制出多条垂直构造线，并绘制两条水平线段，以此作为沙发背景墙地面和顶面的高度，然后根据要求来绘制沙发背景墙的相应造型效果，以及插入相应的立面图块对象，最后对其进行文字和尺寸的标注，其最终的客厅沙发背景墙立面图效果如图 8-58 所示。

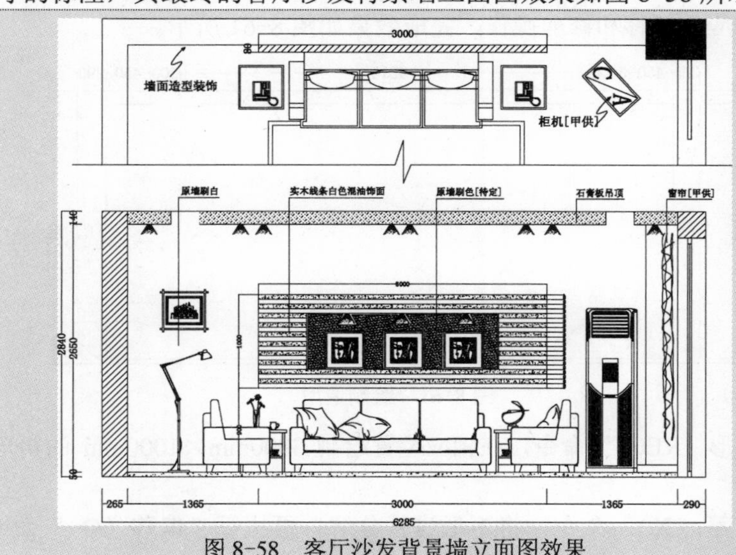

图 8-58　客厅沙发背景墙立面图效果

（1）启动 AutoCAD 2016 软件，选择“文件｜打开”菜单命令，将“案例\08\二手房室内布置图.dwg”文件打开，执行“文件｜另存为”菜单命令，将其另存为“案例\08\客厅沙发背景墙立面图.dwg”文件。

（2）执行“复制（CO）”命令、“修剪（TR）”命令、“旋转（RO）”命令等，将平面图中的客厅沙发进行整理，如图 8-59 所示。

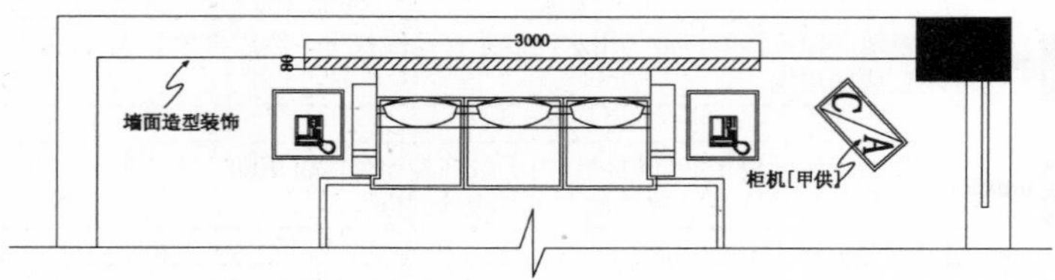

图 8-59　客厅沙发平面图

（3）将“墙体”图层置为当前图层，执行“构造线（XL）”命令，绘制 5 条垂直构造线，如图 8-60 所示。

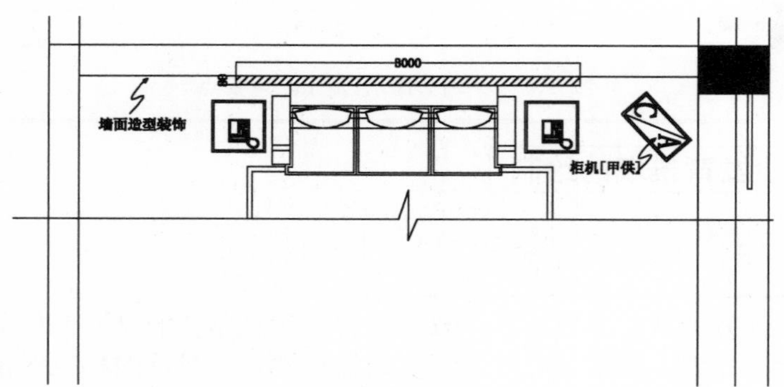

图 8-60　绘制垂直构造线

（4）执行“直线（L）”命令、“偏移（O）”命令和“修剪（TR）”命令，在构造线上绘制线段，并进行相应的偏移和修剪操作，完成效果如图 8-61 所示。

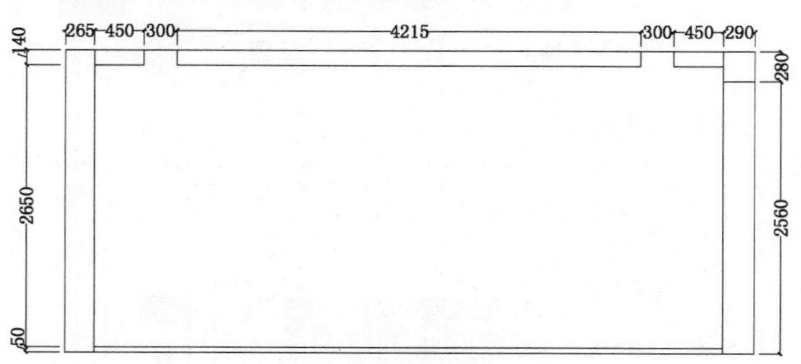

图 8-61　绘制造型

（5）执行“矩形（REC）”命令，在相应位置绘制 3000mm×1000mm 的矩形，如图 8-62 所示。

（6）执行“分解（X）”命令，将矩形进行分解；再执行“偏移（O）”命令，将矩形上面的横线依次向下偏移 50mm 的距离。

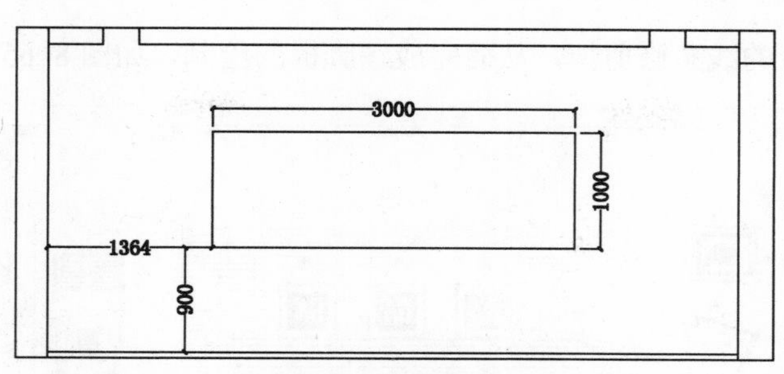

图 8-62　绘制造型轮廓

偏移的次数太多时，用户可以运用复制和阵列命令来完成。

（7）执行“矩形（REC）”命令，绘制 2000mm×600mm 的矩形；再执行“移动（M）”命令，将矩形移动到造型轮廓的中心位置；再执行“修剪（TR）”命令，将多余的线条修剪掉，如图 8-63 所示。

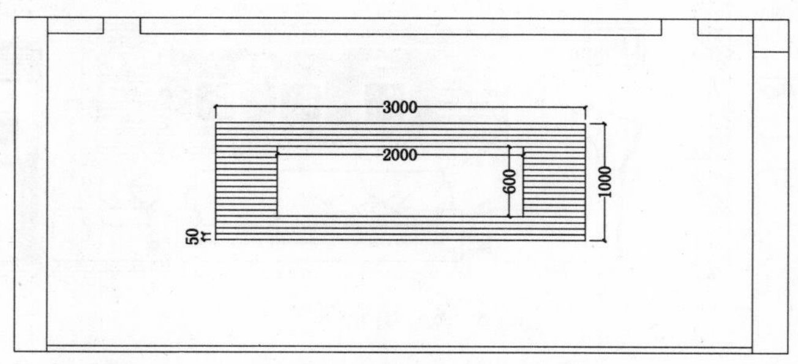

图 8-63　绘制

（8）执行“矩形（REC）”和“直线（L）”等命令，在右侧墙体内绘制出推拉门图案，如图 8-64 所示。

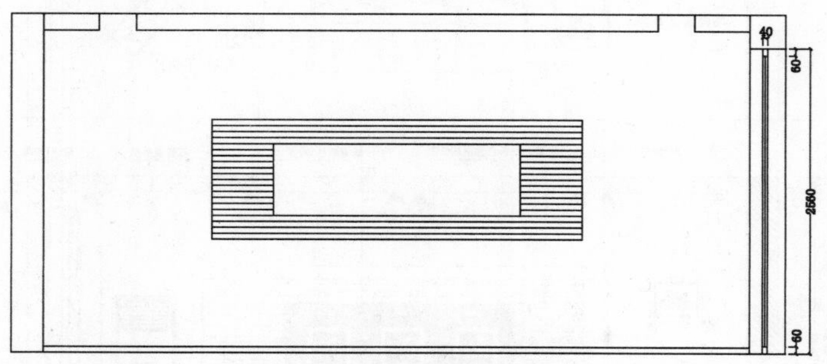

图 8-64　绘制推拉门

（9）将“家具”图层置为当前图层，执行“插入块（I）”命令，将“案例\08”文件夹下面的“立面落地灯”“立面沙发”“立面空调”“立面窗帘”“沙发背景立面装饰”和“立面筒灯”插入到立面图中合适的位置。

（10）执行“偏移（O）”命令，将下面第二根横线向上偏移 80mm；再执行“修剪

（TR）”命令，将多余的线条修剪掉，从而完成踢脚板的绘制，如图 8-65 所示。

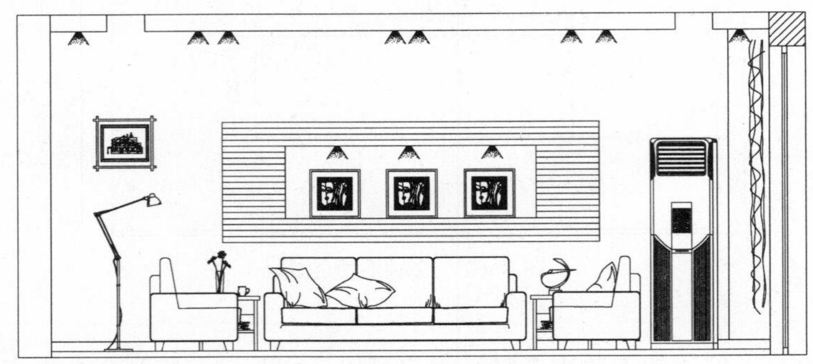

图 8-65　偏移并修剪线条

（11）将“填充”图层置为当前图层，执行“图案填充（H）”命令，对立面图的不同区域填充不同的图案，如图 8-66 所示。

图 8-66　填充图案

（12）将“文字”和“标注”图层分别置为当前图层，对立面图分别进行文字注释和尺寸标注，完成客厅沙发背景墙的绘制，效果如图 8-67 所示。

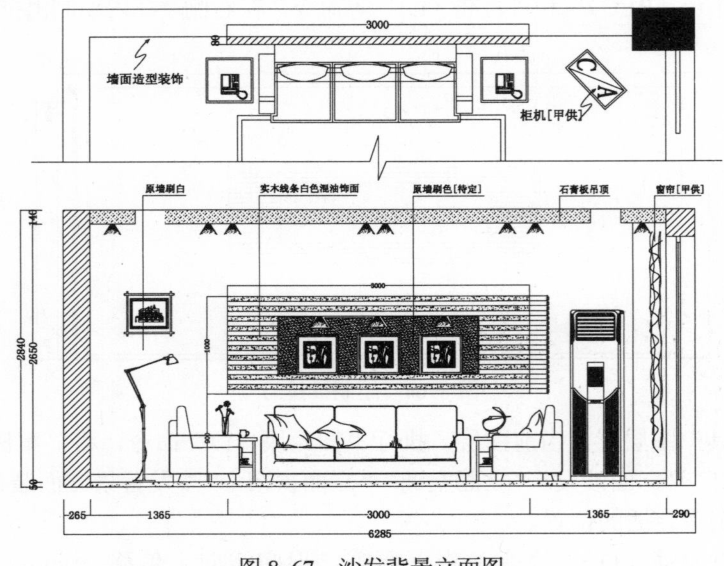

图 8-67　沙发背景立面图

（13）至此，客厅沙发背景墙立面图已经绘制完成，按〈Ctrl+S〉快捷键进行保存。

8.5.3 其他立面图效果

其他立面图的绘制方法和前面的类似，在这里不再一一讲解，用户可以参考“案例\08”文件夹下面的各立面图进行绘制，从而熟练掌握 AutoCAD 的基本操作，达到举一反三的效果，如图 8-68 所示。

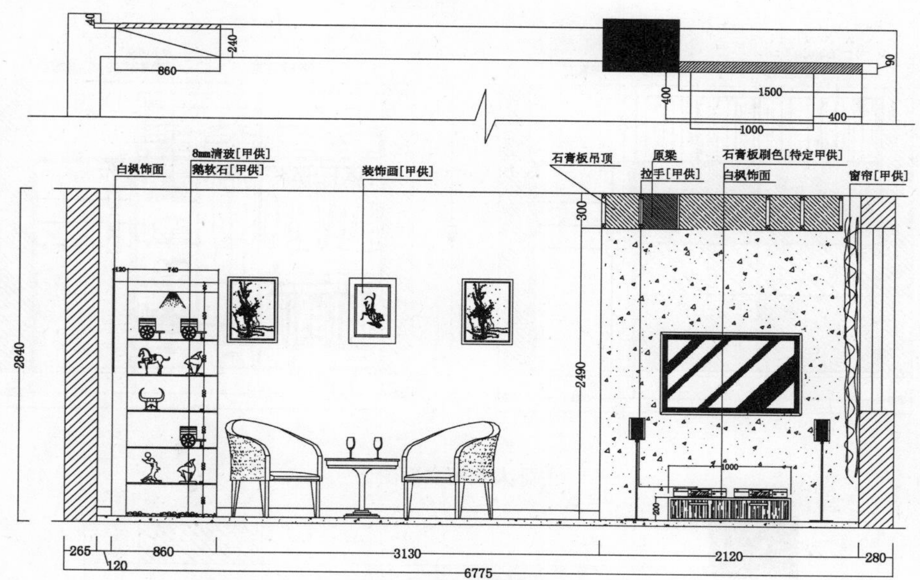

主卧电视墙立面图

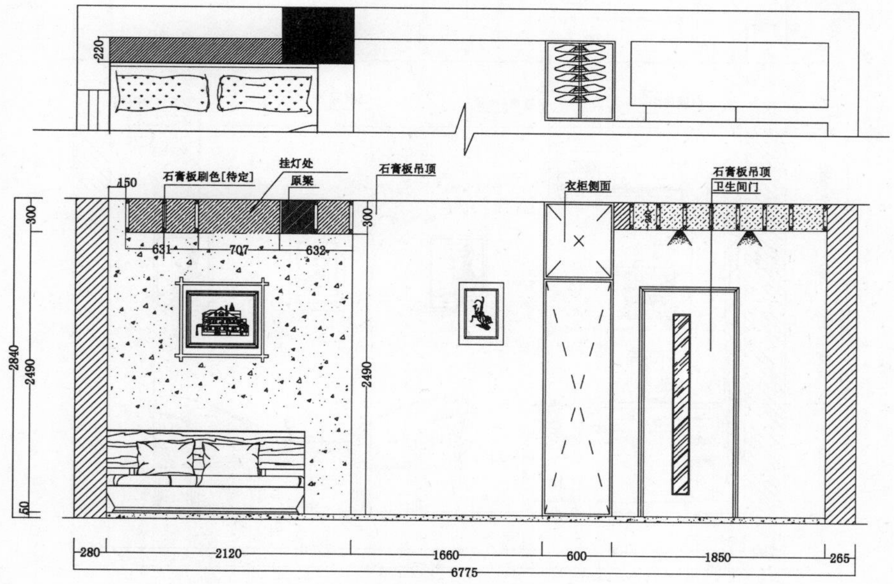

主卧床头背景立面图

图 8-68　各立面图效果

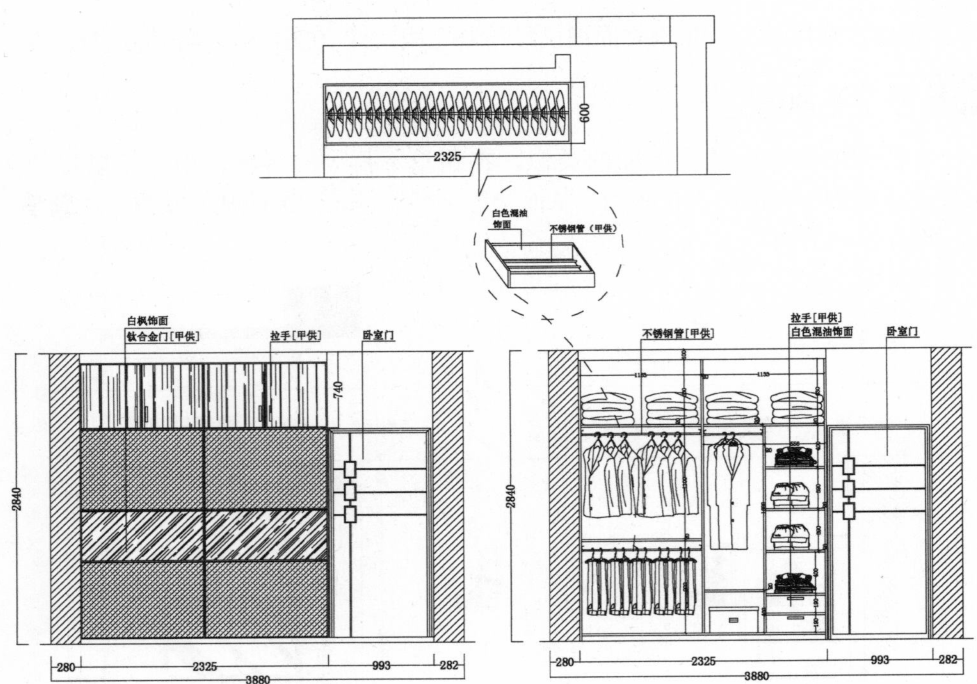

主卧大衣柜立面图

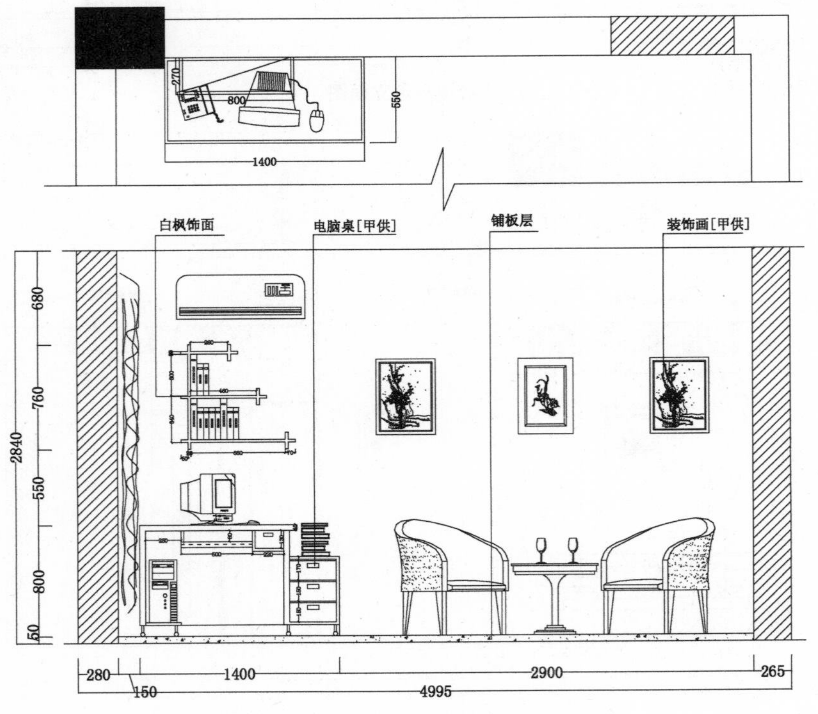

儿童房立面书桌

图 8-68　各立面图效果（续）

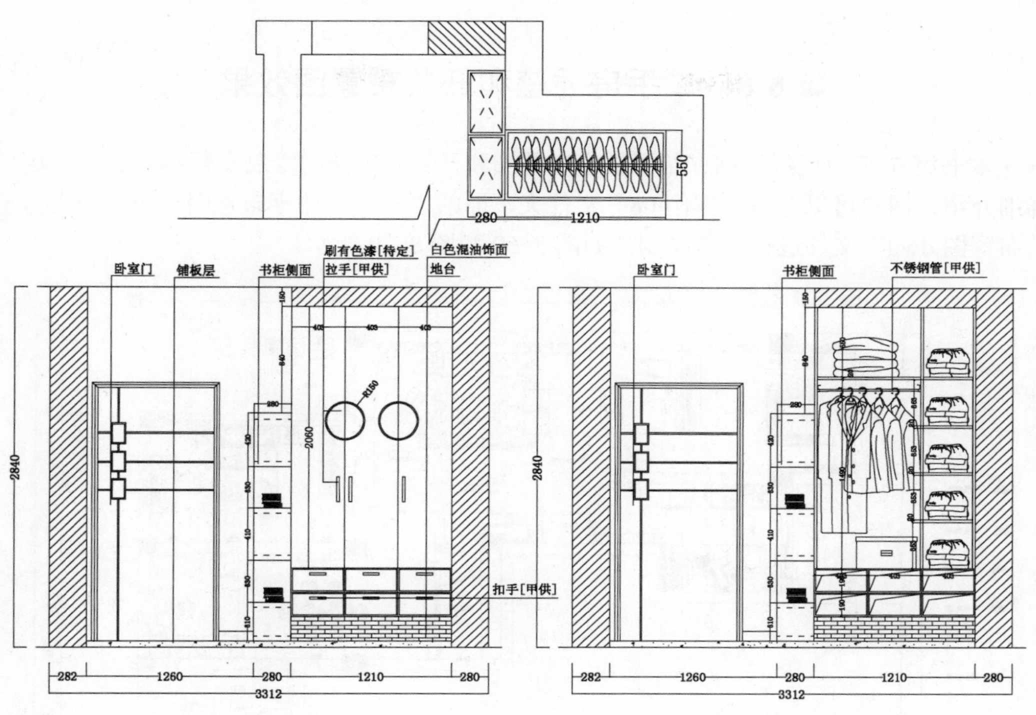

儿童房立面衣柜

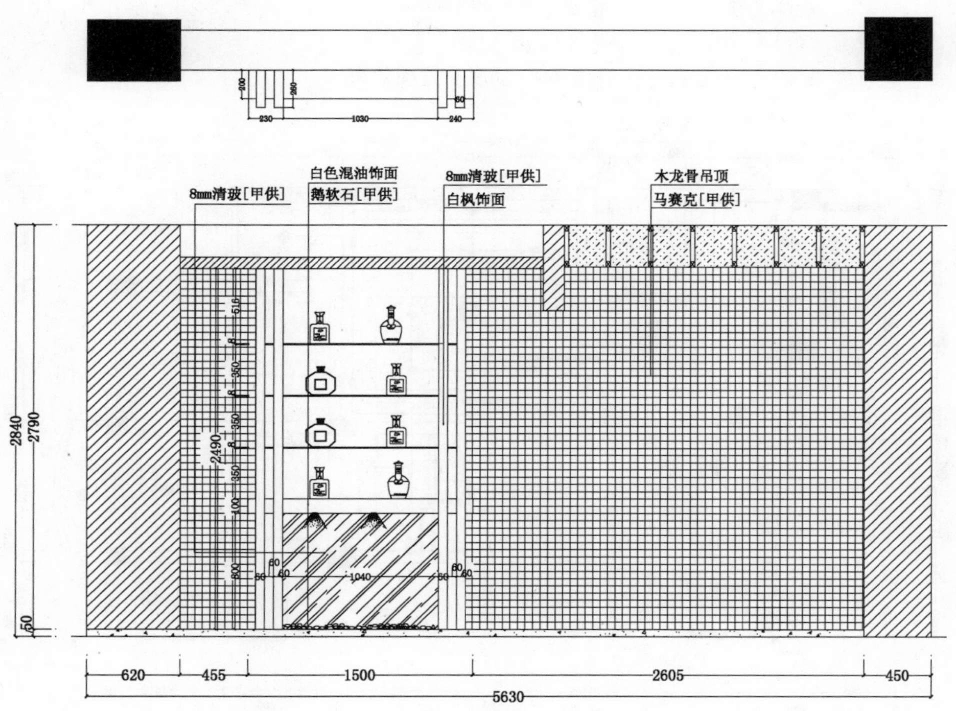

图 8-68　各立面图效果（续）

8.6 二手房插座和开关布置图效果

在本书第 7 章中已经详细介绍了插座布置图和开关布置图的绘制步骤和方法，在这里不再详细介绍，用户可以参考“案例\08”文件夹下面的“二手房插座布置图.dwg”和“二手房开关布置图.dwg”文件进行参考绘制，如图 8-69 和图 8-70 所示。

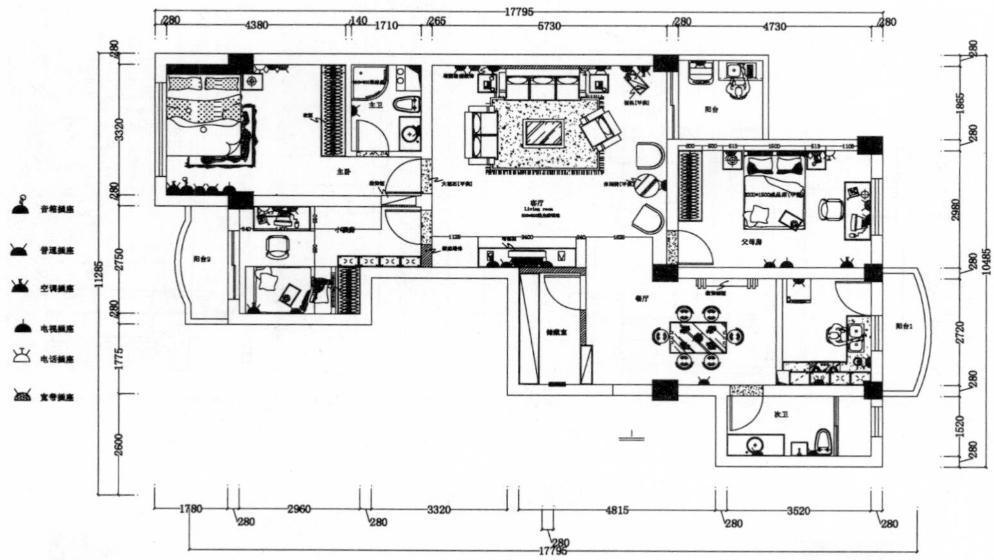

图 8-69 插座布置图效果

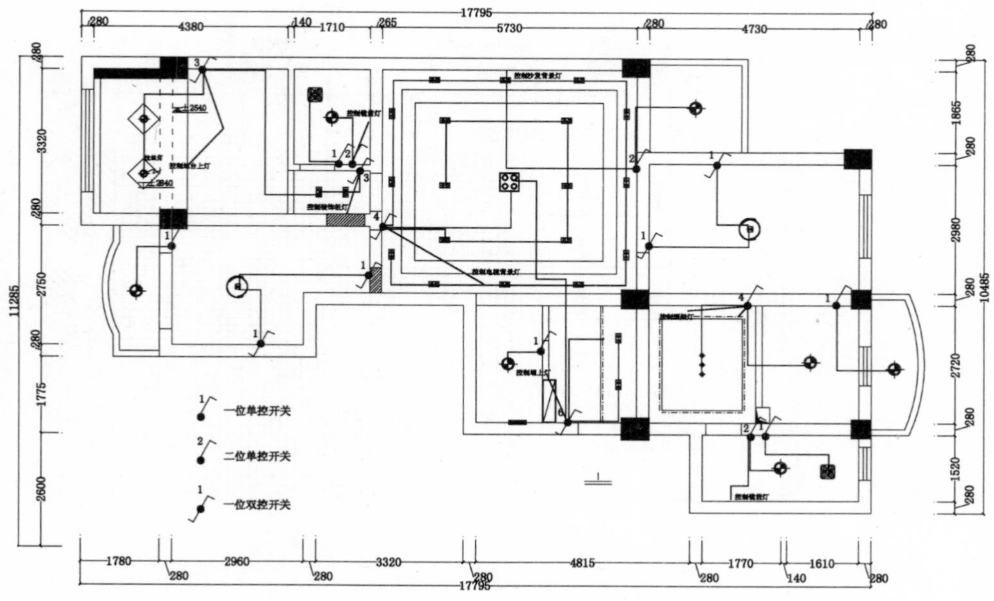

图 8-70 开关布置图效果

第9章 办公楼室内施工图的绘制

本章导读

要做好办公室装修设计，设计公司要针对办公空间的布局、通风、采光、色调设计等做好设计，这些对工作人员的精神状态及工作效率影响很大，过去陈旧的办公空间设计已不再适应新的需求。

办公楼的主体就是各个办公室、会议室和大厅。在本章中，主要针对某办公大楼施工图的绘制方法进行讲解，包括办公楼平面布置图、地面材质图、顶棚布置图等，还包括各个立面图和详图的效果预览。

主要内容

- 掌握办公楼建筑平面图的调用方法
- 掌握办公楼室内平面布置图的绘制方法
- 掌握办公楼室内地面材质图的绘制方法
- 掌握办公楼室内顶棚布置图的绘制方法
- 对办公楼各立面图和详图的绘制演练

预览效果图

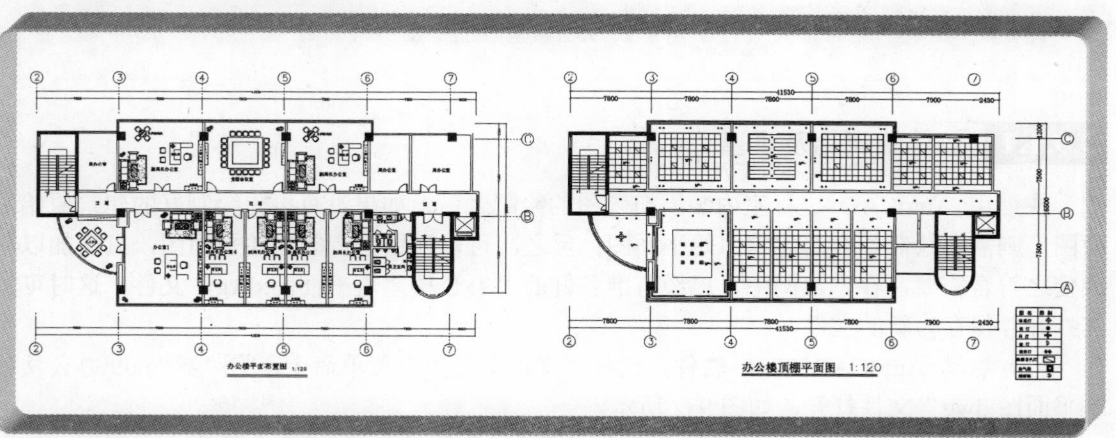

9.1 办公楼室内平面图的绘制

素材 视频\09\办公楼室内布置图绘制.avi
案例\09\办公楼室内布置图.dwg

用户在绘制办公楼室内布置图时，首先调用“办公楼建筑平面图.dwg”文件，然后再进行办公楼室内布置图的绘制。其操作步骤是先绘制“书柜”和“展示柜”等，然后直接插入家具图块，如图 9-1 所示。

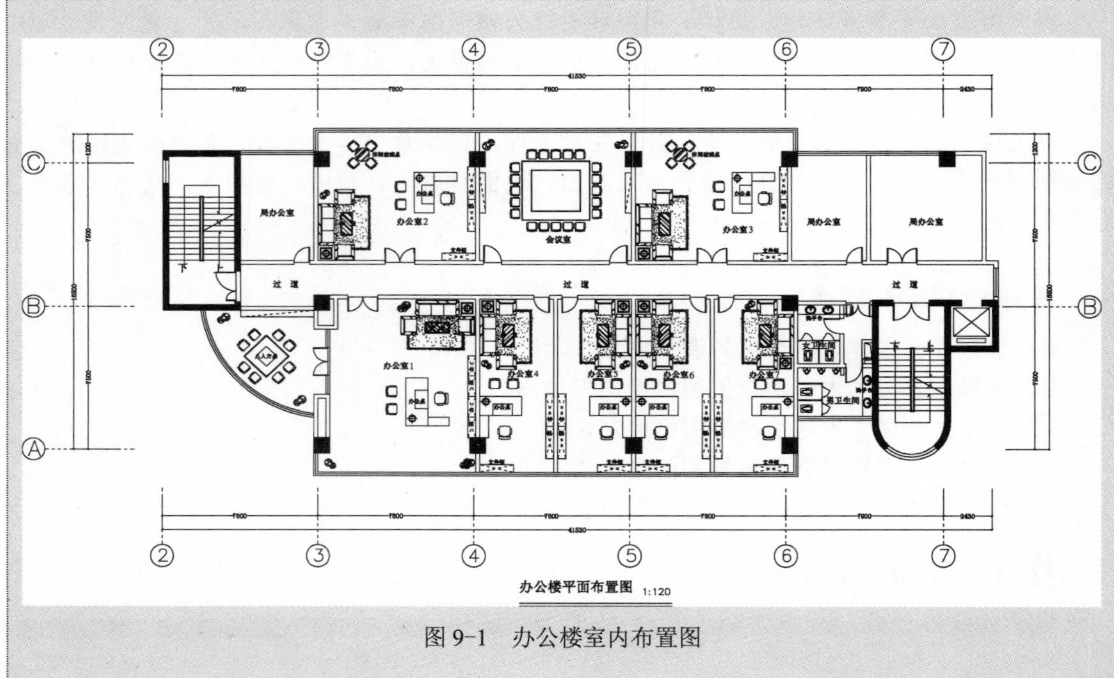

图 9-1 办公楼室内布置图

9.1.1 文件的调用及调整

在使用 AutoCAD 进行室内装潢布置图的绘制之前，如果没有事先绘制好的建筑原始平面图，则需要绘制相应的建筑原始平面图；反之，可以调用已有的原始平面图，只需加以修改使之符合需要。在本案例中，已经有准备好的“办公楼建筑平面图.dwg”文件，这时可将其打开并保存为新的文件。

（1）启动 AutoCAD 2016 软件，选择“文件 | 打开”菜单命令，将“案例\09\办公楼建筑平面图.dwg”文件打开，如图 9-2 所示。

（2）执行“文件 | 另存为”菜单命令，将其另存为“案例\09\办公楼室内布置图.dwg”文件。

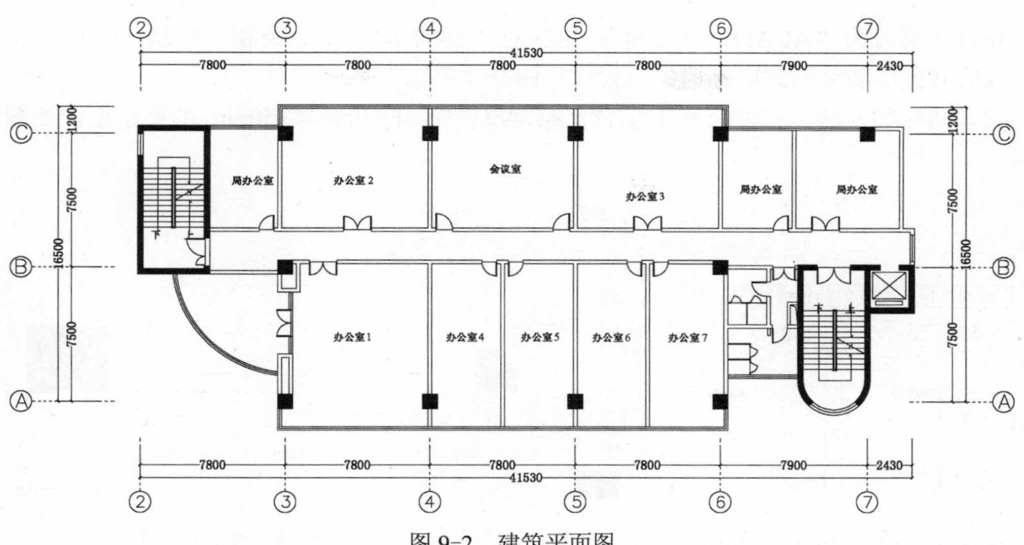

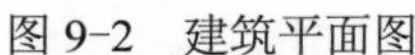
图 9-2 建筑平面图

专业技能 办公室装修注意事项

在办公室装修设计过程中，一般在图样及预算单中会涉及很多的项目，办公室装修的施工组织是多元化的，所以会有很多的重要项目牵扯在办公室装修中，但特别要注意图 9-3 所示的 4 个重要事项。

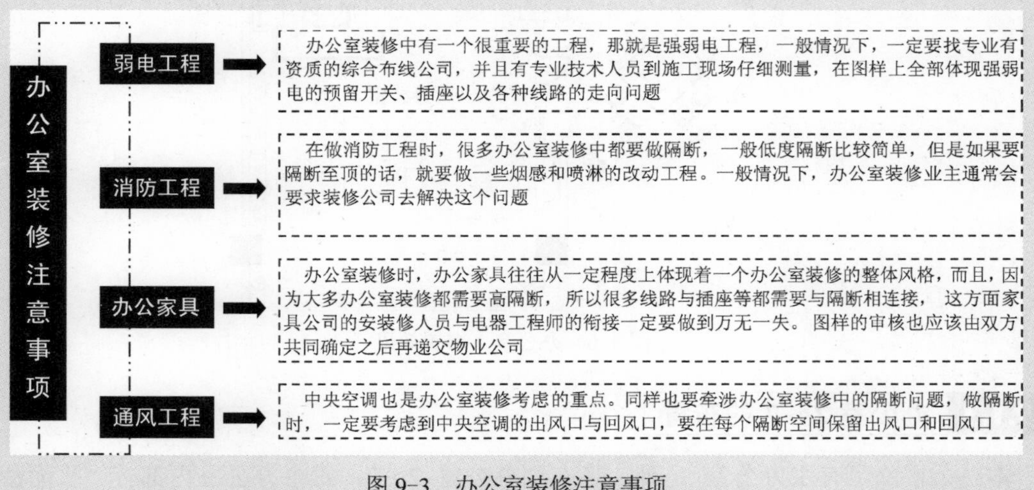

图 9-3 办公室装修注意事项

9.1.2 办公室 1 的布置

图形的左下角位置为办公室 1，该办公室内带配套有一供休息或饮食的休闲区域。在布置办公室 1 时，首先使用矩形、直线等命令绘制书柜及展示柜对象，再通过插入块的方法将平面沙发”“平面八人桌”“平面植物”和“平面办公桌”插入到图中的指定位置。

（1）首先对办公室 1 进行布置。将“家具”图层置为当前图层，执行“矩形（REC）”命令，绘制 400mm×1075mm 的矩形；再执行“直线（L）”命令，过矩形对角线绘制两条斜线，并将线型改为“ACAD...3W100”；再执行“移动（M）”命令和“复制（CO）”命令，将绘制的书柜移动复制到右侧墙体位置，如图 9-4 所示。

（2）同样的方法，在办公室 1 阳台上绘制出一个 3650mm×350mm 的展示柜，如图 9-5 所示。

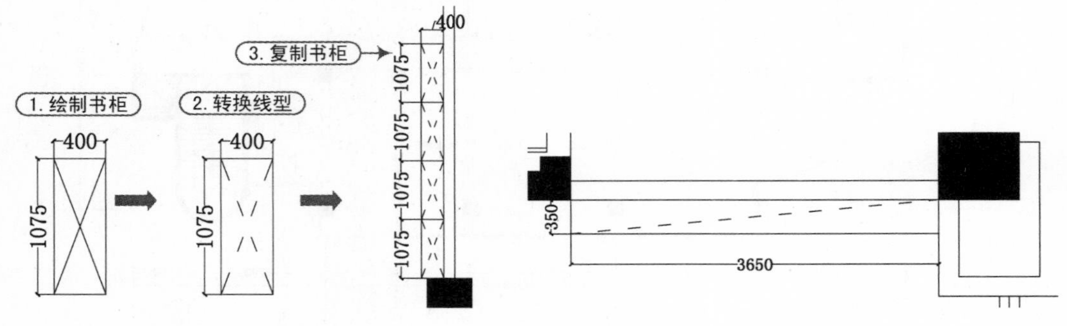

图 9-4　绘制书柜　　　　图 9-5　绘制展示柜

（3）执行“插入块（I）”命令，将“案例\09”文件夹下面的“平面沙发”“平面八人桌”“平面植物”和“平面办公桌”插入到图中的指定位置，并进行适当的调整、旋转、缩放等操作，如图 9-6 所示。

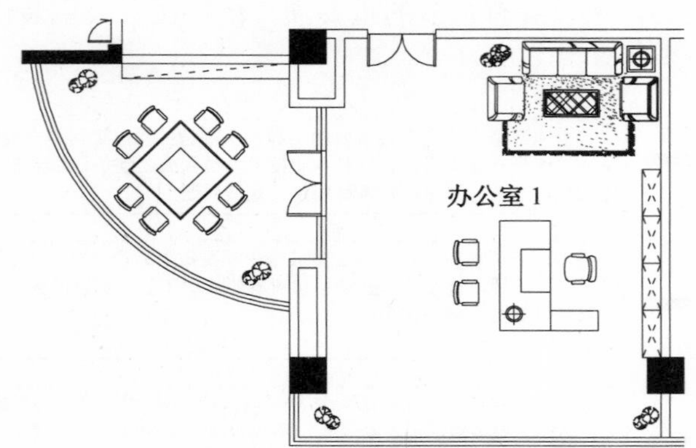

图 9-6　办公室 1 布置效果

9.1.3 办公室 2～7 的布置

本办公楼除了有主办公室 1 外，还有副办公室 2～7，每个办公室内都有“平面沙发”“平面休闲玻璃桌”、“平面植物”和“平面办公桌”等对象。首先对“办公室 2”进行布置，然后采用复制等方法来布置其他办公室。

（1）首先对“办公室 2”进行布置。执行“矩形（REC）”命令和“直线（L）”命令，绘制出图 9-7 所示的书柜。

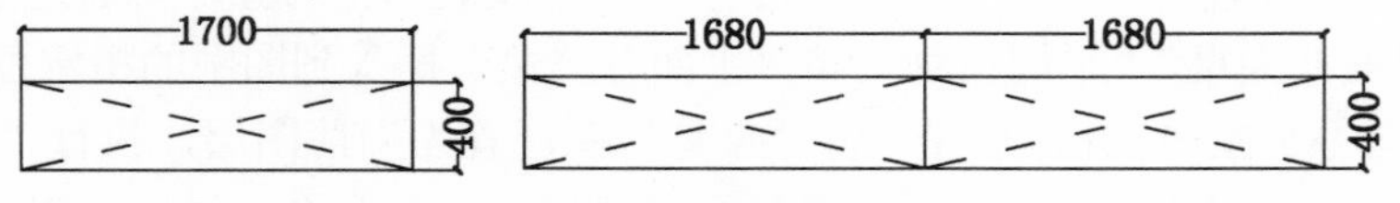

图 9-7　绘制的书柜

（2）执行“移动（M）”命令，将书柜摆放在图 9-8 所示的位置。

（3）执行“插入块（I）”命令，将“案例\09”文件夹下面的“平面沙发”“平面休闲玻璃桌”“平面植物”和“平面办公桌”插入到图中的指定位置，如图 9-9 所示。

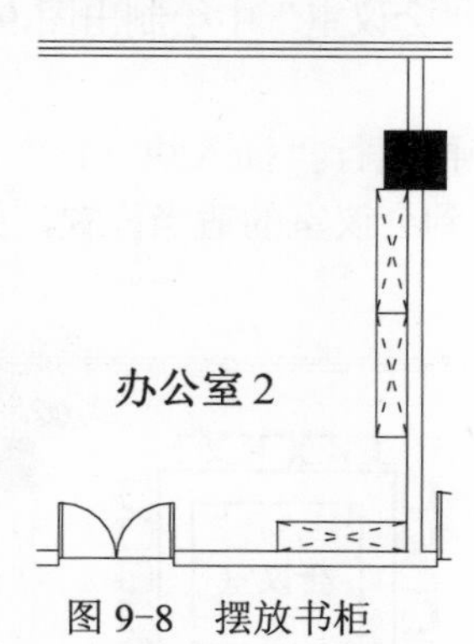

图 9-8 摆放书柜

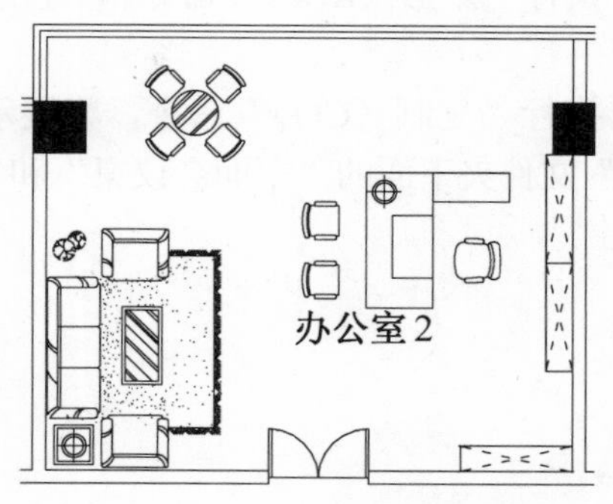

图 9-9 办公室 2 布置效果

（4）由于“办公室 3”和“办公室 2”的布置结构完全一样，所以执行“复制（CO）”命令，将“办公室 2”的布置复制到“办公室 3”，如图 9-10 所示。

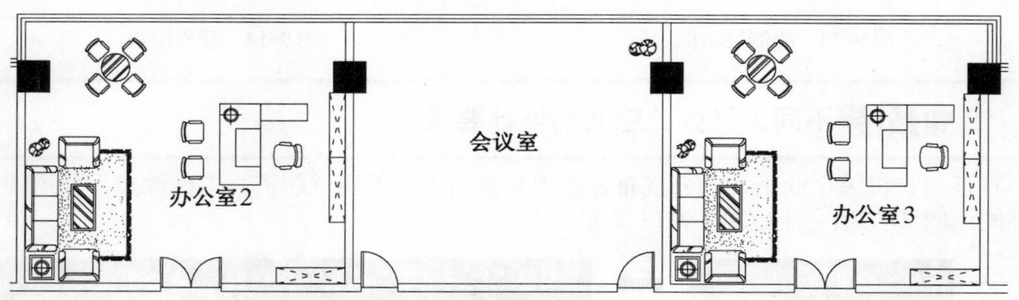

图 9-10 办公室 3 布置效果

（5）执行“复制（CO）”命令，将“办公室 2”的所有物品复制到“办公室 4”，并执行“移动（M）”和“旋转（RO）”等命令，布置出图 9-11 所示的效果。

（6）执行“镜像”命令，将“办公室 4”对象进行复制，从而绘制出“办公室 5、6、7”的布置，如图 9-12 所示。

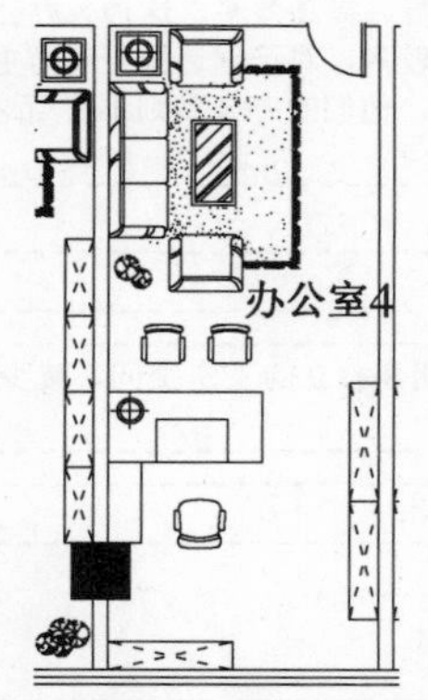

图 9-11 副局长办公室 3 布置效果

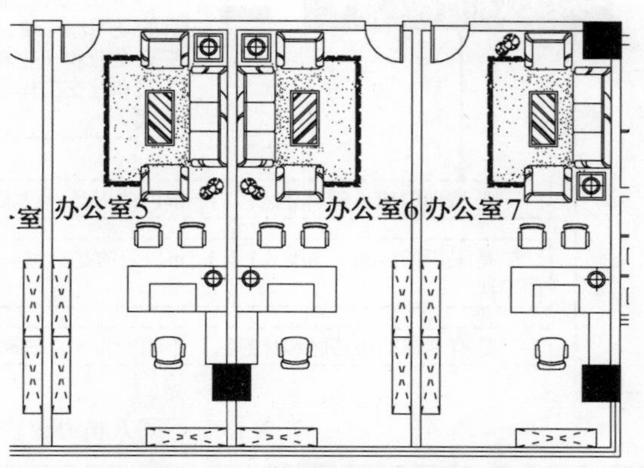

图 9-12 办公室 5/6/7 布置效果

9.1.4 会议室的布置

会议室的布置比较简单，首先绘制出文件柜，再插入会议桌及平面植物即可。

（1）执行“矩形（REC）”命令和“直线（L）”命令，在“会议室”中绘制出图 9-13 所示的展示柜。

（2）执行“复制（CO）”命令，将展示柜复制出一个；再执行“插入块（I）”命令，将“案例\09”文件夹下面的“平面会议桌”和“平面植物”插入到会议室的适当位置，如图 9-14 所示。

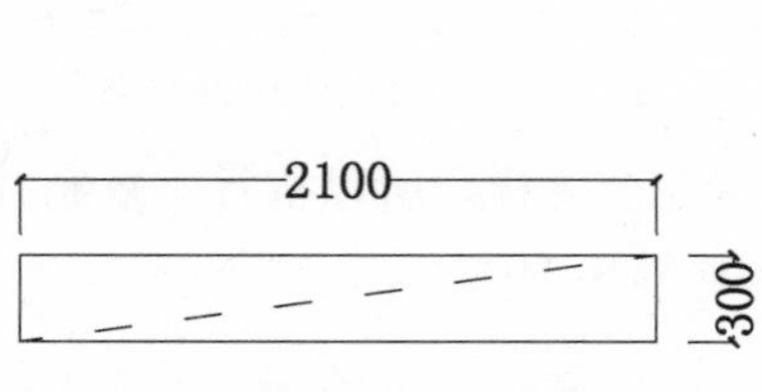

图 9-13 绘制展示柜

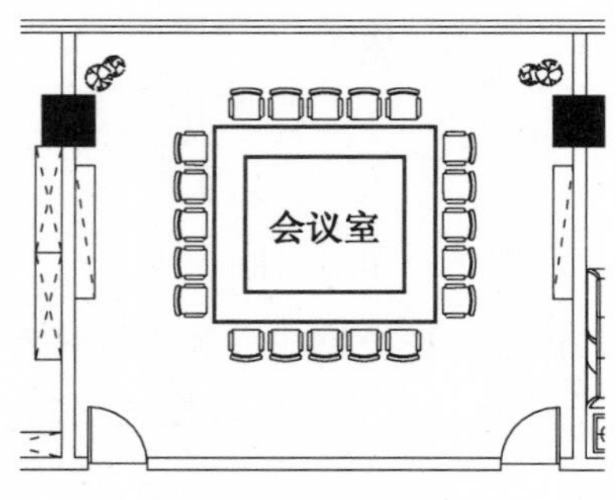

图 9-14 插入图块

专业技能 不同人员办公空间的设计要求

在任何、机关企业里，办公室布置都因其使用人员的岗位职责、工作性质、使用要求等的不同而应该有所区别，如图 9-15 所示。

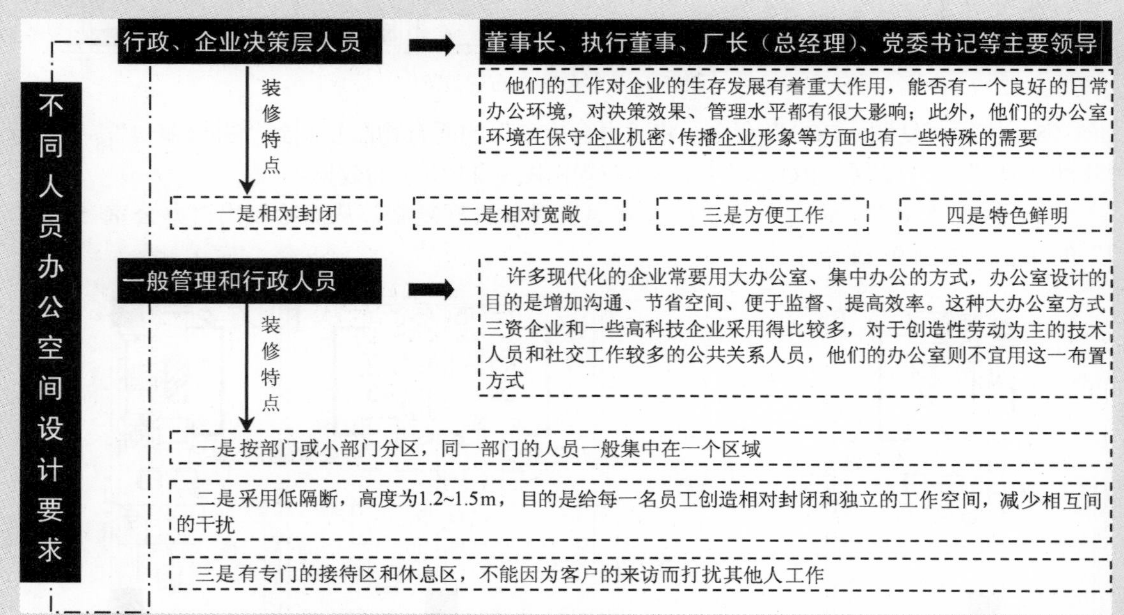

图 9-15 不同人员办公空间设计要求

9.1.5 男女卫生间的布置

在图形的右下侧旁楼梯位置处，设置有男女卫生间。在布置卫生间时，首先使用偏移、直线、修剪等命令绘制出洗手台轮廓，再分别插入相应的卫生洁具对象。

（1）执行“偏移（O）”命令，将卫生间的墙体向内偏移 500mm 的距离；再执行“修剪（TR）”命令，将多余的线条修剪掉，从而完成洗手台的绘制。

（2）执行“插入块（I）”命令，将“案例\09”文件夹下面的“平面洗手盆桌”“平面蹲便”和“平面小便池”插入到卫生间适当位置，如图 9-16 所示。

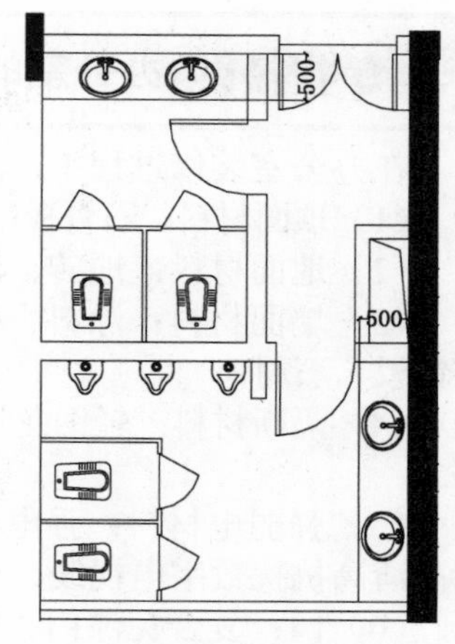

图 9-16 卫生间布置效果

局办公室为备用办公室，在此就先不进行布置，读者也可以按自己的要求进行绘制。

9.1.6 平面图文字注释

在对各个办公室进行平面布置后，即可对其进行文字注释操作。

（1）将“文字”图层置为当前图层，执行“单行文字（DT）”命令，对平面布置图进行文字注释，如图 9-17 所示。

（2）至此，办公楼室内平面图已经绘制完成，按〈Ctrl+S〉快捷键进行保存。

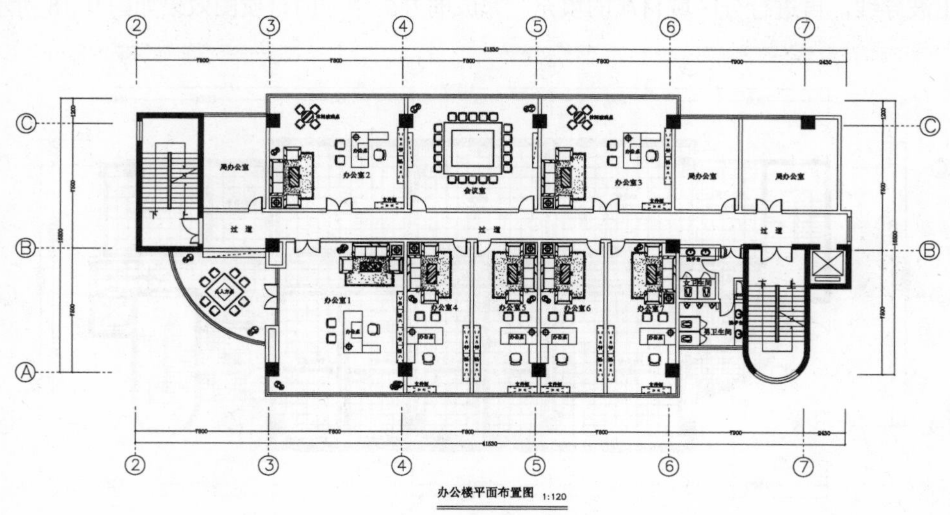

图 9-17 注释效果

在平面布置图中，其注释的文字为“宋体”，字体高度分别为 300 和 200；另外，其图名字高为 500，比例字高为 350。

专业技能 办公室的常用装修材料

在办公室装修过程中，涉及不少的装修材料，常用的装修材料如下：

（1）顶面材料：石膏板吊顶、硅钙板吊顶、矿棉吸音板吊顶、铝格栅吊顶、顶面喷涂。

（2）地面材料：地砖、地毯、地板、地胶、地坪漆、防静电地板。

（3）墙面材料：涂料、壁纸、无纺布，而局部用材包括吸音板、烤漆玻璃、铝塑板、装饰板、石材。

（4）隔断材料：轻钢龙骨石膏板隔断、不锈钢钢化玻璃隔断、双层玻璃高级隔断、移动隔断。

（5）强弱电材料：强电材料指电线、线管、开关、插座、面板、配电箱等；弱电材料指高清高抗扰数字电视线、双屏超五类网络线、四芯电话线、高保真音响线。

（6）门：复合免漆门、实木复合门、实木门、无框钢化玻璃门、有框钢化玻璃门、高隔专用门、防盗门。

（7）照明：格栅灯、吸顶灯、工矿吊灯，而局部照明包括防爆灯、筒灯、轨道灯、LED 灯带。

（8）定制家具：细木工板、多层板、集成板、各类贴面板、木方料、烤漆、三聚氢氨饰面板、亚克力板、不锈钢玻璃。

9.2 办公楼地面材质图的绘制

素材 视频\09\办公楼地面材质图绘制.avi
案例\09\办公楼地面材质图.dwg

办公楼地面材质图是在平面布置图的基础上绘制的，首先整理图形，然后根据设计需要绘制出波导线，再进行分区域材质的填充，完成的办公楼地面材质图效果如图 9-18 所示。

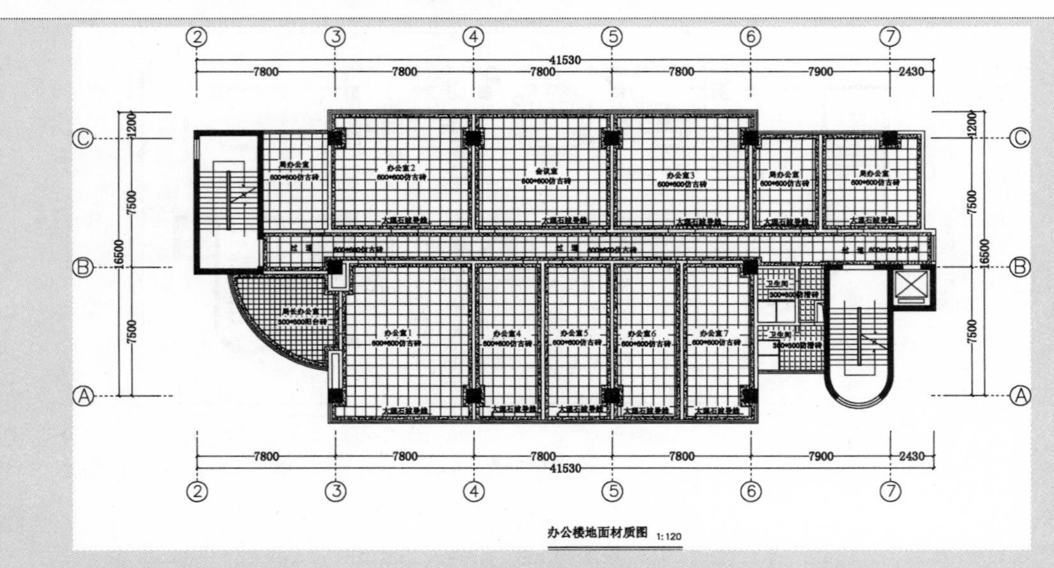

图 9-18 办公楼地面材质图效果

9.2.1 平面布置图的整理

地面材质图是在室内平面布置图的基础上来进行绘制，所以应将前面所绘制好的平面布置图文件打开，再将相关的图形对象隐藏，再删除门窗对象，最后绘制直线封闭门洞口。

（1）启动 AutoCAD 2016 软件，选择“文件｜打开”菜单命令，将“案例\09\办公楼室内平面图.dwg”文件打开；再执行“文件｜另存为”菜单命令，将其另存为“案例\09\办公楼地面材质图.dwg”文件。

（2）执行“删除（E）”命令，将所有的门、家具和图内注释文字删除，然后修改图名为“地面材质图”。再执行“直线（L）”命令，将所有的洞口封闭起来，如图 9-19 所示。

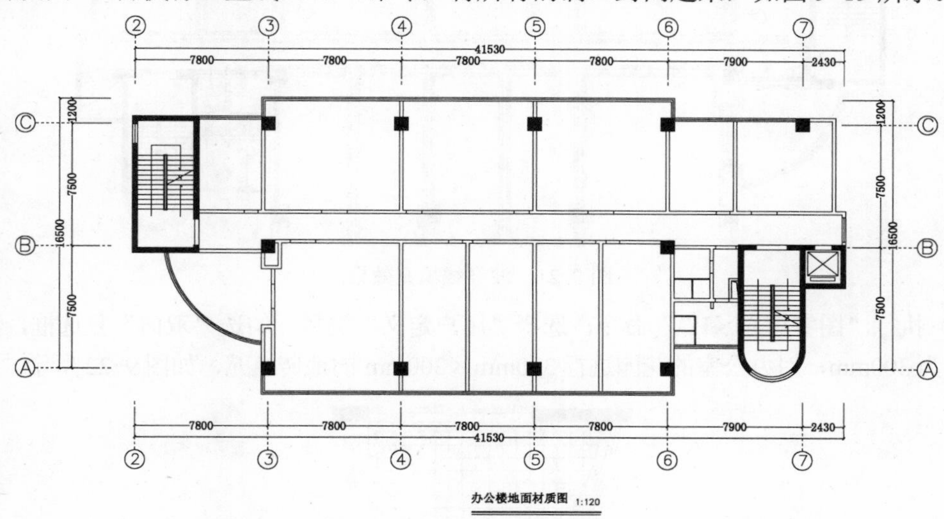

图 9-19　密封门洞

9.2.2 地面材质的铺贴

办公楼的地面材料大都采用 600mm×600mm 的地砖铺贴，卫生间采用 300mm×300mm 的防滑砖进行铺贴。

（1）将“填充”图层置为当前图层。执行“偏移（O）”命令，将相应房间和过道的内墙体线向内偏移 200mm 的距离；再执行“修剪（TR）”命令，将多余的线条修剪掉，从而形成波导线的轮廓，如图 9-20 所示。

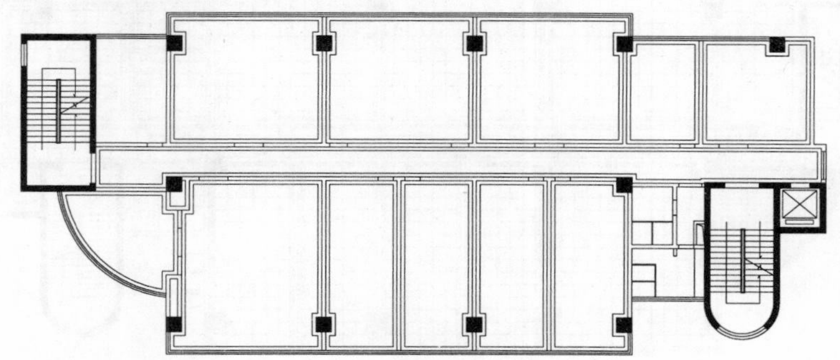

图 9-20　波导线轮廓

提示　由于本实例波导线的宽度都为 200mm，所以可以执行“创建边界（BO）”命令，将每个空间封闭；再执行偏移操作。

（2）将“填充”图层置为当前图层，执行“图案填充（H）”命令，选择“AR-CONC”图案，比例为 1.5，对波导线进行填充操作，如图 9-21 所示。

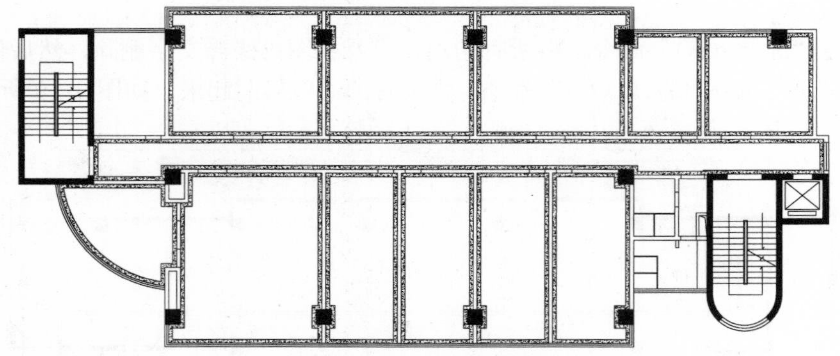

图 9-21　波导线填充效果

（3）执行“图案填充（H）”命令，选择“用户定义”类型，勾选“双向”复选框，再设置“间距”为 300mm，对办公室的花园进行 300mm×300mm 的地砖填充，如图 9-22 所示。

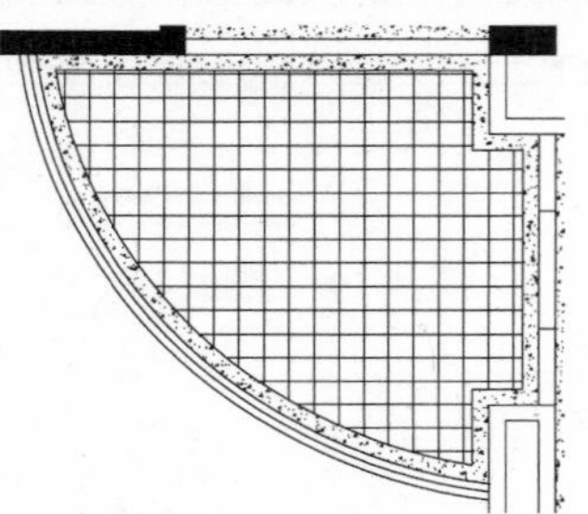

图 9-22　花园填充效果

（4）执行“图案填充（H）”命令，同样对其他所有办公室进行 600mm×600mm 的地砖填充，如图 9-23 所示。

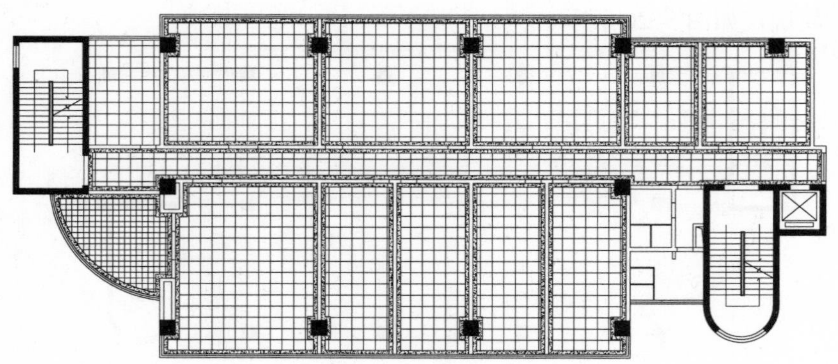

图 9-23　各办公室填充效果

（5）执行“图案填充（H）”命令，选择“预定义”类型，选择“ANGLE”图案，设置比例为 43，对卫生间进行 300mm×300mm 的防滑砖填充，如图 9-24 所示。

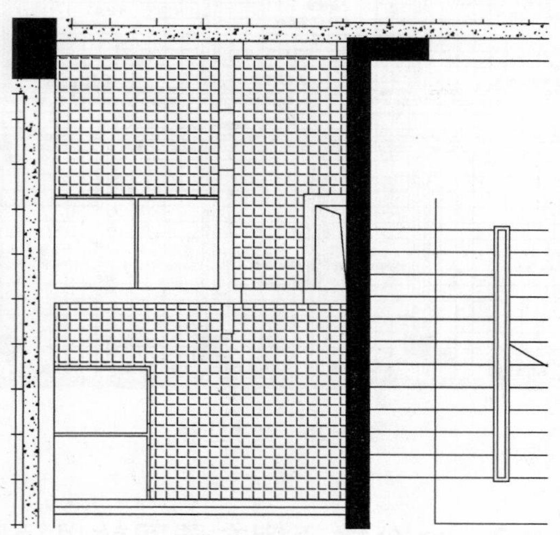

图 9-24　卫生间填充效果

防滑砖图案一般选择系统自带的“ANGLE”图案，当填充比例设置为 1 时，其图案间距为 7mm，那么填充 300mm×300 mm 的防滑砖时，应按照 43（300÷7≈43）的比例进行填充。

专业技能 如何选择办公室瓷砖

在购买办公室装修瓷砖时，不能过分强调效果而忽视实际的要求。

（1）对瓷砖规格不能一味求大，而忽视使用空间的大小。

（2）无缝砖留缝的大小一般来说应该在 1～1.5mm 左右，不低于 1mm，可以以气钉来作为参照物。

（3）无缝砖不能不留缝或留缝过小。

（4）特殊效果也可以将缝隙加宽，如 5mm 等。

（5）不能照搬样板或者图片效果，忽视整体的风格和实际情况。

（6）不能忽视产品的性能，不按规定使用铺贴。

9.2.3 地面材质图文字注释

在对整个办公楼的地面材质进行铺贴过后，应使用文字对其材质的尺寸规格、名称等进行标注说明。

（1）将“文字”图层置为当前图层。执行“单行文字（DT）”命令和“引线（LE）”命令，对平面布置图进行文字注释，其文字的高度为 300mm，如图 9-25 所示。

（2）至此，办公楼地面材质图的绘制完成，按〈Ctrl+S〉快捷键进行保存。

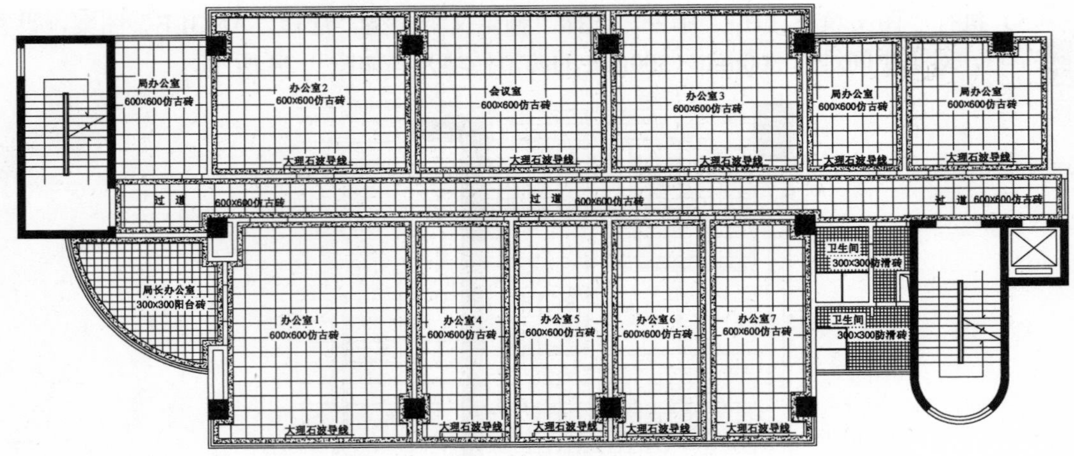

图 9-25　文字注释

↘ 9.3　办公楼顶棚布置图效果预览

素材　案例\09\办公楼顶棚布置图.dwg

由于本实例比较简单，可参照第 7 章和第 8 章的“顶棚布置图”详解，在这里不再介绍。读者可以打开“案例\09\办公楼顶棚布置图.dwg”进行操作练习，如图 9-26 所示。

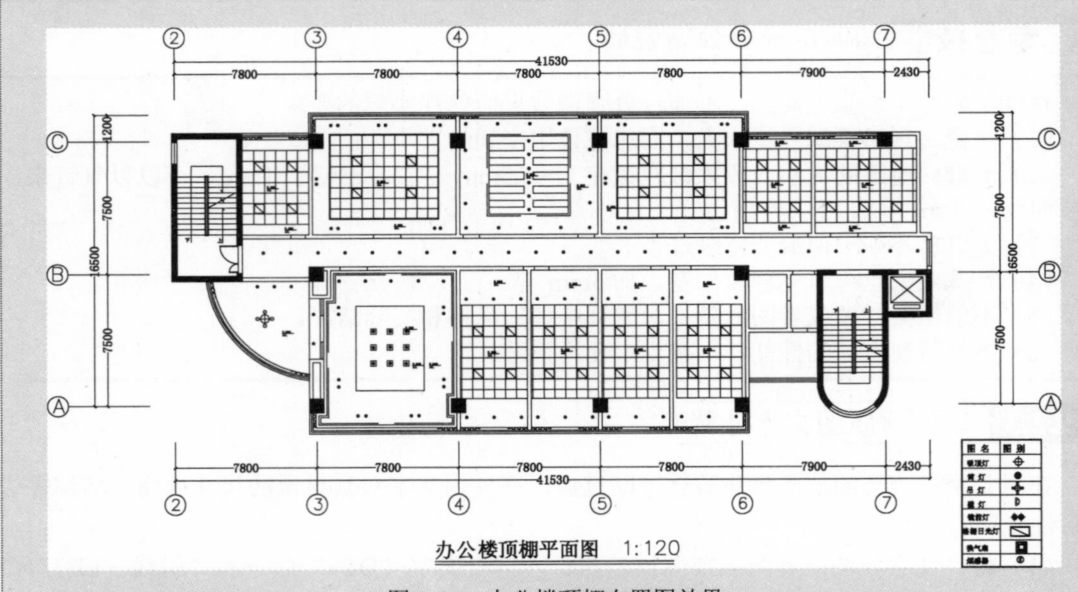

图 9-26　办公楼顶棚布置图效果

专业技能 办公室装修照明设计要点

在进行办公室装修的照明设计时，应着重从图 9-27 所示的要点来进行综合考虑设计。

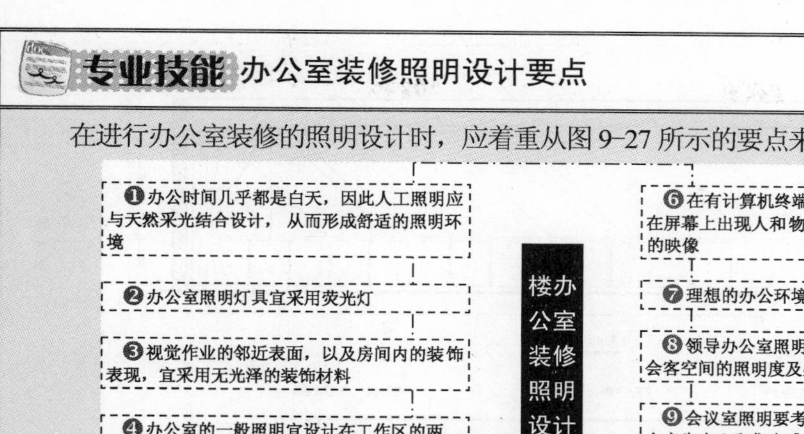

办公楼室装修照明设计要点
❶办公时间几乎都是白天，因此人工照明应与天然采光结合设计，从而形成舒适的照明环境
❷办公室照明灯具宜采用荧光灯
❸视觉作业的邻近表面，以及房间内的装饰表现，宜采用无光泽的装饰材料
❹办公室的一般照明宜设计在工作区的两侧，采用荧光灯时宜使灯具纵轴与水平视线平行，不宜将灯具布置在工作位置的正前方
❺难于确定工作位置时，可选用发光面积大，亮度低的双向蝙蝠翼式配光灯具
❻在有计算机终端设备的办公用房，应避免在屏幕上出现人和物（如灯具、家具、窗等）的映像
❼理想的办公环境及避免光反射
❽领导办公室照明要考虑写字台的照明度、会客空间的照明度及必要的电气设备
❾会议室照明要考虑会议桌上方的照明，使人产生中心和集中感觉；照明度要合适，周围加设辅助照明设施
❿以集会为主的礼堂舞台区照明，可采用顶灯配以台前安装的辅助照明方式，并使平均垂直照度不小于 300LX

图 9-27　办公室装修照明设计要点

9.4　办公楼各立面图和详图

本节列出了整套办公楼各立面图与局部大样图，如图 9-28～图 9-33 所示。由于篇幅有限，在此就不再一一进行讲解，读者可以参考“案例\09”文件夹下面的“办公楼立面图和详图.dwg”进行操作练习。

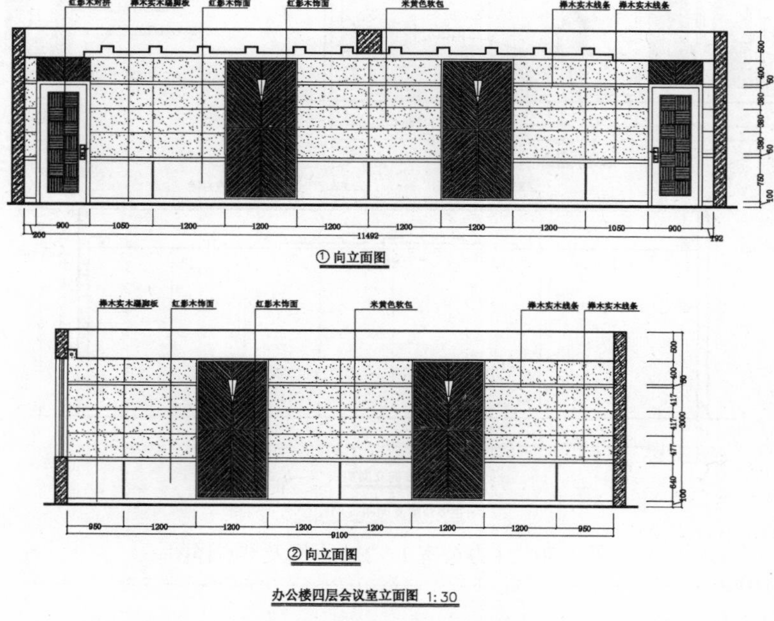

①向立面图
②向立面图
办公楼四层会议室立面图 1:30

图 9-28　会议室 1-2 立面图

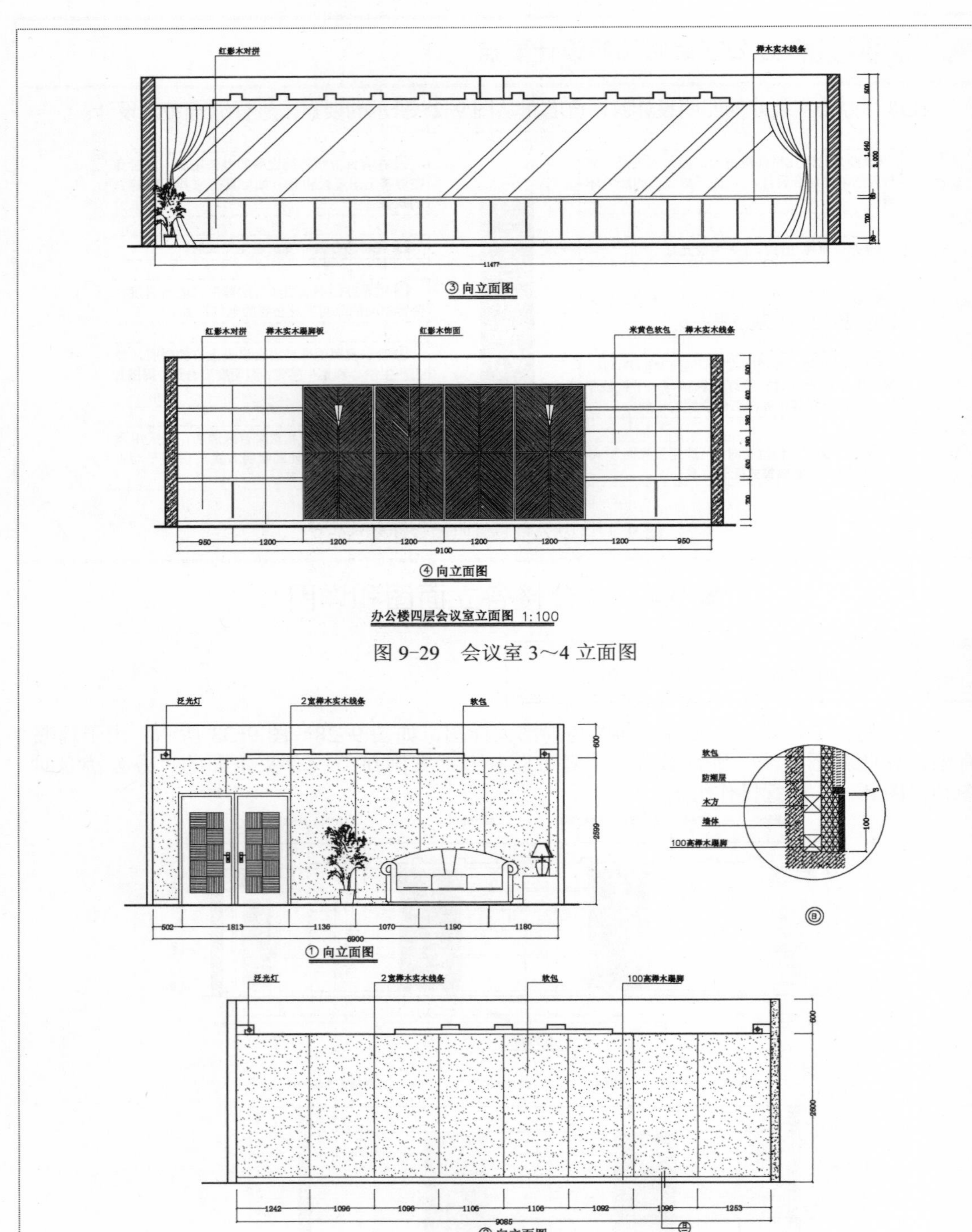

图 9-29 会议室 3～4 立面图

图 9-30 主办公室 1～2 立面图及节点详图

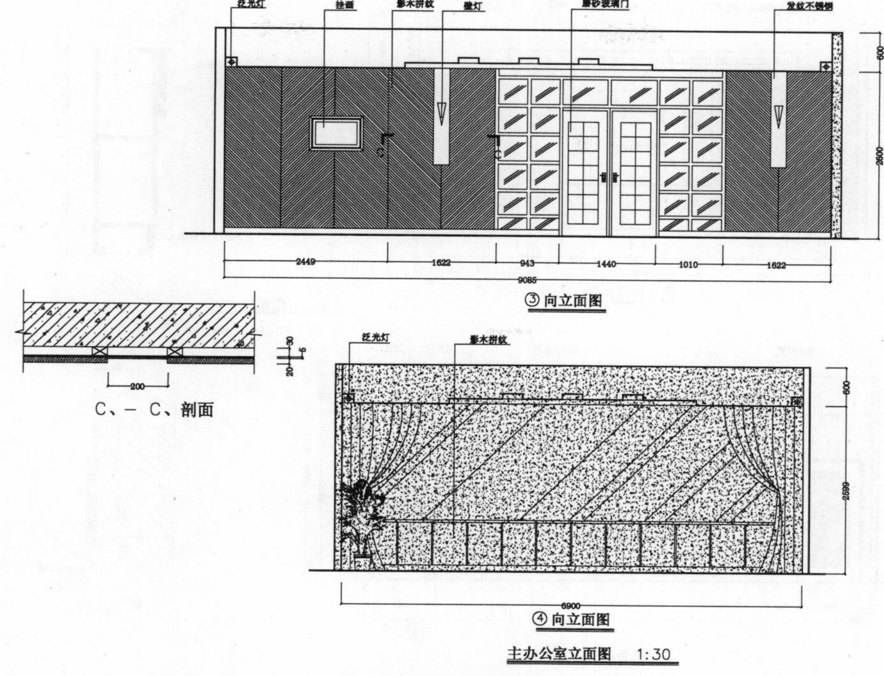

图 9-31　主办公室 3～4 立面图及节点详图

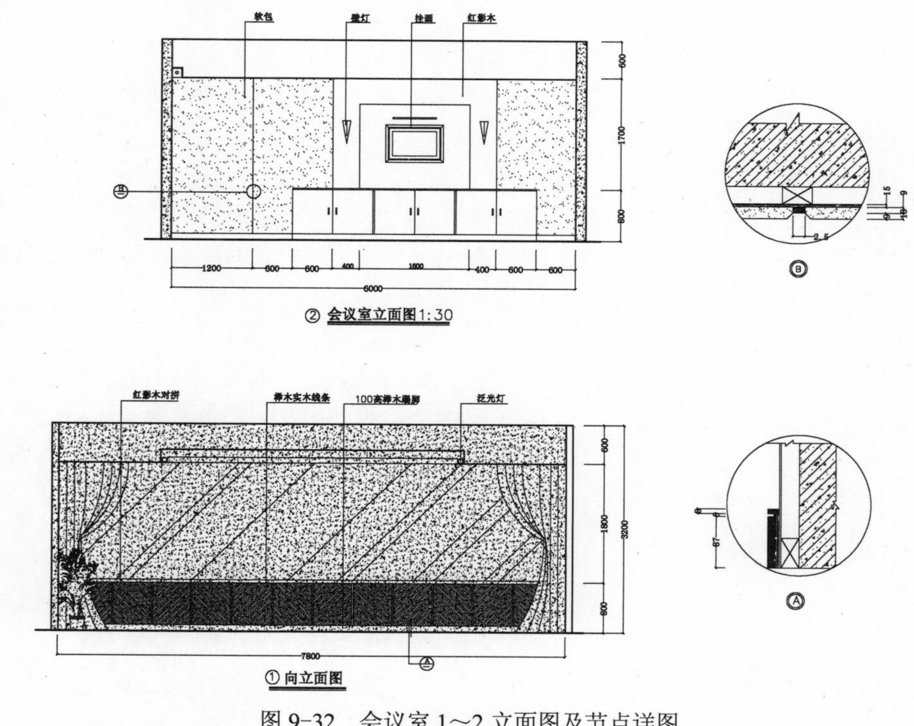

图 9-32　会议室 1～2 立面图及节点详图

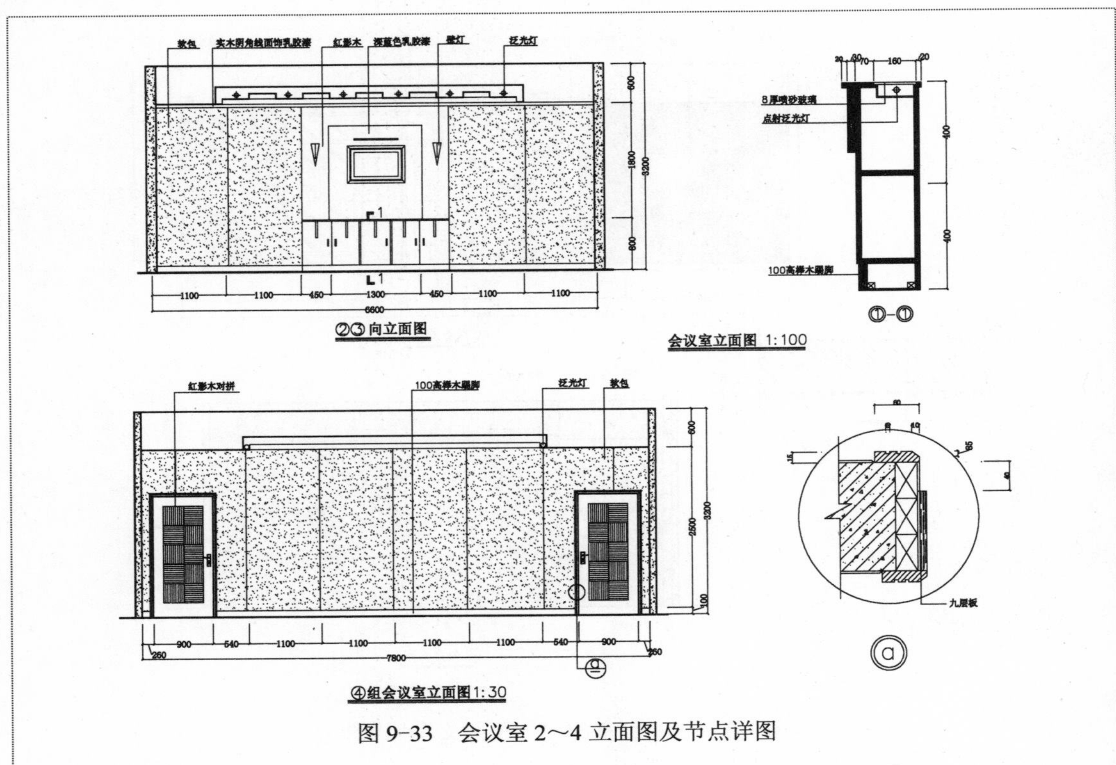

图 9-33　会议室 2～4 立面图及节点详图

第10章 电信营业厅装潢施工图的绘制

本章导读

电信营业厅是一个给广大通信用户提供服务的公共场所，涉及费用查询、业务办理、人性服务、特色功能等综合服务，那么在进行营业厅的装修时，就既要充分体现公共场所的特性，又要做到电信营业厅的特有配置及装饰设计。

本章主要介绍了电信营业厅建筑平面图、平面布置图、顶棚布置图、门外立面图、背景展开图、台阶剖面图、花槽剖面图及营业经理室高柜立面图的绘制方法。

主要内容

- 掌握电信营业厅建筑平面图的绘制
- 掌握电信营业厅平面布置图的绘制
- 掌握电信营业厅顶棚布置图的绘制
- 掌握电信营业厅门外立面图的绘制
- 掌握营业厅背景面展开图的绘制
- 掌握台阶剖面图的绘制
- 花槽剖面图和营业经理室高柜立面图的效果预览

预览效果图

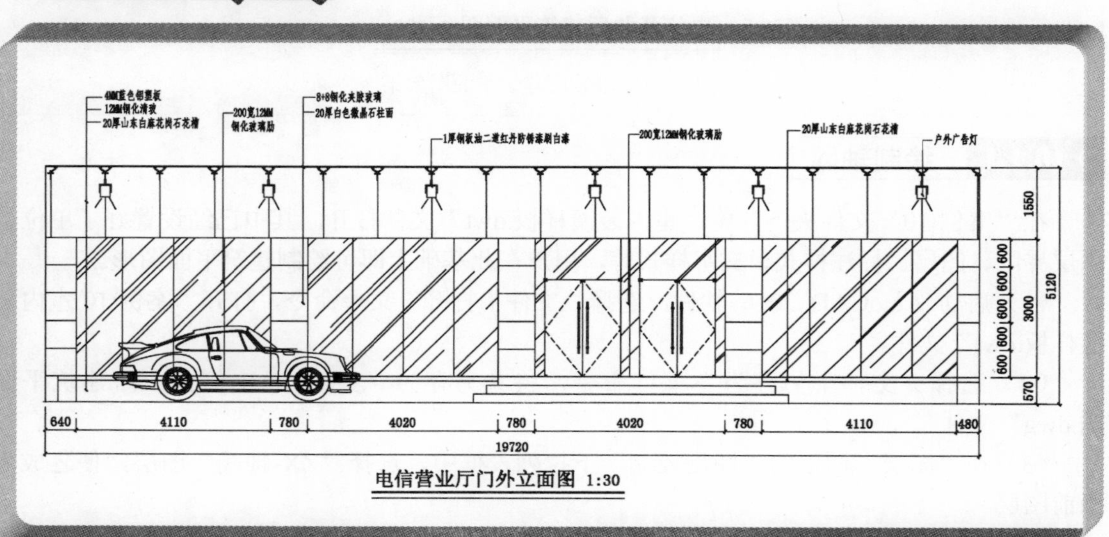

电信营业厅门外立面图 1:30

10.1 电信营业厅建筑平面图的绘制

素材 视频\10\电信营业厅建筑平面图的绘制.avi
案例\10\电信营业厅建筑平面图.dwg

用户在绘制电信营业厅建筑平面图时，首先设置绘图环境，包括图形界限的设置、图层设置、文字和标注样式的设置等；再根据要求来绘制轴网对象，并进行修剪；接着设置多线样式来绘制墙体对象；然后根据图形的要求来开启门窗洞口，以及绘制并调用门窗对象，安装至相应的位置；最后对其进行文字、尺寸、图名、比例的标注操作。其最终的建筑平面图效果如图 10-1 所示。

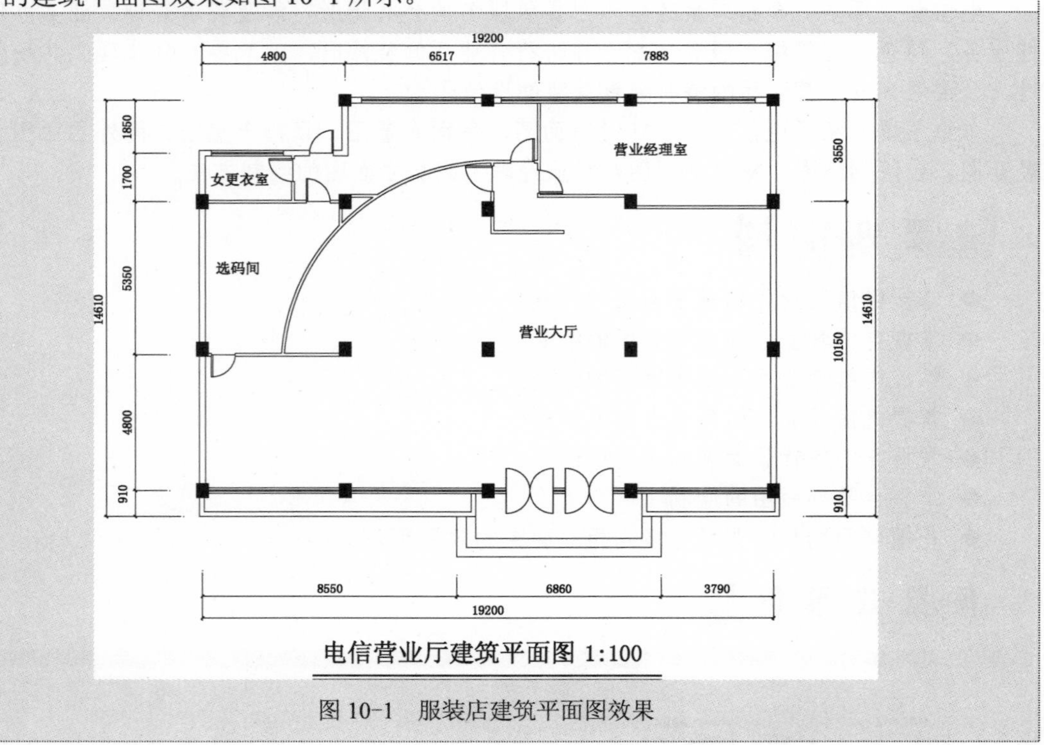

图 10-1　服装店建筑平面图效果

10.1.1 绘制轴网

在“案例\10”文件夹下，将“室内装潢样板.dwt”文件打开，其中已经设置好了单位、图层界限、图层、标注样式、文字样式等，用户在此基础上即可绘制建筑平面图形。

（1）启动 AutoCAD 2016 软件，选择“文件 | 打开”菜单命令，打开“案例\10\室内装潢样板.dwt”文件。

（2）选择“文件 | 另存为”菜单命令，将其另存为“案例\10\电信营业厅建筑平面图.dwg”文件。

（3）在“图层”面板的“图层控制”下拉列表框中，选择“ZX-轴线”图层，使之成为当前图层。

（4）执行“构造线（XL）”命令，分别绘制水平和垂直的轴线，再通过执行“偏移

（O）”命令，绘制图 10-2 所示建筑轴网。

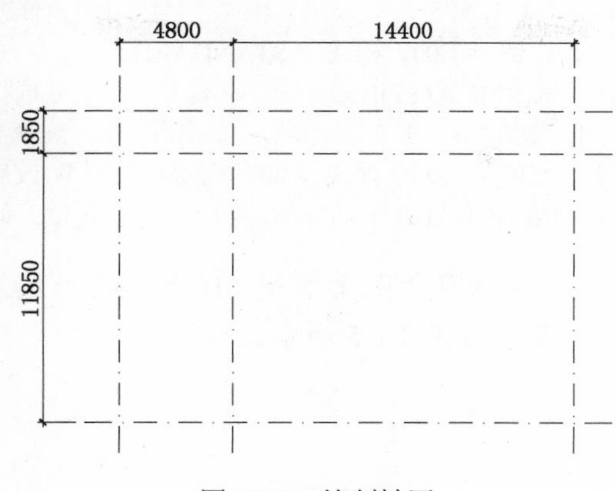

图 10-2　绘制轴网

10.1.2 绘制墙体

根据本建筑平面图的要求，其墙体宽度为 200mm。首先应该设置多线样式，然后通过多线命令来绘制墙体。

（1）选择“格式｜多线样式”菜单命令，根据前面创建多线的方法，新建“200”的多线样式，设置图元的偏移为 100 和-100，如图 10-3 所示。

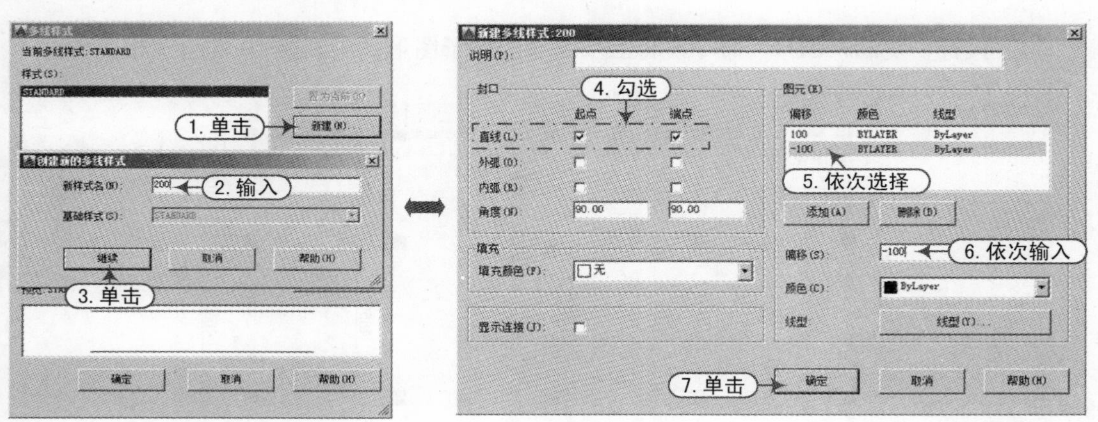

图 10-3　新建多线样式

（2）将“QT-墙体”图层置为当前图层，执行“多线（ML）”命令，根据如下命令提示设置“200”的多线样式，然后捕捉相应的轴线交点来绘制 200mm 宽的双线墙体，如图 10-4 所示。

```
命令: MLINE                                            \\ 多线命令
当前设置: 对正 = 上，比例 = 20.00，样式 = STANDARD      \\ 当前设置
指定起点或 [对正(J)/比例(S)/样式(ST)]:  j               \\ 选择“对正”项
输入对正类型 [上(T)/无(Z)/下(B)] <上>:  z               \\ 修改对正为“无”
当前设置: 对正 = 无，比例 = 20.00，样式 = STANDARD
```

```
指定起点或 [对正(J)/比例(S)/样式(ST)]:  s                      \\ 选择"比例"项
输入多线比例 <20.00>:  1                                       \\ 修改比例为 1
当前设置: 对正 = 无, 比例 = 1.00, 样式 = STANDARD
指定起点或 [对正(J)/比例(S)/样式(ST)]:  st                     \\ 选择"样式"项
输入多线样式名或 [?]:  200                                     \\ 输入创建的样式名"200"
当前设置: 对正 = 无, 比例 = 1.00, 样式 = 200                    \\ 改后设置后
指定起点或 [对正(J)/比例(S)/样式(ST)]:                          \\ 开始捕捉点绘制墙体
```

（3）执行"矩形（REC）"命令和"图案填充（H）"命令，绘制矩形且选择"SOLID"的填充样式对矩形填充柱子效果，如图 10-5 所示。

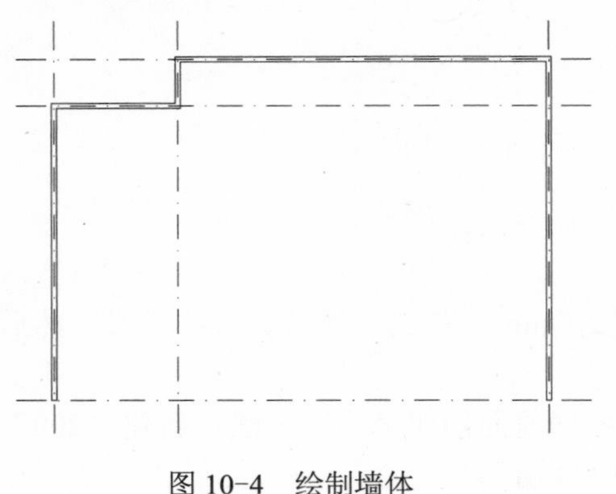

图 10-4　绘制墙体

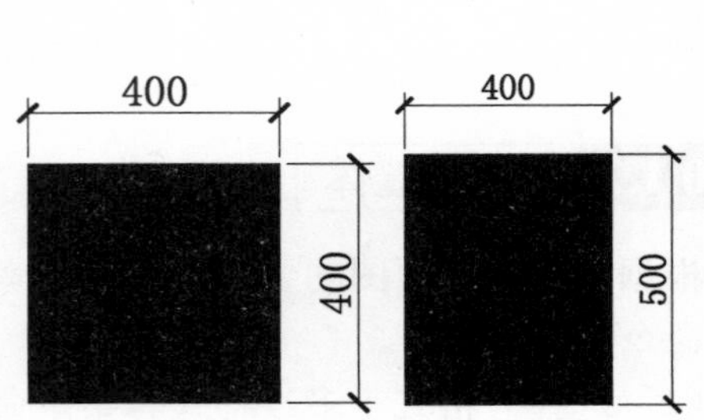

图 10-5　绘制柱子并填充

（4）执行"复制（CO）"命令，将上步绘制的柱子图形复制到图 10-6 所示相应位置。

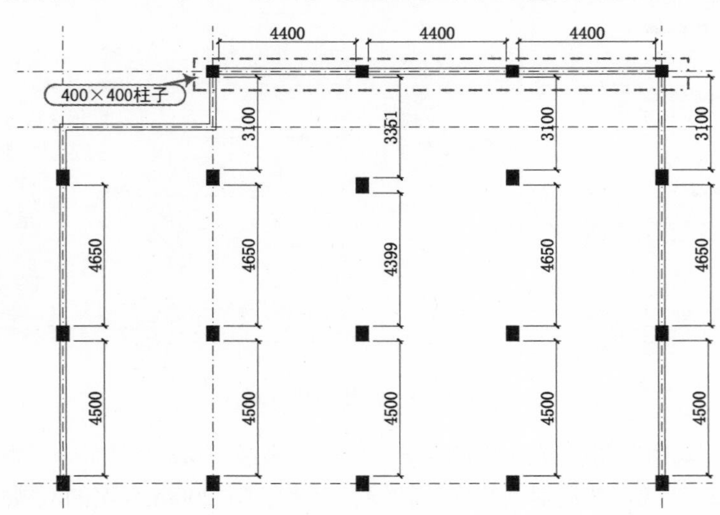

图 10-6　布置柱子

（5）选择"格式｜多线样式"菜单命令，新建"C200"的多线样式，设置图元的偏移为 100mm、20mm、-20mm 和-100mm，如图 10-7 所示。

（6）再将"C-窗"图层置为当前图层，同样执行"多线（ML）"命令，选择"C200"的多线样式，按图 10-8 所示来绘制窗轮廓。

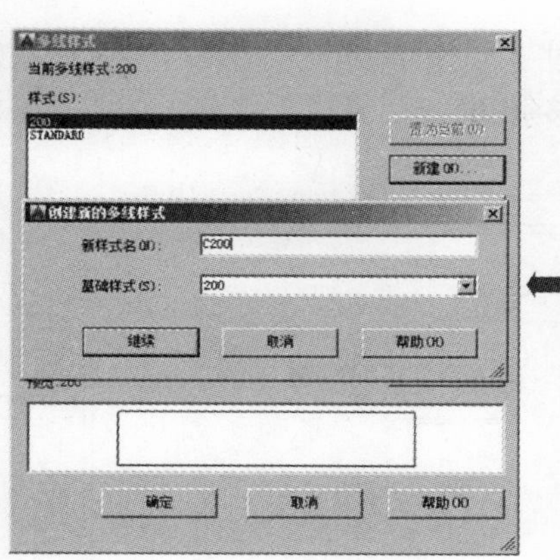
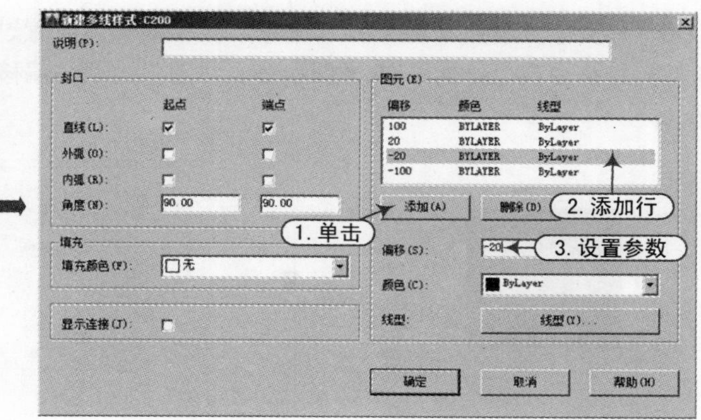

图 10-7 新建多线样式

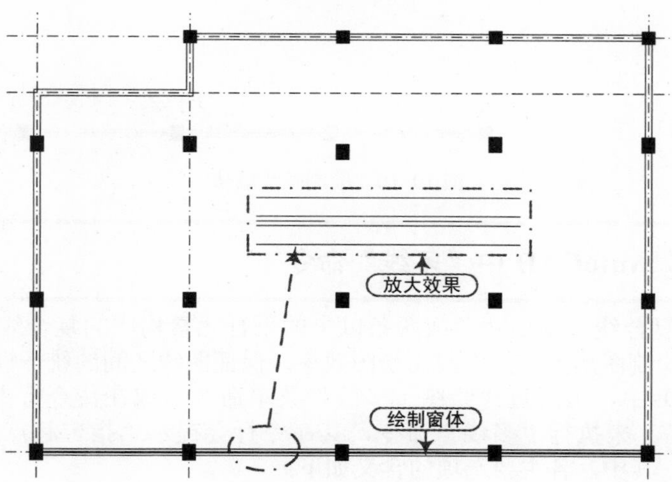

图 10-8 绘制外窗

（7）将“隔墙 1”图层置为当前层，将“轴线”图层隐藏，执行“直线（L）”“偏移（O）”和“修剪（TR）”等命令，在图形相应位置绘制宽度为 100mm 的隔墙，如图 10-9 所示。

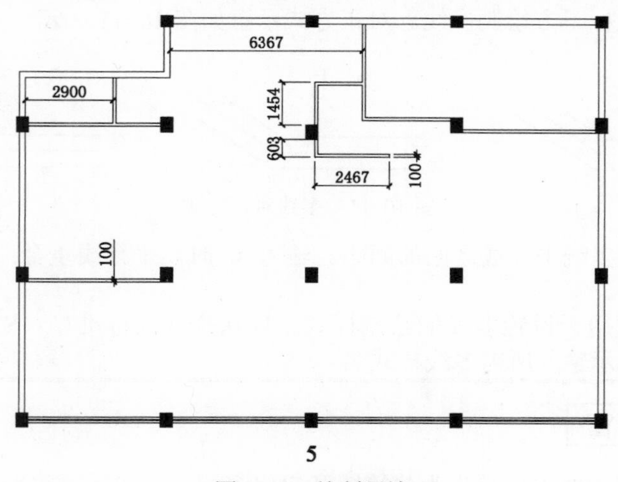

图 10-9 绘制隔墙

（8）执行“圆弧（ARC）”命令，在相应墙体位置过 3 点来绘制一个圆弧；再执行“偏移（O)”命令和“修剪（TR）”命令，将圆弧内墙体偏移 100mm，并进行修剪，如图 10-10 所示。

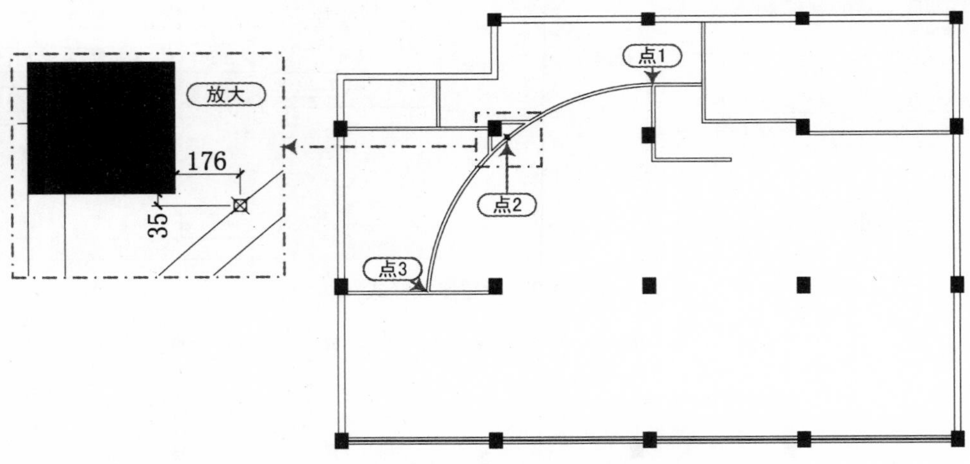

图 10-10　绘制弧线墙体

专业技能 AutoCAD 中“多线”命令

多线是一种复合线，是由两条或两条以上的平行元素构成的复合线对象。使用“多线（ML)”命令绘制图形能够大大提高绘图效率，保证图线之间的统一性。

在 AutoCAD 中，可通过“绘图 | 多线”菜单命令，或在命令行中输入“MLINE”（快捷键为“ML”）来执行“多线”命令，其命令行会提示“指定起点或 [对正(J)/比例(S)/样式(ST)]:”，其中，各主要选项的含义如下：

- 指定点：指定多线的起点。
- 对正：该选项用于设置多线的基准，共有 3 种对正类型。
  - 上：在光标上方绘制多线；
  - 无：将光标作为原点绘制多线；
  - 下：在光标下方绘制多线。对正方式示意如图 10-11 所示。

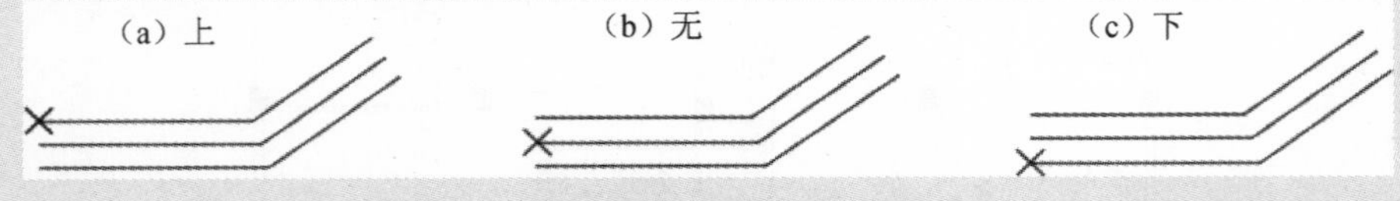

图 10-11　多线对正方式

- 比例：设置多线平行线之间的间距。输入 0 时，平行线重合；输入负值时，多线的排列倒置。
- 样式：此项用于设置多线的绘制样式。默认样式为标准型（STANDARD)，用户可以根据提示输入所需多线样式名。

10.1.3 绘制门窗

根据建筑平面图的要求，首先为建筑图开启门窗洞口，然后再将准备好的平面门图块按照适当的比例插入到门洞口上，再以前面建立的窗样式绘制相应的玻璃窗对象。

（1）执行“直线（L）”命令、“偏移（O）”命令、“修剪（TR）”命令等，分别对指定的墙体进行门窗洞口的开启，如图 10-12 所示。

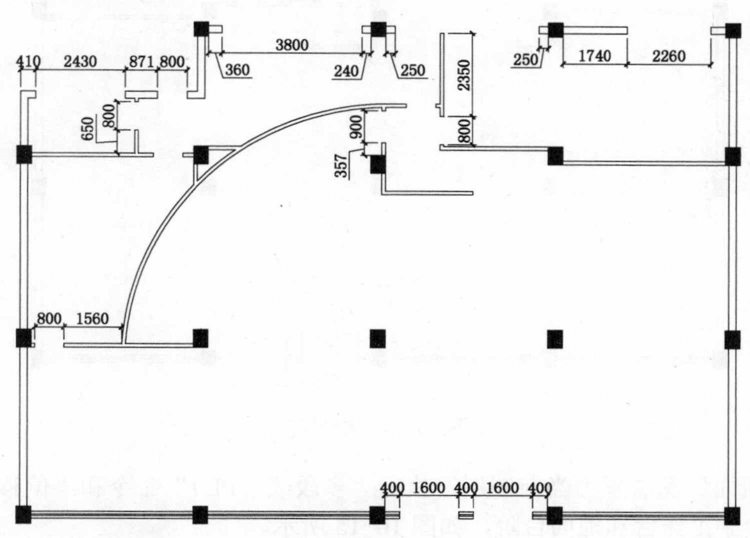

图 10-12　开启门窗洞

（2）将“C-窗”图层置为当前图层，同样执行“多线（ML）”命令，选择“C200”的多线样式，在图 10-13 所示的上侧绘制窗轮廓。

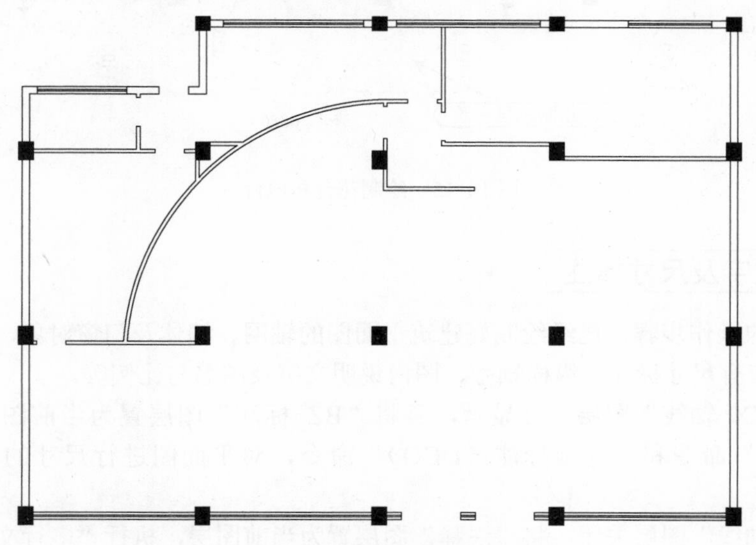

图 10-13　绘制窗轮廓

（3）将“M-门”图层置为当前图层，执行“插入块（I）”命令，将“案例\10”文件夹下面的“单开门”和“双开地弹门”图块插入到建筑平面图中，并通过执行“旋转（RO）”命令、“复制（CO）”命令和“缩放（SC）”命令绘制出图 10-14 所示的图形。

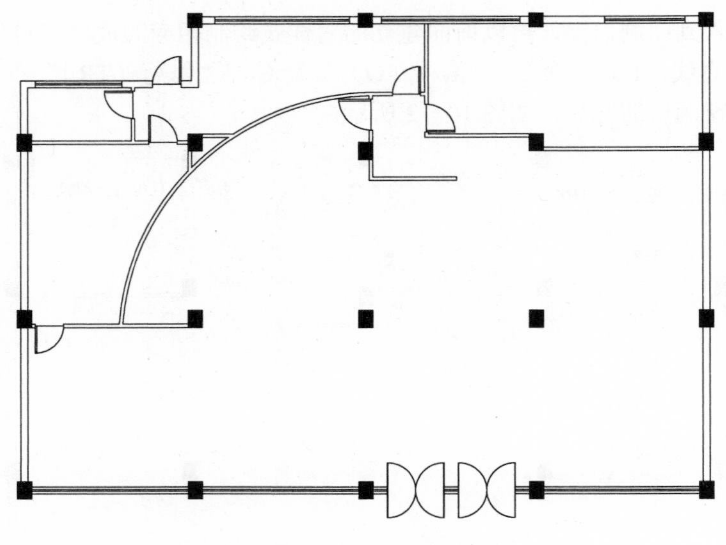

图 10-14 绘制门

（4）将“地面”图层置为当前图层，执行“多段线（PL）”命令和“偏移（O）”命令，在大门入口处绘制工作台和地面台阶，如图 10-15 所示。

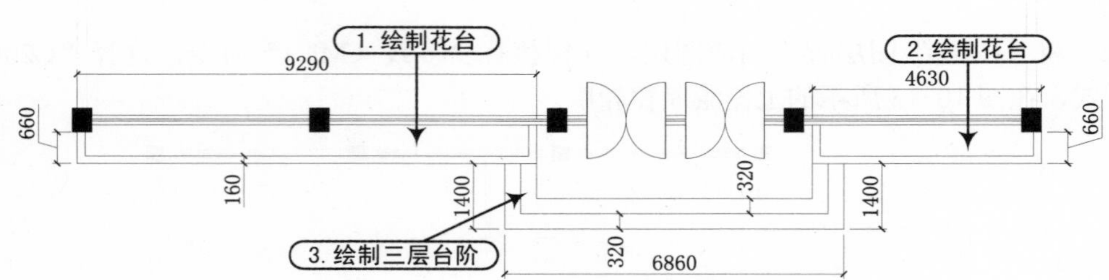

图 10-15 绘制花台和地台

10.1.4 文字及尺寸标注

通过前面的操作步骤，已经绘制好建筑平面图的轴网、墙体及门窗对象，而完整的建筑平面图中，还应有尺寸标注、纵横轴号、图内说明文字及图名与比例等。

（1）将“ZX-轴线”图层进行显示，且将“BZ-标注”图层置为当前图层，执行“线型标注（DLI）”命令和“连续标注（DCO）”命令，对平面图进行尺寸的标注，效果如图 10-16 所示。

（2）将“轴线”图层关闭，将“注释”图层置为当前图层，执行“多行文字（MT）”命令，设置文字大小为 350mm，在室内标注房间名称；再设置文字大小为 600mm 和 550mm，来标注图名和比例。

（3）执行“多段线（PL）”命令，在图名下侧绘制一条宽度为 30mm 的水平多段线；再执行“直线（L）”命令，在下侧绘制一条与多段线等长的水平直线，如图 10-17 所示。

（4）至此，该住宅套房建筑平面图已经绘制完成，按〈Ctrl+S〉快捷键进行保存。

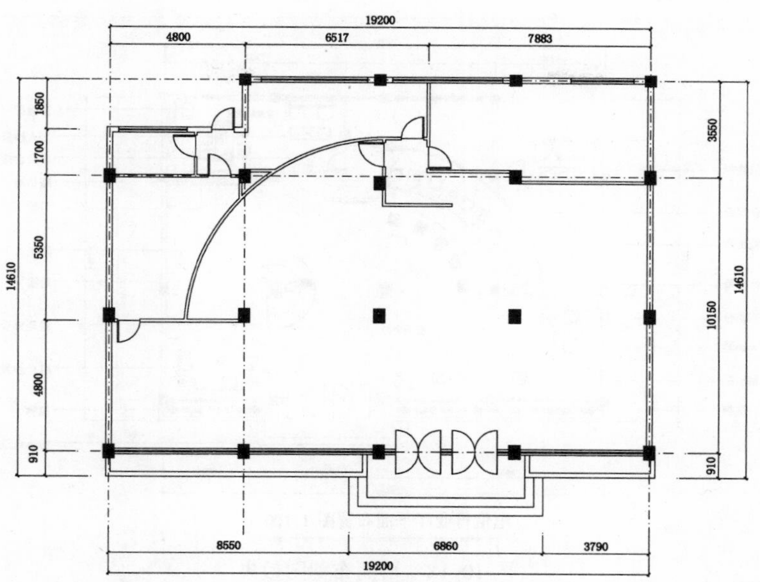

图 10-16 尺寸标注

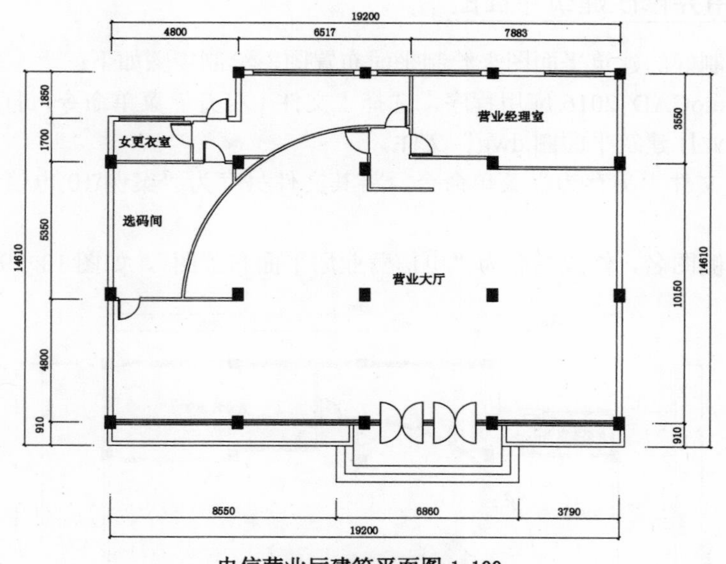

图 10-17 添加图名标注

↘ 10.2 电信营业厅平面布置图的绘制

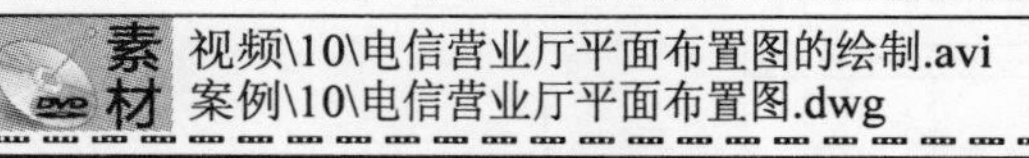

用户在进行室内布置图的绘制时，首先打开“案例\10”下面的“电信营业厅建筑平面图.dwg”文件，且另存为“电信营业厅平面布置图.dwg”文件来进行操作，然后按照设计需要布置每个房间的家具摆放，最后进行内视符号、图名标注等，其效果如图 10-18 所示。

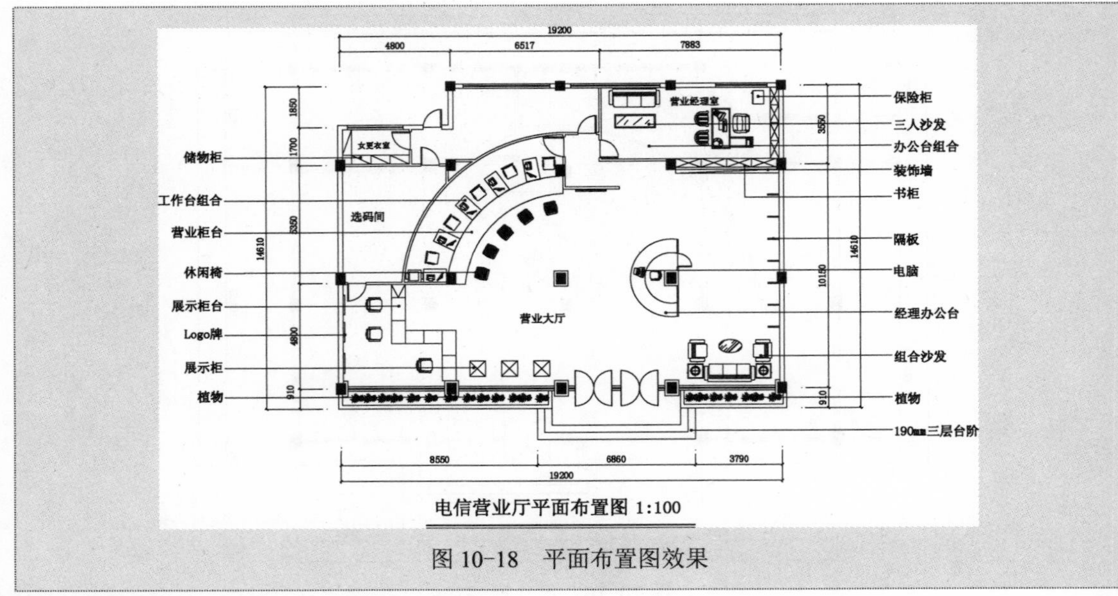

图 10-18 平面布置图效果

10.2.1 调用并修改建筑平面图

调用前面绘制好的建筑平面图来绘制平面布置图，绘制步骤如下：

（1）启动 AutoCAD 2016 应用程序，选择"文件｜打开"菜单命令，打开前面绘制好的"案例\10\电信营业厅建筑平面图.dwg"文件。

（2）执行"文件｜另存为"菜单命令，将其文件另存为"案例\10\电信营业厅平面布置图.dwg"文件。

（3）双击下侧图名，修改图名为"电信营业厅平面布置图"，如图 10-19 所示。

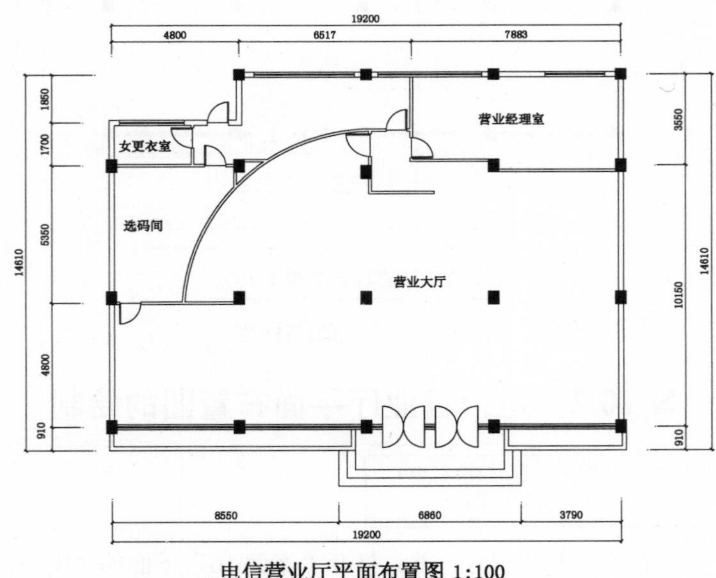

图 10-19 调用源图形并调整

➲ 10.2.2 绘制室内造型

在绘制室内布置图时，应该先绘制出室内各个办公区域的家具造型的轮廓，例如装饰柜、文件柜等，最后通过插入块的方式对营业厅进行家具布置。

（1）将“JJ-家具”图层置为当前图层，执行“偏移（O）”命令和“修剪（TR）”命令，将柱子轮廓向外各偏移100mm，将图中相应柱子包裹起来，如图10-20所示。

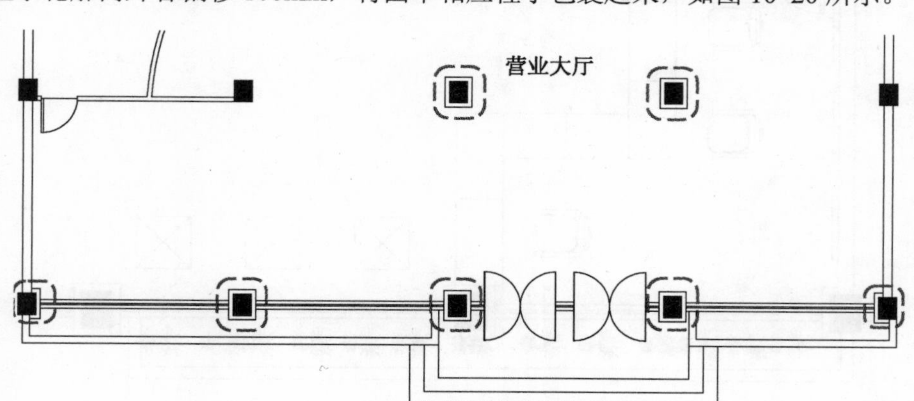

图10-20 偏移柱子轮廓

（2）通过执行“直线（L）”命令、“偏移（O）”命令和“修剪（TR）”命令，在营业大厅左下侧绘制展示柜台。

（3）执行“矩形（REC）”命令、“直线（L）”命令和“复制（CO）”命令，再相应绘制展示台。

（4）执行“矩形（REC）”命令，绘制80mm×900mm的矩形作为LOGO牌，并均匀放置到左侧内墙体上，如图10-21所示。

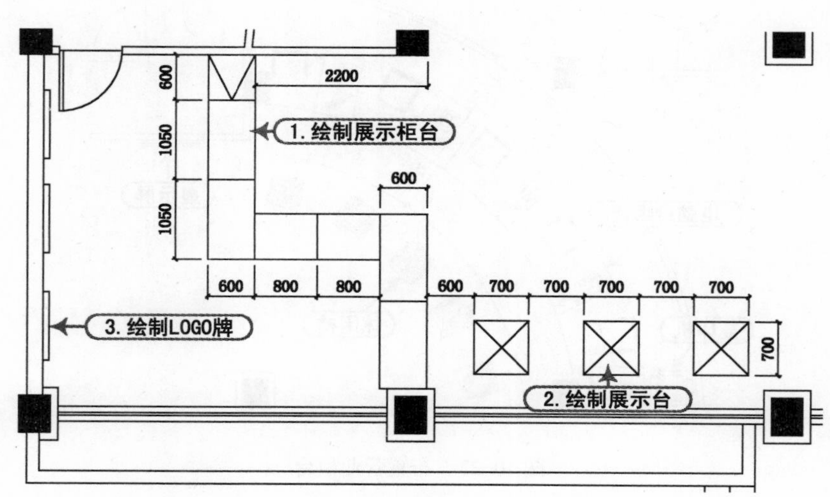

图10-21 绘制LOGO牌

（5）执行“插入块（I）”命令，将“案例\10”文件夹下面的“办公椅”和“植物”插入到图形中，并通过复制、移动将图形摆放在图 10-22 所示位置，形成手机展示区。

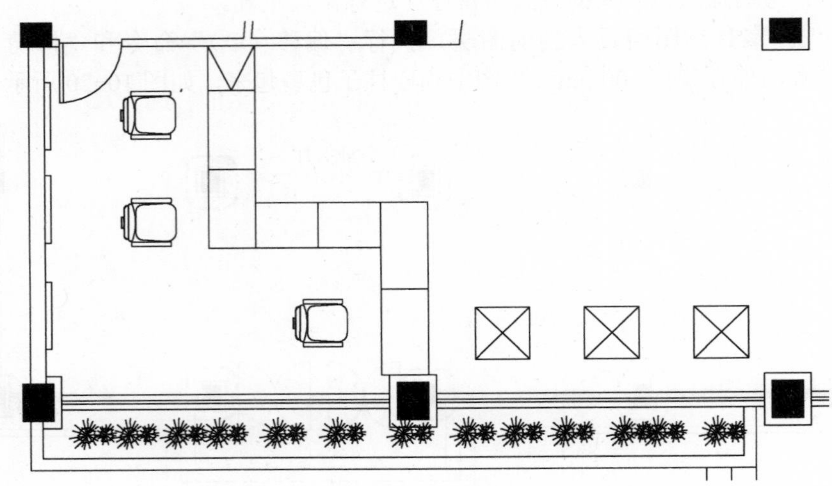

图 10-22　布置手机展示区

（6）执行“偏移（O）”命令和“直线（L）”命令，将弧形墙体向内偏移 1859mm 和 800mm，形成弧形营业柜台效果，且转换到“家具”图层。

（7）执行“插入块（I）”命令，将“案例\10”文件下面的“电脑台组合”“休闲椅”、“显示屏”和“复印机”插入到图中，并通过移动、复制和旋转操作，放置到图 10-23 所示位置。

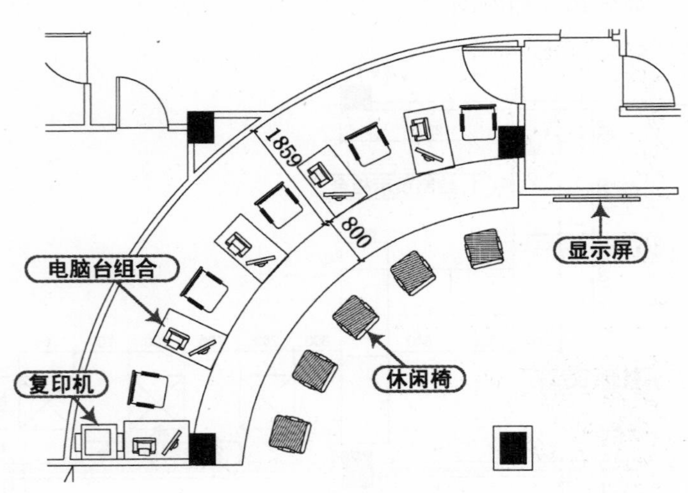

图 10-23　布置营业柜台

（8）执行“圆（C）”命令，在营业大厅捕捉中间柱子的中心点来绘制半径为 1170mm 和 170mm 的同心圆；再执行“直线（L）”命令、“偏移（O）”命令和“修剪（TR）”命令，修剪出一个转盘办公区轮廓。

（9）将上侧墙体轮廓向下偏移 165mm，形成装饰墙效果。

（10）执行“矩形（REC）”命令，绘制 500mm×50mm 的防火隔板，再按照图 10-24 所示尺寸进行复制和移动操作。

（11）执行“插入块（I）”命令，将“案例\10”文件下面的“单开门”“办公椅”“电脑”和“组合沙发”插入到图形相应位置，如图 10-25 所示。

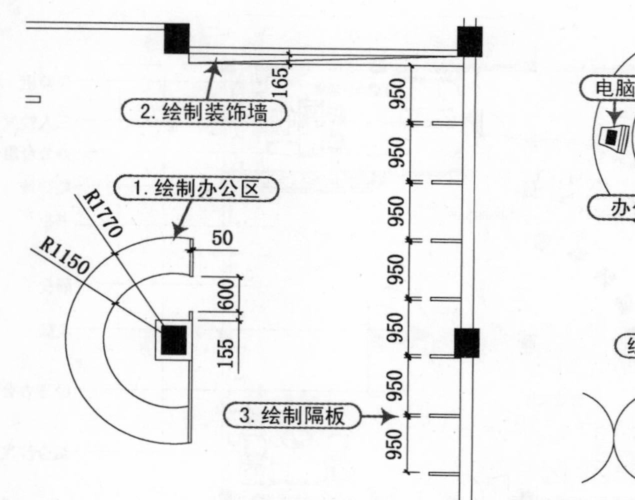

图 10-24 绘制防火隔板

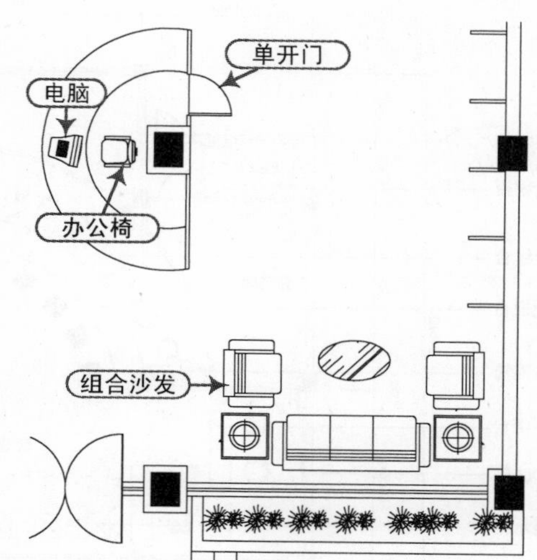

图 10-25 插入家具图块

（12）执行“偏移（O）”命令和“直线（L）”命令，在营业经理室绘制书柜。

（13）执行“插入块（I）”命令，将“案例\10”文件下面的“办公台组合”“三人沙发”和“保险柜”插入到图形相应位置，如图 10-26 所示。

（14）执行“偏移（O）”命令和“直线（L）”命令，在女更衣室绘制出柜子轮廓，如图 10-27 所示。

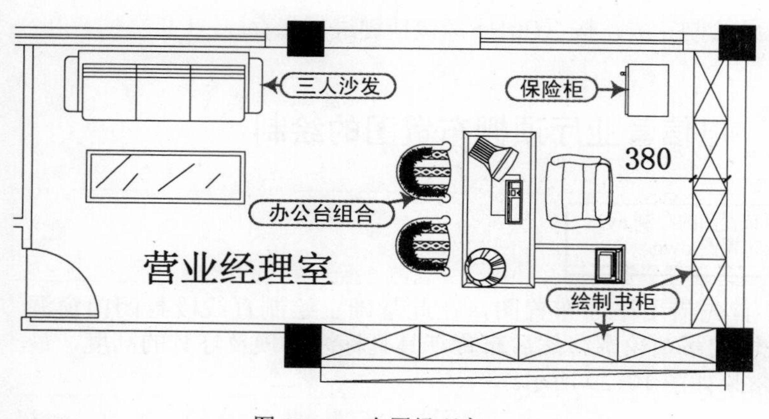

图 10-26 布置经理室

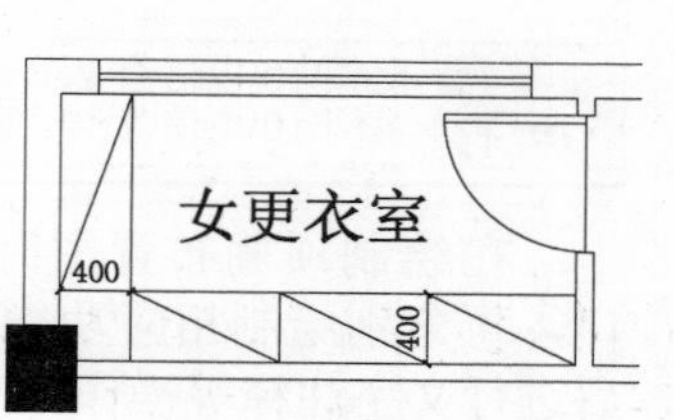

图 10-27 绘制柜子

10.2.3 文字注释

完成室内布置后，接下来进行最后的文字标注，操作如下：

（1）将“ZS-注释”图层置为当前图层，执行“多重引线（MLD）”命令，根据命令行提示，选择第一个点和第二个点后，弹出“文字格式”对话框，设置文字格式为“仿宋”，字体大小为 250，根据要求对平面布置图进行文字注释，注释效果如图 10-28 所示。

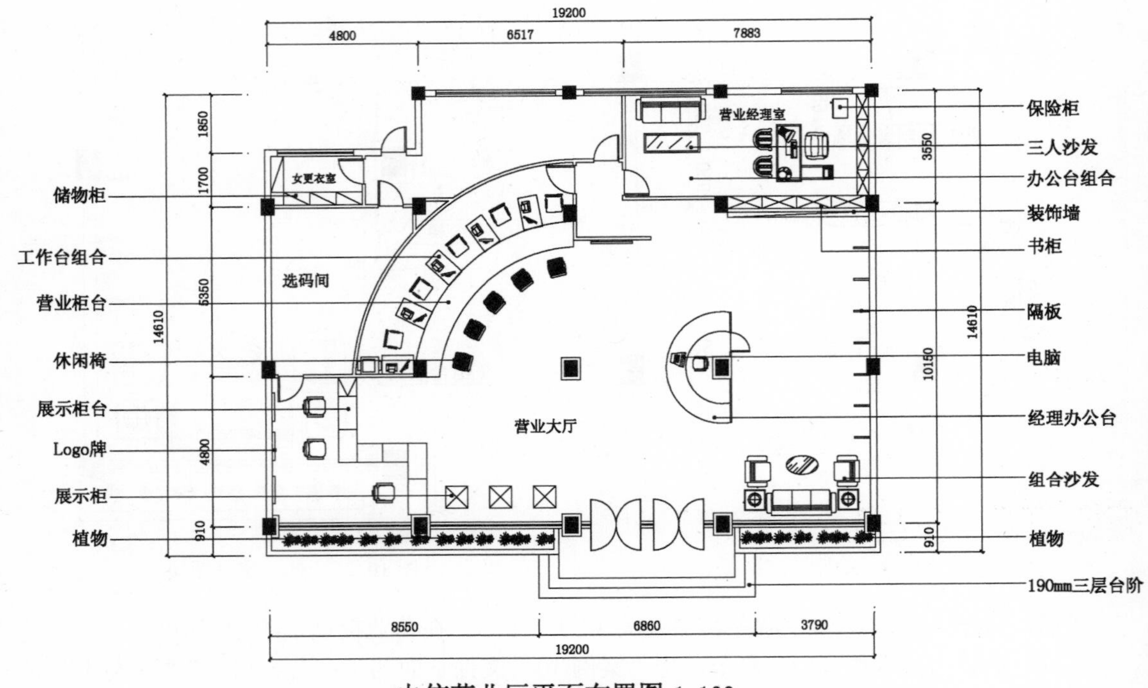

图 10-28 文字注释效果

（2）至此，平面布置图已经绘制完成，按〈Ctrl+S〉快捷键进行保存。

10.3 电信营业厅顶棚布置图的绘制

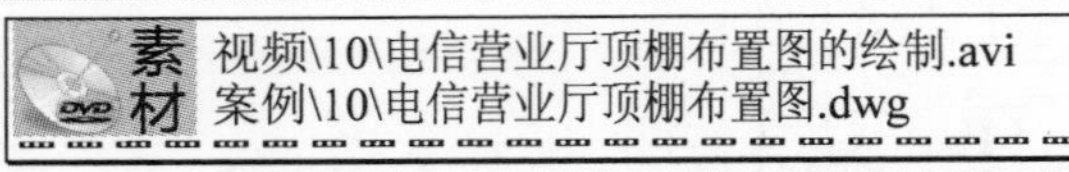

在绘制顶棚布置图时，首先借用平面布置图，在此基础上绘制直线段封闭门窗洞口，再分别绘制相应功能区域的吊顶轮廓，然后布置灯具且标注吊顶及灯具的高度，最后进行文字注释等操作，其效果如图 10-29 所示。

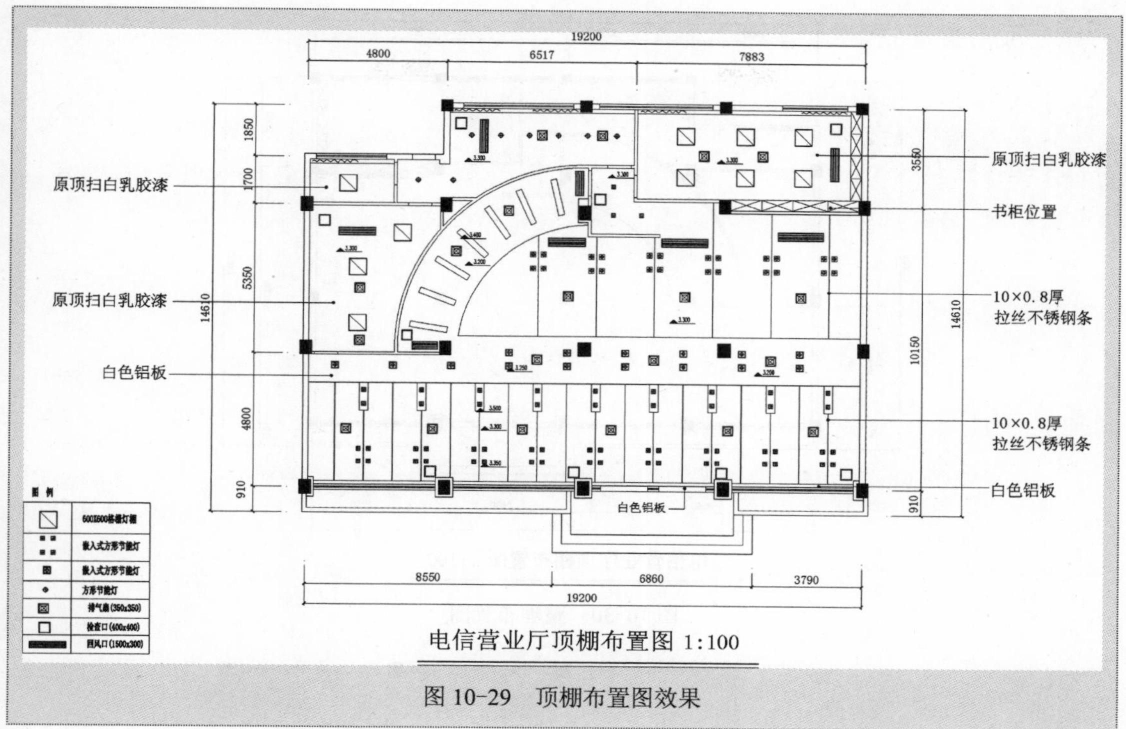

图 10-29 顶棚布置图效果

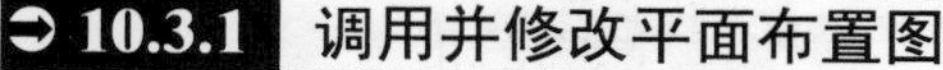

10.3.1 调用并修改平面布置图

前面已经绘制好了平面布置图，在进行顶棚布置图的绘制时，直接调用平面布置图，可以更快也更方便地进行顶棚布置图的绘制。

（1）启动 AutoCAD 2016 应用程序，选择“文件 | 打开”菜单命令，打开前面绘制好的“案例\10\电信营业厅平面布置图.dwg”文件，再执行“文件 | 另存为”菜单命令，将其文件另存为“案例\10\电信营业厅顶棚布置图.dwg”文件。

（2）根据绘制顶棚布置图的要求，将图形中的文字注释、家具对象、门等对象进行删除操作，并修改图名为“顶棚布置图”。

（3）将图层“DD-吊顶”图层置为当前图层，执行“直线（L）”命令，将门洞进行封闭操作，如图 10-30 所示。

10.3.2 绘制吊顶轮廓

整理平面布置图后，得到顶棚布置图需要的轮廓，这时就可以开始对吊顶轮廓的绘制了。

（1）执行“偏移（O）”命令和“修剪（TR）”命令，按照图 10-31 所示尺寸将线条进行偏移，并置换到“DD-吊顶”图层。

（2）通过执行“偏移（O）”命令和“修剪（TR）”命令在下侧绘制出不锈钢条效果，如图 10-32 所示。

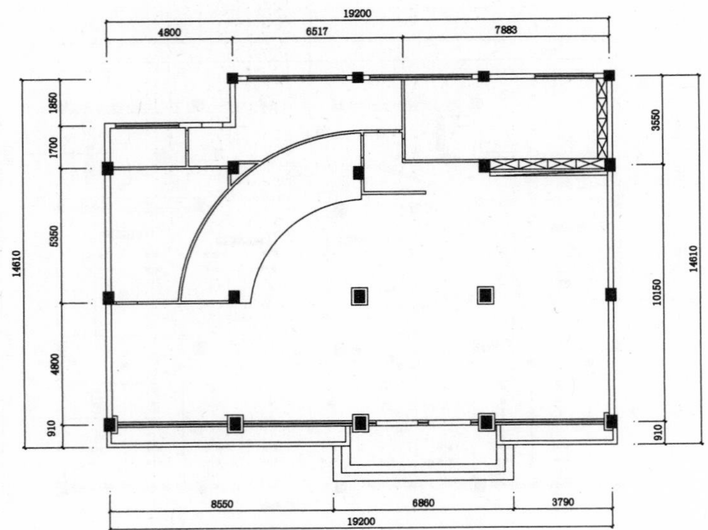

电信营业厅顶棚布置图 1:100

图 10-30　整理布置图

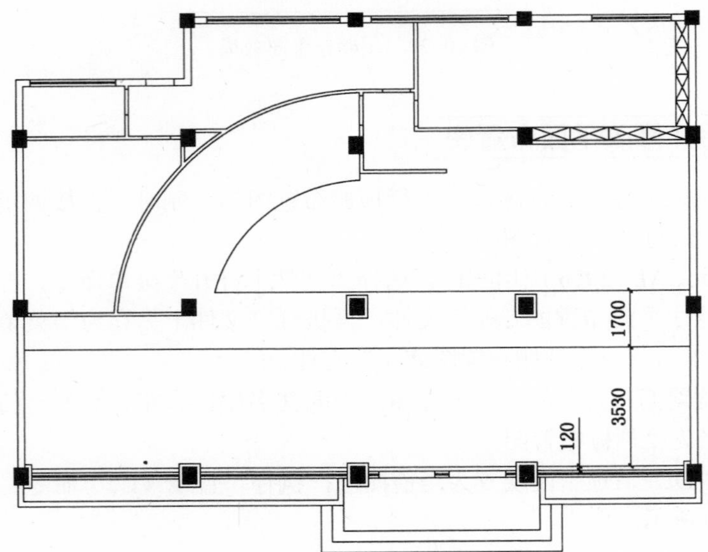

图 10-31　偏移线条并修剪

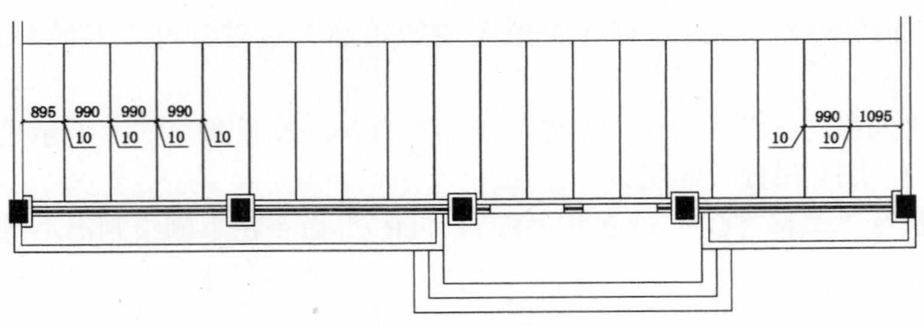

图 10-32　绘制不锈钢条

（3）执行“矩形（REC）”命令，绘制 300mm×1000mm 的矩形，并结合“复制（CO）”、“修剪（TR）”等命令，将矩形放置到相应的位置，如图 10-33 所示。

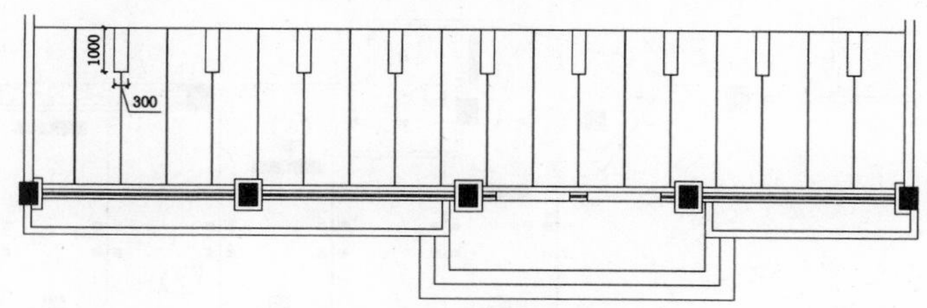

图 10-33 绘制矩形

（4）执行“偏移（O）”命令、“修剪（TR）”命令和“延伸（EX）”命令，绘制图 10-34 所示的吊顶轮廓。

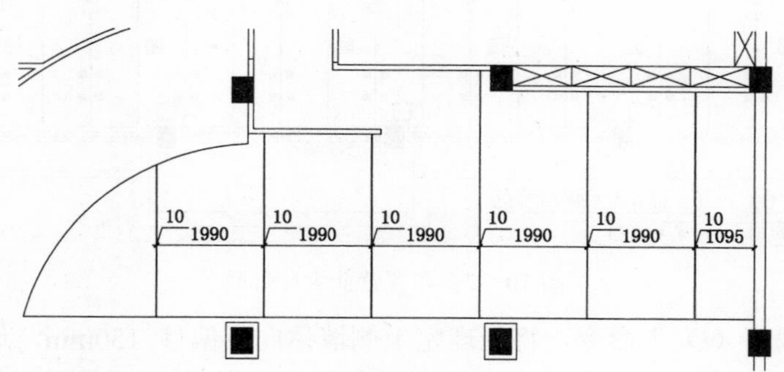

图 10-34 绘制吊顶轮廓

（5）执行“矩形（REC）”命令，在圆弧造型处绘制 1300mm×200mm 的矩形；再执行“旋转（RO）”命令，将矩形旋转-9°。

（6）执行“陈列（AR）”命令，选择矩形，以下侧圆心为极轴阵列中心点，输入项目数为 7，设置“填充角度（F）”为-68°，绘制效果如图 10-35 所示。

10.3.3 布置灯具

（1）执行“插入块（I）”命令，将“案例\10”文件下面的“灯具符号”插入到图形相应位置，如图 10-36 所示，并执行“分解（X）”命令，进行打散操作。

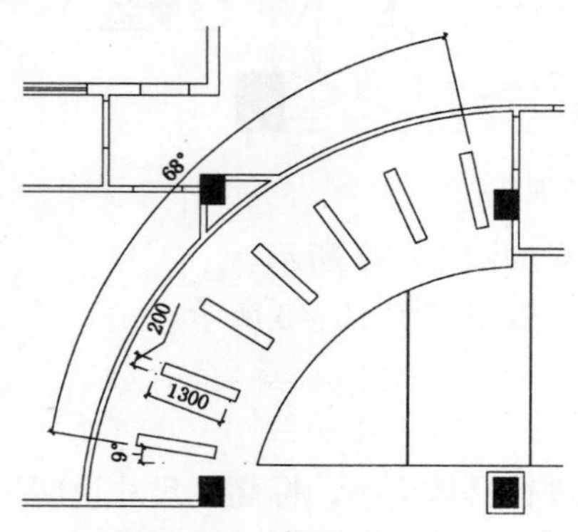

图 10-35 阵列图形

	600X600格栅灯盘
	嵌入式方形节能灯
	嵌入式方形节能灯
	方形节能灯
	排气扇(350x350)
	检查口(400x400)
	回风口(1500x300)

图 10-36 插入灯具符号

（2）执行“复制（CO）”命令、“旋转（RO）”命令、“移动（M）”命令和“缩放（SC）”命令，将相应灯具复制到大厅相应位置，如图 10-37 所示。

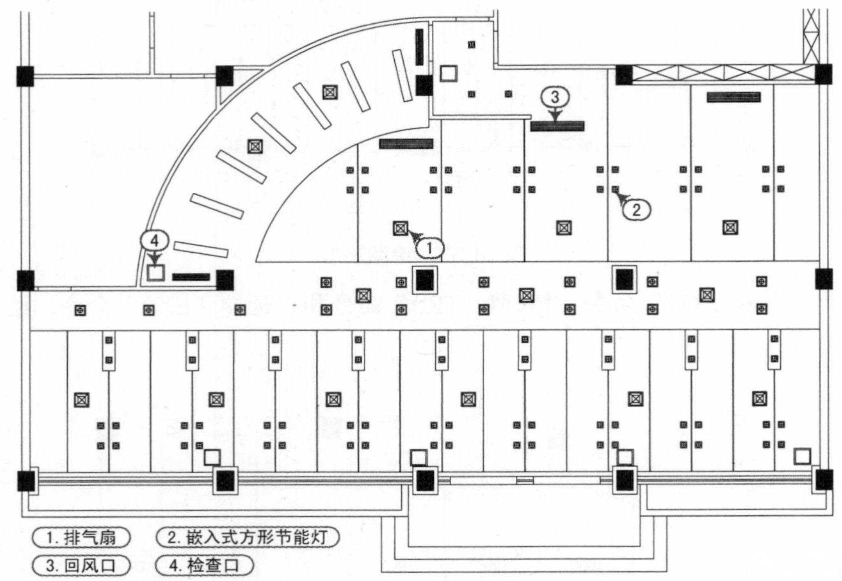

图 10-37 布置营业大厅灯具

（3）执行“偏移（O）”命令，将经理室上侧墙体向下偏移 150mm，作为窗帘盒轮廓，再执行“插入块（I）”命令，将“案例\10”文件下面的和“平面窗帘”插入并复制到图形相应位置。

（4）执行“复制（CO）”命令，将灯具布置到经理室，效果如图 10-38 所示。

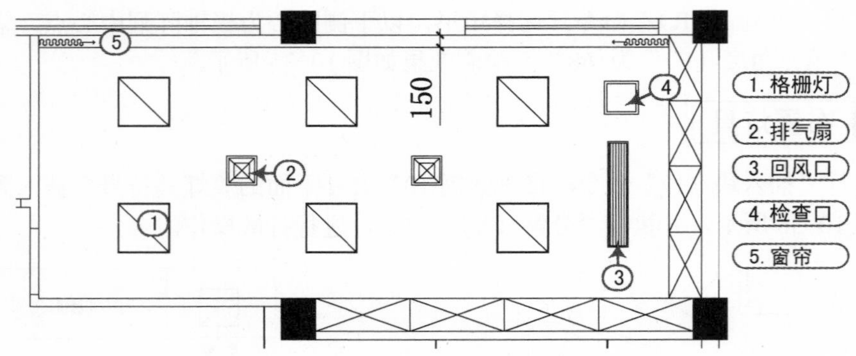

图 10-38 布置经理室

（5）以同样的方法去布置更衣室与储物室，效果如图 10-39 所示。

（6）最后布置“选码间”和“女更衣室”灯具，效果如图 10-40 所示。

10.3.4 文字、标高标注

在灯具布置好以后，用户就可以对顶棚布置图进行具体文字、标高、尺寸说明了。

（1）将“WZ-文字”图层置为当前图层，执行“多重引线（MLD）”命令，设置文字为

“宋体”，大小为400，对吊顶进行文字注释。

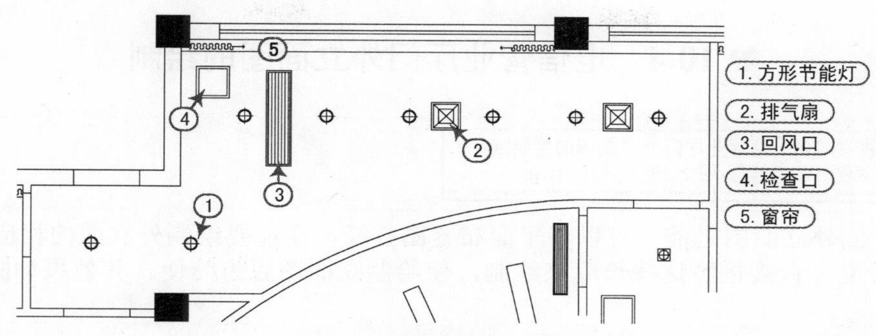

图 10-39　布置更衣室、储物室

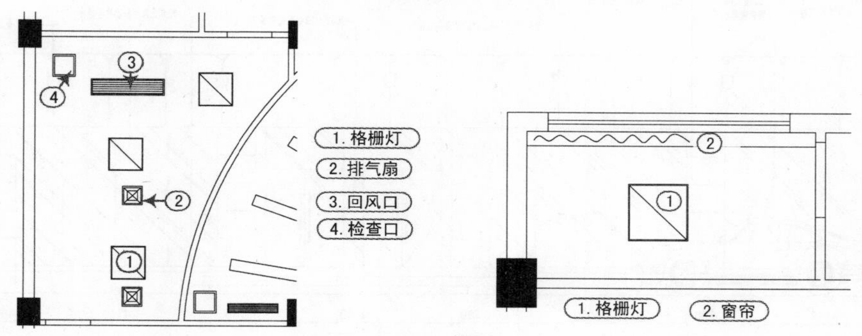

图 10-40　布置灯具

（2）将“FH-符号”图层置为当前图层，执行“插入块（I）”命令，将“案例\10”文件夹下面的“标高符号”图块插入到图中，再修改不同的标高值，如图 10-41 所示。

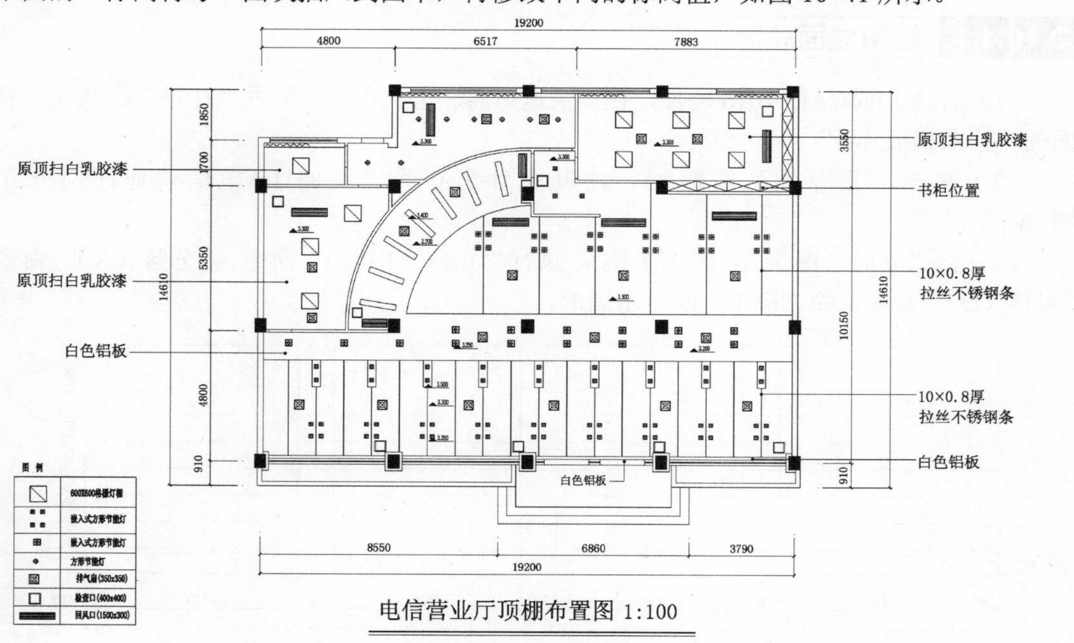

图 10-41　文字、标高标注

（3）至此，顶棚布置图已经绘制完成，按〈Ctrl+S〉快捷键进行保存。

10.4　电信营业厅门外立面图的绘制

素材　视频\10\电信营业厅门外立面图的绘制.avi
　　　案例\10\电信营业厅门外立面图.dwg

在绘制外立面图之前，可以将平面布置图打开，在需要绘制外立面的相应墙体处测量出长度，直接按照这些长度来绘制，使绘制立面图更为简便。其效果如图 10-42 所示。

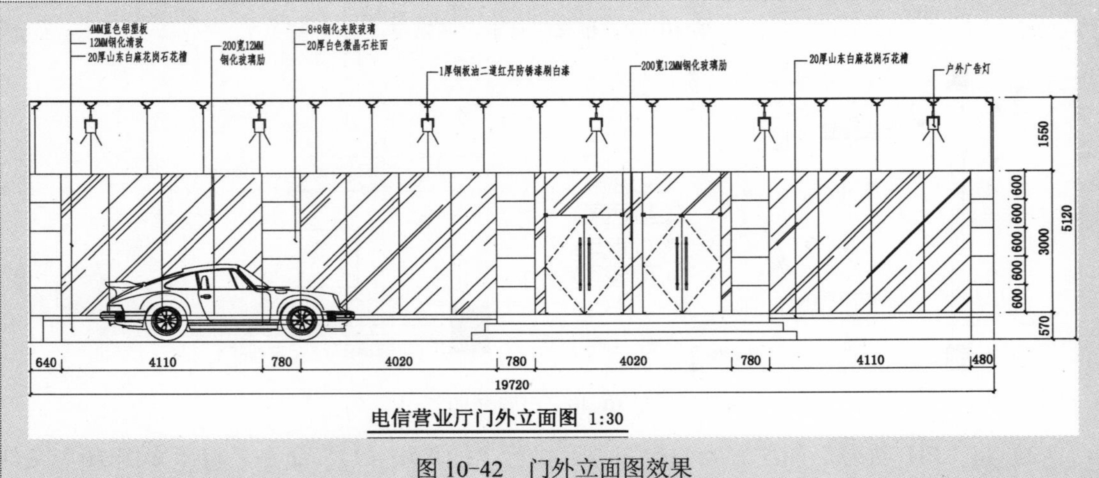

图 10-42　门外立面图效果

10.4.1　绘制立面轮廓

（1）启动 AutoCAD 2016 软件，在“快速访问”工具栏中，单击“打开”按钮，将前面的“绘图模板.dwt”文件打开。

（2）单击“另存为”按钮，将其文件另存为“案例\10\电信营业厅门外立面图.dwg”文件。

（3）将“立面”图层置为当前图层，执行“矩形（REC）”命令、“分解（X）”命令和“偏移（O）”命令，绘制图 10-43 所示图形。

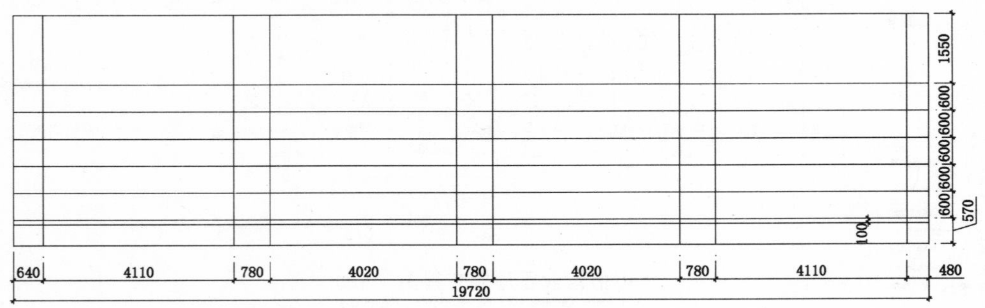

图 10-43　绘制线段

（4）执行“修剪（TR）”命令，修剪出轮廓，如图 10-44 所示。

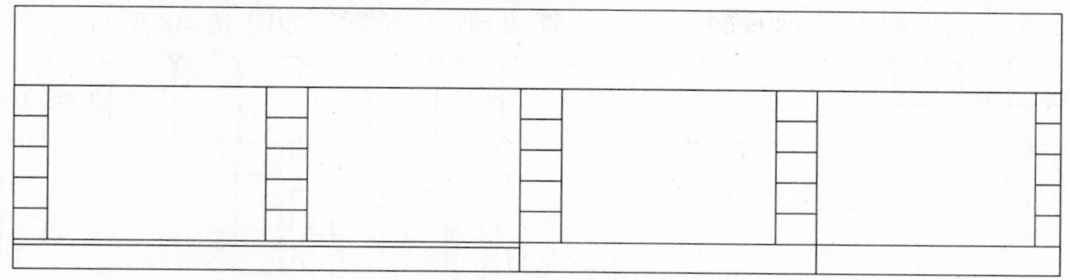

图 10-44 修剪的图形

（5）执行“矩形（REC）”命令，绘制 6140mm×190mm 和 6700mm×190mm 的两个矩形，结合“移动（M）”命令，放置到图形相应位置，并进行修剪，形成台阶效果如图 10-45 所示。

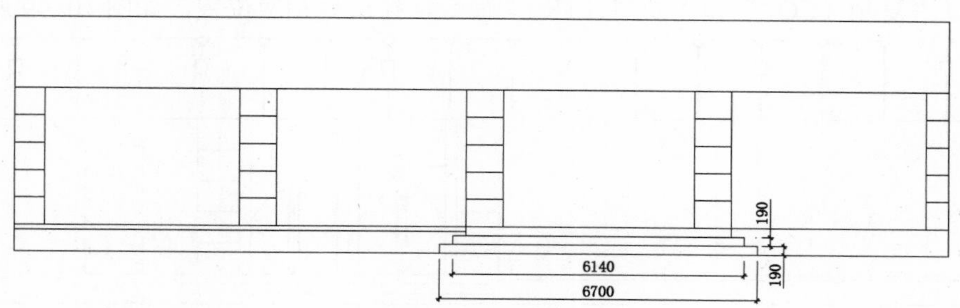

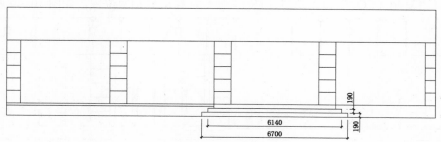

图 10-45 绘制台阶

（6）执行“偏移（O）”命令，如图 10-46 所示将线段进行偏移，且转换成为虚线作为玻璃肋效果。

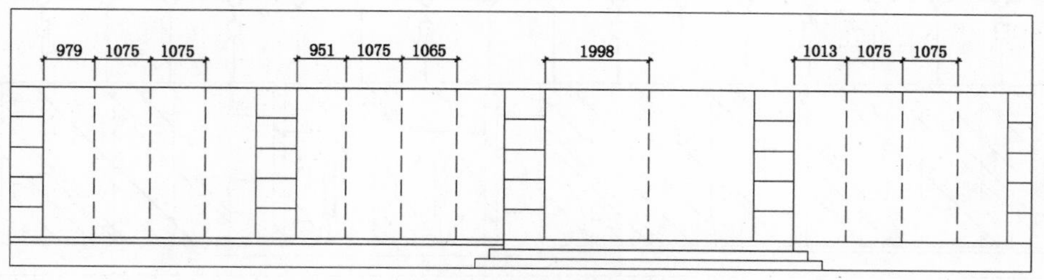

图 10-46 偏移线条

（7）执行“插入块（I）”命令，将“案例\10”文件下面的“玻璃门”图形插入到图形中，并摆放到相应位置，如图 10-47 所示。

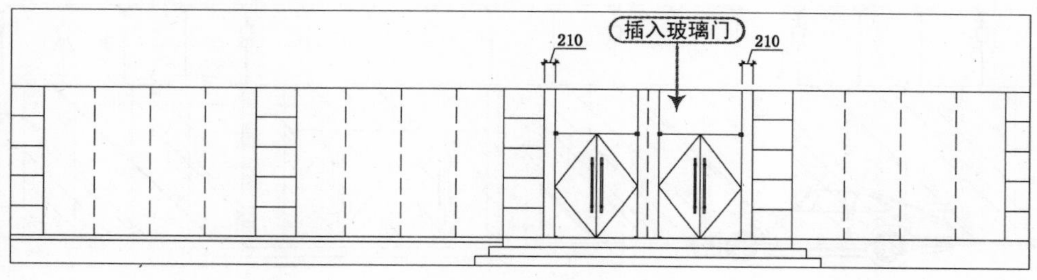

图 10-47 插入玻璃门

（8）执行“插入块（I）”命令，将“案例\10”文件下面的“雨篷架”插入到图形中，并通过“移动（M）”和“复制（CO）”命令，摆放到相应位置，如图 10-48 所示。

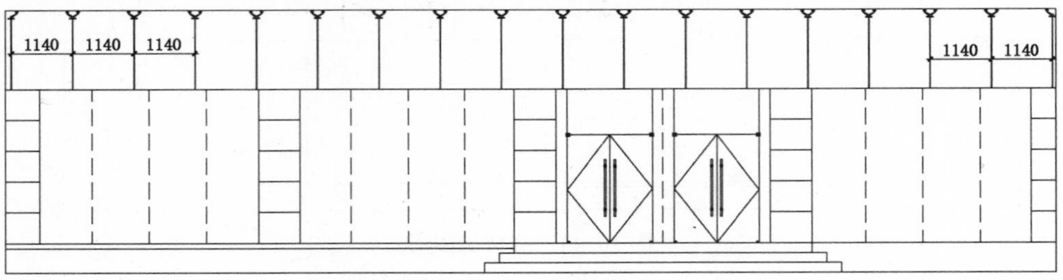

图 10-48　插入复制雨篷架

（9）执行“插入块（I）”命令，将“案例\10”文件下面的“户外广告灯”插入到图形中，并通过“复制（CO）”和“修剪（TR）”命令，摆放到相应位置，如图 10-49 所示。

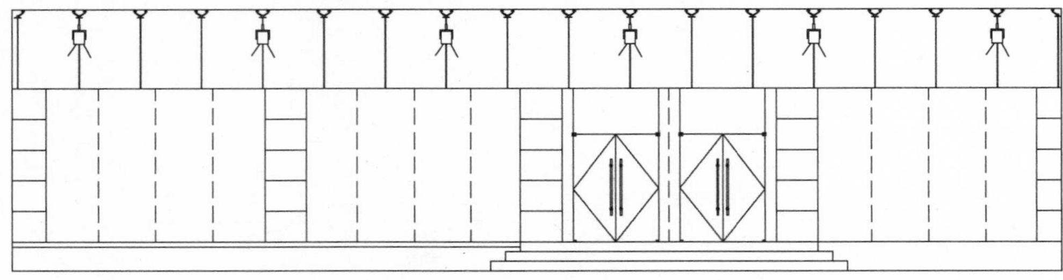

图 10-49　插入复制户外广告灯

（10）将“填充”图层置为当前图层，执行“图案填充（H）”命令，选择样例为“AR-RROOF”，比例为 50，角度为 45°，在相应位置进行填充玻璃效果，如图 10-50 所示。

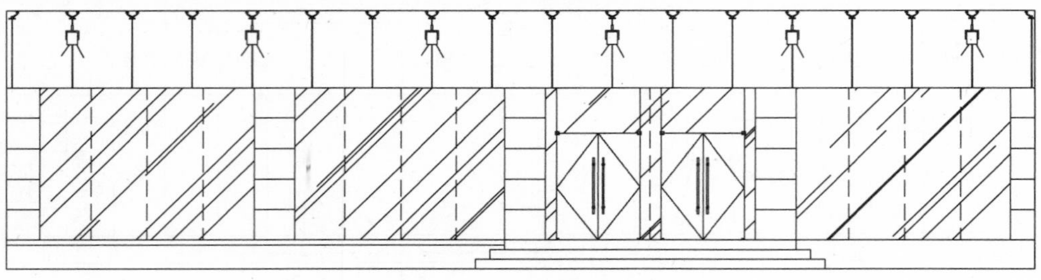

图 10-50　填充玻璃效果

（11）执行“插入块（I）”命令，将“案例\10”文件下面的“汽车”插入到图形中，并通过“复制（CO）”和“修剪（TR）”命令，摆放到相应位置，如图 10-51 所示。

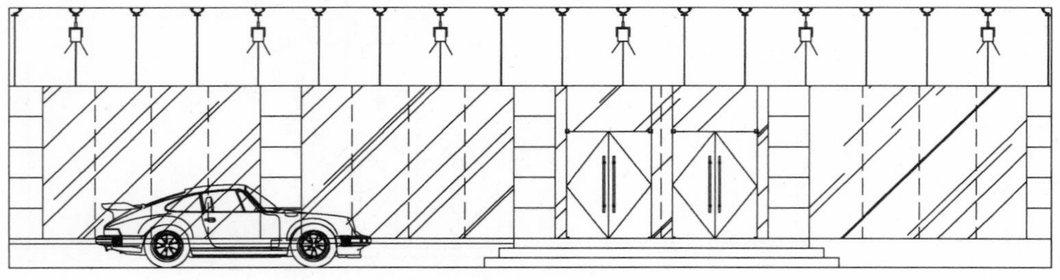

图 10-51　插入汽车图块

10.4.2 文字注释

（1）将“标注”图层置为当前图层，执行“线性标注（DLI）”命令和“连续标注（DCO）”命令等，对立面图进行标注，效果如图 10-52 所示。

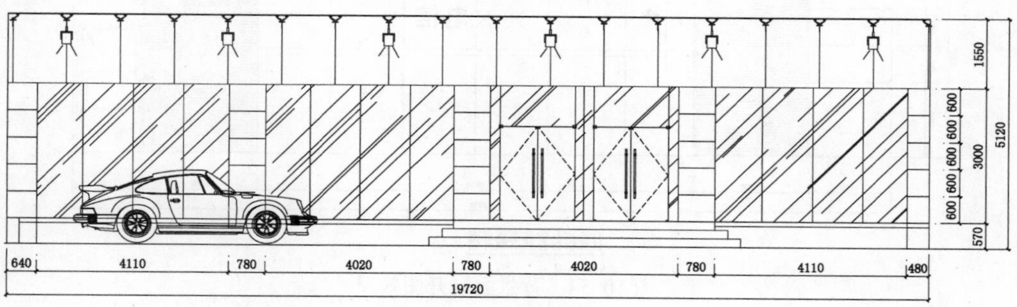

图 10-52 尺寸标注

（2）将“文字”图层置为当前图层，执行“多重引线（MLD）”命令，设置文字为“宋体”，大小为 180，对立面图进行文字注释。

（3）执行“多行文字（MT）”命令，设置文字为“宋体”，文字大小为 350，对立面图进行图名标注；再执行“多段线（PL）”命令和“直线（L）”命令，在图名下侧绘制同图名同长的线段，如图 10-53 所示。

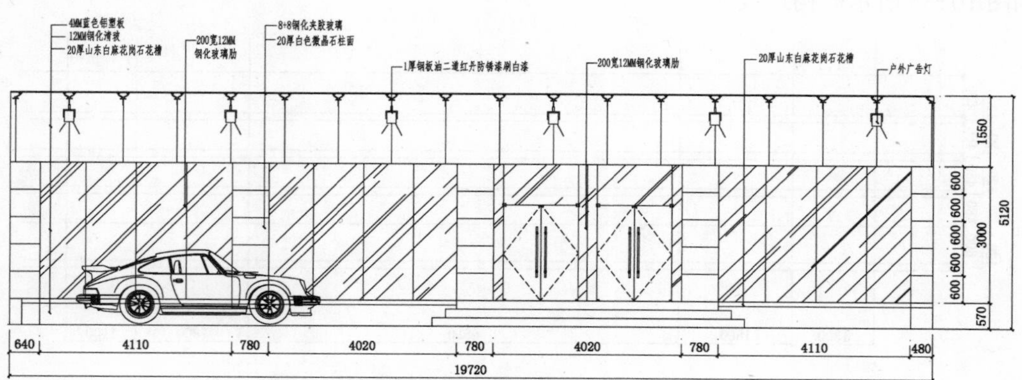

图 10-53 立面图图名标注

（4）至此，门口外立面图已经绘制完成，按〈Ctrl+S〉快捷键进行保存。

10.5 营业柜台背景展开图的绘制

素材 视频\10\营业柜台背景面展开图的绘制.avi
案例\10\营业柜台背景面展开图.dwg

在绘制营业柜台背景面展开图之前，可以将绘图模板打开，根据该绘制环境来绘制图形，其效果如图 10-54 所示。

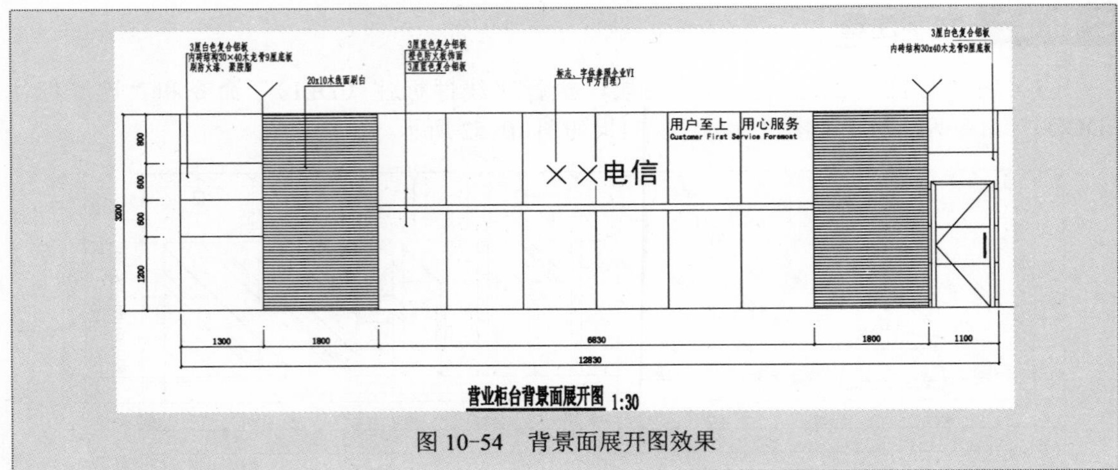

图 10-54　背景面展开图效果

10.5.1 绘制立面轮廓

（1）启动 AutoCAD 2016 软件，在“快速访问”工具栏中，单击“打开”按钮，将前面的“绘图模板.dwt”文件打开，再单击“另存为”按钮，将其文件另存为“案例\10\营业柜台背景面展开图.dwg”文件。

（2）将“立面”图层置为当前图层，执行“构造线（XL）”命令和“偏移（O）”命令，绘制图 10-55 所示的构造线。

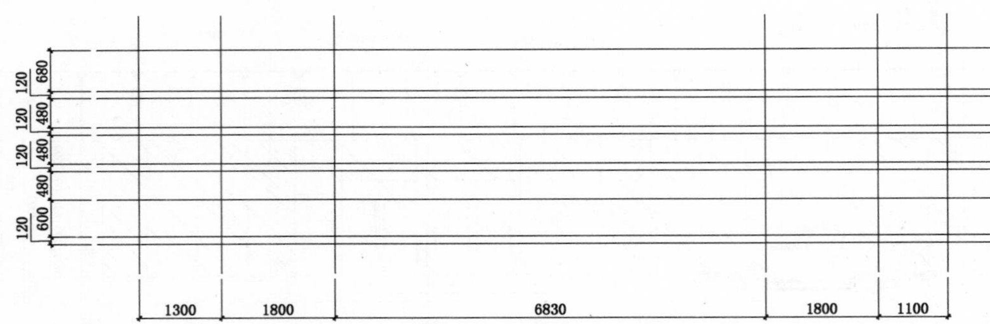

图 10-55　绘制构造线

（3）执行“修剪（TR）”命令，修剪图形效果如图 10-56 所示。

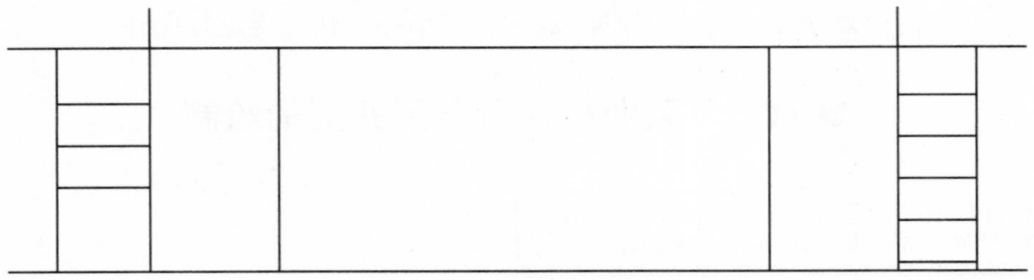

图 10-56　修剪图形

（4）执行“直线（L）”命令，绘制两条角度为 45° 的斜线，用于表示墙体的转折区域，如图 10-57 所示。

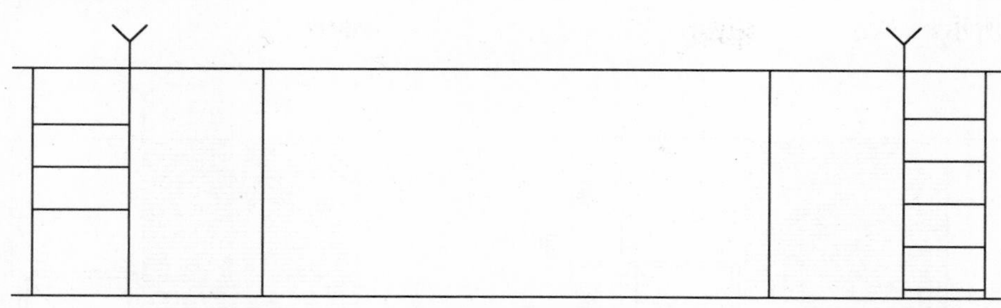

图 10-57 绘制斜线

将不在同一平面的图形表现在同一平面上时，可以使用绘制转折线的方法来表示转折的具体位置，上、下水平线都有长出来，表示转折线的两边各延长。

（5）通过执行“偏移（O）”命令和“修剪（TR）”命令，在相应位置绘制如图 10-58 所示的图形。

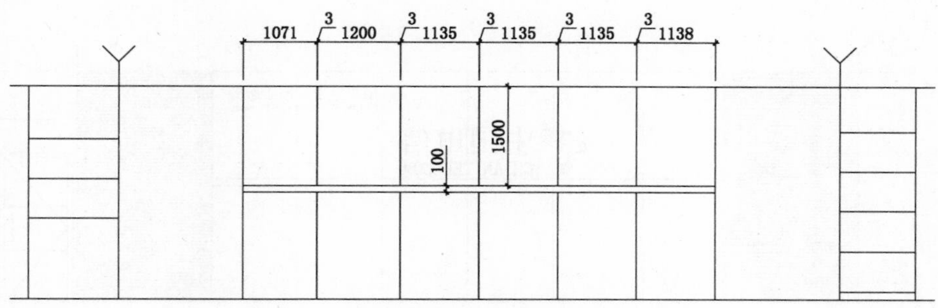

图 10-58 偏移、修剪操作

（6）执行“图案填充（H）”命令，选择样例为“LINE”，比例为 7，在相应位置进行填充木线，如图 10-59 所示。

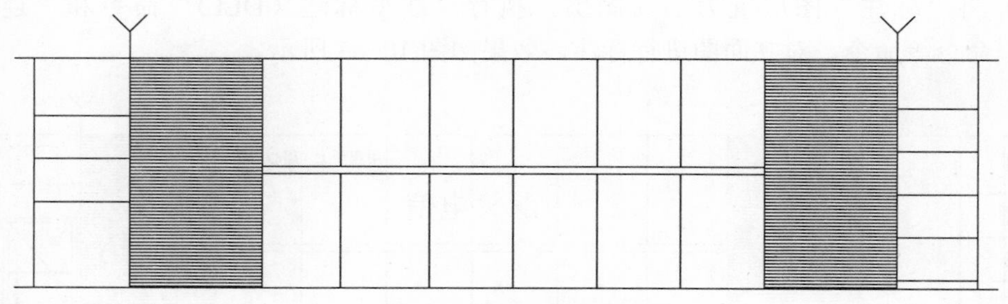

图 10-59 填充效果

（7）执行“偏移（O）”命令和“修剪（TR）”命令，在右侧绘制出门的效果，如图 10-60 所示。

（8）执行“插入块（I）”命令，将“案例\10”文件下面的“门把手”插入到门位置，如图 10-61 所示。

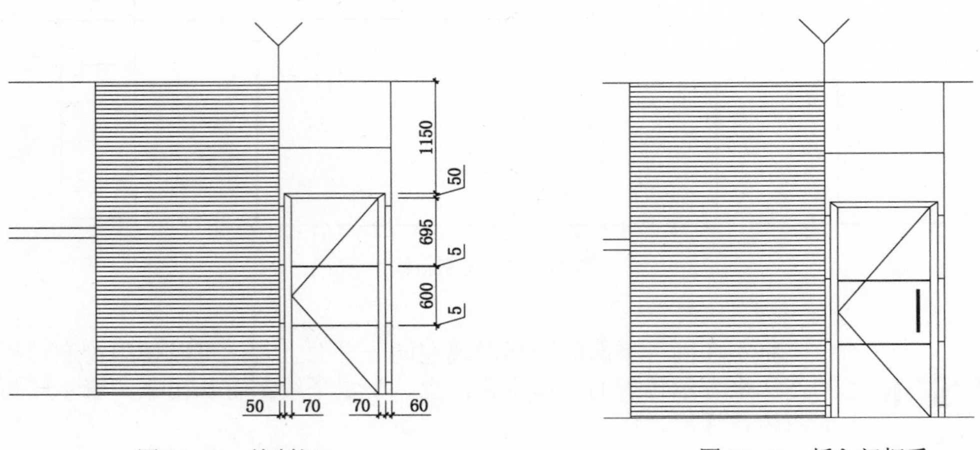

图 10-60　绘制门　　　　图 10-61　插入门把手

（9）执行“插入块（I）”命令，将“案例\10”文件下面的“标志”和“LOGO”插入到图形相应位置如图 10-62 所示。

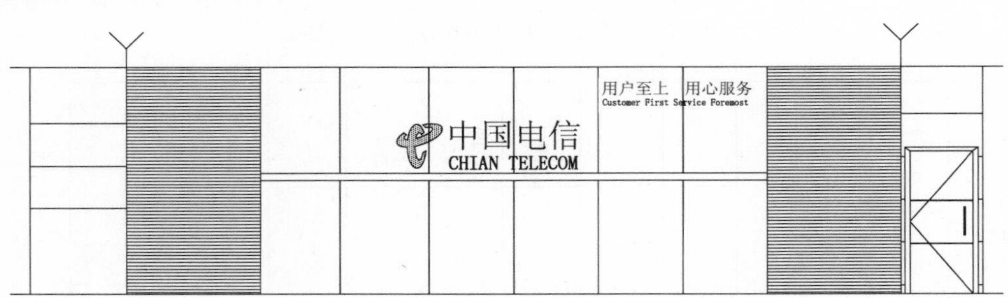

图 10-62　插入标志与 LOGO

10.5.2 文字注释

（1）将“标注”图层置为当前图层，执行“线型标注（DLI）”命令和“连续标注（DCO）”命令等命令，对立面图进行标注，效果如图 10-63 所示。

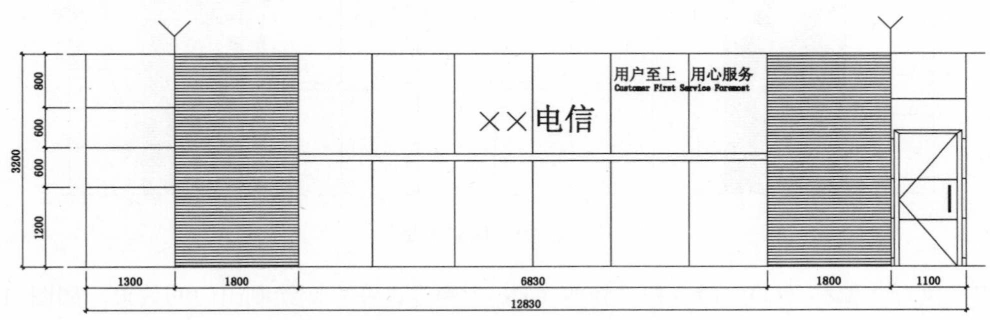

图 10-63　尺寸标注

(2) 将“文字”图层置为当前图层，执行“多重引线（MLD）”命令，设置文字为“宋体”，大小为 120，对立面图进行文字注释。

(3) 执行“多行文字（MT）”命令，设置文字为“宋体”，文字大小为 250，对立面图进行图名标注；最后执行“多段线（PL）”命令和“直线（L）”命令，在图名下侧绘制同图名同长的线段，如图 10-64 所示。

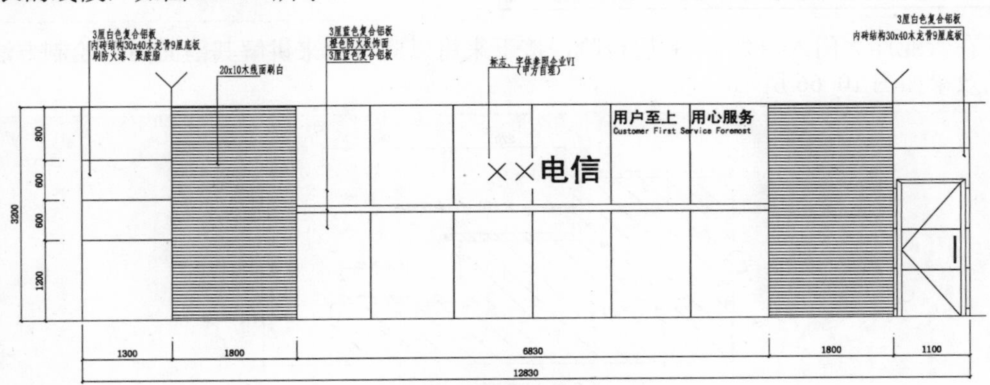

图 10-64　立面图图名标注

(4) 至此，立面图已经绘制完成，按〈Ctrl+S〉快捷键进行保存。

10.6　营业经理室高柜立面图效果预览

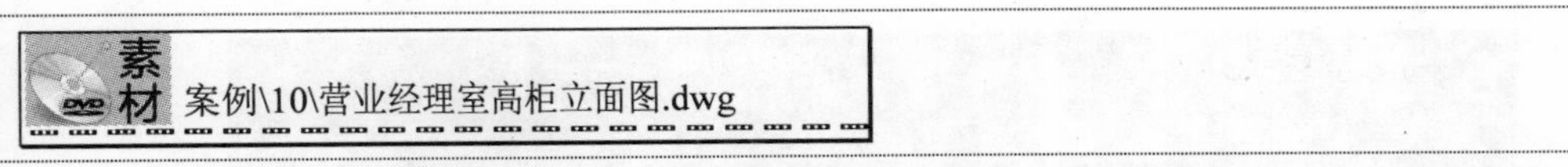

素材　案例\10\营业经理室高柜立面图.dwg

根据前面绘制立面图的方法，或参照“案例\10\营业经理室高柜立面图.dwg”文件来自行练习，其效果如图 10-65 所示。

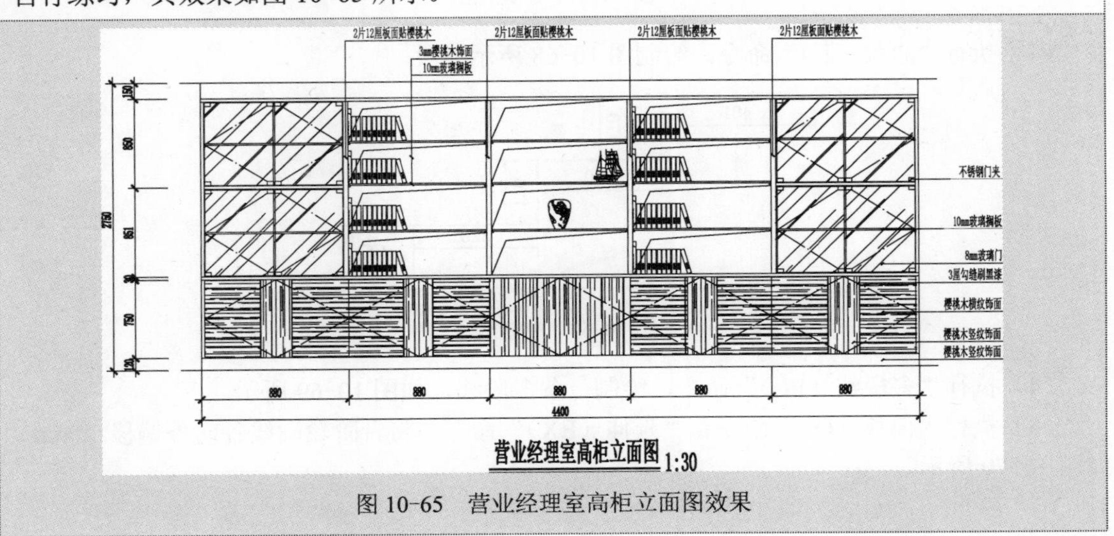

图 10-65　营业经理室高柜立面图效果

10.7 台阶剖面图的绘制

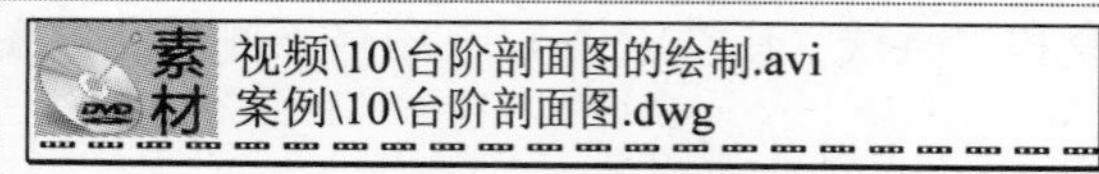

素材
视频\10\台阶剖面图的绘制.avi
案例\10\台阶剖面图.dwg

在营业厅大门入口处有 3 层台阶，接下来将以此台阶来讲解其剖面图的绘制方法，绘制效果如图 10-66 所示。

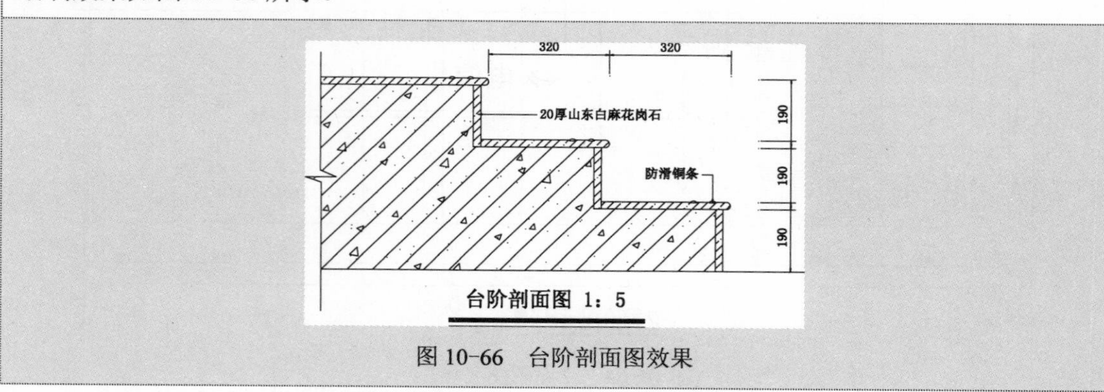

图 10-66 台阶剖面图效果

（1）启动 AutoCAD 2016 软件，系统自动创建空白文件，在“快速访问”工具栏中，单击“保存”按钮，将其保存为“案例\10\台阶剖面图.dwg”文件。

（2）执行“图层管理（LA）”命令，新建“详图”“文字”“填充”和“标注”图层，并将“详图”图层置为当前图层，如图 10- 67 所示。

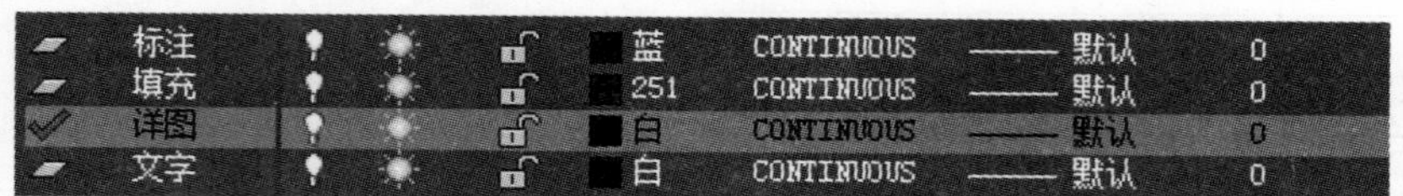

图 10-67 新建图层

（3）执行“直线（L）”命令，绘制图 10-68 所示线段。

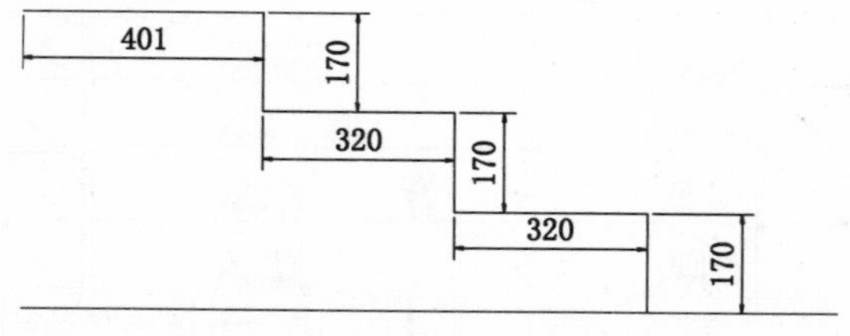

图 10-68 绘制线段

（4）执行“多段线（PL）”命令，绘制一条多段线，如图 10-69 所示。

（5）执行“偏移（O）”命令和“延伸（EX）”命令，将台阶轮廓线各向外偏移 20mm，如图 10-70 所示。

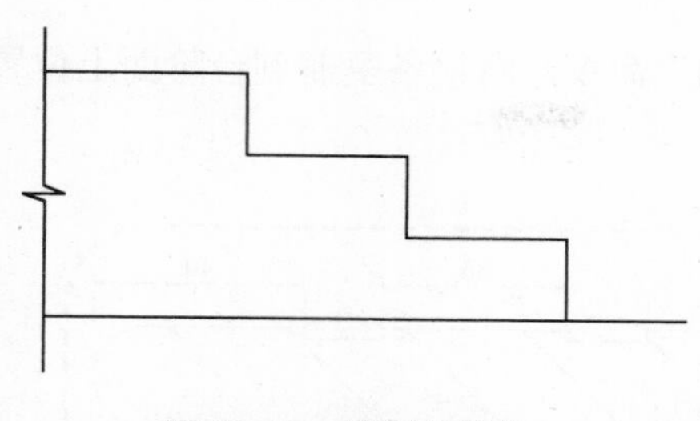

图 10-69 绘制多段线

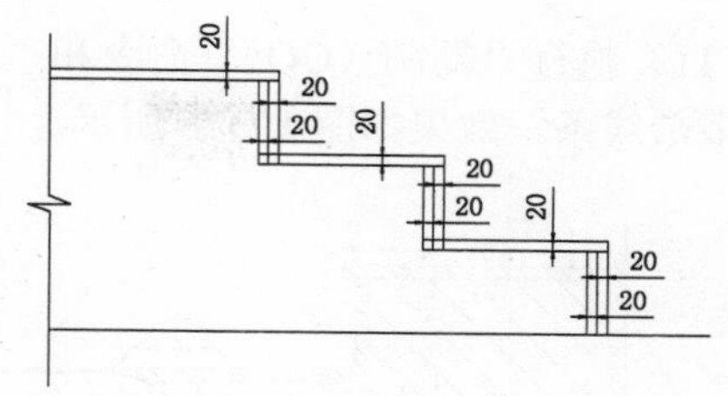

图 10-70 偏移、延伸线段

（6）执行“修剪（TR）”命令，修剪出图 10-71 所示轮廓。

（7）执行“圆角（F）”命令，设置圆角半径为 10mm，对修剪出的直角轮廓进行圆角操作，效果如图 10-72 所示。

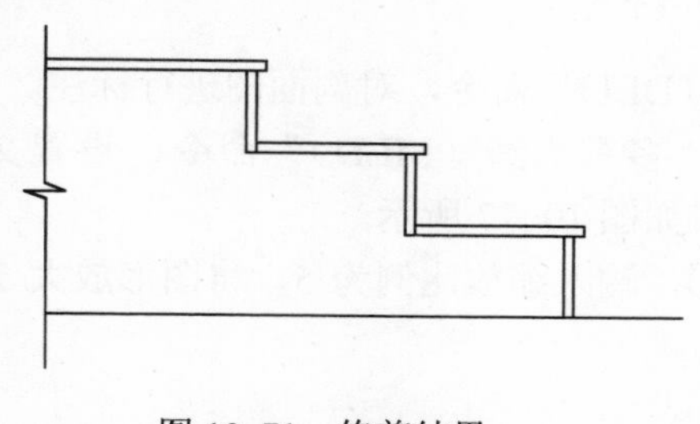

图 10-71 修剪结果

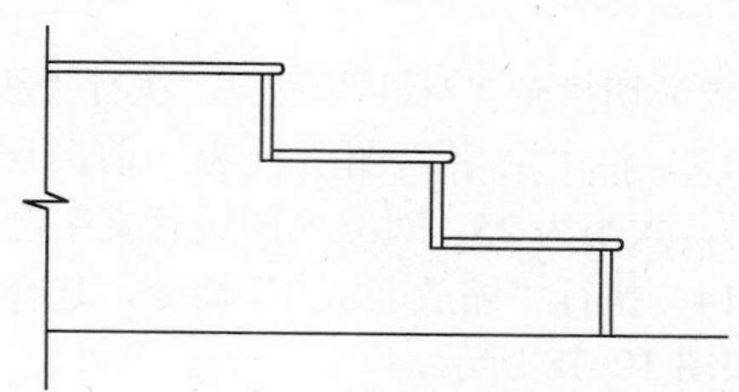

图 10-72 圆角操作

（8）执行“图案填充（H）”命令，选择样例为“ANSI31”，比例为 7，和样例“AR-CONC”，比例为 1，在图形空白区域进行填充，效果如图 10-73 所示。

（9）再执行“图案填充（H）”命令，选择样例为“ANSI35”，比例为 5，对台阶面进行填充，效果如图 10-74 所示。

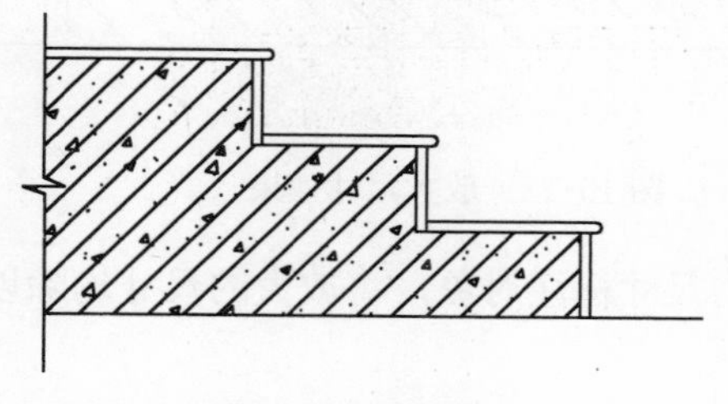

图 10-73 填充钢筋混凝土

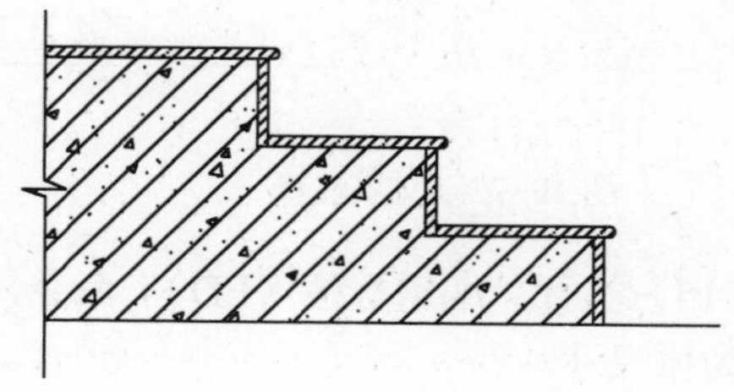

图 10-74 填充台面

（10）执行“矩形（REC）”命令，绘制 15mm×2mm 的矩形；再执行“圆弧（A）”命令，以“起点、端点、半径”来绘制一条半径为 11mm 的一段圆弧；再执行“分解（X）”命令和“删除（E）”命令，将矩形上水平边删除，形成防滑铜条效果，如图 10-75 所示。

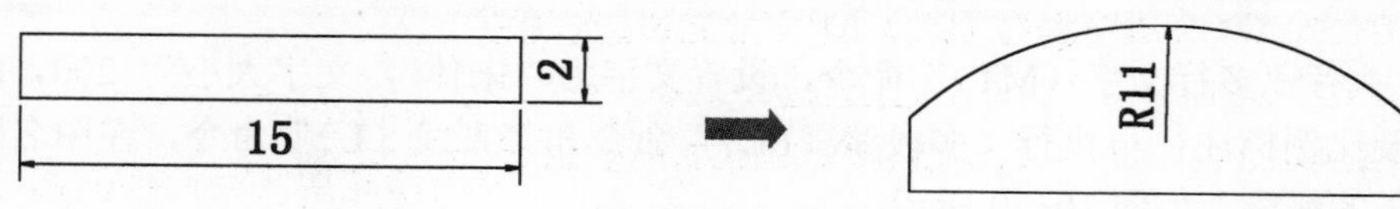

图 10-75 绘制防滑铜条

（11）执行“复制（CO）”命令和“修剪（TR）”命令，将铜条复制到台阶面上位置，并修剪多余线条，效果如图 10-76 所示。

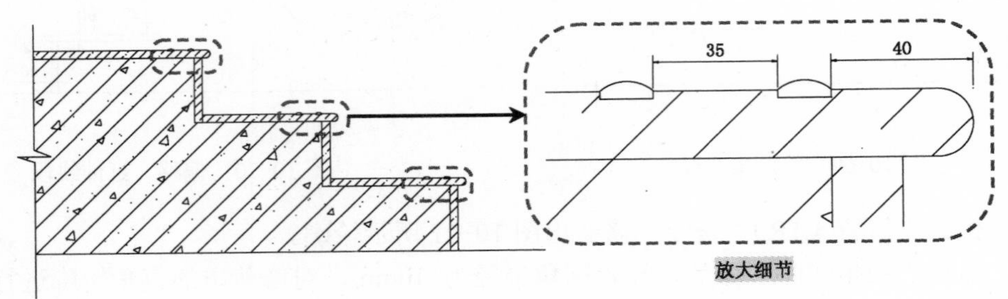

图 10-76　修剪后的效果

（12）切换至“标注”图层，执行“线型标注（DLI）”命令，对剖面图进行标注。

（13）将“文字”图层置为当前图层，执行“多重引线（MLD）”命令，设置文字为“宋体”，大小为 25，对立面图进行文字注释，效果如图 10-77 所示。

（14）执行“缩放（SC）”命令，选择所有图形，输入缩放比例为 5，将图形放大 5 倍，效果如图 10-78 所示。

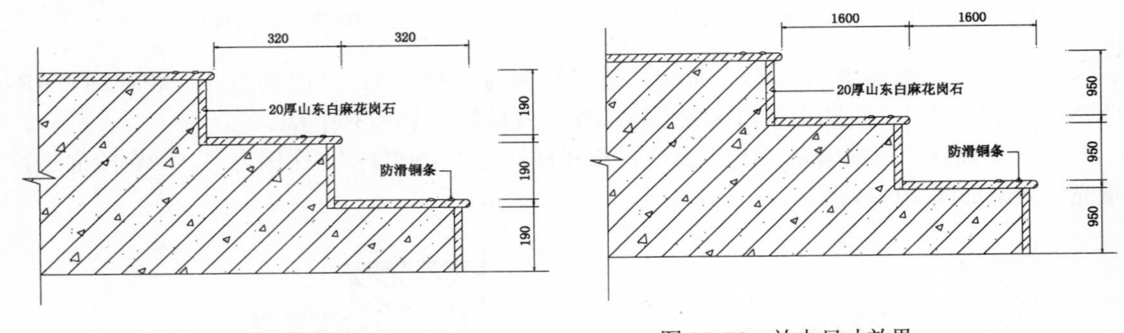

图 10-77　文字注释　　　　图 10-78　放大尺寸效果

（15）执行“编辑标注（ED）”命令，分别单击尺寸标注对象，将放大的尺寸均除以 5，修改为原尺寸。

由于原剖面图尺寸较小，不容易观看细部内容，故将其放大 5 倍，但放大以后的尺寸应除以 5，以修改回原尺寸效果，以免使施工人员在作业时造成不必要的误差，在标注图名比例时，注明 1∶5 的放大比例即可。

（16）执行“多行文字（MT）”命令，设置文字为“宋体”，文字大小为 200，对立面图进行图名及比例标注；再执行“多段线（PL）”命令和“直线（L）”命令，在图名下侧绘制与图名同长的线段，如图 10-79 所示。

（17）至此，该剖面图已经绘制完成，按〈Ctrl+S〉快捷键进行保存。

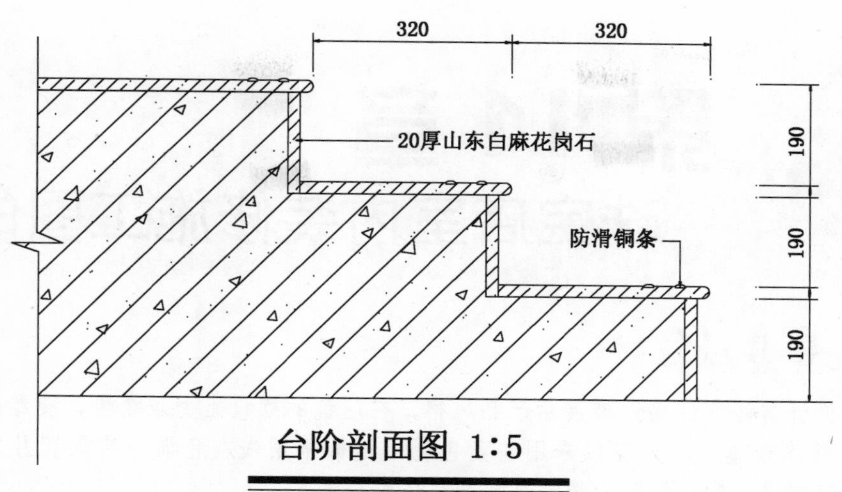

图 10-79 标注效果

10.8 花槽剖面图效果预览

素材 案例\10\花槽剖面图.dwg

根据上一节绘制台阶剖面图的方法，或参照“案例\10\花槽剖面图.dwg”文件来自行练习，其效果如图 10-80 所示。

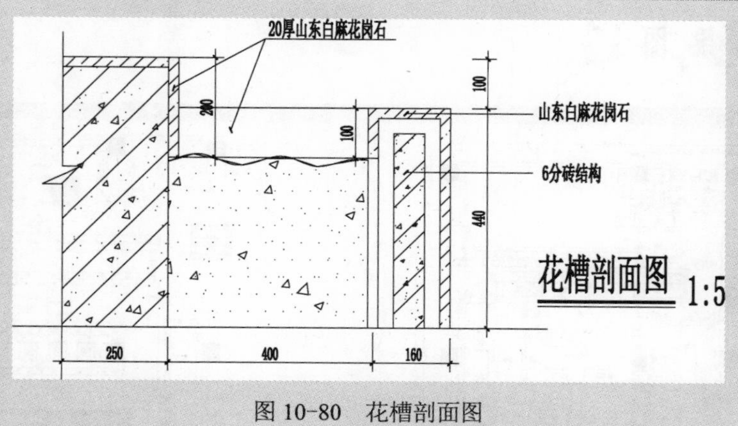

图 10-80 花槽剖面图

第 11 章 珠宝店室内装修施工图的绘制

本章导读

珠宝店设计装修店铺要注重展示产品风格，在店铺的摆设上力求个性，要给顾客留下深刻印象，在整体布置上，天花板采用灰蓝色调，地板采用浅灰色调，再配置几款白色的货架，使其简约装修与颜色鲜明的珠宝类装饰品搭配合理。

本章以某珠宝店的室内装修施工图为基础，详细讲解了其室内平面布置图、地面材质图、顶棚布置图的绘制方法和技巧，最后给出该珠宝店中各个立面图和大样详图的施工图效果，让读者自行去演练绘制，从而达到举一反三的目的。

主要内容

- ◆ 掌握珠宝店平面布置图的绘制方法
- ◆ 掌握珠宝店地面材质图的绘制方法
- ◆ 掌握珠宝店顶棚布置图的绘制方法
- ◆ 预览珠宝店各个立面图和详图效果

预览效果图

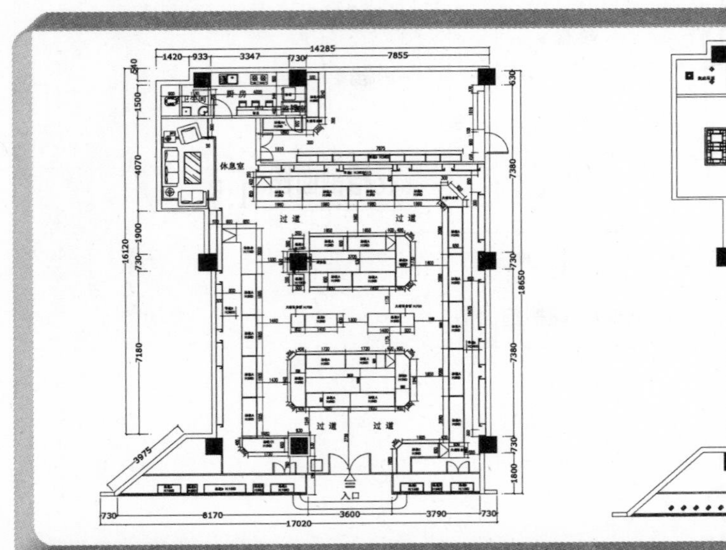

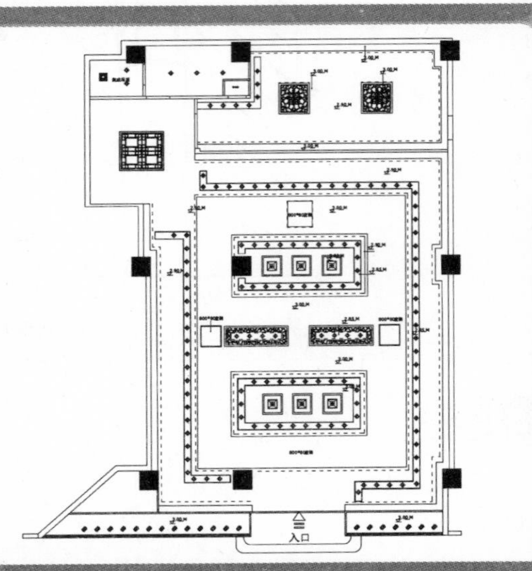

11.1 珠宝店平面布置图的绘制

素材 视频\11\珠宝店平面布置图.avi
案例\11\珠宝店平面布置图.dwg

用户在进行珠宝店的布置设计时，首先应该考虑珠宝店功能区域的分布，主要有卫生间、厨房、休息区、展览厅等，然后考虑展示柜的位置、展示柜尺寸和形象等；再通过矩形、偏移、修剪等命令，绘制出珠宝店室内布置图，如图 11-1 所示。

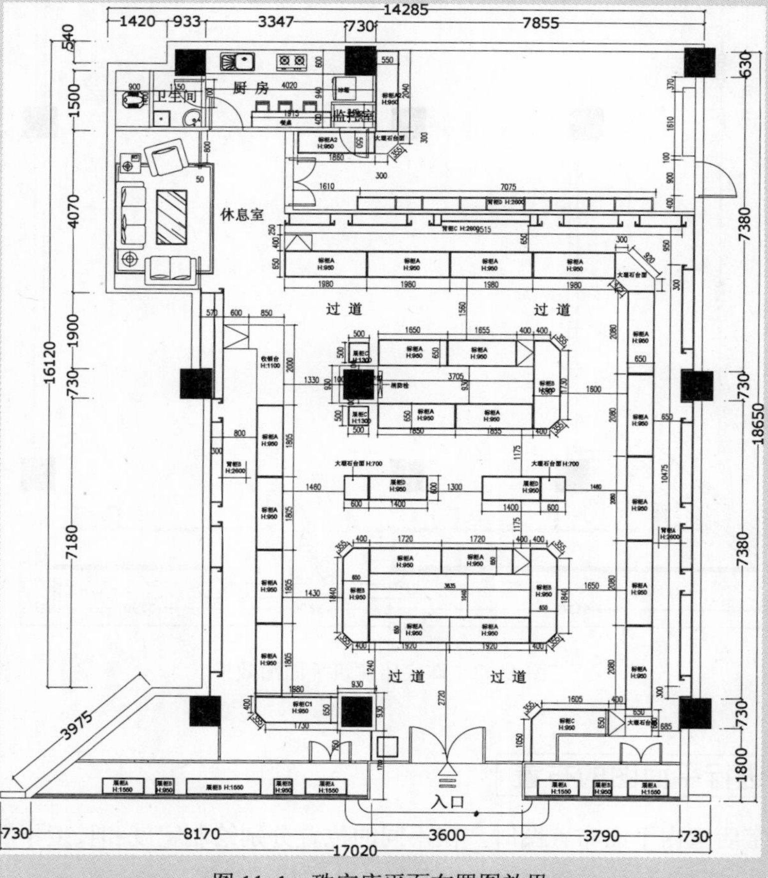

图 11-1 珠宝店平面布置图效果

11.1.1 打开建筑平面图

在本案例中，已经有准备好的“珠宝店建筑平面图.dwg”文件，这时可将其打开并保存为新的文件。

（1）启动 AutoCAD 2016 软件，选择“文件 | 打开”菜单命令，将“案例\11\珠宝店建筑平面图.dwg”文件打开，如图 11-2 所示。

（2）执行“文件｜另存为”菜单命令，将其另存为“案例\11\珠宝店平面布置图.dwg”文件。

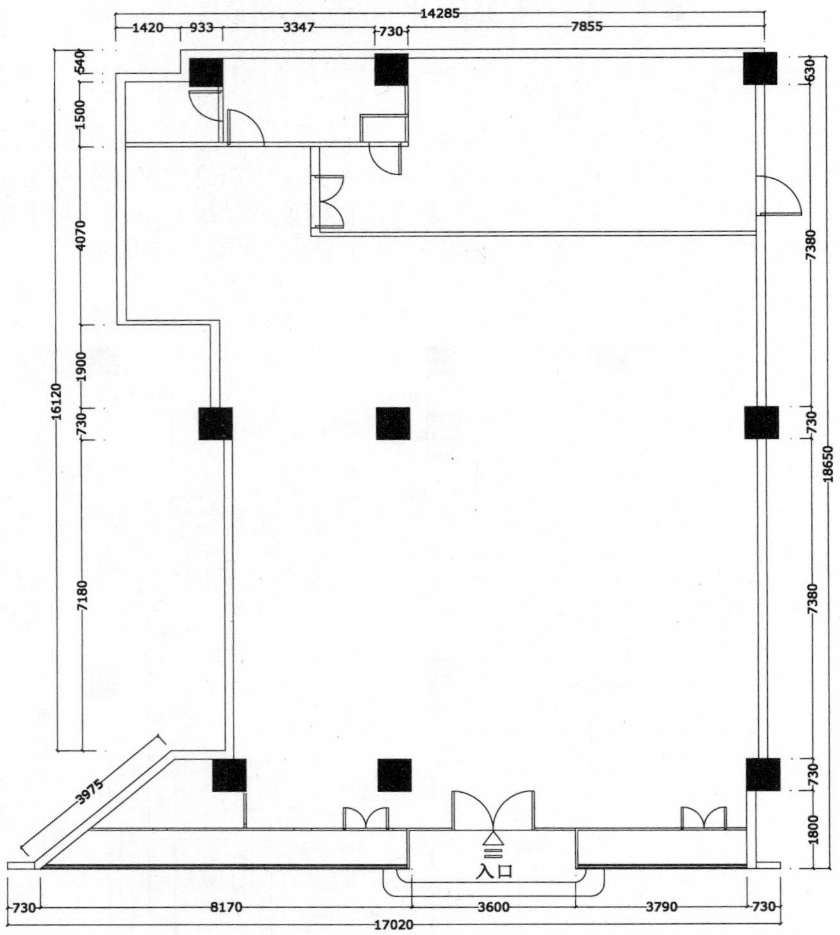

图 11-2　珠宝店建筑平面图效果

11.1.2 进行平面图的布置

在绘制珠宝店室内平面布置图时，在不同的位置分别绘制宽度和长度不等的背柜和展示柜效果，并在指定的位置插入相应的图块对象，从而快速地完成平面布置图的绘制。

（1）将“家具”图层置为当前图层，执行“矩形（REC）”命令、“偏移（O）”命令、“修剪（TR）”命令等，根据图形的要求绘制出图 11-3 所示的背柜效果。

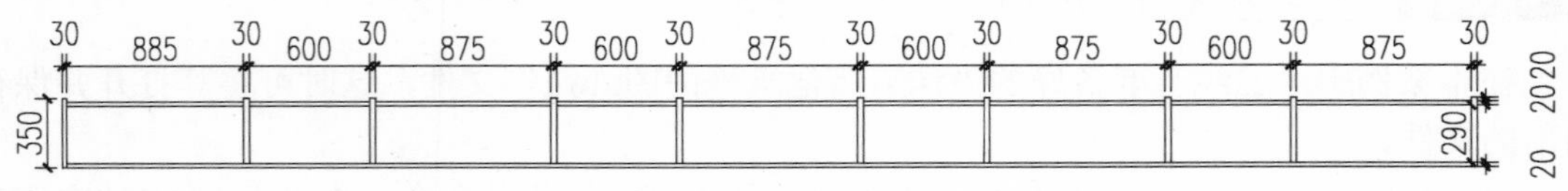

图 11-3　背柜效果

（2）执行“移动（M）”命令，将刚刚绘制的背柜放置到图 11-4 所示的右上方位置。

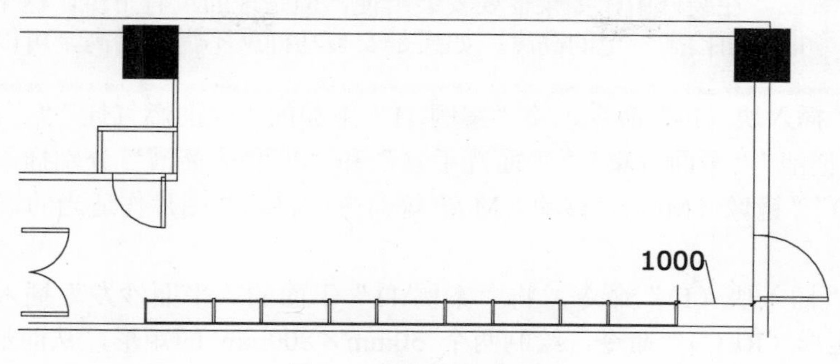

图 11-4　背柜放置效果

（3）执行“矩形（REC）”命令，绘制出 1862mm×550mm 和 2000mm×550mm 的两个矩形对象，再执行“偏移（O）”命令，将矩形向内偏移 20mm，然后执行“移动（M）”命令，将相应的矩形对象移至指定的位置，从而完成展示柜的布置。

（4）执行“矩形（REC）”命令和“倒角（CHA）”命令在两个展示柜转角处绘制出大理石斜角台面，然后在右侧门处绘制 1710mm×300mm 的矩形，如图 11-5 所示。

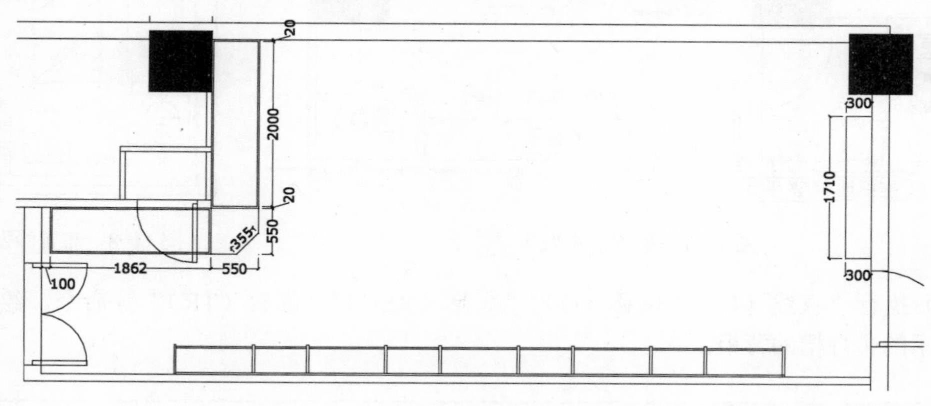

图 11-5　绘制台面

（5）执行“偏移（O）”命令，将左上侧的线向下偏移 600mm，形成橱柜台面轮廓；将左上侧线向右偏移 900mm，从而形成卫生间抬高轮廓，并将偏移出来的线置换到“家具”图层，如图 11-6 所示。

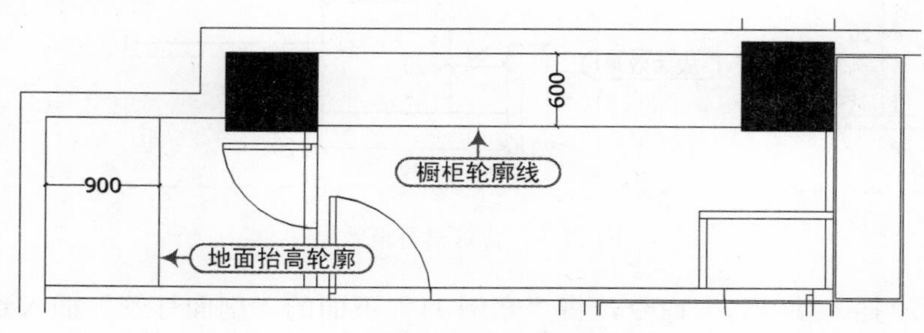

图 11-6　偏移轮廓效果

在装修中，如果需要安装蹲便，但是地面没有下沉，这个时候就需要把地面抬高一定的高度；如果是安装马桶就不需要抬高，可以直接安装。

（6）执行“插入块（I）”命令，将“案例\11”下面的“平面燃气灶”“平面冰箱”“平面蹲便”“平面拖把池”“平面餐桌”“平面洗手盆”和“平面洗菜槽”分别插入到图中，再结合“旋转（RO）”“镜像（MI）”“移动（M）”等命令，将这些图片作适当的调整，如图 11-7 所示。

（7）执行“插入块（I）”命令，将“案例\11”下面的“平面沙发”插入到图中指定位置；再执行“矩形（REC）”命令，绘制两个 50mm×800mm 的矩形，从而形成艺术隔断，如图 11-8 所示。

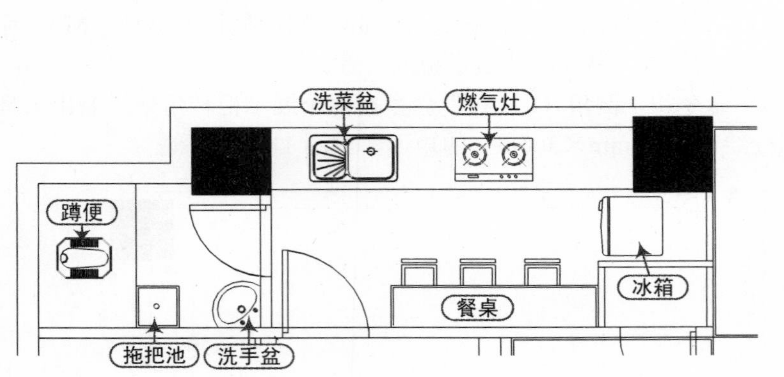

图 11-7 插入图块效果

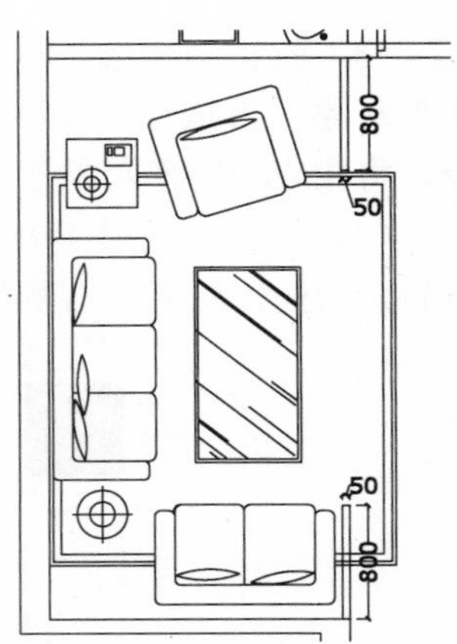

图 11-8 布置沙发效果

（8）执行“直线（L）”“偏移（O）”“矩形（REC）”“修剪（TR）”等命令，绘制出图 11-9 所示的带灯槽的背柜。

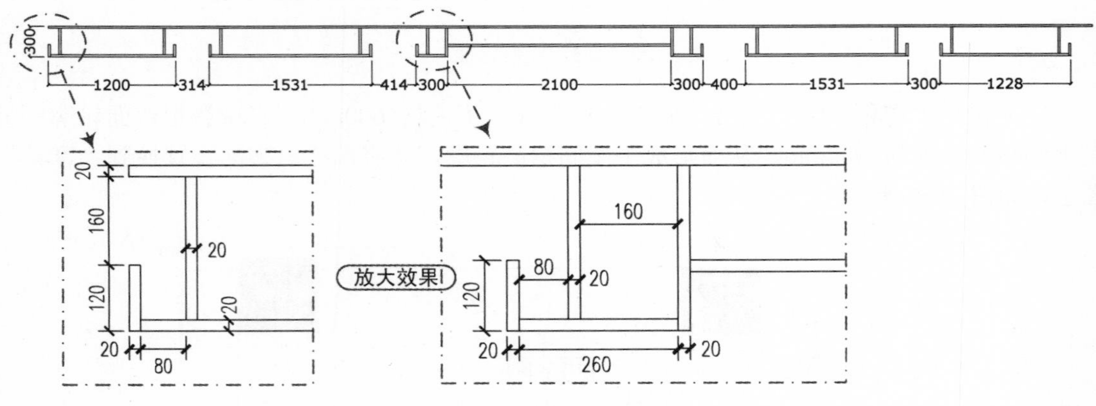

图 11-9 含灯槽背柜效果

（9）执行“插入块（I）”命令，将“案例\11”下面的“剖面灯管”插入到背柜的灯槽中；再执行“移动（M）”命令，将上一步绘制好的背柜放置到图 11-10 所示的位置。

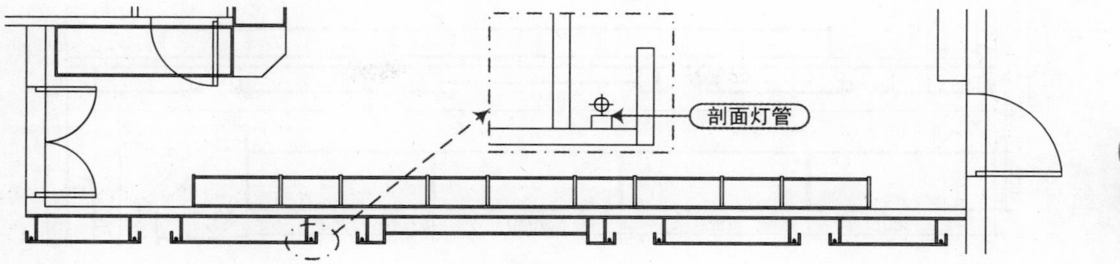

图 11-10 移动背柜

（10）用同样的方法绘制出珠宝店左边墙和右边墙的背柜，效果如图 11-11 所示。

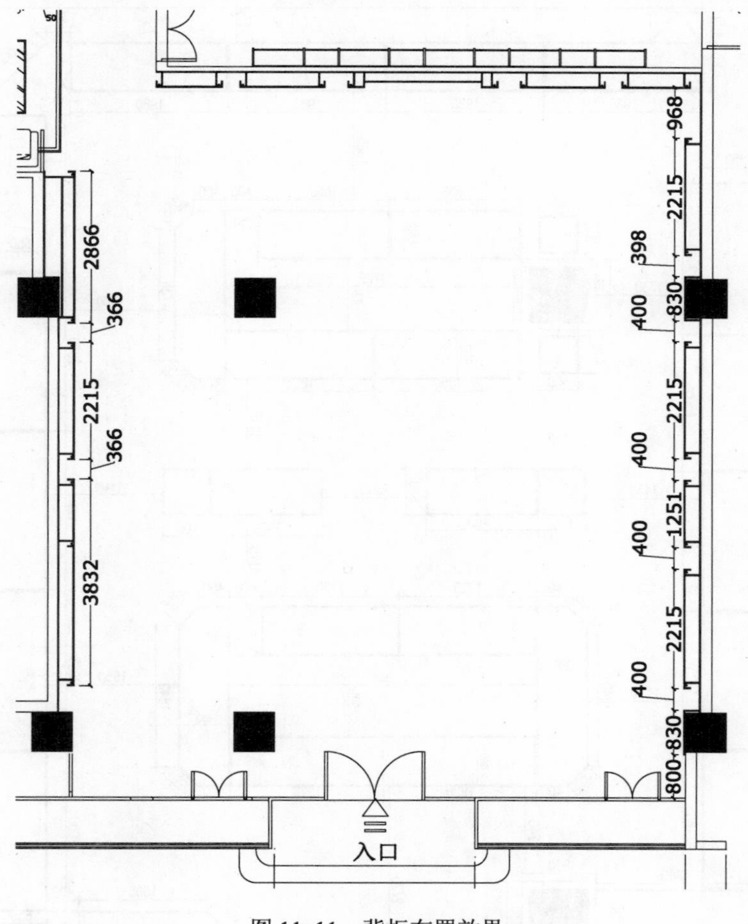

图 11-11 背柜布置效果

（11）执行“矩形（REC）”“偏移（O）”“移动（M）”等命令，在上侧背柜处绘制出图 11-12 所示的展示柜。

（12）执行“矩形（REC）”“偏移（O）”“移动（M）”等命令，绘制出其他展示柜，如图 11-13 所示。

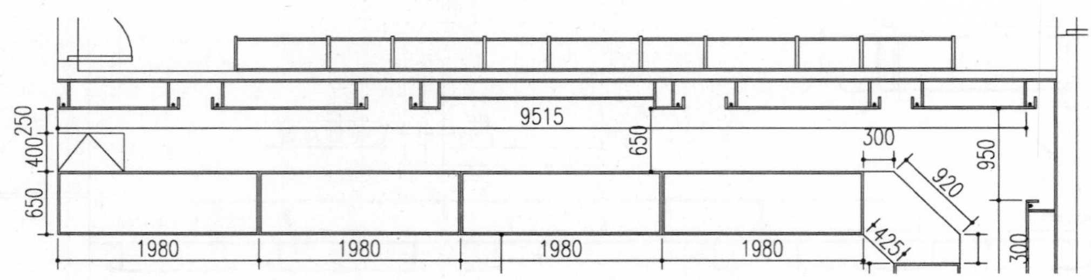

图 11-12　上侧展示柜效果

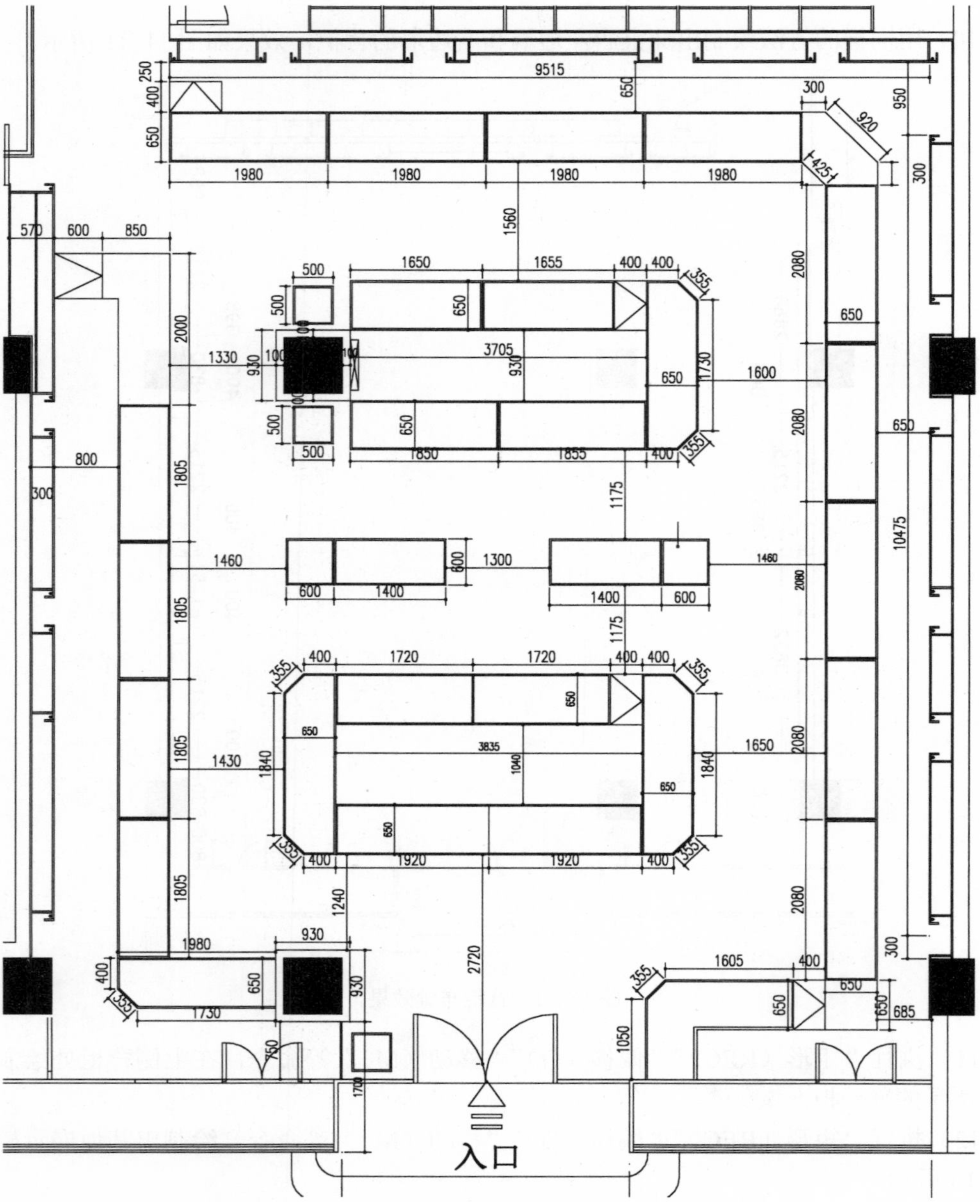

图 11-13　展示柜效果

（13）执行“矩形（REC）”命令，在入口左侧绘制展示柜，展示柜的宽度均为400mm；再将矩形向内偏移 20mm 的距离，并把内矩形的颜色设为“251”，如图 11-14 所示。

（14）用同样的方法绘制出入口右侧展示柜，如图 11-15 所示。

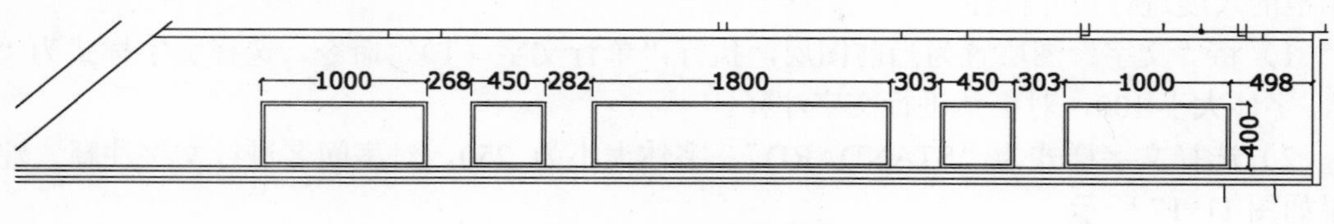

图 11-14 入口左边展示柜

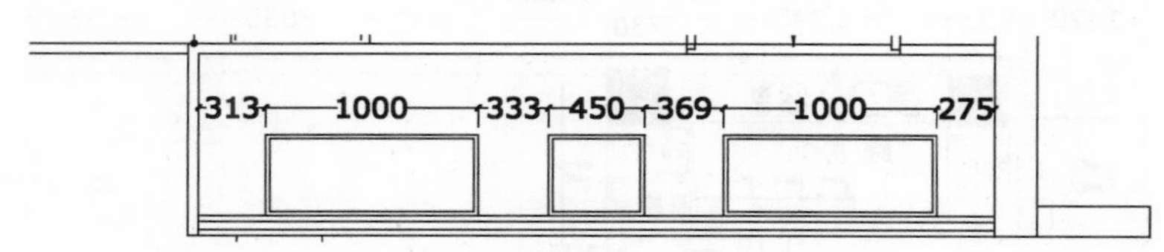

图 11-15 入口右边展示柜

专业技能 珠宝店装修设计要点

珠宝店的装修设计要点从要从店名设计、室外设计、室内设计、灯光布置和展柜设计 5 个要点来综合考虑，如图 11-16 所示。

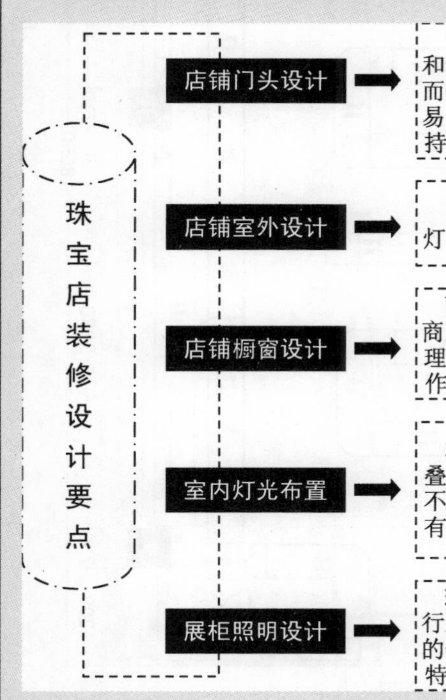

一个好的店铺名必须适合其目标顾客的层次，适合其经营宗旨和情调，这样才能为店铺树立美好的形象，增强对顾客的吸引力。而针对珠宝店来讲，在对其店铺命名时，应遵循 4 原则：①易读、易记原则；②展现店铺经营产品属性原则；③启发联想原则；④支持标志物原则

室外装饰是指店铺门前和周围的一切装饰，如广告牌、霓虹灯、灯箱、店铺招牌、门面装饰、橱窗布置和室外照明等

商店橱窗是门面总体装饰的组成部分，橱窗的设计，首先要突出商品的特性，同时又要使橱窗布置和商品介绍符合消费者的一般心理行为。好的橱窗布置既可起到介绍商品、指导消费、促进销售的作用，又可成为商店门前吸引过往行人的艺术佳作

较理想的布光位置是在饰品的前上方，同时注意要让光源交叉重叠，使珠宝能够折射与反射来自四面八方的光线。不同的珠宝需要不同的灯光来配合使用，在为珠宝店选择灯光时，需要考虑的因素有灯色、照明程度、闪烁度、温度、演色性、红外线、紫外线等

珠宝展柜一般用来展示小件精致物品，可以设置射灯或者光纤进行照明。但灯光的设计要围绕见光不见灯的原理，并且突显所展示的物品。所以，珠宝展柜照明要注意两点：一是足够亮，二是体现特色

图 11-16 珠宝店装修设计要点

11.1.3 文字注释和标注

在进行文字注释时，主要使用事先建立好的“仿宋”和“STANDARD”文字样式，并设置字高大小为 100 和 250，分别对其指定的对象进行文字注释标注，然后将内部各背柜和展示柜的尺度进行尺寸标注。

（1）将“文字”图层置为当前图层，执行“单行文字（T）”命令，选择文字样式为“仿宋”，字体大小 100，对柜体进行文字注释。

（2）选择文字样式为“STANDARD”，字体大小为 250，对房间名进行文字注释，注释效果如图 11-17 所示。

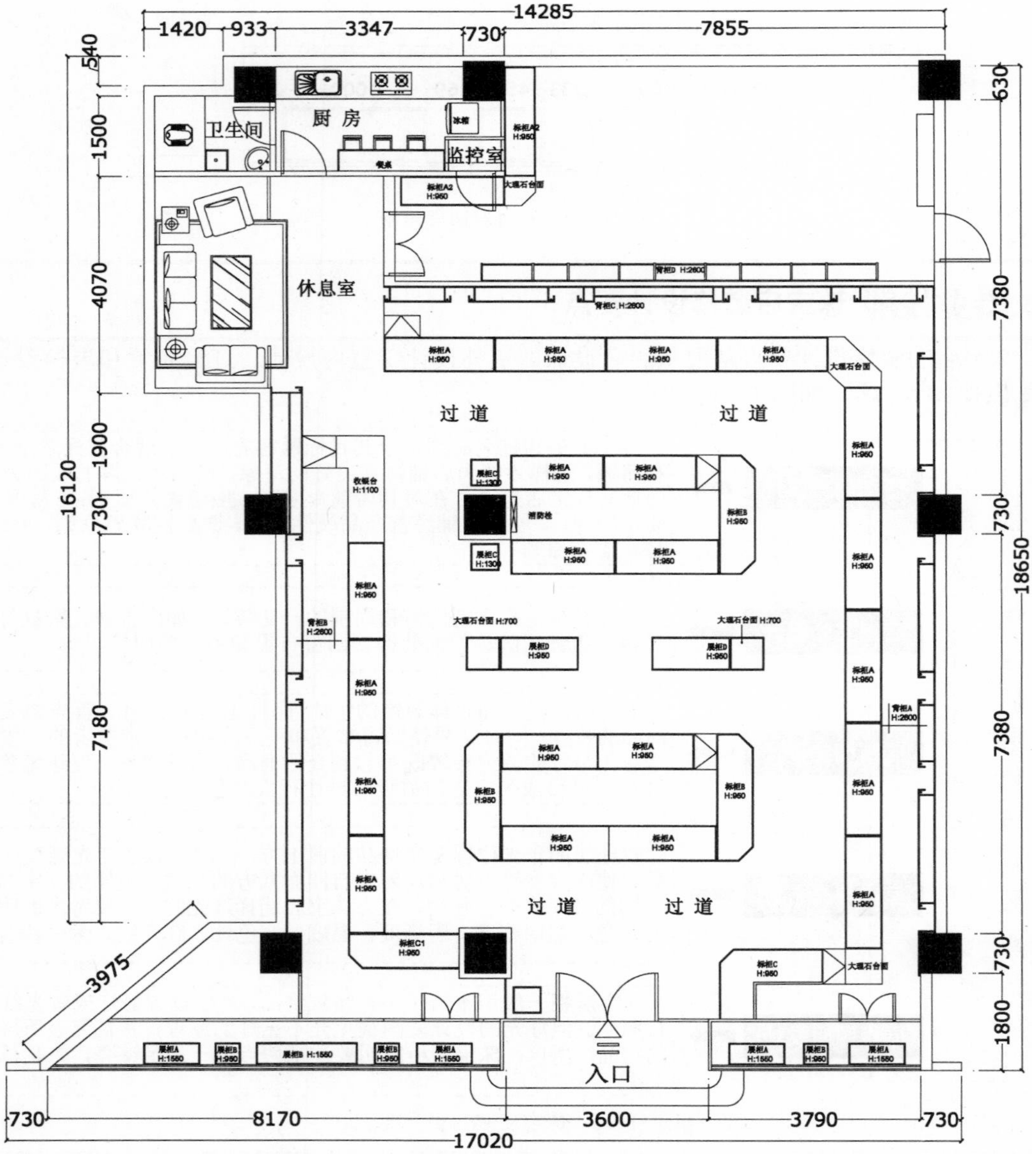

图 11-17　文字注释

（3）将“标注”图层置为当前图层，执行“线型标注（DLI）”命令和“连续标注（DCO）”命令，对珠宝店平面图内部的尺寸进行标注，如图 11-18 所示。

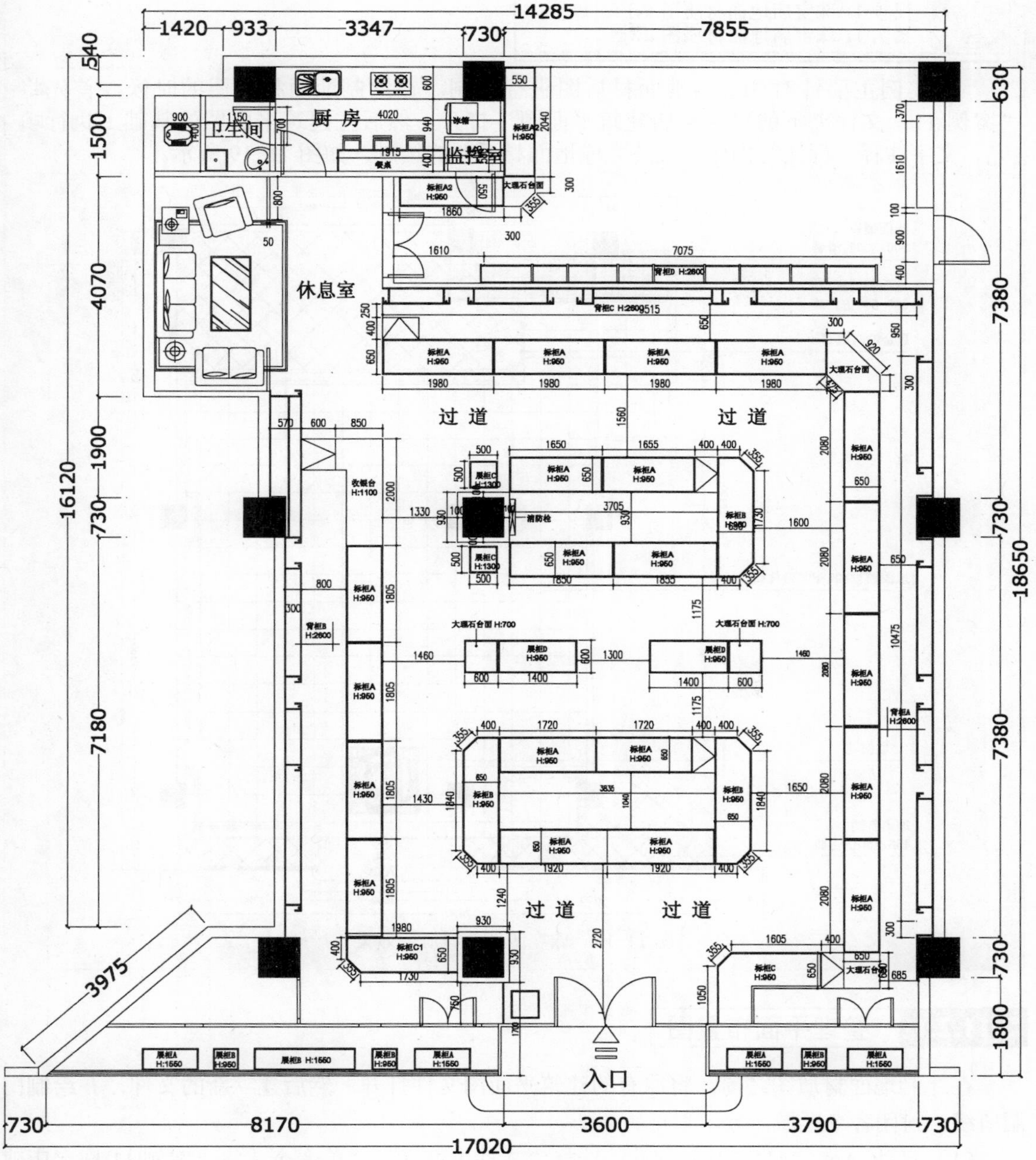

图 11-18　尺寸标注

（4）至此，珠宝店平面布置图已经绘制完成，按〈Ctrl+S〉快捷键进行保存。

11.2 珠宝店地面材质图的绘制

素材 视频\11\珠宝店地面材质图.avi
案例\11\珠宝店地面材质图.dwg

本实例主要针对珠宝店地面材质图进行绘制。在绘制地面材质图的时候，首先将“案例\11”文件夹下的“珠宝店建筑平面图”打开，然后在建筑平面图的基础上执行填充、文字注释、标注等操作，最终完成地面材质图的绘制，如图 11-19 所示。

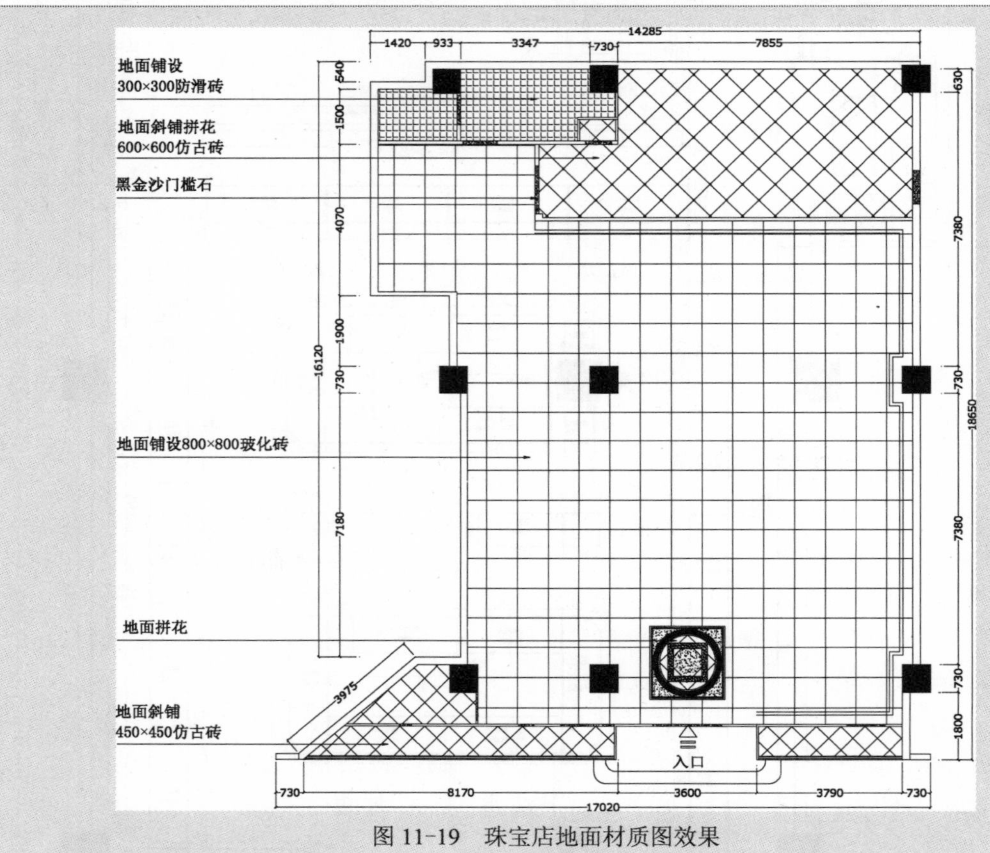

图 11-19 珠宝店地面材质图效果

11.2.1 整理平面布置图

在绘制地面材质图之前，将原有的建筑平面图文件打开，然后建立新的文件，并绘制门洞口线，封闭各个区域对象。

（1）启动 AutoCAD 2016 软件，选择“文件 | 打开”菜单命令，将“案例\11\珠宝店建筑平面图.dwg”文件打开；再执行“文件 | 另存为”菜单命令，将其另存为“案例\11\珠宝店地面材质图.dwg”文件。

（2）执行“删除（E）”命令，将所有门对象删除，然后将“门洞线”图层置为当前图层，执行“直线（L）”命令，将所有门洞封闭起来，从而整理出图 11-20 所示的效果。

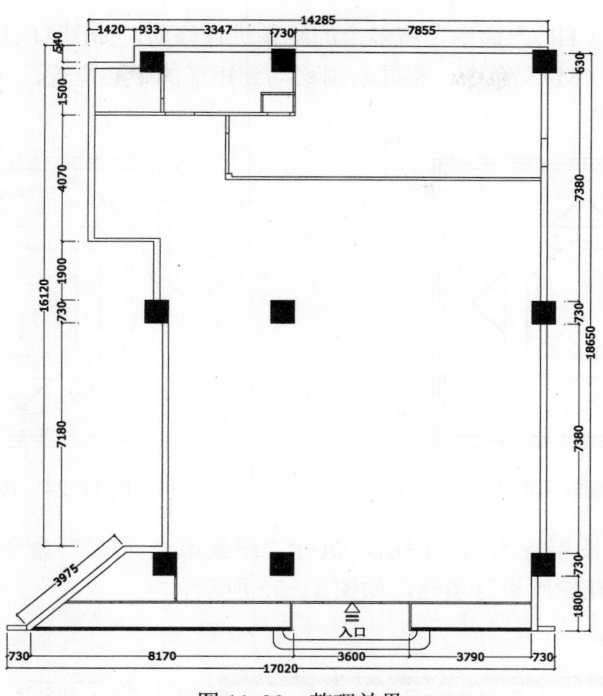

图 11-20　整理效果

11.2.2　绘制地面材质图

在珠宝店的地面材质图中，其入户门处铺贴有拼花图案，各门洞口位置铺贴有黑金沙门槛石，厨卫位置铺贴 300mm×300mm 防滑地砖，入户门左右两侧铺贴 450mm×450mm 的仿古砖，店铺主体铺贴有 800mm×800mm 玻化砖。

（1）将“地面材质”图层置为当前图层，执行“圆（C）”命令，绘制半径为 728mm、764mm、874mm、900mm 的同心圆，如图 11-21 所示。

（2）执行“矩形（REC）”命令，绘制 1954mm×1954mm 的矩形；再执行“偏移（O）”命令，将矩形依次向内偏移 36mm、36mm、390mm、150mm 的距离，如图 11-22 所示。

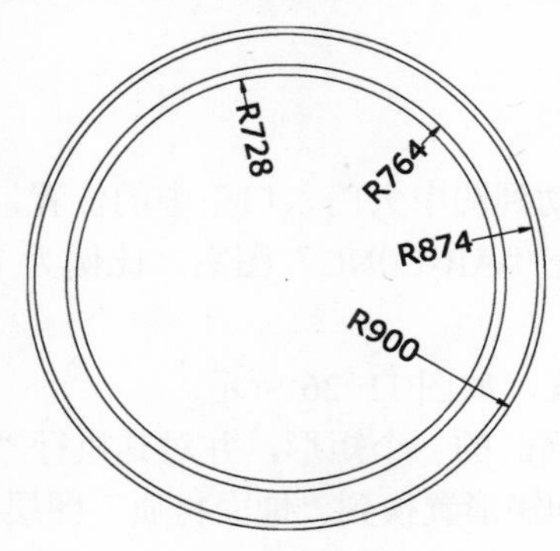

图 11-21　绘制同心圆

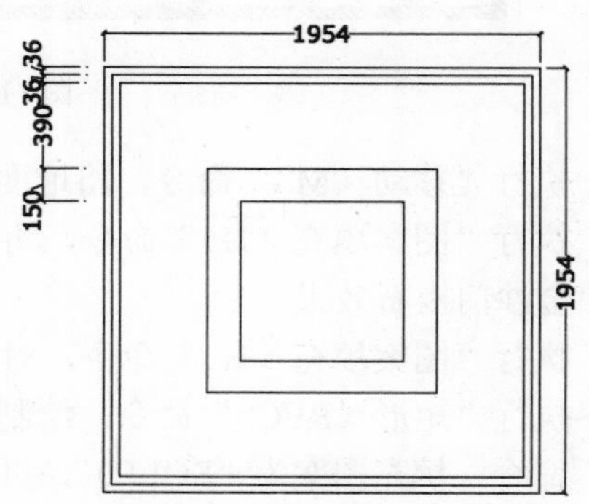

图 11-22　绘制矩形并偏移

（3）执行“旋转（RO）”命令，旋转最里面的两个矩形，根据提示将矩形旋转并复制

45°；再执行“修剪（TR）”命令，将多余的线条进行修剪，如图 11-23 所示。

（4）执行“移动（M）”命令，将同心圆移动到矩形的中心位置，如图 11-24 所示。

图 11-23　旋转复制矩形

图 11-24　移动同心圆

（5）将“填充”图层置为当前图层，执行“图案填充（H）”命令，选择不同的图案，对刚刚绘制的地面拼花轮廓进行填充，如图 11-25 所示。

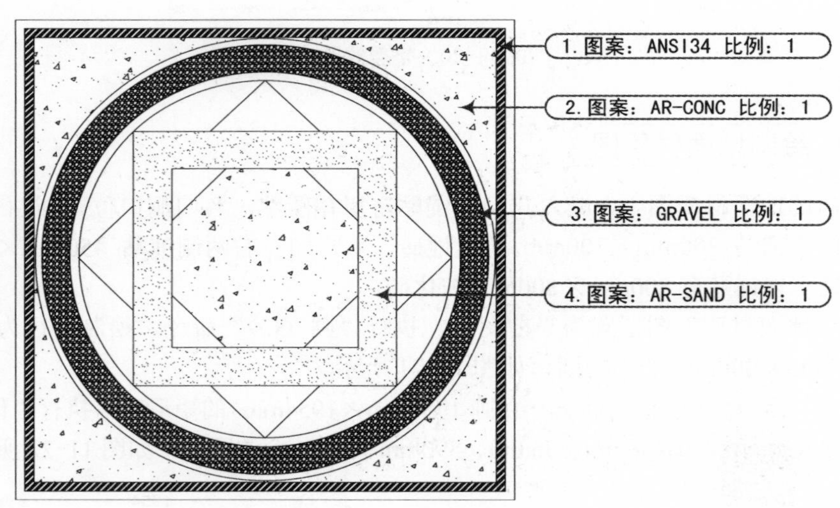

图 11-25　拼花效果

（6）执行“移动（M）”命令，将地面拼花图案移动到图中大门入口正中的位置。

（7）执行“图案填充（H）”命令，将所有门洞填充“AR-C0NC”图案，比例为 0.5，从而形成黑金沙门槛石效果。

（8）执行“图案填充（H）”命令，对地面填充图案，如图 11-26 所示。

（9）执行“矩形（REC）”命令，绘制 50mm×50mm 的一个矩形，并对其执行“图案填充（H）”命令，填充图案为“SOLID”，再将填充图案和矩形置换到“地面材质”图层。

（10）执行“旋转（RO）”命令和“复制（CO）”命令，将绘制的小正方形分别复制到上侧填充图案的交点位置，如图 11-27 所示。

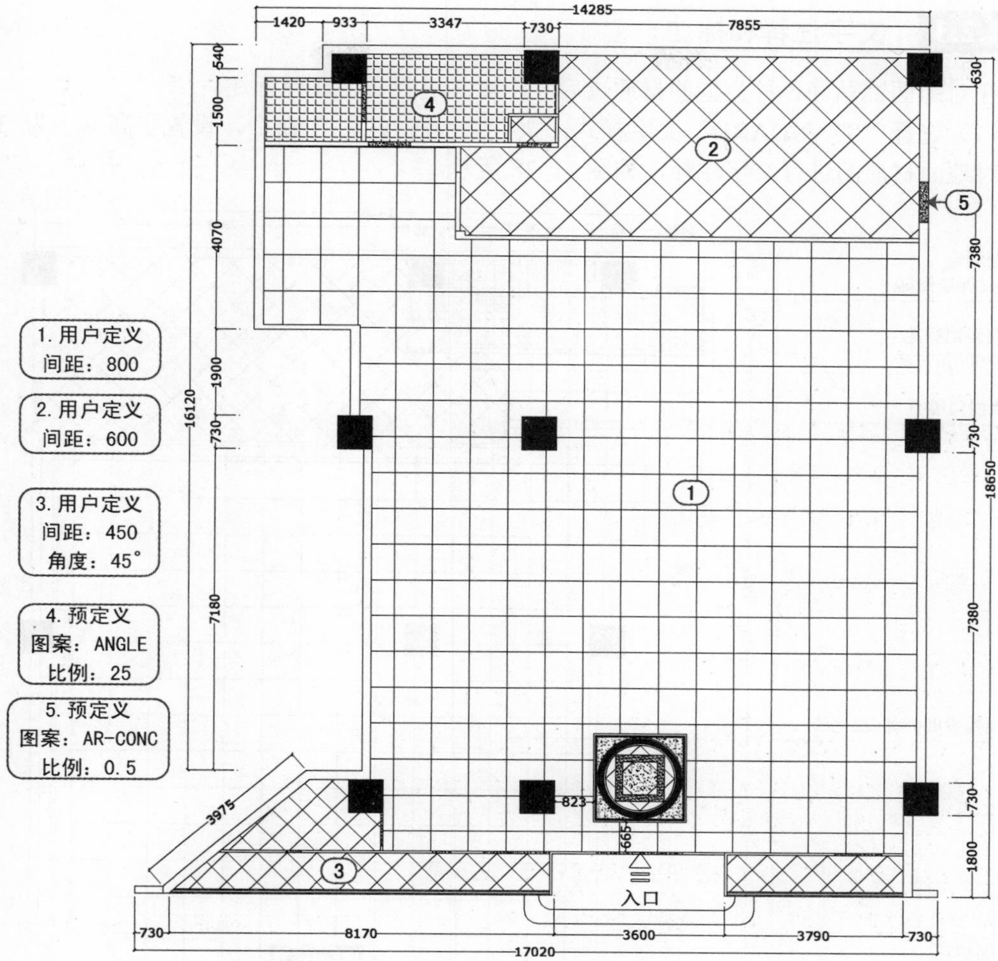

14285
1420
933
3347
730
7855
540
1500
4070
1900
730
7180
16120
630
7380
730
7380
730
1800
18650
1. 用户定义
间距：800
2. 用户定义
间距：600
3. 用户定义
间距：450
角度：45°
4. 预定义
图案：ANGLE
比例：25
5. 预定义
图案：AR-CONC
比例：0.5
3975
823
665
入口
730
8170
3600
3790
730
17020

图 11-26　填充效果

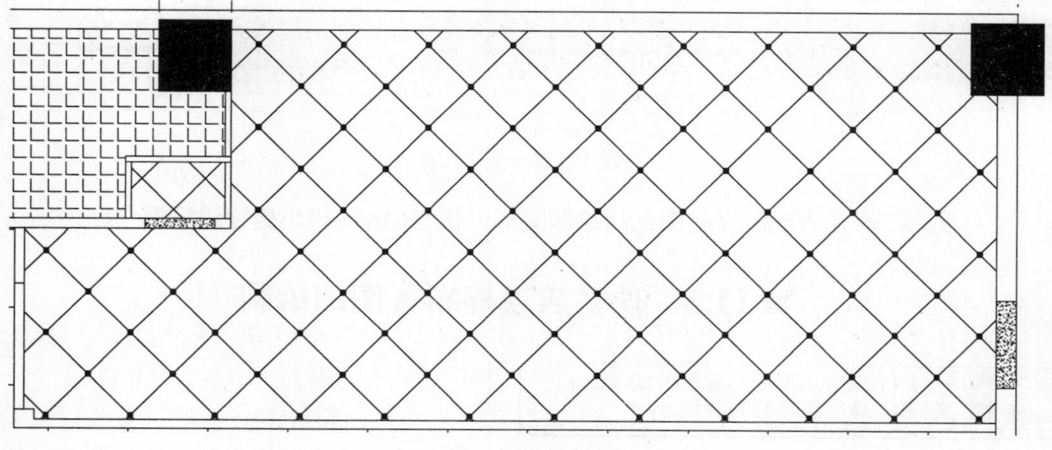

图 11-27　拼花效果

➲ 11.2.3 文字注释和标注

在对地面铺贴好各种类型的材质过后，应对其进行文字注释标注。

（1）选择“STANDARD”文字样式，执行“引线（LE）”命令，设置字高大小为 300，分别对地面材质图进行文字注释，如图 11-28 所示。

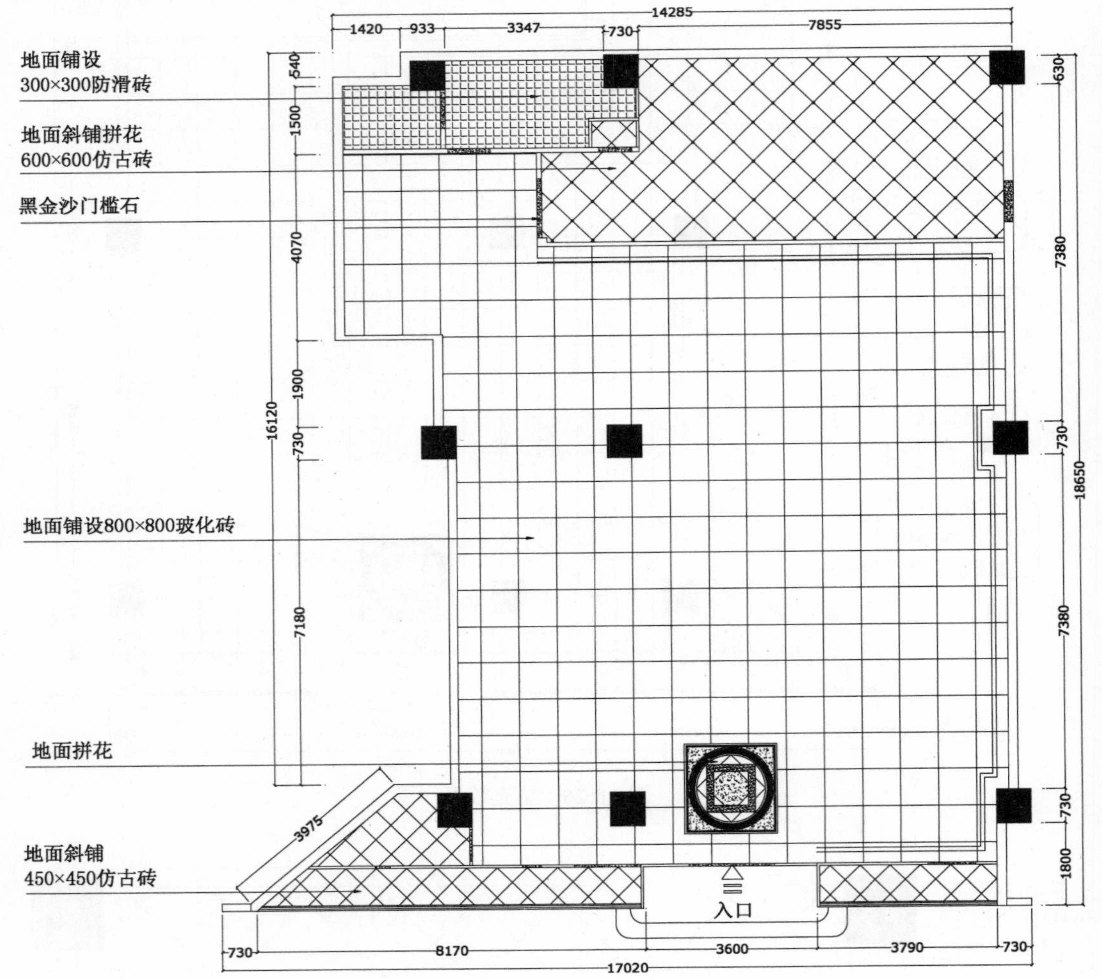

图 11-28 文字注释

（2）至此，珠宝店地面材质图已经绘制完成，按〈Ctrl+S〉快捷键进行保存。

↘ 11.3 珠宝店顶棚布置图的绘制

素材 视频\11\珠宝店顶棚布置图的绘制.avi
案例\11\珠宝店顶棚布置图.dwg

珠宝店顶棚布置图是在地面材质图的基础上进行的，首先调用文件并整理图形，然后绘制吊顶轮廓和安装灯具，最后进行文字注释，完成的顶棚布置图效果如图 11-29 所示。

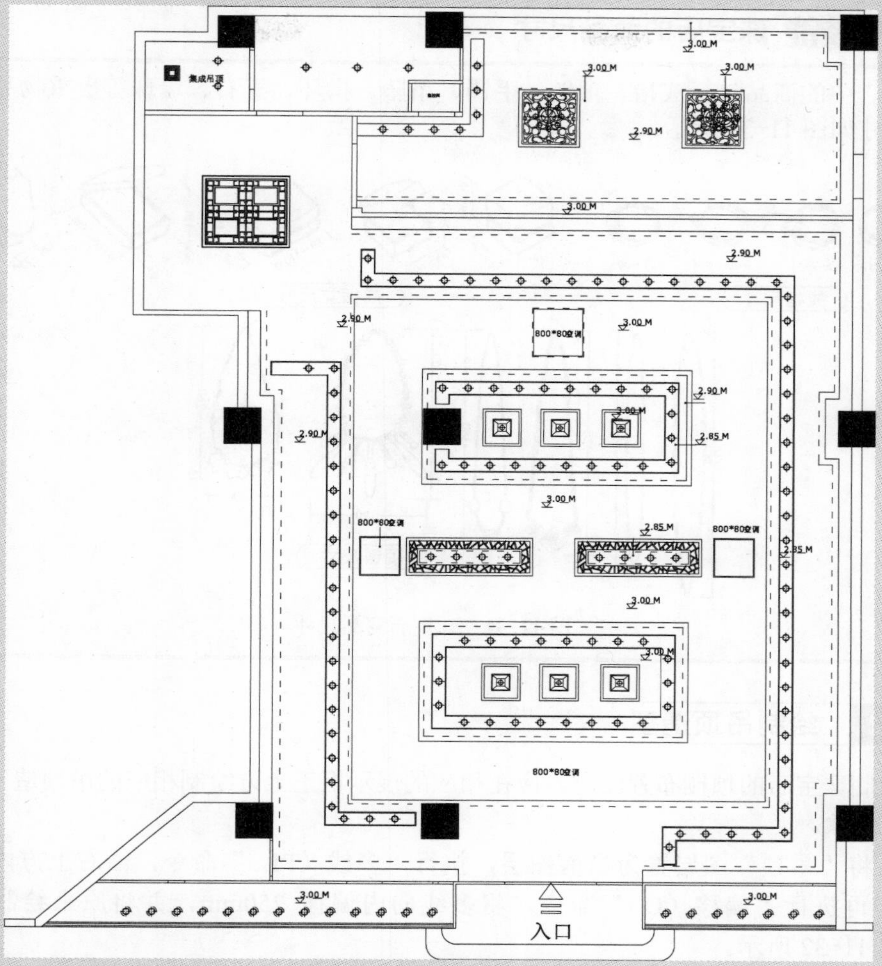

图 11-29 顶棚布置图效果

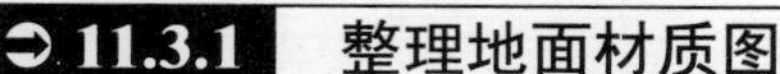

11.3.1 整理地面材质图

珠宝店顶棚布置图是在地面材质图的基础上进行绘制的，即将地面材质图中的多余对象隐藏，然后另存为新的文件即可。

（1）启动 AutoCAD 2016 软件，选择“文件｜打开”菜单命令，将“案例\11\珠宝店地面材质图.dwg”文件打开，执行“文件｜另存为”菜单命令，将其另存为“案例\11\珠宝店顶棚布置图.dwg”文件

（2）执行“删除（E）”命令，将图中的文字、标注和填充图案删除掉，并将剩下的所有线条改为“251”灰色线，如图 11-30 所示。

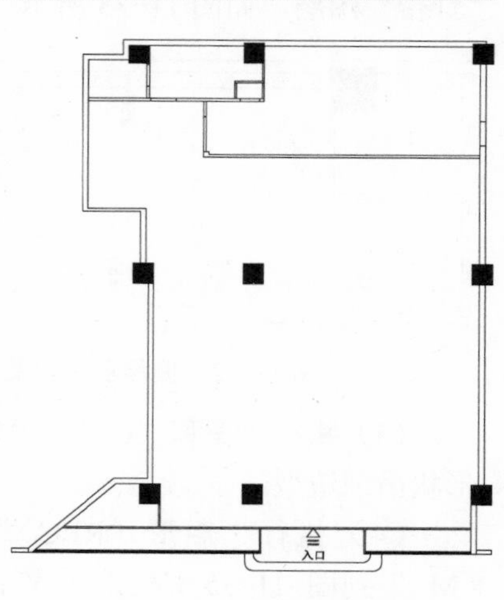

图 11-30 整理平面图效果

专业技能 珠宝店的商品尺寸

珠宝店中的商品包括戒指、项链、手镯、吊坠、指环、玉石、珍珠等贵重物品，其常规的商品尺寸如图 11-31 所示。

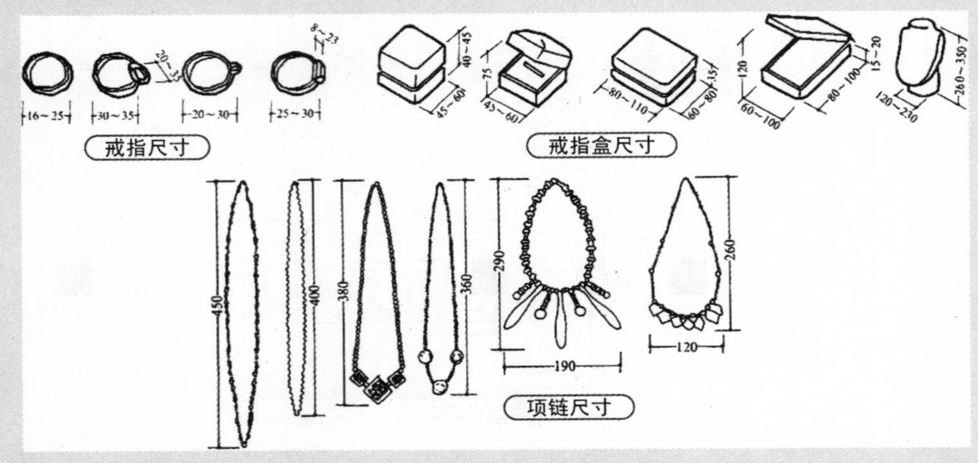

图 11-31　珠宝店商品尺寸

11.3.2 绘制吊顶造型

在绘制珠宝店的顶棚布置图时，应在相应的展示柜正上方绘制相应的吊顶造型对象，并布置灯带对象。

（1）将“吊顶”图层置为当前图层，执行“多线（PL）”命令，沿右上方内墙绘制一条多线；再执行“偏移（O）”命令，将多线向内偏移 250mm，并将原来绘制的多线删除，如图 11-32 所示。

（2）执行“偏移（O）”命令，将偏移出的多线向内偏移 75mm，并把偏移的多线置换到“灯带”图层，如图 11-33 所示。

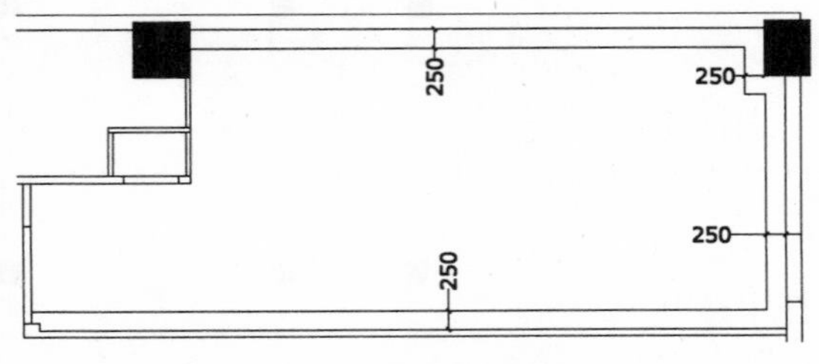

图 11-32　偏移多线效果

图 11-33　绘制灯带效果

（3）执行“偏移（O）” “修剪（TR）”“圆角（F）”等命令，绘制出图 11-34 所示的 L 形状吊顶造型。

（4）执行“矩形（REC）”命令，绘制两个 1200mm×1200mm 的矩形；并“移动（M）”到图 11-35 所示的位置；再执行“插入块（I）”命令，将“案例\11”文件夹下面的“吊顶雕花造型 1”插入到矩形框中。

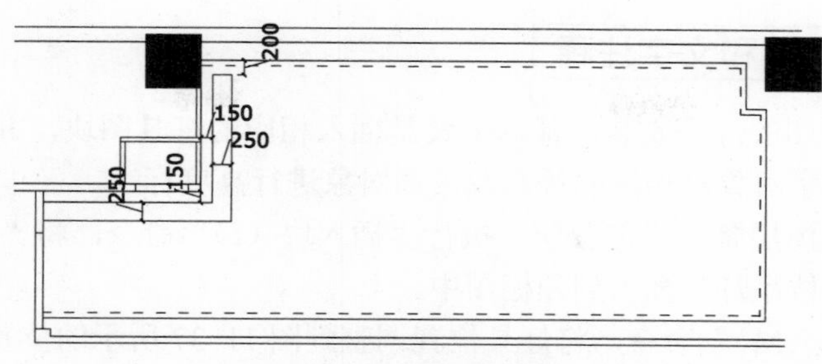

图 11-34 绘制 L 形吊顶

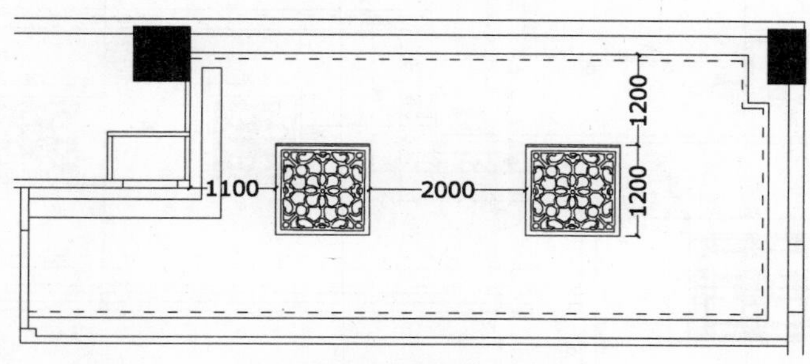

图 11-35 绘制雕花吊顶效果

（5）通过同样的方法，绘制出其余吊顶的造型轮廓。由于书本篇幅有限，不再一一讲解，读者可以参考“案例\11”文件夹下面的“珠宝店顶棚布置图”进行绘制，如图 11-36 所示。

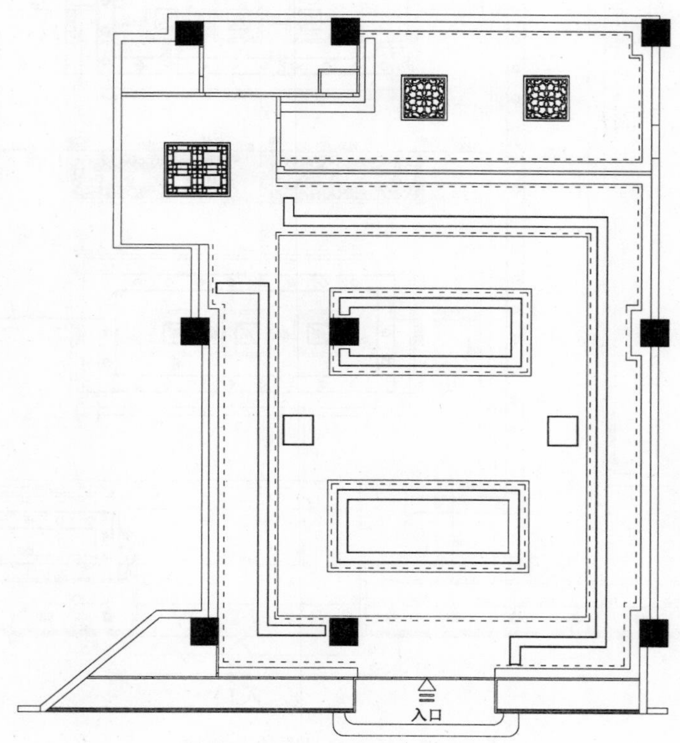

图 11-36 造型轮廓效果

11.3.3 安装灯具和文字注释

珠宝店顶棚布置图的灯具安装，基本上就是插入相应的灯具图块，并按照均等的间隔进行布置，然后使用文字对象对相应的灯具及吊顶对象进行高度标注。

（1）将“灯具”图层置为当前图层，执行“插入块（I）”命令，将“案例\11”文件夹下面的“筒灯”和“花枝吊灯”插入到顶棚图中。

（2）执行“移动（M）”命令，将灯具位置调整到图 11-37 所示的位置。

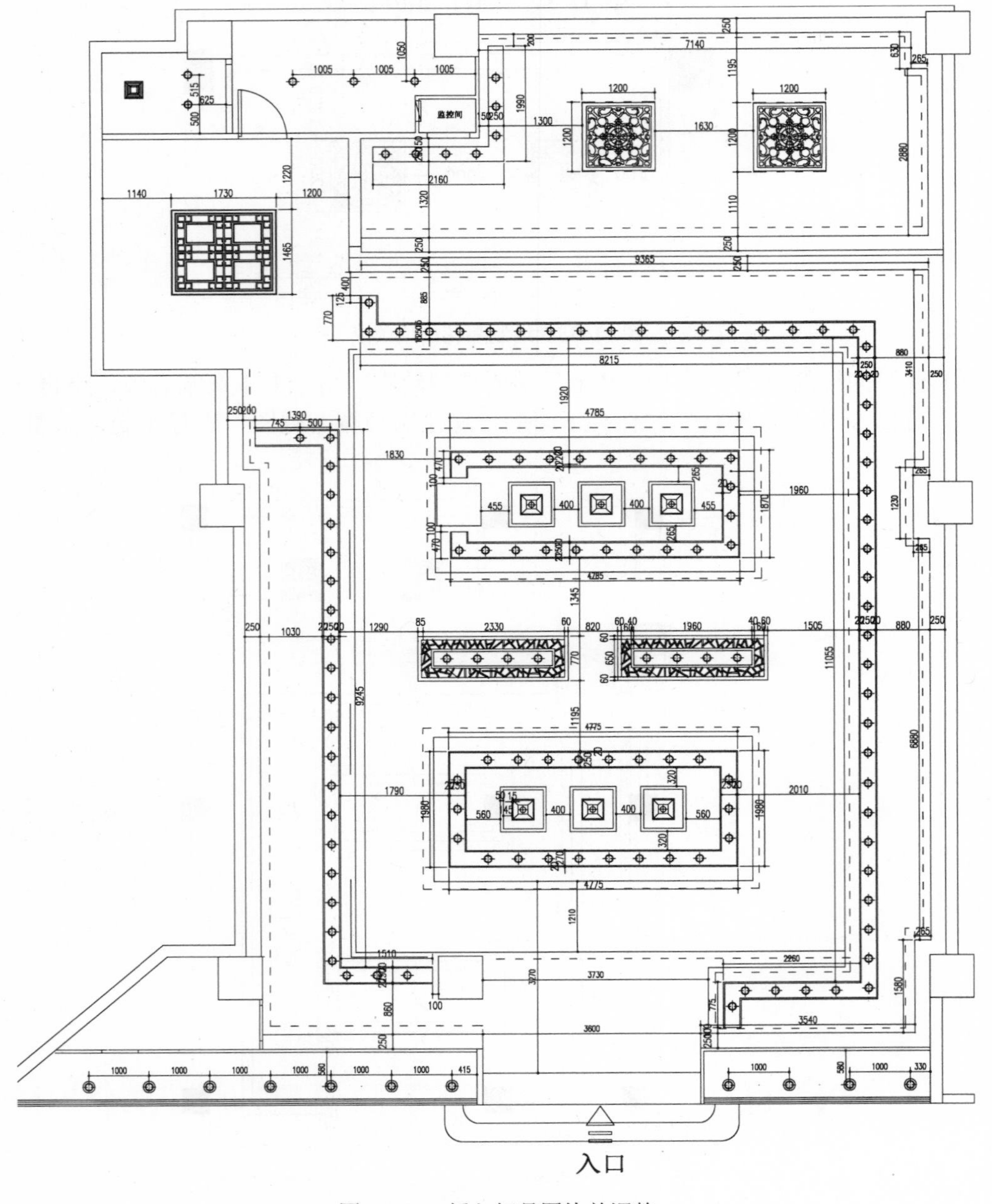

图 11-37 插入灯具图块并调整

（3）将“文字”图层置为当前图层，执行“插入块（I）”命令，将“案例\11”文件夹下面的“标高符号”插入到顶棚图中，进行标高标注。再执行“单行文字（T）”命令，对顶棚图进行文字注释，其文字的大小为 120，如图 11-38 所示。

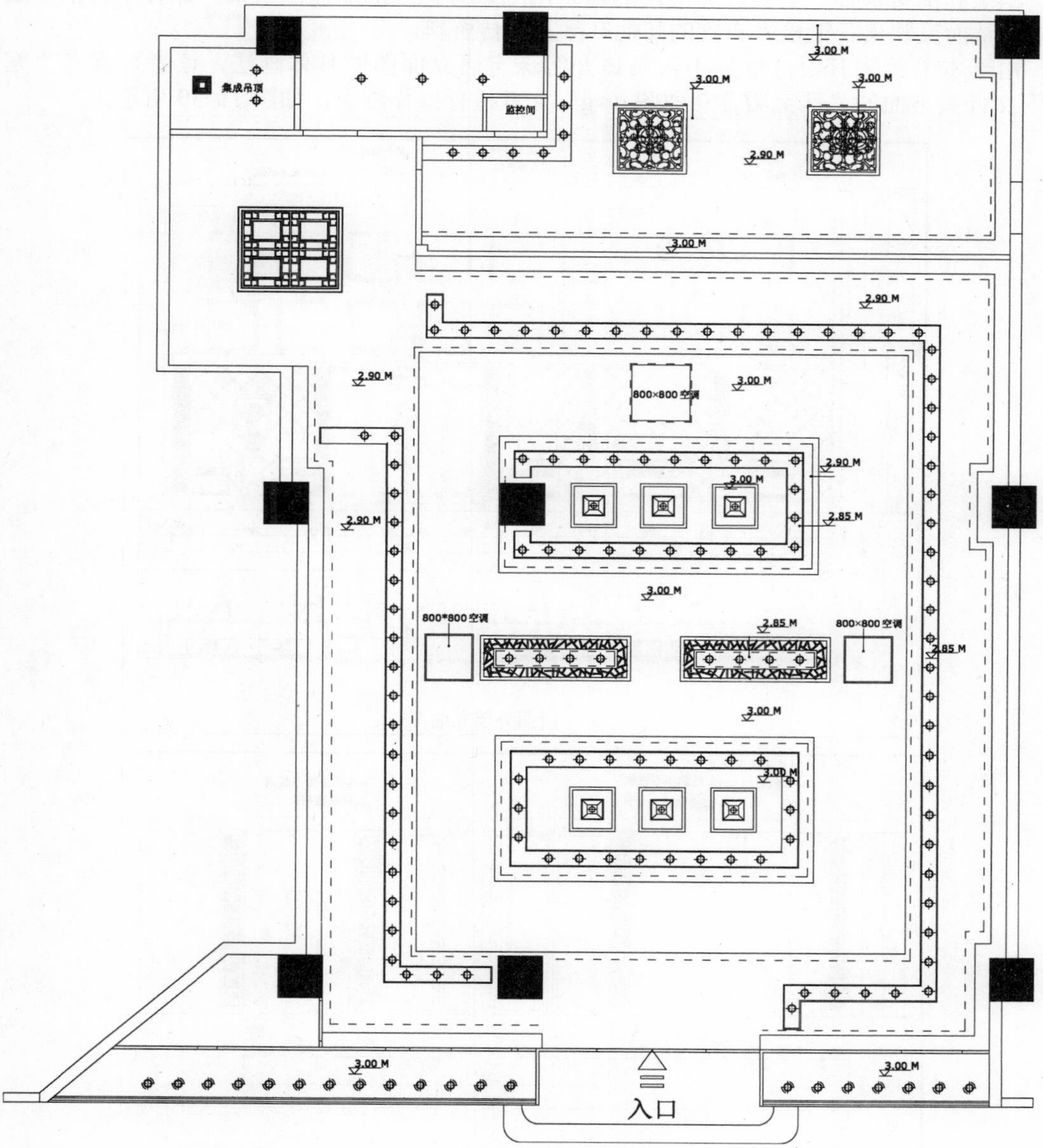

图 11-38　标高标注及文字注释

11.4　珠宝店立面图效果预览

在绘制珠宝店的装修施工图中，需要事先将设计好的立面图样、大样图绘制出来，从而方便设计，让施工人员更加清楚、精确无误地完成整个装修工程。

素材 案例\11\珠宝店立面图.dwg

对于珠宝店来讲，其门面外墙的装修效果尤为重要，它能够更加直观地展现出店铺性质、档次和消费群体。另外，珠宝内的四壁也应该有相应的立面图效果，即各个背柜立面图效果，从而反映出各壁柜上布置的其他产品及宣传资料。

由于本书篇幅有限，这里不再具体介绍珠宝店立面图的具体画法，读者可参考“案例\11”文件夹下面的“珠宝店各立面图.dwg”文件进行操作练习，如图 11-39 所示。

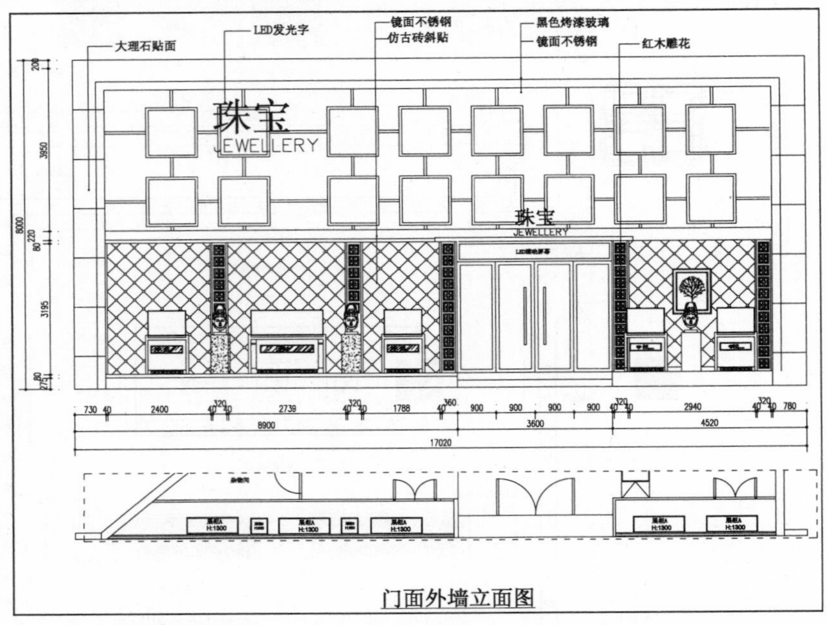

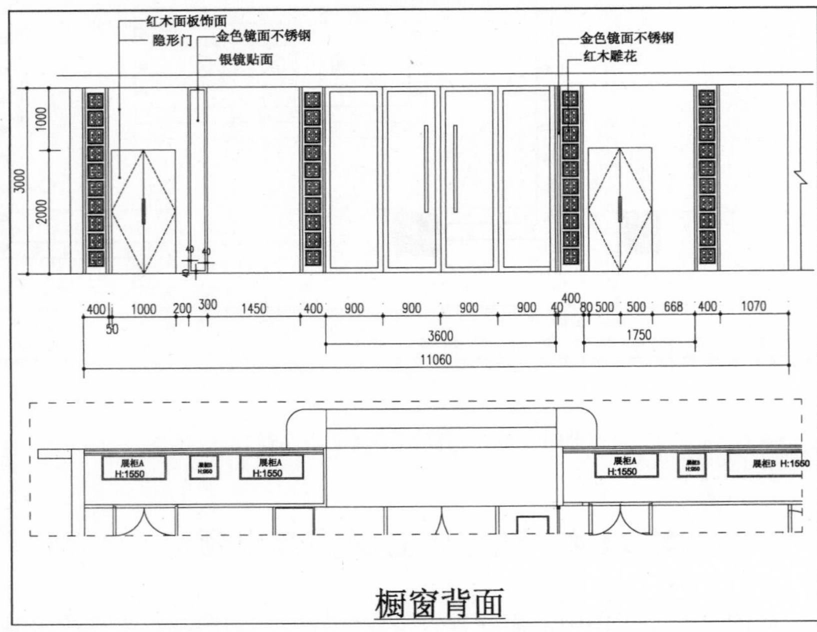

图 11-39　珠宝店各立面图效果

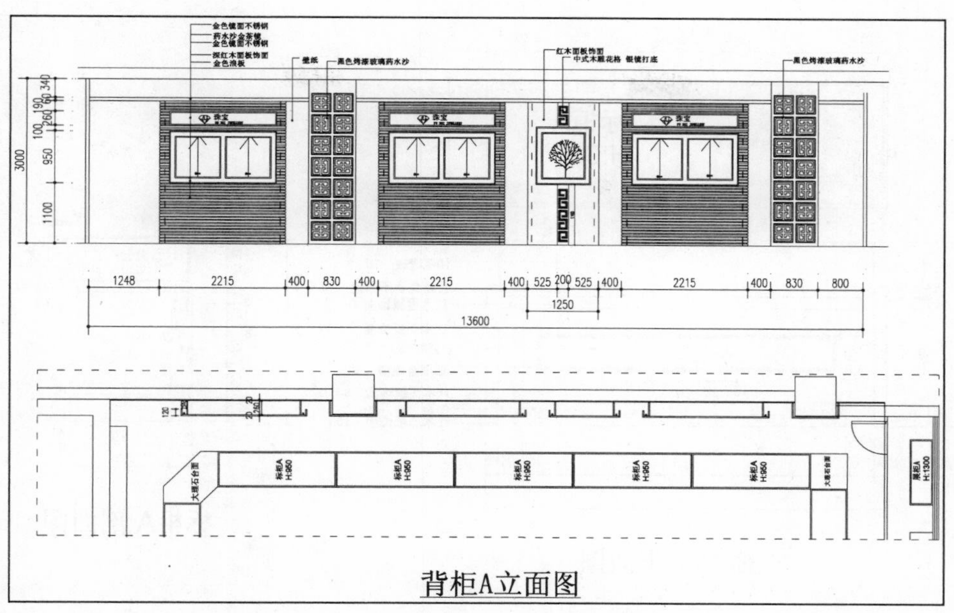

图 11-39 珠宝店各立面图效果（续）

11.5 珠宝店详图效果预览

素材 案例\11\珠宝店大样图.dwg

在珠宝店的装修施工过程中，光有平面布置图、地面材质图、顶棚布置图、各个立面图等施工图样，还不能让施工人员精确无误地根据要求装修出来，在一些细节地方还需要有一些大样图，只有通过这些大样图，将局部的装修效果更加详细地表现出来，施工人员才能根据要求装修出高档次的效果。

由于本书篇幅有限，这里不再详细介绍珠宝店各大样图的绘制，读者可参考“案例\11”文件夹下面的“珠宝店大样图”进行操作练习，如图 11-40 所示。

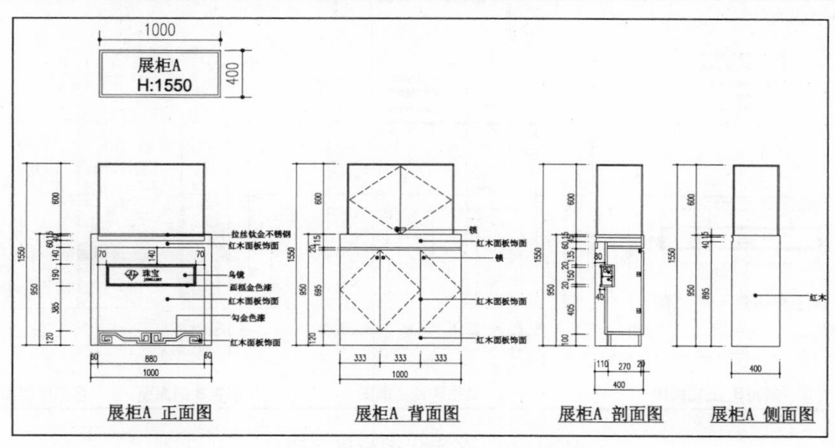

图 11-40 各大样图效果

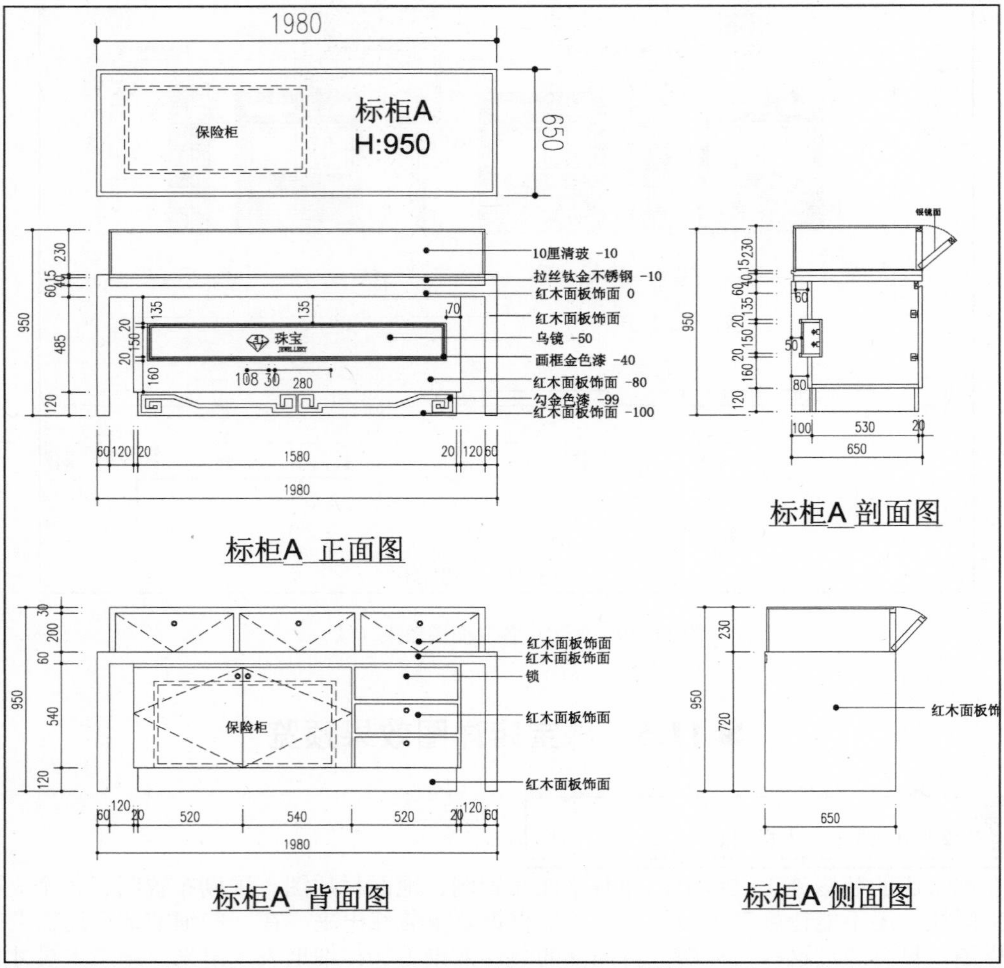

1980

保险柜

标柜A
H:950

650

10厘清玻 -10
拉丝钛金不锈钢 -10
红木面板饰面 0
红木面板饰面
乌镜 -50
画框金色漆 -40
红木面板饰面 -80
勾金色漆 -99
红木面板饰面 -100

珠宝
JEWELLERY

950 230 60 15 40 485 135 20 150 20 160 120 70 108 30 280

60 120 20 1580 20 120 60
1980

标柜A 正面图

镜面

950 230 20 15 60 135 20 150 20 160 120 60 50 80
100 530 20
650

标柜A 剖面图

30 200 60 540 120 950

红木面板饰面
红木面板饰面
锁
保险柜
红木面板饰面
红木面板饰面

120 60 20 520 540 520 20 120 60
1980

标柜A 背面图

230 950 720
红木面板饰
650

标柜A 侧面图

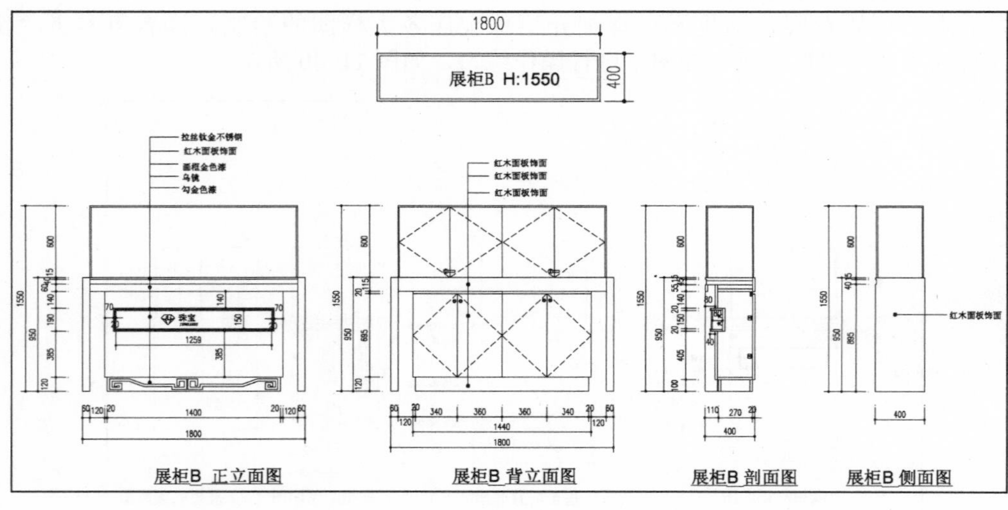

图 11-40 各大样图效果（续）

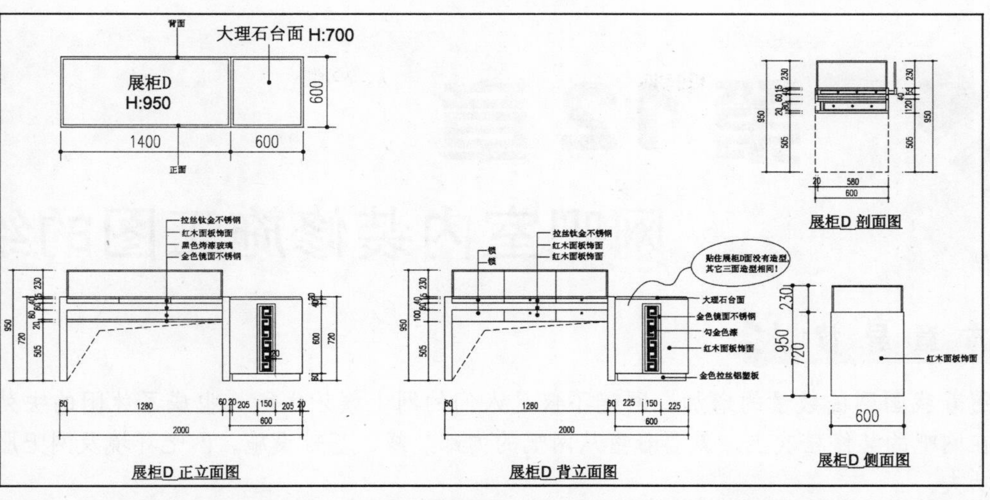

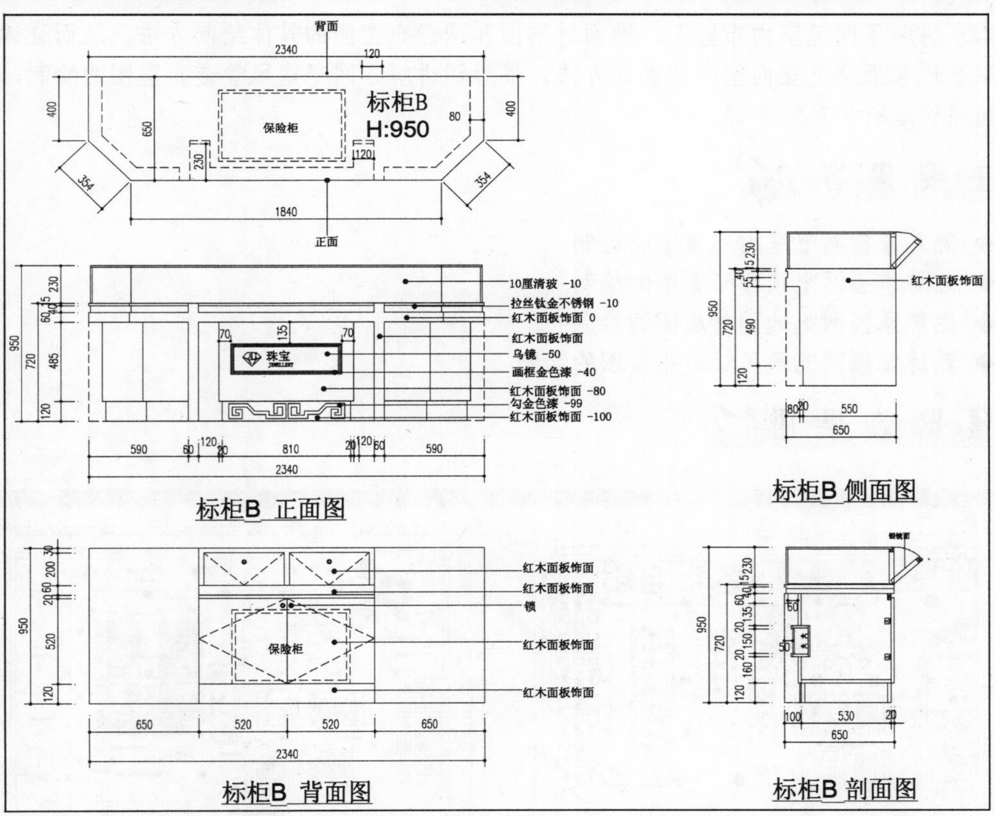

图 11-40 各大样图效果（续）

第 12 章 网吧室内装修施工图的绘制

本章导读

随着我国网民数量的增加，网吧不仅是人们的网上娱乐之所，也成了休闲的去处。那么，在网吧的装修档次上，就要着重从网吧的内部装修、基础设施、网吧环境及网吧服务上下足功夫。

本章讲解了网吧室内布置图、地面材质图和顶棚布置图的具体绘制方法，从而让读者能够更深层地掌握网吧室内空间的设计方法，最后还讲解了网吧通风管道布置图的绘制，让读者对通风管道有一定的了解。

主要内容

- 熟练掌握网吧室内布置图的绘制
- 熟练掌握网吧顶棚布置图的绘制
- 熟练掌握网吧地面材质图的绘制
- 熟练掌握网吧通风管道布置图的绘制

预览效果图

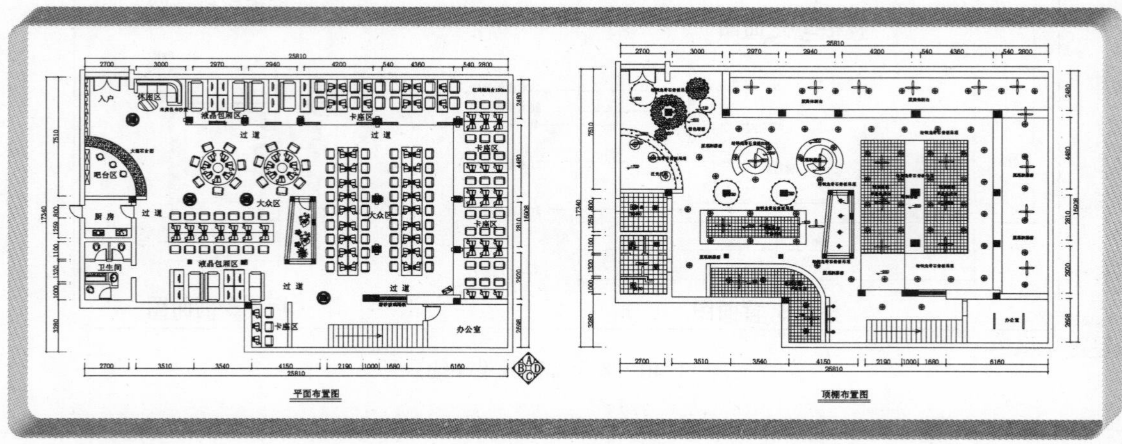

平面布置图　　顶棚布置图

12.1 网吧室内布置图的绘制

素材 视频\12\网吧室内布置图的绘制.avi
案例\12\网吧室内布置图.dwg

用户在进行网吧的布置设计时，首先应该考虑网吧功能区域的分布，主要分为前台区、上网区域、卫生间、办公室等，而上网区域又分为卡座区、大众区和液晶包厢区，然后考虑电脑桌的位置和尺寸等；再通过矩形、偏移、修剪等命令绘制出网吧室内布置图，其效果如图 12-1 所示。

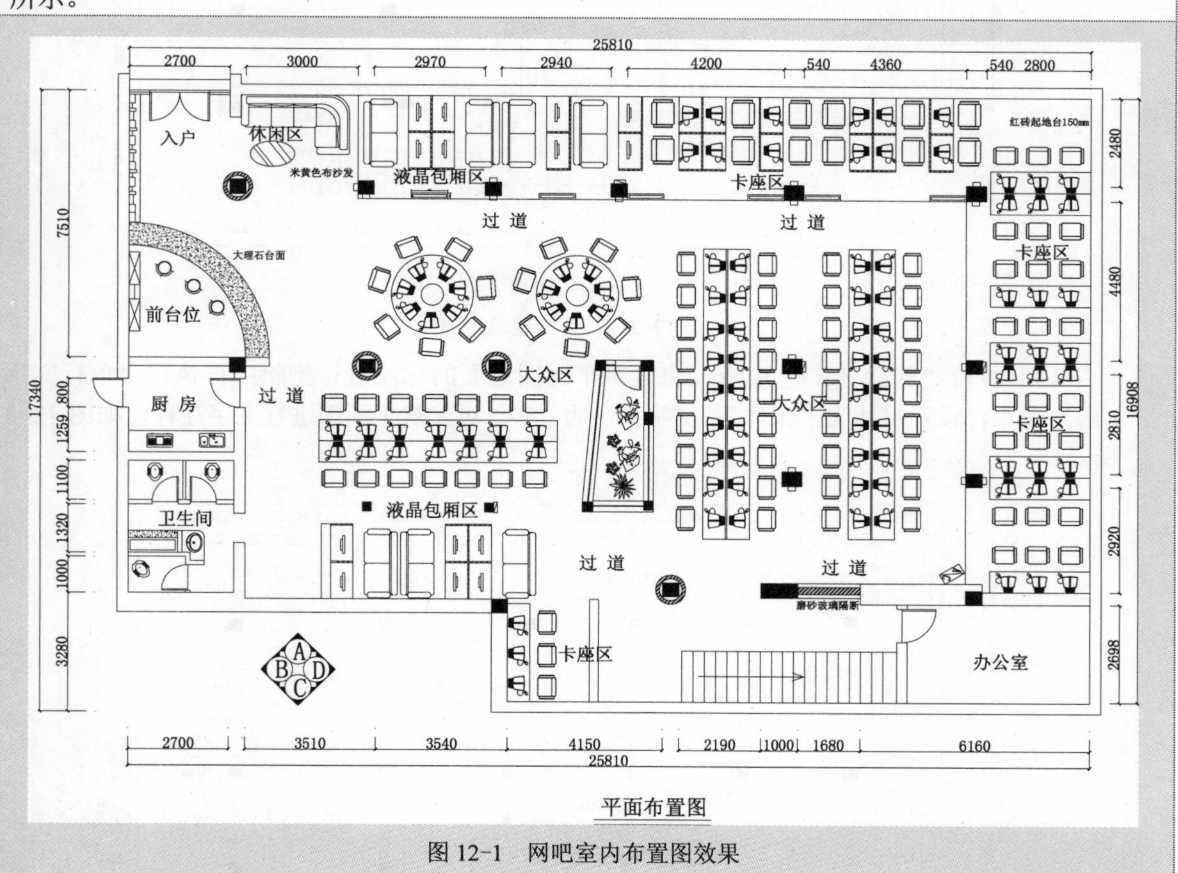

图 12-1 网吧室内布置图效果

12.1.1 整理建筑平面图

在本案例中，已经有准备好的“网吧建筑平面图.dwg”文件，这时可将其打开并保存为新的文件。

（1）启动 AutoCAD 2016 软件，选择“文件 | 打开”菜单命令，将“案例\12\网吧建筑平面图.dwg”文件打开，如图 12-2 所示。

（2）执行“文件 | 另存为”菜单命令，将其另存为“案例\12\网吧室内布置图.dwg”文件。

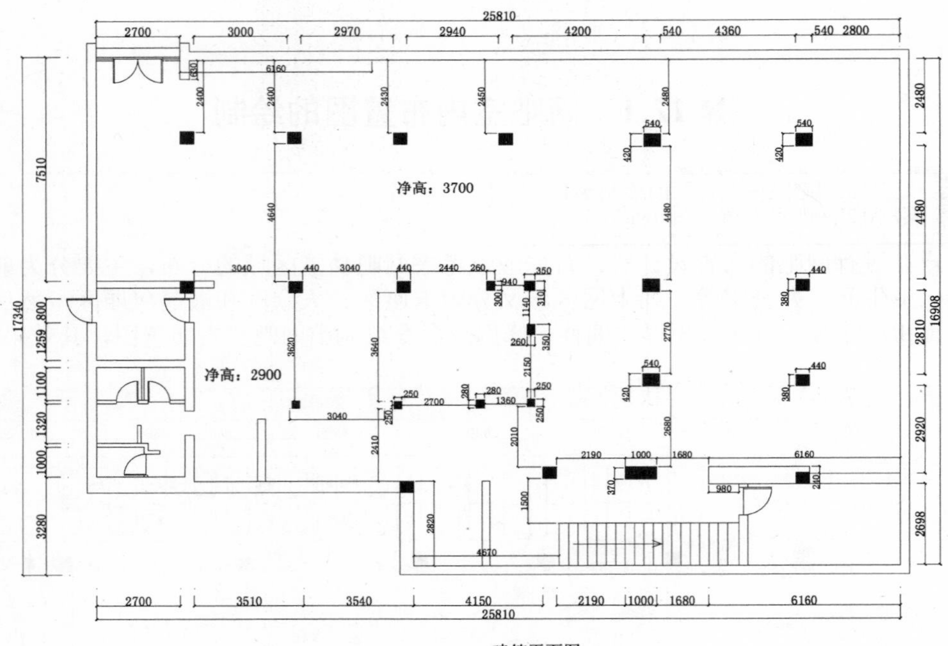

图 12-2　打开的建筑平面图

（3）执行“删除（E）”命令，将建筑平面图里面的标注进行删除；再执行“单行文字（T）”命令，设置字体为“宋体”，文字大小为 350，对建筑平面图进行文字注释，如图 12-3 所示。

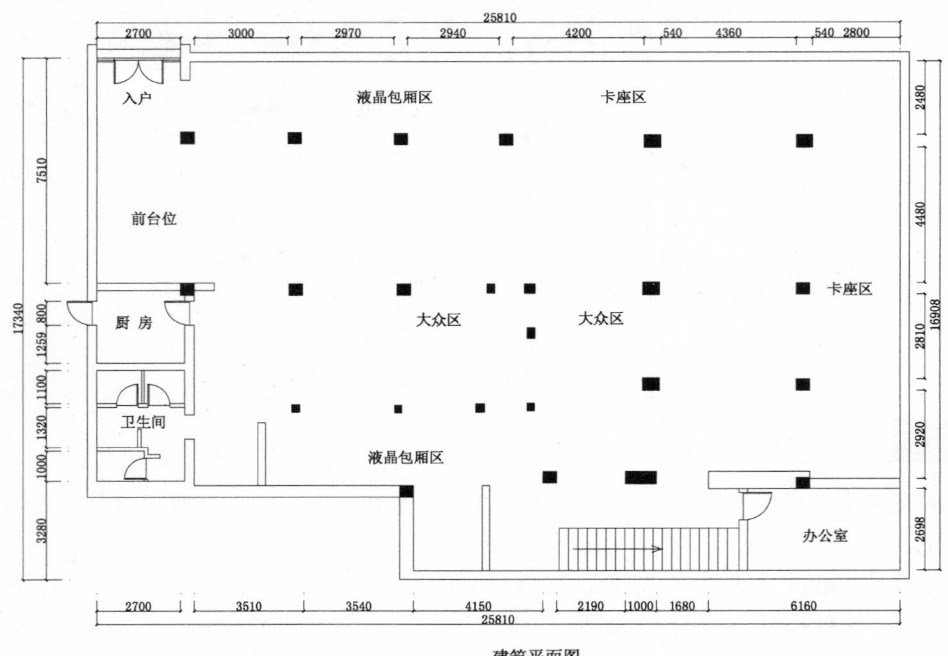

图 12-3　文字注释效果

提示 这里提前进行文字注释主要是因为设计的区域比较大，为了让读者更清楚地掌握网吧平面布置图的绘制步骤。

专业技能 网吧室内装修要点

网吧应以“经济适用”为原则，这就要求做到装修简洁却又不失内涵，把有限的资金预算用到刀刃上。除此之外，“5 个基本要点”涵盖了网吧装修的五大立项点，如图 12-4 所示。

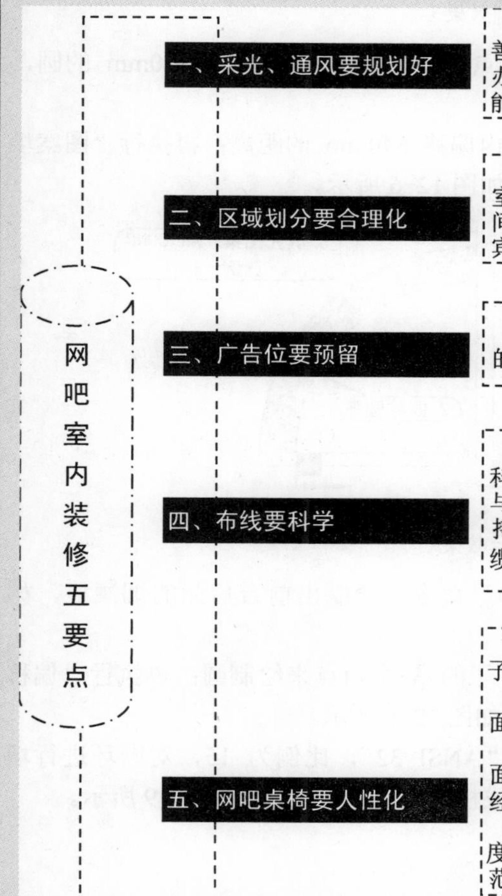

装修的第一步，要对营业房的采光和通风作一个部署或改善，对于采光条件不好的房子，可以增设窗户，如果实在没办法弥补，那就要用室内灯光来强化，不能过于阴暗，也不能过于明亮。

按空间划分可以分为上网区、机房（网管休息室）、办公室（总经理室）、休息区（吸烟区）、接待区（吧台）、洗手间（卫生间）等；按功能划分可以分为普通区、游戏区、贵宾区、对战区、女性区等。

广告位根据实际情况的不同，各个网吧都可以设计出自己的特色。

网吧对用电条件的要求非常严格，所以布线必须规范而科学。网吧布线主要分为电线、网线、音响线等线路的设计与安装。事先规划好并充分地预留扩展通道，对于网吧可持续性的发展至关重要，布线过程中电力相关设备，诸如电缆、网线、插座、插头、水晶头等物品的采购也要充分把关。

国家根据人体的功能尺寸及舒适程度，对网吧桌、网吧椅子、网吧沙发等部分网吧家具尺寸制订了相应标准：

1. 网吧桌椅的高度差在 280～300mm 之间；网吧电脑桌下面的高度不小于 580mm，宽度不小于 520mm。

2. 网吧椅子高度在 440mm 是健康高度，网吧椅坐垫离地面过高或过低，都会使腿不能正常着地，时间长了，腿部神经就会受到挤压。

3. 网吧沙发：网吧沙发座前宽不要小于 480mm；座面深度应在 480～600mm 之间；座面高度应在 360～420mm 的范围内。

图 12-4 网吧室内装修要点

12.1.2 进行平面布置

在对网吧室内进行平面布置之前，分别绘制入户造型、吧台、柱包边、卡座地台等，然后将各个图块分别布置在相应的位置，并进行适当的调整。

（1）将“家具”图层置为当前图层，执行“矩形（REC）”“偏移（O）”“修剪（TR）”等命令，在图形左上侧的入户口绘制出图 12-5 所示的图形。

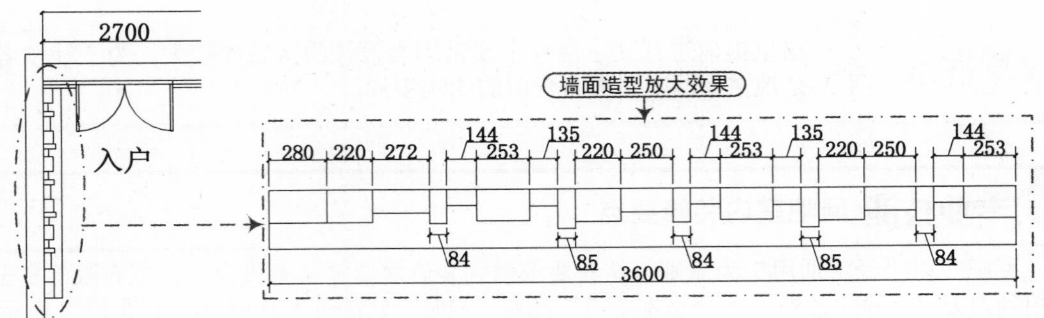

图 12-5　入户造型效果

（2）执行“圆（C）”命令，以前台位的内墙交点为圆心，绘制半径为 3780mm 的圆，再执行“修剪（TR）”命令，将多余的圆弧删除。

（3）执行“偏移（O）”命令，将绘制的圆弧向内偏移 640mm 的距离；再执行“图案填充（H）”命令，对两个圆弧形成的区域进行填充，如图 12-6 所示。

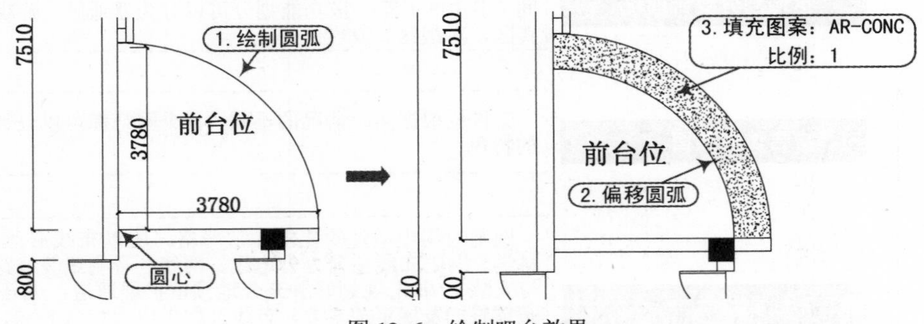

图 12-6　绘制吧台效果

（4）执行“矩形（REC）”命令和“直线（L）”命令，绘制出前台后面的烟酒柜，如图 12-7 所示。

（5）执行“圆（C）”命令，以入户的第一个柱子的 3 个角点来绘制圆；再执行“偏移（O）”命令，将绘制的圆向外偏移 100mm 的距离，如图 12-8 所示。

（6）执行“图案填充（H）”命令，选择图案“ANSI 32”，比例为 15，对圆环进行填充，并将填充的图案置换到“填充”图层，从而完成柱子的包边处理，如图 12-9 所示。

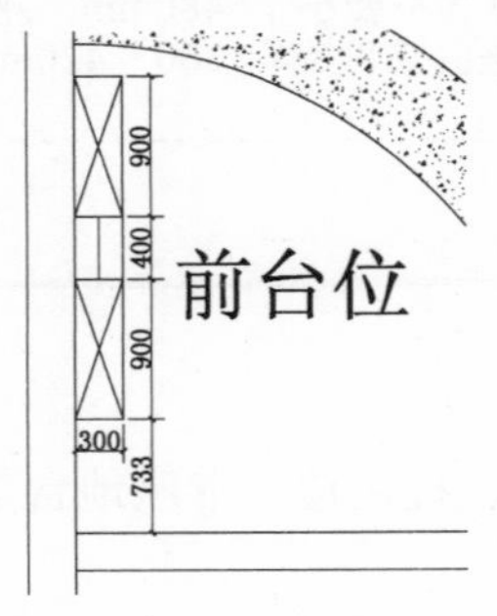

图 12-7　绘制烟酒柜效果

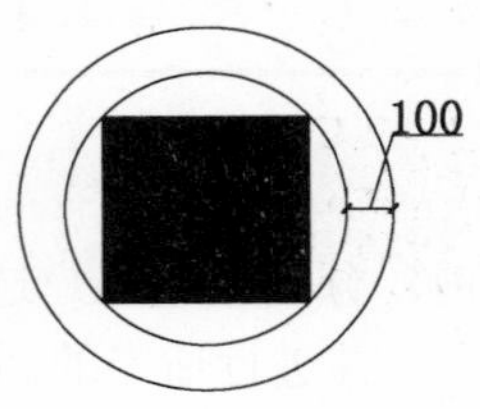

图 12-8　绘制圆并偏移

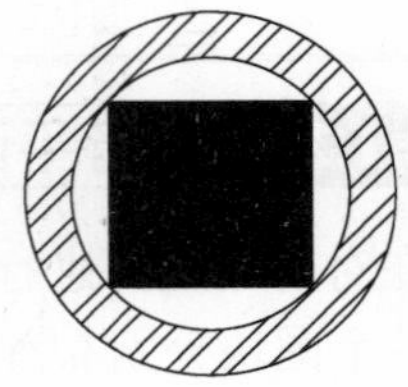

图 12-9　填充效果

（7）执行“复制（CO）”命令，将绘制的包柱造型复制到其他柱上，如图 12-10 所示。

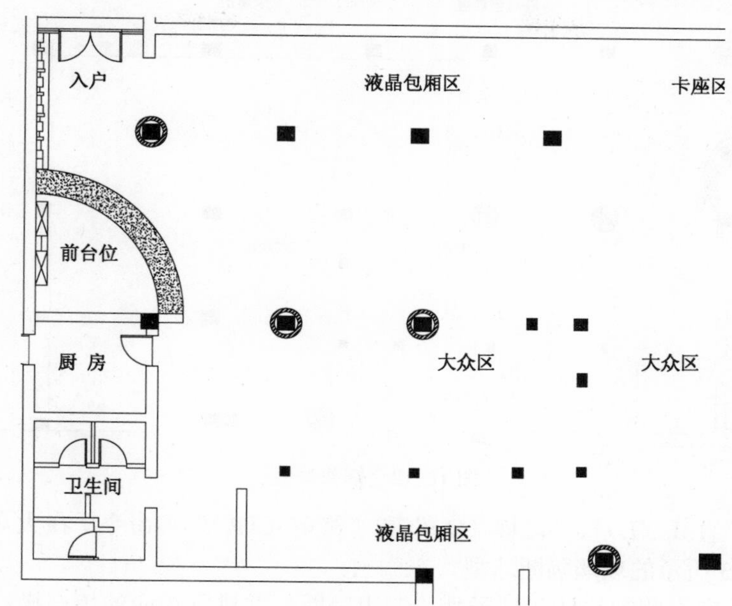

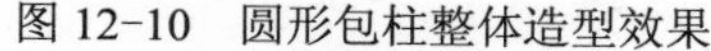
图 12-10　圆形包柱整体造型效果

（8）执行“偏移（O）”命令，将上侧、左侧和右侧的内墙体线依次向下和向内偏移 2900mm、6410mm、3340mm 的距离，如图 12-11 所示。

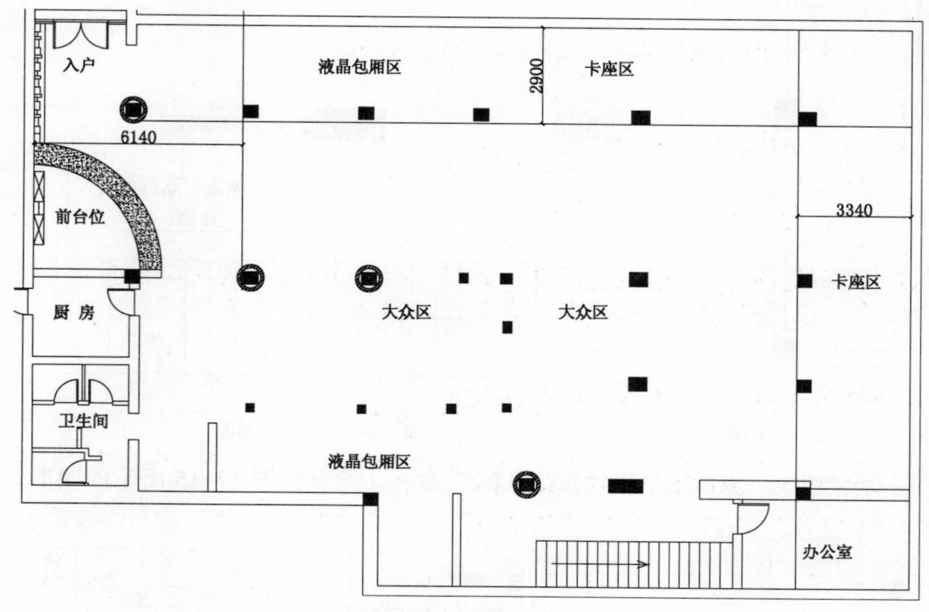

图 12-11　偏移操作

（9）执行“圆角（F）”命令，设置圆角半径为 0，将多余的线条修剪，并将线条置为“家具”图层，从而完成卡座区的地台效果，如图 12-12 所示。

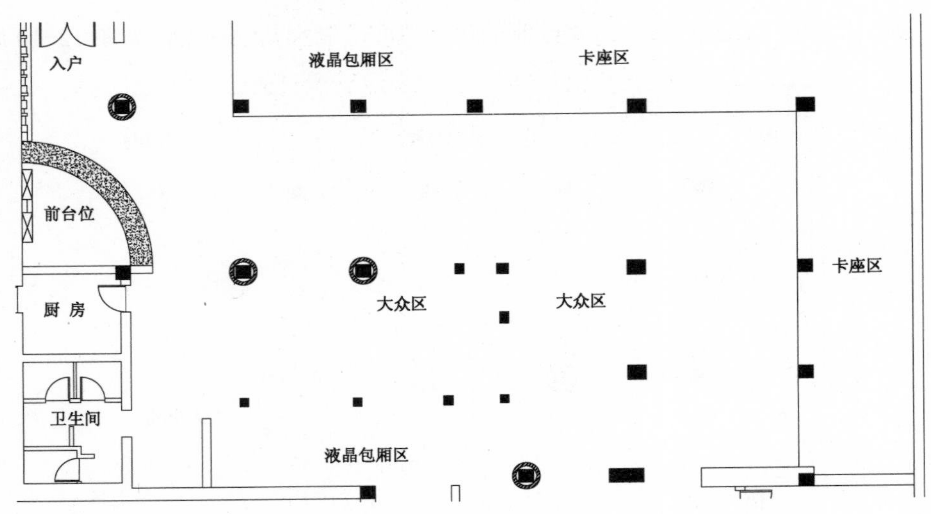

图 12-12　修剪效果

（10）执行“直线（L）”、“偏移（O）”和“修剪（TR）”等命令，在大众区柱子之间位置绘制出图 12-13 所示的玻璃隔断造型。

（11）在办公室上侧的墙体和柱子处绘制出隔断，并进行相应的填充操作，如图 12-14 所示。

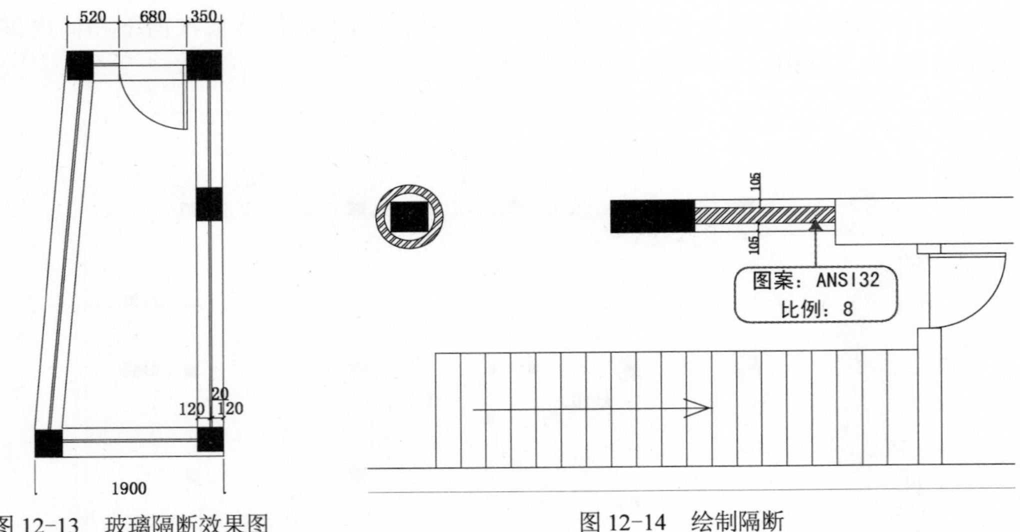

图 12-13　玻璃隔断效果图　　图 12-14　绘制隔断

（12）执行“矩形（REC）”和“直线（L）”命令，绘制出图 12-15 所示的图形。

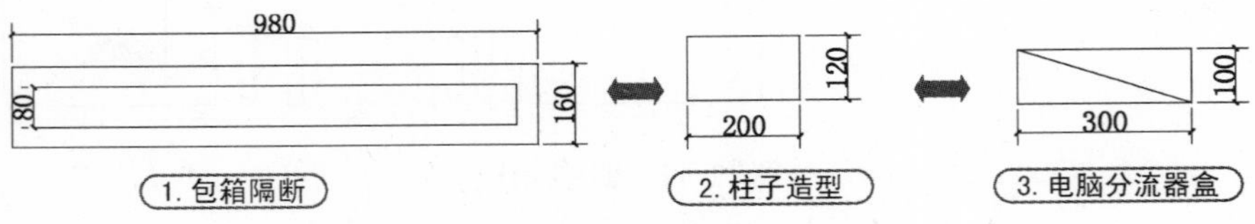

图 12-15　绘制矩形

（13）执行“复制（CO）”命令，将前面绘制的图形轮廓放置到平面图中合适的位置，如图 12-16 所示。

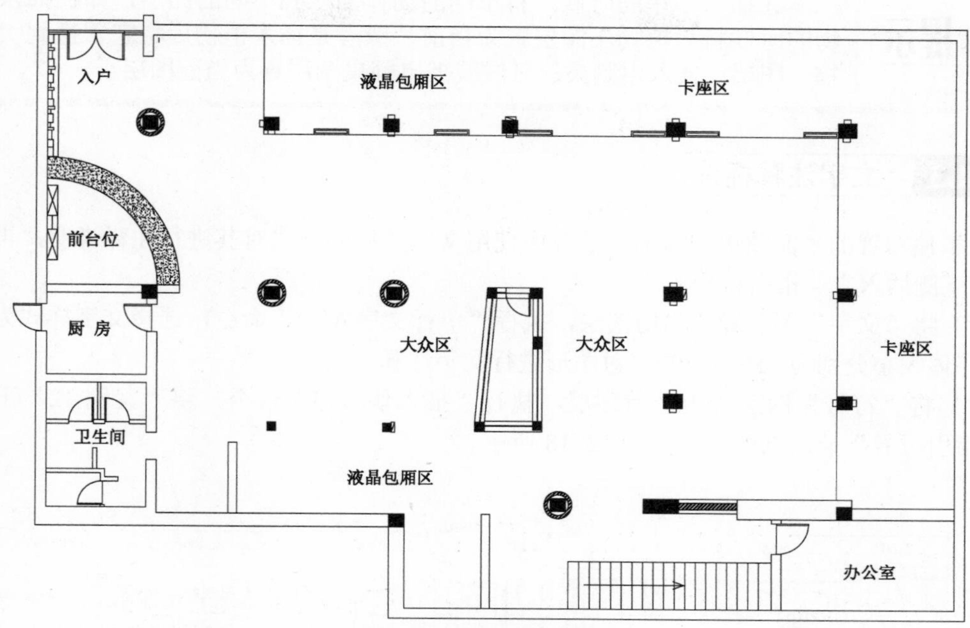

图 12-16 平面造型效果

（14）执行“插入块”命令，将“案例\12”下面的相应图块插入到平面图中，并通过“复制（CO）”“旋转（RO）”“镜像（MI）”“移动（M）”等命令分别对其各个图块进行调整，如图 12-17 所示。

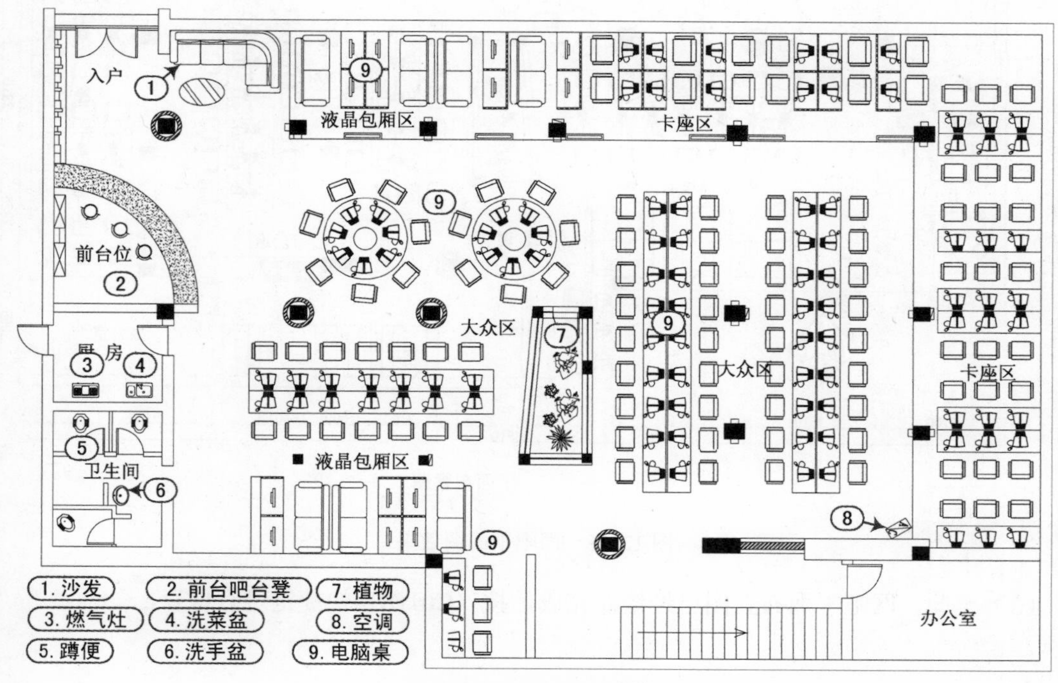

图 12-17 插入图块效果

在插入图块的时候，将不同的物体插入到不同的图层，如在插入植物的时候将“植物”图层置为当前，或者是插入植物后将它置换到“植物”图层；插入电脑桌的时候就把电脑桌图层置为当前图层。

12.1.3 文字注释标注

为了使布置的平面图更加清晰明了，应使用文字注释的方式对其进行注释说明，再在图形的右下侧插入立面指引符号。

（1）将“文字”图层置为当前图层，执行“单行文字（T）”命令，选择文字样式为“仿宋”，字体大小分别为 350 和 200，对图形进行文字注释。

（2）将“符号”图层置为当前图层，执行“插入块（I）”命令，将“案例\12”下面的“立面指引符号”插入到图中，如图 12-18 所示。

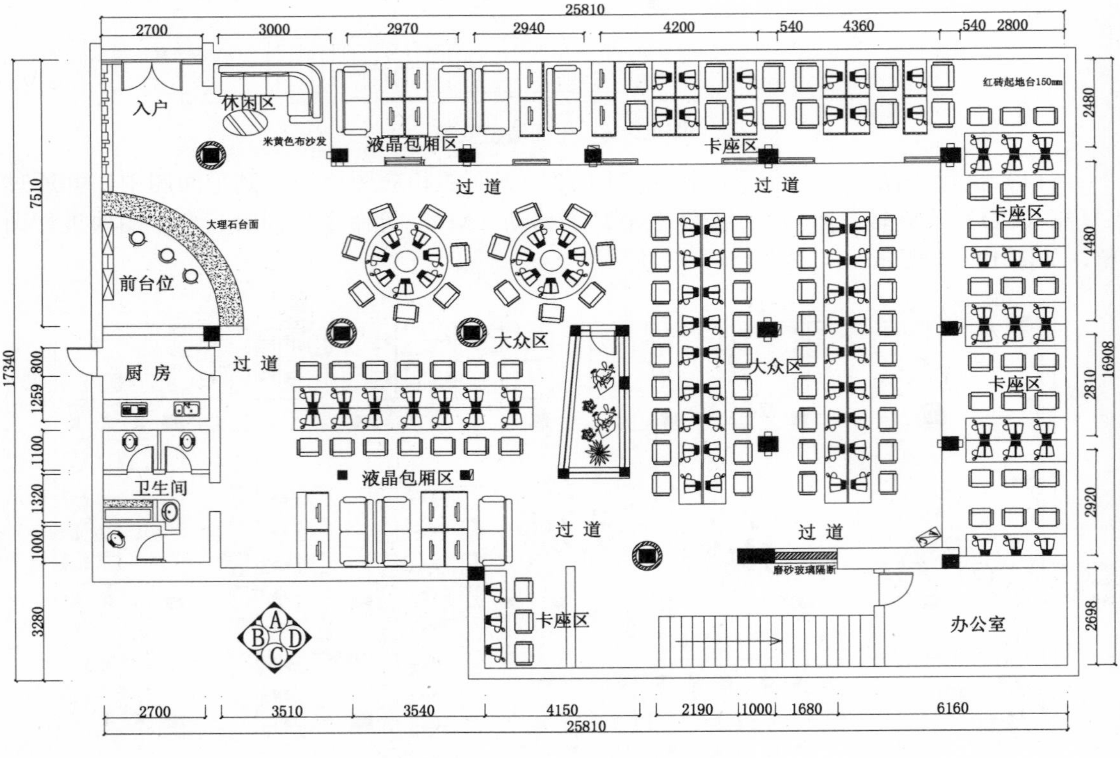

平面布置图

图 12-18 网吧平面图效果

（3）至此，网吧平面布置图已经绘制完成，按〈Ctrl+S〉快捷键进行保存。

12.2 网吧地面材质图的绘制

素材 视频\12\网吧地面材质图的绘制.avi
案例\12\网吧地面材质图.dwg

本实例主要针对一网吧地面材质图进行绘制。在绘制地面材质图的时候，首先将“案例\12”文件夹下的“网吧室内布置图”打开，然后在建筑平面图的基础上执行填充、文字注释、标注等操作，最终完成地面材质图的绘制，如图 12-19 所示。

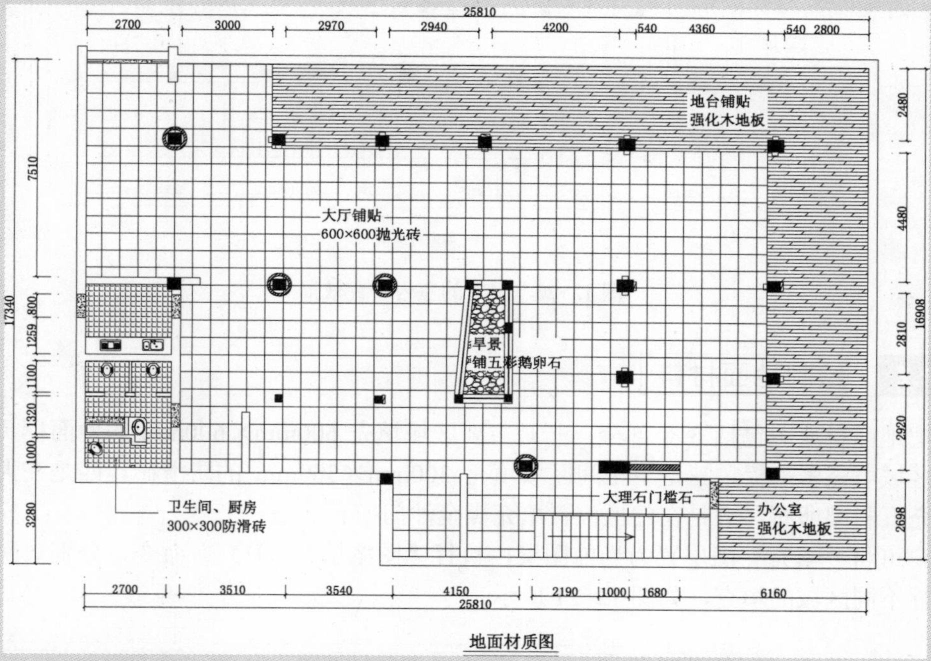

图 12-19 网吧地面材质图效果

12.2.1 整理平面布置图

绘制地面材质图，就是在前面所绘制好的“网吧室内布置图”的基础上来进行的，将多余的对象删除即可开始绘制。

（1）启动 AutoCAD 2016 软件，选择“文件 | 打开”菜单命令，将“案例\12\网吧室内布置图.dwg”文件打开；再执行“文件 | 另存为”菜单命令，将其另存为“案例\12\网吧地面材质图.dwg”文件。

（2）执行“删除（E）”命令，将所有家具、门、植物和文字对象进行删除，然后将“门洞线”图层置为当前图层，执行“直线（L）”命令，将所有门洞封闭起来，如图 12-20 所示。

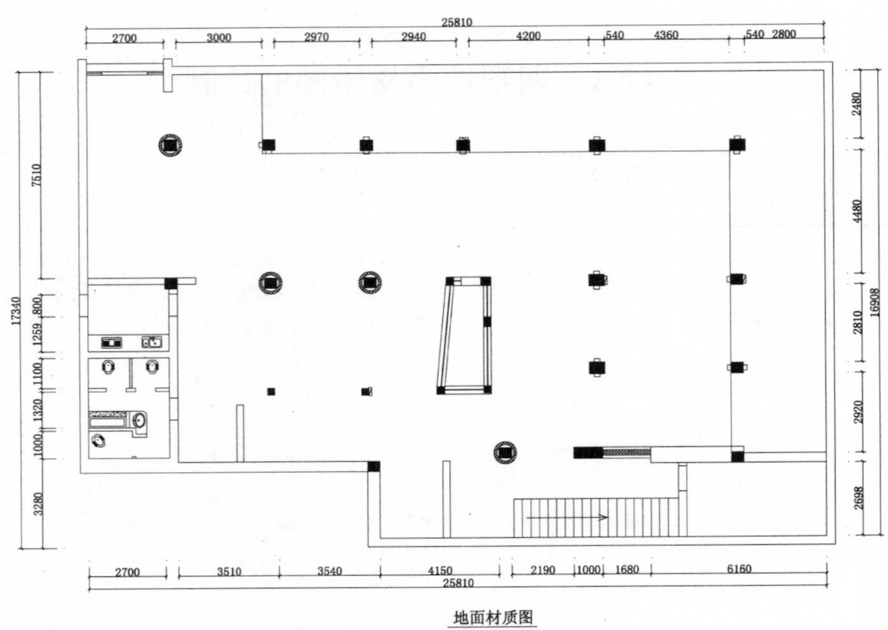

图 12-20　整理的室内布置效果

12.2.2　绘制地面材料

网吧地面材质图包括 5 个部分，一是主要区域填充 600mm×600mm 的地面标尺，二是将卡座区域填充木地板，三是卫生间区域填充 300mm×300mm 的防滑砖，四是在大厅隔断区域填充五彩鹅卵石，五是在门槛位置填充黑金沙门槛石。

用户可将“填充”图层置为当前图层，执行“图案填充（H）”命令，分别对网吧地面空间进行不同区域的填充，如图 12-21 所示。

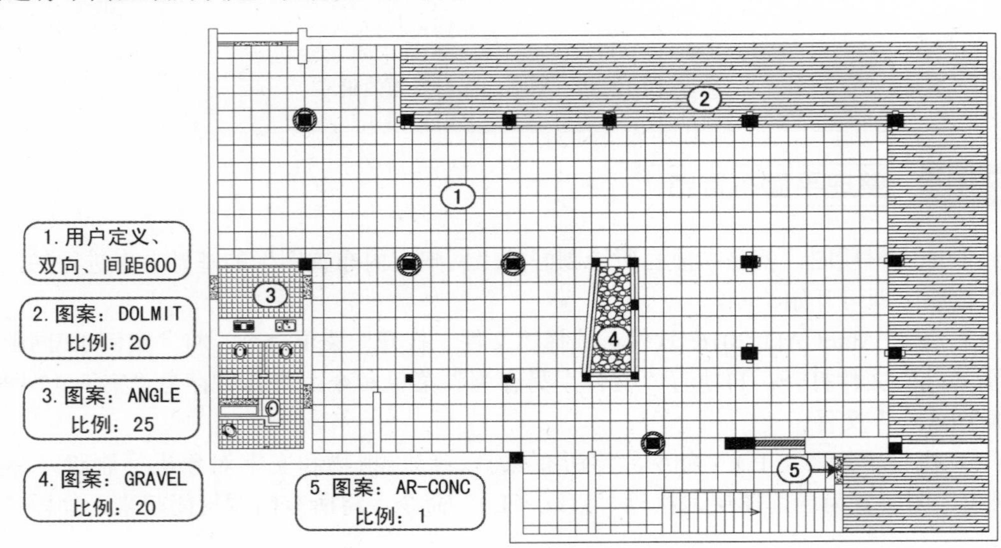

图 12-21　地面材质图效果

在进行填充操作时，如果拾取不到封闭区域，可以执行“多线（PL）”命令，将需要填充的区域边界勾选一遍，再去进行填充。

12.2.3 文字注释标注

将“文字”图层置为当前图层，选择字体为“宋体”，文字大小为 300，对地面材质图进行文字注释，从而使各区域的地面材质及尺寸规格更加清晰明了，如图 12-22 所示。

至此，网吧地面材质图已经绘制完成，按〈Ctrl+S〉快捷键进行保存。

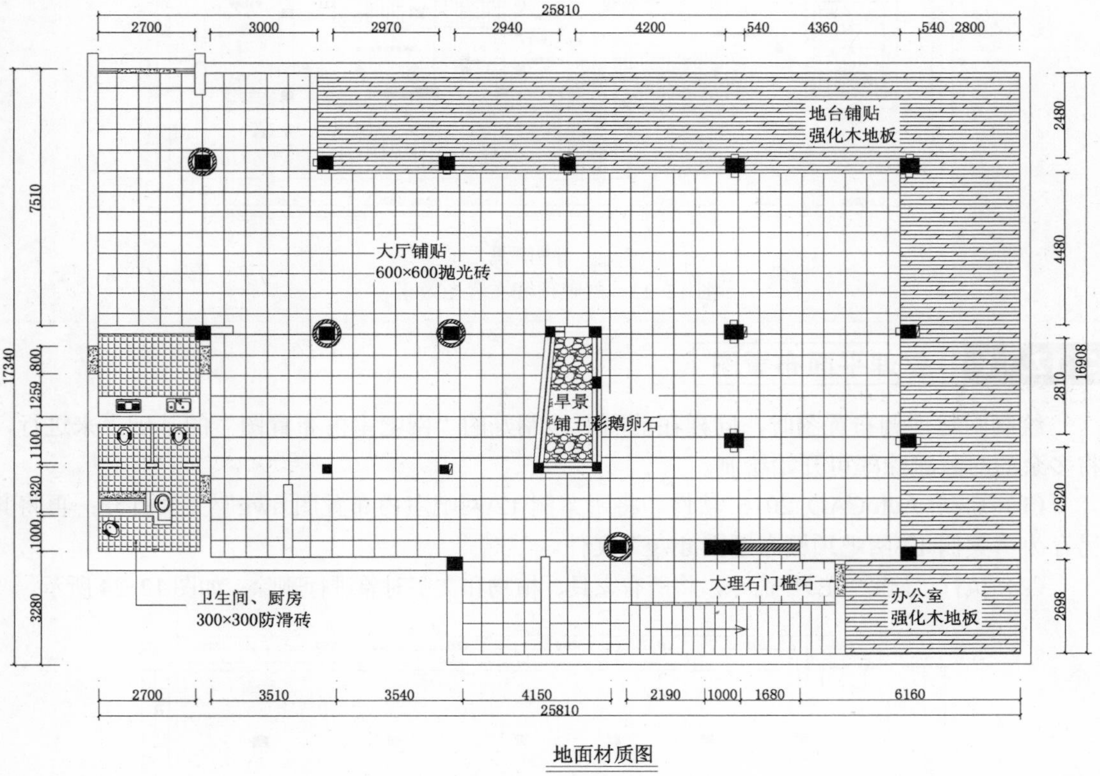

地面材质图

图 12-22 文字注释效果

12.3 网吧顶棚布置图的绘制

素材 视频\12\网吧顶棚布置图.avi
案例\12\网吧顶棚布置图.dwg

本实例主要讲解网吧顶棚布置图的绘制。首先对网吧平面布置图进行处理，留下需要的轮廓，再讲解网吧顶棚造型轮廓的具体绘制步骤，然后依次插入灯具，主要包括吊顶造型的绘制和安装灯具，最后进行文字注释，并添加标高符号，其顶棚布置图效果如图 12-23 所示。

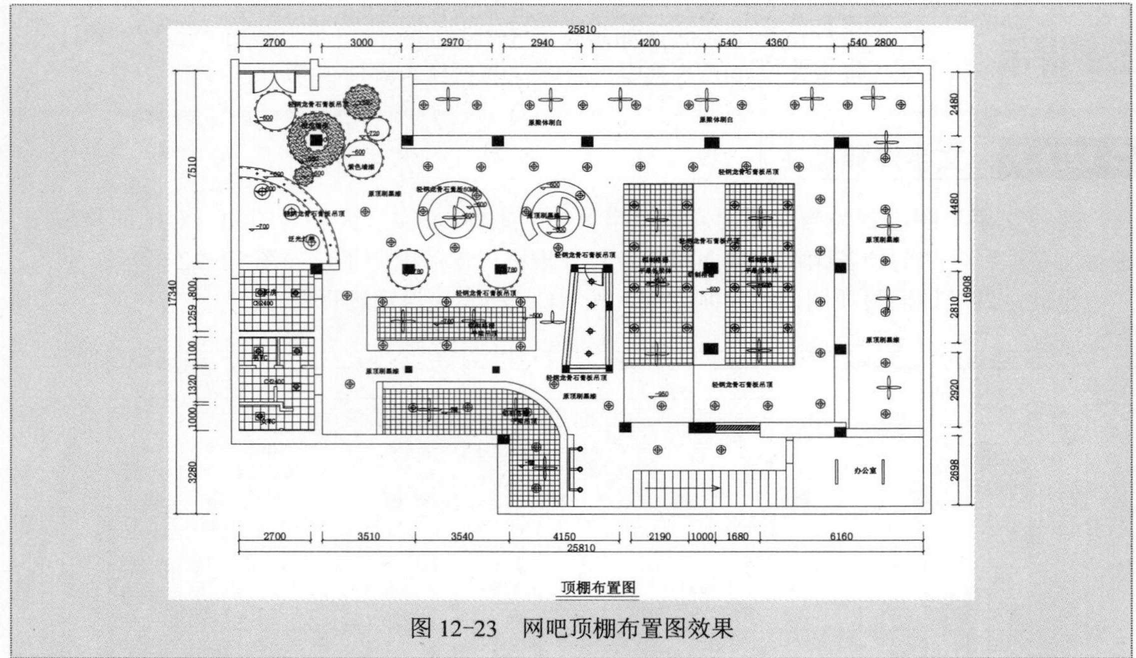

图 12-23　网吧顶棚布置图效果

12.3.1　整理平面布置图

绘制网吧顶棚布置图时，同样在前面所绘制好的“网吧室内布置图”的基础上来进行，将多余的对象删除即可开始绘制。

（1）启动 AutoCAD 2016 软件，将“案例\12\网吧室内布置图.dwg”文件打开；再将其另存为“案例\12\网吧顶棚布置图.dwg”文件。

（2）执行“删除（E）”命令，将所有家具、植物和文字对象进行删除，如图 12-24 所示。

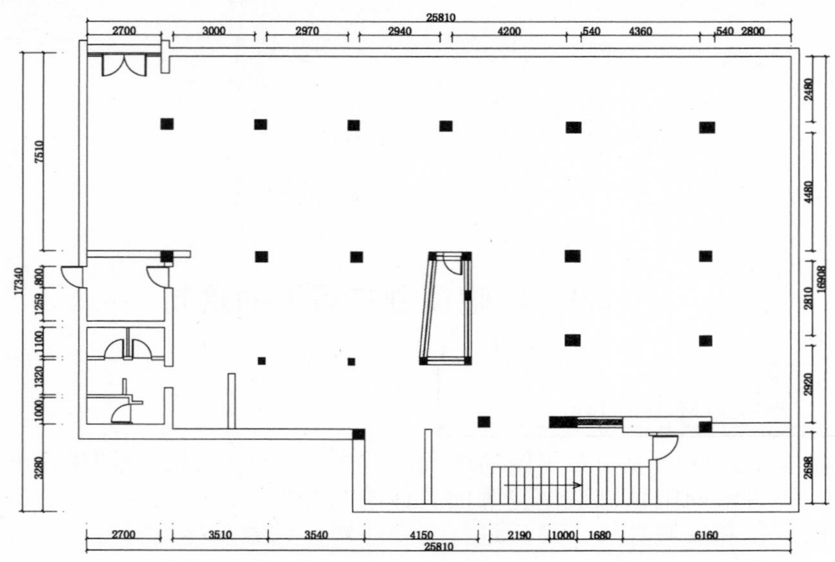

图 12-24　整理的室内布置效果

（3）执行“删除（E）”命令，将门对象进行删除；再将“门洞线”置为当前图层，执行“直线（L）”命令，对门洞进行封闭，如图 12-25 所示。

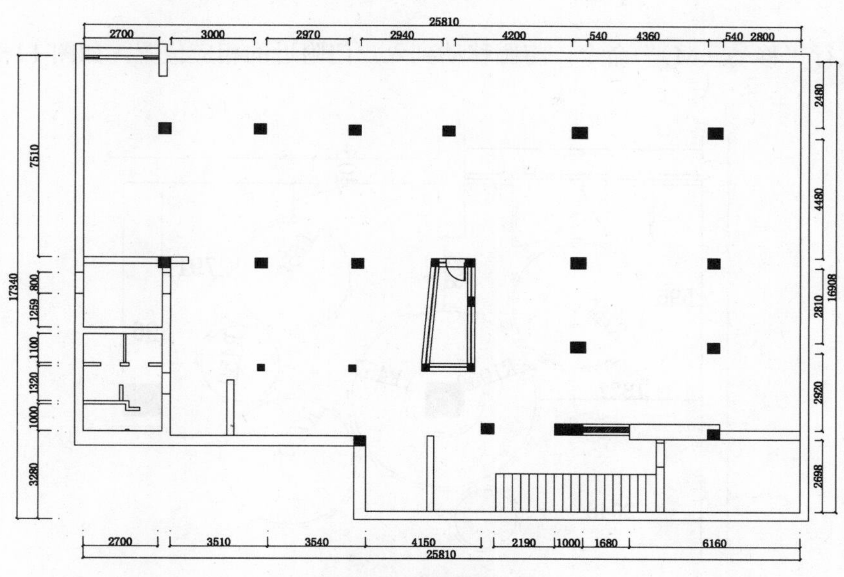

图 12-25 封闭效果

12.3.2 绘制吊顶造型

在绘制网吧顶棚吊顶造型时，根据室内平面的布置来绘制垂直上方（顶部）的不同造型效果，并布置好相应的灯带。

（1）将“吊顶”图层置为当前图层，执行“偏移（O）”命令，将上侧的内墙线依次向下偏移 400mm、2000mm、500mm 的距离；将右侧的内墙体线依次向左偏移和 2800mm、540mm、15890mm、440mm 的距离；再执行“修剪（TR）”命令，将多余的线条修剪掉，并将所绘制的线条置换到“吊顶”图层，如图 12-26 所示。

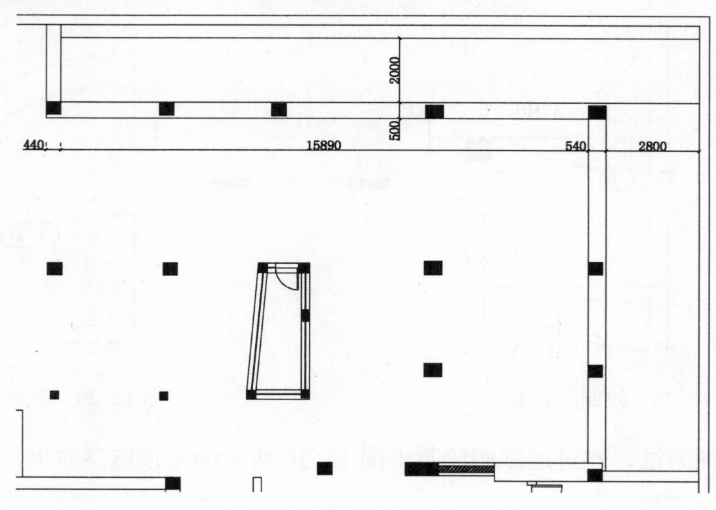

图 12-26 绘制吊顶轮廓

（2）执行“圆（C）”命令，绘制半径为 1050mm、750mm、650mm、450mm 的圆；再执行“偏移（O）”命令，将所有的圆向外偏移 50mm 的距离，并把偏移后的圆置换到“灯带”图层。

（3）执行“移动（M）”命令，将圆移动到入户门附近的相应位置，如图 12-27 所示。

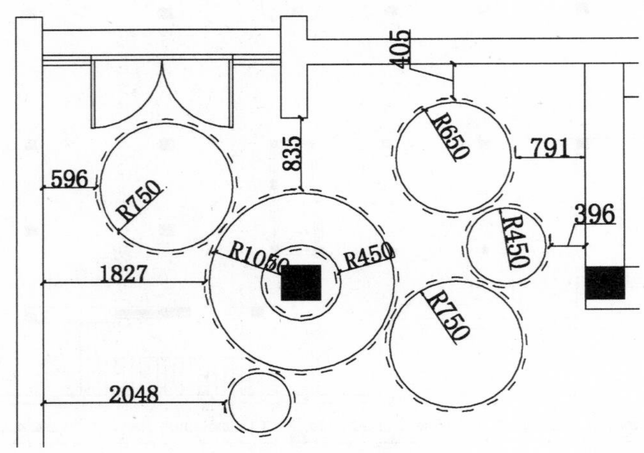

图 12-27　绘制圆造型效果

（4）执行“圆（C）”命令，在吧台顶部绘制半径为 3780mm 的圆，如图 12-28 所示。

（5）执行“修剪（TR）”命令，将多余的圆弧修剪，再执行“偏移（O）”命令，将圆弧依次向左下偏移 50mm、350mm、50mm 的距离，并将第二条和第四条线置换到“灯带”图层，如图 12-29 所示。

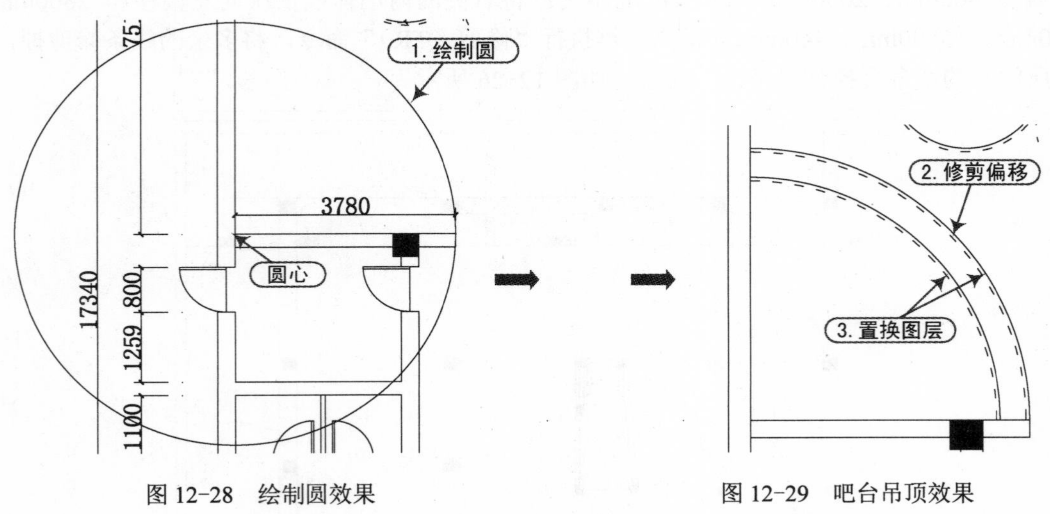

图 12-28　绘制圆效果　　　　图 12-29　吧台吊顶效果

（6）用同样的方法，在过道顶部绘制出图 12-30 所示的吊顶造型效果。

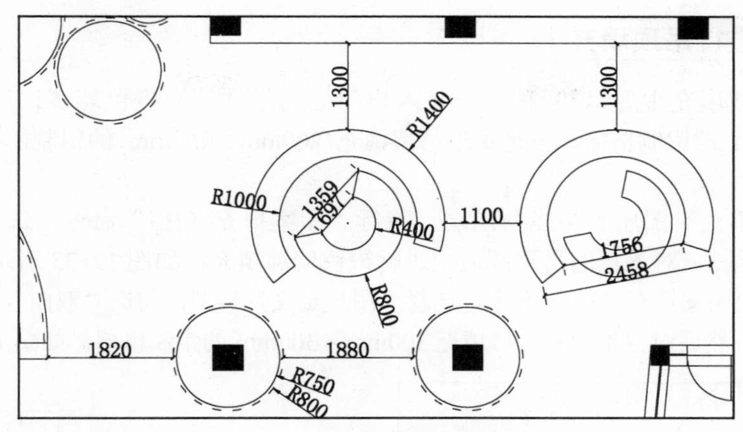

图 12-30　过道吊顶效果

（7）执行“矩形（REC）”命令和“移动（M）”命令，绘制出图 12-31 所示的矩形。

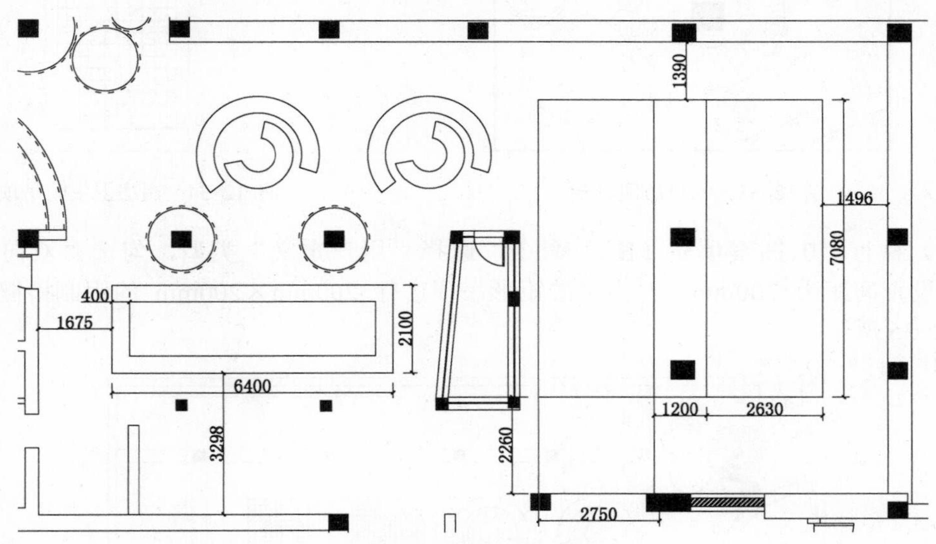

图 12-31　绘制矩形效果

（8）执行“直线（L）”命令，绘制出两条相交的直线；再选择“绘图|圆弧|起点、端点、半径”菜单命令，绘制半径为 2750mm 的圆弧。

（9）执行“偏移（O）”命令，将直线和圆弧向下偏移 300mm 的距离；再执行“修剪（TR）”命令，将多余的线条进行修剪，如图 12-32 所示。

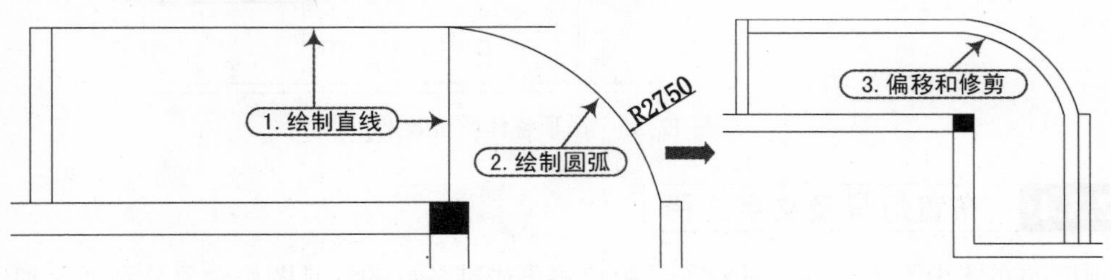

图 12-32　绘制并修剪

12.3.3 进行吊顶填充

网吧的吊顶填充主要有 3 种，一是入户门处的吊顶填充橙色墙漆，二是卫生间填充 300mm×300mm 的铝制格栅，三是矩形吊顶填充 200mm×200mm 的铝制格栅。其他吊顶填充黑白漆即可。

（1）将“填充”图层置为当前图层，执行“图案填充（H）”命令，选择图案为“AR-SAND”、比例为 2，对入户的吊顶圆造型进行橙色墙漆填充，如图 12-33 所示。

（2）执行“图案填充（H）”命令，选择“用户定义”类型，勾选“双向”复选框，并设置间距为 300mm，然后对卫生间和厨房填充 300mm×300mm 的铝制格栅，如图 12-34 所示。

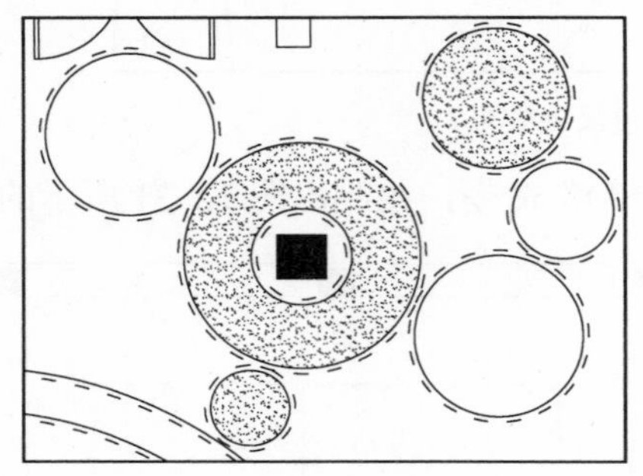

图 12-33　入户吊顶填充

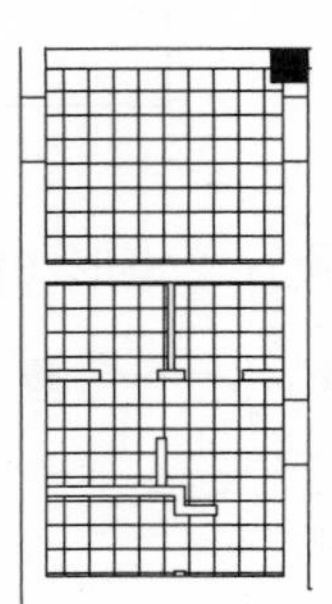

图 12-34　厨房卫生间吊顶填充

（3）执行“0 图案填充（H）”命令，选择“用户定义”类型，勾选“双向”复选框，并设置间距为 200mm，对指定的矩形吊顶进行 200mm×200mm 的铝制格栅填充，如图 12-35 所示。

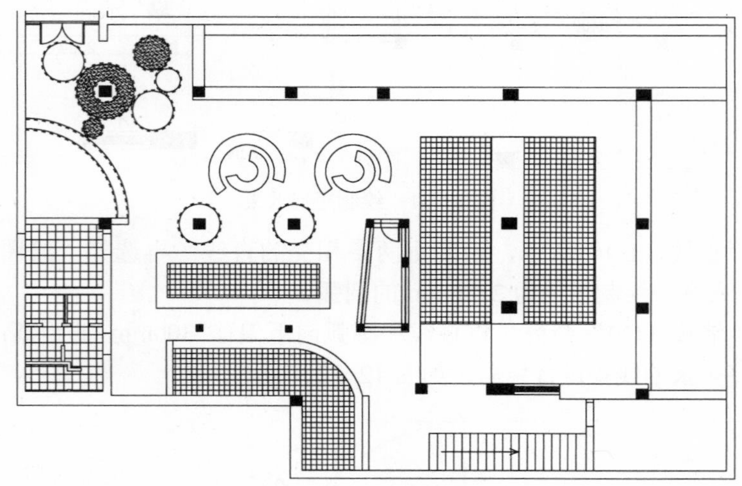

图 12-35　吊顶整体填充效果

12.3.4 布置灯具及文字注释

顶棚的布置少不了一些灯具对象，用户将事先准备好的灯具图块对象分别插入到顶棚的相应位置，但要注意灯具布置的间隔对等、对称等原则。

（1）将“灯具”图层置为当前图层，执行“插入块（I）”命令，将“案例\12”文件夹下面的“吊扇”“牛眼天花灯”“金卤灯”“格栅射灯”“吸顶灯”“吊扇”“吊线盆灯”“低压圆路轨灯”和“日光灯”插入到图中，并进行相应的布置，如图 12-36 所示。

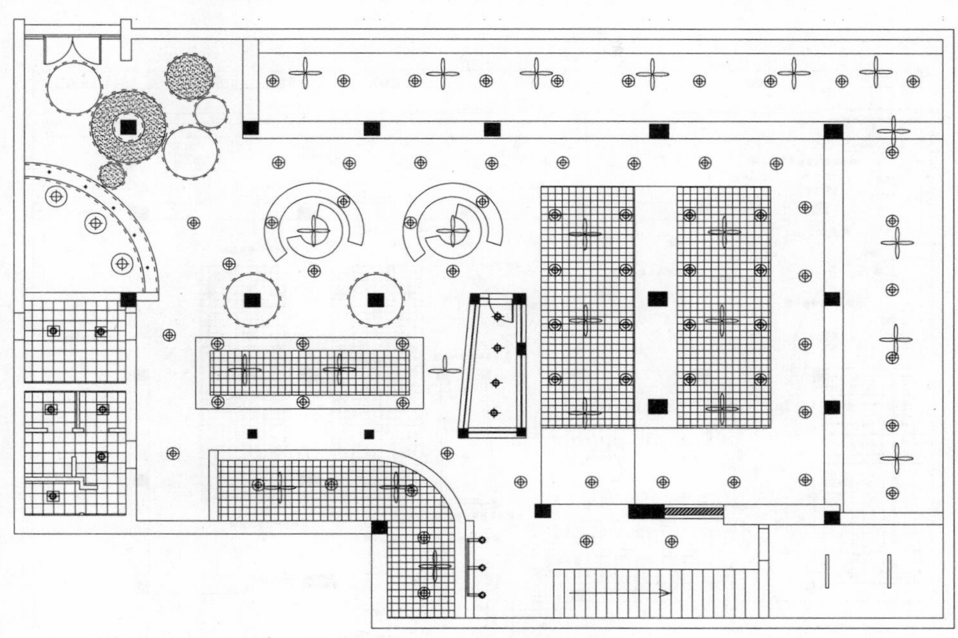

图 12-36　插入灯具效果

（2）将“符号”图层置为当前图层，再执行“插入块（I）”命令，将“案例\12”文件夹下面的“标高符号”插入到图中，并修改标高数值，如图 12-37 所示。

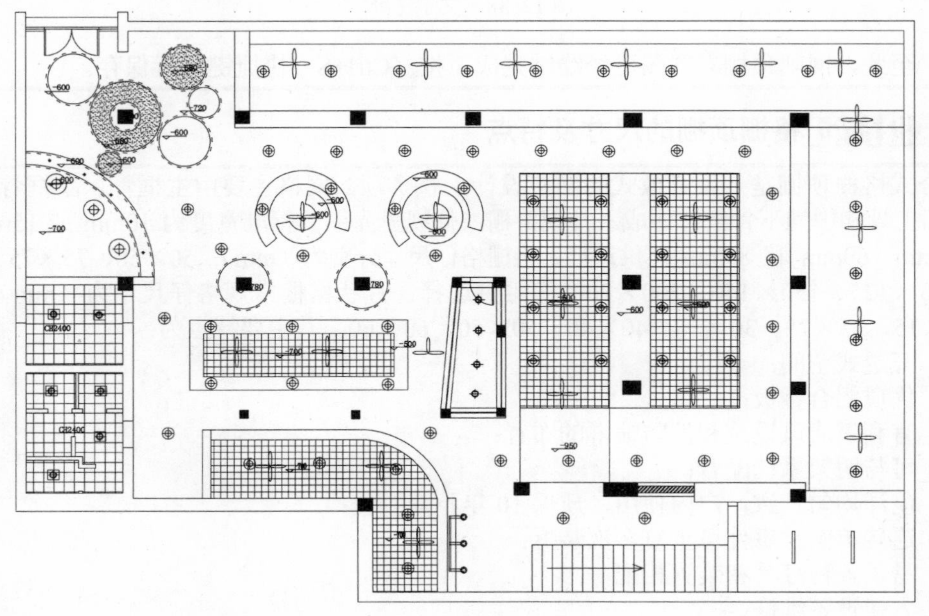

图 12-37　插入标高符号

（3）将“文字”图层置为当前图层，执行“单行文字（DT）”命令，选择字体为“宋体”，文字大小为 200，对顶棚图进行文字注释，如图 12-38 所示。

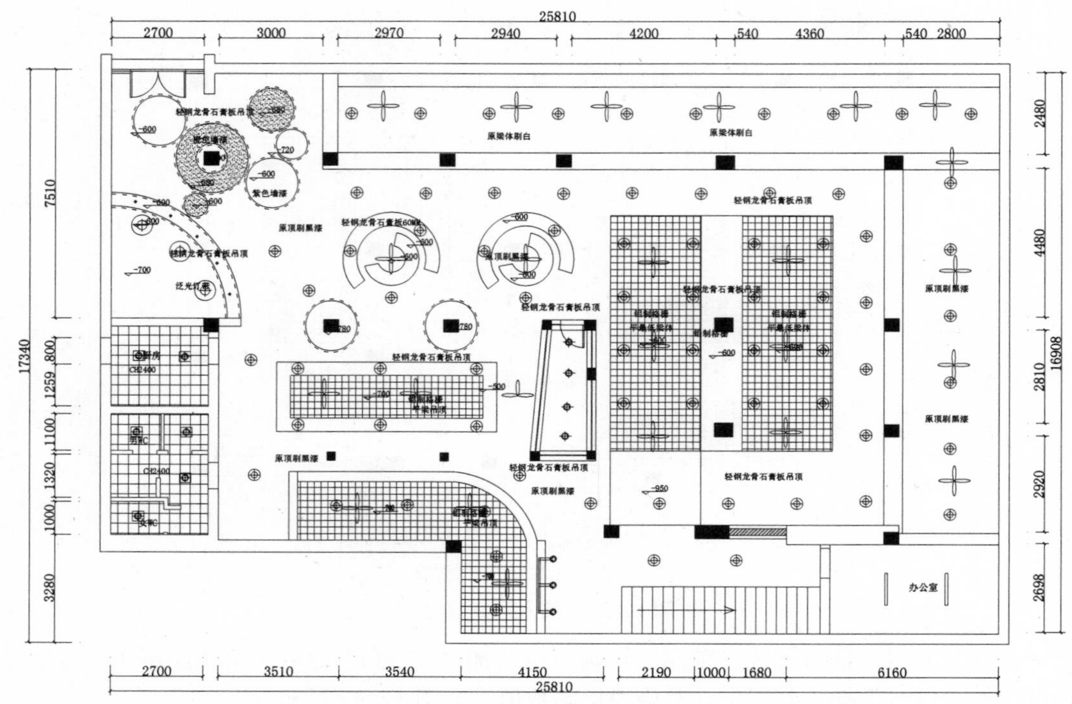

图 12-38　文字注释

（4）至此，网吧顶棚布置图已经绘制完成，按〈Ctrl+S〉快捷键进行保存。

专业技能 **格栅顶棚的尺寸及特点**

组合式格栅顶棚是一种开放式的网格设计，整个顶部网格主要由主框骨、副框骨、次框骨、中间上骨和中间下骨组合而成。常规格栅（仰视见光面）标准宽度为 10mm 或 15mm，高度有 40mm、60mm 和 80mm 可供选择。格栅格仔尺寸分别为（mm）：50×50、75×75、100×100、125×125、150×150、200×200 等可供选择；片状格栅常规格仔尺寸为（mm）：10×10、15×15、25×25、30×30、40×40、50×50、60×60。其主要特点为：

（1）开透式空间；

（2）优质铝合金板；

（3）有利于通风设施和消防喷淋的布置；

（4）可与明架系统配合；

（5）色泽均匀一致，户内使用，质保 10 年不变颜色；

（6）连接牢固，每件可重复多次装拆；

（7）易于各种灯具和装置相配；

（8）方便设备维修。

12.4 通风管道分布图的绘制

素材 视频\12\网吧通风管道分布图的绘制.avi
案例\12\网吧通风管道分布图.dwg

本实例主要讲解网吧顶面通风管道分布图的绘制，通风管道分布图的绘制是在顶棚布置图的基础上完成的。首先调用网吧顶棚布置图，然后将不需要的图层进行隐藏，再通过构造线、多线、矩形等命令绘制出管道的轮廓，然后插入出风口、进风口、消防柜等设备，最后进行文字注释和尺寸标注，如图 12-39 所示。

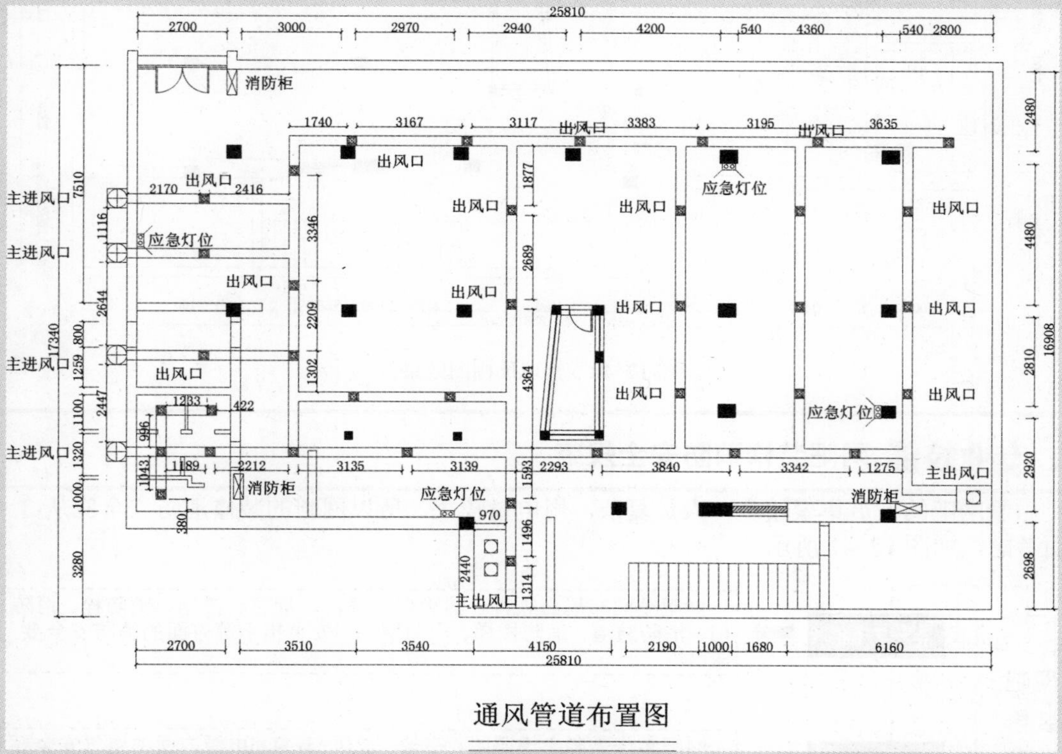

通风管道布置图

图 12-39 网吧通风管道分布图效果

12.4.1 整理顶棚布置图

网吧的通风管道分布图的绘制是在前面所绘制好的“网吧顶棚布置图”的基础上来进行的，将多余的对象隐藏即可开始绘制。

（1）启动 AutoCAD 2016 软件，选择“文件｜打开”菜单命令，将“案例\12\网吧顶棚布置图.dwg”文件打开；再执行“文件｜另存为”菜单命令，将其另存为“案例\12\网吧通风管道分布图.dwg”文件。

（2）执行“图层（LA）”命令，再新建一个“通风管道”图层。再执行“删除（E）”命令，将文字、灯具、吊顶、灯带、填充图案等进行删除，如图 12-40 所示。

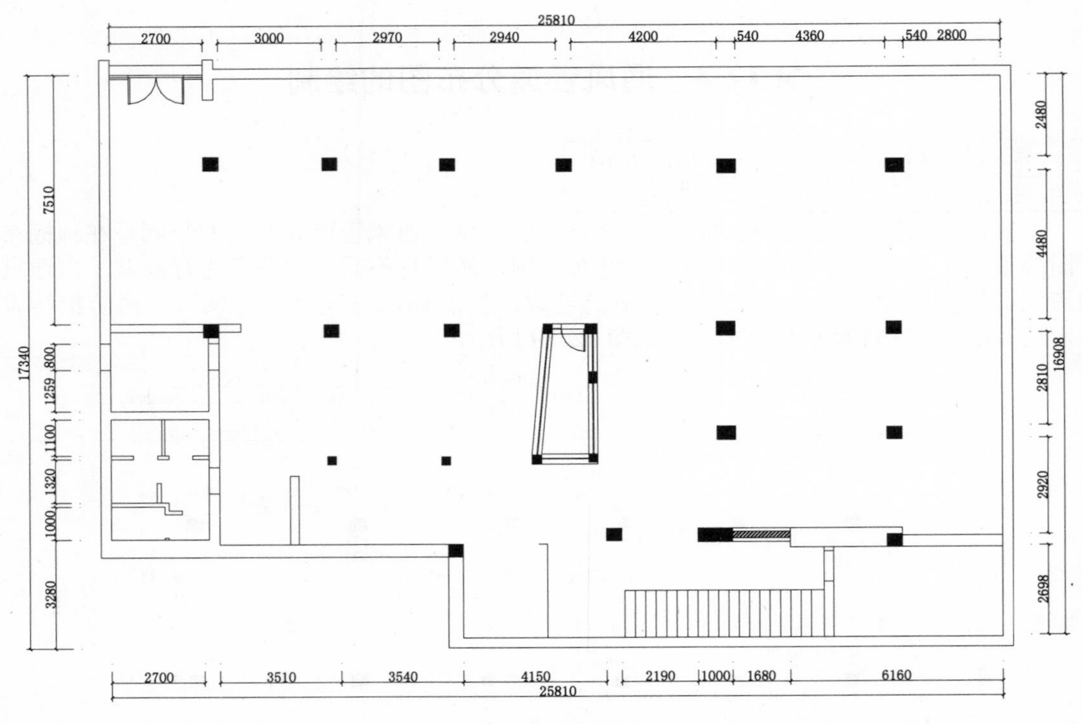

图 12-40 整理顶棚图效果

专业技能 网吧装修消防安全规范

由于网吧的人员集聚较多，人员复杂，用电量较大，所以网吧的装修消防安全应从 3 个方面考虑，如图 12-41 所示。

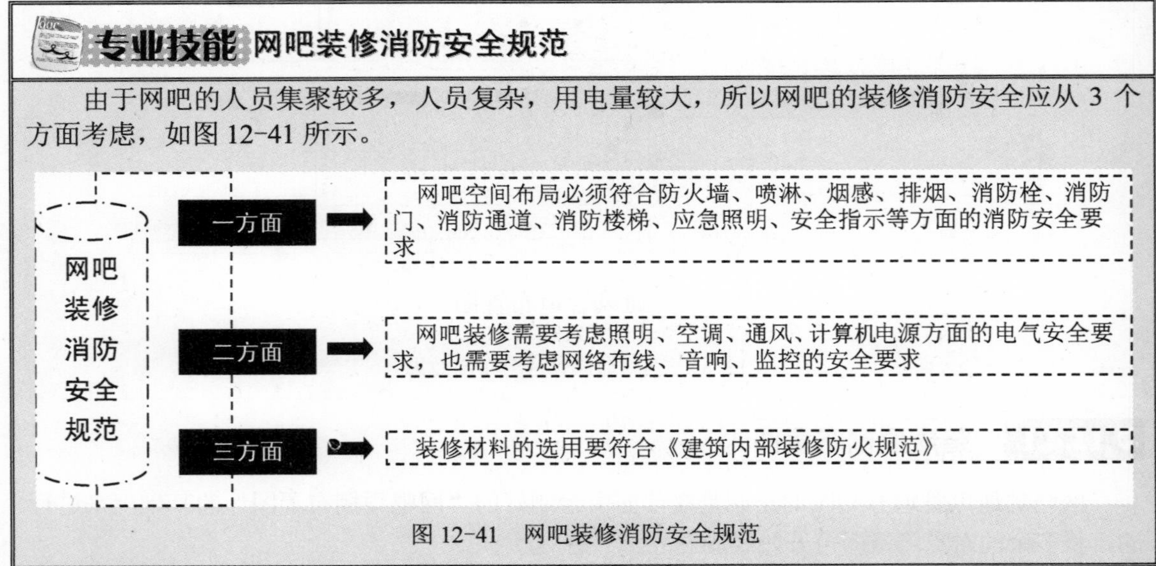

图 12-41 网吧装修消防安全规范

12.4.2 绘制管道及进出口风设备

由于网吧是一个人员集聚的地方，所以通风工程必不可少。在绘制通风管道时，先使用构造线来确定管道的定位，再使用多线的方式来绘制管道对象，然后分别在指定的位置插入相应的进出口风设备。

（1）将“辅助线”图层置为当前图层，执行“构造线（XL）”命令，根据提示绘制出图12-42所示的构造线。

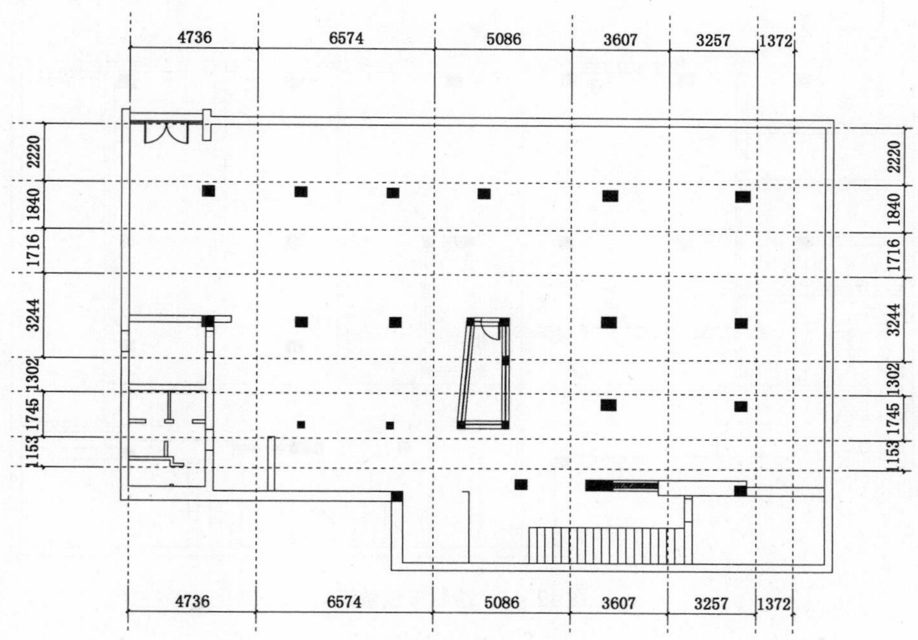

图12-42 绘制的构造线

（2）执行“修剪（TR）”命令，对多余的辅助线线条进行修剪，如图12-43所示。

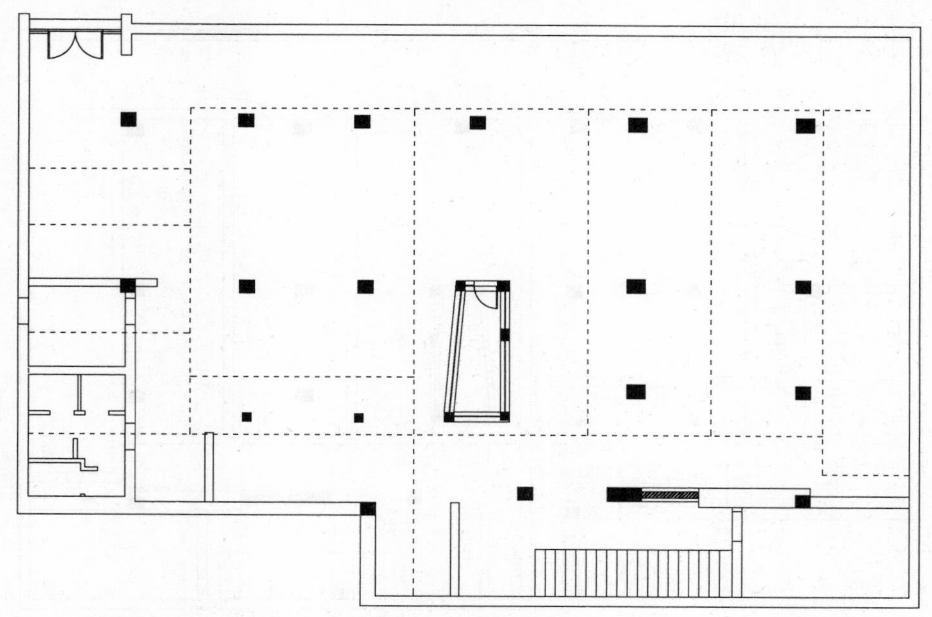

图12-43 修剪效果

（3）执行“多线（ML）”命令，设置比例为300，对正方式为“无（Z）”，然后绘制出宽度为 300mm 的多线，如图 12-44 所示。

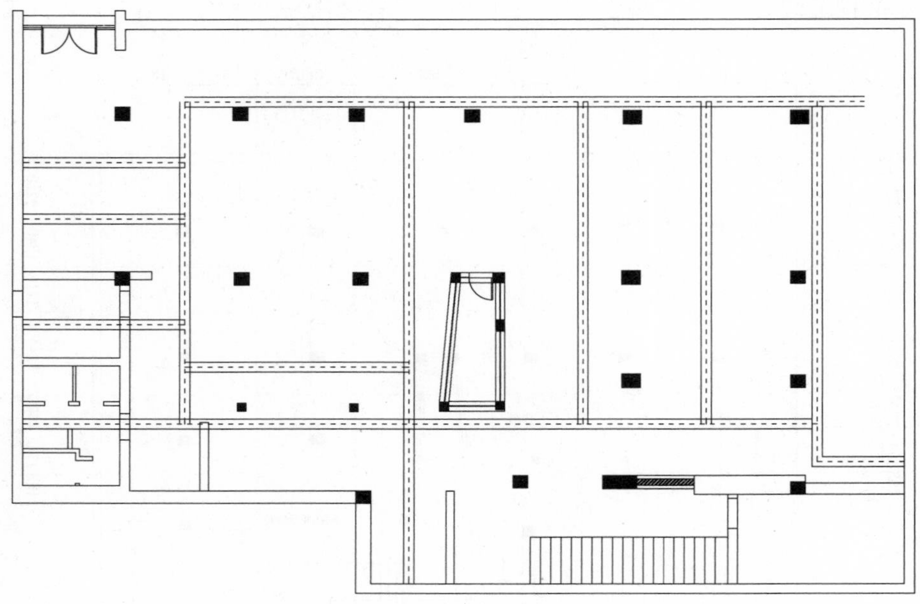

图 12-44　绘制多线效果

（4）选择“修改 | 对象 | 多线”菜单命令，在弹出的“多线编辑器”对话框中选择相应的编辑工具，对多线进行修剪；再执行“图层（LA）”命令，将“辅助线”图层隐藏，如图 12-45 所示。

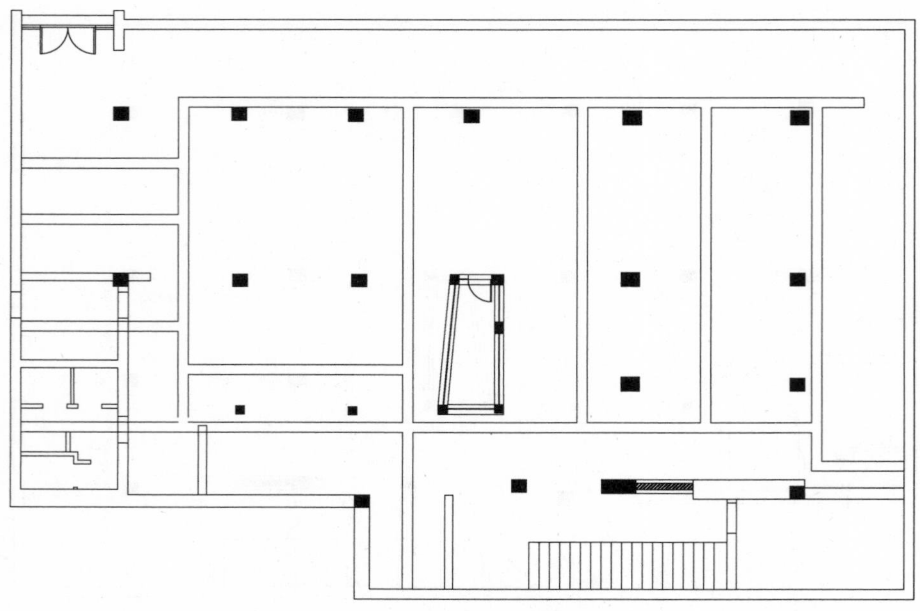

图 12-45　编辑多线效果

专业技能 多线的编辑

启用“编辑多线”命令可通过如下几种方法：

- 执行“修改 | 对象 | 多线”菜单命令；
- 在命令行中输入“MLEDIT”；
- 直接双击多线。

执行“编辑多线”命令后，将弹出“多线编辑工具”对话框，通过“多线编辑工具”对话框，可以创建或修改多线的模式。对话框中多线编辑工具被分为 4 列，其中第一列是十字交叉形式的，第二列是 T 形式的，第三列是拐角结合点和节点，第四列是多线被剪切和被连接的形式，用户可以根据需要单击相应的示例图形，然后根据提示选择多线对象来进行编辑，如图 12-46 所示。

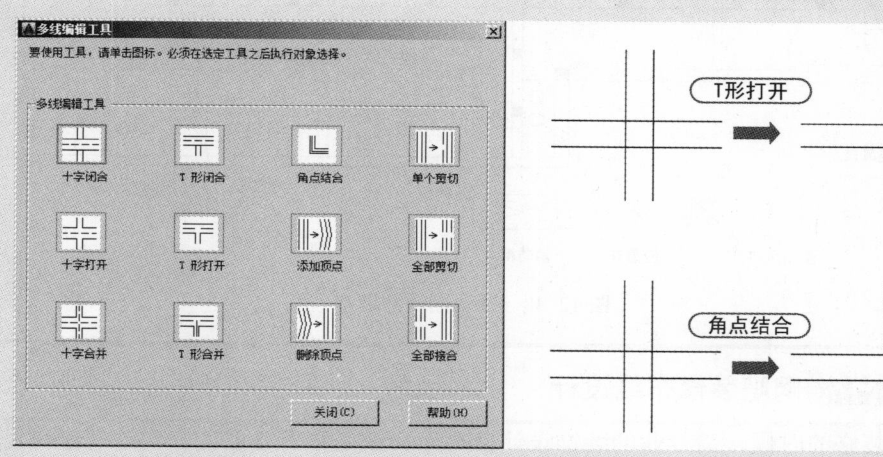

图 12-46 多线编辑工具

（5）执行“矩形（REC）”命令，绘制 1055mm×800mm 和 970mm×2440mm 的矩形，如图 12-47 所示。

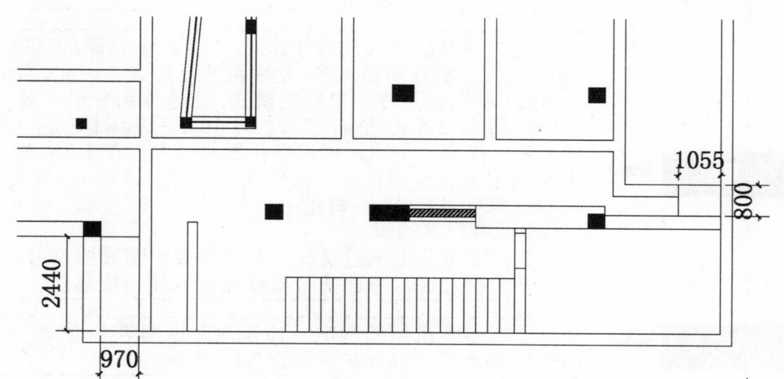

图 12-47 绘制矩形效果

（6）执行“插入块（I）”命令，将“案例\12”文件夹下面的“消防应急灯位”“消防柜”“主出风口”“主进风口”和“出风口”文件插入到图中，并进行适当的调整，如图 12-48 所示。

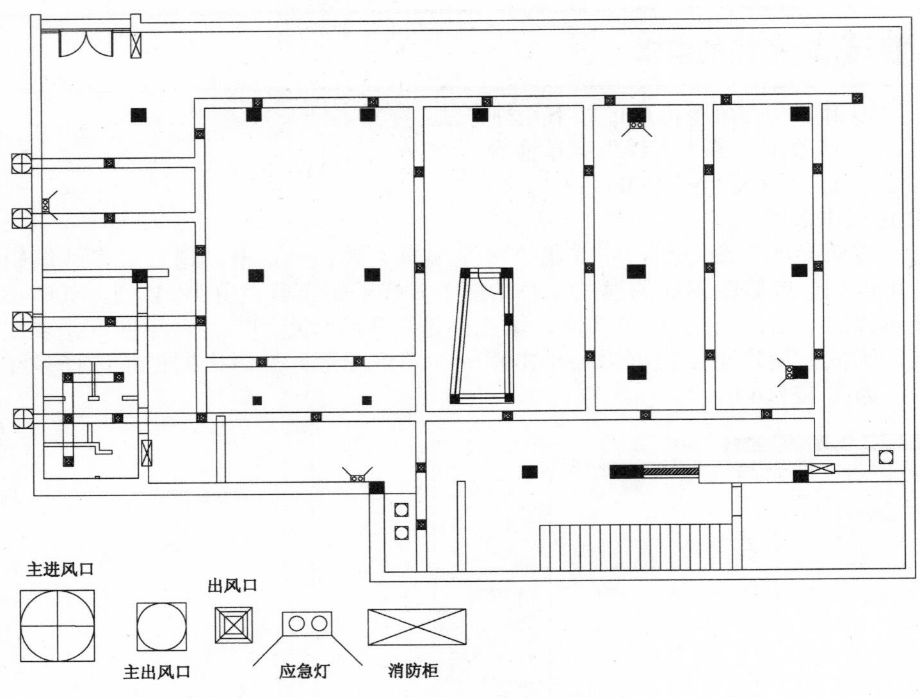

图 12-48 插入图块并调整

专业技能 网吧装修布线设计

在网吧装修的时候，请专业的装饰设计公司来完成是很有必要的，对于普通网吧来说，网吧的主要用电系统有空调、计算机、网络设备和照明设备，如图 12-49 所示。

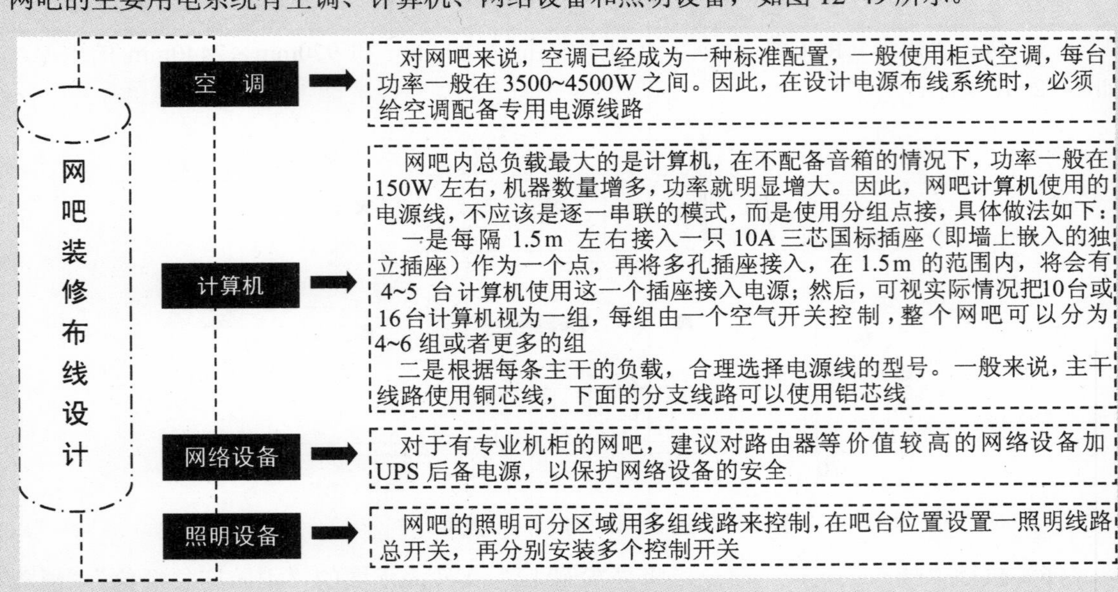

网吧装修布线设计
空 调
对网吧来说，空调已经成为一种标准配置，一般使用柜式空调，每台功率一般在 3500~4500W 之间。因此，在设计电源布线系统时，必须给空调配备专用电源线路
计算机
网吧内总负载最大的是计算机，在不配备音箱的情况下，功率一般在150W 左右，机器数量增多，功率就明显增大。因此，网吧计算机使用的电源线，不应该是逐一串联的模式，而是使用分组点接，具体做法如下：
一是每隔 1.5m 左右接入一只 10A 三芯国标插座（即墙上嵌入的独立插座）作为一个点，再将多孔插座接入，在 1.5m 的范围内，将会有 4~5 台计算机使用这一个插座接入电源；然后，可视实际情况把10台或16台计算机视为一组，每组由一个空气开关控制，整个网吧可以分为4~6 组或者更多的组
二是根据每条主干的负载，合理选择电源线的型号。一般来说，主干线路使用铜芯线，下面的分支线路可以使用铝芯线
网络设备
对于有专业机柜的网吧，建议对路由器等价值较高的网络设备加 UPS 后备电源，以保护网络设备的安全
照明设备
网吧的照明可分区域用多组线路来控制，在吧台位置设置一照明线路总开关，再分别安装多个控制开关

图 12-49 网吧装修设计布线

12.4.3 文字及尺寸的标注

通风管道及相应的工程设备绘制完后，还应进行相应的文字说明及尺寸标注。

（1）将“文字”图层置为当前图层，执行“单行文字（DT）”命令，对通风管道分布图进行文字注释，其文字大小为350，如图12-50所示。

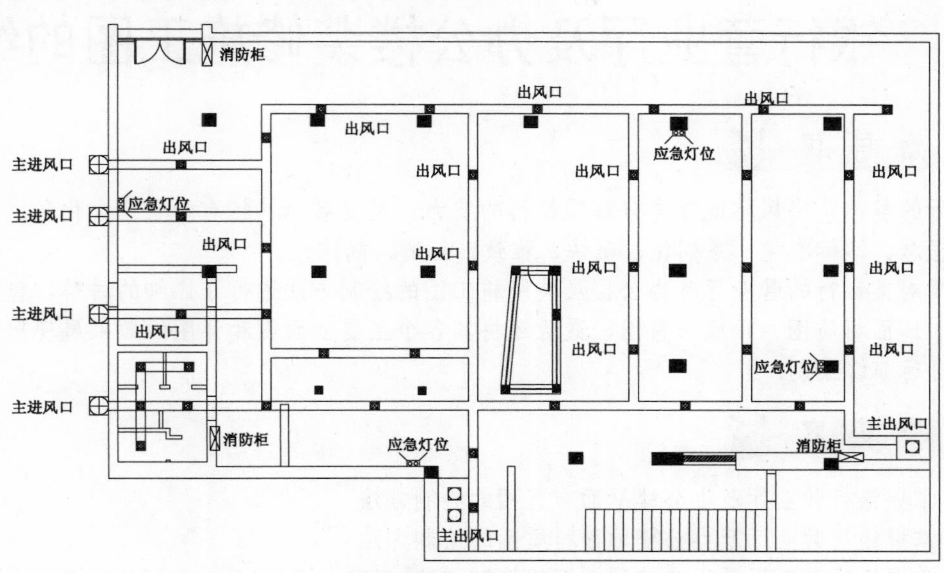

图12-50 文字注释效果

（2）将“尺寸标注”图层置为当前图层，执行“线型标注（DLI）”命令和“连续标注（DCO）”命令，对通风管道分布图进行定位标注，如图12-51所示。

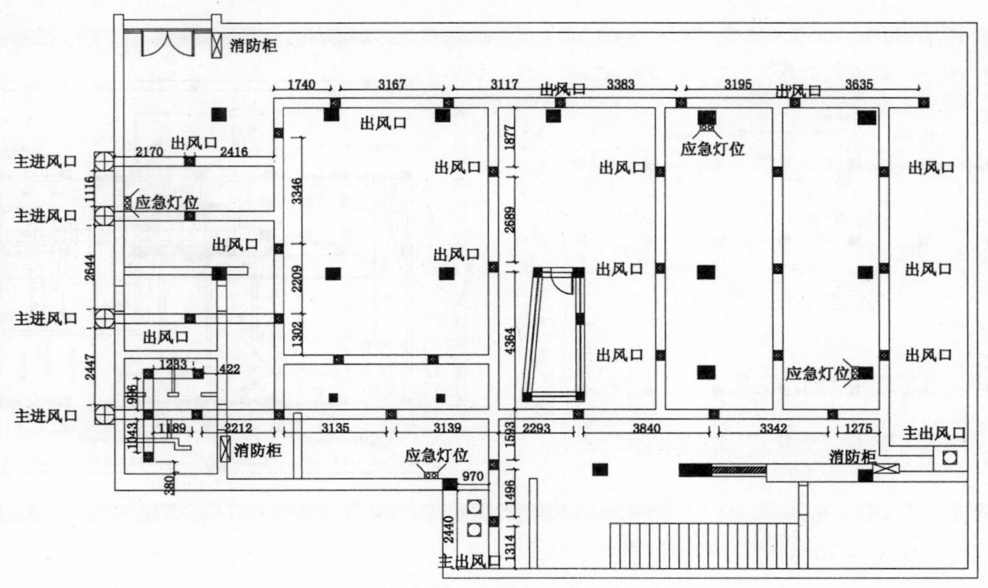

图12-51 标注定位效果

（3）至此，网吧通风管道分布图已经绘制完成，按〈Ctrl+S〉快捷键进行保存。

第13章 银行营业厅及办公楼装修施工图的绘制

本章导读

银行的整体装修风格既要充分体现银行的实力，又要展示其特有的企业文化和以人为本的经营理念，即标准化、系列化、明快、雅致、舒适、简洁。

本章对某银行的营业厅和办公楼层装修施工图的绘制方法进行了详细的讲解，包括平面布置图、地面材质图、顶棚布置图，最后还将其各个主要立面图和详图的效果展现出来，读者可以自行演练绘制。

主要内容

- ◆ 掌握银行营业厅及办公楼平面布置图的绘制方法
- ◆ 掌握银行营业厅及办公楼地面材质图的绘制方法
- ◆ 掌握银行营业厅及办公楼顶棚图的绘制方法
- ◆ 演练银行营业厅各个立面图和大样图

预览效果图

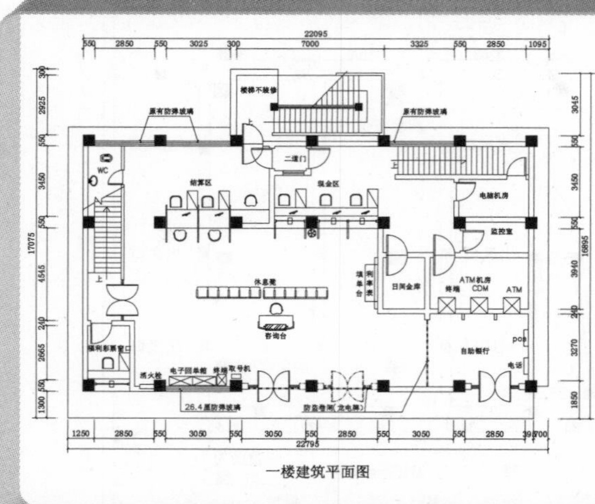

一楼建筑平面图

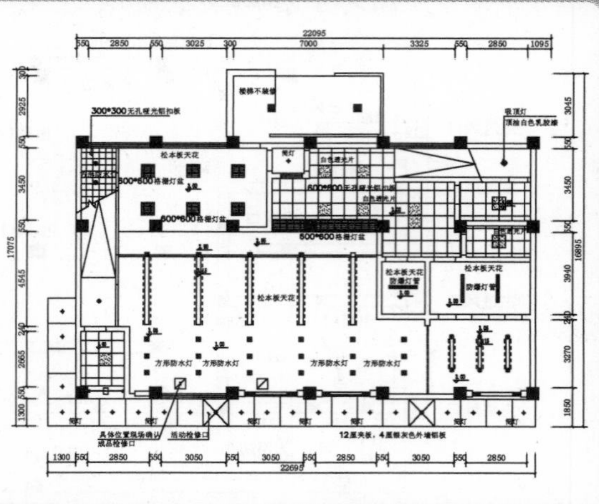

13.1 银行室内布置图的绘制

素材 视频\13\一层平面布置图的绘制.avi
案例\13\一层平面布置图.dwg

用户在进行银行布置设计时，首先调用银行建筑平面图，然后在建筑平面图的基础上进行绘制。首先应该考虑银行功能区域的分布，再通过矩形、偏移、修剪等命令，绘制出银行平面图中有造型设计的地方，然后插入家具办公图块等，最后进行文字注释和标注，如图 13-1 所示。

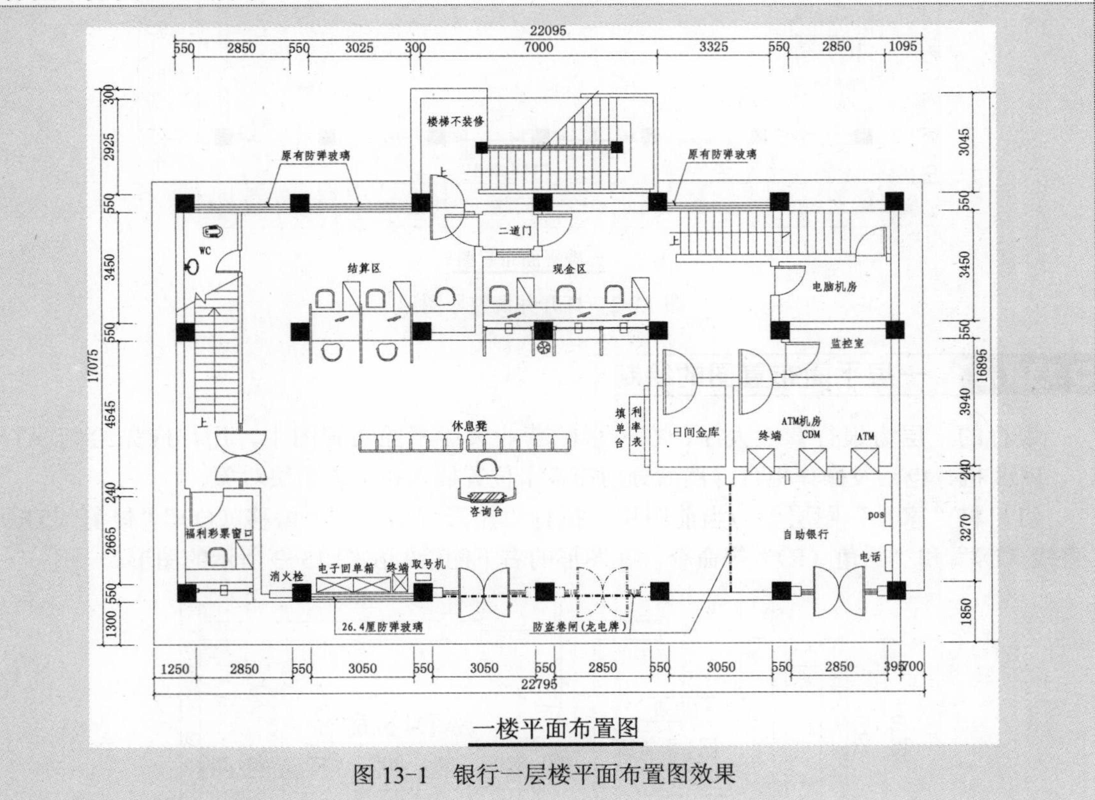

图 13-1 银行一层楼平面布置图效果

13.1.1 打开银行建筑平面图

在本案例中，已经有准备好的银行一层楼建筑平面图文件，这时可将其打开并保存为新的文件。

（1）启动 AutoCAD 2016 软件，选择“文件 | 打开”菜单命令，将“案例\13”文件夹下的“一层建筑平面图.dwg”文件打开。

（2）执行“文件 | 另存为”菜单命令，分别将其另存到“案例\13”文件夹下的“一层平面布置图.dwg”文件，并修改图名为“一楼平面布置图”，如图 13-2 所示。

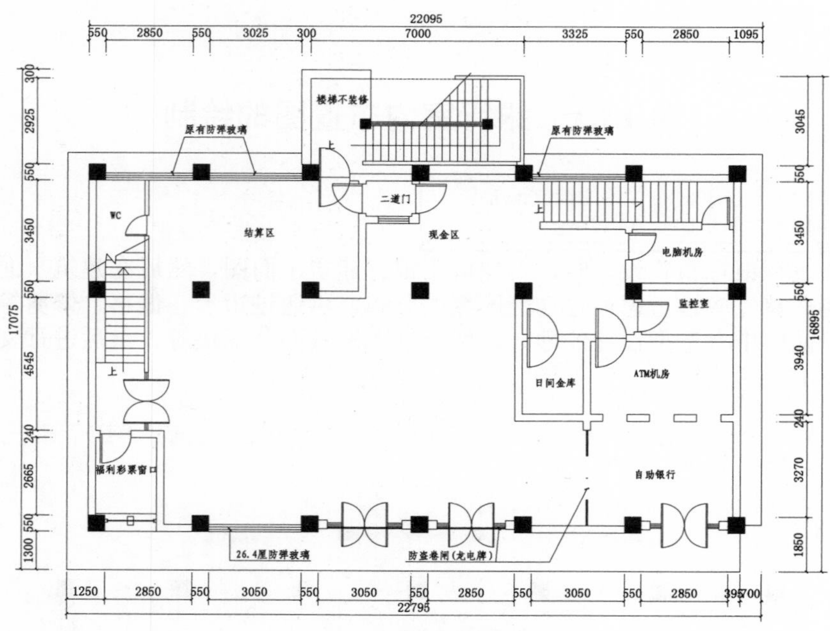

图 13-2　打开并调整原图形

13.1.2　一层平面布置图的绘制

银行的一层为银行营业大厅，在一层的营业大厅平面布置图中，用户应先绘制 ATM 机、POS 机、电话及操作柜台，然后分别在各个位置插入相应的图块对象。

（1）将“家具”图层置为当前图层，执行“矩形（REC）”“偏移（O）”“修剪（TR）”“直线（L）”和“圆角（F）”等命令，在图形的右下侧绘制出图 13-3 所示的图形。

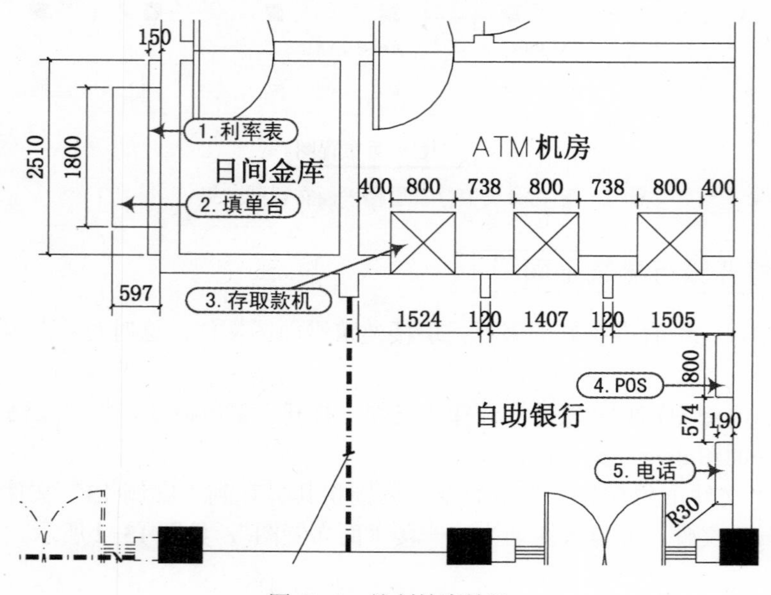

图 13-3　绘制轮廓效果

（2）执行“矩形（REC）”命令和“直线（L）”命令，在福利彩票窗口处绘制出图 13-4 所示的图形。

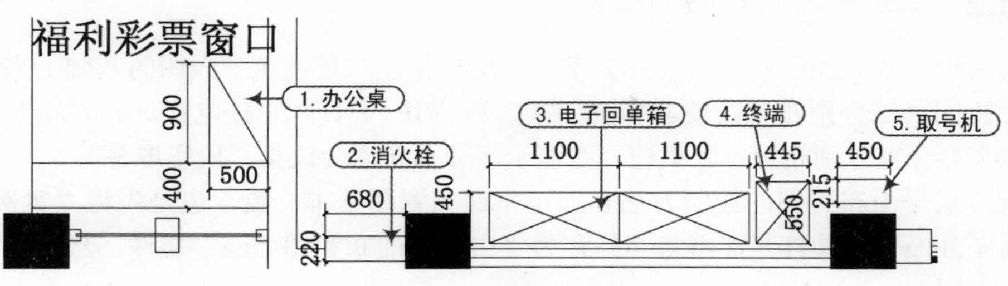

图 13-4 彩票窗口效果

（3）执行“矩形”（REC）命令、“直线”（L）命令等，在现金区和结算区绘制出图 13-5 所示的图形。

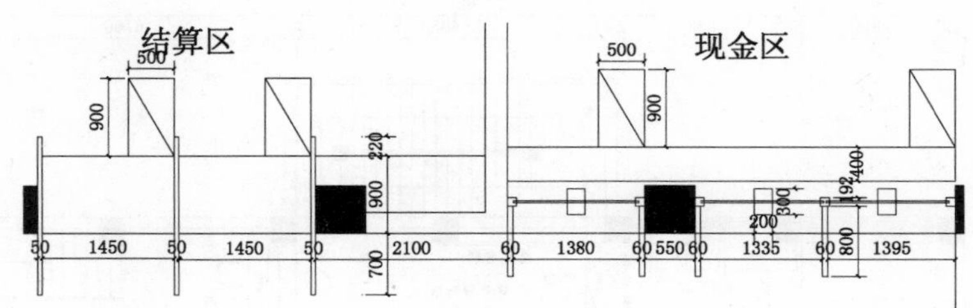

图 13-5 办公桌效果

（4）执行“插入块（I）”命令，将“案例\13”文件夹下面的“平面蹲便器”和“平面洗手盆”等文件作为图块插入到平面图的相应位置，并做适当的调整，如图 13-6 所示。

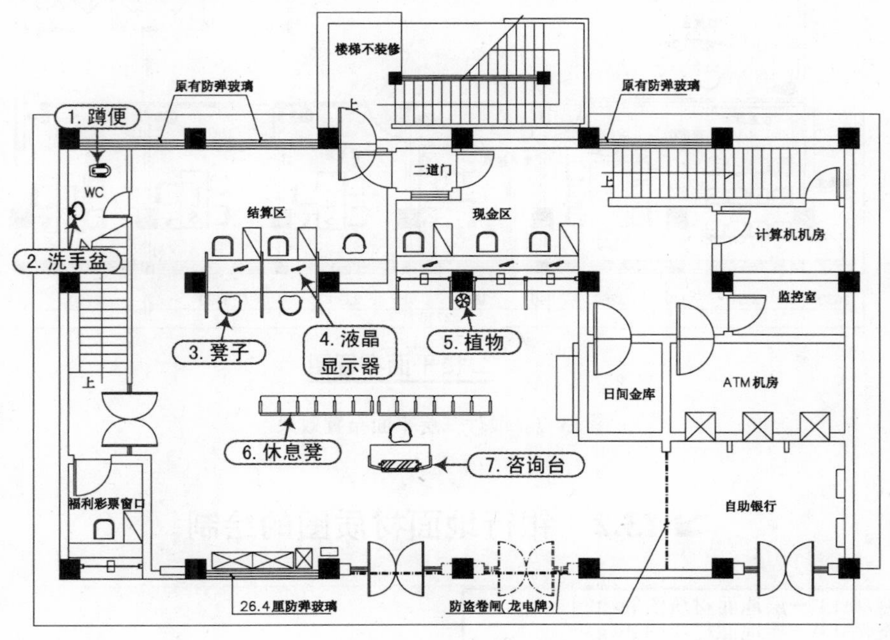

图 13-6 插入图块效果

（5）至此，银行一层平面布置图已经绘制完成，按〈Ctrl+S〉快捷键进行保存。

➲ 13.1.3 二层平面布置图的绘制

二层为银行各职能管理部门的办公室，它同样是在二层建筑平面图的基础上来进行布置的。在卫生间区域分别布置蹲便器和洗手盆，在 VIP 贵宾区悬挂电视、布置沙发和茶几对象，在每个办公室分别布置办公桌椅，在演示厅分别布置会议桌、投影屏幕等。

银行二层平面布置图的绘制方法和一层平面布置图基本一致，也是先将“案例\13\二层建筑平面图.dwg”文件打开，再将其另存为“二层平面布置图.dwg”文件，然后在此基础上对其进行布置。

由于篇幅有限，这里就不再详细介绍绘制步骤，读者可以参考“案例\13”文件夹下面的“二层平面布置图”进行绘制，如图 13-7 所示。

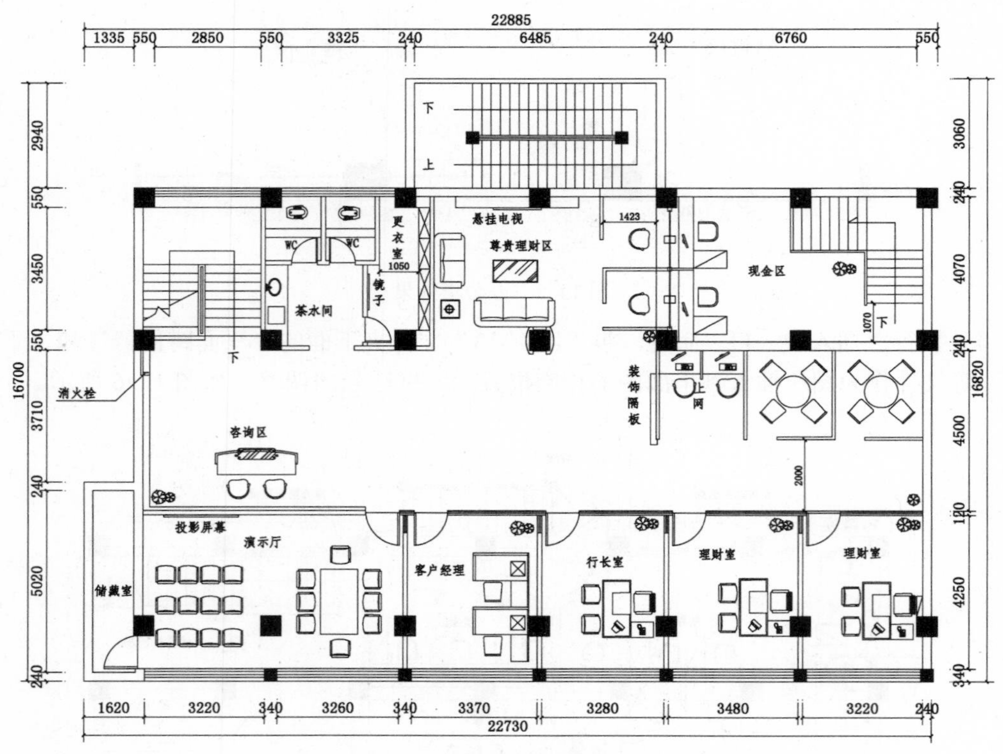

二楼平面布置图

图 13-7 银行二层平面布置效果

➘ 13.2 银行地面材质图的绘制

视频\13\一层地面材质图的绘制.avi
案例\13\一层地面材质图.dwg

在本实例中主要针对银行一层地面材质图进行绘制，在进行地面材质图绘制的时候，首先将“案例\13\一层平面布置图”文件打开，并将多余的对象隐藏和删除，从而整理好地面材质图基础轮廓，然后在此基础上通过矩形、直线、偏移、填充等命令进行地面材质图的绘制，最后对其进行文字注释操作，最终完成地面材质图的绘制，如图 13-8 所示。

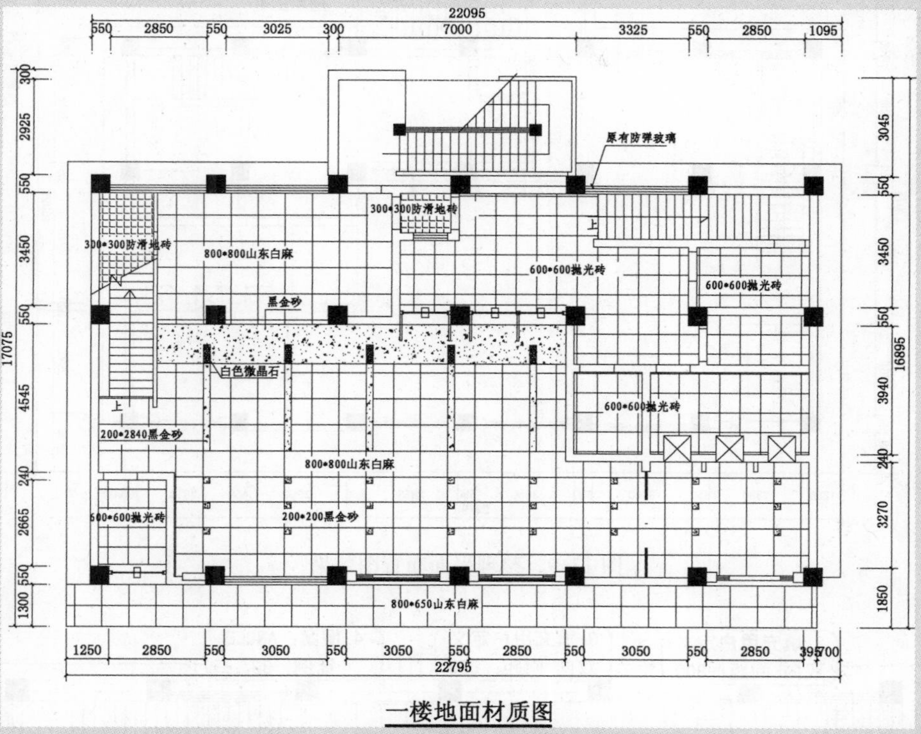

一楼地面材质图

图 13-8　银行一层地面材质图效果

13.2.1　一层地面材质图的绘制

银行一层营业大厅的地面材质图，其门外侧采用偏移的方式来绘制出 800mm×650mm 的矩形，而大厅铺贴 800mm×800mm 的山东白麻砖，并镶嵌有 200mm×200mm 和 200mm×2840mm 的黑金砂，卫生间位置铺贴 300mm×300mm 的防滑地砖，营业柜台处采用白色微晶石。

（1）启动 AutoCAD 2016 软件，选择“文件 | 打开”菜单命令，将“案例\13\一层平面布置图.dwg”文件打开。

（2）执行“文件 | 另存为”菜单命令，将其另存为“案例\13\一层地面材质图.dwg”文件，并修改图名内容。

（3）执行“删除（E）”命令，将所有门和不需要的对象删除。

（4）将“门洞线”图层置为当前图层，再执行“直线（L）”命令，将所有门洞封闭起来，如图 13-9 所示。

（5）执行“矩形（REC）”命令，绘制 12040mm×1200mm 的矩形；再将“填充”图层置为当前图层，执行“图案填充（H）”命令，对地面材质图进行填充，如图 13-10 所示。

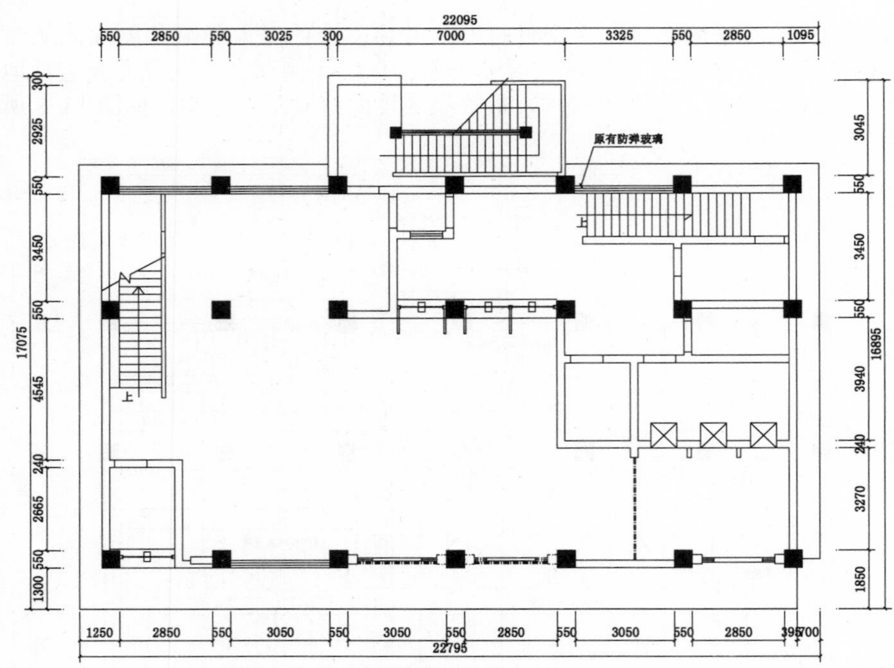

图 13-9　整理平面布置图效果

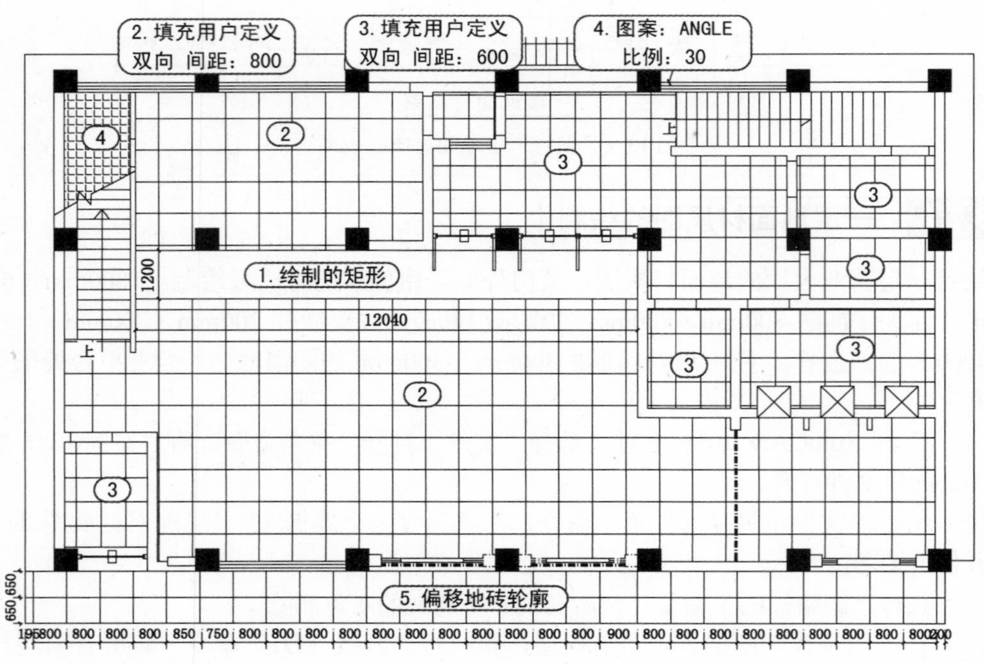

图 13-10　填充效果

（6）执行“矩形（REC）”命令，绘制出 200mm×200mm 和 200mm×3243mm 的矩形；再执行“复制（CO）”命令和“图案填充（H）”命令，绘制出图 13-11 所示的拼花图形效果。

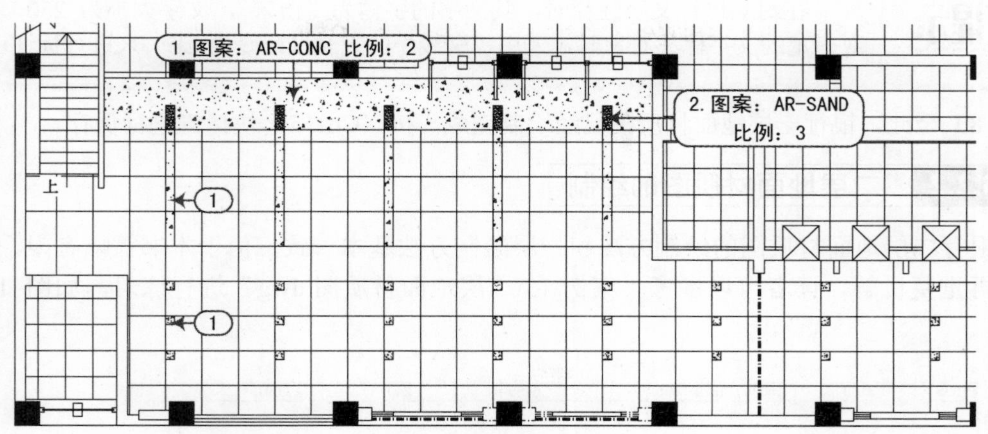

图 13-11 拼花效果

（7）将“文字”图层置为当前图层，执行“单行文字（DT）”命令，对地面材质图进行文字注释，如图 13-12 所示。

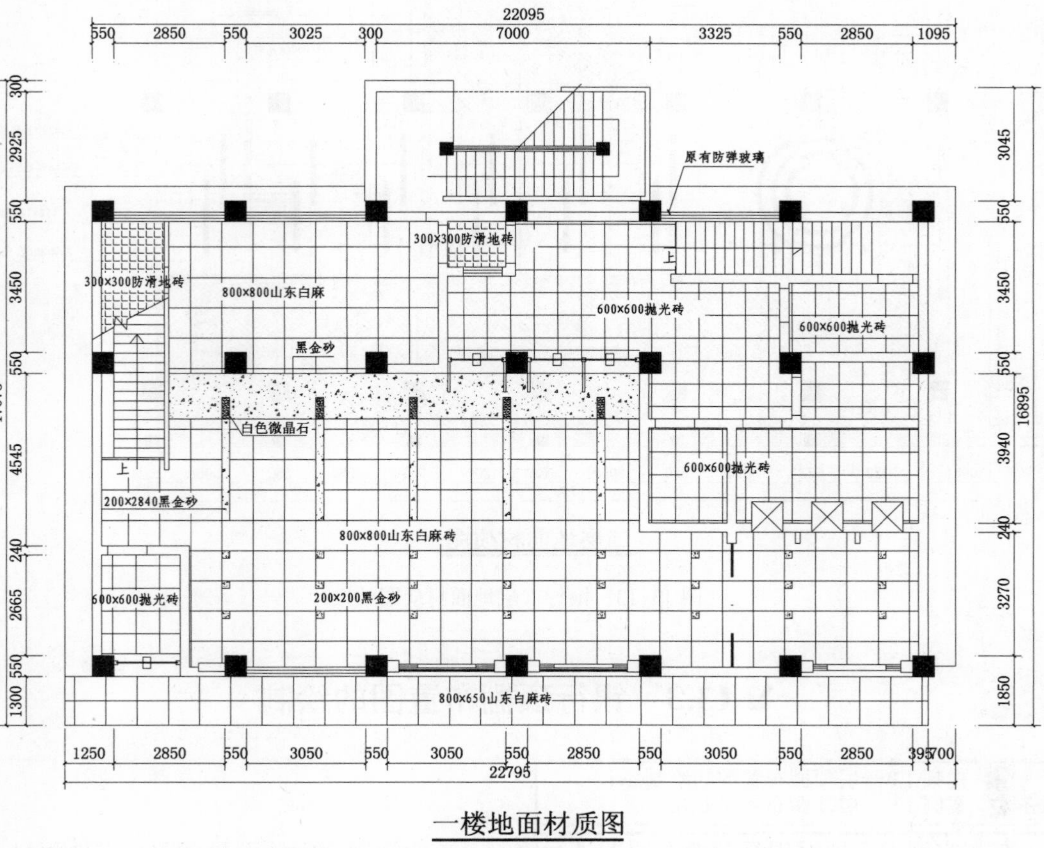

一楼地面材质图

图 13-12 银行一层地面材质图的文字注释

在对其进行文字注释时，其文字的字体为“仿宋”，文字大小为 250，另外对指定的文字标注对象时，采用“引线”的方式（命令为 LE）来进行标注。

（8）至此，银行一层地面材质图已经绘制完成，按〈Ctrl+S〉快捷键进行保存。

13.2.2 二层地面材质图的绘制

银行二层地面材质图的绘制方法和一层绘制方法基本一致，由于本书篇幅有限，这里就不再重复讲解，读者可以参考“案例\13\二层地面材质图.dwg”进行练习，如图 13-13 所示。

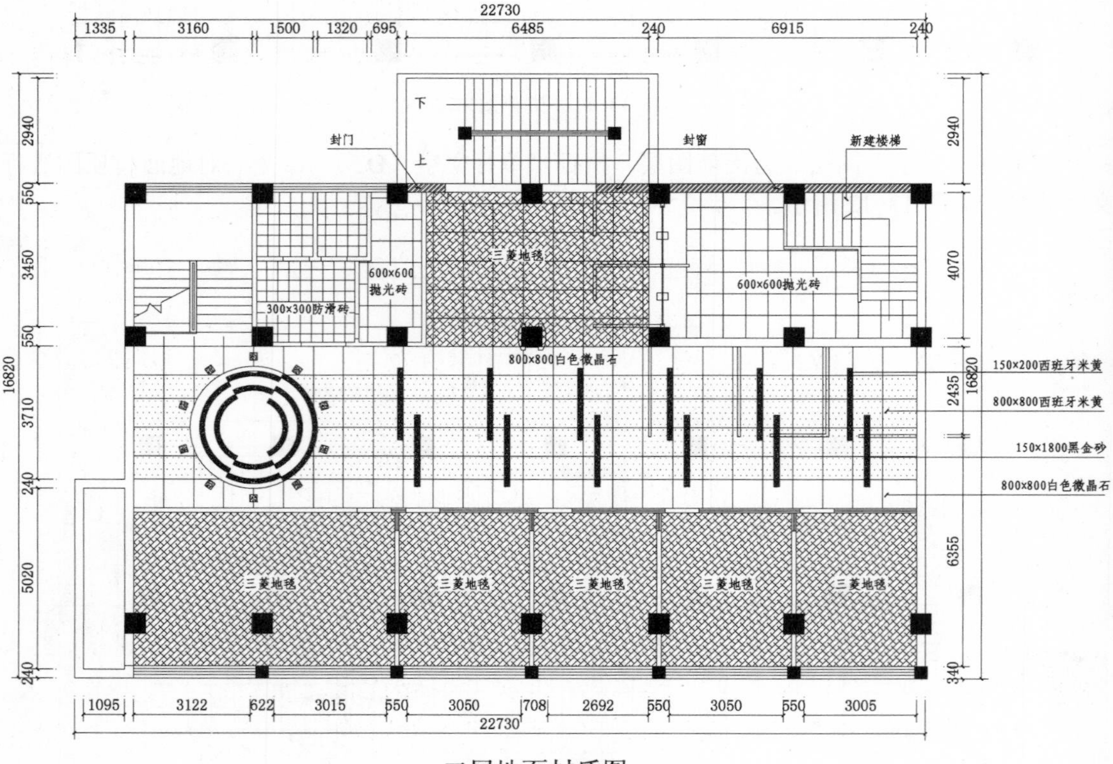

二层地面材质图

图 13-13 银行二层地面材质图效果

13.3 银行顶棚布置图的绘制

素材 视频\13\一层顶棚布置图的绘制.avi
案例\13\一层顶棚布置图.dwg

在本实例中主要对银行顶棚布置图进行绘制，首先调用银行地面材质图，在地面材质图的基础上通过整理得到顶棚图的轮廓，再绘制出吊顶的造型轮廓，然后执行“插入块

(I)”命令，将“案例\13”文件夹下面的“筒灯”等图块插入到顶棚布置图中，最后进行文字和标高注释标注，其一层顶棚布置图如图 13-14 所示。

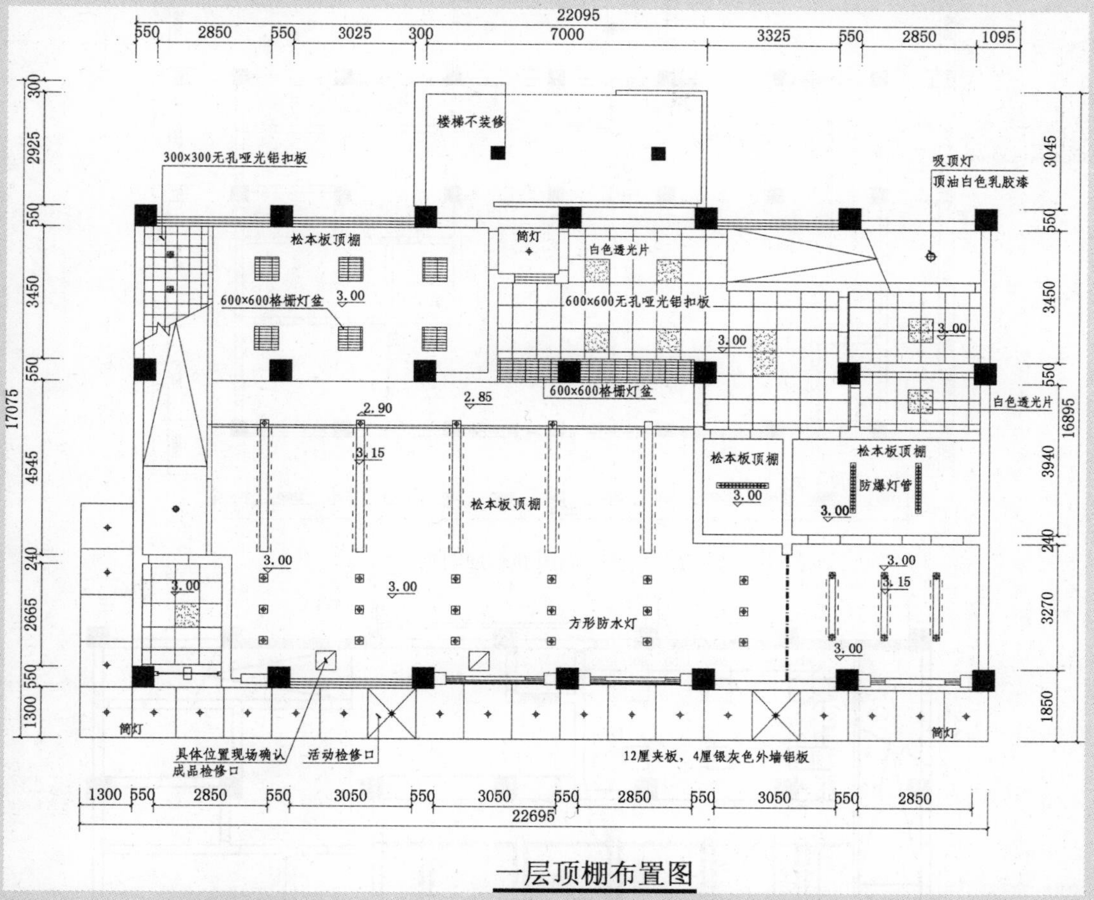

一层顶棚布置图

图 13-14　银行一层顶棚布置图效果

13.3.1 一层顶棚布置图的绘制

顶棚布置图的绘制是在地面材质图的基础上进行隐藏和整理的，然后绘制相应的顶棚造型效果，再根据需要对不同的吊顶对象填充不同的图案，最后对其进行文字和标高标注。

（1）启动 AutoCAD 2016 软件，选择“文件 | 打开”菜单命令，将“案例\13\一层地面材质图.dwg”文件打开；再执行“文件 | 另存为”菜单命令，将其另存为“案例\13\一层顶棚布置图.dwg”文件。

（2）执行“删除（E）”命令，将不需要的对象删除，并修改相应图名内容。

（3）将“吊顶”图层置为当前图层，执行“直线（L）”命令，将所有门洞封闭起来，如图 13-15 所示。

（4）执行“直线（L）”命令和“矩形（REC）”命令，绘制出顶棚轮廓图形，并将绘制的相应线条置换到“灯带”图层，如图 13-16 所示。

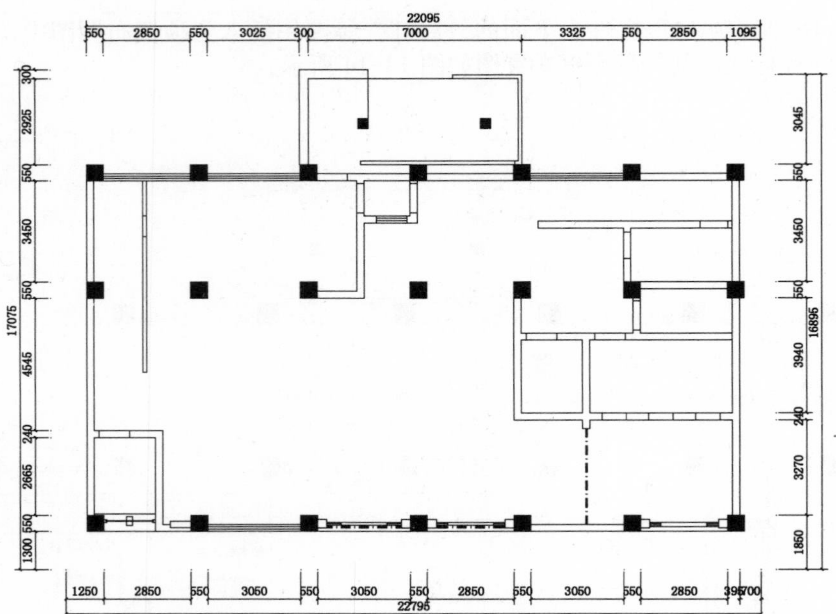

图 13-15 调用并整理图形

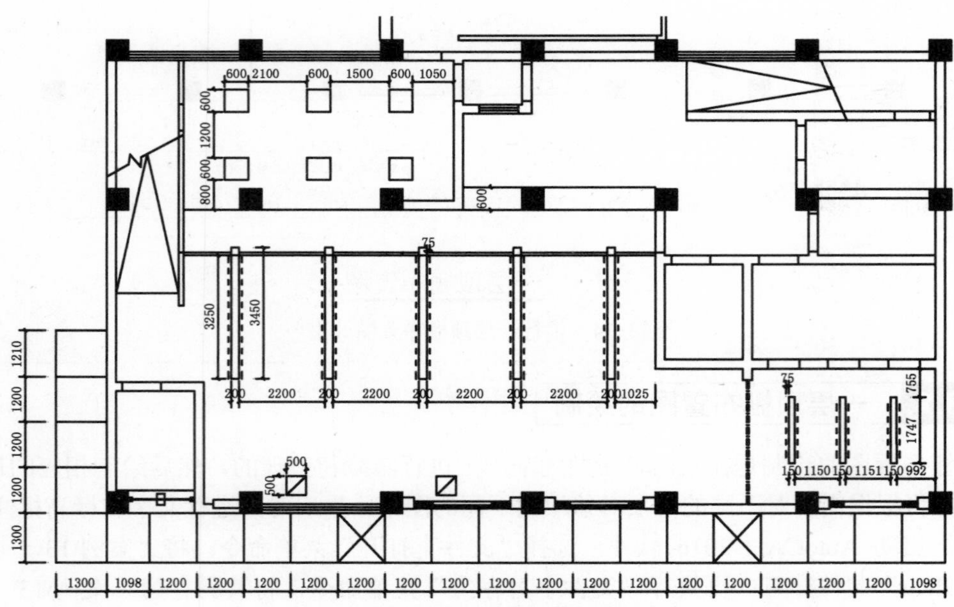

图 13-16 顶棚轮廓效果

（5）将“填充”图层置为当前图层，执行“图案填充（H）”命令，对顶棚布置图进行填充，如图 13-17 所示。

①处填充为 600mm×600mm 的栅格灯盆，②处填充为 300mm×300mm 无孔哑光铝扣板，③处填充为 600mm×600mm 无孔哑光铝扣板，④处填充为白色透光片。

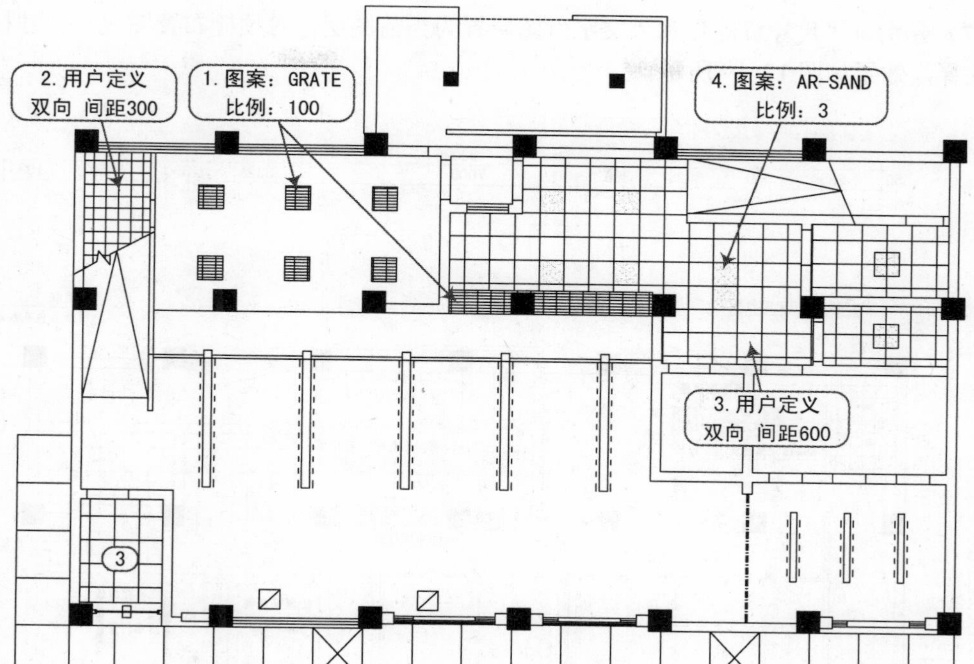

图 13-17 填充效果

（6）将“灯具”图层置为当前图层，执行“插入块（I）”命令，将“案例\13”文件夹下面的“筒灯”“防爆灯管”和“方形防水灯”文件插入到顶棚布置图适合的位置，如图 13-18 所示。

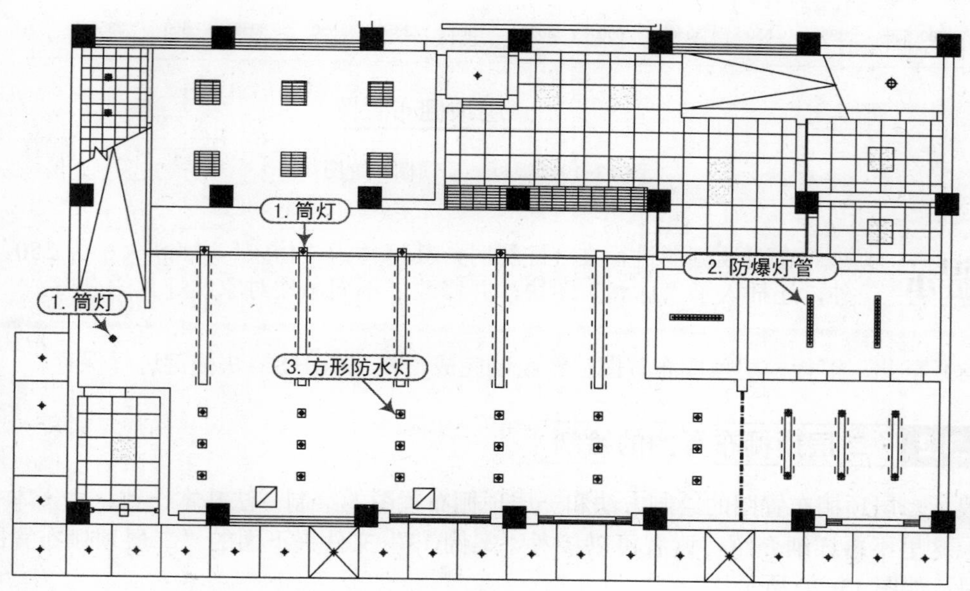

图 13-18 插入灯具效果

（7）分别将“尺寸标注”和“文字”图层置为当前图层，对顶棚布置图进行尺寸标注和文字注释，效果如图 13-19 所示。

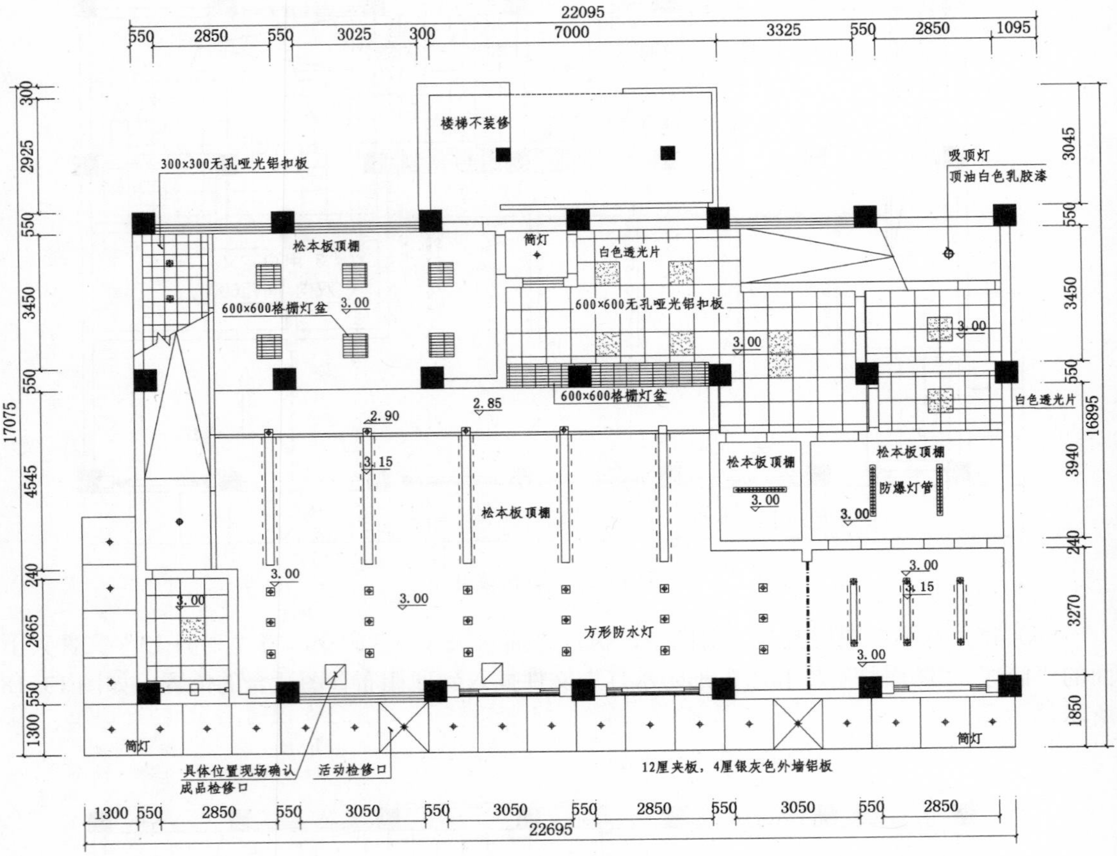

一层顶棚布置图

图 13-19　银行一层顶棚布置图

在对顶棚图进行文字注释时，其字体为“仿宋”，字高大小为 250。另外，还插入了“标高”图块，并修改了不同吊顶对象及灯具的高度。

（8）至此，银行一层顶棚布置图已经绘制完成，按〈Ctrl+S〉快捷键进行保存。

13.3.2　二层顶棚布置图的绘制

银行二层顶棚布置图的绘制方法和一层顶棚布置图的绘制方法基本一致，由于本书篇幅有限，这里不再详细介绍，读者可以参考“案例\13”文件夹下面的“二层顶棚布置图”进行练习，如图 13-20 所示。

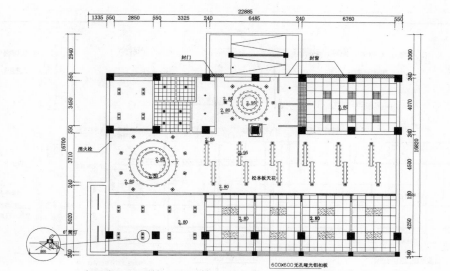

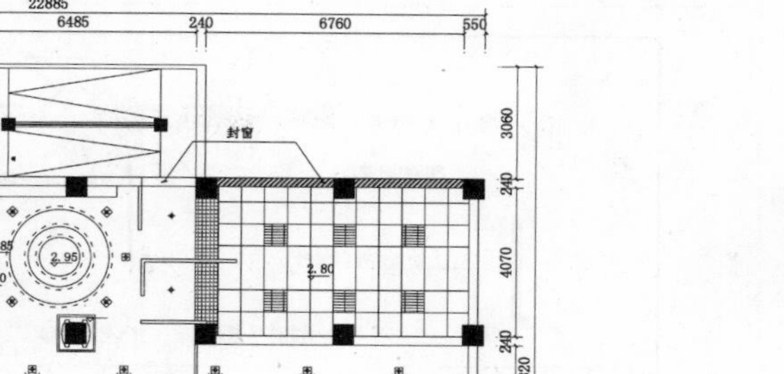

图 13-20　银行二层顶棚布置图效果

13.4　银行各立面图和详图效果

素材　案例\13\银行各立面图.dwg
　　　案例\13\银行各详图.dwg

由于本书篇幅有限，这里就不具体介绍银行装修施工过程中的立面图和详图效果的绘制方法了，留给读者参考光盘中“案例\13”文件夹下面的“银行各立面图.dwg”和“银行各详图.dwg”文件进行操作练习，如图 13-21～图 13-24 所示。

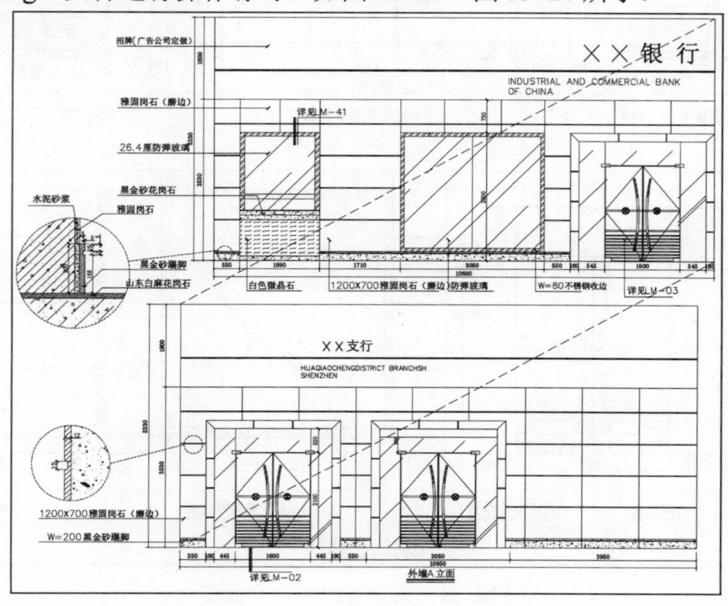

图 13-21　银行外墙 A 立面图

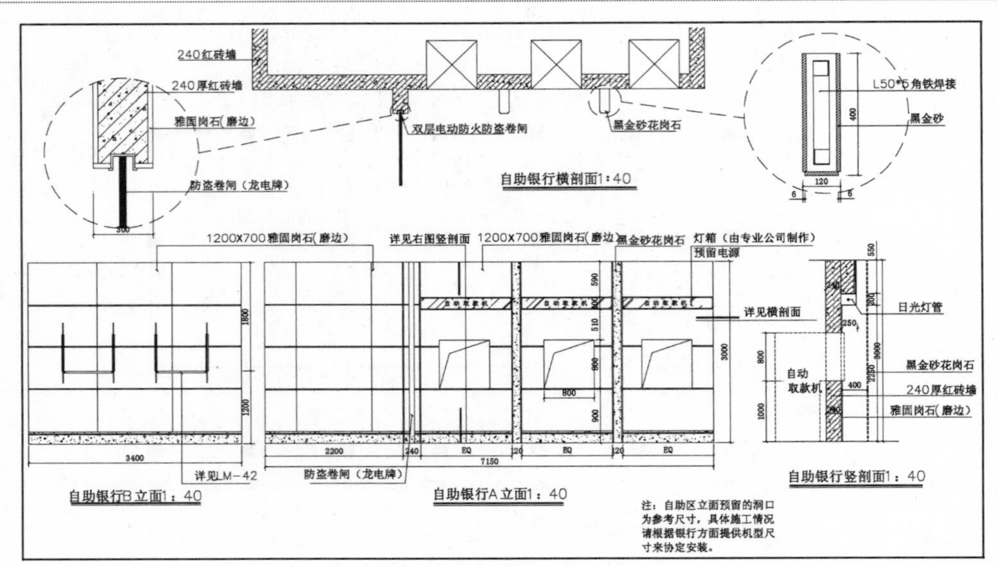

图 13-22　自助银行各立面图

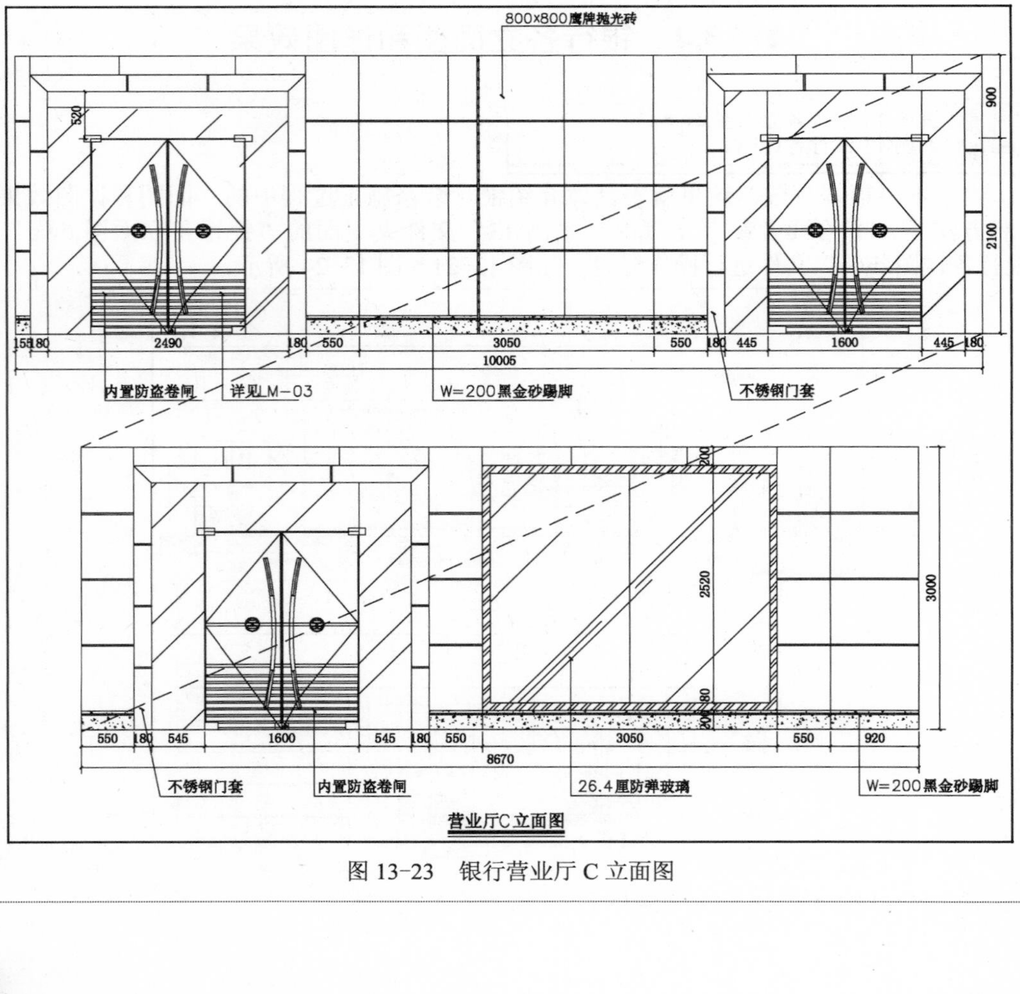

800x800鹰牌抛光砖
内置防盗卷闸
详见LM-03
W=200黑金砂踢脚
不锈钢门套
不锈钢门套
内置防盗卷闸
26.4厘防弹玻璃
W=200黑金砂踢脚
营业厅C立面图

图 13-23　银行营业厅 C 立面图

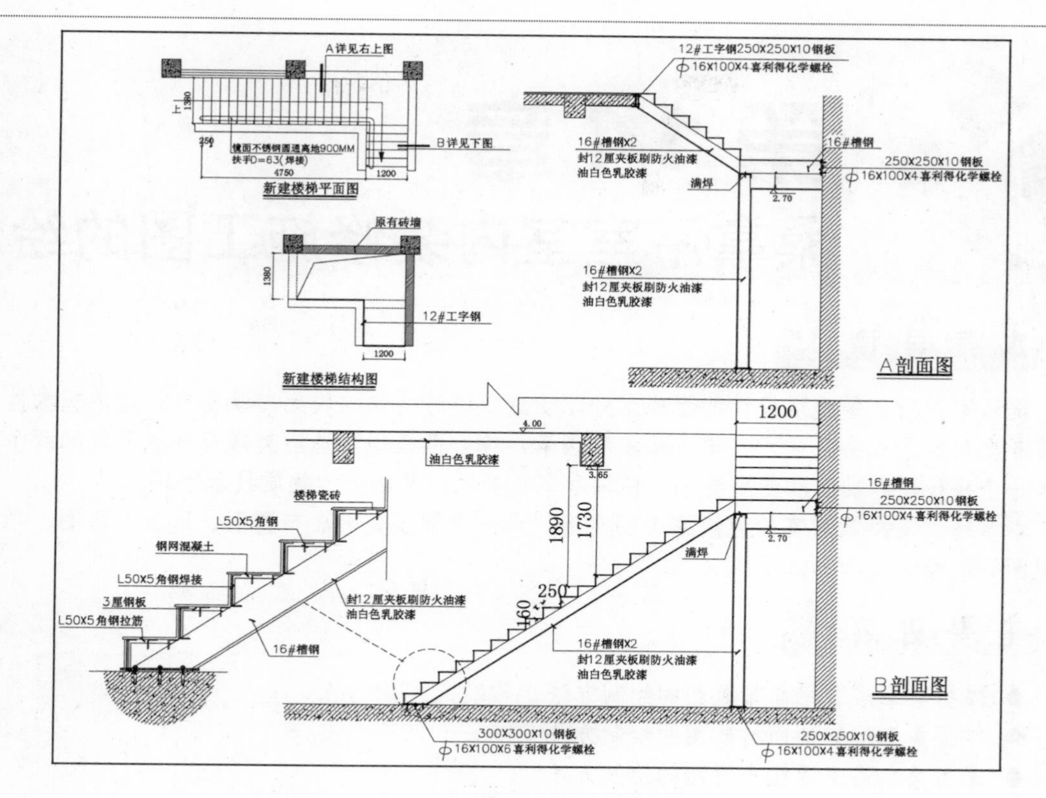

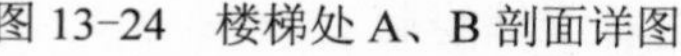
图 13-24 楼梯处 A、B 剖面详图

第 14 章 桑拿浴室室内装修施工图的绘制

本章导读

洗浴室内设计是洗浴设计的组成部分，受建筑设计的制约较大，既要有一定的艺术性，还要考虑材料、设备、技术、造价等多种因素，综合性极强。洗浴装修设计原则包括两个要求和一个手段，即功能和使用要求、精神和审美要求以及必要的物质技术手段。

本章通过某桑拿浴室的装修施工图实例，详细讲解了其平面布置图、地面材质图、顶棚布置图等的绘制技巧和方法。

主要内容

◆ 掌握桑拿浴室平面布置图的绘制方法

◆ 掌握桑拿浴室地面材质图的绘制方法

◆ 掌握桑拿浴室顶棚布置图的绘制方法

◆ 对桑拿浴室各个立面图进行演练绘制

预览效果图

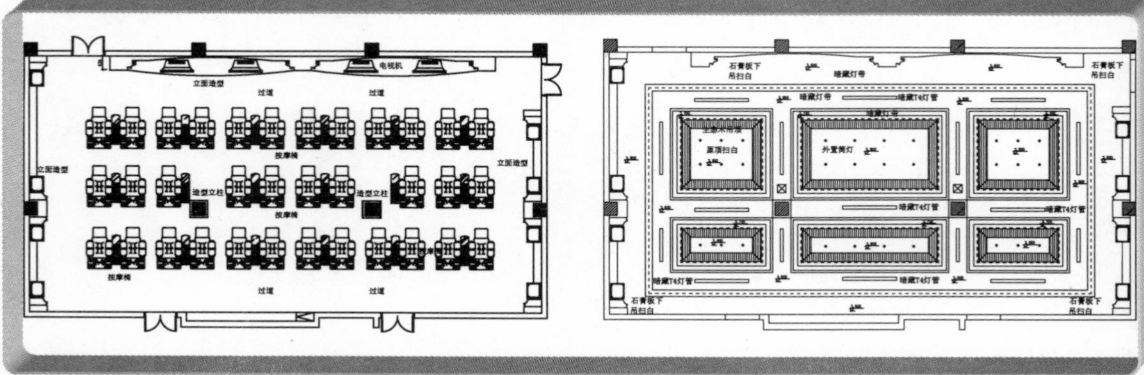

14.1　桑拿浴室布置图的绘制

素材　视频\14\桑拿浴室平面布置图的绘制.avi
案例\14\桑拿浴室平面布置图.dwg

用户在进行桑拿浴室平面布置图设计时，需首先调用桑拿浴室建筑平面图，然后在建筑平面图的基础上进行区域的分布，再通过矩形、偏移、修剪等命令，绘制出浴室平面布置图中有造型设计的地方，然后插入休闲椅图块，最后进行文字注释和尺寸标注，如图 14-1 所示。

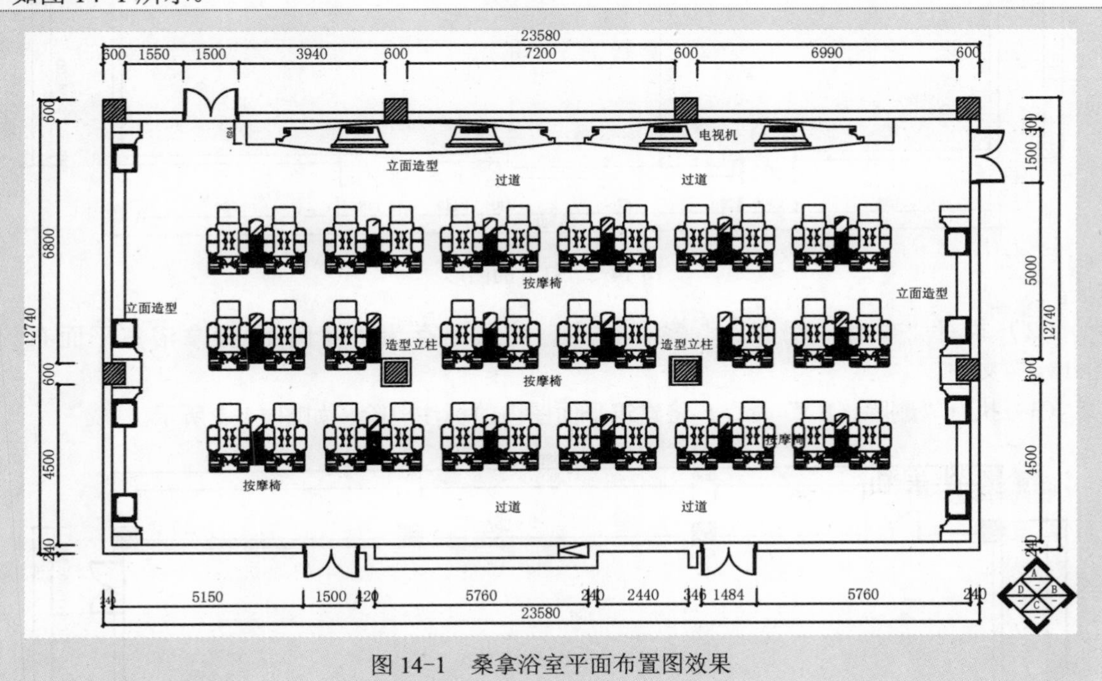

图 14-1　桑拿浴室平面布置图效果

专业技能　浴室的用材要求

在设计浴室时，室内表面不能用金属、塑料，门把手应用木制，门不能安装锁，材料应防滑，并设防滑扶手，浴室大小以最小 0.3m^2/人、最大 0.56m^2/人来进行计算。

14.1.1　打开建筑平面图

在本案例中，已经有准备好的“桑拿浴室建筑平面图.dwg”文件，这时可将其打开并另存为新的文件。

（1）启动 AutoCAD 2016 软件，选择“文件｜打开”菜单命令，将“案例\14\桑拿浴室建筑平面图.dwg 文件打开，如图 14-2 所示。

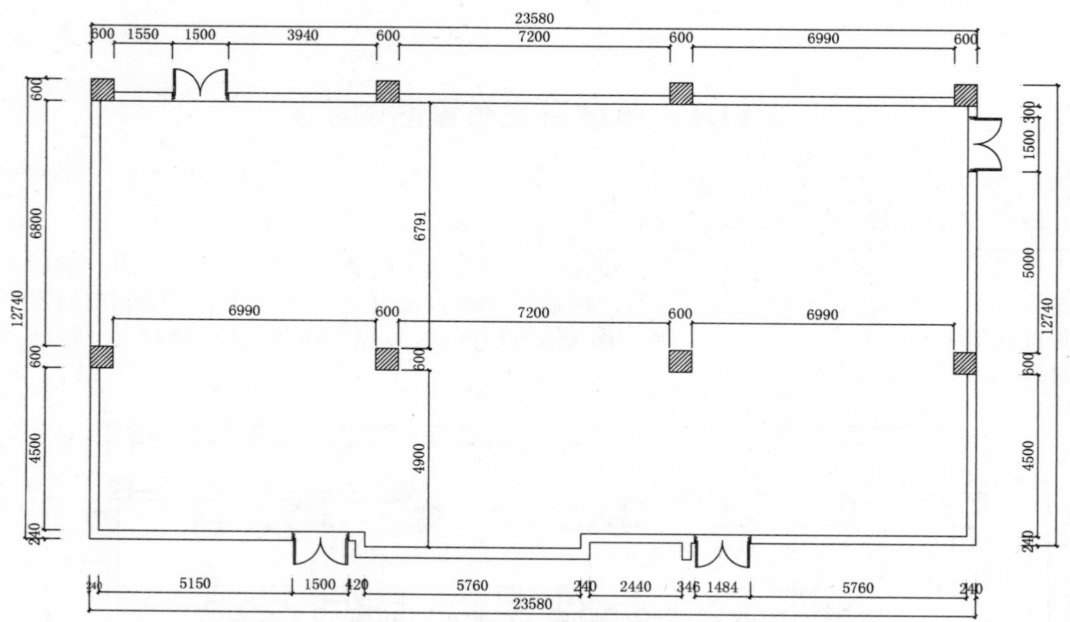

图 14-2　打开的图形

（2）执行“文件｜另存为”菜单命令，将其另存为“案例\14\桑拿浴室平面布置图.dwg”文件。

（3）执行“删除（E）”命令，将建筑平面图内的标注删除，如图 14-3 所示。

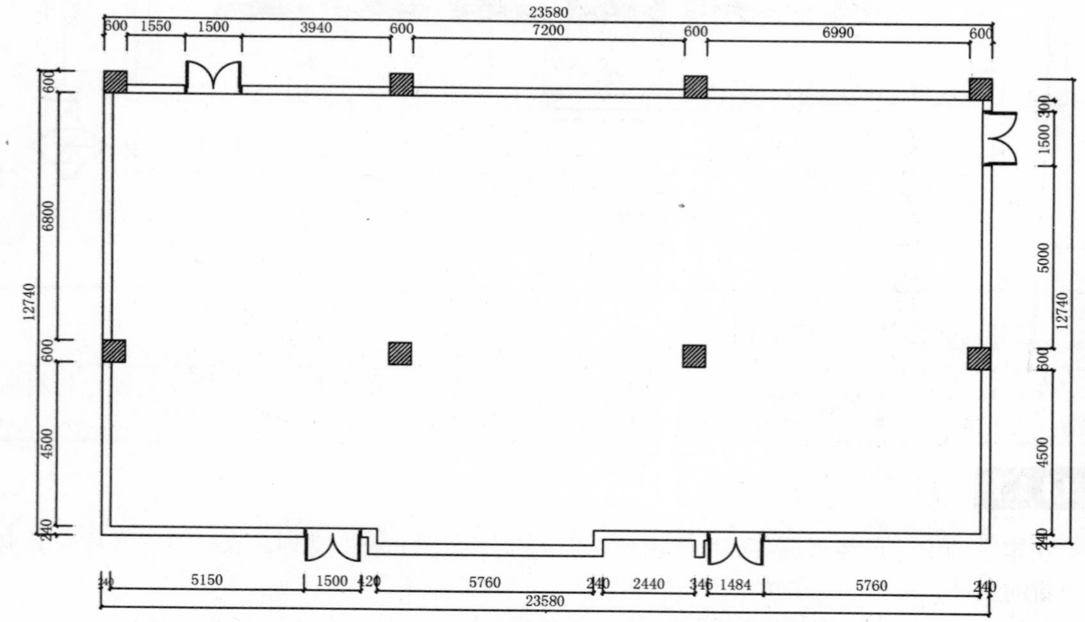

图 14-3　整理建筑平面图效果

由于桑拿浴室面积较大，而本书的篇幅有限，这里就只对桑拿浴室的休息室进行绘制讲解。

专业技能 洗浴的设计分类

依照洗浴的使用面积及用途的不同，可将洗浴中心分为大众型洗浴、小型洗浴、中型洗浴、大型洗浴等四大类，如图 14-4 所示。

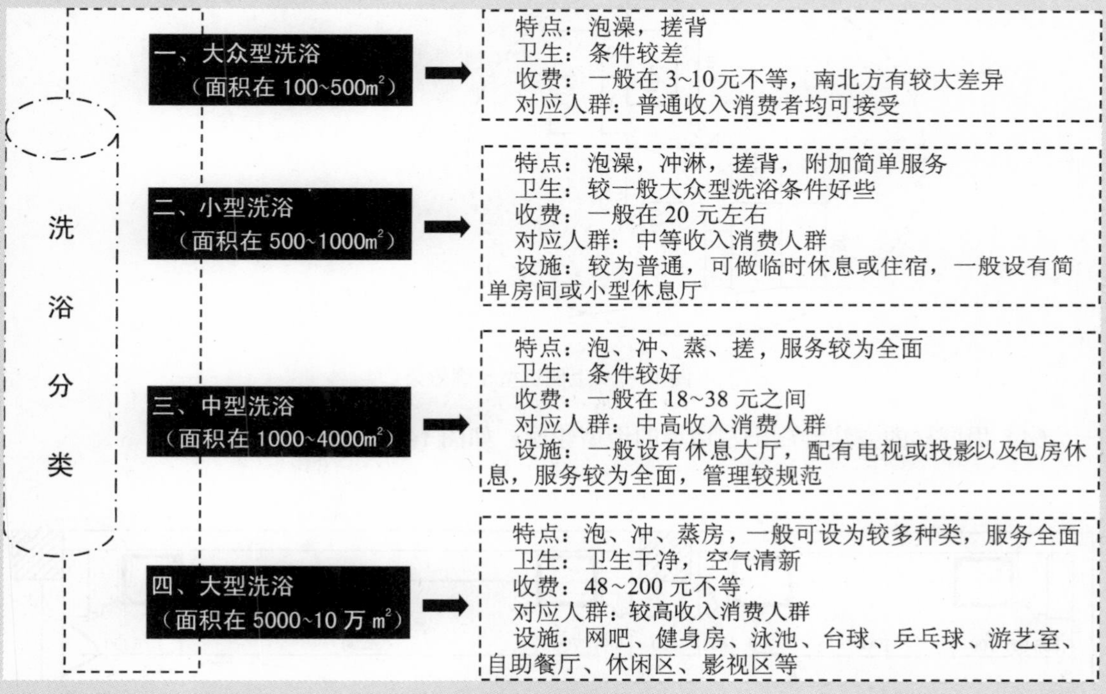

洗浴分类

一、大众型洗浴（面积在 100~500m²）→
特点：泡澡，搓背
卫生：条件较差
收费：一般在 3~10元不等，南北方有较大差异
对应人群：普通收入消费者均可接受

二、小型洗浴（面积在 500~1000m²）→
特点：泡澡，冲淋，搓背，附加简单服务
卫生：较一般大众型洗浴条件好些
收费：一般在 20 元左右
对应人群：中等收入消费人群
设施：较为普通，可做临时休息或住宿，一般设有简单房间或小型休息厅

三、中型洗浴（面积在 1000~4000m²）→
特点：泡、冲、蒸、搓，服务较为全面
卫生：条件较好
收费：一般在 18~38 元之间
对应人群：中高收入消费人群
设施：一般设有休息大厅，配有电视或投影以及包房休息，服务较为全面，管理较规范

四、大型洗浴（面积在 5000~10 万 m²）→
特点：泡、冲、蒸房，一般可设为较多种类，服务全面
卫生：卫生干净，空气清新
收费：48~200 元不等
对应人群：较高收入消费人群
设施：网吧、健身房、泳池、台球、乒乓球、游艺室、自助餐厅、休闲区、影视区等

图 14-4 洗浴的设计分类

14.1.2 进行平面布置

在对桑拿浴室的休息室进行平面布置时，首先对矩形柱进行边包处理，再分别对四周墙体绘制相应的平面造型效果，然后插入指定的图块对象。

（1）执行“图层（LA）”命令，新建一个“平面造型”图层，并将图层置为当前图层，如图 14-5 所示。

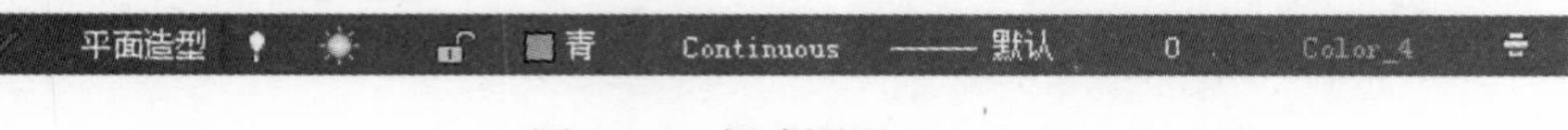

图 14-5 新建图层

（2）执行“偏移（O）”命令，将建筑平面图中间的两个柱子轮廓向外偏移 100mm，并将偏移后的矩形置换到“平面造型”图层，如图 14-6 所示。

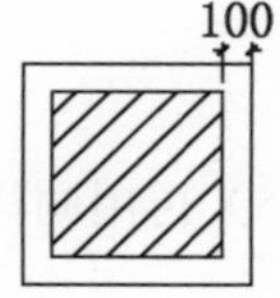

图 14-6 柱子造型轮廓效果

（3）执行“矩形（REC）”命令、“偏移（O）”命令、“多段线（PL）”命令、“圆弧（ARC）”命令等，在图形的上侧位置绘制图 14-7 所示的平面造型。

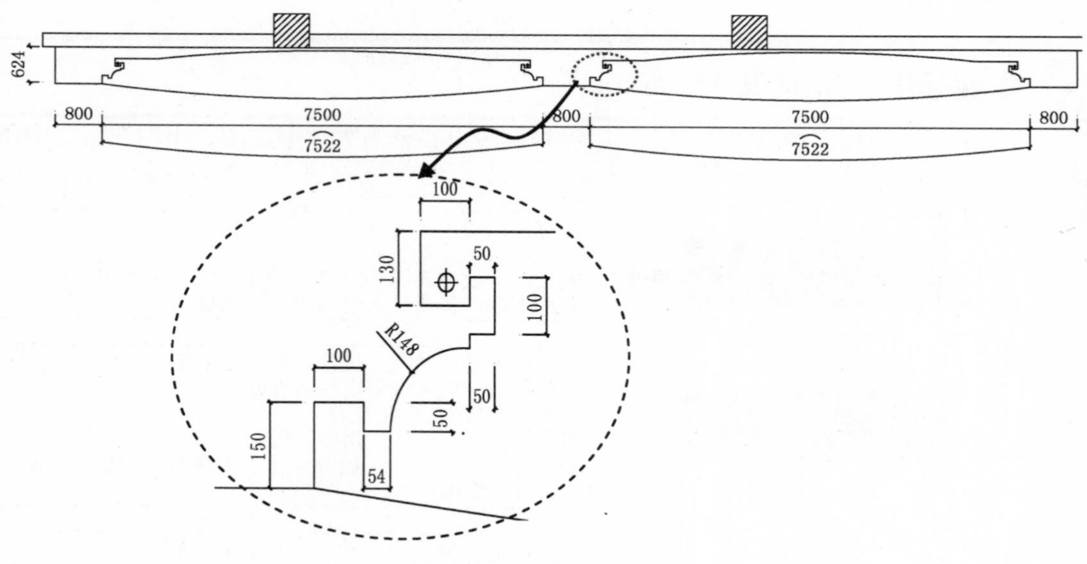

图 14-7　上侧造型轮廓效果

（4）用同样的方法绘制出左边墙的造型轮廓，如图 14-8 所示。

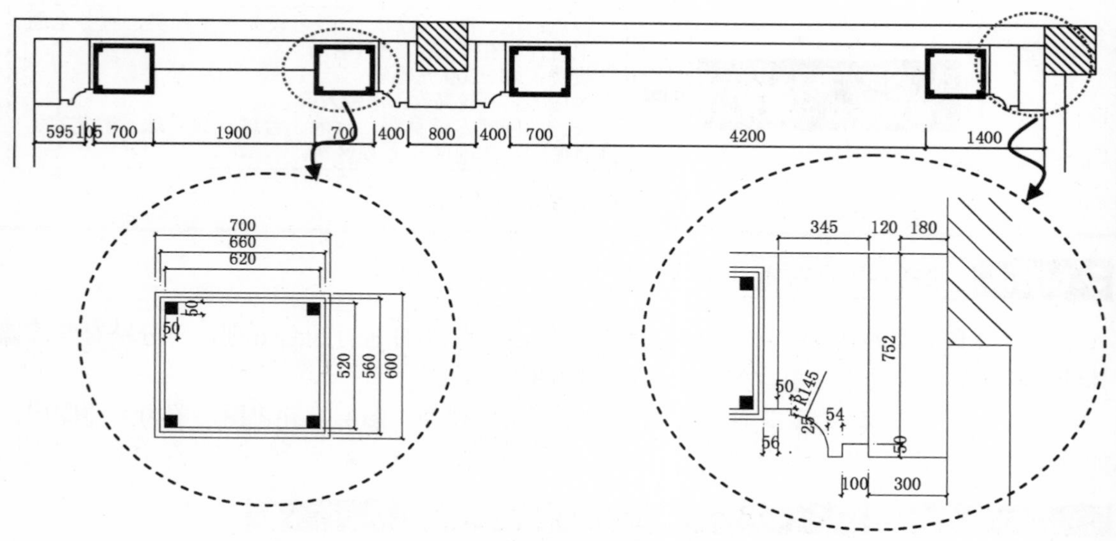

图 14-8　左侧造型轮廓效果

（5）再用同样的方法，绘制出右侧墙体的造型轮廓，如图 14-9 所示。

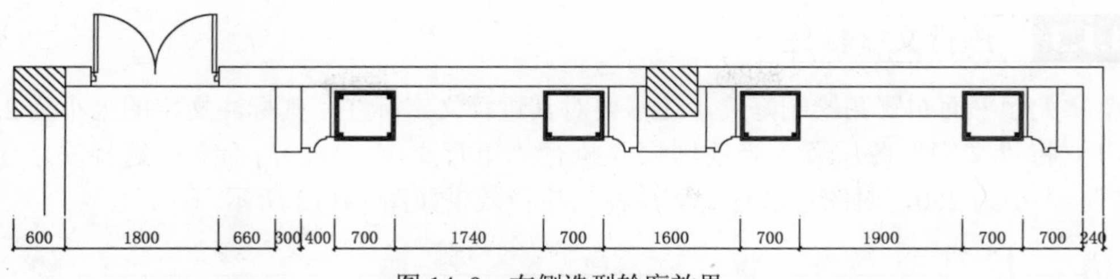

图 14-9　右侧造型轮廓效果

（6）执行“直线（L）”命令和“偏移（O）”命令，绘制出下侧墙体的造型轮廓，如图 14-10 所示。

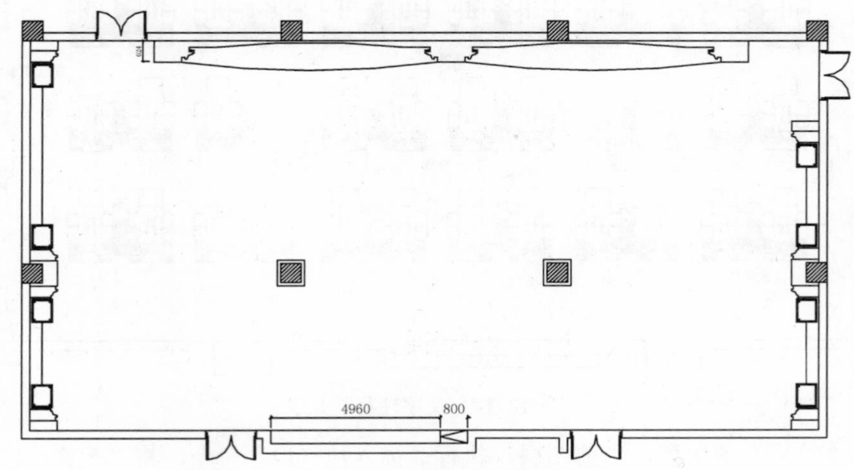

图 14-10　平面图造型轮廓效果

（7）将“家具”图层置为当前图层，执行“插入块（I）”命令，将“案例\14”文件夹下面的“平面电视机”和“平面按摩椅”图块插入到平面图中；再进行相应布置，如图 14-11 所示。

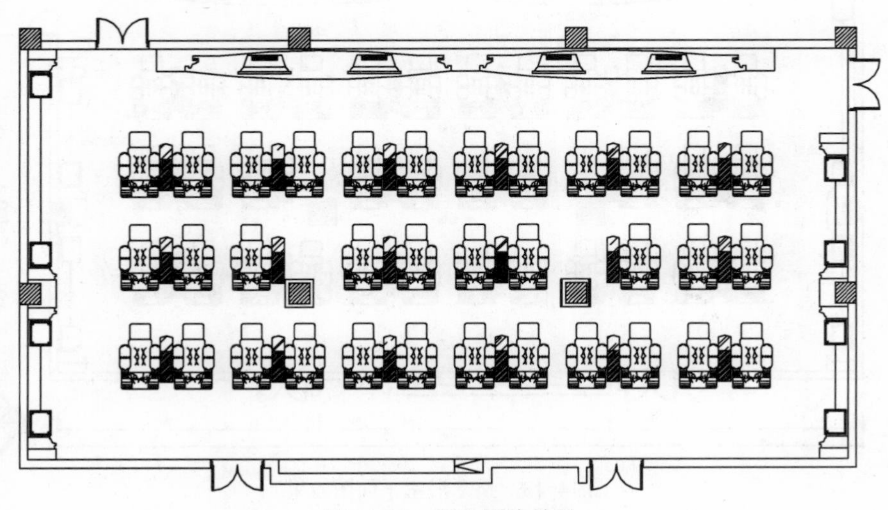

图 14-11　插入图块效果

14.1.3 进行文字标注

桑拿大厅平面布置图绘制好后，还需要对其进行文字标注，其标注文字的大小为 250。

（1）将“文字”图层置为当前图层，执行“单行文字（DT）”命令，选择文字字体为“宋体”，大小为 250，对图形进行文字注释，注释效果如图 14-12 所示。

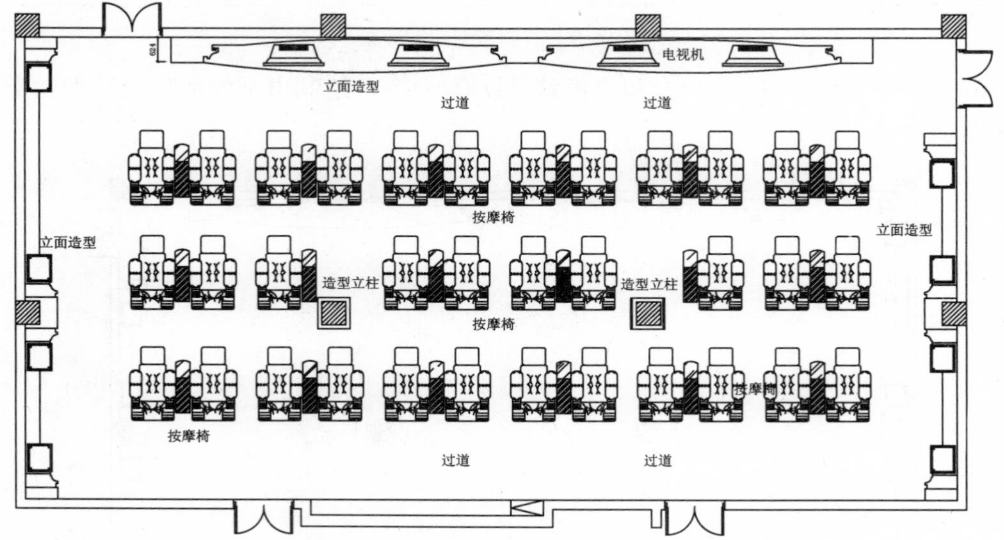

图 14-12 文字注释效果

（2）将“符号”图层置为当前图层，执行“插入块（I）”命令，将“案例\14”文件夹下面的“内饰符号”插入到平面图中，从而完成平面布置图的绘制，如图 14-13 所示。

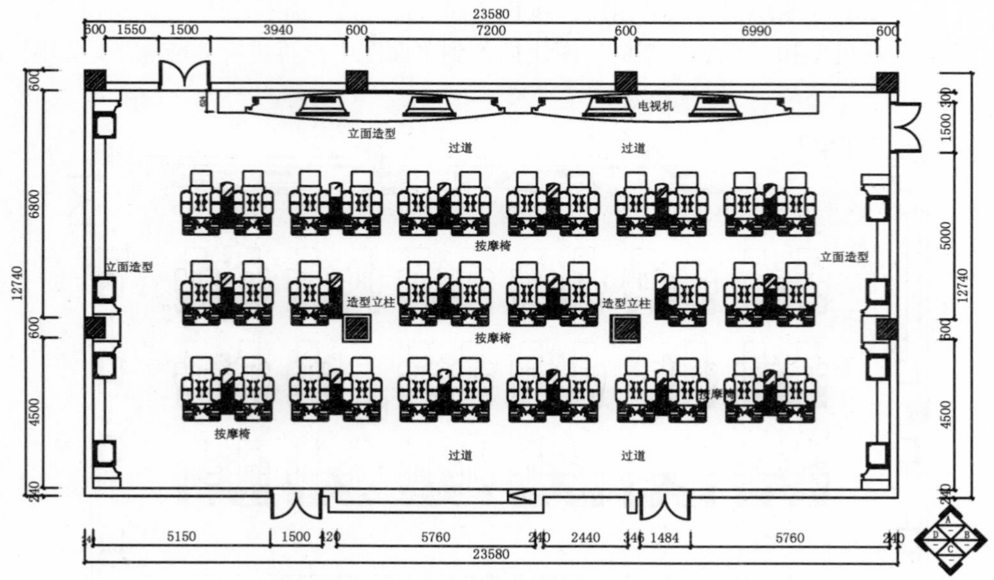

图 14-13 桑拿浴室平面图效果

（3）至此，桑拿浴室平面布置图已经绘制完成，按〈Ctrl+S〉快捷键进行保存。

专业技能 桑拿洗浴过程

在进行桑拿洗浴的过程中，顾客在各个房间所停留的时间、所需面积及室温情况等，都需要设计人员做进一步的考虑，如表 14-1 所示。

表 14-1 各部分建筑面积停留时间和设计室温

房间	停留时间/min	使用情况	所需面积/m²·人⁻¹	设计室温/℃
更衣室	8～15	轻微运动	0.8～1.0	20～22
预清洗室	8～10	轻微运动	0.3～0.5	≥24～26
桑拿室	24～36	静止	0.5～0.6	80～90
降温室	24～30	运动	1.0～1.5	≤18～20
空气浴室	6～12	运动	>0.5	室外气温
休息室	30	静止	0.3～0.6	20～22
按摩室	30	静止	0.4～0.8	20～22

14.2 桑拿浴室地面材质图的绘制

素材 案例\14\桑拿浴室地面材质图.dwg

由于本实例中，地面全部铺设地毯，读者只需要将“填充”图层置为当前图层，在平面布置图的基础上，将文字图层隐藏，然后执行“图案填充（H）”命令，对图形填充“Triang”图案，填充比例为 20。

由于大厅地面材质图的布置比较简单，所以在这里就不再详细介绍绘制方法和步骤，读者参考“案例\14”文件夹下面的“桑拿浴室地面材质图.dwg”文件进行绘制即可，其地面材质图效果如图 14-14 所示。

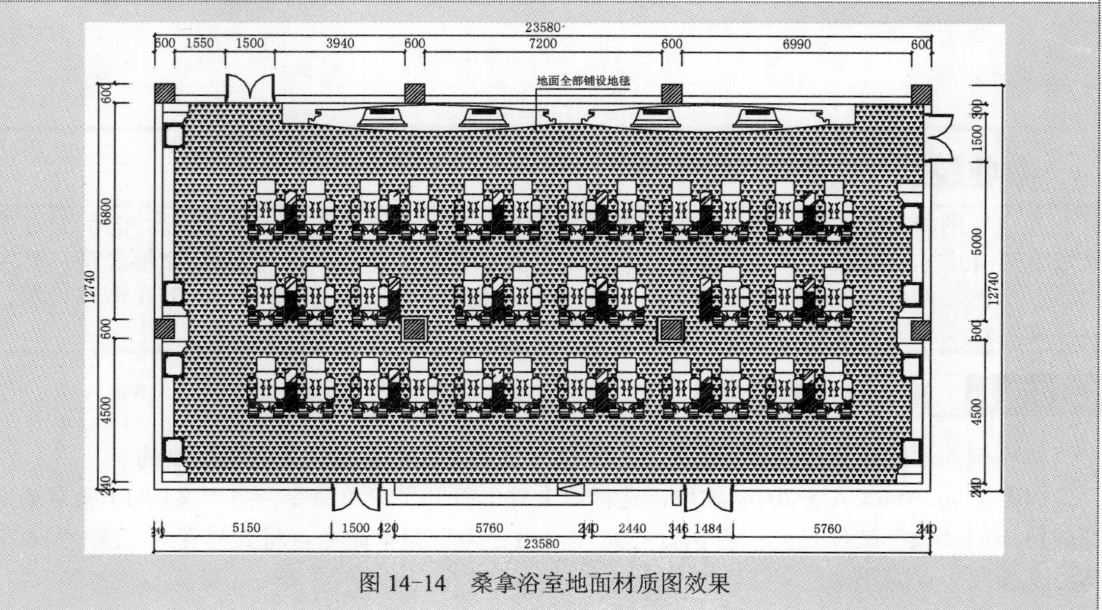

图 14-14 桑拿浴室地面材质图效果

14.3 桑拿浴室顶棚布置图的绘制

素材 视频\14\桑拿浴室顶棚布置图.avi
案例\14\桑拿浴室顶棚布置图.dwg

在本实例中主要对桑拿浴室顶棚布置图进行绘制，首先调用桑拿浴室平面布置图温，然后在平面布置图的基础上通过整理得到顶棚图的轮廓，然后绘制出吊顶的造型轮廓，最后执行“插入块（I）”命令，将“案例\14”文件夹下面的“筒灯”等图块插入到顶棚布置图中，最后进行文字注释和标注，如图 14-15 所示。

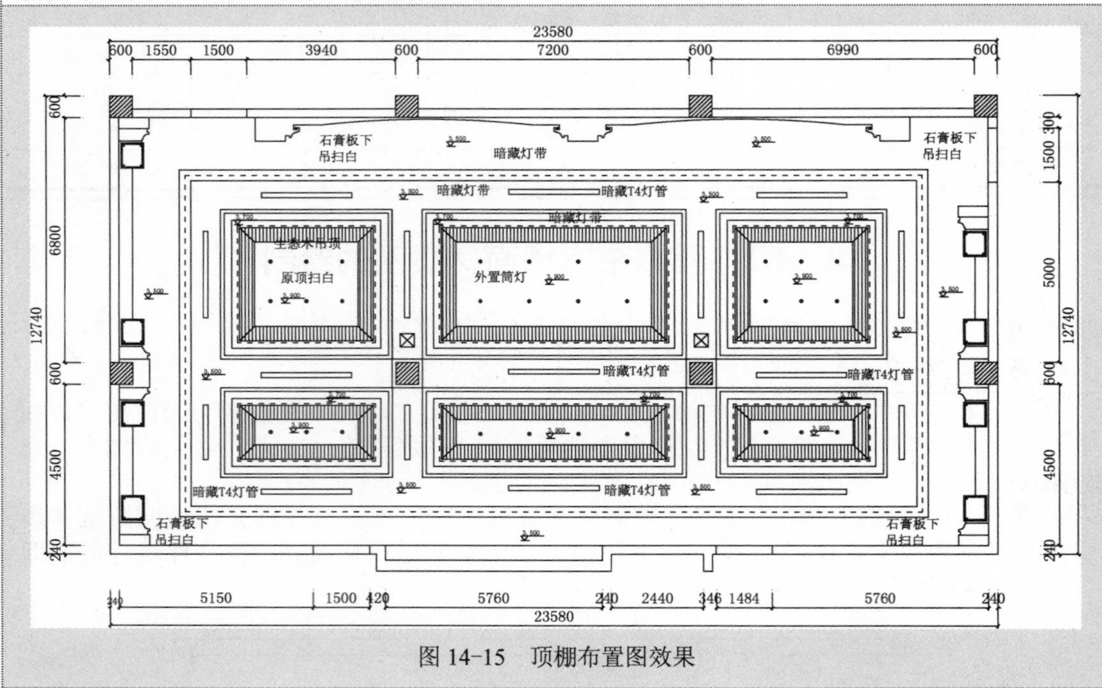

图 14-15　顶棚布置图效果

专业技能　桑拿室的空间要求

桑拿室的净高一般为 2.0～2.5m，建筑面积不应小于 6m^2，不应大于 20m^2；若同时使用人数超过 40 人，宜建第二个桑拿室，这比建一个建筑面积大于 20m^2 的桑拿室要经济，其室内温度均匀，便于控制调节。当设两个桑拿室时，建筑面积最好能按 2∶1 的比例来设置，以增加运行调节的灵活性。

14.3.1　整理平面布置图

本实例的顶棚布置图是在前面所绘制好的平面布置图的基础上来进行绘制的。

（1）启动 AutoCAD 2016 软件，选择“文件 | 打开”菜单命令，将“案例\14\桑拿浴室地面材质图.dwg”文件打开；再执行“文件 | 另存为”菜单命令，将其另存为“案例\14\桑拿浴室顶棚布置图.dwg”文件。

（2）执行“删除（E)”命令，将多余的图形删除。

（3）将“门洞线”置为当前图层，执行“直线（L)”命令，将门洞封闭起来，如图 14-16 所示。

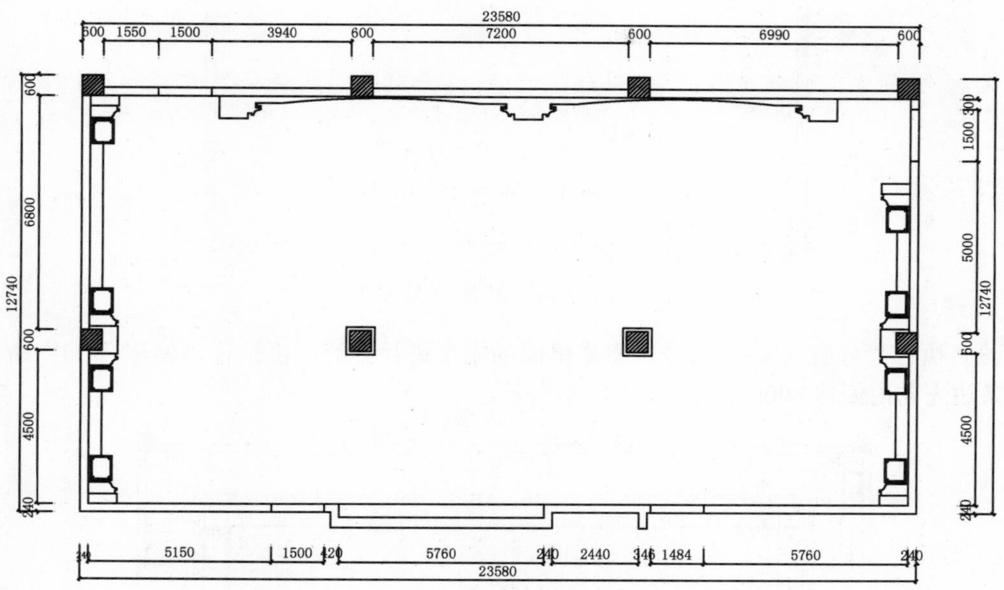

图 14-16 整理平面图效果

➲ 14.3.2 绘制吊顶造型

休息室吊顶造型对象通过直线、矩形、偏移等命令来绘制，并将指定的对象转到相应的图层。

（1）将“吊顶”图层置为当前图层，执行“矩形（REC)”命令，绘制 19 900mm×9650mm 的矩形；再执行“移动（M)”命令，将矩形放置在图 14-17 所示的位置。

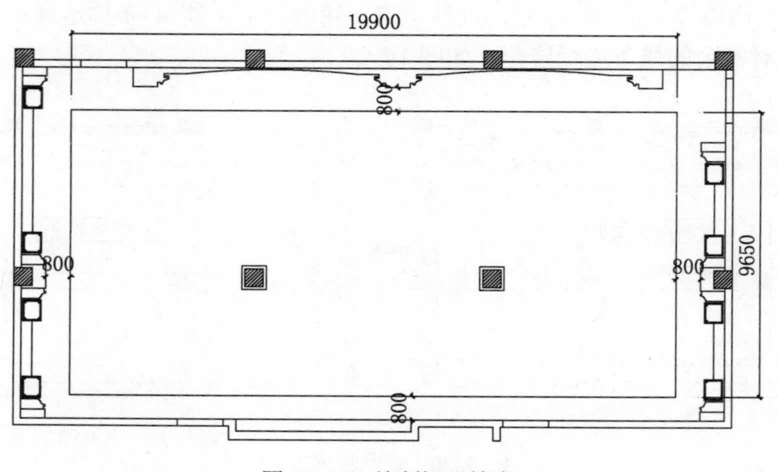

图 14-17 绘制矩形轮廓

（2）执行“偏移（O）”命令，将矩形向内连续两次偏移 150mm，并将中间的矩形置换到“灯带”图层，如图 14-18 所示。

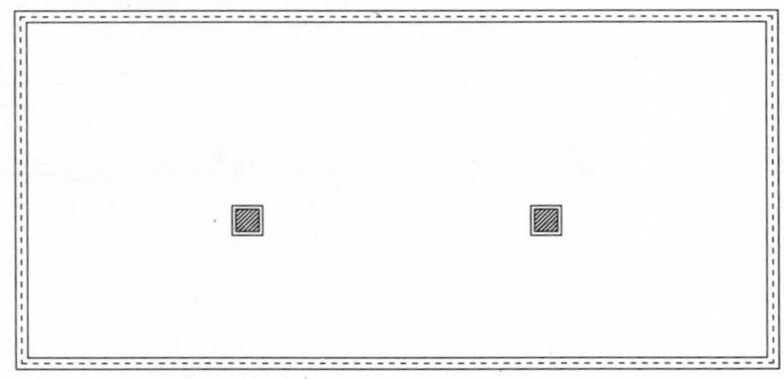

图 14-18　绘制灯带效果

（3）执行“分解（X）”命令，将最里面的矩形进行分解；再执行“偏移（O）”命令，将 4 条边先向内偏移 800mm，如图 14-19 所示。

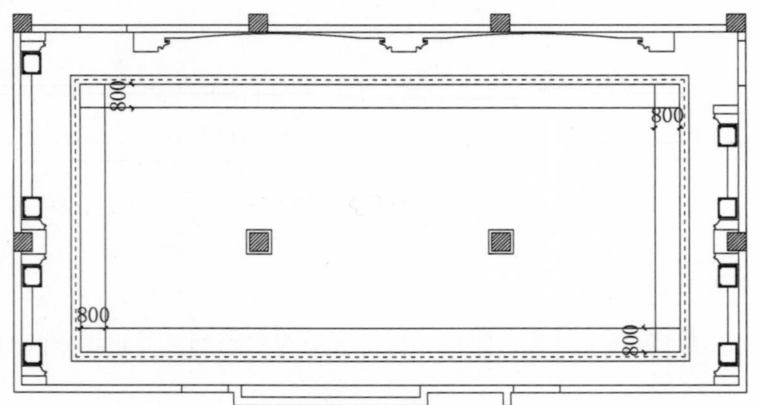

图 14-19　偏移操作

（4）执行“构造线（XL）”命令，过柱子造型轮廓分别绘制 4 条构造线；再执行“修剪（TR）”命令，对多余的线条进行修剪，如图 14-20 所示。

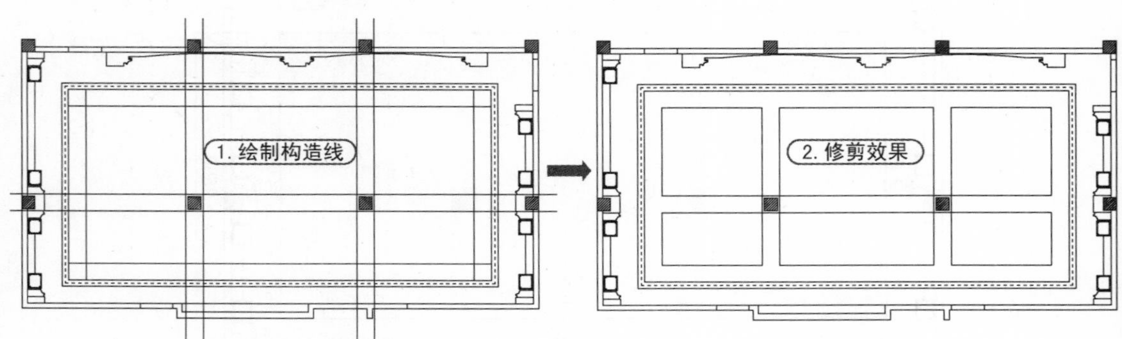

图 14-20　造型轮廓效果

（5）根据绘制的造型轮廓，执行“偏移（O）”命令，将修剪后的造型轮廓对象依次向内偏移 100mm、200mm、150mm、50mm、400mm；再执行“修剪（TR）”命令，对多余的线条进行修剪，并将第三条偏移的直线置换到“灯带”图层，如图 14-21 所示。

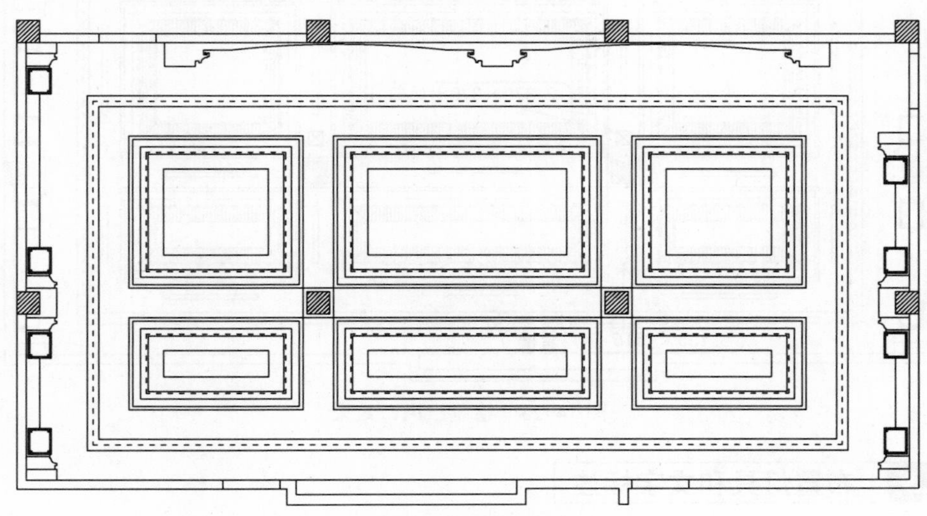

图 14-21 吊顶造型效果

（6）执行“图案填充（H）”命令，选择填充图案为“ANSI 31”、角度为 45°、比例为 30，对吊顶进行填充；再执行“直线（L）”命令，将填充矩形的对角点连接起来，如图 14-22 所示。

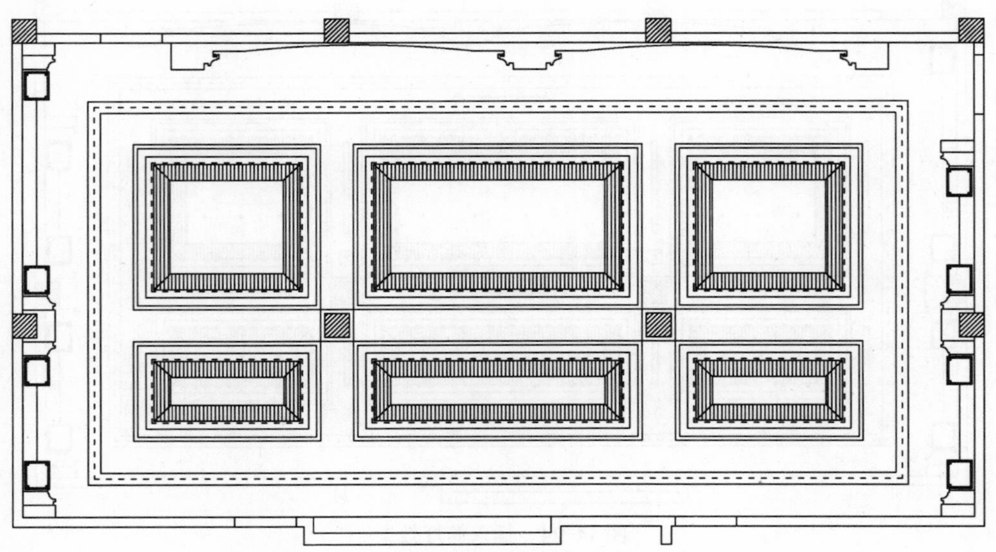

图 14-22 吊顶填充效果

（7）执行“矩形（REC）”命令和“直线（L）”命令，在图中绘制出风口和灯管，如图 14-23 所示。

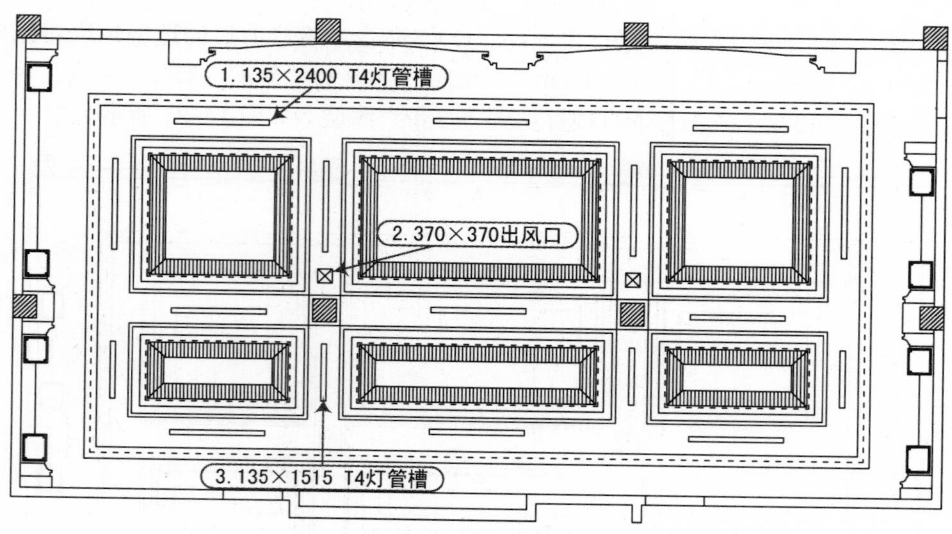

图 14-23 绘制出风口效果

14.3.3 布置灯具和文字标注

先通过插入块的方式布置顶棚布置图中的“筒灯”，再标注出不同吊顶对象及灯具的标高值，最后对不同的对象进行文字标注。

（1）将“灯具”图层置为当前图层，执行“插入块（I）”命令，将“案例\14”文件夹下面的“筒灯”插入到顶棚布置图中，如图 14-24 所示。

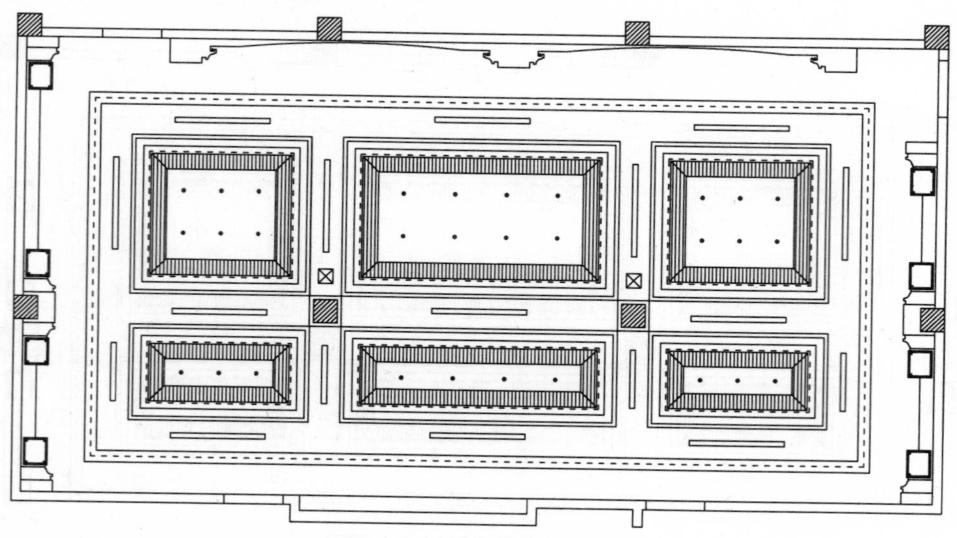

图 14-24 插入筒灯效果

在布置筒灯对象时，应注意每组筒灯对象的布置间距相等性，其水平间距为 1300mm，垂直间距为 1100mm。

（2）将“符号”图层置为当前图层，执行“插入块（I）”命令，将“案例\14\高符号”

插入到顶棚图中，并修改标高值的大小，从而对其顶棚图的不同吊顶及灯具对象进行标高标注。

（3）将“文字”图层置为当前图层，执行“单行文字（DT）”命令，对顶棚图进行文字注释，其文字的大小为 250，如图 14-25 所示。

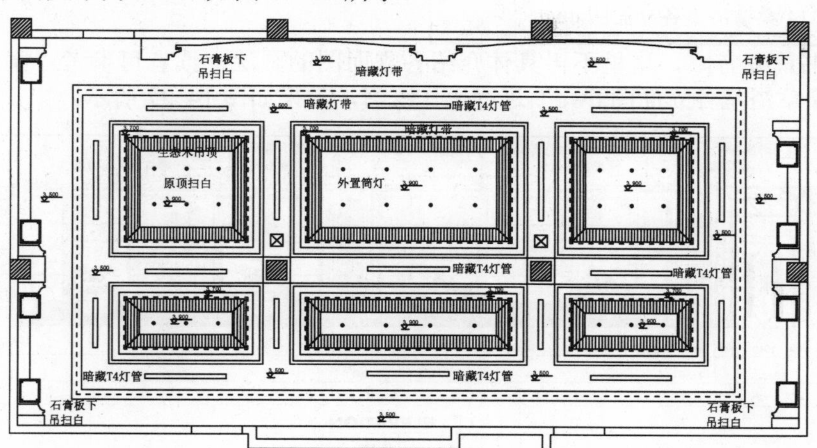

图 14-25　文字注释效果

（4）至此，桑拿浴室顶棚布置图已经绘制完成，按〈Ctrl+S〉快捷键进行保存。

专业技能 洗浴室布置及常规人体尺寸

要进行洗浴室的设计，必须要掌握洗浴室的布置及常规人体尺寸，如图 14-26 所示。

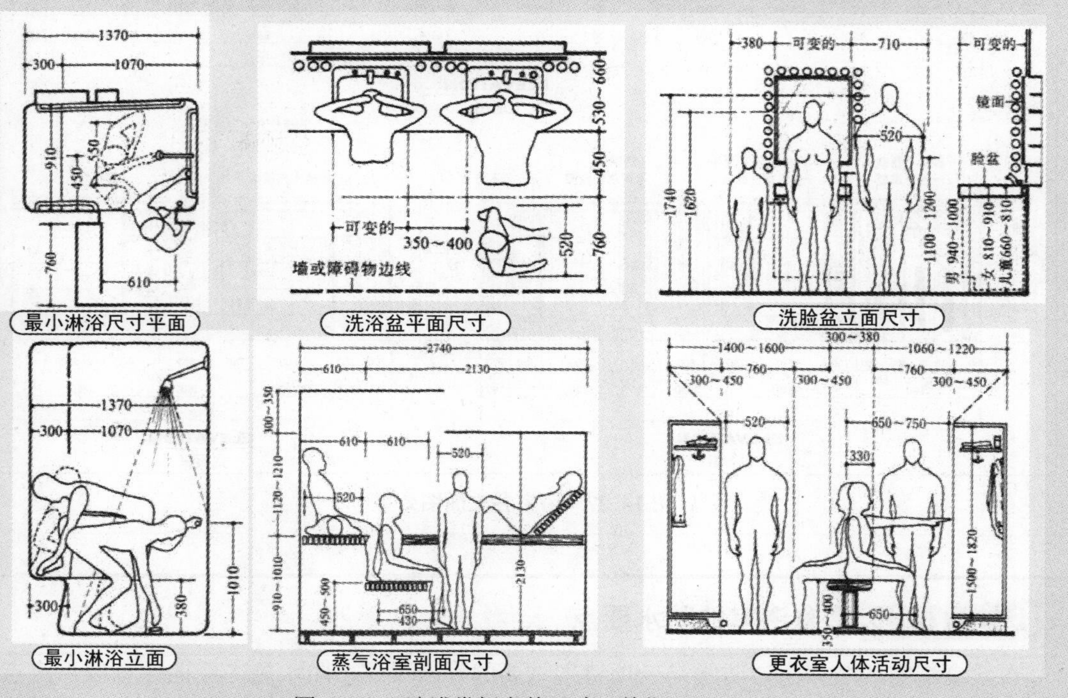

图 14-26　洗浴常规人体尺寸（单位：mm）

14.4 桑拿浴室各立面图效果

素材 案例\14\桑拿浴室各立面图.dwg

由于本书篇幅有限，这里不再具体介绍各立面图的画法，读者可参考“案例\14”文件夹下面的“桑拿浴室各立面图.dwg”进行操作练习，效果如图 14-27 所示。

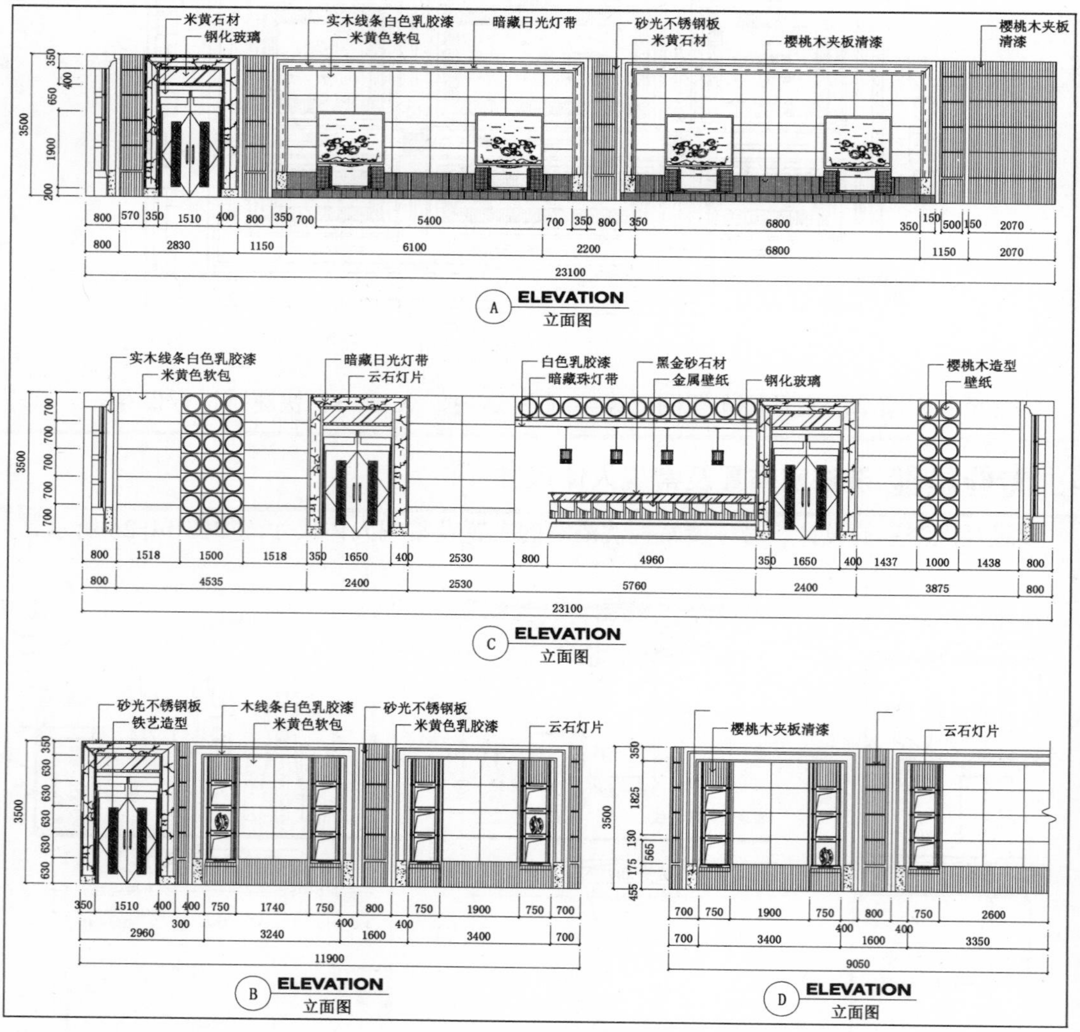

图 14-27 浴室各立面图效果

专业技能 桑拿浴室的防水要点

在桑拿浴室的装修中，防水是一项特别重要的隐蔽工程，防水施工应该注意以下几点：

（1）应平整，不得有空鼓、起砂、开裂等缺陷，基层含水率应符合防水材料的施工要求。

（2）防水层应从地面延伸到墙角，高出地面 250mm，沐浴处墙面的防水层高度不得低于 1800mm。

（3）防水层涂刷应均匀平整，其厚度不应小于 3mm。

（4）膜表面平整、不起泡、不流淌，与管件、洁具地脚、地漏、排水口接缝严密、过渡圆滑，不得有渗漏现象。

（5）防水工程完工后，必须做 24h 蓄水试验，无滴漏、渗水现象，才可以进行下一步施工。

（6）地面不平整、需做保护层时，水泥砂浆厚度、强度必须符合设计要求，操作时严禁破坏防水层，根据设计要求做好地面泛水坡度，排水要畅通，不得有积水倒坡现象。